中國茶葉研究社叢書

吳覺農主編

茶葉全書

威廉·烏克斯原著
中國茶葉研究社社員集體翻譯

上冊

中國茶葉研究社出版
上海

中國茶葉研究社叢書

茶葉全書 上册

ALL ABOUT TEA VOL. I

一九四九・五・一・(一——一〇〇〇)

原著者 WILLIAM H. UKERS

翻譯及出版者 中國茶葉研究社 上海四川北路一六三〇號

主編兼發行人 吳覺農

經售者 開明書店 上海福州路

定價：

茶葉全書　上册

目次

原序

譯序一

譯序二

本書提要

第一篇　歷史方面

第一章　茶之起源……一

第二章　中國與茶經……六

第三章　茶葉輸入歐洲……一四

第四章　茶葉輸入英國……二一

第五章　茶葉輸入美國……二八

第六章　世界最大之茶葉專賣公司……三八

第七章　快剪船之黃金時代……四九

第八章　茶樹征服爪哇及蘇門答臘……五九

第九章　風行全球之印度茶……七二

第十章　錫蘭茶之成功……九四

第十一章　其他各地之茶樹繁殖……一〇一

第二篇　技術方面

第十二章　世界上之商品茶……一〇九

第十三章　茶葉之特性……一一一

第十四章　茶葉之栽培與製造……一四三

第十五章　中國茶葉之栽培與製造……一六一

第十六章　台灣茶葉之栽培與製造……一六七

第十七章　日本茶葉之栽培與製造……一七五

第十八章　爪哇及蘇門答臘茶葉之栽培與製造……一八六

第十九章　印度茶之栽培與製造……二〇五

第二十章　錫蘭茶之栽培與製造……二二八

第二十一章　其他各國茶葉之栽培與製造……二四二

第二十二章　製茶機器之發展……二五〇

第三篇　科學方面

第二十三章　茶之字源學……二六一

第二十四章　茶之植物學與組織學……二六四

第二十五章　茶之化學……二七二

第二十六章　茶之藥物學……二九九

第二十七章　茶與衞生……三一一

原序

作者於二十五年前訪問東方產茶國家，開始收集茶葉方面之材料。經初步調査後，繼在歐美主要之圖書館與博物館搜集資料；此項工作直至一九三五年付印時完成。

資料之整理與分類開始於十二年前。其後作者復在各茶葉國家旅行一年，校正各項紀錄。本書之實際寫作則長達十年之久。

作者前著之「咖啡全書」（ALL ABOUT COFFEE）爲一單册，本書因材料較多，不得不分裝二册。本書共計五十四章，一千一百五十二頁，約六十萬字。其最艱鉅之工作爲：世界主要茶類總表；茶葉辭庫（TEA THESAURUS）；包括五百件歷史之年表；二千種著作及其作者姓名之書目；四百二十五條定義之辭典，及一萬項之索引。

自紀元七八〇年陸羽著述「茶經」以來，曾有多種茶葉書籍出版。此種書籍多爲特殊方面及有宣傳性者。此四十年間，一般性質而有系統之英文茶葉書籍，亦未之見。本書爲第一部獨立性及全面性之茶葉書籍，對普通讀者尤爲適合。

全部歷史方面之記載，均曾與原始資料校對。貿易及技術方面者，均經有資格之權威人士審閱。作者力使本書完全而可信。

本書之完成有賴於貿易及實業界內外人士之良好而無私的合作，作者謹向協助完成本書者致謝。

譯序一

本書是美國茶與咖啡貿易雜誌（TEA AND COFFEE TRADE JOURNAL）的主編人威廉•烏克斯（WILLIAM H. UKERS）所著，凡茶葉的歷史、栽培、製造、貿易以及社會、藝術各方面，都有豐富詳盡的記述。出版以後，各產茶國及消費國均視為茶葉界必讀書之一。我國各著名圖書館和茶葉界人士購存的也很多。因為篇帙極多，遂譯不易，而且又是比較專門性的書籍，所以還沒有譯本。我在抗戰初期承辦東南各省茶葉統購統銷及中蘇易貨工作，協助浙省府成立油茶棉絲管理處時，深感有普遍提高茶葉知識和技術的需要，曾建議該處費鴻年、馮和法二兄以集體力量翻譯本書。歷時一年，才告完成。後因該處結束，無法出版。一九四二年，許多茶葉研究人員都集中在貿易委員會所設的茶葉研究所，我又和各研究人員各就專門學科，將初稿分章校訂。一九四六年秋天，正準備交由開明書店承印，適值日本投降，研究所奉令結束，又未能付印。抗戰勝利後，我們一部份人到了上海，因政府對出口事業備加摧殘，茶業界自存不遑，更是無暇及此了。一九四八年夏，我又與若干滬上研究茶葉同志組織的中國茶葉研究社，在彼此苦於營生之際，百忙中抽出一些時間，希望以集體研究之所得，貢獻於將來的建設性的社會。在出版方面，除籌辦定期刊物外，並計劃出版叢書，使貧弱的中國茶業界稍稍有點生氣。我個人以前曾刊行過幾本茶葉的書籍，但時隔十餘年，內容多須加以訂正；且又限於時間，手頭資料也多散失。而本書實不失為今日茶葉著述中唯一具有世界性和綜合性的偉構，所以決定先將本書出版，以供給研究茶葉者和茶業工作者的參考。現在此書排印完成，回顧十一年來這一鉅著在我國出版的艱難經歷，不禁感慨萬端！

作者烏克斯氏關於茶與咖啡方面的著作極為豐富，除本書外，尚有咖啡全書（ALL ABOUT COFFEE）、茶葉小史（ROMANCE OF TEA）、咖啡小史（ROMANCE OF COFFEE）及咖啡貿易（COFFEE MERCHANDISING）等，在無酒精飲料中可稱一權威作家；他並且又是旅行家、演講家、無線電播音家及廣告家。嚴格地說，他並非一茶葉技術與科學專家；但他收集豐富，編纂詳盡精密，論述博大深湛。本書中如「茶之化學」和「茶之藥物學」兩章，烏克斯氏指出爲印度托格拉茶葉試驗場名化學家 C. R. HARLER 所著，更爲不可多得的珍貴的研究成果。其餘各章中，也都經過專家校正，並注明資料來源。

本書人名除中日文外，均用原文。專門術語及名詞，悉取最近通用者。地名的譯名，採用中華版葛著最新中外地名辭典。但因爲本書是集體翻譯的，且因篇帙浩繁，前後譯名或仍有不統一處，故譯名後均附原文，以免誤會。

一九三五年原文版出版以後各年的貿易統計數字，本社已盡量予以收集補充。

本書上冊第三章「中國與茶經」章內的「茶經」，原文係抄錄英譯節本，本社爲存眞起見，特抄錄祁門茶業改良場胡浩川先生校訂的明代鄭允榮校本，又與日本諸岡存所著「茶經評釋」中的原文重加校對，並加新式標點。「茶經」在中國失傳已數百年，現在借了這一機會，全部予以刊印了。下冊第十三章「英國著名之公司」和各章中不甚重要的公司人名等，因無參考價值，未予譯出。原書中銅鋅版附圖極多，並且都是精美而有價值的資料，雖製版費用極高，多不忍割棄，本書仍儘量採用。

本書的主要翻譯者爲費鴻年、呂叔達、周匝、李日標諸先生，其餘譯者甚多，不克備錄，深致歉意。執筆諸君或已加入本社爲社員，或正在邀請入社中，故用本社社員集體翻譯名義。又本書由桑元鼎、王澤農、葉作舟、莊任、葉鳴高、許裕圻諸先生分章訂正，又經陳舜年兄在戰事緊張業務繁忙中，全神貫注着負責將全部譯本校訂，同事陳宣昭、喬祖同、郁玉珍、李啓臣諸君予以鼓勵和協助，均應在此誌謝。本書篇幅過鉅，掛漏難免，幸海內茶界同志，不吝指示，當在再版時予以訂正。

一九四九年五月一日吳覺農識

譯序二

茶葉最初在被發現作爲日用飲料的時候，卽開始依存於市場關係，其性質主要的是商品性產物。而且，茶葉又是中國對外貿易上最早亦最主要的商品，所以，茶葉的生產運銷的一切形態也就是當時中國經濟發展的一種反映。

近百年來中國的社會經濟形態是半封建半殖民地的；這在茶葉的生產關係中可以充份看出來。茶葉的種植採摘以至毛茶的販運，是完全零星的副業性的，茶農幾乎完全受制於產地原始的商業高利貸之下。製造方面是小規模的作坊性的手工業加工，而其經濟命脈及運銷決定因素是操縱在純粹買辦性的中間商之手。對外出口銷售完完全全是由外商洋行所壟斷。這種生產方式可說是標準的半封建半殖民地性的。在這種生產關係下生產力是無法改進的，生產者祇有日趨於窮乏，自然的結果是中國整個茶業在國際市場上日趨於式微，甚至趨於淘汰。

由於茶葉在中國整個農業生產上所佔地位的重要，尤其是在中國對外貿易上的重要，多少年來，曾有不少的人化了不少的力，努力於茶葉生產的改進。其中，吳覺農先生可謂以畢生的力量盡瘁於此的一個人。但是在某種一定的經濟基礎之上，是不能有超越其所限制範圍以外的改進的，在中國半封建半殖民地的經濟基礎上，欲求茶業之獨立的健全發展，是事實上所不可能的。卽以吳覺農先生三十餘年來所努力的經過中一個片斷爲例，卽可概見。他在年輕的時候，卽致力於茶葉製造技術的改進。他在日本學習了全部新的機器製茶的方法，回國來後很困難的糾集了一些資金，完全採用新法製茶。茶是製成了，品質也改良了，但是商品性的茶葉最後決定成敗的因素是在於市場，買辦與洋行控制下的運銷機構是不願意中國茶葉生產現代化的，結果他的改良茶葉被視作與手工作坊所製的茶葉同樣等級，甚且所得價格還比不上；他的資金固然虧蝕，在原來經濟基礎上改進中國茶葉生產技術的嘗試，亦告失敗，以致在抗戰以前的幾年中，他的努力不得不集中於消極的茶葉出口檢驗與產地檢驗上，以求局部的功效。這是一個明顯的例子。

神聖的對日抗戰爆發了，國內統一團結亦建立起來了。這本來應該是中國歷史上的一個轉捩點。全國的人民都希望中國由此擺脫帝國主義的束縛，消滅封建的殘餘，而走上獨立民主的現代化國家的前途。凡是有心肝的人沒有不以宗教式的熱忱來獻身於這個神聖的事業的。吳覺農先生就其本位上來參加這個神聖的工作，他認爲：抗戰的開展亦同樣正是中國茶業擺脫原有的桎梏，走上現代化前途的最好起點。

當時由於經濟動員的實際需要，成立了貿易委員會。吳覺農先生參加了該會，担任了管制全國茶業的工作，我亦於二十八年春季中途參加。這一段時間的工作，在我個人回憶上是覺得很可珍貴的。當時，貿易委員會若干主持人的計劃，原不過想把若干外銷物資，由政府收購了過來，用以和別國交換作戰物資。而吾人不會忘記的事實是：在吾國抗戰的初期，以最大的力量幫助吾人物力，甚至人力的國家是蘇聯，這時候兩國間的友誼是極好的，貿易關係隨之開展，中國可以銷往蘇聯的物資主要的是茶葉，所以貿易委員會決定收購全國茶葉，來與蘇聯易貨。在貿易委員會的大部份主持人中，對於茶葉的需要與認識，不過祇此而已。唯吳覺農先生認爲茶業亦應於這個時候展開「抗戰建國」的前途，就是，吾人的使命不僅僅是限於收購及易貨工作爲已足，而是應於這個時候對於茶葉產製運銷的整個生產過程，予以本質上的變革，吾們希望中國茶業能自原來的半封建半殖民地的生產關係，蛻變爲獨立自主的現代化生產。增進茶農利益，以合作社等方式，使農民零星的副業生產而發展爲專業性的大規模的現代化茶園茶場。改進製造技術，改善茶工生活，使作坊式的手工業生產而發展爲現代化的機器生產。而於銷售方面，更是必需打倒買辦洋行的壟斷，而成爲國營出口，對世界市場作有組織的直接推銷。在吳覺農先生指示的原則下，我曾寫了一本「戰時中國茶業政策論」的小册子，以農業經濟的原理，對於中國茶業改革作了一些說明。當時吾人的情緒是非常緊張，而期望工作的成功是相當急迫的。

但是，對於吾們的主張，貿易委員會的主持人未必是一様的看法，所以，吾們的工作祇有走着曲折迂迴的路，吾們的奮鬥仍是相當艱苦的。

貿委會收購各省茶葉是與各省政府合作的，我與費鴻年、李錚二位先生派在浙江工作。當時，浙江有單行的政治綱領，建設廳對於全省的經建工作，也有一個整套的方案，配合着我們的統購統銷的方針。各地青年紛紛來歸，對於抗戰建國的熱忱與信心，非常強烈。所以，吾們對於戰時茶業政策的一套理論，頗能得到省當局的支持，即由省政府建設廳與貿委會合辦了一個特產管理處，名稱叫做油茶棉絲管理處，對全省上述四種特產的產製運銷，作有系統的改進。處長由伍展空先生兼任，費鴻年先生任副處長，我即担任了茶葉部主任。貿委會浙江辦事處主任是李磐資先生，李先生是個著名的學者，對吾們主張亦竭力支持，使吾們在浙江得以比別處爲痛快的放手做去。

我在浙江工作近一年，是個可紀念的興奮時期。茶葉部工作人員約一百四五十人，在費鴻年先生領導下，共同負責的是舊同學蔣鴻澤、劉河洲、沈育萬諸先生。吾們完全以學生時期最熱烈的心情，忘我地爲工作而努力，全部同事大部份都是經過考試錄取，再經短期訓練的優秀青年，對於工作都是熱情奔放，具有極大的信心。吾們彼此互勵，不斷工作中不斷學習，一切都依照吾人的理想在逐步展開。訂定了若干章則及各種辦法，後來都做了其他各省的示範。

吾們把工作心得及為了學習上的需要，曾編印了多種有關茶葉方面的書籍，其中如「茶與文化」等書且曾引起一般讀者的愛好。就在這個時候，吳覺農先生與費鴻年先生提出了這本「茶葉全書」，認為在茶業改革中是工作人員最好的一本參考書。費鴻年先生即開始領導茶葉部中幾位同事，大家來分担翻譯工作。因篇幅較巨，環境變遷過快，這部書的全部翻譯審訂是經過了近十一年時間，和費了無數人的心血；而其時，我却不幸的已離開了這茶業抗建工作的陣營。

在抗戰後期，誰也不能否認，大家初期的熱情逐漸低沉下來，全國抗戰陣營的內部，亦發生了變化，有許多人走上了更直接更進步的路上去，亦有許多人被壓迫被排擠了出來。即以茶葉工作而言，到了廿九年初，茶葉的產銷關係又被商業高利貸者及買辦與帝國主義者的聯合陣線所控制，吾人微薄的力量所產生的成果，早隨大局的變化而被拋棄一旁；隨後又因軍事上的失利，作為中國珍貴特產之一的茶葉，幾乎已陷於全部毀滅的命運中。這時候吳覺農先生亦祗有退居福建崇安，對種植及製造技術，作些局部的研究，而寄希望於茶樹更新運動了。

抗戰勝利以後，真是一切「復員」，中國茶業亦「復員」於抗戰以前的經濟基礎之上。這對於以茶業改造為終身職志的吳覺農先生，甚至就是半途參加過的像我這樣的人，自然是一種悲哀。差幸這部「茶葉全書」譯稿全部保存，我慫恿吳先生設法把這本書印刷出版，固然想以之作為吾們過去一段時間的一種紀念，但我更希望這本書的出版，將成為中國茶業改革途上的一個里程碑。這本書出版以後，吾人將有一個新的真正能夠完成吳覺農先生及其同道們的理想的時期。

光明之前總有一陣黑暗，而光明必然會來的，歷史的車輪是前進的。展開在我們面前的是：一望無際的幾千頃的大規模茶山茶園；成千成萬人工作着的現代化機器製造的大茶廠，以及每年空前數額的箱茶的輸出……這一切均將在最快最速的時間內實現。過去對於茶業革新有貢獻的人們將不會損滅他們的勞績，一切年青的新的工作者今後將不會像過去的先驅們時常徒勞無功。從今日起，吾們是真正可以興奮的，吾們的希望將不是夢想，而將一步一步地成為現實。

本書的出版，自然不僅是在於紀念過去，而應該是鼓勵即將來到的將來。

馮和法

一九四九年五月十五日

於上海砲聲中

本書提要

茶葉爲世界上之一種資源。最初茶樹爲中國所獨有，一切試圖移植茶樹至他地者均遭拒絕。飲茶亦爲中國特有之事，其後採用之國家乃變其方式以適合其國情而已。今已證實英國人之生活特別宜於飲茶，惟美國人則永不能瞭解英國所習飲之午後茶；此與THAMES河HENLEY地方之競舟年會然，爲世上獨一無二者。

文明世界已有三種重要之無酒精飲料——茶葉之汁、咖啡果實之汁及可可果實之汁。此種葉及果實均爲世上最受歡迎之溫和飲料之來源。茶葉居此類飲料總消費量之首位；咖啡果實次之；可可果實又次之。性情燥急之人仍習飲酒精飲料，此種僞興奮劑常爲麻醉劑與止痛藥。茶、咖啡及可可對於心臟、神經系統及腎臟爲眞正之興奮劑；咖啡尤使頭腦興奮，可可刺激腎臟，而茶則處於兩者之間，對於全身官能起溫和之興奮作用。此「東方之恩物」已變爲極優美之溫和飲料及一種由自然界所合成之純粹、安全而有用之興奮劑，並爲一種人生之主要享樂。

作者敍述茶葉之全部項目，分爲六部份：歷史方面、技術方面、科學方面、商業方面、社會方面及藝術方面。

歷史方面——第一章敍述傳說中之茶葉起源約在紀元前二七三七年，紀元前五五〇年見於孔子之著作，但最早之可信紀錄則在紀元三五〇年。原始之自然茶園位於東南亞洲，此區包括中國西南部之邊省、東北印度、緬甸、暹羅及印度支那。

茶樹栽培及飲茶習慣廣佈於中國及日本，乃由於佛教僧侶之推薦，僧侶以茶節慾。約在紀元七八〇年，第一部茶葉手冊——茶經出版，已載於本書第二章。日本文學中最早之茶葉紀錄始於紀元五九三年，其栽培則始於紀元八〇五年。

紀元八五〇年，首次茶葉消息傳至阿剌伯；一五五九年傳至威尼斯；一五九八年傳至英國；一六〇〇年傳至葡萄牙。荷蘭人在一六一〇年首次將茶葉帶至歐洲；一六一八年到達俄國；一六四八年到達巴黎；約在一六五〇年到達英國及美洲。以上均見第三章。

第四章敍述 GARWAY 之故事及其在倫敦之著名之咖啡

館；第五章敘述爲反抗茶葉稅而戰之國家；第六章敘述世界上最大之茶葉專賣公司；第七章敘述運茶葉快剪船；第八、九、十章敘述荷人在爪哇與蘇門答臘、英人在印度及錫蘭經營茶業之發展。第十一章敘述其他各地之植茶史。

技術方面——第十二章敘述世界上之商品茶。第十三章敘述各種商品茶之貿易價值及其性徵，並附一完全之總表。以後八章專述中國、日本、台灣、爪哇、蘇門答臘、印度、錫蘭及其他國家茶葉之栽培與製造。第二十二章敘述製茶機器之發展——自最早之中國手工製茶用具至近代茶廠之機器。

科學方面——第二十三章爲茶之字源學，由此吾人知廣東音之中國「茶」字爲「CHAH」，但廈門土音則爲「TAY」，後者傳至大部份歐洲國家。其他歐亞國家發音爲「CHA」。

植物學章敘述一七五三年時LINNAEUS之第一次植物分類，將茶定名爲THEA SINENSIS，雖然以後改稱CAMILLIA，惟現今植物學家仍稱此名。

茶之化學及藥物學章，爲前托格拉印度茶業協會之化學師C. R. HARLER所論述。葉之組織、製造時之化學變化及咖啡鹼與單寧之作用，均在第二十五章及第二十六章中分別敘述。

第二十七章爲茶與衛生，介紹茶葉鑒評家、茶商及廣告家對於茶葉科學的、醫藥的及一般的意見。

商業方面——下册第一章至第五章敘述在蘇彝士運河開通以後茶葉由生產國運至消費國之情形，對於茶葉自產地初級市場至消費國零售商售與消費者之情形，均予詳述。以後十章敘述中國、荷蘭之貿易史，英國國內及海外貿易狀況、茶葉協會、茶葉股票及股票貿易，日本台灣及其他各地之貿易。美國茶葉貿易史見於第十五章。

第十六章爲茶葉之廣告史，自紀元七八〇年迄最近之合作推廣爲止。並論述茶葉之廣告效力。第十七章討論世界茶葉之生產與消費。

社會方面——茶葉曾被稱爲「風度與風雅之侍女」。第十八章爲茶葉之社會史，敘述早期中國、日本、荷蘭、英國及美國之飲用情形。第二十章敘述茶園中之故事。第二十章敘述十八世紀時英國男女在公開飲茶之倫敦茶園中之歡樂情形。第二十二章敘述早期飲茶之習俗，首述原始的暹羅人以野茶樹之葉作爲食物及飲料；繼述西藏人飲用牛乳茶湯之習俗；以及英國午後茶之起源。

第二十三章述現今世界上飲茶之方式與習俗。由此吾人可知午後茶在英國爲「一天中有陽光之一刻」。在美國人能充分體會飲茶之美德以前，首先必須學習閑暇之藝術。第二十四章敍述煮茶用具之發展——從最初之茶壺至美國之袋茶（TEA BAG），若干人以爲此種袋茶將使茶壺絕跡。究以何者爲實用？

第二十五章爲茶之泡製方法。HARLER討論科學的調製法，並告知嗜茶者如何購茶及如何使泡製完美。

藝術方面——第二十六章爲茶與藝術。指述繪畫、彫刻及音樂中對於茶之贊美；並附述若干著名之陶製及銀製茶具。最後一章——二十七章爲茶與文學，摘錄詩人、歷史家、音樂家、哲學家、科學家、戲劇家以及小說作家關於茶之著述。

附錄——下冊之後部包括（一）茶葉年譜；（二）茶葉辭典；（三）茶葉書目；及（四）索引。

茶經卷上

唐　竟陵陸羽鴻漸著

明　新安汪士賢　校

一之源

茶者南方之嘉木也一尺二尺迺至數十尺其巴山峽川有兩人合抱者伐而掇之其樹如瓜蘆葉如梔子花如白薔薇實如栟櫚葉如丁香根如胡桃瓜蘆木出廣州似茶至苦澀栟櫚蒲葵之屬其子似茶胡桃與茶根皆下孕兆至瓦礫苗木上抽其字或從草或從木或草木并從草當作茶其字出開元文字音義從木當作梌其字出

陸羽及其茶經——第一部茶書（紀元七八〇年）

中國福建武夷山九曲圖

中國安徽一綠茶產區圖

（以上第一、二章）

一六五五年廣州荷蘭東印度公司之船隻

英國第一位飲茶之皇后——CATHERINE 皇后（一六三八——一七〇五）

一六五七年英國首次售茶之倫敦 GARRAWAYS 咖啡室

一七七三年十二月十六日美國波士頓（BOSTON）之抗茶會

（以上第三、四、五章）

一七六〇年時廣州之外國商行

一八〇七年黃埔停泊處之東印度公司船隻

一八〇八年東印度公司之拍賣室

著名之快剪船設計者
DONALD MCKAY

（以上第六章）

一八六六年著名之快剪船競賽中之羚羊號（ARIEL）與太平號（TAPING）

一八五一年美國運茶快剪船飛雲號（FLYING CLOUD）

中國福州閩江口之老塔停泊處

（以上第七章）

爪哇植茶之父 J. I. L. L. JACOBSON（一七九九——一八四八）

爪哇 WANAJASA 前國營茶園之遺址

爪哇 TJIKADJANG 最老之中國種茶樹，開始種植於一八六三年

（以上第八章）

一八三五年印度 CHUBWA 由中國工人種植之中國種茶樹

一八八七年時印度 CHUBWA 在中國人管理下種植之茶樹（此茶至今仍在栽培，成為一種良好之中國亞薩姆雜種茶樹）

印度加爾各答印度茶業協會（INDIAN TEA ASSOCIATION）之皇家交易所（ROYAL EXCHANGE）

SAMUEL C. DAVIDSON（一八四六——一九二一）為著名之SIROCCO式茶葉乾燥機及其他革命性的製茶機器之發明者

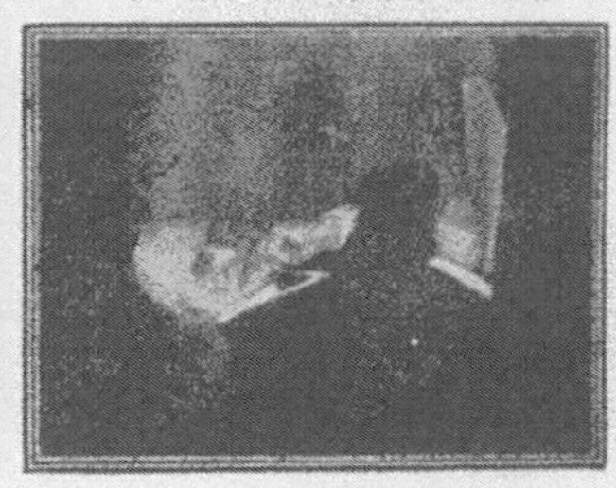

WILLIAM JACKSON（一八五〇——一九一五）為 JACKSON 式茶葉揉捻機、乾燥機及其他劃時代之製茶機器之發明者

（以上第九章）

十八世紀七十年代錫蘭咖啡園改闢爲茶園，圖爲DIMBULA之BOGA-HAWATTE園改闢時期之景象

一八四一年錫蘭首次植茶之PUSSELLAWA區

在錫蘭之MASKELIYA區，有若干錫蘭先驅者之茶園

（以上第十章）

一九〇〇年時CHAKVA皇室領地之茶園

帝俄時，俄國農民在中國人指導下以傳統方法採摘茶葉

FIJI島VANOALEVU地方之茶樹

台灣等高線種植之茶園

非洲NYASALAND之MLANJE山附近最早之茶園，海拔二千呎

一八九五年時台灣之茶園

非洲NATAL最早之茶園——KERRSNEY地方之HULETT茶園，海拔一千呎

美國PINEHURST之中國種茶園內黑人小孩摘茶之一景——一九〇五年

（以上第十一章）

第一章　茶之起源

神農本草中茶之起源——詩經中關於茶之記載——迦羅傳——第三世紀時有關茶之記載——最早之可靠記錄——茶之商品化——茶作飲料——第一部茶書與第一種茶稅——泡茶——茶之起源問題——自然茶園——茶之輸入日本——達摩傳——佛教僧侶宣揚文化

茶之起源，遠在中國古代，歷史既久，事跡難考。一般記載雖多雜有神話傳說，其間何者為事實，何者為虛構，祇能大致加以區別，故如何發見茶葉可以供作飲料，而以茶葉供作飲料又始於何時，頗難得一正確之考據。即如茶樹最初栽培之年代及其栽培方法，亦無事實可稽，難作確切斷言，正如黑人遠在有史以前已知咖啡為飲料，中國人知茶樹並利用茶葉為飲料及食品，亦在不可追憶之往古。

依據中國方面之傳說，茶葉之起源約在紀元前二七三七年，而最早見於中國古代之可靠史料者，約在紀元三五〇年，在此期間，曾有若干僅憑臆測之茶葉文獻，所謂臆測者，因「茶」字直至第七世紀始有確定之意義也。在此以前，則係用以記述茶以外之數種其他植物，唐代（六二〇——九〇七）以前，一般習用「荼」字為茶之假借名詞，荼字之原義為薊，「荼」「茶」二字，字形相似，在字源學上有密切關係，易於引起「茶」字來源出於「荼」字之聯想，古代作家之用茶字是否另指其他灌木，目前實難以判斷，故欲從古代文獻中探求茶葉之最初歷史，確非易事。

神農本草中茶之起源

中國茶之起源問題，在傳說上歸諸神農時代（約在紀元前二七三七年），Samuel Ball 以為依照古代習慣及傳說，多數藥用植物及茶葉之發見，均歸功於神農氏，故推定茶葉起源於神農時代，當非憑空之判斷。（註一）

神農本草中云：「苦荼，一名荼，一名選，一名游，生益州川谷山陵道旁，凌冬不死，三月三日採乾」。另一記載謂茶葉可醫頭腫，膀胱病，受寒發熱，或胸部發炎，又能止渴興奮，使心境爽適，惟神農之本草雖屢被引用為茶葉歷史悠久之證明，但其記述是否確係出諸紀元前二七〇〇年時代之作者，實滋疑問。據考本草一書，實為東漢時代（二五——二二一）之作品，當時茶字尚未見於經籍，其中關於茶葉之記載，必為第七世紀以後之作家所加入，此去神農時代已三千四百餘年矣。

詩經中關於茶葉之記載

上述乃茶葉文獻上錯誤之一端，尚有更大之誤解者，則為孔子所編詩經中關於茶之記載，是書約成於紀元前五五〇年左右，其中有「誰謂荼苦，堇荼如飴」之句，後人每誤解為孔子論茶之明證，其實據學者考據之結果，不獨此種詩句與茶無關，即在全書中亦從未論及茶葉，英國牧師 James Legge（一八一五——九七）以譯詩經而傳名，註「荼」為「薊」，「堇」為「薺菜」，句云："Who says the sow thistle is bitter? It is sweet as the shepherd's purse."（註二）

註一：S. Ball 著：中國茶葉之栽培與製造 Cultivation and Manufacture of Tea in China, 一八四八年倫敦出版。
註二：見 J. Legge著：中國文學名著 Chinese Classics, 一八七一香港出版。

茶經爲第一部茶葉專著，係陸羽於紀元七八〇年以後所著，該書引用「誰謂荼苦」及「堇荼如飴」之句，被指出詩經所謂「荼」，其字從草不從木，而茶係木本，因此謂詩經之句應改爲「誰謂荼苦」，惟紀元七二五年以前尚未應用「茶」字，故此種解釋亦非合理。在紀元前五百年，尚有一種資料即爲晏子春秋，其中有茗茶之記述，熟悉東方學術之荷蘭植物學家 E. Bretschneider，以爲晏子既與孔子同時，是見茗茶爲當時之飲品，惟晏否即喝茶糊則又屬疑問。（註三）

四世紀以後，約在紀元前五十年時，王褒僮約一文中有「武都買茶，楊氏担荷」及「烹茶盡具，餔已蓋藏」之句，始爲茶之可靠資料。武都爲四川之一山，該省素稱爲中國茶之發源地，故學者咸認王褒著作中之「茶」，當直接指「茶」而言，故認茶係產於王褒時代，不能視爲無相當理由。

迦羅傳

證明四川在古代已種茶樹之論據，可於迦羅傳中發見之。惜中國任何有關茶葉之主要書籍內，均未述及此事，殊屬可異。按迦羅於魏代由印度研究佛學歸來，攜回茶樹七株，栽培於四川之蒙山，此種記載，似有相當事實根據，蓋茶譜中亦述及最初茶葉受皇室之注意係在魏代（二二一——二六三），此或係指迦羅之七株茶樹而言，惟 Samual Ball 則謂茶譜多詩詞，缺乏歷史價值。

第三世紀時關於茶之記載

紀元三世紀以後，關於茶之記述漸多，且亦較爲可信。前述神農之本草，實爲東漢時代之著作。但在本草古本中，未見有茶之記載，有之當爲三世紀以後所加入。死於紀元二二〇年之名醫華陀曾著食論一書，亦有關於茶之記錄，內云：「苦茶久食，可以益思」。又三國志中亦有另一紀錄，謂吳王孫皓（二四二——二八三），因其臣韋曜僅能飲酒二升，故密賜茶荈以代酒。

最早之可靠記錄

四世紀時，即三一七年左右，晉將軍劉琨致其姪兗州刺史劉演之信中云：「吾體中憒悶，常仰於茶，汝可置之」。其次有關古代飲茶習慣之記載，見於第四世紀時之世說，其中謂晉惠帝之岳父王濛喜飲茶，彼常以茶饗客，惟均以味苦而辭謝。

爾雅乃中國之古典，爲紀元三五〇年著名學者郭璞所編，始予「茶」字以確切之定義，並以「檟」或「苦茶」名之，且說明爲「一種煎葉而成之飲料」。書中並謂早採爲「茶」，晚採爲「茗」。此種記載據茶史學者之意見，當視爲種茶之最可靠記錄，依據郭璞之記述，世人遂常謂茶樹之最早栽培時期，約在紀元三五〇年，惟郭璞時代所飲之茶，當爲藥用性質，以未加工之青葉煎服，其味甚苦，但香氣馥郁，頗能引起快感，鮑照之妹鮑令暉因此而著香茗賦。又在晉史中亦記：桓溫（三一二——三七三）爲揚州牧，性其儉，每讌飲，所置七奠，僅茶與生菓而已。

當時之製茶方法及飲用方法，在後魏時代之廣雅中亦可稍得梗概。書中述及湘北四川之間採茶製成茶餅，灼至變爲紅色。然後碎成小片，投磁壺中，將沸水冲入，復加葱薑及橘皮等配合而飲。

茶之商品化

在第五世紀時，茶葉漸成爲商品，宋（四二〇——四七九）時之江氏家傳中，江統上疏有云：「西園賣醯、麵、菜、茶之屬，虧敗國體」。南齊世祖武皇帝（四八三——四九三）遺詔中載明不得用牲畜爲祭，但設餅、菓、茶、飯、酒、脯而已。王肅（四六四——五〇一）喜飲茶，後魏錄中記彼曾謂「茗不堪與酪爲奴」。

以上等茶葉作爲貢品之習慣，即始於是時。在宋代山謙之所著之吳

註三：見E. Bretschneider 著 Botanicon Sinecum II 載 Journal of the China. Bch. 一八九三年上海 Royal Asiatic Society 出版。

興記一書中，謂浙江之烏程縣西二十里，有溫山，所產之茶，專作進貢之用。

茶充作飲料

六世紀末葉，茶葉由藥用而轉爲飲品，晉詩人張孟揚（五五七——五八九）所作登成都樓詩中，即描寫當時以茶爲清涼飲料，有「芳茶冠六情，溢味播九區」之句。羣芳譜之著者證實當時飲茶已由藥用轉變爲飲料，據稱茶葉最初充作飲料，當在隋代（五八九——六二〇）文帝之時，當時雖不十分重視，但已認爲佳品，且在藥用方面仍爲人稱揚，以其有解體毒，治昏睡之功效也。

第一部茶書與第一種茶稅

第六世紀時，茶之傳播益廣，但關於茶葉產製方面，直至紀元七八〇年始有詳細記載之書籍，當時有文人及茶葉專家陸羽氏，應茶商之請著茶經一書。此書除敍述一般情形外，更詳著茶之品質及效用，並引用漢代某帝皇之語：「用茶使厥頓感驚異，其妙不可思議，有似酒後頓感興奮，精神亦備覺舒暢」，足可證明陸羽時代之飲茶，已由古時未加工之青葉煎汁進展爲醇美之茶湯。並因改良製造方法，使茶葉品質更趨良好，無需再加香料以增香味。陸羽對於選擇茶水及煮茶之沸度，頗爲重視，當時茶之應用，漸見普遍。德宗元年（七八〇），政府以茶葉爲課稅之重要項目，是爲茶稅之起源，惟不久因遭各方反對，曾告中止，至德宗十四年（七九三），復徵茶稅。

由是足證茶之普遍飲用當在隋文帝（當時茶譜上已有飲茶之紀錄）至唐德宗（當時第一次開徵茶稅）之二世紀時期中，當時泡茶之方法，見於紀元八五〇年左右，二阿剌伯人旅行中國之遊記。彼等曾見茶葉爲中國普遍之飲料，並言中國人如何以沸水沖茶，飲其液汁，且稱飲之可以防百病（註四），足見華人在第九世紀時之泡茶方法，已與今日相同，而至今仍視爲有醫藥之效用。

泡茶之出現

據羣芳譜中所述，宋代（九六〇——一二八〇）飲茶之風，盛行各省，且泡茶方法已能迎合一般嗜好，蔚成時尚風尚，其法即以乾葉研碎成末，置熱水中，用輕竹帚攪拌之，不再加鹽以佐香氣，至此茶葉固有之芳香，始得爲人所領略。當時嗜茶者，漸轉移於欣賞方面，致成爲社會與知識界交際上之必需品，以是相率探求新品種，並舉行比賽，品評優劣。徽宗（一一〇一——一一二六）尤愛好藝術，不惜重金以求新茶及名貴品種，並御定二十種爲「白茶」，視爲具有異香而最珍貴之茶，其時各城市均有精緻之茶室，佛門中亦以飲茶爲一種肅穆之儀式。至一、二世紀後之明代（一三六八——一六四四），又有第二本茶書出現，即顧元慶著之茶譜，此書被認爲極少歷史價值。

茶之起源問題

茶起源於中國，在本章篇首業已述及，惟就植物學觀點言，則又另成問題。多數科學家與學者對於茶樹究係起源於中國抑印度，意見各執，爭論不休。在一八二三年印度發見土生亞薩姆種(Assamica)以前，若干人曾煞費苦心，將中國茶種輸往印度。同時又有華茶由印度輸入之古代傳說，且至今若干學者仍深信中國栽培之茶樹最初係由外國移入。Samuel Baildon 主張印度爲茶樹原產地之說最力，彼所持理論，認爲中國與日本約在一千二百餘年以前，由印度輸入茶樹，更謂茶樹祇有一種，即印度種，中國茶樹之所以樹叢矮短及葉片細小，乃因移植於遠距原產地受不同氣候土壤等條件所引起之結果。（註五）

註四：見 Eusebius Renaudot 著之第九世紀二回教徒旅行中國印度記 Accounts of India and China by Two Mohammedan Travelers Who went to those Parts in the Ninth Century, 一七三三年倫敦出版。

註五：見 Samuel Baildon 著亞薩姆之茶樹 Tea In Assam, 一八七七年加爾各答出版。

爪哇茶葉試驗場植物學家 Cohen Stuart 博士，關於茶之起源曾著有論文，彼遍覽關於在中國邊境（卽西藏、雲南及交趾支那等處未開發之山陵）所發見野生茶之各種文獻而作詳盡之檢討，認爲茶之起源地問題如能解決，則必屬中國邊境無疑。他如法屬印度亦可供解決此問題之線索，彼以爲最初茶園之發源地或卽隱藏於此，亦未可知。

自然茶園

自然茶園在東南亞洲之季候風區域，至今多數野生植物中，尙可發見野生茶樹，暹羅北部之老撾（Laos-State或Shan）、東緬甸、雲南、上交趾支那及英領印度之森林中，亦尙有野生或原始之茶樹。因此茶可視爲東南亞洲（包括印度與中國在內）部分之原有植物，在發現野生茶樹之地帶，雖有政治上之境界，別爲印度、緬甸、暹羅、雲南、交趾支那等，但究係一種人爲界線。在人類未慮及劃分此界線以前，該處早成爲一原始之茶園，其茶葉氣候及雨量狀況，均配合適當，以促進茶樹之自然繁殖。

現代中國所有記述，均確定在公元三五〇年前後，開始栽培於四川，由此逐漸擴展至揚子江流域，再繁延於沿海各地。茶譜一書，出版稍遲，該書首持茶樹起源於武夷山之說，此種見解，一方面雖與一般見解不同，一方面或因誇耀中國產茶區域之偉大。唐時（六二〇——九〇七），茶樹之栽培，已遍佈於現今之四川、湖北、湖南、河南、浙江、江蘇、江西、福建、廣東、安徽、山西、貴州等省，湖北、湖南之茶樹，以品質優良著名，故該處所產之茶，均作貢品。

昔時有用猴採茶之傳說，此種離奇不經之譚，爲僧侶所傳播，蓋茶樹生長山崖削壁之間，不易採取，故非假手於猴不可。據傳茶樹生於岩石間，採茶時以石投猴，猴怒而競折茶枝擲下。

茶之栽培，既普遍於中國各省，以後漸爲一般旅行家所注意，中國遂成爲世界各國栽培茶樹之發源地，日本則爲移植中國茶樹之諸國中最早之一國。

茶樹之原始產地

東南亞細亞洲季節風區域之自然茶園，上圖黑影處爲茶樹之原始產地，包括印度、緬甸、暹邏、交趾支那及中國之雲南省。又松羅山實爲新羅山，見茶經。

茶輸入日本

茶在日本社會上之地位，較中國爲重要，此種知識之輸入日本，當在聖德太子時代（五九三年左右），與美術、佛教及中國文化同時輸入。至於茶樹之實際栽培方法，則係以後日本佛教僧侶所傳入。此輩僧侶在日本茶史中頗不乏著名之人物，因彼等在中國研究佛學時，習知茶樹之栽培技術，歸國時卽攜回若干茶籽，在國內播種栽植。

達摩傳

日本神話中稱中國茶樹起源於達摩，據傳達摩爲欲免除坐禪時之渴睡，乃割其眼皮投於地上，生根而長成茶樹。而事實上茶在今日已成爲日本社會與文化生活之必需品。日本史學家具有一種普遍觀念，以爲寺院中之園庭，大抵均種有茶樹，因此彼等常稱茶爲日本文化之一部。根據日本權威歷史紀錄古事根源及奥儀抄二書，日本聖武天皇於天平元年（七二九）召集僧侶百人，在宮中嗹誦佛經四日，事畢各賜以粉茶，若輩得此珍貴之飲料，遂引起自行種茶之興趣。籍載有高僧行基（六五八——七四九）一生建築寺院四十九所，並在各寺院中種植茶樹，是爲日本種茶之首次記錄。

不獨僧人愛好中國之茶樹，即桓武天皇於延曆十三年（七九四）在平安京之皇宮中建築宮殿時，亦採用中國式建築，內闢一茶園，專設官員管理，並受御醫之監督。可見此時茶葉尚未脫離藥用植物之時期。

佛教僧侶宣揚文化

延曆二十四年（八〇五），高僧最澄（後通稱爲傳教大師）由中國研究佛教返日，攜回若干茶種，種植於近江（滋賀縣）阪本村之國臺山麓，現在之池上茶園相傳即爲當時大師種茶之舊址。次年即大同元年（八〇六），另一僧侶弘法大師（名空海）又從中國研究佛學歸去，亦對茶樹非常愛好，且見鄰國（即中國）皇宮及寺院中文化發達之情形，深表羨慕，故亟思在其本國內造成同樣或更偉大之地位。彼亦攜多量茶籽，分植各地，並將製茶常識傳佈國內。

日本寺院對於栽茶一事顯然獲得相當成功。據日本古代歷史日本後紀及類聚國史中所載，弘仁六年（八一五）嵯峨天皇巡遊至滋賀之梵釋寺，寺僧獻茶，皇飲之大悅，乃在首都附近五縣廣種茶樹，指定專充皇室貢品。大和之元慶寺，栽茶亦頗成功，退位之宇多天皇曾於紀元八九八年訪問此寺，寺僧亦進以香茗。

日本之第一部茶書

當時飲茶已漸次成爲承平時期中首都社交上普通之風習，但在高貴階級中，仍有視作藥用者。迨後內戰爆發，約有二百年無人過問茶事，飲茶之習慣亦日久淡忘，對於栽植更不加注意。戰後建久二年（一一九一），飲茶一事，又復盛行，是時有一日本茶史上最著名之寺僧榮西爲禪宗之領袖，彼復由中國輸入茶籽，種於脊振山之斜坡上，該山在筑前之福岡城西南，其餘則種於博多附近之寺院中。

榮西不獨栽培茶樹，且視茶爲聖藥之本源，因著喫茶養生記一書，此爲日本之第一部茶書，書中稱茶爲神聖藥品，爲上天所賜之恩物，有養生延壽之功效。經此宣傳以後，向爲僧侶及貴族所專享之茶葉，遂普及於民間。茶之推行能如此迅速，同時亦得力於其本身具有醫療功能所致，蓋當時大將軍源實朝（一二〇三——一二一九）因過食患病，召榮西祈禱禳災，榮西除虔誠祈禱外，並立即返寺採集若干茶葉，親自泡製，供病人飲服，飲後霍然而愈。將軍欲知茶葉之詳情，榮西乃獻以養生記一書，自此將軍即成爲茶之信徒，而新藥之名，遂播揚全國，不論貴賤，均欲一窺茶之究竟。

茶之成爲社交必需品，因陶工藤四郎之供應茶具而益臻完美。彼於宋代時由中國攜入特種瓷釉繪飾茶具，使飲茶者之興趣更爲提高。當時在京都附近栂尾地方有僧名高辨者，爲佛教界之領袖，榮西贈以茶種，並授以栽培及製造方法。經高辨慎重奉行之結果，其園中所產之茶，後即供本寺及其他各處之用。

當茶成爲普通之飲料時，其栽培區域亦逐漸擴展至醍醐(Daigo)宇治(Uji)羽室(Hamuro)等地，其後又擴展至鳩根(Hatori)河井(Kawai)及上居治(Kamio-ji)等地，其發展之步伐與生產之要求相齊一。

綠茶之製造法爲一七三八年長谷宗一郎所發明，予日本帝國各地發展茶葉以最後之動力。

第二章 中國與茶經

茶葉栽製方法之起源——茶葉普及中國——茶葉專籍之需要——陸羽，茶經之作者——茶之起源——必需之器具——茶葉之加工——飲茶之準備——歷史上之記錄——茶經

自中國西南部之居民發現茶葉有醫藥價值後，不久生葉之需要與之激增，致中國人竟將三十餘呎高之野茶樹伐倒以採摘橫枝之葉。然當時運用此種採葉方法，頗有完全將茶樹伐盡之虞，故欲避免上項方法之惡果，並欲獲得較便供給之來源，即根據耕種其他農作物之常識，而開始初步之茶樹栽培。譬如當時之農人觀察茶樹與胡桃相似，謂其根深入地中，直至沙礫層乃生幼芽。由此而得一結論，以為茶樹以生長於碎石組成之土壤中最宜，砂礫土次之，粘土則不適宜。以後，茶樹開始播種於四川適宜之山區，此時約為紀元三五〇年。至唐代（六二〇——九〇七），飲茶之風大盛時，需要激增，各省農人遂致力植茶，無論畸角山麓，遍植茶樹，自四川沿長江流域擴展至沿海，至宋代（九六〇——一一二七）乃遍及於今日中國優良綠茶區之安徽及紅茶區之武夷山。

第一部茶書

當茶樹之栽培普及各地時，對於茶之栽培及製造之膚淺知識，均由言語傳播，雖有若干種關於茶葉之著述，亦屬片斷零星，能供農家應用者，極尠系統。至七八〇年，中國學者陸羽著述第一部完全關於茶葉之書籍（即茶經），於是在當時中國農家以及世界有關者俱受其惠。如若茶經中僅述及茶之栽培及製造之知識，則世上將對於飲茶趣味始終未能明瞭。蓋因當時中國人對於茶葉問題並不輕易隨便與外國人交換意見，更不洩露生產製造方法，直至茶經問世，始將其中眞情完全表達。茶經簡化各種淆亂之知識，減少閱讀之時間，但相反者，雖不願使中國栽茶知識洩漏於外國之商人，亦即為散播此類著作之負責人也。

陸羽

當中國茶商正需適當人才，擬將其片斷之茶葉知識綴成篇帙之時，適逢才能高超學問淵博又富有素養之陸羽，樂於從事此種工作。參閱中國書籍記載中，易得陸氏冒險生活之史實。相傳陸羽為一棄嬰，且可與聖經上所載棄於蘆葦中之 Moses 相媲美。原籍湖北復州，為一僧所瞥見而收養之；及長，拒為僧侶，遂使執僮僕之役，以馴其傲性；致其謙卑，使其就範，以恢復八世紀固有之習慣。由於受此種奴役之影響，陸羽成為一極端個人主義者，一旦出路，即行潛逃而去，担任舞台小丑，亦為彼久蓄之野心，其所至各地，一般觀衆均贊嘆其演技滑稽，但其內心並不眞正愉快。蓋彼雖身任俳優，總不忘情於讀書求知。時復州都督以羽為異人，與以書籍，使學，陸羽遍讀聖賢書後，志益堅決，以創造國家文化為己任。當時適遇茶商求人寫作關於茶葉書籍，希望陸羽能任其事，以發揮天才，使茶業從粗放貿易狀態而進入理想化，並使茶業片斷知識有一系統記載。陸羽首先着手於茶業法典之訂立，為後來日本「茶業典」之基礎。

自此陸羽成名，其所成就，在其國內實屬罕見，茶業界崇奉其為祖師，正如 Ruskin 所言：「以平凡之文學傳達及探求事物，為最大之事功」，故無人能否認陸羽之崇高地位。

陸羽晚年處境甚佳，為唐皇所器重。以後再尋求生命之玄奧，至七七五年，成一隱士，五年後出版茶經，八〇四年逝世。

茶經

茶經之原本存於倫敦大學之圖書館，書爲唐代（六二〇——九〇七）竟陵陸羽字鴻漸著，明代（一三六八——一六四四）新安汪士賢校。

茶經內凡三卷十節，第一節論述茶樹之性質，第二節採茶之器具，第三節葉之處理，第四節逐一述及二十四種茶具，由此節中可見陸羽偏好中國道教之象徵及茶葉對於中國製陶術之影響，第五節述泡茶方法，其餘各節分述通常之飲茶法，歷史上有名之茶產地及各種茶具之圖解。茲將明代曾安鄭懋（允榮）校本全文抄錄如下：

一之源

茶者，南方之嘉木也，一尺、二尺迺至數十尺。其巴山、峽川，有兩人合抱者，伐而掇之。其樹如瓜蘆，葉如梔子，花如白薔薇，實如栟櫚，蒂如丁香，根如胡桃。瓜蘆木，出廣州，似茶，至苦澀。栟櫚，蒲葵之屬，其子似茶。胡桃與茶，根皆下孕，兆至瓦礫，苗木上抽。其字或從草，或從木，或草木幷。從草，當作茶，其字出開元文字音義。從木，當作𣘻，其字出本草。草木幷，作荼，其字出爾雅。其名，一曰茶，二曰檟，三曰蔎，四曰茗，五曰荈。周公云：檟苦茶。楊執戟云：蜀西南人謂茶曰蔎。郭弘農云：早取爲茶，晚取爲茗，或曰荈耳。其地，上者生爛石，中者生櫟壤，櫟字當從石爲礫。下者生黃土。凡藝而不實，植而罕茂。法如種瓜，三歲可採。野者上，園者次。陽崖陰林，紫者上，綠者次；笋者上，芽者次；葉卷上，葉舒次。陰山坡谷者，不堪採掇。性凝滯，結瘕疾。茶之爲用，味至寒，爲飲最宜。精行儉德之人，若熱渴、凝悶、腦疼、目澀、四肢煩、百節不舒，聊四五啜，與醍醐甘露抗衡也。採不時，造不精，雜以卉莽，飲之成疾。茶爲累也，亦猶人參。上者生上黨，中者生百濟、新羅，下者生高麗。有生澤州、易州、幽州、檀州者，爲藥無效。况非此者，設服薺苨，使六疾不瘳，知人參爲累，則茶累盡矣。

二之具

籝，加追反。一曰籃，一曰籠，一曰筥，以竹織之，受五升，或一斗、二斗、三斗者，茶人負以採茶也。籝，漢書音盈，所謂黃金滿籝，不如一經。顏師古云：籝，竹器也，容四升耳。

竈，無用突者。釜用脣口者。

甑，或木或瓦，匪腰而泥。籃以箄之，篾以系之，始其蒸也。入乎箄，既其熟也，出乎箄，釜涸注於甑中。甑，不帶而泥之。又以穀木枝三亞者製之。亞字當作椏，木椏枝也。散所蒸芽笋幷葉，畏流其膏。

杵臼，一曰碓，惟恆用者佳。

規，一曰模，一曰棬，以鐵制之，或圓、或方、或花。

承，一曰臺，一曰砧，以石爲之，不然以槐桑木半埋地中，遺無所搖動。

檐，一曰衣，以油絹、或雨衫、單服敗者爲之，以檐置承上，又以規置檐上，以造茶也。茶成，舉而易之。

芘莉，音杷離。一曰羸子，一曰𦼮筤。𦼮音崩，筤音郎，𦼮筤籃籠也。以二小竹，長三尺，軀二尺五寸，柄五寸，以篾織方眼，如圃人土羅，闊二尺，以列茶也。

棨，一曰錐刀，柄以堅木爲之，用穿茶也。

撲，一曰鞭，以竹爲之，穿茶以解茶也。

焙，鑿地深二尺，闊二尺五寸，長一丈，上作短牆，高二尺，泥之。

貫，削竹爲之，長二尺五寸，以貫茶焙之。

棚，一曰棧，以木構於焙上，編木兩層，高一尺，以焙茶也。茶之半乾，昇下棚；全乾，昇上棚。

穿，音釧。江東、淮南，剖竹爲之。巴川、峽山，紉穀皮爲之。江東以一斤爲上穿，半斤爲中穿，四兩、五兩爲下穿；峽中以一百二十斤爲上穿，八十斤爲中穿，五十斤爲小穿。字舊作釵釧之釧字，或作貫串，今則不然，如磨、扇、彈、鑽、縫五字，文以平聲書之，義以去聲呼之，其字以穿名之。

育，以木制之，竹編之，以紙糊之。中有隔，上有覆，下有床，傍有門，掩一扇，中置一器，貯塘煨火，令熅熅然。江南梅雨時，焚之以火。（育者，以其藏養爲名。）

三之造

凡採茶，在二月、三月、四月之間。茶之筍者，生爛石沃土，長四五寸，若薇蕨始抽，凌露採焉。茶之芽者，發於叢薄之上，有三枝、四枝、五枝者，選其中枝穎拔者採焉。其日有雨不採，晴有雲不採。晴，採之、蒸之、擣之、拍之、焙之、穿之、封之，茶之乾矣。茶有千萬狀，鹵莽而言，如胡人鞾者，蹙縮然；（京錐文也）犎牛臆者，廉襜然；（犎，音朋，野牛也）浮雲出山者，輪囷然；輕飇拂水者，涵澹然。有如陶家之子羅膏土以水澄泚之。（謂澄泥也）又如新治地者，遇暴雨流潦之所經，此皆茶之精腴。有如竹籜者，枝幹堅實，艱於蒸擣，故其形籭簁然。（上離下師）有如霜荷者，莖葉凋沮，易其狀貌，故厥狀委萃然，此皆茶之瘠老者也。自採至於封，七經目，自胡鞾至於霜荷八等，或以光黑平正言嘉者，斯鑒之下也。以皺黃坳垤言佳者，鑒之次也。若皆言嘉及皆言不嘉者，鑒之上也。何者？出膏者光，含膏者皺，宿製者則黑，日成者則黃，蒸壓則平正，縱之則坳垤，此茶與草木葉一也。茶之否臧，存於口訣。

四之器

風爐（灰承）　風爐，以銅鐵鑄之，如古鼎形，厚三分，緣闊九分，令六分虛中，致其杇墁。凡三足，古文書二十一字。一足云，坎上巽下，離于中；一足云，體均五行，去百疾；一足云，聖唐滅胡明年鑄。其三足之間，設三窗，底一窗以爲通飇漏燼之所，上並古文書六字：一窗之上書伊公二字；一窗之上書羹陸二字；一窗之上書氏茶二字，所謂伊公、羹陸、氏茶也。置墆埭於其內，設三格，其一格有翟焉，翟者火禽也，畫一卦曰離；其一格有彪焉，彪者風獸也，畫一卦曰巽；其一格有魚焉，魚者水蟲也，畫一卦曰坎。巽主風，離主火，坎主水，風能興火，火能熟水，故備其三卦焉。其飾以連葩垂蔓曲水方文之類。其爐或鍛鐵爲之，或運泥爲之。其灰承，作三足，鐵柈擡之。

筥　筥以竹織之，高一尺二寸，徑闊七寸。或用藤作木楦，（古箱字。）如筥形織之。六出圓眼，其底蓋若利篋口鑠之。

炭檛　炭檛，以鐵六稜制之。長一尺，銳一豐中，執細頭系一小鐶，以飾檛也。若今之河隴軍人，木吾也。或作鎚，或作斧，隨其便也。

火筴　一名筯，若常用者。圓直一尺三寸，頂平截，無蔥臺勾鏁之屬，以鐵或熟銅製之。

鍑（音輔或作釜或作鬴）　鍑，以生鐵爲之，今人有業冶者，所謂急鐵，其鐵以耕刀之趄鍊而鑄之。內摸土而外摸沙，土滑於內，易其摩滌；沙澀於外，吸其炎焰。方其耳，以正令也；廣其緣，以務遠也；長其臍，以守中也。臍長則沸中，沸中則末易揚，末易揚則其味淳也。洪州以瓷爲之，萊州以石爲之，瓷與石皆雅器也，性非堅實，難可持久。用銀爲之，至潔，但涉於侈麗。雅則雅矣，潔亦潔矣，若用之恆，而卒歸於鐵也。

交床　交床，以十字交之，剜中令虛，以支鍑也。

夾　夾，以小青竹爲之，長一尺二寸，令一寸有節，節已上剖之，以炙茶也。彼竹之篠，津潤于火，假其香潔以益茶味。恐非林谷間莫之致，或用精鐵熟銅之類，取其久也。

紙囊　紙囊，以剡藤紙白厚者夾縫之，以貯所炙茶，使不泄其香也。

碾（拂末）　碾，以橘木爲之，次以梨、桑、桐、柘爲之。內圓而外方，內圓備於運行也，外方制其傾危也。內容墮而外無餘木，墮形如車輪，不輻而軸焉。長九寸，闊一寸七分，墮徑三寸，分中厚一寸，邊厚半寸，軸中方而執圓。其拂末以鳥羽製之。

羅合　羅末以合蓋貯之，以則置合中，用巨竹剖而屈之，以紗絹衣之。其合以竹節爲之，或屈杉以漆之。高三寸，蓋一寸，底二寸，口徑四寸。

則　則以海貝，蠣蛤之屬，或以銅、鐵、竹匕、策之類。則者量也，准也，度也。凡煮水一升，用末方寸匕，若好薄者減，嗜濃者增，故云則也。

水方　水方以稠（音胄木名也）木、槐、楸、梓等合之，其裏并外縫漆之，受一斗。

漉水囊　漉水囊，若常用者，其格以生銅鑄之，以備水濕，無有苔穢腥澀之意。以熟銅苔穢，鐵腥澀也。林棲谷隱者或用之竹木，木與竹非持久涉遠之具，故用之生銅。其囊織青竹以捲之，裁碧縑以縫之，紐翠鈿以綴之，又作綠油囊以貯之，圓徑五寸，柄一寸五分。

瓢　瓢，一曰犧杓，剖瓠爲之，或刊木爲之。晉舍人杜毓「荈賦」云：「酌之以匏」，匏，瓢也，口闊，脛薄，柄短。永嘉中，餘姚人虞洪入瀑布山採茗，遇一道士云：「吾丹丘子，祈子他日甌犧之餘，乞相遺也。」犧，木杓也，今常用以梨木爲之。

竹夾　竹夾，或以桃、柳、蒲葵木爲之，或以柿心木爲之，長一尺，銀裹兩頭。

鹺簋 揭　鹺簋，以瓷爲之，圓徑四寸，若合形。（合即今盒字。）或瓶，或罍，貯鹽花也。其揭，竹制，長四寸一分，闊九分。揭，策也。

熟盂　熟盂，以貯熟水。或瓷，或沙，受二升。

盌　盌，越州上，鼎州、婺州次；岳州上，壽州、洪州次。或者以邢州處越州上，殊爲不然。若邢瓷類銀，越瓷類玉，邢不如越一也；若邢瓷類雪，則越瓷類冰，邢不如越二也；邢瓷白而茶色丹，越瓷青而茶色綠，邢不如越三也。晉杜毓「荈賦」所謂「器擇陶揀，出自東甌」，甌，越州也。甌越上口唇不卷，底卷而淺，受半升已下。越州瓷、岳瓷皆青，青則益茶，茶作白紅之色。邢州瓷白，茶色紅，壽州瓷黃，茶色紫。洪州瓷褐，茶色黑，悉不宜茶。

畚　畚，以白蒲捲而編之，可貯盌十枚，或用筥。其紙帊，以剡紙夾縫令方，亦十之也。

札　札，緝栟櫚皮以茱萸木夾而縛之，或截竹束而管之，若巨筆形。

滌方　滌方，以貯滌洗之餘，用楸木合之，制如水方，受八升。

滓方　滓方，以集諸滓，制如滌方，處五升。

巾　巾，以絁布爲之，長二尺，作二枚互用之，以潔諸器。

具列　具列，或作床，或作架，或純木、純竹而製之，或木、或竹，黃黑可扃而漆者。長三尺，闊二尺，高六寸。具列者，悉斂諸器物，悉以陳列也。

都籃　都籃，以悉設諸器而名之；以竹篾，內作三角方眼，外以雙篾，闊者經之，以單篾纖者縛之，遞壓雙經，作方眼，使玲瓏。高一尺五寸，底闊一尺，高二寸，長二尺四寸，闊二尺。

五之煮

凡炙茶，愼勿於風燼間炙。熛焰如鑽，使炎涼不均。持以逼火，屢其翻正，候炮（普教反）出培塿狀蝦蟆背，然後去火五寸。卷而舒，則本其始，又炙之。若火乾者，以氣熟止；日乾者，以柔止。其始若茶之至嫩者，蒸罷熱搗，葉爛而芽筍存焉。假以力者，持千鈞杵亦不之爛，如漆科珠，壯士接之，不能駐其指。及就，則似無穰骨也。炙之，則其節若倪倪如嬰兒之臂耳。既而承熱用紙囊貯之，精華之氣，無所散越，候寒末之。（末之上者，其屑如細米；末之下者，其屑如菱角。）其火用炭，次用勁薪。（謂桑、槐、桐、櫪之類也。）其炭曾經燔炙，爲膻膩所及，及膏木、敗器，不用之。（膏木，謂柏、桂、檜也。敗器，謂朽廢器也。）古人有勞薪之味，信哉。其水用山水上，江水中，井水下。（荈賦所謂「水則岷方之注，挹彼清流」。）其山水，揀乳泉、石池，漫流者上，其瀑涌湍漱，勿食之。久食，令人有頸疾。又水流於山谷者，澄浸不洩，自火天至霜郊以前，或潛龍蓄毒於其間，飲者可決之，以流其惡，使新泉涓涓然酌之。其江水取去人遠者，井取汲多者。其沸，如魚目，微有聲，爲一沸；緣邊如湧泉連珠，爲二沸；騰波鼓浪，爲三沸。已上水老，不可食也。初沸則水合量，調之以鹽味，謂棄其啜餘，（啜，嘗也，市稅反，又市悅反。）無迺䶣䴵而鍾其一味乎。（䶣，古暫反。䴵，吐濫反，無味也。）第二沸出水一瓢，以竹筴環激湯心，則量末當中心而下。有頃，勢若奔濤濺沫，以所出水止之，而育其華也。凡酌置諸盌，令沫餑均，（字書並本草。餑均，茗沫也，蒲笏反。）沫餑，湯之華也，華之薄者曰沫，厚者曰餑，細輕者曰花。如棗花漂漂然於環池之上，又如迴潭曲渚青萍之始生，又如晴天爽朗有浮雲鱗然。其沫者若綠錢，浮於水渭，又如菊英墮於鐏俎之中。餑者，以滓煮之，及沸，則重華累沫，皤皤然若積雪耳。「荈賦」所謂「煥如積雪，燁若春藪」，有之。第一煮水沸，棄其沫之上有水膜如黑雲母，飲之則其味不正。其第一者，爲雋永。（徐縣、全縣二反。至美者，曰雋永，雋，味也。永，長也。史長曰雋永。漢書蒯通著雋永二十篇也。）或留熟以除之，以備育華救沸之用。諸第一與第二，第三盌次之，第四、第五盌外，非渴甚莫之飲。凡煮水一升，酌分五盌。（盌數少至三，多至五；若人多至十，加兩爐。）乘熱連飲之，以重濁凝其下，精英浮其上。如冷，則精英隨氣而竭，飲啜不消亦然矣。茶性儉，不宜廣，則其味黯澹，且如一滿盌，啜半而味寡，況其廣乎。其色緗也，其馨𡡉也。（香至美曰𡡉，音備。）其味甘，檟也；不甘而苦，荈也；啜苦咽甘，茶也。（一本云：其味苦而不也；甘而不甘，檟苦，荈也。）

六之飲

翼而飛，毛而走，呿而言，此三者俱生於天地間，飲啄以活。飲之時義遠矣哉。至若救渴，飲之以漿；蠲憂忿，飲之以酒；蕩昏寐，飲之以茶。茶之爲飲，發乎神農氏，聞於魯周公。齊有晏嬰，漢有楊雄、司馬相如，吳有韋曜，晉有劉琨、張載、遠祖納、謝安、左思之徒，皆飲焉。滂時浸俗，盛於國朝，兩都并荊俞（俞，當作渝，巴渝也。）間，以爲比屋之飲。飲有觕茶、散茶、末茶、餅茶者，乃斫、乃熬、乃煬、乃舂，貯於瓶缶之中，以湯沃焉，謂之痷茶。或用葱、薑、棗、橘皮、茱萸、薄荷之等，煮之百沸，或揚令滑，或煮去沫，斯溝渠間棄水耳，而習俗不已。於戲！天育萬物，皆有至妙，人之所工，但獵淺易，所庇者屋，屋精極；所著者衣，衣精極；所飽者飲食，食與酒皆精極之。茶有九難：一曰造，二曰別，三曰器，四曰火，五曰水，六曰炙，七曰末，八曰煮，九曰飲。陰採夜焙，非造也；嚼味嗅香，非別也；羶鼎腥甌，非器也；膏薪庖炭，非火也；飛湍壅潦，非水也；外熟內生，非炙也；碧粉縹塵，非末也；操艱攪遽，非煮也；夏興冬廢，非飲也。夫珍鮮馥烈者，其盌數三；次之者，盌數五；若座客數至五行，三盌；至七行，五盌。若六人以下，不約盌數，但闕一人而已，其雋永補所闕人。

七之事

三皇　炎帝、神農氏。

周　魯周公、旦。齊相晏嬰。

漢　仙人丹丘子。黃山君。司馬文園令相如。楊執戟雄。

吳　歸命侯。韋太傅弘嗣。

晉　惠帝。劉司空琨。琨兄子兗州刺史演。張黃門孟陽。傅司隸咸。江洗馬統。孫參軍楚。左記室太沖。陸吳興納。納兄子會稽內史俶。謝冠軍安石。郭弘農璞。桓揚州溫。杜舍人毓。武康小山寺釋法瑤。沛國夏侯愷。餘姚虞洪。北地傅巽。丹陽弘君舉。新安任育長。宣城秦精。燉煌單道開。剡縣陳務妻。廣陵老姥。河內山謙之。

後魏　瑯琊王肅。

宋　新安王子鸞。鸞弟豫章王子尚。鮑昭妹令暉。八公山沙門譚濟。

齊　世祖武帝。

梁 劉廷尉。陶先生弘景。

皇朝 徐英公勣。

神農食經：「茶茗久服，令人有力悅志」。

周公爾雅：「檟，苦茶」。廣雅云：「荊巴間採葉作餅，葉老者，餅成以米膏出之。欲煮茗飲，先炙令赤色，搗末置瓷器中，以湯澆覆之。用蔥、薑、橘子、芼之。其飲，醒酒，令人不眠」。

晏子春秋：「嬰相齊景公時，食脫粟之飯，炙三弋、五卵茗菜而已」。

司馬相如凡將篇：「烏啄、桔梗、芫華、款冬、貝母、木檗、蔞芩、草、芍藥、桂、漏蘆、蜚廉、雚菌、荈詫、白斂、白芷、菖蒲、芒硝、莞椒、茱萸」。

揚雄方言：「蜀西南人謂茶曰蔎」。

吳志韋曜傳：「孫皓每饗宴，坐席無不率以七勝為限，雖不盡入口，皆澆灌取盡。曜飲酒不過二升，皓初禮異，密賜茶荈以代酒」。

晉中興書：「陸納為吳興太守時，衛將軍謝安常欲詣納，（晉書以納為吏部尚書。）納兄子俶，怪納無所備，不敢問之，乃私蓄數十人饌。安既至，所設唯茶果而已。俶遂陳盛饌，珍羞必具。及安去，納杖俶四十云，汝既不能光益叔父，奈何穢吾素業」。

晉書：「桓溫為揚州牧，性儉，每讌飲，唯下七奠柈茶果而已」。

搜神記：「夏侯愷因疾死，宗人字狗奴，察見鬼神，見愷來收馬，并病其妻，著平上幘、單衣入，坐生時西壁大床，就人覓茶飲」。

劉琨與兄子南兗州刺史演書云：「前得安州乾薑一斤，桂一斤，黃芩一斤，皆所須也。吾體中潰悶，常仰真茶，汝可置之」。（置當作檟）

傅咸司隸教曰：「聞南方有以困蜀嫗作茶粥賣，為廉事打破其器具，後又賣餅於市，而禁茶粥，以困蜀嫗何哉」！

神異記：「餘姚人虞洪，入山採茗，遇一道士，牽三青牛，引洪至瀑布山曰：予丹丘子也，聞子善具飲，常思見。惠山中有大茗，可以相給，祈子他日有甌犧之餘，乞相遺也。因立奠祀，後常令家人入山，獲大茗焉」。

左思嬌女詩：「吾家有嬌女，皎皎頗白皙，小字為紈素，口齒自清歷。有姊字惠芳，眉目粲如畫，馳騖翔園林，果下皆生摘。貪華風雨中，倏忽數百適，心為茶荈劇，吹噓對鼎鑑」。

張孟陽登成都樓詩云：「借問揚子舍，想見長卿廬，程卓累千金，驕侈擬五侯；門有連騎客，翠帶腰吳鉤，鼎食隨時進，百和妙且殊；披林採秋橘，臨江釣春魚，黑子過龍醢，果饌踰蟹蝑；芳茶冠六情，溢味播九區，人生苟安樂，茲土聊可娛」。

傅巽七誨：「蒲桃，宛柰，齊柿，燕栗，峘陽黃梨，巫山朱橘，南中茶子，西極石蜜」。

弘君舉食檄：「寒溫既畢，應下霜華之茗三爵而終，應下諸蔗、木瓜、元李、楊梅、五味、橄欖、懸豹、葵羹各一杯」。

孫楚歌：「茱萸生芳樹顛，鯉魚出洛水泉，白鹽出河東，美豉出魯淵，薑、桂、茶、荈出巴蜀，椒、橘、木蘭出高山，蓼、蘇、出溝渠，精稗出中田」。

華佗食論：「苦茶久食益意思」。

壺居士食忌：「苦茶久食，羽化，與韭同食，令人體重」。

郭璞爾雅註云：「樹小如梔子，冬生葉，可煮羹飲，今呼早取為茶，晚取為茗，或一曰荈，蜀人名之苦茶」。

世說：「任瞻，字育長，少時有令名，自過江失志，既下飲，問人云：此為茶？為茗？覺人有怪色，乃自申明云：向問飲為熱為冷耳」。

續搜神記：「晉武帝：宣城人秦精，常入武昌山採茗，遇一毛人，長丈餘，引精至山下，示以叢茗而去，俄而復還，乃探懷中橘以遺精，精怖負茗而歸」。

晉四王起事，惠帝蒙塵，還洛陽，高門以瓦盂盛茶上至尊。

異苑：「剡縣陳務妻，少與二子寡居，好飲茶茗，以宅中有古塚，每飲輒先祀之，二子患之曰：古塚何知，徒以勞意。欲掘去之，母苦禁而止。其夜夢一人云：吾止此塚三百餘年，卿二子恆欲見毀，賴相保護，又享吾佳茗，雖潛壤朽骨，豈忘翳桑之報。及曉，於庭中獲錢十萬，似久埋者，但貫新耳。母告二子，慚之，從是禱饋愈甚」。

廣陵耆老傳：「晉元帝時，有老姥每旦獨提一茗，往市鬻之，市人競買，自旦至夕，其器不減，所得錢散路旁孤貧乞人，人或異之，州法曹縶之獄中。至夜，老姥執所鬻茗器，從獄牖中飛出」。

藝術傳：「燉煌人單開，不畏寒暑，常服小石子。所服藥有松、桂蜜之氣，所飲茶蘇而已」。

釋道該說續名僧傳：「宋釋法瑤，姓楊氏，河東人，永嘉中，過江遇沈臺眞君，武康小山寺年垂懸車，（懸車喻日久之候，指垂老時也。淮南子曰：日至悲泉，爰息其馬，亦此意。）飯所飲茶。永明中，勅吳興禮致上京，年七十九」。

宋江氏家傳：「江統，字應遷，愍懷太子洗馬，常上疏諫云：今西園賣醯麵藍子菜茶之屬，虧敗國體」。

宋錄：「新安王子鸞，豫章王子尚，詣曇濟道人於八公山，道人設茶茗，子尚味之曰：此甘露也，何言茶茗」。

王微雜詩：「寂寂掩高閣，寥寥空廣廈，待君竟不歸，收領今就檟」。

鮑昭妹令暉著「香茗賦」。

南齊世祖武皇帝遺詔：「我靈座上愼勿以牲爲祭，但設餅果茶飲乾飯酒脯而已」。

梁劉孝綽、謝晉安王餉米等啟。

傳詔：李孟孫敎旨，垂賜米、酒、瓜、筍、菹、脯、酢、茗八種。氣苾新城，味芳雲松，江潭抽節，邁昌荇之珍；疆埸擢翹，越葺精之美。羞非純束野麏，裛似雪之驢，鮓異陶瓶、河鯉，操如瓊之粲。茗同食粲，酢類望柑，免千里宿舂，省三月糧聚，小人懷惠，大懿難忘。

陶弘景雜錄：「苦茶輕換骨，昔丹丘子、黃山君服之」。

後魏錄：「瑯琊王肅，仕南朝，好茗飲、蓴羹，及還北地，又好羊肉、酪漿，人或問之，茗何如酪？肅曰：茗不堪與酪爲奴」。

桐君錄：「西陽、武昌、廬江、晉陵、好茗，皆東人作淸茗，茗有餑，飲之宜人，凡可飲之物，皆多取其葉。天門冬、拔揳取根，皆益人。又巴東別有眞茗茶，煎飲令人不眠。俗中多煮檀葉并大皂李作茶，並冷。又南方有瓜蘆木，亦似茗，至苦澀，取爲屑茶飲，亦可通夜不眠。煮鹽人但資此飲，而交廣最重，客來先設，乃加以香芼輩」。

坤元錄：「辰州溆浦縣西北三百五十里無射山，云蠻俗當吉慶之時，親族集會歌舞於山上，山多茶樹」。

括地圖：「臨遂縣東一百四十五里，有茶溪」。

山謙之吳興記：「烏程縣西二十里有溫山，出御荈」。

夷陵圖經：「黃牛、荊門、女觀、望州等山，茶茗出焉」。

永嘉圖經：「永嘉縣東三百里，有白茶山」。

淮陰圖經：「山陽縣南二十里，有茶坡」。

茶陵圖經云：「茶陵者，所謂陵谷生茶茗焉」。

本草木部：「茗，苦茶，味甘苦，微寒，無毒，主瘻瘡，利小便，去痰渴熱，令人少睡，秋採之苦。主下氣消食。注云：春採之」。

本草菜部：「苦茶，一名茶，一名選，一名游，冬生。益州川谷山陵道旁，凌冬不死。三月三日採乾。注云：疑此即是今茶，一名茶，令人不眠。本草注，按詩云：誰謂茶苦；又云：堇茶如飴。皆苦菜也。陶謂之苦茶，木類，非菜流。茗，春採，謂之苦搽」。（途遐反）

枕中方：「療積年瘻，苦茶、蜈蚣並炙，令香熟，等分，搗、篩、煮，甘草湯洗，以末敷之」。

孺子方：「療小兒無故驚蹶，以苦茶、葱鬚煮服之」。

八之出

山南，以峽州上，（峽州生遠安、宜都、夷陵三縣山谷。）襄州、荊州次，（襄州生南鄣縣山谷，荊州生江陵縣山谷。）衡州下，（生衡山、茶陵二縣山谷。）金州、梁州又下。（金州生西城、安康二縣山谷，梁州生襃城、金牛二縣山谷。）

淮南，以光州上，（生光山縣黃頭港者，與峽州同。）義陽郡、舒州次，（生義陽縣鍾山者，與襄州同。舒州生太湖縣潛山者，與荊州同。壽州下，生盛唐縣霍山者，與衡山同。蘄州、黃州又下。蘄州生黃梅縣山谷，黃州生麻城縣山谷，與荊州、梁州同。

浙西，以湖州上，湖州生長城縣顧渚山谷，與峽州、光州同。若生山桑、儒師二寺，白茅山懸腳嶺，與襄州、荊南、義陽郡同。生鳳亭山伏翼閣飛雲、曲水二寺，啄木嶺，與壽州、常州同。生安吉、武康二縣山谷，與金州、梁州同。常州次，常州義興縣生君山懸腳嶺北峯下，與荊州、義陽郡同。生圈嶺善權寺、石亭山，與舒州同。宣州、杭州、睦州、歙州下，宣州生宣城縣雅山，與蘄州同。太平縣生上睦、臨睦，與黃州同。杭州臨安、於潛二縣，生天目山，與舒州同。錢塘生天竺、靈隱二寺，睦州生桐廬縣山谷，歙州生婺源山谷，與衡州同。潤州、蘇州又下。潤州江寧縣生傲山，蘇州長洲縣生洞庭山，與金州、蘄州、梁州同。

劍南，以彭州上，生九隴縣馬鞍山至德寺、棚口，與襄州同。綿州、蜀州次，綿州龍安縣生松嶺關，與荊州同。其西昌、昌明、神泉縣西山者並佳，有過松嶺者，不堪採。蜀州青城縣生丈人山，與綿州同。青城縣有散茶、末茶。邛州次，雅州、瀘州下，雅州百丈山名山，瀘州瀘川者，與金州同也。眉州、漢州又下。眉州丹棱縣生鐵山者，漢州綿竹縣生竹山者，與潤州同。

浙東，以越州上，餘姚縣生瀑布泉嶺曰仙茗，大者殊異，小者與襄州同。明州、婺州次，明州貿縣生榆莢村，婺州東陽縣東白山，與荊州同。台州下。台州豐縣生赤城者，與歙州同。

黔中，生恩州、播州、費州、夷州。

江西，生鄂州、袁州、吉州。

嶺南，生福州、建州、韶州、象州。福州生閩方山山陰縣。其恩、播、費、夷、鄂、袁、吉、福、建、韶、象十一州，未詳，往往得之，其味極佳。

九之略

其造具，若方春禁火之時，於野寺、山園，叢手而掇，乃蒸、乃舂、乃復以火乾之，則又棨、撲、焙、貫、棚、穿、育等七事皆廢。其煮器，若松間石上可坐，則具列廢。用槁薪、鼎鑠之屬，則風爐、灰承、炭檛、火筴、交床等廢。若瞰泉臨澗，則水方、滌方、漉水囊廢。若五人已下，茶可味而精者，則羅合廢。若援藟躋岩，引絙入洞，於山口炙而末之，或紙包合貯，則碾、拂末等廢。既瓢、碗、筴、札、熟盂、鹺簋，悉以一筥盛之，則都籃廢。但城邑之中，王公之門，二十四器闕一，則茶廢矣。

十之圖

以絹素或四幅或六幅分布寫之，陳諸座隅，則茶之源、之具、之造、之器、之煮、之飲、之事、之出、之略，目擊而存，於是茶經之始終備焉。

譯者按：茶經一書，自唐至今，刊校頗多，錯訛難免，本書所採用之茶經，係祁門茶葉改良場胡浩川氏校訂之油印本及日本諸岡存著「茶經評釋」中之原文。

第三章　茶葉輸入歐洲

歐洲文學中最早之記述——東方貿易之先驅者葡萄牙人——傳教士與旅行家之記述——荷蘭人到達東方——英人到達遠東——俄、荷、德、法採用茶葉——早期歐陸之茶葉論爭——法國及斯干的那維亞文學中之數種珍貴記錄

飲茶代酒之習慣，東方與西方同一重視，惟在東方飲茶之風盛行數世紀之後，歐人始習飲之。世界上有三種主要飲料，即茶、可可及咖啡是也。可可爲輸入歐洲之第一種飲料，在一五二八年由西班牙人輸入，而茶則越一世紀後，於一六一〇年由荷蘭人輸入歐洲。威尼斯商人將咖啡輸入歐洲，則在一六一五年，爲三種飲料中輸入歐洲之最遲者。

歐洲文獻上最初述及茶葉者，爲一五五九年威尼斯著名作家Giambatlista Ramusio(一四八五——一五五七)所著之中國茶(Chai Catai)及航海與旅行記(Navigatione et Viaggi)二書中見之。Ramusio曾收集寶貴之古今各種航海及探險記錄而發表之。彼任威尼斯「十人會議」祕書時，曾搜集商業上許多珍貴資料，且與多數著名旅行家相遇，其中有名Hajji Mahommed者，爲波斯商人，相傳最初之茶葉知識即由彼輸入歐洲。其事見Ramusio所著之航海與旅行記第二卷序文中，此書並述及Marco Polo之旅行，書中關於茶葉之一節云：

Hajji Mahommed爲裏海(Caspian Sea)起倫(Chilan)即今之波斯人，自印度蘇迦(Succuir)即今薩迦(Sakkar)返威尼斯作此口述。彼告余曰：大秦國有一種植物，或僅就其葉片供飲，人人稱之曰中國茶，視爲珍貴食品，此茶生長於中國四川嘉州府，其鮮葉或乾葉，用水煎沸，空腹飲服，煎汁一二杯，可以去身熱、頭痛、胃痛、腰痛或關節痛，惟此種湯汁愈熱愈佳。並謂此外尚有種種疾病，以茶治療亦甚有効。如飲食過度，胃中感受不快，飲此汁少許，不久即可消化。故茶爲一般人所珍視，爲旅行家必備之物品。當時有願以一兩茶葉與一袋大黃交換者，故大秦國人謂：若波斯及法蘭克(Franks)諸國知之，商人必不再購大黃矣。(註一)

Ramusio時代，威尼斯以地處歐亞交通之要道，成爲商業之重心。當地商人與學者，對於如何增加巨資之商業威信與財富知識，均具有敏銳之目光。凡著名貿易家與旅行家，由神祕之東方歸來者，均設宴招待，歡迎彼等作各種奇風異俗以及各種特產之談述。自Marco Polo值得紀念之東遊歸來以後，關心此類消息者，其熱忱更甚。當Mahommed來訪時，Ramusio正在從事於Marco Polo遊記之編輯，Ramusio初次聞及茶樹與飲茶諸事，即在招待此波斯商人之席上。

在Marco Polo之遊記中，未提及茶葉；雖然一二七五——九二年時代，飲茶在中國已極盛行。但其理由至爲簡單，因Marco Polo在中國之時期，適值韃靼族侵入中原，而爲忽必烈克汗之客卿，故對於被統治人民之習慣，未予充分之注意。

東方之先驅者——葡萄牙人

自Vasco da Gama於一四九七年發見經好望角而至印度之航線以後，葡萄牙人更推進其探險事業，設根據地於馬來半島之麻剌甲，一五一六年最初由麻剌甲航行中國，在貿易上發見有利之機會。此等葡萄人爲歐人最先由海道到達東方者。翌年有數船結隊同來，並派公使至北

註一：見Ramusio航海與旅行記第二卷，一五五九年威尼斯出版。此書共三卷，第一卷出版於一五五〇年；第三卷出版於一五五六年；第二卷出版於一五五九年。關於Rammusio之最初在歐洲發表茶之紀錄，在於何時，論者紛紜，惟此項紀錄載於此書第二卷中，此卷出版最遲。

年，一五四〇年行抵日本。

中國人對於葡人心懷疑慮，不加歡迎。但葡萄牙使者，終能說服中國皇帝，使其明瞭彼等之來意，非為侵佔土地而在於交換及購買物品，以此中國准其居留於澳門。

傳教士與旅行家之記述

在歐人與中日兩國通商初期，並無茶葉出口之紀錄。惟最早進入中日兩國之天主教士，習知飲茶而傳往歐洲。傳教士中有葡萄牙人 Gasper da Cruz 神父，為在中國傳播天主教之第一人，於一五五六年到達中國，一五六〇年左右返葡國，以葡文寫作茶葉之書，旋即出版。內云：

凡上等人家習以飲茶敬客，此物味略苦，呈紅色，可以治病，為一種藥草煎成之液汁。

意大利派至日本之 Louis Almeida 神父，於一五六五年寄回該國之信件內，述及「日本人頗喜一種可口之藥草，稱為茶」。此為東方茶葉消息再度到達歐洲者。

二年後，即一五六七年，茶葉消息第一次傳至俄國，此種消息為 Ivan Petroff 及 Boornash Yalysheff 二人由遊歷中國返俄時所傳入。但所述頗為簡單，祇謂茶樹為中國之奇物，但以未將該物攜歸為憾。

雖在一五五九年已有一種關於茶葉之記載，出版於威尼斯，但直至一五八八年，始轉載於一意文之著作中，是即有名意國作家 Giovanni Maffei 所著佛羅稜斯（Florence）出版之遊印書扎選編四卷：Almeida 神父之函，亦轉載於此。Maffei 時常引證之在羅馬同一年出版之印度史（Historica Indica），亦有關於茶事之記載：

日本人之飲料為一種藥草之液汁，稱之曰茶，常煮沸供飲，甚為衛生。茶可止渴生津，醒腦明目，且可延年益壽，應不知疲。

日本人不用葡萄釀酒，而用糯米釀酒，彼等於飲酒之前，常用沸水混以茶葉之粉末，此茶製造甚精，高尚家庭往往親自調製，用以饗客，或更闢一室，室中陳設雅緻，備有叢碗，當客來及送客時，均捧茶奉敬。（註二）

與此時相去不遠，一五八九年，威尼斯牧師及著作家 Giovanni Botero 在其所著都市繁盛原因考（On the Causes of Greaness in Cities）一書中，又述及「中國人用一種藥草榨出液汁，用以代酒，可以保健康而防疾病，並可避去飲酒之害」。當時中國以茶充作飲料及藥用已有八百餘年，故該作者所稱，當係指茶無疑。

Botero 之著作發表後，約經十三年，另一葡萄牙神父 Diego de Pantoia 述及中國之儀式，亦有關於茶之紀述：「當主客見面互通寒暄畢，即獻敬一種沸水所泡之草汁，名之曰茶，頗為名貴，必須喝二三口」。

意大利牧師 Padre M. Ricci（一五五二——一六一〇年），自一六〇一年至其死為止，曾任北平中國朝廷之科學顧問，對於茶葉之紀述，不獨詳及茶之價格，且就中日兩國製造茶葉方法，加以比較，為早年茶葉文獻中最主要之一種。其紀述採用書信體，後由法國天主教牧師 Padre N. Trigault 於一六一〇年發表，茲節錄於次：

余每經過茶叢，知此項植物，可以製茶，不禁奇異。彼輩在陰天採取茶葉，以供每日煎汁之用。此汁每於飯後及客人臨門時用之。有時則在閒暇時飲之，以消磨時間。茶必須熱飲，其味略苦，但並無不快，常飲之對於身體健康，頗有益處。惟茶葉品質並不一律，上乘茶葉每磅需一或二三個幣（G ld scu），約合五法郎。最上等茶葉在日本每磅須售十至十二個幣。惟茶葉在日本之用法，與中國稍有不同：日本係將茶片磨成粉末，每杯沸水中加茶末二、三匙，混和而飲；中國通投葉數片於一壺沸水中，俟其泡出液汁而具有香味時，即熱飲其汁，而留其葉。（註三）

一六一〇年即在 Ricci 之著作在意大利發表之同一年，有一葡萄牙旅行家出版波斯及和爾木斯島皇族紀（An Account of the Kings of Persia and Ormuz）一書，中有茶葉之紀述，謂：「茶為從韃靼國運

註二：見 Maffei 著印度史一五八八年羅馬出版。

註三：見 Trigault 編一六〇六——〇七年 Ricci 在中國之日記（Annua della Cina del 1606 et 1607 del Padre M. Ricci），一六一〇年羅馬出版。

來之一種植物之小葉，余在麻剌甲時曾見及之」。

此後復經三十年，始再有關於茶之記述。此種記述，列入於葡萄牙天主教牧師Alvalo Semedo（一五八五——一六五八）所著之中華帝國史（The History of the Great and Renowned Monachy of China）中。此書於一六四三年用意大利文出版於羅馬，一六五五年復譯爲英文在倫敦出版。

其次關於茶之記載尚有三種，均出於法國傳教士之手。第一種爲Alexander de Rhodes（一五九一——一六六〇）所著之傳教旅行記，一六五三年出版於巴黎，內云：「中國人之健康與長壽，當歸功於茶，此乃東方所常用之飲品」。第二種爲 Jacques de Bourges 所著 Beryte 主教赴交趾支那傳教旅行記，一六六六年出版於巴黎，內云：「旅居暹羅時，吾儕於餐後即飲茶少許，頗覺有益。茶與葡萄酒之功效，互相比較，頗難斷定其孰優孰劣」。第三種爲 L. Lecompte 神父（一六五五——一七二八）所著最近旅行中國之記錄與觀察，一六九六年出版於巴黎，書中述及中國頗少痲脹、神經痛及膀胱石病，深覺防止此種之疾病或與飲茶有關。

荷蘭人到達東方

在一五九六年以前，遠東海運貿易爲葡人所獨佔，葡人攜綢緞及其他貴重物品回至里斯本（Lisbon），而由在該處荷蘭船轉運至法國荷蘭及波羅的海各海口。

荷蘭航海家 Jan Hugo Van Linschooten（一五六三——一六三三），曾與葡萄牙人同航印度，於一五九五——九六年著述關於旅行所得之印象，對荷蘭商人及船長，頗多刺激之辭，貿其分潤優厚之東方貿易。彼之著述，在荷文中爲最早述及茶葉之著作，故頗可注意。由此書並可明瞭關於日本早期飲茶之習慣與儀式之概略。一五九八年後，譯爲英文，在倫敦出版。內云：

日人之飲食習慣爲：每人各有一檯，無檯布與精巾，膳時用木箸，與中國所用者相似。酒用米酒，各飲其酒，膳後飲一種飲料，爲盛於壺中之熱水，不論寒暑，均用沸水，熱至幾難入口。此種熱水，以一種所謂茶之植物粉製成，頗爲朋輩所愛好。彼等均親任調製，招待友人時，始用以饗客。茶即盛於壺內，飲時則有陶器杯盛之。若輩愛好茶具，一若我人之愛好金鋼石寶石等珍貴品，不尚其新，而喜其陳，因此當用技術精巧之工人製造，且保藏得宜，並對於此種器具之鑒賞，有高深之技術，一若工匠之知金銀價值，與珠寶商之知寶石之種類，故茶壺與茶杯，如爲故物，則每件價值達四、五千ducat以上，當時Bungo皇（日本古代皇帝）曾以一萬四千ducat之價值購三脚之茶壺，又有一將軍以價值一千四百ducat之價值，購得一壺，尚有三壺更爲高貴珍貴，不亞於珍寶。（註四）

就荷蘭通商史而言，當及於一五九五年葡人封鎖海港以阻荷船之事件，因荷國爲此事件而派船四艘，在 Cornelius Houtman 指揮之下，駛往東印度群島。次年六月抵爪哇之萬丹（Bantam），設立貨棧，以收集裝運東方貨物至國內。荷人見各地土人，無不樂於與荷人交易，每次有無數貨物運回本國，遂引起直接與東印度貿易之濃厚興趣。第一次商船隊回至當時之商港推絲爾（Taxel）以前，第二商船隊八艘又復出發；至一六〇二年，有六十五艘以上之商船，完全航行至東印度，於是發生激烈之競爭。爲解除此種糾紛計，而有荷蘭東印度公司之設立，藉以合併互相競爭之商業，免同遭損失。是年有荷船首次轉爪哇到達日本，一六〇七年復自澳門運載若干茶葉至爪哇，是爲歐人自東方所設根據地起運茶葉之最早記錄。（註五）

一六〇九年，荷蘭東印度公司之首次船舶，開抵日本沿海之平戶島（Hirado），荷人於一六一〇年由此島載運茶葉至爪哇萬丹，再轉口運往歐洲。其日期雖稍有不符，但大體上當可認爲正確。瑞士之著名解剖學及博物學家 G. Bauhin（一五六〇——一六二四）在一六二三年之著

註四：Jan Hugo Van Linschooten著旅行談（Discours of Voyages）一五九八年在倫敦出版，係由著者從原文荷蘭版（一五九五——九六年）譯爲英文。

註五：見 Francis Valentijn 著古近代之東印度，一七二四年在 Dordrecht 及一七二六年在阿姆斯特丹出版，第五卷第一九〇頁。

作中，曾堅持荷船運茶在一六一〇年之說，故謂：荷人最初由中日運茶赴歐，在十七世紀初葉。（註六）

最初運至歐洲之茶葉爲綠茶，由蘇格蘭醫學家及醫學著作家Thomas Short（一六九〇——一七七二）之著作中可以見及。彼謂歐人最初所訂購之茶葉爲綠茶，其後則改爲武夷茶。（註七）

次年，即一六一一年，荷蘭公司得日皇之特許，准在平戶島設立貿易商館經商，對於貿易上之限制，荷人頗受寬待，以率先抵該處之葡國教士，仇恨荷人侵佔其臨時權利，釀成數次械鬥。日皇乃宣告驅逐一切歐人，葡人避難山上，高臨海港，築籬固守，皇軍無法攻入，荷人協助日人以船上砲火攻平葡人之居留地，荷人以助攻關係，准留居該島，但待遇甚苛。彼等由平戶島移居於長崎港之梅島（Deshima），實際上囚居於行棧之內，在此種狀態下，荷蘭與日本之茶葉貿易，即見衰退，而改向中國交易矣。

英人到達遠東

至十七世紀，荷人已幾握東印度香料貿易之主權，一六一九年建立巴達維亞城（Batavia）於爪哇，作爲到達大東方目的地——香料羣島（或摩鹿加群島）——之新根據地，不久又有英國東印度公司之出現，英人航行遠及日本，且與中國朝廷建立友好關係。一六一〇——一一年在印度之麥蘇立白登（Masulipatam）及貝塔布里（Pettepoli）設立代理商行，並僑居於香料羣島之安保那島（Amboyna），此時荷人已先在該處樹立根據地。

英人欲佔領印度羣島，荷國貿易商反對之，因荷人執有此島之優先權，此種爭執相持不下，乃積成一六二三年安保那島之大屠殺。結果使英國公司不得不承認荷人所主張之獨佔遠東貿易之權，而英人則退讓於印度本土及其附近各地。自一六五七年起，英國所用之茶，悉由荷蘭輸入，惟以一六五一年航海法之限制，仍由英國註冊之船隻輸入。

除一六六四年及一六六六年二次進貢於英皇之少量茶葉不計外，英國東印度公司之最初輸入茶葉，在一六六九年，計由爪哇萬丹所得者爲一四三磅半。此後貿易額逐漸增加，迨查利二世時，又授英國東印度公司以政府所特有之各種優越權利，該公司遂能迅速發展，不久即凌駕於荷蘭及葡萄牙人各商業組織之上。

其他國家之採用

茶葉除由海路運至歐西以外，更有用商隊經利凡脫（Levant）地方由陸路運至歐洲其他各地者。最初由此路到達者，爲一六一八年由中國公使所攜帶之數箱茶葉，餽贈於莫斯科俄國朝廷，途中曾經十八個月之艱苦路程。當時中國欲將此種贈品以交換其他貨物，但困難殊多，當時茶葉尚未爲俄人所好，因此自贈品茶到達莫斯科竟達二十年之後，亦未發生任何影響，其在歐洲整個茶葉發展史上，實無特殊重要性可言。

過去教會方面頗揚茶葉之具有偉大醫藥功效，此時已有人提出異議，如當時德醫Simon Pauli（一六〇三——八〇），於一六三五年發表一醫學之短論，充滿恐怖論調，謂茶不過爲世界上一種普通植物而已。彼又謂：「一般所稱茶之功效，或祇適於東方；在歐洲氣候之下，其功效則已消失，如作醫藥用，反有危險。凡飲茶可以折壽，尤以四十歲以上之人爲然」。（註八）

另外讚美用茶之記錄，亦不較少。如德國青年旅行家J. A. von Mandelslo於一六三三——四〇年，與Holstein-Gottorp大公派至Muscovy大公及波斯王之公使同行，在其旅行記中云：「在余等每日之平常集會中祇用茶，此爲印度各處所通行，不獨土著爲然，荷人與英人亦常以此

註六：見Gaspard Bauhin 著植物學（Theatri Botanici）一六二三年在巴塞爾（Basel）出版。

註七：見Thomas Short 著茶、糖、牛乳、酒及烟論（Discourses on Tea, Sugar, Milk, Made Wines, Spirits, Punch, Tobacco, etc.）一七五〇年倫敦出版。

註八：Simon Pauli 著濫用烟茶之評論（Commentarius de Abusu Tabaci et Herbae Thee）一六三五年在德國羅司托克（Rostock）出版。

為藥料。波斯人則不用茶，而以咖啡代之」。

一六三七年 Mandelslo 在波斯皇宮時，因身體衰弱，請假赴印度作海上旅行，在旅行中頗得飲茶之益處。彼云：

余等自偭龍（Gamron）至印度蘇拉（Surrat），計程十九日，途中船長招待頗為殷勤，備有綿羊及其他新鮮肉類，更有上白葡萄酒、英國啤酒、法國燒酒以及其他飲料。此種食品，對余均為有益，而余之健康亦漸見恢復。每日必飲茶二、三次，習以為常，此種飲料，對余之健康貢獻殊多，是又不得不諸感謝者也。（註九）

關於荷蘭用茶之最早記錄，當由「第十七世長官」（Lords XVII此名為荷國東印度公司十七董事之通名）於一六三七年一月二日致巴達維亞總督之信件中見之。彼謂：「自有人漸次採用茶葉之後，余等均望各船能多載中國及日本茶葉運至歐洲」。

當此時期（一六三七——三八），飲茶之風，漸次瀰漫歐陸，在 Mandelslo 插述日本泡茶之記載中可以證實之，中稱茶為 Tsia：

Tsia 為 The 之一種，但較 The 為優美，故一般更珍視之。高尚家庭，每將茶葉慎重盛於陶瓷壺中，加以密封，免走香氣。惟日人之沖茶，與歐洲所為者全不相同。

Adam Olearius 為 Holstein-Gottorp 大公派往波斯王公使之祕書，在其一六三八年之著作中，述及波斯民間頗多名貴品質之茶葉，用水煮沸，俟其苦味泡出而呈黑色時，乃加以茴香、茴香實、丁香及糖等，混和飲用。（註十）

在一六三八年，派至蒙古 Mogul Khan Altyn 皇朝之俄國公使 V Starkoff 持有茶葉，但並未餽贈俄皇，或因俄皇無需於此。然俄國與東歐尚未明瞭飲茶之利益時，海牙之高級社會，在一六四〇年左右，早已有飲茶之風尚。

茶葉最初輸入德國，在一六五〇年，係假道荷蘭入境，至一六五七年，茶已成為商業市場上之主要物品。在 Nordhausen 化學物品價目表標明茶價為每一把十五 Gulden，除近海各地外，擴展頗為緩慢。如俄斯說弗立斯倫特（Ost Fries land），茶之消費，較德國任何地方為大。

因受飲茶新趣味之刺激，引起荷蘭博物學家 William Ten Phyne 於一六四〇年著茶之植物學方面的觀察一文。一六四一年，荷蘭著名醫學家 Nikolas Dirx 博士（一五九三——一六七四）以 Nikolas Tulp 之筆名，著醫學觀察一書，是為最初用醫學立場以讚揚茶葉之著作，頗引起各方之注意。書中云：

無論何種植物，不能與茶葉相比擬，此種植物，既可免除一切疾病，並可延年益壽。除增強體力以外，又可防止膽石病、頭痛、發冷、眼疾、炎症、氣喘、胃滯、腸病等，且可提神，而於夜間之思考與寫作工作，有良好貢獻。惟茶具均極珍貴，為人愛好茶具，不亞於我人之愛好寶石珍珠。

爪哇之巴達維亞醫生及博物學家 Jacob Bontius 博士，在一六四二年出版之東印度之博物與醫學史一書中，用問答體裁描寫茶葉，此文後來轉載於 Gulielmus Piso 之印度自然與醫學用品一書中。所引之句云：

Dureas：君對於此中國茶有何意見？

Bontius：中國人視此物含有神祕性，若不以此饗客，似未盡主人之優禮，正如同教徒之對於咖啡相同。此物為乾性，可止睡眠，有益於患喘息之病人。

此期之著名荷蘭醫家，有 Blankaert、Bontekoe、Sylvius、Van Duverden、Bidloo 及 Pechlin 等，亦均持同樣讚頌茶葉之論調，與著名化學家 A. Kircher 神父，植物學家 J. Breynius，著名化學家生理學家理想家 J. B. Van Helmont（一五七七——一六四四）之論調相同。Helmont 對其門徒並教以茶有促進血液循環與消腸之功用，故可作為同類藥劑之代用品。

在當時稱揚茶葉諸醫家之中，Alkmaar 地方之 Cornelis Decker（一六四八——八六），彼稱 Bontekoe 醫生可謂特殊宣揚茶葉之一人。彼對於促進一般人在歐洲普及應用茶葉之功績，較任何宣傳家為

註九：Mandelslo著東印度旅行記（Travels into The East Indies）一六六九年倫敦出版英譯本。

註十：公使旅行記（Travels of the Ambassadors）英譯本一六六二年倫敦出版。

大。彼勸人每日飲茶八杯至十杯，但即使飲五十杯一百杯，甚至二百杯亦屬無礙。蓋彼自身亦常消費茶水如此之鉅（註十一）。歷史上曾言Bontekoe醫生或曾受東印度公司之請托而作關於稱揚茶葉之文章，總之在歷史上一般醫生關於茶葉之宣傳，對於東印度公司之貿易有極大幫助，亦無可諱言也。

最初記述用牛乳爲茶之調味品者，見於荷蘭旅行家及著作家J. Nieuhoff（一六三〇——七二年）之記述。彼於一六五五年，隨東印度公司出使至東方任駐中國皇朝之代表，記及廣東城外政府招待蠻夷國公使之宴。在宴席開始，先以若干瓶之茶，放置檯面，以供各公使飲用，並致歡迎之辭。此飲料以茶葉製成，先以半握之茶葉，投於淸水，乃煎至剩三分之二，再加以熱牛乳，其量約爲四分之一，略加食鹽，乘其極熱時飲之。（註十二）

最初茶葉出售，以藥房爲主，荷蘭以兩計，與糖薑及香料同售。後漸見諸於出售殖民地產品之所，以後遂漸發展，即雜貨店亦有出售。一六六〇至一六八〇年，茶之應用，已普及於荷蘭，初行於高貴門第，後普及於貧富之家，有社會抱負之家庭往往別闢一室，專供飲茶，雖貧窮之家，亦必以小室供此用途，或在餐室中飲之，與咖啡相同，荷蘭對於茶葉，亦素無加以限制之舉。

德國之 Feltman 醫生，早已著文陳述茶可防治疫癘，Wober 醫生更謂茶葉可以强胃長命，並減少不必要之睡眠。Waldschmidt 教授並謂高貴士紳，日日有明察複雜歐洲情況之重任，宜多飲熱茶，以保其健康。

一六八九年中俄訂立尼布楚條約以後，中國茶葉即源源經風景極佳之滿蒙商隊路線之高原，運往俄國。俄國與中國之貿易，受條約之限制，祇限於中國北方邊境之恰克圖，因此該地即成爲二國物產交換之主要市場。

斯干的那維亞諸國最初與茶葉發生關係，全由荷蘭商人商業活動之結果，自一六一六年丹麥參加印度貿易以後，丹麥之商業活動亦有連帶關係。

茶葉在歐洲大陸之論爭

德國中對於茶葉亦有極力反對者，其中最著名者爲天主教徒 J. M. Martini，彼謂中國人之所以面容乾枯者，由於飲茶之結果，因此彼竭力主張拒用茶葉，同時更有其他方面，主張禁止德國醫生採用外國藥品，並堅持應由命令禁止用茶。在荷蘭亦有若干醫生，主持同一論調，且高貴之傳教士中，雖有愛好茶葉者，但亦不乏唾罵茶葉之人。

自經教會方面之注意，以及荷蘭醫界之解釋以後，新中國之飲料，一時成爲歐洲都會議論之焦點，茶葉即於此時流入法國，其年代據傳爲一六三五年。但據警察長 Delamarre 所著警政全書第三卷第七九七頁所載，巴黎最初有茶，在於一六三六年，惟 A. Franklin 對於二者之年份，均表懷疑。因法國著名醫士與作家 G. Patin（一六〇一——七二）在一六四八年三月二十二日之書函中，已述及茶葉，稱爲當代無關重要之新產物。據云有一醫生，名 Morisset，爲一善於誇張甚於其醫道者，曾著一種關於茶之論文，發表後受指摘甚烈，有數醫生甚至主張將其著作焚燬，遂將此事訴諸於大學校長，一時傳爲笑談。惟世人稱 Patin 爲各種改革之敵人，尤以醫藥爲然，固不獨反對採用茶葉爲藥料而已。Morisset之論文題目爲「茶葉能否增進智力」，稱茶爲萬能藥，因此引起法國醫界之騷論，法國大學之醫生，無人致詞贊同之辭。

前已述及之巴黎 A. de Rhodes 神父在數年後（一六五三）予茶葉以最高之估價，彼謂荷蘭人由中國運茶至巴黎，每磅以三十法郎出售，但原價僅值八 Sous（荷幣名）或十 Sous，且爲陳茶，故其交易失敗

註十一：見C. Bontekoe 醫師著優美茶葉談，（Tractat van het Excellente Cruyt Thee）一六七九年在海牙出版。

註十二：Jean Nieuhoff 著聯合東方公司出使中國皇朝記（The Embassy of the Oriental Company of the United Provinces to the Eemperor of China），一六六五年阿姆斯特丹出版。

。人民視此爲名貴藥物，不獨可以醫神經性之頭痛，且可治關節痛與砂淋症。

Rhodes 醫生證明茶葉有醫藥效力之言論，引起法國著名廷臣及內閣總理 Maxarin 大主教用茶以醫治風痛之念，關於此事，可由 Patin 醫生一六五七年四月一日之另一函件中見之。彼嘲笑高貴長者之採用茶葉以治風症，謂：「Maxarin用茶治風痛，茶果爲治風痛之聖藥乎」。

法國其他名人在 Rhodes 之著作出版以前，用茶爲藥料之事蹟，均見 Rhodes 之著作中。彼歸結茶葉之盛譽曰：

余屢與法國之名人往來，得知其採用茶葉，並屢承名人厚誼，使余過去三十年中得此經驗。

彼所稱名人之中，C. Sequier 校長當爲其中之一人，彼愛好茶葉，且對於茶葉普及於全世界亦最有貢獻。

一六五七年 Sequier 接受著名外科醫生 Pierre Cressy 之子所提出關於茶葉之論文，彼熱心接受之。因此茶之頑固敵人 Patin 大爲不悅，用文雅而諷刺之語氣，函述其當時情形：「下星期四，此間當有一關於茶之論文提出於校長，而爲彼所許者。上述之偉人肖影諒當列席」。蓋言校長本人出席，有失身分也。惟青年 Cressy 辯護茶葉如何可以醫治風痛之論文，繼續至四小時以上，遂使大學中之教授團，毅然放棄其過去對於茶葉之敵意，且甚至視作煙草而飲用之。是爲出乎 Patin 意料之外者。Patin 在一六五七年十二月四日所作之書信中，述及是日除校長蒞席外，並有多數著名人士，其中不少患風痛之樞密院委員，並謂：醫生當大庭廣衆之間，敘述異常動聽，校長聽講興趣濃厚，直坐至正午，毫無倦意。青年醫生之議論，得校長之正襟危坐與凝神靜聽，益使聽衆發深刻之印象。如是之後，茶葉在法國地位，益加穩固，事實上在一六

五九年 Denis Jonquet 醫生已發表茶爲一種神祕藥料，引起巴黎醫界之一般注意。且劇作家 Paul Scarron 早已成爲飲茶之信徒。

法國與斯干的那維亞之記錄

一六六七年，法國傳教士 P. Couplet 由中國歸來，輸入一種神祕之製茶方法，其法：

取一品脫（Piat英美容量）之茶，混以鮮蛋黃二枚，再加糖少許，使茶葉能充分甜蜜，再攪拌均勻，加熱水沖之，過幾分鐘即可供飲。

一六七一年 P. S. Dufour 在里昂發表「應用咖啡、茶及巧可力之方法」一書。一六八〇年著名書簡作家 Sevigne 夫人，記及Sabliere夫人用牛乳與茶混用，彼之書簡中頗多歷史價值之故事，此爲歐洲用牛乳沖茶之最早記錄。在一六八四年，同一著者所作之書簡中云：「Tarente女皇每日飲茶十二杯。M. le Landgrave 每日飲茶四十杯，於其臨終前曾用茶以蘇醒之」。

一六八五年時代，茶已流行於文藝社會中，亞倫起（Avranches）之著名神父 P. D. Huet 作一首拉丁詩，長五十八節，描述其對於茶之愛好，其題爲「可愛之茶」。又一著名法國作家 P. Petit 發表一首五百六十節之長詩，題爲「中國茶」。巴黎藥劑師 Pomet，於一六九四年，以每磅七十法郎出售中國茶，並以一五〇至二〇〇法郎出售日本茶。惟自咖啡與巧克力輸入以後，在上中階級間，茶之流行頗受影響，而法國之戲劇詩人 Racine，在晚年對茶葉頗爲愛好，每晨至少須飲一次。

至於斯干的那維亞之文學著作，在一七二三年 Ludvig Holberg 男爵所著之喜劇產婦（The Lying-in Woman）一書中，最初提及茶葉。

第四章　茶葉輸入英國

英人之第一種茶葉紀錄——Garway 咖啡室出售茶葉——第一張茶葉招貼——Pepys 君發見茶葉——第一次報紙上之茶葉廣告——英國婦女開始飲茶——咖啡室之禁止——咖啡室之衰退——雜貨店出售茶葉——第一家茶室——早年蘇格蘭之茶葉——幾種茶葉論爭

茶葉輸入英國供爲飲料，其間曾發生不少冒險離奇之事跡。茶之記載，首先見諸於英國文獻者，當推一五九八年出版之林孝登旅行記（Linschooten's Travels），此書原本一五九五——九六年在荷蘭出版英譯本，當時英人稱茶爲 Chaa。

孟島（Isle of Man）庇爾（Peel）城堡之傢具清冊，其中杯碟一項，列有鍍金茶杯一隻，該清冊編造日期爲一六五一年十一月三日。世人遂以此證明孟島之飲茶，當在一六五一年以前（註一）。但據倫敦公業記錄局之考古專家意見，鍍金茶杯一項之茶字，在英文字母排列上，當爲銀字之誤，故當爲銀杯鍍金，方有意義。

據蘇格蘭醫生及醫學著述家 Thomas Short（一六九〇——一七七二）之意見，英國之有茶，當在詹姆士一世（James I）之時，當初次駛往東印度之船期，在一六〇一年。當時如確已應用茶葉，則既屬新奇風俗，當不致不爲早期英國編劇家之注意，蓋劇本最能象徵當時流行之嗜好與性癖。

荷蘭東印度公司在一六三七年時已能得船滿載中國及日本之茶葉而歸。英國東印度公司何以不能同樣營運茶葉而發展之，此點頗爲奇異。惟一六四一年英國尚未知茶葉爲何物，確爲事實，因在是年發行之熱啤酒（Treatise on Warm Beer）一書，記錄當時各種熱飲品，尚引用意大利神父 Maffei 所著印度史中「中國常飲一種熱液，乃一種植物，稱爲茶之液汁」一節。

英人之第一種記錄

英人所作關於茶之最初記錄，爲東印度公司駐日本平戶島代表 R. Wickham 致該公司澳門經理人 Eaton 一函。該函爲一六一五年六月二十七日所發出，請其寄遞精美茶壺一把。此函發現於東印度公司之檔卷內，現尚保存於倫敦印度局中。由此可證明英人之知茶葉，最早當在一六一五年。

當時在英文中尚無 TEA 字，故早年英國作家，常用與中國語「茶」字相近之發音 Ch'a 字表示之。一六二五年潘趣斯巡禮記（Purchas His Pilgrimes）一書中則用 Chia 字以表茶字，書中謂彼等常用一種稱爲茶之植物粉末，以胡桃大之數量，放入磁杯中，再加熱湯沖飲。Purchas 更註明係逢日本及中國各宴會中，茶爲必備之品。（註二）

一六三七年英人初次到達東方，纜帆船四艘駛入珠江口，在澳門雖遭葡人拒絕，但終能倚勢前進。及抵廣州，直接與華商發生關係。當時有無茶葉輸出，以及二十七年後英人第二次到達澳門，有無茶葉，均無記載可考。

迨至一六四四年後，英國商人又在廈門港創立業務，該處爲近百年

註一：W. Ralph Hall Caine 著「孟島名稱之原始及其特徵」（The Origin and Significance of the Name Isle of Man）。

註二：Samuel Purchas 著 Purchas His Pilgrimes 一六二五年倫敦出版，見第三卷三二六頁。

來英人在華之主要根據地。彼等在該處取茶之福建土音 t'e (tay)，拚成 t-e-a，ea 讀 a 之長音。

Garway 首次公開出售茶葉

茶葉輸入英國之最初時期，雖無明確記錄，或與十七世紀中葉茶葉開始輸入荷德法諸國之時期相近。由一倫敦咖啡店之招貼觀之，在一六五七年前，倫敦有一咖啡店，名 Thomas Garway，簡稱 Garway，曾有茶葉出售，但僅供貴族宴會之用。蓋此時茶葉既仰給於海外，在英國尤屬首次公開出售，故出售價格每磅竟須六至十英鎊之鉅。（註三）

Garway 爲當時著名之咖啡店主及煙商，其經營處所，數代以後，仍負盛譽，成爲一商品交易之中心。凡當時城中商界聞人，咸集於該店，暢飲白蘭地、可可、咖啡與茶等飲料。

Garway 所售之茶，以品質及功效優良見稱，但在倫敦一般人民，對茶尚少知識，因此 Garway 由熟悉此道之商界及旅行家學得沖製之方法，依法沖製。又爲供應熟客在家庭中做製起見，以每磅十六先令至六十先令之代價，出售茶葉，自厘訂新價格後，用招貼宣揚茶葉之品質與効用，成爲歷史上茶葉之最早而最有効之廣告。

第一張茶葉招貼

當時 Garway 廣告中，有下列之文句：

茶葉效用卓著，故以智慧及古國聞名之國家，無不高價售之。此種飲料既爲一般所欣賞，故凡歷在該處旅行之各國名人，以各種實驗與經歷所得，無不勸導其國人採用。其最主要之效用，在於質地溫和，冬夏咸宜，飲之有益衛生，保持健康，頗有延年益壽之功。

Garway 歸納其顯著效能如下：

身體健快，醒腦提神，清除脾臟障礙，對於膀胱石及砂淋症更爲有效，可以清腎臟與尿管。飲時用蜜糖以代砂糖。減除呼吸困難，除去五官障礙，明目清眼，防除衰弱及肝熱。醫治心臟及胃腸之衰退，增加食慾與消化力。尤以當行肉食及肥胖之人爲然。減少惡夢，增强記憶力。制止過度睡眠，必要多飲茶湯，可終夜從事研究，不傷身體。應用適當品質之茶葉液汁，可以醫治發冷發熱。又可與牛乳相和，防止肺癆。治水腫壞血，由發汗而排尿而洗滌血液，以防傳染，又可清淨膽臟，因其效用殊大，故爲意法荷及其他各國醫生及名人所採用。

此種非凡之宣傳品，因使 Garway 之贊助人中，有胃弱體肥以及洩瀉不良者，莫不樂於此東方之有益藥。且將中國醫書上有關茶葉之效用以及遠東傳教教師之傳述，悉數合於一種說明書中。Garway 編纂之功，誠屬不小。

Povey 之文稿

議員 T. Povey 在一六八六年曾將一首漢文之贊美詞譯成英文，其譯文現今尚保存於倫敦博物館中，爲東方輸茶至英國之一種證據。其文曰：

依據記載（由中文譯成），茶有下列諸效能：一、澄清血液。二、制止夢魘。三、減少腦之悶鬱。四、減輕頭重與頭痛。五、防止水腫。六、除去頭中之濕氣。七、除去寒濕。八、暢通阻塞。九、增進眼力。十、清肝熱。十一、治膀胱與腎臟之不良。十二、制止過度睡眠。十三、使人敏捷與勇敢。十四、增進心力，減少恐怖。十五、除去因風而起之苦痛。十六、增進食慾，減去耗損。十七、增進記憶。十八、加强意志，促進理解力。十九、清淨膽囊。二十、增加美容。（錄自 Povey 之譯述，一六八六年十月二十日）

英國社交界與宗教界聞人，對於此項由中國輸入之新飲料頗爲陶醉，由英國東印度公司代表人 Daniel Sheldon 於一六五九年致彭達爾（Bandel）該公司代表人一函，可見當時英人對茶葉重視之一班，函中大意爲：

見信請即代購茶葉若干，其價幾何，在所不計，專擬贈與家叔，因家叔之友人曾告彼應探究此項神奇植物之茶片，亦爲家叔好奇心所驅使，祇能赴中國及日本一行而研究之。

嗣以彭達爾地方不易購得茶葉，D. Sheldon 又去一函，略謂：「

註三：Garway 店之招貼廣告及貨價表，現尚保存於倫敦博物館中。

如有茶葉，不論優劣，請酌量代購，並希將用法及其效用見告」。惟究竟有否購得，以後因來往函件中未有述及，不知其詳。越數年，倫敦市場已有茶葉出售，故一般對茶葉有好奇心者，均能如願以償矣。

Pepys發見茶葉

英國日記作家及海軍部祕書 Samuel Pepys（一六三三——一七〇三），曾記述當時之習俗及日常生活甚詳，故在其著述中，可以窺見當時概況。彼在一六六〇年九月二十五日之日記中，記有：「余素未飲茶（中國飲料），曾要求獲一杯以嚐之」。

東印度公司之董事發現當時之朝臣顯宦，用茶已廣，且極名貴，在其賬冊中曾登錄由咖啡店購茶數次，其價每磅自六鎊至八鎊左右。

倫敦咖啡店之茶

參閱十七世紀各種史料，英國最初以茶正式充作飲料，當創始於倫敦之咖啡店。該項店舖原為供應咖啡、巧克力及果汁等飲料，即自Garway售賣茶葉倡導飲茶之時，亦僅限於招待顯貴人士與特別宴會，及至十七世紀，則一般人民均能在咖啡室享受此新飲料，不久則盛行於全市矣。

嗣後倫敦各咖啡室均聞風增設該項新飲料。該時無分特殊階級，自由職業或商界及教育界人士，均樂於聚集咖啡店飲茶，但由於飲咖啡之習慣較茶葉為早，故該項顧客雖赴茶室飲茶，而口頭上仍稱上「咖啡室」不稱上「茶室」。

咖啡室為當時倫敦俱樂部之先驅，最合英人之性格。以是不久便成為公衆聚集必需之場所。無論中上等階級，均集會於咖啡室飲茶或飲咖啡，衆以議論當日各種政治問題，因之一切時事新聞等常識得以廣為傳佈。

一六五〇年，有自黎巴嫩(Lebanon)而來之猶太人 Jacob 者，首先在英國創開咖啡室於牛津(Oxford)之聖彼得(St. Peter)教區，據英國

考古家 A. Wood（一六三二——九五）所記載，當時嗜好於新飲料者，即在該區飲咖啡。（註四）

一般常誤會 A. Wood 曾於一六五〇年時記及 Jacob 兼售茶與巧克力之事。其實Wood著作中，並無此種記述。惟有多種事實，證明Wood所謂英人歡喜此種新飲料並非虛語。不久都市各區咖啡室林立，並波及於鄉村，既供給茶葉，復備其他合時飲料。

最早之茶葉廣告

咖啡室增設飲茶一項，以皇后像咖啡室（Sultaness Head Coffee House）為最早，該室主人於一六五八年九月三十日，刊登一廣告於政治報（Mercurius Politicus）內謂：「全體醫生所證明之優良中國飲料——茶——現出售於倫敦皇家交易所旁之皇后像咖啡室」，此可稱為第一張茶葉廣告。

當時任何地方之買賣茶葉，均認茶葉為不可思議之健康劑，且飲用此物，類多思及於藥劑效能。此種心理，對於茶之推行，未嘗無相當助力，故不久茶即被視為「康樂飲料之王」。

據一六五九年十一月十四日政治報 T. Rugge 之記述，世界上三大溫和飲料，不久即通行於倫敦之咖啡室。「當時各街道均有一種土耳其飲料出售，稱為咖啡，另有一種稱為茶，並有一種稱為巧克力之飲料，後者為一種急性飲料」。

尚有一 Jonathan 咖啡室，設於交易所街，亦有茶出售。在 Centlivre 夫人所著劇本「奪妻記」（A Bold Strike for a Wife）中，描寫 Jonathan 當時開張營業之一幕，遣一年青侍役高呼：「新鮮咖啡，先生！新鮮武夷茶，先生！」

咖啡室逐漸發達，酒店次第衰落，二者互為消長。政府以酒稅之收

註四：荷特傳（The Life of Anthony Wood）為彼自著，一八四八年出版於牛津。

入飲減，不得不轉嫁其稅金於咖啡室所消費之飲料，以是咖啡室亦與酒館及麥酒店同樣看待，需要一種營業執照。

英國課征茶稅

茶葉兩字最初見諸於英國法規中者，爲查理斯二世 (Charles II) 之時，英國法令第二十一章第二十三及二十四款，規定出售一加侖茶或巧克力及果汁，課消費稅八辨士。並規定咖啡室每季須領取營業執照，並繳付應課稅金之保證金，如違背是項規定，每月罰金五金鎊。

收稅官每經一定期間，查驗咖啡室，估計並記載其所製造各種飲料之分量。此項設施，流弊叢生，不易實行。收稅官須在出售之前，調查課稅飲料之多少，而事實上商人往往在收稅官兩次來室調查之間隔，先備充分之茶汁，貯藏於桶中，應用時再取出加熱，逃避捐稅。

一六六九年英國法律禁止茶葉由荷蘭輸入，是爲英國東印度公司專賣之肇始。

茶與咖啡店發行代幣

十七世紀之時，英幣缺乏，兌換困難，當時咖啡室主人及其他商人均自備大量代幣或輔幣等，以資流通周轉，代幣幣面刻有發行者之姓名、地址、職業、幣值以及關於其營業上之種種記載。該項代幣以黃銅、紫銅、白鑞製成，加以鍍金，甚至有用皮革製成，通用於鄰近各商店，惟大都以一街爲限。並隨時可以兌現。據 G. C. Williamson 所述：「代幣發行完全爲民主政治之表現，但政府錢幣能供應需要時，則無人發行之」。當時英國內亂方殷，朝廷無暇顧及於庶政，故人民可請求政府頒佈法令施行之。至代幣雖不美觀，但其古色古香，不失具有考古藝術之價值。

E. F. Robinson 研究英國咖啡室營茶制度之起源，發見交易所街上某咖啡室所發行之代幣與一般樸素之代幣不同，由此種代幣之印模，即可見雕刻家 John Roettier 之技術精巧。現在所僅存之一種咖啡室代幣，雕刻甚美，有一土耳其皇后像，在此代幣上並刻有茶字。多數有趣味之咖啡室代幣，現在保存於倫敦之奇爾特霍爾 (Guildhall) 博物館中 Beaufoy 之蒐集品中。

英國婦女開始飲茶

嗜好飲茶之葡萄牙 Catherine 公主於一六六二年嫁於英皇查理斯二世以後，飲茶之風，漸推行於英國婦女界中。在英國皇后中，彼爲飲茶之第一人，而可稱許者，彼以嗜好溫和飲料——茶——使成爲朝廷風行之飲品，以代酒、葡萄酒及燒酒。當英國之婦女與男子因有飲酒習慣，常使其頭腦發熱日夜昏迷不清。(註五)

十七世紀初葉，英國人口爲三百萬，至末葉增至五百萬，Catherine 皇后時代之英國，享受 Elizabethans 女皇之文化，人民安居樂業，和悅活潑，英國詩人 E. Waller (一六〇六——八七)，於一六六二年皇后出嫁一年之誕日，作詩一首，恭祝大禮，爲贊揚茶葉最初之英文韻詩，其詩開始如下：

花神寵秋色，嫦娥矜月桂；
月桂與秋色，難與茶比美。

皇后嗜茶甚深，故一六六四年東印度公司董事曾選取茶葉作爲珍貴贈品之一，當年公司日記中曾有如後之一段記錄：一六六四年七月一日有一船自爪哇萬丹駛英到埠，即派領班侍役至船上檢視，有無特別鳥獸或其他珍貴品，可供貢品之用。八月二十二日市長得悉該公司代表於每次輪船返國，均未能裝載此種需要物品，以是彼意如公司認爲妥當，不妨送銀質桂子油及若干精美茶葉，可望皇上接受。公司方面認爲妥善，故在總簿上九月三十日有下列一項：

贈品——銀盒中國茶六個一箱……十三鎊

經書 J. Stannion 之簽字——

註五：Agnes Strickland 著：英國皇后列傳 (Lives of the Queens of England)，一八八二年倫敦出版，見五卷五二一頁。

茶二磅二安司貢皇室用……四磅五先令

一六六六年，Arlington 爵士與 Ossory 伯爵由海牙回倫敦，在行李中攜帶大量茶葉，其家中照歐洲大陸最新式最貴族化之方式調飲之，故對於查理斯二世朝廷中之流行飲茶，亦爲一大動力。當時荷蘭飲茶方式最爲宏麗，任何家庭，均別闢一室，專供飲茶之用。

Arlington 爵士等攜入之茶葉，頗受婦女界之贊賞，其影響殊足稱述。當時有一英國慈善商人J. Hanway(一七一二——八六)，以著論反對茶葉聞名，復作文告並廣爲複印，攻擊彼輩爲由荷蘭運茶入英國之首腦人。惟S. Johnson（一七〇九——八四）博士，在其反對J. Hanway之文中，喚起一般之注意，謂茶在一六六〇年以後，政府已征茶稅，且在征稅前數年，倫敦亦早已公開出售。

在Arlington爵士回國時期，法國歷史家Raynal（一七一三——九六）謂倫敦茶葉每磅價達七十Livre（等於二鎊十八先令四辨士），倫敦之價雖昂，但在巴達維亞則僅售三、四Livre（即二先令六辨士至三先令四辨士），因價格昂貴，茶之普及不免受阻，但其價格始終頗少變化。而朝廷之流行飲茶，引起婦女界加倍興趣，故倫敦之藥房，急於加增茶之一項新藥。一六六七年Pepys在其日記中記云：「余見余妻亦自沖茶葉，並受Pelling君之勸告，飲茶可以醫治其受寒與傷風」。

咖啡室之取締

咖啡室之盛行，政府漸感厭惡，查理斯二世乃於一六七五年十二月二十三日發出佈告，禁止咖啡室（包括售茶之所），除刪冗詞外，其論旨如下：

「爲奉　聖旨取締咖啡室事，照得近年咖啡室林立，遍佈全國，遂及威爾斯（Wales）領域及堵威克棉岱特（Berwick-upon Tweed）城，凡無業游民，荼毒社會不淺，商賈及其他人等，消磨時間於是室，拋棄正當職業，或散佈無稽謠言，影響治安。聖上一念及此，覺有禁止此種咖啡室之必要，茲斷然嚴令所有咖啡室，自下年一月十日起，不得再售咖啡、巧克力、果汁及茶，否則當自取其咎……（牌照一律取消）。本朝二十七年十二月二十三日佈告」。

是項佈告，於一六七五年十二月二十三日決定，至同年十二月二十九日始行公告，禁止咖啡室營業之期限，則定於一六七六年一月十日。佈告發出後，羣情譁然，惟自公告至執行其間相隔十一日，已足以向英皇說明誤會，各黨黨員咸以習尚之嗜好被奪，大聲疾呼。茶、咖啡及巧克力商人，又以禁止咖啡室，足以減少朝廷稅收爲抗辯。騷動與不滿，次第擴大。英皇遂不得不採納民意，於一六七六年一月八日，再頒一佈告，以代替第一次之佈告。但爲保持皇上之體面起見，故謂皇上寬大爲懷，憫恤商艱，姑准茶及其相似液汁之店舖，維持至六月二十四日，此種言詞，顯然爲一種托詞，故以後必否執行，亦屬疑問。

Anderson 批評上述兩種佈告，視爲最無能而最懦弱之事。Robinson 評云：「在議會政治及出版自由尚未存在時期，此一問題竟能以言論自由獲勝」。

十七世紀後期至十八世紀，倫敦咖啡室欣欣向榮，茶葉銷量亦驟然增加，有時被稱爲「辨士大學」，因該處實爲談論之學校，而其入學費，僅爲一、二辨士，可得茶與咖啡各一杯，並包括報紙及電燈費在內，相傳常來之顧客，往往有特別坐位，並受男女侍者慇懃招待，Thomas B. Macaulay（一八〇〇——五九）說明當時英國咖啡室流行之理由，在於「可在城中任何一地約會友朋，並可以小費用，而過其晚間社交生活，其便利之大，遂使此風流行極速」。

俱樂部之進展

每一職業，每種商業，每一階級或黨派，均各有其相熟之咖啡室。咖啡與茶能吸收各式顧客於一所，在此種混雜之集會中，又產生一部份顧客專光顧於一咖啡室，遂使該咖啡室具有特殊色彩。久而久之，轉變爲俱樂部，俱樂部起初在咖啡室聚會，其後始有自備房屋之要求。其間轉化之跡，不難探察之。

咖啡室之衰退

正如公共集會所之供一般平民集會之用，咖啡室漸成為有閒階級之娛樂場所，嗣後俱樂部發達，咖啡室又退至酒店之地位。故在十八世紀時，見咖啡室之發展達於最高峯，又見其衰退。相傳十八世紀末期，俱樂部之增多，有如雨後春筍，正如十八世紀初期咖啡室之情形相同。若干咖啡室仍遺留至十九世紀之初，但其社交作用早已消失。因茶與咖啡已深入家庭，同時又有俱樂部之繼起，以代平民化之咖啡集會，咖啡室漸轉變為酒店與餐室，僅少數尚能以其過去之便利而維持原狀。

雜貨店開始售茶

十七世紀之末，茶已為一般優裕家庭所採用，倫敦若干雜貨店中，亦有茶葉出售。此種雜貨店稱為茶雜貨店（Tea Grocer），用以與其他不售茶之雜貨店相區別。當時茶價，在英國一般民衆尚覺其過於昂貴，故莫不視為奢侈品。且在蘇格蘭與愛爾蘭二姊妹國，雖非完全無茶之知識，知者究屬有限。

第一家茶室

有一事足以表示茶之進步者，為一七一七年 Twining 將湯姆斯（Tom's）咖啡室改名為金獅(Golden Lyon)，為倫敦第一家茶室，茶室不如咖啡室之專為男子所光顧，婦人同樣亦蒞臨。故在 E. Walford 之著作中曾述及高貴婦人亦常蒞臨茶室，以啜飲此小杯愉快飲品，並常付以數先令而去。

茶葉普及民間

茶葉之價格雖昂，但當時飲茶嗜好，業已樹立基礎，迨至一七一五年左右，低價綠茶出現，茶葉始漸普及。據 Raynal 記述：「以前除武夷茶以外，無其他種類，至一七一五年以後，對此亞洲植物之嗜好始見

普及，或雖認為不當，惟以為茶葉對於國家節飲之供獻較諸違背法律為多，蓋基督教佈道者係道德良好之人，藉此可以作極流利之演說」。H. Broadbent 在國內咖啡人（The Domestic Coffee man）一書中，總括一七二二年時地方對於茶葉之意見，視為古來食品及藥品之中，未有如茶葉飲料之優良、愉快而安全。一七二八年英國記事文家 Mary Delany（一七〇〇——八八），於一七二八年記述云：「住於倫敦保爾托來街（Poultry）之家庭，均備有各種價值之茶葉，有二十至三十先令之武夷茶，有十二至三十先令之綠茶」。

早年蘇格蘭之茶葉

一六八〇年，茶葉首次在蘇格蘭愛丁堡 Holyrood 宮中為 York 公主所採用，其後彼嫁與詹姆士二世，為英格蘭及愛爾蘭之皇后。公主曾隨其父亡命海牙，學得茶在社交上之藝術，乃輸入此新飲料品，頗為屬僚所炫異，遂成為蘇格蘭貴族之愛好品。

一七〇五年，愛丁堡洛根白斯（Lucken-booths）之金匠 George Smith 有以綠茶每磅十六先令，紅茶三十先令出售之廣告。認為茶葉之價值，不亞於珠寶。雖然在一七二四年，飲茶之風已流行於各階級間，但素以節儉聞名之蘇格蘭人，究能消費若干，殊成問題。

亦有若干人士，視茶葉為不良飲料，價值既貴，又耗光陰，易使人民氣質變為懦弱。一七四四年 Forbes 爵士之申告書即其一例，當此時期，蘇格蘭各地發起一種拒絕飲茶運動。城市鄉村均通過議案，非難中國茶葉，主張採用啤酒。亞爾顯亞 (Ayrshire) 及福拉東（Fullarton）領地之農民，更共立誓言曰：

> 余等均務農為業，本無禁止試辦於外國奢侈品所謂茶之必要，飲茶者大都為身體羸弱之上流社會人士，故此種物品，顯然不合於我等粗勞持勤之體質，余等祇須誓不用此，聽自認體弱怠惰及無用之人流用可也。

茶葉之初期論爭

在英國攻擊茶葉之各種言論中，一六七八年 H. Sayville 致其舅父之函中，述其友人「每於餐後用茶代麵酒」，視爲學習「低賤之印度人行爲」而惡棄之，此乃攻擊之開始。一七三〇年蘇格蘭醫生 Thomas Short 博士，著一茶之論文，否認茶葉有任何想像之優點，實則茶葉足以害人，產生種種不幸之疾病。

一七四五年，英國發生許多關於茶之議論，可於婦人評論（Female Spectator）中窺見之。在該雜誌中，稱茶爲家庭之禍患。又當時最有權威之政治經濟學家 Arthur Young（一七四一——一八二〇）亦稱飲茶在整個國家經濟上，全屬有害無益，彼謂不獨男子耽於飲茶，工人婦女亦均荒廢工作，溺愛飲茶，甚至農家之僕役，亦要求早餐飲茶，深致嘆息。勸告國人，倘長此以不良飲料殘害身體消耗時間，則將來一般平民所受之困苦，當較前更爲悽慘。

惟茶在英國之繁榮，並未減色，但一七四八年又遭另一新攻擊，廣大佈道家 John Wesley（一七〇三——九一）立於醫藥及道德觀點，以飲茶有害身體，促教友廢止用茶。所異者，中國日本佛教僧侶，最初採取此無毒飲料，係爲代替前所攻擊刺激性酒類之攻擊武器，而 J. Wesley 則以攻擊强性飲料之同一語氣，攻擊飲茶，而勸人民以節省所得，作爲慈善事業之用。

J. Wesley 自瘋癱症痊癒後，據其所述，當歸功於停止飲茶，彼在攻擊飲茶之演說中，反對飲茶者曰：

> 可憐哉，羸弱之病夫也！苟除去飲茶之習慣，則健康與事業均可少受損害，獲益非淺，我人戒此一事，足資同胞一人之衣食，或竟可拯救一人之生命。……或有反對者曰：茶非完全無益者，余敢答曰：勿妄作此想，蓋許多著名醫家之判斷，有時亦難免不無偏見也。

惟從 J. Wesley 之晚年生活觀之，彼又變爲正常之飲茶者，且有時設茶會饗客。倫敦 Wesley 教會之主教 George H. McNeal 曾述 Wesley 在家時，倫敦之美以美會牧師常於星期日召集合於其寓中早餐，餐後再赴各地約會，在早餐時，常用一半加侖之茶壺，爲著名製瓷家 J. Wedgwood 專爲 Wesley 所造，此壺現尚保存於城街（City Road）Wesley 故宅中，爲陳列品之一種。

雖用種種企圖以制止飲茶，而飲茶之習慣，在十八世紀時，有增無減，且擴展至娛樂園及英國之窮鄉僻壤。至一七五三年，鄉人已手持茶葉而與其他食品相併擲。

尚有一種攻擊茶葉之著名著作，爲倫敦著名商人及著作家 Jonas Hanway（一七一二——八六）一七五六年所著之八日旅行記（Journal of an Eight Days Journey），著者痛斥飲茶有礙健康，荒廢事業及損害國力之物品。

J. Hanway之旅行記爲英國著名辭書編纂家 Samuel Johnson 博士所見，乃以自稱愛好茶葉之活潑語調爲其愛好之飲料答辯，據彼之作傳者 John Hawkins 爵士所述 S. Johnson 博士之嗜好茶葉，已至難於置信之程度，任何時候一見茶葉，彼即諧談，並要求加入調味品，使其可口，彼之體軀魁梧，體力可與 Poly Phemus 相比。（註六）

既知 Johnson博士之此種性癖，讀者當能了解彼所以爲其嗜好之飲料加以辯護。文藝雜誌（Literary Magazine）所發表一文，以幽默嘲笑之態度回答 Hanway，並自稱爲堅毅之飲茶家：「數年以來，祇用此可愛之植物液汁，以減少食量，水壺中水熱不冷，用茶以娛樂晚間，用茶以慰藉深夜，更用茶以歡迎朝晨」。

其他著名作家，其中如Aolddison、Pope、Coleridge及詩人Cowper均嗜好飲茶。其後 Sydney Smith 牧師記述：「感謝上帝賜我茶葉，若無茶葉，世界不知將若何！余生逢此有茶葉時代，深以爲榮也」。

註六：J. Hawkins 著約翰孫博士傳(The Life of Samuel Johnson)一七八七年倫敦出版。

第五章　茶葉輸入美國

新阿姆斯特丹人民首先飲茶——新英格蘭用茶之初期——茶葉在舊紐約及菲列得爾菲亞——茶稅使帝國分裂——一七七三年之茶葉法——殖民地之憤慨——菲列得爾菲亞之反抗——不滿耍鼠莖延至紐約——自由之子團——波士頓之民衆大會——波士頓、格林威治、查理士敦、菲列得爾菲亞、紐約、亞那波里斯及愛屯東之抗茶令——不飲茶國家之誕生

十七世紀之初，不獨聚集大西洋沿岸一帶之美洲殖民地人民尚不知以茶爲飲料，即其祖國，亦未知茶爲何物。一六四〇年，荷蘭貴族首先用茶，迨至一六六〇——八〇年，始次第傳達全國，故美洲最初用茶之時期，雖無明確記錄，但其習慣之由荷蘭傳來，自無疑問。就美洲殖民地而論，以荷屬新阿姆斯特丹（New Amsterdam）人民飲茶最早，其時期約在十七世紀之中葉。

當時新阿姆斯特丹之豪富，或至少力能購茶者，咸已採用茶葉，已無疑問。就遺留於後代之當時種種用具觀之，亦可推測該處之飲茶早已成爲一種社交習尚，正與荷蘭本國無異。其時期亦適相脗合。茶盤、茶櫃、茶壺、糖碗、銀匙以及濾篩，均爲新世界中荷蘭家族之珍品。

新阿姆斯特丹之社交閨秀，不獨躬親烹茶，且用不同之茶壺烹製數種茗茶，以迎合賓客個別之嗜好。彼等不加牛乳或乳酪於茶中，因此種風俗，日後始由法國傳入美洲。但常加糖，有時並用番紅花（Saffron）或桃葉以增香氣。

在馬薩諸塞（Massachusetts）殖民地，約在一六七〇年，已有一小部份地方知茶或竟飲茶。最初以茶葉出售於波士頓者，在一六九〇年，爲B. Harris及D. Vernon二氏依據英國法律，商人售茶均須領用執照，故彼等亦取得執照而公開售茶。後來波士頓飲茶之風，顯已不足爲奇，就法官Sewall之日記觀之，彼於一七〇九年飲茶於Winthrop夫人之住宅，亦未表示特殊觀感。

當時英國所通用之茶，爲武夷茶或紅茶，亦即爲美洲殖民地所常用之茶類，但在一七一二年，波士頓之包爾斯東（Z. Boylston）藥房目錄上，見其列有零售綠茶及普通茶之廣告。

早在一七〇二年，勃來茅斯（Plymouth）已採用小銅茶壺，最初製造鑄鐵水壺者爲馬薩諸塞之勃來勃東（Plympton現改爲加浮Carver）地方，約在一七六〇年至一七六五年間，婦人赴會，常各攜茶杯、碟及匙，杯爲上等磁器，形甚小，彷彿普通之葡萄酒杯。（註一）

初時新英格蘭（New England）採用茶葉，正與其母國採用之初時情況相同，因缺乏烹製茶葉之智識，致發生許多意外事件。在沙倫（Salem）將茶葉煮沸甚久，俟成爲極苦煎汁，不加牛乳及糖而啜飲之。然有將其茶葉用鹽加牛酪而食，亦有若干城市將茶液棄去，僅食煮後之葉。（註二）

茶葉在舊紐約

新阿姆斯特丹於一六七四年，歸英國管轄，改名紐約，以迄漸易爲英國風俗，模倣十八世紀上半期倫敦娛樂園之習慣，在咖啡室及酒店中

註一：Francis S. Drake著：茶葉（Tea Leaves）一八八四年波士頓出版。

註二：Alice Morse Earle著：新英格蘭古時之習慣與時尚（Custo.ns and Fashions in Old Ne.v Eng'and）一九〇九年紐約出版。

附設茶園。後又在都市之近郊開闢拉乃萊（Ranelagh） 及佛克哈爾(Vauxhall)花園，全以倫敦初期著名之園名而命名，襲用佛克哈爾園之名者有三所：第一園在格林魏希(Greenwich)街，位於華倫(Warren)及張普(Chambers)兩街之間，地臨北河(North River)，可縱覽哈得孫(Hudson)之美麗風景，最初稱包林格林(Bowling Green)園，至一七五〇年乃改稱佛克哈爾園。

拉乃萊園在段乃(Duane)及華斯(Worth)兩街間之大路上，其旁即為後來紐約醫院之院址，約有二十年之歷史。由一七六五——六九年期間之廣告觀之，知每週在兩花園中各舉行焰火與音樂會二次，園中備有早餐與晚點，咖啡茶以及若干熱茶，以供遊園仕女隨時享用。相傳園中更有一寬敞之跳舞廳。第二佛克哈爾園，開設於一七九八年，位於現在之墨爾培來(Mulberry)及格蘭特(Grand)街之間。第三園開設於一八〇三年，在包魏路(Bowery Road)即亞斯托(Astor)地方附近。亞斯托圖書館於一八五三年建造於該園原址。

William Niblo 為松街(Pine Street)之銀行咖啡室主人。彼於一八二八年開設一娛樂園，稱為勝斯沙西(Sans Souci)，此園設於原有馬戲館舊址之旁，後又建一更富麗之戲院，於百老匯(Broadway)之前，園地廣闊，叢木滿佈，間有小徑，並置小燈點綴其間，世人均以尼勃洛園(Niblo)稱之。

在其他紐約著名娛樂園中，備有茶點者，為康托脫(Contoit)園，(後改名紐約花園)，櫻桃(Cherry)園以及茶水唧筒(Tea water Pump)花園。最後一園為近一泉水之著名郊外花園，在卡遜(Chatham)街（現為公園路）及羅斯福街(Roosevelt)之交叉處。泉水及其附近，形成飲茶及其他飲料之遊憩地。關於此泉之紀錄，最早見於一七四八年之一旅行家遊紐約日記中，據云：全城無優良飲水，惟在近郊有一淸泉，住民常汲此泉以煎茶。

紐約之自治團體，為汲取泉水以供飲用及煮茶之便，在羅斯福街與卡遜街交界處，設一茶水唧筒，由此唧筒吸出之水，視為優於任何其他城中水管中之水。因此街上有多數水販叫賣茶水，成為當時一種特殊風俗。至一七五七年此種營業發達遂頒布紐約市茶水販管理規則。

尙有其他若干泉水，亦掬作茶水，如位於現在之第十號路及第十四號街附近之克那勃(Knapp)著名泉水，以及近克利斯多福(Christopher)街及第六號路之另一泉水，此二泉均自負盛譽，為一般人所重視，惟所謂茶水唧筒之泉水，係指卡遜街一最早之泉水，而為時髦之紐約人最初往遊之地。

茶葉在賓非列得爾菲亞

茶葉之輸入教友派殖民地(Philadelphia 之別稱)咸歸功於William Penn 氏，該殖民地為渠在一六八二年創立於德拉華(Delaware)江畔。咖啡亦為彼所輸入於教友城之另一重要飲料，在一七〇〇年咖啡亦如茶之祇供富有者飲用，後來飲茶之風勃興，一般家庭亦如其他英屬領土漸棄咖啡而飲茶。一七六五年印花條例頒佈以後，又經二年（即一七六七年），而有貿易與賦稅法規出現，於是賓夕法尼亞(Pennsylvania)殖民地遂與其他各殖民地攜手，一致抵制茶葉，該地咖啡亦與其他各地相同，銷路又趨發達。

茶稅使帝國分裂

當七年戰爭結束時，英國獨霸海上與美洲。英皇喬治三世認為此次戰爭全為殖民地之利益，故至少當課稅以充防禦軍費之一部份。英國政府在英皇主持之下，遂思整頓殖民地之賦稅，在G. Grenville(一七一二—一七〇)內閣時代，於一七六五年通過不辭之印花條例(Stamp Act)，凡殖民地人民所用茶葉及其他物品，均須課稅。以當眾情嘩然，不獨美洲為然，即在國內反對 Grenville 內閣者，亦均起而響應，William Pitt（一七〇八——七八）為著名反對者之一，聲稱英國議會未得美洲殖民地代表之同意，無權向美洲殖民地人民徵稅。

政府雖堅持依據法規宣佈條例，對於殖民地有課稅及制定法規之最高權，但終於和平處置，於一七六六年將印花條例廢止。

其後，在一七六七年，議會通過 C. Townshend 之貿易與賦稅法規（Act of Trade and Revenue）對於油漆、油、鉛、玻璃、及茶葉均課稅金，以是反對之餘燼復燃，擁護殖民地利益者，高唱抵制任何英貨之論調，政府爲使商人滿足起見，議會通過除茶葉每磅徵稅三辨士外，其餘捐稅，均予廢止。但殖民地人民仍拒絕繳付，寧向他國購置茶葉，而不顧犧牲其抵拒英茶之主張。以是荷蘭私運茶葉進口之風大熾，美洲茶葉貿易之大部分乃落於荷人之手。

一七七三年之茶葉法

東印度公司因喪失美洲殖民地市場，致發生茶葉過剩之現象，乃請求議會救濟。內閣總理 North 爵士（一七三三——九二）許其所請，極力予以援助。以是特准該公司有輸出茶葉之壟斷特權，蓋以前英國經紀商人，均由東印度公司購入茶葉，再轉售於殖民地商人。自一七七三年之茶葉法頒布以後，授權公司直接輸運茶葉至殖民地，遂使英國中間商人，以及美洲入口商人之利益，均被剝奪。更規定公司於茶葉出口之後，可領回百分之一百之英國出口稅，而祇須向殖民地海關繳約三辨士之茶稅。以爲如此，當可低於荷人之茶價。同時殖民地人民亦可較英國內地得更廉之茶葉。但其結果，似未獲大效。蓋美洲殖民地人民爲維持其主張起見，即對此每磅三辨士之小稅，亦不願繳納，仍拒購英茶。

經此次調整以後，東印度公司爲實施其計劃起見，遂指派代理人在波士頓、紐約、菲列得爾菲亞及查理士敦（Charleston）付清輕微之美洲關稅後，即可提貨出售。公司所選派各代理人中，駐馬薩諸塞者有與輿情不洽之英國總督 Hutchinson 之子姪輩。其他代理人亦大多盡忠於政府利益及彼之財政立場者，彼等處境本已艱難，復不諳事理，妄冀恢復英茶在美國所失之市場，故其失敗實意中事也。

殖民地怨憤之激起

與本國隔海相對之美洲，對於茶葉法及其政府以前各項措置怨憤日深。若干殖民地遂開會抗議，其中一部份向英國政府呈遞請願書，均未蒙採納或立予拒絕。因此在美國各海港，有所謂自由之子團（Sons of Liberty）各種團體舉行種種集會與示威運動。尚有許多殖民地婦人之集團，亦均被鼓勵自動廢止飲茶。波士頓有五百婦人相約不再飲茶。紀錄上尚有哈脫福特（Hartford）地方之婦女，以及其他美國城市或鄉村婦人，亦採取同樣舉動。就大體而論，此種表示，均爲援助抵制英國貨之輸入，自頒佈茶葉法以後，更特別抵制茶葉。在馬薩諸塞殖民地之若干地方，即屬作爲藥用之茶葉，若無許可證亦不能購買，有一許可證至今尚保存於哈脫福特之康內提克脫（Connecticut）歷史學會圖書館中，註明爲馬薩諸塞州 Wethersfield 地方所印發。其文如下：

查 Baxter 夫人請求發給購買武夷茶四分之一磅之證明書，鑒於彼之年邁體衰情形，自當不在本會限制之例。特此證明。此致 Leonard Chester 先生，Elisha Williams 謹啓。

爲代替此項最嗜好之飲料起見，便有多種代替品出現。所謂茶者，爲一種四葉之珍珠菜（Loosetrife），去其葉而煎其梗，葉放於鐵鍋，再用葉梗之液浸溼之，用乾燥器烘乾，如此製成之代用茶，以每磅六辨士出售。凡婦人之各種縫紉會、紡織會、以及其他集會，均非有此或其他代用品不可，草莓及小葡萄葉，亦可製造假茶。此外如紫蘇、鼠尾草以及其他醫用植物，亦常用之。更有所謂原始神茶（Hyperiontea）者，係用覆盆子葉所製成。

殖民地之愛國婦人，以如此拒用茶葉方法，訓練自己及其子女，男子則注意於國內政府之任何新壓迫。蓋當時政府已在建議，將殖民地之茶葉貿易，悉委託東印度公司專利經營。在一七七三年以前反對國內政府之措置者，又可分急進與保守二派。大部份商人屬於保守派，對於急進派之議論，認爲近於幻想，其氣焰本已漸趨冷淡。鑒於議會立法之結果，恐自身所經營之茶業行將移轉於東印度公司之手，自難緘默，乃亦與急進派合流。是年十月二十一日，用馬省通信委員會之名義，出發通告內云：此類企圖，顯然爲消滅殖民地商業並增加稅收，凡我殖民地人民，自當採取有效措置，以阻止此項計劃之推行。（註三）

又在一七七三年十月十八日波士頓代理人致倫敦公司之函中，有東印度公司此項辦法使茶商與入口商發生反感，將來若起何種糾紛，自難預測。……友人中有覺風潮不難平息者，亦有持相反見解者等語。

Abram Lott 爲紐約之一代理人，亦述及關於銷茶一事，已屬無望，蓋人民寧購毒藥，不願購茶。

紐約商人於一七七三年十月二十五日集會議決，對於駛入紐約之英倫船長表示謝忱。因其拒絕裝載東印度公司茶葉，以免繳付不合理之茶稅，彼等深望從此以後不復有船裝載茶葉。但爲時不久，竟有裝運茶葉之船入口，此實爲彼輩所最感失望者也。

決定阻止卸貨

報章對於此事之評論，較前更爲激烈，認爲在此上岸之茶，依照成約，其茶稅應在倫敦繳付。因此如何起卸，成爲問題之焦點。商人得多數愛國團體爲之後盾，羣起阻止，其中尤以自由之子團反對最力，以是一致決定不令卸貨，亦不使茶葉通過。紐約之一英國官吏，曾致函其倫敦友人，內謂「因茶葉輸入美洲，全體人民均極憤怒。紐約、波士頓以及菲列得爾菲亞城人，似均決定不再使茶葉上陸。彼等集合成隊，幾每日練習砲擊，各分隊亦日日外出練習。……彼等誓將入口之茶船，悉予焚毀，惟余敢斷言，如以皇軍數隊大礮數尊鎭壓，當不致釀成事變」。

菲列得爾菲亞之反抗

菲列得爾菲亞爲殖民地中最先進之一地，對於反抗母國政府征收茶稅計劃，居於首腦地位。編印各項宣傳品散佈全城，其標題爲：合則存，分則亡。並號召居民儘可能應用各種方法，以防本身權利之被侵奪，凡特別指出東印度公司所任用之代理人，爲破壞整個自由組織之罪魁，故各代理人在衆目注視及警告之下，不敢有所妄動。宣傳品署名者爲 Scaevola。按 Scaevola 爲一羅馬士兵，曾以其手置於燄火上焚燒，顯示於 Etruscan 王之前。表示雖受嚴刑而不畏縮，該宣傳品之署名，亦取其意。

一七七三年十月十八日，在市政廳舉行民衆大會，當衆議決，發表宣言，聲明茶稅爲未經認可而加於殖民地人民之不法捐稅，因東印度公司曾企圖強迫收稅，故警告任何人民，如爲裝卸或出售茶葉，即爲國家之罪人。

抗稅運動蔓延至紐約

一七七三年十月二十六日，在紐約市政廳亦舉行同樣之民衆大會，宣佈東印度公司企圖獨佔殖民地茶葉貿易，實爲公開之盜賊行爲。此時在紐約出現一種報紙，稱爲警報（Alarm），其中有謂：凡取絲毫可咒詛之茶葉，即屬罪人。美洲之處境，已較埃及奴隸爲尤慘。財政法規上之文句，明言汝等並無可稱爲屬於自己之財產，汝等不過大英帝國之奴僕與牲畜而已。

紐約自經此次騷動以後，約越三週，東印度公司之代理人相率斂跡，乃宣佈由海關職員代理到埠之茶葉。此種公告，立即引起人民之怨憤，以是自由之子團團員，迅速警告倉庫業商人，不得貯藏茶葉，正如菲列得爾菲亞人之所爲，凡買賣茶葉，當視爲公敵。

自由之子團

每一殖民地，幾乎均有一自由之子團。該團初創於波士頓，稱爲聯合俱樂部（Union Club），後採用 Isaac Barre 上校在英國議會中演說所用之詞句，而改用此名。其團員包括多數愛國先進份子，爲一種祕

註三：F. S. Drake 著：茶葉（Tea Leaves）一八八四年波士頓出版。

密組織，並用暗號以防英國王黨之間諜，凡在公開示威時，波士頓團員各於頸上懸一徽章，一面彫刻持杖之手臂，杖頂為一自由之冠，四週寫「自由之子」字樣，背面則彫一自由樹圖案。（註四）

該團組織採取自我保證制，如信念動搖份子，則予以拘捕懲處，在祕密會議中準備選舉名單，並草擬各項公衆紀念大會之計劃。質言之，在當日選出能孚衆望之領袖領導之下，使成為各種民衆運動之首腦。

在波士頓有所謂北極會（North End Caucus），常集會討論如何開展其任務，十月二十三日議決，必要時當不惜犧牲生命財產以抗拒裝卸或出售東印度茶葉。團體中以藝術家占多數，為 Joseph Warren 博士所組織，常集會於北礮臺(North Battery)附近之William Campbell家中，有數次則在青龍旅社（Green Dragon Tavern）開會，北極會與另一同性質之團體，稱為長室俱樂部（Long- Room Club）者，均為自由之子團之支部，而保持原會中之一切習慣。當時波士頓著名愛國彫刻家 Paul Revere 曾謂「我等集會至為謹慎祕密，故每次會議必指要經宣誓，凡所決定之行動，除對 Hancock 及 Warren 二人或致掌及一、二其他領袖之外，不得洩漏祕密」。

波士頓之民衆大會

十一月二日自由之子團送一牒文與波士頓東印度公司之代理人，限其於次週星期三赴自由樹旁，正式宣告脫離職務。是日旗幟飄揚，鐘聲齊鳴，民衆聚集於樹旁者達五百餘人，獨各代理人均未親自到場，以是到會者（包括 J. Hancock, S. Adams, W. Phillips）推舉代表赴克拉克（Clarke）倉庫與代理人會見，交涉結果，彼輩拒絕辭職，且不允在茶葉到達時停止裝卸，各代表將交涉結果報告於自由樹旁之大會，以是決定再召集全城大會於法尼爾廳（Faneuil Hall）。是會於十一月五日舉行，由 Hancock 為主席，市民代表及各愛國領袖均同時出席，意見亦告一致，經愼重考慮之結果，議決依照菲列得爾菲亞城大會辦法，頒佈宣言，聲討茶稅之苛政，並反對政府對於美洲各自由民所施行之捐稅政策。

代理人拒絕辭職

市民代表及其他二人組織委員會，將議決案送達代理人 Thomas及 E. Hutchinson 等，惟據代表在大會中之報告，未得圓滿之結果，其中有四百餘當地商人認此為極端侮辱，因此大會延期，另商對付辦法，當地市長偵知該會有叛逆言論，但遍覓證據未獲，情勢緊張達二星期，至十一月十七日倫敦噩耗傳來，謂裝有東印度公司茶葉之貨船三艘，將駛來波士頓，尚有數船則開往紐約、菲列得爾菲亞、及查理士敦，駛來波士頓之三船，為達德馬斯（Dartmouth）、皮維亞（Beaver）及裴德福（Bedford），均由南特開脫（Nantucket）開出，裝運鯨油至英國，歸來時承裝若干東印度公司之茶葉。

十一月十九日，波士頓各代理人深知衆怒可畏，籲請市長及市商會維護其生命財產之安全，並請求保護其茶葉直至出售後為止。市長盡其能力所及者為之。而市商會則以護衛東印度公司倉庫，非其應負之義務，嚴辭拒絕。波士頓各代表婉勸代理人退回茶葉至倫敦，尚有若干保守派友人，亦作同樣勸告，但若輩因恃有市長之援助，卒不為所動。

波士頓抗茶會

最先到達目的地之船，為達德馬斯號，船長 Hall，於十一月二十八日駛入港內，所載茶葉，計八十大箱與二十四小箱，Bruce 及 Coffin所率領之皮維亞及裴德福二船，則到達稍遲，達德馬斯輪受該城代表大會主席，即馬省愛國份子 Adams 之命，駛靠格利芬（Griffin），即現在之利物浦（Liverpool）碼頭卸貨，但勒令不得起卸茶葉，並日夜派人監視之，船主 Rotch 在各項貨物悉數起卸後留茶葉於船中，同意於

註四：自由樹現種於波士頓之愛色克斯（Essex）街及華盛頓街之轉角，該處為一七七三至七四年愛國者舉行露天大會之所。

再裝出口貨物時，將茶葉運回倫敦，免因延誤船期而受損失。惟因進口貨物尚未完全繳清，以致不能從海關取得出口執照。向市長請求發給退回茶葉至倫敦之許可證，亦遭拒絕。以是該船不得不停滯於碼頭。依據英國法律，凡船隻入口過二十日，即應繳納關稅，倘未繳清者，海關有沒收及拍賣其貨物之權。市長既希望茶葉起卸，而海關派有緝私艦兩艘駐在港口，以防達德馬斯號未領執照私自出口，蓋經關員緝獲，當然有充公之權，代理人之避居於堡壘者，亦正靜待此事之結束。至猶豫期間之最後一日，即預定茶葉沒收或起卸日期之前一日，爲一七七三年十二月十六日，是日附近城市之居民及停止業務而特來老南教堂（Old South Church）開會者，不下數百人，爲該教堂空前未有之盛會。蓋全體民衆已感覺事件嚴重，有立即發動之必要。Adams委員會，將請求發證出口失敗之經過報告於大會，並勸告 Rotch 立即向海關提出抗議，再向市長申請准予達德馬斯號當日駛回倫敦。

Rotch 採納衆議，其他各城市代表亦申述決意拒用茶葉，此項報告大爲群衆歡呼擁護。以是議決用茶葉者認爲下流有害之舉，各城市均應組織委員會以防止此可詛咒之茶葉流入於內地。S. Adams, T. Young 暨 J. Quincy 諸氏，更作大聲之演說，至四時半遂一致通過，不准茶葉上岸，惟關於如何應付之計劃，則在各領袖之執行會議中決定之，以防間諜探悉。同時大會勢須暫緩解散，直至 Rotch向市長申請之結果分曉爲止。Rotch氏於六時回來，將市長站在政府代表之地位，不能允許該輪出口之法律立場，報告於大會，以是大會應再延長。各愛國者傍晚均聚集於街道及格林芬碼頭，忽有波士頓代表著名商人 John Rowe 於大會將散時，大聲疾呼：「將茶葉與海水相混和」，此語一出，不知是否爲預定之符號，即有身穿馬哈克土人（Mohawk Indians）服裝之一羣人，各執小斧或大斧，自青龍旅店方面蜂擁而來，似若有緊急事務而向格林芬碼頭集中者。其人數或謂二十餘人或謂九十餘人，傳說不一。

頃刻間，此一隊人攀登船上，警告關員及水手避開，乃從艙內取出茶葉，將茶箱一一破壞拋棄茶葉於港內。關於此舉世震驚之茶葉事變，一七七三年十二月二十三日馬省時報（Massachusetts Gazette）有下列之記事：

> 若輩將該船茶葉拋棄以後，復登 Bruce 及 Coffin 二船長之船上，不及三小時，已將各船所有之茶葉共三百四十二箱完全毀壞，而傾出茶葉於船塢中，動作之敏捷，於此可見。當潮水高漲時，水面充滿破箱與茶葉。自城市之南部綿亘至多却斯脫灣（Dorchester Neck），並有一部份沖至岸上。

毀棄茶葉之碼頭，現在立有一紀念碑，其文如下：

> 此處以前爲格林芬碼頭，一七七三年十二月十六日有英國裝茶之船三艘停泊於此，爲反抗英皇喬治之每磅三辨士之苛稅，有九十餘波士頓市民（一部份扮作土人），攀登船上將所有茶葉三百四十二箱，悉數投於海中，以是而成爲世上聞名之波士頓抗茶會之愛國壯舉。

在英國有一部份人同情海外同胞，一部分則斥爲怯懦之鹵莽行爲，議會中因此立刻採取高壓之措置，通過封鎖波士頓港之議案，並變更馬薩諸塞殖民地之法律，以後市會會員，不再由人民選舉，而改由市長任命。不久即釀成獨立戰爭，結果使美國脫離英國之羈絆，而成立獨立之共和國。

波士頓事件之消息，迅速傳遍紐約、菲列得爾菲亞，以及南部各殖民地，各該處以搖鈴傳播此項消息，聞者無不稱快，而尤以青年最爲熱烈，臨時準備阻止須納捐稅之茶葉之進口。

格林威治抗茶會

當時之格林威治（Greenwich），爲新澤西（Mew Jersey）最大最繁盛之城鎮，位於高亨綏河（Cohansey River）之畔，與波士頓、紐約及菲列得菲亞有水路可通。凡由遠道而來之船舶，當在此靠岸，以裝運農林產品。一七七三年十二月十二日，有獵犬號（Grey hound）由船長 J. Allen 駕駛，裝載若干茶葉到港，此爲出於意外之事。此船本定開往菲列得爾菲亞，惟似受德拉華（Delaware）領港人之警告，不宜將是項貨物運至該城起卸。以是潛入高亨綏河，祕密將茶葉在格林威治起卸，藏於市區方場忠於喬治英王之英國人 Dan Bowers 之地窖內，一切動作，雖頗敏捷，但不久仍被人發覺。

克姆培爾蘭州（Cumberland）當地人民召集大會於橋鎮（Bridgetown），惟委員會之報告，過於和平，不合青年之要求，以是青年自動起來對付，是晚有若干乘馬者徘徊於郊外，與一羣愛國份子共謀迅速破壞茶葉，旋即勸員民衆，此輩青年均由費菲特（Fairfield）、橋鎮以及格林威池而來，急趨預定集會之所，喬裝爲土人。是晚，即十二月二十二日，平靜之澤西鄉村人民，爲隆隆砲聲及火光所驚醒，此爲人所痛恨之茶葉，連同茶箱，均焚毀於市區方場之中央，無一人敢出而阻止當時漆面戴羽之怪物。

此種僞裝土人，仍不能掩蔽其眞面目，以是茶葉所有者，對於彼輩之犯罪行爲，即提起控訴，經數次之延期，最後發交新澤西之政府當局審理，彼羣竹企圖獲得大陸陪審員偵查正式公狀，但歷任陪審員始終拒絕公訴，以是終未得結果。

當時畢事之處，現立有一紀念碑，凡現在克姆培爾蘭州各族之祖先之參加是事者，均一一列名於碑上，以示崇仰。喬彼輩之舉動，對於殖民地之最後成功，有莫大貢獻焉。

查理士敦抗茶會

在南加羅里那（South Carolina）之殖民地人民，對於抗拒茶稅之活動，不亞於上述各地。當倫敦號輪於十二月初抵達查理士敦時，船上載有東印度公司之茶葉，以是居民召集會議二次，議決此項茶葉不得上岸，亦不得販賣於境內，且在非法加稅之法令未取消以前，任何人不得輸入茶葉。茶葉代理人懾於衆怒，遂同意拒收貨物及納付茶稅。

若干匿名恐嚇信投與倫敦號之船長，謂如敢企圖將茶葉卸貨，當焚毀該船。此種信件使船長驚懼，遂將信件呈送市長。海關收稅員亦請求保護，因依法律規定，茶葉如經過二十日尚不納稅，彼等不得不予以沒收。一七七三年十二月卅一日市議會，召集會議命令鄉長及警官，採取適當措置，使收稅官沒收茶葉時不致發生爭端。迨到限期終了，無人出而納稅，因此船上貨物即被沒收，藏於交易所之潮溼地窖中，此種措置是否出於預定計劃抑別有其他原因，不得而知。不久，茶葉即告損壞。其後尚有繼續到達之茶，亦同樣沒收而貯藏之，但於一七七四年十一月三日，勃立頓白爾號（Britannia Ball）船又裝到茶葉七箱，查理士敦住民決定此爲輪及彼輩舉行抗茶會之時機，乃聚集於港岸，手持 North爵士及英皋之肖像，輪主深恐其船及全體貨物被焚，乃與代理人急登船上，自用小斧將茶箱劈開，將箱中之茶傾於海中。

不久，有若干同樣事件發生於南查理士敦之佐治墩（Georgetown），惟無論查理士敦或佐治墩，其參加抗茶會者，均不用僞裝亦無僞裝之必要，喬當地之領袖人物，亦均親自參加此項破壞茶葉之工作。

菲列得爾菲亞抗茶會

菲列得爾菲亞爲一七七三年時美洲之主要海港，同時又爲人煙稠密及政治活動之重心，故東印度公司之經理，强使英國茶葉輸入美洲殖民地人民之咽喉時，該處亦最先起而抗爭。

一七七三年十月十八日，大批羣衆集合於市政廳空地上，舉行民衆大會決定拒絕任何茶葉上岸。十二月一日，該地報紙上發表新聞，謂九月二十七日，有載茶輪船，已由倫敦啟行，駛向菲列得爾菲亞，以是無時無刻不待船之到達，各報更鼓勵讀者，必須聰敏而忍耐，即在此種通告發表以前，已有自行組織之「漆面戴羽懲罰委員會」發出一種傳單，告特拉華之領港人，其文曰：「君等如有機會遇到茶船包來號（Polly）及船長 Ayres，請執行君等之義務」。

十一月二十七日，更有其他傳單：「余等期望於與茶船相遇之青年者甚殷，領港人如能先報告該輪之消息者，當有重賞，其賞格雖難確言，但如有人領該船至港內者，衆認必以相當方法對付之」。此第二種傳單，更附有對於船長 Ayres之警告。謂「如不立即停止其危險之行動而駛回原來之港口，自當公開加以懲處，並焚毀其輪船」。

同時更要求各代理人拒絕起貨，魏東（Wharton）公司當即允諾，惟詹姆斯(James)獨林克魏脫公司(Drinkwater)則稍事躊躇，蓋該公司頗有愛國心，彼等與其他市民聯合反抗印花稅法，故簽字於不輸入同盟。惟後一公司因未作答覆，乃於十二月二日再發通告如下：

公衆謹向詹姆斯獨林克魏脫公司進一言，余等得一報告，謂君等已於本日接受將貽害於祖國之使命，君等竟以未得勸告爲辭，貿然參加茶葉計劃，行使不道德之勾當，此種鄙卑行爲，已再難掩人耳目，吾速明告公衆是否確有此種企圖，請用文字數行投於咖啡室中，我輩當視此而決定對付之手段。

公司主人 Abel James 對於此通告之群衆，保證不將茶葉起卸，但必須使原船運回。

舉凝宿日，久已盼望之茶船行將到達港灣之消息傳到菲城，不久即散佈全城，有一委員會於十二月二十六日於格羅斯忒角（Gloucester Point）中途截獲該船，以大會之議決案通知船長 Ayres，復要求彼停船於該處，然後邀彼與委員同赴岸上，使親睹民衆之激昂情緒，船長依其所請，於是晚到達城中，目擊種種緊張狀況，更見辱及個人之標語。

是時城中人民驟前之集合，情形至爲激昂，至翌晨，市政廳門外，人山人海，道路爲塞，祇能在室外舉行大會。凡爲喚起包來號船長之注意，本諸簡單明瞭之主旨，遂議決數案如下：

1. 船長 Ayres 之包來輪所載茶葉，不得上岸。
2. 船長 Ayres 不得將其船進口，亦不得報關。
3. 船長 Ayres 應立即將茶運回。
4. 船長Ayres應立即令其領港俟下次潮漲時將船駛至李台島（Reedy）。
5. 准許船長 Ayres 留於市內至翌晨爲止，以準備航行上各項事品。
6. 俟各項準備完畢後，即迫令船長離城返船，以便迅速駛出港口。
7. 選舉委員若干人執行此項決議。

演說者更以鄰近波士頓殖民地之神聖行動報告群衆，以是又通過一議案，對於該地人民之寧願將茶葉破壞，而不願起貨受苦之決心，表示敬意。

船長 Ayres 當場表示願服從衆意，遵守一切決議案，次日回至船上，即攜茶葉復向倫敦之原路開回。（註五）

紐約抗茶會

船長 Lockyear 之輪船南錫號（Nancy）於一七七三年九月二十七日由倫敦裝載茶葉開往紐約，同時有其他茶船駛赴波士頓、菲列得爾菲亞、及查理士敦，但以氣候惡劣，致使該船離去航線，駛至英屬西印度群島中之安的瓜（Antigua）島，至一七七四年四月十八日，始抵散地（Sandy）灣，是爲紐約第一次獲得與鄰近殖民地同樣之抗茶機會。

茶船到達波士頓之消息，於十二月十五日傳到紐約，自由之子團於十二月十五日晚舉行大會，是日適爲波士頓愛國份子破毀茶箱投諸海中之日，決議不准茶船駛入紐約港，更組織保安隊以執行決議。

南錫號既抵紐約港外，領港拒絕再由散地灣領船前進，乃選拔自由之子團強壯團員十五人組成小隊，監視該輪，並將舢舨加鎖，以防水手離去，致不能駛回倫敦。經船長 Lockyear 坦白聲述，自願停止茶葉起卸，不再進口，同時要求准予單身入城，採辦必要用品，並往訪公司代理人。蓋據彼所得傳聞，代理人業已辭職故也。此種要求，當即照准，以是船長在嚴密護衛之下，攀登碼頭，而與多數市民相見。

船長 Lockyear 照例先訪問代理人Henry White，經拒絕收貨，並勸告船長攜回倫敦，船長暫寓於咖啡室中。民衆盡量助其採辦回航所需要之物品，但不許其行近海關或與海關關員通訊。彼不久即知茶葉已運至錯誤之市場，遂從速準備回航之事務，四月二十一日處置茶船之委員會又散佈傳單於全城，其文曰：

謹向民衆報告：本市對於起卸東印度公司茶葉之意見，雖已由委員會向船長Lockyear 表示，惟若干市民要求在該船出發之時，應使其他親見政府及東印度公司奴視本邦之企圖爲莫大之罪惡，故定於該船長下星期六下午九時出發之時，召集民衆大會有所表示。凡我人民自當踴躍赴會，在該船長由馬來（Murray）碼頭出發前一小時，當鳴鐘爲號。委員會啓。

註五：F. M. Etting著：一七七三年菲城之茶會（The Philadelphia Tea Party of 1773）一八七三年菲城出版。

一七七四年四月二十二日 Lockyear 船長仍逗留於市中時，船長 Chambers 所駕駛之倫敦號已到達散地灣，保安隊得到有茶葉藏匿於其他貨物中之情報，領港受該隊之指示，拒絕領船進港，船長 Chambers 提出申辯，對領港人及自由之子團否認其船中載有茶葉，並示以貨單及海關納稅憑單上並無茶葉一項，以證明其言之非虛，故該船得進港靠岸。惟至下午四時，保安隊全體隊員，仍不置信，登船檢查一切貨物，並認爲有匿藏茶葉嫌疑之貨物，必要時將逐一打開檢查。船長至此，殆已認爲雖再掩飾，乃承認有茶十八箱，爲彼個人之物，並繳出其海關納稅憑單。於是保安隊、船長及貨主均暫退至弗勞斯（Fraunce）旅店詳商辦法，而留大衆於船埠。商議者正在設法如何處置最爲妥善，而躍登船上之羣衆已自行動作，打開茶箱，將茶葉拋入海中。衆對船長之詐僞極爲憤恨，咸認須以激烈手段對付之，但彼已聞風先逃，在薄暮時彼已潛入南錫輪中。

次日，即一七七四年四月二十三日，星期六。紐約及其近郊警鐘大鳴；九時，城中所有市民集合向湯丁（Tontine）咖啡室前進，一路軍樂聲與羣衆喝彩聲並起，及行至咖啡室，門乃大開，船長 Lockyear 偕自由之子團代表登露臺，表示因彼而惹起不幸之事端，承羣衆及自由之子團之優容，非常感謝。詞畢，遂將船長護送至華爾街（Wall）底之馬來碼頭，鳴砲奏樂，以示歡送。船長 Lockyear 之離市情況，充份流露英美感情之融洽。

次日，啟程赴英國倫敦號之船長 Chambers 同船回去，所有茶葉悉數運回英國，但該輪自出發至此日，已達七月之久。

亞那波里斯抗茶會

一七七四年十月十四日，亞那波里斯（Annapolis）之蘇格蘭商人 Anthony Stewart 之貨船 Peggy Stewart 號到達該城。船上載有可咒詛之英國茶葉二千磅。全城附近之市民立刻集合，以聽著名領袖對於茶稅之熱烈痛斥，最後於歡呼聲中，議決不准茶葉入口，並將會期延至十九日，以決定是項貨物之最後命運。

十月十九日之大會，到會羣衆聞悉貨主業已繳納茶稅，破壞若輩抗茶計劃，大爲震怒，羣情激烈，咸欲致貨主於死地。當彼與代理人會見羣衆時，恐懼異常，一再謝罪，並願將茶葉送至岸上，當衆焚燒。羣衆仍無諒解之意，適恩乃亞龍台爾（Anne Arundel）州之 Charles Warfiedl 博士率領一隊自由會（Whig Club）愛國志士趕到，遂同意於博士之建議，將此公敵處罰。爲恫嚇起見，在貨主之宅前立即樹立絞首台，令其就死刑或自行焚燬船舶之二途中，任擇其一。船主驚悸之餘，願擇後者，於是不出數分鐘，船與貨物均付之一炬，不久貨主即悄然離去。

至今一七七四年十月出事之地點，有一紀念碑，記載船主自焚其船之始末，在巴爾的摩爾（Baltimore）之法院刑事廳走廊西壁，亦有一壁畫描繪當時焚船之情狀。

愛屯東抗茶會

愛屯東（Edenton）爲當時北加羅里那州之重要城市，該地婦女雖不能稱爲若何英勇，但亦不乏愛國心。一七七四年十月二十五日，該地婦女五十一人聯名起草一文，讚揚不久以前在新百爾尼（New Bern）之各殖民地代表開會決議反抗不合理茶稅之事，繼又大膽簽名於一文件，送至倫敦報紙發表，此文登載於一七七五年一月十六日之倫敦晨報（The Morning Chronicle & London Advertiser），頗能引起英人之注意，蓋以簽字者均有社會地位及家族淵源者，其文如下：

十月二十七日北加羅里那來函摘要：

北加羅里那之地方代表，已議決不再飲用茶葉，不再使用英國布匹等物，此間多數婦人爲表示其深刻之愛國心起見，均已加入榮耀而高潔之協會。余等謹向貴地之高貴婦人宣告：美國婦女亦均將追隨其英勇之丈夫之後，一致團結，以與頑固之政府對壘，誓不屈服。

抑有進者，凡足以影響國家和平與福利之任何事件，吾人自難視若無睹，事關公衆利益，應由全境推舉代表共同解決之。此不獨對於隣近各地之親愛同胞應有互相協助之義務，亦爲關懷本身福利者所不容忽視，惟力是視，義無反顧，特書數行，聊表決心。

其下則有五十一人之簽署。

前北加羅里那文獻委員會會員 Richard Dillard 對於愛屯東之茶葉故事，有極扼要之記述，其最有趣之小冊，有如下之敍述：

當時愛屯東社會頗為風雅而有教養，愛國男女轟轟烈烈之事蹟，足以彪炳千古。當時之茶會正與現在相同，為一種最時尚之應酬。英國國民原有飲茶之風習，因此茶乃成為殖民地人民最普遍之飲料。飲茶一杯可使精神安逸，增加心理上之興奮，故為打破舊式集會時之沉寂空氣所不可或缺。與此茶會有連帶關係之事故，亦富有興趣，現在推測一世紀以前之事，當知參與茶會者各衣盛裝之長袍，團坐閒談，復推定能言善講者向衆作長談，然後以茶饗客。茶有武夷茶與假茶兩種，但無一婦人不存偏見而拒飲，認為有毒之武夷茶，一致歡迎一種為乾覆盆子葉所製成之香液性假茶，惟就著者之意見，此種假茶實較以前誇大之冬青（Yu Pon）葉尤為無益。

有一古代彫刻之銅板，將宣言刊印於鑲於台面之玻璃板上，使婦人見之知所警惕。其文句為勸告不飲茶葉，並不用英貨。其印刷人據稱即為喬治三世時印刷 Junius 署名文件之同一人，惟圖畫之來源不明。

剌里（Raleigh）為北加羅里那之美國革命策源地之一，其市政廳之圓室中有一銅台，為紀念愛屯東婦人之毅然通過一議決案而設。而在以前舉行茶會之舊址，則放置一革命時用過之大砲，上面置一有歷史性之銅茶壺，壺上刻有字句：此處原為Elizabeth King夫人之住宅，一七七四年十月二十五日愛屯東婦女集會於此，反抗茶稅。（註六）

不飲茶國家之誕生

當美國殖民地人民參加茶會共謀反抗茶稅之時，國內政府亦堅決主張貫澈其對於美洲之措施。二者之爭端遂愈趨激烈，終於使一大民主國在槍林彈雨中誕生，不久即成為世界上最富之消費國，但仍保有不好茶葉之遺風。

註六：Richard Dillard 著：愛屯東歷史上之茶會（The Historic Tea-Party of Edenton）一九二五年愛屯東出版第六版。

第六章 世界最大之茶葉專賣公司

素負盛譽之東印度公司——專賣權之開始——戰勝十六家東印度公司——早年之艦隊，船之事務長，船主之利潤及茶葉走私——三百年中之對華貿易——五人之失敗——國內之約翰公司

世人常謂英國東印度公司因胡椒而誕生，但其有驚人之發展則全特茶葉。該公司因在遠東經商，故最早即與中國接觸，迨後中國之茶葉成為該公司治理印度之一大資源。

約翰公司（即東印度公司），當其在全盛時代，握有中國茶葉貿易之專賣權，操縱華茶之供給，限制輸入英國之數量，故得壟斷茶葉之市價。該公司不僅造成世界最大之茶葉專賣制，亦為對於茶之宣傳之一種最先原動力。宣傳之結果，促成英國之飲料革命，使英人移其對咖啡之嗜好，一變而嗜茶。數年之間，英人之嗜好為之不變，亦可見其宣傳效力之宏大。東印度公司在國際間亦為一支勁旅，該公司有權佔領土地、鑄造錢幣、整軍備武，並得與他國締約、宣戰或媾和，行使民刑及司法上之職權，儼然一强有力之行政機構也。

英國東印度公司於一六〇〇年杪領到特許證書，James Lancaster 大佐於一六〇一年御公司之命，作一次著名之航行，並且在爪哇萬丹（Bantam）設立商館一所。荷人之經營印度，雖早於英人四年，但荷蘭東印度公司，則遲至一六〇二年始得特許證書。

歐洲大陸在各時期所策動互相競爭之東印度公司，凡十六家。就國別而論，有屬於荷蘭、法國、丹麥、奧地利、瑞典、西班牙、與普魯士等國者，但就其所處地位之重要而言，則無一能與英國東印度公司相拮抗。

在十六世紀時，歐洲之國家與東印度有經常貿易者，僅有葡萄牙一國，並處於絕對專利之地位。至一六〇二年，荷人驅逐葡人而奪取其主要之印度殖民地，在荷蘭東印度公司之旗幟下展開商業之陣容。法人於一六〇四至一七九〇年間，在印度先後創設公司六家。丹麥人曾於一六一二及一六七〇兩年中，分別開辦公司兩家。蘇格蘭人亦於一六一七及一六九五兩年間，先後成立東印度公司二家。

奧人所辦之俄斯頓德公司（Ostend Company）係向荷、英兩國東印度公司借材所組成，一七二三年開辦，至一七二七年起停止商業上活動七年，但終於宣告破產。一七三一年在該公司停止營業之時期中，斯德哥爾摩（Stockholm）之 Henry Koning 羅致該公司之舊有人員，加入瑞典東印度公司。該公司全賴偷運茶葉至英國獲利以維持者。至一七八四年，英國議會通過將茶稅稅率減低，該公司亦即迅速消滅。

在菲律濱羣島有一西班牙皇家公司設立，其設立之動機，在於對抗明斯志條約（Treaty of Munster 1648），該公司自一七三三年成立，至一八〇八年停業，其間營業上互有得失。在一七五〇至一八〇四年及一七五五——五六年間，先後有普魯士、亞細亞、與孟加拉（Bengal）等公司之設立。奧國東印度公司被稱為脫利斯脫帝國公司（Imperial Company of Trieste for the Commerce of Asia）者，為 William Botts 所創立。彼於一七七五至一七八一年間曾在英國東印度公司服務，對該公司深表不滿，彼雖富有投機天才，但終失敗於一七八五年。

約翰公司之創始

最初東方貿易之權，操諸利凡脫公司（Levant Company）之手。

該公司取道小亞細亞，從陸路與印度貿易，獲利甚鉅。及至繞道好望角，由海路至東方之航線開闢時，該公司有一部份人首先覺察此航線之有利益。

因此該公司中人即於一五九九年討論發展由海道至東方之可能性。因當時葡人與荷人在東方已有鞏固之地位，故除非立即有所舉動，否則即將失去機會，乃向依利沙伯皇后請願，直至一六〇〇年之最後一天，始得批准，特許該公司得享受印度貿易之專利權十五年。此種專利權，本身已極有價值，更可寶貴者，乃在其首先四次之航行，得免徵出口稅，並許以將本國現金攜帶出口，此本爲國法所禁止者。該公司實際獲得之專利權頗爲廣泛，凡在西半球之荷恩角（Cape Horn）與東半球之好望角之間，一切商業上或由發現所得之利益均歸該公司獨享。其特許書上並載明授以東印度貿易之特權，如有非法攘利之徒，一經查獲，得將其船貨一併扣留充公。

早年之艦隊

第一隊東印度艦隊於一六〇一年初夏駛離英國，其旗艦爲Cumberland伯爵之紅龍號（Red Dragon，原名 Mare Scourge），該艦隊專爲搜捕西班牙敵船而設，除旗艦外，尚有漢克多號（Hector）、亞生興號（Ascension）及蘇珊號（Susan），與一糧食船荷斯脫號(Guest)。J. Lancaster 爲該艦隊之司令，但各艦艦長亦有相當權力。此項海軍之任務，以在輸入各種香料，故不至印度本部游弋，而駛往荷屬印度。荷蘭當局雖嚴禁他國商人入境，但對於此種海軍則頗加禮遇。英國軍艦不僅在蘇門答臘採購多種貨物，且從葡萄牙人手中掠奪更多之財物，後雖在海中遇險而受相當之損失，但若輩均已腰纏纍纍。

十七世紀末葉，有一新東印度公司成立，目的在爲英皇斂錢，此新舊二公司，有一時曾互相傾軋，但終於消釋嫌隙，而歸於合併。

東印度公司人員，第一次於一六三七年春遠入廣州，但若輩對於茶葉似尚漠不注意。在中國及日本之英人，雖早於一六一五年已知飲茶，但從無有將茶葉攜回國內者。當時東印度公司之船舶，雖較通常之商船略優，但優劣相去並不甚遠，就大小而論，大多數之船，載重不過四百九十九噸。因當時法律規定，凡五百噸或五百噸以上之船，必須有一隨船之牧師，而東印度公司董事欲把持要位，引用私人，視公司爲禁臠，非有必要，決不許外人分肥故也。

第一批所購之茶，尚不足一擔（等於英衡一百十二磅）之數，但不久茶之銷行日廣，由東印度公司大批源源運入。該公司雖云祇運品質較優之茶，然就當時裝運之情形觀之，所謂「最優品質」之解釋，似尚有疑問。荷人及俄斯頓德公司所運入者，多爲次等之茶，其中有大部份係偷稅運入英國，其售價遠較東印度公司之茶爲廉。同時船上之員司，亦有趨於走私之傾向，因此收稅機關防範甚嚴，一俟東印度公司船舶下碇以後，即動員所有小艇嚴密監視，以防止船員將東方冒險得來之私貨秘密運送岸上。

將中國列入專利範圍

東印度公司與中國通商，雖早在十八世紀初期，但其特許書至一七七三年始完全修正，授以與中國及印度貿易之特權。由於此種經常航線之擴展，所得間接之利益頗大；因東印度公司在遠東並無如在孟買之船塢設備，今航線延長，使該公司不得不建造較大而堅固之船舶，但該公司對於造船及航行之措施均極浪費，如能在經營上稍加注意，則其所得成績當決不止此。

至印度之航程已屬極長，至中國則更有不必要之遲延，不僅未能增進船舶之航行速率，且在中國海面滯留甚久，以待裝貨。其滯留之久，往往非將船上纜索等具逐行拆卸不可，迨開船時，須再重新裝置。

東印度公司一向僅屬個別商人之一種聯合團體，正與伊利沙伯皇后初創立時之情形相同，每個商人各自行其是，自謀其利，僅由董事部維持某種之紀律而已，公司從無自備之船隻，多年以來，皆由董事個人所供給。此輩董事，通常稱爲船之事務長，按照議定之水脚，將船舶租與公司行駛。普通以行駛六次爲限，以後則依照公司之定章辦理。其後此種出租船隻之權利，雖不限於董事，但與公司方面毫無關係者，如欲將船隻租與公司，亦非易事。

船主之利潤

一船之事務長，當獲得其船舶爲公司租用之權利以後，每多將此項權利轉讓於其船主，有時可得代價至一萬英鎊之多。所得之水腳，優厚之津貼，兼因東印度公司許以某種貨物得私自經營（以出口五十噸，進口二十噸爲限），故船主每次航行，獲利甚豐。此外尚以自有之艙位租與旅客，因此從各方面之所得合計，一次航行可得一萬英鎊之厚利者，亦屬數見不鮮。當正在此種習慣流行時期之內，東印度公司人員，對於船主一職，幾成爲世襲，甚至毫無航海經驗者，亦得濫竽充數，後經董事部進而干涉，規定須有航海經驗者担任船主，此風才稍殺。

赴印度之船資，視旅客在公司中職位之高低而異，因船上搭客，多穿公司制服，一望即可鑑別。一高級職員須付二百五十鎊之船資；年輕之屬員，僅付一百鎊。食物與酒類由公司供給，且極爲豐盛。然最可奇者，公司對於房艙內之設備，竟置之不顧，故旅客在包定艙位以後，第一件應做之事，即向河濱專製此項傢具之店舖，購置一切應用器具。船主或船員，往往在航程之終點以極低廉之價格購入此項傢具，復以高價售與回國之旅客，一轉手間，獲利倍蓰。

茶之走私

十七世紀時，茶葉走私之風甚盛，政府頒行各種專律，嚴禁茶葉從歐洲各地運入英國。後又變更辦法，每遇東印度公司運來之茶供不應求時，特許他國商人亦得領照運銷，其實東印度公司所運之茶，不夠分配，固爲常有之事。但東印度公司從中國運來之茶，總較任何方面爲多。在一七六六年，該公司裝運之數量爲六百萬磅，由荷人裝運者四百五十萬磅，其餘公司所運之茶，絕無近於三百萬磅之數量者。

十八世紀中葉，東印度公司開始陷入窘境，至一七七二年，乃不得不向政府請求撥付所積欠之補助費，同時並請貸款一百萬英鎊。此二項請求，均得政府核准。但同時當局並頒佈印度條例（India Acts），使實行較爲經濟之經營。不久以後，該公司又得政府之特許，得先出具保結，將茶葉存置堆棧中，提貨時再行繳納稅款。此種辦法，在茶葉貿易上激起極大之變化，因自此茶葉在全年之銷售，得以分配均勻，雖據估計英國當時全國所飲之茶，祇有三分之一納稅，其餘皆係走私。

印度貿易專營權之廢止

英國議會於一八一三年通過議案一種，使政府有權干預東印度公司在商業與行政方面之一切活動，同時並廢止該公司對於印度貿易之專營權。惟對於中國貿易（大部份爲茶葉）之特權，仍許繼續廿年，至一八三三年終止。屆時該公司所屬之船舶，亦即予以解散。

在隸屬東印度公司各船之事務長中，有一、二人即以獨立之船主資格駛往印度及遠東，而與各該邦貿易，最著名而成功最大者，當推下列諸人：George Green, Money Wigram, Henry Loftus Wigram, Joseph Somes。彼等所有之船隻，均係舊東印度公司之遺產，船身笨重，行駛不快，惟船內佈置，頗爲舒適，載貨容量，亦極爲寬大。自一八三二年美國快艇出現以後，在貿易上乃有極大之變動。英人於一八四六年亦繼起仿製。

東印度公司紀錄中關於茶之記載

在東印度公司之紀錄中，首次言及茶事見於一六一五年 Richard Wickham 著名之書簡中，此爲英人提及茶之最早者。

此項記載，可從標題爲「日本雜錄」之舊卷宗內查得，所謂「日本雜錄」，包括從該公司駐日平戶代辦 Wickham 寄來之函件。據 Birdwood 語人：Wickham 第一次於一六〇八年以聯會代表之資格赴印度，在桑給巴（Zanzibar）爲土人所拘捕，而送交葡萄牙人；葡人將彼帶至科亞（Goa），在科亞時彼與一旅行家名 Francoise Pyard 者相遇。一六一〇年，彼又與其他被俘之歐人同被押解至葡萄牙，後即由葡萄牙遣返英國，再作第八次之航行。John Saris 大佐將 Wickham 與 Richard Cocks 二人留於日本平戶商館中 。一六一四——一六年間，Wickham 在日本商館服務期間所寫之函稿，現仍保存於印度辦事處之紀錄中。

一六一五年六月二十七日 Wickham 致東印度公司駐澳門代理人Eaton之函中有云：Eaton 先生：煩君在澳門代購最好之茶葉一罐，美女弓箭二套，澳門因箭約半打，掃數精游，裝上三桅船中，所費一切，歸弟負担可也。Wickham啓

老東印度公司

東印度公司最早之名稱，為東印度貿易公司（The Governor and Company of Merchants of London Trading into the East Indies），該公司有權製定規章，免稅輸出各種貨物，裝運外幣及金銀條塊出口，執行罰則，並享受其他許多極有經濟利益之權利。

最初，茶葉祇能從中國購辦，係一種極名貴之物品，在餽贈帝皇、王公及貴族之禮物單中，偶然可以發現此種「世界珍寶」。英人對於茶在商業方面之效用，覺察似頗遲，當荷人正在歐陸積極促進茶之銷售，並經由倫敦咖啡店以每磅十六至五十先令零售之時，東印度公司之代理人，竟坐失良機，而不自行直接採運。然其所以趦趄不前，亦自有相當理由，最主要者則為當時荷人在遠東所佔之優勢。自 Wickham 之著名書簡中言及茶葉以後之五十年（即一六六四年），始在東印度公司之紀錄中，有董事部從 T. Winter 購入名茶二磅二兩獻贈英皇，表示公司不忘皇上之一段記載。據傳查理斯第二曾將此項貢品轉贈其皇后 Consort，因伊為一熱烈之嗜茶者。

在一六六六年英皇收到之珍品中，有茶葉二十磅又四分之三，每磅價五十先令，英皇存有兩個貴臣所得之茶，每磅價值六英鎊十五先令。約在此時，亦有其他之方法向倫敦之咖啡店購買茶葉，以作宮廷閣議時飲用。

該公司之屆員雖曾向其主人報告，關於華人浸製一種有香氣植物，稱為 Tay 之習慣。但此輩主人，則正謀以英國之布交換東方絲織品之一種貿易，而未能逆料茶葉將成為一種最大最有利之貿易。該公司第一次購茶之定單，係於一六六八年寄與萬丹之代辦，囑其設法購寄最優良之茶一百磅。

第一次進口之茶共裝二箱，計重一百四十三磅八兩，在一六六九年由萬丹裝到；一六七〇年復有四罐茶葉運入，重七十九磅六兩。此二次所運之茶葉中有一百三十二磅受損劣變，而由公司以每磅三先令二辨士售出，其餘之茶，則皆由董事會自行消費。

此後，茶葉每年（一六七三——七七除外）由萬丹、蘇拉特(Surat)干查姆（Ganjam)與麻打拉斯（Madras)等處源源運入，直至一六八九年，始有從廈門輸入之第一次紀錄。某次從萬丹輸入二百六十六磅，據載係臺灣地方所贈禮物之一部份。惟就當時之實際情形而論，係該公司之代辦在萬丹向運載茶葉之中國船上所購得。在蘇拉特係從澳門、科亞及達曼（Daman）一帶往來銷售之葡萄牙船上所購入，絕少有進入較此更近之地方而與中國交易者。

在萬丹之英國當局，特派一船赴廈門，而於一六七六年在該處設立一商館；在一六七八年，該公司從萬丹輸入茶葉四、七一七磅，致市面上存貨充斥，而使銷路停滯數年之久。但該公司之董事，於一六八一年囑令在萬丹之代理人，每年運寄價值一千元之茶葉。三年以後，爪哇英人被驅逐出境，董事部即於此時知照麻打拉斯之代理人，每年購寄最優良最新鮮之茶葉約五、六箱，自此英國東印度公司即倣効荷蘭東印度公司在一六三七年所施行之成規，定期輸入茶葉，在以一六八六年為終止期之十年中，茶葉在倫敦之市價，似為每磅自十一先令六辨士至十二先令四辨士。

一六八六年，該公司董事令知在蘇拉特之代理人，以後對於茶葉應視作公司進口貨之一部份，不能作為私人經營之商品。在一六八七年，

董事部並聲明凡最優良之茶，可裝入白鐵罐中，然後再妥爲包裝於箱內，以免途中受損。因茶葉現已成爲公司所經營之商品，故應特別加以注意。以前經售此項商品之人雖多，但每致虧本，有一部份從萬丹運來低劣之茶，勢非拋棄或以每磅四辨士或六辨士之賤價脫售不可。

一六八九年，當該公司公主號船從廈門駛抵倫敦時，董事部頗有怨言。因茶在市場上祇視作一種藥物，除非用罐桶或箱裝最優良之茶，方有銷路。同年，從廈門與麻打拉斯裝入之茶，共約二五、三〇〇磅。在一六九〇年，由個人及公司從蘇拉特輸入之茶，又有四一、四七一磅，惟因課稅甚重，該公司祇許品質最高之茶運入，否則不允承銷。

四年以後，據 Beckles Willson 所云：倫敦之主婦，忽染飲茶之嗜好，此輩婦人，乃間接成爲荷蘭商人之顧主。但在一六九九年，該公司定購優良綠茶三百桶，武夷茶八十桶，在國內皆極受顧主之歡迎。在定貨時，對於包裝尤爲注意，以防茶葉吸入所裝鉛罐之氣味。在一七〇一年，公司對於押貨員重申妥善包裝與貯藏之意。至一七〇二年，市面對於茶之需要激增，公司乃令裝載一整船茶葉，其中配新羅茶（Singlo）三分之二、圓茶六分之一、武夷茶七分之一。

商業上之作法自斃政策

十七世紀終，駢枝公司紛起，對於遠東之有利貿易，均狂起爭奪，而在東印度公司中發生一種作法自斃之情形，使政府不易想出禦馭此怪物之方法。在最初一百年中，政府巧設各種賦稅名目，給予一般從事東方貿易者一種特殊之權利，而以徵收適當之關稅，作爲交換條件，藉肥皇室之私囊。此種稅捐，爲西方人士所必付之茶價之一部份。茶商及飲茶者，受此種苛政之擾，遂兩世紀有半，直至一九二九年始行廢除，但三年以後，重又恢復。

最初凡屬半私性質之商人，常能較其所屬之公司獲利更多，結果有數家公司在享受特殊之權利下經營，而此種公司又轉而爲私人企業家所左右或控制。在一六九八年，若干攫利者得議會之批准，創設一新東印度公司，最後於一七〇八年與舊公司妥協，遂合併爲東印度貿易聯合公司（The United Company of Merchants of England Trading to the East Indies）。

在此事發生以前，舊東印度公司除在國內有種種困難以外，對於「敏銳之華人」，亦覺難於應付。其他對於馬來海盜及同在印度經商而心存嫉妬之荷、法、葡諸國商人，亦時起衝突。而公司內部職員貪得無饜，祇知個人之私利，而不顧公家之利益，其所受損害，亦非淺鮮。結果惟有最初一百年中，力圖鞏固公司對於印度貿易所享之特權。據冊籍所載，當時雖有走私影戤假冒及互相傾軋種種積弊，但政府在一七一一年至一八一〇年間，祇從茶葉一項收入之稅款，已達七千七百萬英鎊之鉅。此宗款項，超過一七五六年英國所負之國債。其所徵稅率自百分之一二．五至二〇〇不等。

查理斯二世在位之時，東印度公司之聲勢炙手可熱，迭次頒佈特許書，授予該公司以莫大之權利。除其他已得之權利外，該公司又有獲取領土，鑄造錢幣，指揮砲壘與軍隊，訂立盟約，宣戰與媾和，發理民事及刑事訴訟等等特權。在十七世紀末葉，又在印度之孟加拉、麻打拉斯及孟買等地設立監督處，結果使東印度公司儼然成爲一統治而兼商業性之特殊勢力。

後來該公司之組織法稍有變更，意在使該公司受政府直接之節制，但其原有之龐大權力仍繼續存在。甚至遲至一八一四年當此種權利轉讓與個別之商人時，此輩商人之貨物，仍須交該公司之船隻裝運，在印度之商人裝運貨物至英國亦須假手於該公司之船隻。該公司之茶葉專賣權効力最大。內地稅收試驗所（Inland Revenue Laboratory）代理主任 Richard Bannister 於一八九〇年五月十二日在倫敦藝術學會之演講有云：在該公司之後期，英國之消費者如在歐陸之公開市場購買同量同質之茶，以與由東印度公司專賣之茶相較，每年可減少二百萬英鎊之損失，換言之彼等因東印度公司之操縱，使每年須多付如許之金額。

專賣權之効力遍及於推銷者與消費者兩方面，政府對於該公司之縱制，使茶價日趨高漲，又因無競爭之故，使該公司得以任意提高茶之價格，結果除富有者外，一般平民簡直不能嚐到茶之滋味。又因政府之定章，每使該公司所售之茶常積壓十二月之後方能達到消費者之手。有一時期，茶葉平均須擱置十七個月以後而始行出售。但對於華茶所受之影響尚不若印茶所受之烈。因初時印茶之烘焙不及華茶之乾燥，且該公司因憑藉專賣權得以操縱茶之供給，而有囤積居奇之流弊。R. Bannister 云：

私人企業如邀批准，卽可矯正上述之弊端，合理之競爭可以杜絕專賣之流弊，但未獲政府允准，結果不僅從茶價上攫取極大之利潤，且因無商業上之競爭，使若輩在中國與國內攫獲之費用，亦皆取償於茶葉。以如此之公司，其工作推進必須假手於所雇用之人員，若輩之進取心，因狃於公司之需要文牘簿而喪失殆盡，公司之大權，操於一般毫無商業經驗而對於公司之繁亦懵無所知者之手，若輩對於任何新建議，卽使有極好之意義者，亦皆率所舉閉。惟祇知消用數世紀以來所通行之枯燥驚高之商業方法，殊不知此種方法，在現代商業中早已陳腐而不適用矣。

因管理上之浪費，以致在專賣權下所出售貨物之價值逐漸步高漲。因此對於公司之營業曾一度加以稽核，使明瞭管理上之浪費有若耗蝕銷售時所得之利潤，或所索之貨價有否超過大陸進口商之價格，稽核之結果，發現下列奇異之事實：

公司在一八二八年以前之三年中所得之利益為二、五四二、五六九英鎊，平均每年獲利八四七、五二三英鎊。

公司所售茶葉之價值超過在紐約與漢堡所售者，每年多至一、五〇〇、〇〇〇英鎊。

因專賣制之施行使每年損失達六五二、四七七英鎊之鉅。且此種制度足以減少貿易，抑止競爭，而又足以增加生活上必需品之物價。當特許書到展期之日，對於此種事實當然不能忽視；威廉四世乃頒布第三、第四兩條法律廢除專賣制，准許任何人均得營運茶葉，因此凡欲與中國貿易者，皆為法律所許可。（註一）

三百年中之對華貿易

英人在一五九六年以後，曾屢次謀與中國接近。當時伊利沙伯皇后亦曾致書中國皇帝，但未送達。英國在東方之貿易，自東印度公司於一六二五年及一六四四年明末之時，曾先後在臺灣及廈門開設代辦處，該公司在一六二七年有取道澳門而與廣州通商之一種企圖，但為葡人所阻而未果。

東印度公司於一六三五年與科亞之葡萄牙總督訂立協定，許英船倫敦號船主 Weddell 可將該船開入澳門港口，然因葡人之讒述，以致英船為波格砲臺（Bogue Forts）所轟擊，經倫敦號之還擊而止。廣東總督於一六三五年七月允許英人在廣州通商。東印度公司在廣州經商最早之紀錄，係在一六三七年四月六日，初因葡人在東方之勢力浩大，英人之商業多被摧殘，直至一六五四年英皇克倫威爾（Oliver Cromwell）與葡皇約翰四世訂立條約，乃許兩國商船得在東印度各口岸自由出入。

該公司於一六六四年在澳門覓得房屋一所，自一六七八年起開始對華直接並經常之貿易。一六八四年得中國當局之許可，在廣州沙面擇定地點建造商館，但英商在一切商業上之活動，嚴限於該區域內。此次核准或為在廣州設立歐洲商館之濫觴。次年（一六八五），廈門之代辦處重行開辦，在一七〇二年在舟山島上設立一貿易站，至一七一五年英船始得駛入黃埔停船，而與廣州通商。

東印度公司於一七六〇年派遣特別使團，向廣東總督抗議反對公行制，並請求釋放於一七五九年在廈門被捕之公司職員 Flint，結果無効，Flint 仍被拘禁，直至一七六二年始得釋放。但該公司後以行賄方法而使商業仍得維持於不墜，並於一七七一年買通官廳許以在營業期間可在廣州居住，惟一過營業季，則各外國公司之商業代辦，均須從其所指定設立之商館內，每年回澳門或本國一次。一切商船於西南季候風將告終止時——自四月至九月——進口，至東北季候風時期內——自十月至三月——開出。至一七七一年公行制取消，一七八二年由行商起而

註一：Richard Bannister 著：茶葉演講詞（Cantor Lecture on Tea），藝術學會報第三十八卷第一九八〇號，第一〇二三頁，一八九〇年倫敦出版。

代之。此輩行商有經營對外貿易之特權，同時對於一切外人之安全行動亦須負擔保之責。

東印度公司保持其專利權幾達二世紀之久，英國人民非經該公司許可不得在廣州登陸，除領有執照者外，英國商船亦不准駛至東方經商。但其他國家之商賈則起而與東印度公司競爭。由澳門而來之葡萄牙人，來自馬尼拉之西班牙人及來自臺灣之荷蘭人，均在該公司之前到達東方，自不甘任後來者居上而反被摒擯。丹麥與瑞典商人於一七三二年，法人於一七三六年，美人於一七八四年連同他國商人皆蜂擁而至。中國採兼收並容政策，對於此輩商人，亦不許他人干涉。更有一部份英商，擅將外國之國籍證明文件取出，而亦予該公司以多方掣肘。

英國自由貿易最早之創始者爲怡和公司(Jardine,Matheson & Co.)之創辦人 William Jardine，彼在一八二〇年至一八三九年間僑居中國。其次爲 W. S. Davidson，居留中國之時期爲一八〇七年至一八二二年。顛德公司(Dent & Co.)之 R. Inglis，在中國之居留期間爲一八二三年至一八二九年，及在一八二六年至一八五〇年居住中國之Matheson兄弟，彼等於一八二七年創辦廣州紀錄報(Canton Register)以宣揚自由貿易之原理，並反對東印度公司獨佔制之延長。在特許書於一八三四年四月廿二日滿期以前之三、四年中，該公司職員在行使職權方面漸見鬆弛，而自由貿易實際上已於此時發軔矣。

中國當局於一八三一年對於廣州之外商予以極嚴厲之限制，致使東印度公司有停止一切商業關係之恫嚇。但彼輩終於屈服，將英國商館之鎖鑰，送交一位官吏以示降服之意。五月三十日在廣州有一次憤激之集會，一致反抗公司之政策，到會者有一小隊之自由貿易商人，如 Jardine, Matheson, Dent, Gibbs, Turners, Hollidays, Braines等人。

東印度公司之勢力雖已一落千丈，但外僑團體仍拒絕向反覆無常之中國當局屈膝。一般自由貿易商人，乃積極爲自己圖謀發展對華貿易，其營業範圍包括從印度裝運大量鴉片至中國，然爲避免對於鴉片船隻所施之限制起見，彼輩在波格砲臺外面之伶仃洋面，設置躉船，以儲藏鴉片及其他貨物。該公司之獨佔權至一八三四年廢止。在他方面中國政府認爲戰事已迫在眉睫，乃於一八三二年頒諭命令沿海各省建造砲臺，預備戰船，以備肅清海洋，驅逐或將在海岸發現之歐洲兵船，同時更下令禁止外國船隻逗留於伶仃洋面。

在一八三四年之英國貿易從廣州出口之主要商品中，茶佔首位。達三千二百萬磅。英國衆議院於一八四七年組設委員會，專事調查與中國之商業關係，證人向該委員會提出之報告中，載有許多關於英國茶葉貿易之消息。該委員會建議：每磅二先令二又四分之一辨士之茶稅，即等於平均每磅售價一先令四辨士之百分之一百六十四，應予減少。據大多數證人之意見，以爲每磅徵稅應爲一先令。委員會議程內所印 R. M. Martin 於一八四五年七月所發表關於茶之報告內云：觀乎茶在英國已達到消費之頂點，決非減輕捐稅所能增加此項無益有損之葉之用途。英國在一八四六年輸入之茶約五六、五〇〇、〇〇〇磅；一九二九年爲五六〇、七二〇、〇〇〇磅，等於一八四六年之十倍。

茶與美國

東印度公司諭令一七一三年茶季在廣州裝載茶葉之勞而•比利斯號(Loyal Blisse)船，將茶「裝箱勿裝桶」。六十年以後，在波士頓之印第安人覺得茶箱比桶纖易於處置。

至一七一八年，茶已開始代絲而爲中國出口貿易之大宗。一七二一年時，西方情形亦發生變化，Robert Walpole 在執政時代取消茶葉進口稅，而代以在提貨時徵收國產稅。

因此種政策之變更，隨即有禁止茶葉從歐洲各地運入之命令，使東印度公司之專賣權更臻穩固。故至一七二五年，英國茶葉受東印度公司統制之結果已變成一種神聖不可侵犯之物品，如有假冒僞造等情，即可將違犯者逮捕而處以一百英鎊之罰金。一七三〇——三一年間，罰規更形加重，對於作僞之物主，每磅茶葉罰金十英鎊；在一七六六年，除罰金以外，更可予以監禁。

在一七三九年，就價值而論，茶在荷蘭東印度公司輸入荷蘭之一切商品中居於領導之地位。當時茶葉偷運至英、美之風愈熾，此爲英國東印度公司之獨佔權所引起不能避免之結果。十年以後，倫敦成爲茶葉之自由口岸，由此轉口運往愛爾蘭與美洲。

至十八世紀中葉，美洲殖民地所受之痛苦愈見深刻化。二十世紀最公允之歷史家多認美國之革命戰爭，應歸咎於所謂「大商業」。此種大商業，一方面以東印度公司之茶葉專賣權爲代表；他方面則以不列顛與殖民地茶商爲代表。此或因糖漿或蔗汁酒自由買賣開其端。但實際上則爲茶葉。

在印花條例通過以前之二年，波士頓商人已聯合反對對於糖漿有任何徵稅之舉。如後來 John Adams 所云：糖漿爲美國獨立之一重要因素。則茶葉當爲另一重要因素。

在一七六五年經國會通過之印花條例，招致由浮琴尼亞(Virginia)州人Patrick Henry爲首之美洲殖民之激烈抗議與反對。此不過爲美人對於徵稅所起之一種尋常抗議，James Otis 謂未得若輩自己許可，不應貿然徵稅。

其時在廣州之茶葉貿易，已躍居最重要之地位。其餘處於對立地位之大陸諸東印度公司所裝運之茶，遠過英國公司所裝運之數量。其理由極爲顯明，因此項貨物，多係私運至英國與美洲。總之，高昂之稅收，實足爲自由貿易之誘因。

所堪注意者，美洲殖民在十八世紀時已成爲茶葉之大消費者，正如在以後數世紀中澳洲人之爲茶葉之大消費者相似，不過彼等自始卽擇取走私廉價之茶，而不願購用由倫敦所經售之納稅茶。

爲人詬病之印花條例，至一七六六年取消，然已嫌過遲，不能在美洲發生道德上之効力，因在美洲之商業已爲荷人掠奪盡淨。繼於一七六七年施行不祥之湯係德（Townshend） 稅則，迨至一七七〇年取消——惟每磅茶收稅三辨士一條除外，此後更演出極端愚笨之勾當，因在經濟上陷於窘境，兼以積存有一千七百萬磅茶葉不能脫售，東印度公司乃於一七七三年向國會聲訴，殖民地茶業已爲荷人所吸收，因一般殖民皆不願購買納稅之英國貨物。同時更提議英國正可趁此時機將不列顛出口商及殖民地進口商之權利悉予剝奪，則偌大之東印度公司方可保全。其方法乃請求國會准許東印度公司得以自己名義，將茶葉免稅輸往美洲，其他之英國出口商，則仍須納稅。由該公司在美之代辦，繳納少數美洲稅銀，卽可將茶葉出售，因殖民地商人爲主義關係，不肯付此項稅款，用此種乖巧方法。卽可免除二重中間人之從中取利，一方面予撓利之荷人以嚴重之打擊；在他方面則使茶葉走私之風亦可斂跡。同時使美洲殖民地人民較英國國內之消費者可得價值更廉之茶葉。

此項計劃爲國會所批准，事在必行，英國出口商與殖民地進口商對此同深憤慨。後者對於殖民地政客所鼓吹之革命運動，本極冷淡，但此種偏袒之條例，適足爲此輩政客造成煽動之機會。新世界最有希望之商業，因此遭受極大之打擊。原來殖民地商人，爲一種有自由思想並信仰自由貿易之個人主義者，凡任何染有獨佔氣味之事，最爲若輩所詛咒。今若輩之生活因其所信仰之政府與世界最大之專賣公司，以一種最不名譽之勾結，而備受摧殘，乃大呼「訴諸武力！訴之武力！」之口號。

波士頓抗茶會與美國獨立戰爭於是爆發。英國之「人民」對此取袖手旁觀態度 ， 密希根大學（University of Michigan）之已故院長 Alvord 曾加以評語云：最初之原因爲對於過去繁榮之回憶；其近因則爲圖謀延續一種同爲英、美商人所嫌惡之茶葉專賣制。英國政府因欲取悅於東印度公司而不惜斷送一大帝國。

巨人之失敗

正如一般人所預料，東印度公司不因美國獨立戰爭而受動搖，仍得勉力渡過經濟上之難關；且因政府制定有利於該公司之法律，取締假冒與走私，使該公司進入第二世紀時，其權力愈益擴大。

一七八四年， 交易法則（Commutation Act）取原有之稅則而代之。其征稅率約達百分之一百十九，以代替按照東印度公司每季售價收取百分之一二．五之稅率；並加以某種限制，使該公司不能因緣為利。但雖有此種防範，倫敦之躉賣商與零售商約三萬人，仍起而反抗該公司之高壓手段。此輩商人向該公司董事交涉，發言人為Richard Twining。

在十八世紀末期，若輩以小冊子及開會為激動輿論反對該公司之方法，此又為英國人民對於特殊權利宣戰之一種表現。其用意在於強迫政府依法於三年前通知該公司，取消其專賣權。此次雖未能達到目的，但已為一八一二年之攻擊，預伏朕兆。該公司業事依恃國會之機智以及國內一般之理解，抗拒對於公司制度有任何粗暴激烈之改革。若輩復加爭辯，以為「公開之競爭，足以毀滅公衆之利益，茶價亦必將因此而提高」。

一七七三年時，美洲茶商對付一切獨佔制，已有一危險之先例：因美國獨立戰爭，曾因喚起輿情注意而獲得自由貿易理想之勝利。今與此新興國家，又將爆發第二次戰爭，英國茶商對於美人如何打擊東印度公司，不僅表示同情，而且予以暗助與鼓勵，咸視一八一二年之戰爭為一種福祉。約翰公司至是乃陷入四面楚歌之中。當Buckingham伯爵作閃避之答覆時，若輩更斥其固執成見違反輿情。公司兇悍之態度，因此大受打擊。至一八一三年該公司對印度之獨佔權，遂不得不宣告終止，祇對中國之獨佔權，則仍許繼續二十年。

自該公司因懼其僅存之中國貿易獨佔權亦將受影響，而不願考慮在印度植茶一事以後，一八二三年在亞薩姆乃有土生茶樹之發現。十年以後，反對其繼續享受特殊權利之呼聲又復高張，一八三四年即被迫而放棄其貿易上之獨佔權。中國之茶，誠為供給治理印度之資源，惟較為公道之說法，即為茶之輸出與鴉片之輸入。因東印度公司一手包辦鴉片之種植、裝運與在中國之分配或推銷。一般人公認鴉片貿易實為中英兩國在一八四〇年與一八五九年發生戰爭之主因。

如 Macaulay 在國會中描述東印度公司所云：「從大西洋中一個島嶼上之少數冒險家，為利所驅使，而有征服一個割據半球之龐大國家之偉績。因此若輩得繼續享受印度之統治權，直至一八五八年八月二日印度發生叛變，始將統治權移歸於英皇掌握中。

經過二百五十八年光榮之事蹟，此世界最大之獨佔權，始告終止。但有人相信此種規模宏大之資本主義貿易組織，在今日之蘇俄政府，仍在實行。

該公司對於美洲殖民之態度，為其歸於最後毀滅之一大原因，實無可疑議。總之，美洲殖民本屬英人，其在國內之同胞，對於若輩之行動與志趣，均表同情；若輩對於該公司欲圓其帝國之好夢，固漠不關心，迫後責令付稅時，則羣情憤激，以致掀起軒然大波。

在國內之約翰公司

約翰公司最初之地址在倫敦非爾波德巷（Philpot Lane）Thomas Smythe 之房屋內。該公司第一任總理 T. Smythe 之大廈中，有數椽極平庸之房舍，後來足以形成帝國命運之事業，即開始於此。在二十一年以後，該公司遷移至主教門街之克洛斯培大廈（Crosby House）內。越十七年（即在一六三八年），又遷至利屯霍爾街（Leadenhall Street）之 Christopher Clitherow 爵邸內。第三次亦即最後一次，於一六四八年遷入隔壁之克萊文大廈內。在一七一〇年，該公司購入此所房屋，後來又購入鄰接之房屋，將範圍漸加擴充。

迭經瘟疫、大火以及紡織工人暴動之挫折以後，該公司於一六九八年因一勁敵東印度貿易公司之成立而第一次遭遇真正之敵手。後於一七〇八年與該公司合併而成東印度聯合貿易公司，老公司徽章上所雕刻之圖樣，為玫瑰花、軍械、在碧海中行駛之三艘大船，兩旁有青色之海獅扶持，其頂上為一地球，上寫有意義雙關之格言「神示」（Deus indicat）二字。此種徽章，仍為聯合公司所採用，惟對於其頂上加以一不適合之渾名「貓與乾酪」，該徽章繼續沿用至一八五八年為止。

克萊文大廈在三個不同之時期內，有三種不同之圖樣。一種稱為荷蘭圖樣，現保存於不列顛博物院 Grace 收集類中，係根據 Pulham 所藏翻製之蝕刻畫（用鏹水所繪成）。Pulham 爲 Charles Lamb 之友人及私人書記，長於蝕刻畫藝術。

George Vertue所畫克果文大廈之另一圖樣，現保存於倫敦博物院中。第三種即俄佛萊圖樣(Overley View)刊印於一七八四年十二月號之紳士雜誌(Gentleman's Magazine)中，係從 William Overley 細木匠之廣告上所做繪，Macaulay 對於屋之描繪云：一所由木材與灰膏所築成之大廈，有奇異之雕刻與伊利沙伯皇后時代之方格工程。在窗牖上方繪有一隊商船在海浪中顛簸之畫像；在屋頂上樹立一巨大木製之水手，該木製水手挺立於二海豚中間，俯視利屯霍爾街上之萃業。

其他圖樣顯示印度大廈在改建後之房舍，此項圖樣在一七二六——二九年間由 Theodore Jacobsen 所設計；在一七九六——九九年間，則爲該公司之測量員 Richard Jupp 所設計；此第三種亦即最後一種之建築，現已成爲倫敦陳列處之一。

在改造之朱普大廈中設有一新售貨室，其原有之舊房間，則改爲董事之會議室，選舉董事時即在此室舉行。

Charles Knight 於一八四三年所著「倫敦」一書，描寫該公司定期競賣景況，充滿熱烈色彩，內云：

茶葉定期競賣，極其廣大，凡從事此業者至今回憶猶存驚奇。一年定期四次，即三月六月九月及十二月，終結每期出賣數量甚大。近來數期每達八百五十萬磅，有時竟較此爲高，出賣日期接連數天，曾記一日中竟售出一百二十萬磅之巨。買客由茶葉經紀人任之，約計三十家所組成，每一經紀人祇一茶商以執行其業務，但用點頭目示方式，以傳達其意旨。爲易於大量出賣起見，實行時同質茶葉配成一批，以便判別優劣。按批出賣，俾出價人進行時宿，不受牽掣。以法尋（Farthing 英國最小之銅幣名，等於四分之一辨士）爲價格之上下數目，如開始猶疑不定，或起價得增加一法尋時，則狂呼頹起，其聲之高，使未曾慣者愕然失色。當時大呼大號，直令不出新價者掩耳。彼以厚牆相隔，然而利屯霍爾街來往之人，常聞其聲。此種喧嘩，竟使生人以爲發生可怕之突擊事件；如主席指令第二買者發言出價時，則稍靜片刻，但不久仍繼以如前相同之呼聲。

R. Jupp在其所設計之房屋改造竣工以前逝世，由Henry Holland 繼任其職；後又由S. P. Cockerell繼任，於一八二四年辭職；William Wilkins 繼任爲測量員。此類測量員，對於其式樣與 Jupp 式之屋宇正面，增設若干花樣。如在一八二六年所完成之式樣，可從 T. H. Shepherd 之圖畫中窺見之。

其後在公司大廈中，足以引起遊客之注意者，厥爲以「東方倉庫」出名之圖書室與博物館。該館成立於一八〇一年，經逐漸擴充而成爲一著名之東方文物收藏所，後遷入於印度事務所，繼又遷移至維多利亞與阿爾柏(Albert)博物館內。

從「新舊倫敦」一書內，吾人得知往昔約翰公司在各堆棧中所用之職工約有四千人，在與印度貿易停止以前，此世界首屈一指之茶葉公司，祇用職員四百餘人，以辦理一切業務。內設軍事部，管理印度軍隊之招募與軍需；運輸部下分設主任室稽核室、查驗室、會計室、轉運室、及司庫；進貨處所轄之堆棧共有十四處，常有積存之茶約五千萬磅。在茶葉售賣季中，有時一天內可售出一百二十萬磅之多。

約翰公司中之著名服務者

東印度公司之董事亦如其他商業上成功之領袖相似，其成就端在知人善任，凡爲董事所羅致之人，其才能均高出於自己之上。

在約翰公司之職員中，不乏奇才異能之士。除爲該公司在爪哇、印度、中國及其他海外各站服務之軍官與船主外，該公司又在國內物色一時之俊彥而收爲己用，茲列舉少數較爲著名之人物如下：John Hoole（一七二七——一八〇三）爲一戲劇家而兼翻譯家，在東印度公司任會計及稽核之職；James Cobb （一七五六——一八一三）亦係一戲劇家；Charles Lamb （一七七五——一八三四）爲一詩人、文學家、幽默家、及評論家，係伊利阿論文集(Essays of Elia)之作者，其一生之大部份時間均任職於東印度公司；James Mill （一七七三——一八三六）爲一新聞記者、心理學家、歷史家及政治經濟學家，在公司之查驗部供職；其子 John Stuart Mill （一八〇六——一八七三）爲一哲學家，即「政治經濟」一書之作者：Thomas Love Peacock（一七八五——一八六六）爲一諷刺派詩人而兼小說家；此外尚有許多比較不甚聞名之學者或教士。

如欲對於東印度公司作更進一步之研究或得到更深切之瞭解，則可參考 William Foster 之著作，彼任印度辦事處之修史官達五十餘年之久，此外 H. B. Morse 之「年表」及 Beckles Willson 之「石與劍」（Ledger and Sword）亦可供參考。

J. S. Mill 在一八五八年之告別講演詞中內有云：東印度公司茲鄭重向國家聲明，不列顛帝國在東方之基礎完全爲該公司所築成。當時該公司並不乞助於國會，亦不受國會之干涉，惟在他方面當其一切行政受國會之管理節制時，使大不列顛國王失去大西洋彼岸之一大國。

此篇演辭可謂有辯才而有力量，但仍不能發生效力，在演辭中充滿熱情，目的似在使後世明瞭約翰公司不負失去西方大國之責。即使不能免去責任，亦不應遺忘不列顛在東方所得之一龐大國家，皆出於約翰公司之功。且在一世紀之長時期內，對於彼邦之治理與防守所需之一切費用，皆取之於就地，並不向英國國庫支取分文。

約翰公司爲一般深思遠慮人士之集團，Macaulay 於一八三三年向國會宣稱，在十八世紀中葉以前，視約翰公司爲一純粹之商業團體，實爲一大錯誤。其後，該公司之性質始形改變，以商業爲目的。但如對立之荷、法等國公司一樣，亦具有政治作用，其初爲一大商家，同時亦爲一小國王，後則變成一大酋長，即全印度之統治者。

約翰公司之榮譽名冊內包括許多具有大政治家才能之商人。一八九〇年 Alfred Lyall 云：東印度公司遺留一印象於世界。在一八七三年之泰晤士報上亦謂：該公司所成就之事業，在人類史中從無其他貿易公司能抱有此種雄心，即將來亦未必有此種企圖。

第七章　快剪船之黃金時代

安麥金號，第一艘巴爾的摩爾之快剪船——虹號，美國超級型快剪船之先驅者——其他早期之快剪船——羅氏兄弟公司船隊——東方號，美國第一艘運茶至倫敦之快剪船——中國快剪船——Donald McKay 之船與其他美國著名之快剪船——帆船讓位與汽船——快剪船時代之殘尾巷——一八六六年之運茶大競賽

東印度公司之專賣權取消以後，茶葉貿易日趨重要，商人鑒於茶葉爲季節性之營業，運輸須力求其迅捷。故緩慢之東印度船已趨落伍。此等軍艦式之船，當時渾名稱爲茶車（Tea Waggons）。此時在美國有一種帆船出現，係由一八一二年戰爭中巴爾的摩爾（Baltimore）地方所造之武裝民船演變而成，稱爲巴爾的摩爾快剪船(Baltimore Clippers)，其裝置如兩桅混合型之帆船，且桅桿從來無兩根以上者。在快剪船時代以前之船，則有三桅。

一八一六年，著名之黑球航線之橫帆裝置式郵船，來往於紐約利物浦之間，載運旅客郵件及貨物，在一八二五年，伊利運河(Erie Canal)開通以後，競爭者亦增多。紐約及新英格蘭之造船業者，紛紛建造快船，以應航行七處海洋之需。

安麥金號——第一艘快剪船

一八三二年巴爾的摩爾商人 Isaac McKim 創意製造一艘裝備完善之三桅船以供對華貿易之用，此船由佛爾斯角(Fells point)之Kennard 及 Williamson 承造，命名爲安麥金（Ann McKim），蓋取其妻之名也。因此船爲彼所好，故船只用最貴重之西班牙桃花心木裝置，一切裝設皆以黃銅配製，有銅炮十二門，其登記噸數爲四九三噸，長一百四十三呎，寬三十一呎。此船雖確爲航行中國之船中最佳最快者之一，但就長度及船員之需要言，則容量比較狹小，故此船對於當時其他商人之保守主義，終不能給以深刻之印象。但當安麥金號某次在紐約船廠附近修理時，該廠有青年海船建築師 J. W. Griffiths 及 D. McKay 二人則從該船獲得暗示，其後卽造成極頂型快剪船。

I. McKim 於一八三七年故世，此眞正快剪船之前身安麥金號乃被售入紐約最早之茶商 Howland 及 Aspinwall 之手。後彼等又建造第一艘美國超級快剪船虹號（Rainbow），將安麥金號售與智利政府。當十九世紀三十年時代前期，該船初航行中國時，不問當時海運界之滿意抑懷疑，總會引起注意，開始證實茶之運輸愈快愈妙，而從事商運者亦認爲時間卽金錢，因而促起虹號之建造，此船較安麥金號改進之點甚多。虹號之後，更繼以大羣之美國快剪船。此時實爲美國商業海運史中最富於羅曼斯之一頁。

快剪船之演進

當海軍造船術開一新紀元時，笨重之船乃爲一種進步之式樣所代替，鱈魚頭鯖魚尾之舊式傳統，演進成爲一種美麗優雅而快速之船，船部以弧形向前延伸，將船頭從水面抬起，吃水線本爲凹形，然在船頭及船尾兩處變爲凸形，桅桿則更加高，掛以數層帆篷。

一八四一年，史密斯第蒙（Smith & Diman）造船公司，雇用J. W. Griffiths（一八〇九——八八二）爲製圖員，彼憑其天才，提供第一艘快剪船之模型，而倡導海軍造船學之革新。Richara C. Mckay 在其

所著各著名帆船及其建造者一書中，盛讚 Griffiths，推為此種船型之設計者。其後 D. McKay 使此種船益形著名。

虹號驚人之表現

Griffiths 擬定快剪船計劃係在一八四一年，而設計虹號則在一八四三年。該船登記噸數為七百五十噸，於一八四五年在紐約史密斯第蒙(Smith & Dimon)船塢下水，某觀察者謂該船頭部內外顛倒，其整個形狀與自然律相反，關於該船能浮起與否，則見解各別。

但該船終非預料所及，於二月中作中國之處女航，九月返抵紐約，除償付其自身價值美金四萬五千元外，其所有者所得之利潤，亦各與此數相等。其第二次航行更速，返抵紐約時竟能自己帶回其駛抵廣州之新聞，其航行來往全程之速，過於其他任何航行同一路線之船；去程九十二日，回程八十八日，其船主 J. Ladd 稱之為世界最快之船。不幸在第五次航行時失事，但其所表現則已證明快剪型之優越。南北戰爭後，又有第二艘之虹號。

Griffiths 之第二快剪船海巫號（Sea Witch），八九〇噸，一八四六年由 Howland與Aspinwall定造，在三年之間，認為海上最速之船，該船曾以一百零四日駛抵香港，而以八十一日自廣州返抵紐約。其後該船自廣州至紐約更減少四日，每日行程達三百五十八哩。以後又有一船亦命名為海巫。

其他之早期快剪船

美國人自最初以自造之船航海外時，即已認識對華貿易之重要性，新英格蘭人數名，即已因此獲利。英國商人認為競爭不甚嚴重，因英國商人佔莫大優勢，且恃獨佔為後援，能永遠保證彼等之利潤；但鴉片戰爭第一次戰役以後，對華貿易大增，美商正式放出一隊快船，佔得貿易之大部份，竟使英商不得不追隨之。

同時在一八四四年，紐約茶商 A. A. Low 兄弟向白郎培爾船廠（Brown & Bell）定造一船，為尊崇廣州行商侯官(Houqua)起見，即以其名為船名。

一八四六年，英國亞伯頓（Aberdeen）之哈爾公司（Alexander Hall & Co.）代怡和洋行造一快帆船，名為托林頓（Torrington），以與航行中國海之美國運鴉片之快剪船競爭。Frank C. Bowen 認托林頓為第一艘英國快剪船，但 Arthur H. Clark則謂第一艘為蘇格蘭處女號（Scottish Maid），一五〇噸，一八三九年哈爾公司承造。

托林頓為一兩桅帆船，且其構造與美國快剪船頗多不同，但其成績之佳，竟使其他各船立即傚効之，構造之體制亦即傳佈於運茶回英之各船。航海法本規定英本國與殖民地間之貿易，限於使用英國船，此法廢止之後，允許美國船運華茶到英國，於是兩國商人競爭之烈，開空前未有之紀錄。

一八四七年，羅氏兄弟公司（A. A. Low & Brother）又添造一船，名薩繆爾羅素（Samuel Russell），九四〇噸，白郎培爾公司承造，此時其他美國所造之快剪船尚有駐中國南派金公司(Nye, Parkin & Co. of China）五二〇噸之建築師號（Architect）及波士頓 Warren Delano 一〇六八噸之孟農號（Memnon）。

為與美國競爭對華貿易計，英國怡和洋行亦有五〇六噸之斯陀諾威船（Stornoway），於一八五〇年下水，此為第一艘英國製超級快剪式之船，亦由哈爾公司承造。其他英國運茶之快剪船，尚有六百噸之阿伯格第（Abergeldie），挑戰者（Challenger）；一二五〇噸之凱恩果（Cairngorm）等九艘，及唯一鐵製之運茶快剪船眾島之主號（Lord of the Isles），此船於一八五五年當東北季候風之時節，以八十七日自上海駛至倫敦。在同世紀第五十年後期中，其他英國鐵殼船尚有倫湍慕(Lammermuir)、魯賓忽特(Robin Hood)、火十字(Fiery Cross)等九艘。

挑戰者號（Challenger）為倫敦之林賽公司（W. S. Lindsay）所有，該船即為打擊 William H. Webb 之挑戰號（Challenge）而造

造，後者爲紐約 N. L. & G. Griswold 所有，但此兩船雖於一八五二年共同參加一早期之茶運競賽，却從未直接敵對。挑戰者號從上海出發，以一百十三日駛至第爾(Deal)，而挑戰號從廣州出發以一百另五日駛至第爾。一八五三年加利福尼亞又有美國造之快剪船亦名挑戰者。

在一八六三年，英國之挑戰者號爲各國最早在漢口裁茶之船。船長 Thomas Macey以一千鎊之代價，僱美國拖船火花號（Firecracker）拖帶該船，溯楊子江上駛至漢口，此係一種冒險之嘗試，但其他在華之船長亦即隨而倣効之。當時航行楊子江上最大困難，即船上須經常武裝警備，以防意外。T. Macey 於一八六三年六月以每噸九鎊之價，裝茶千噸，經一百二十八日駛回本國。

羅氏兄弟公司之快剪船隊

美國羅氏兄弟公司之快剪船隊，於一八四四年以 Houqua 號開始，在各方面均呈優勢。該隊有船十六艘，其中數艘皆負盛名。Houqua 首次航抵香港，費時八十四日，香港至紐約則爲九十日，在一八五〇年曾以八十八日從上海駛抵紐約，但不幸於一八六五年該船在中國海中遇颶風而沉沒。

薩繆爾羅素號係因羅素公司（Russell & Co.）之創辦人而得名，該公司設在中國，A. A. Low 以前亦係其股東之一，故以此名其自有之船。羅氏兄弟公司一駐華經理名 J. B. Taylor 者曾謂：當新茶上市時，可以先讓他人以最高之價收買，待三星期後，彼則出較低之價，裝載於該船，仍能首先趕到紐約，其對於該船速度之信任如此。

巴爾麥號（N. B. Palmer）在中國稱爲快船（Yacht），由其船長之名得名，N. B. Palmer 曾率領保羅瓊斯（Paul Jones）、Houqua、薩繆爾羅素號及遠東號等船，在一八五二年之舊金山航行航賽中，該船最後爲飛雲號（Flying Cloud）所敗，在競賽之頂點時，此二船並駛中國，巴爾麥號曾以早二星期而獲勝。該船從廣州至紐約經八十四日。驚異號（The Surprise）係一著名快船，於一八五一年下水，赴舊金山之航程，該船須九十六日。另一快而美麗之船競爭號（Contest）則須九十七日。驚異號其後在爪哇海上爲軍艦阿拉巴馬（Alabama）所捕獲焚毀，鵲各貝爾號（Jacob Bell）亦爲南軍巡洋艦佛洛利達號（Florida）所捕焚。

羅氏船隊中最大之船大共和國號（The Great Republic）則並非爲該船隊而建造，係由轉買而來，某次在失火之後，廢去一部甲板。該船容積大而行駛速，在克利米亞戰爭中，法國政府曾租用爲運輸船，以後在美國南北戰爭中亦然，開往舊金山須九十二日。

橫濱號爲三桅之船。據云該船在日本裝貨時，一蘇格蘭船名高勒與（Callor Du）者亦在裝貨，但先該船二日開出，船長 Berry 恐蘇格蘭船難以追及，遂決計抵抗中國海當時之西南季候風，嘗試較長之航程，繞合恩角而歸。彼得順風之便，返抵紐約卸貨之後，又裝畢出口貨，然後開出，當經過散地角時，始遇在進口中之高勒與號，使蘇格蘭船長起望塵莫及之歎。

金邦號（Golden State）造於一八五二年，噸位略低於巴爾麥號，其自中國回航之記錄爲九十日。達維白郎號（David Brown）造於一八五三年，爲一美麗之船，航行舊金山費時九十八日。海之荒怪號（Romance of the Seas）較前船遲兩日自波士頓開出，但追及之於巴西海岸，兩船緊緊相隨，最後則並列而通過金門。卸貨之後，兩船復一齊開出，此次乃駛赴香港，全程四十五日之中，兩船彼此不相見，但俱於同日在香港拋錨，相差不及六分鐘，海之荒怪號之副橫帆及小橫帆，直至香港始終未用。

恩人號（Benefactor）爲三桅船，較 Houqua 號少一百噸，爲最初自日本運茶至美國者。毛利號(Maury)爲六百噸三桅快剪船，因海軍上尉 Maury 而命名。但當南北戰爭爆發時，Maury 傾向南方，該船遂改名女恩人號（Benefactress）。一八五六年該船與鐵製之羣島之主號競賽，自福州運茶至倫敦，最先到埠者，則有每噸一鎊之賞金。羣島之主號先四日離開福州，但毛利號竟於同一日之早晨抵唐恩斯（Downs），兩船以十分鐘通過格雷夫生特(Gravesend)，但羣島之主號有最快之拖船，故首先靠岸而得獎。

其他之紐約快剪船

紐約其他數家從事中國貿易之公司，亦有自備之船隻，有時所運之貨，亦爲其自己所有，此等公司中有格林乃爾明脫公司(Grinnell Minturn & Co.)，其最佳之船爲飛雲號(Flying Cloud)、北風號(North Wind)、海蛇號(Sea Serrsent)、勝利錦標號(Sweeping Stak s)、海王號(Sovereign of the Seas)、固德侯公司(Goodhue & Co.)之船有中國官員號(Mandarin)，；浩蘭阿斯平瓦爾公司(Howland & Aspinwall)爲最大之商號，其船有安麥金號，虹號，海巫號等四艘，；葛立司魏爾特公司(W. L. & G. Griswold)之船有喬治葛立司魏爾特號(George Griswold)及挑戰號等六艘。

挑戰號，二、〇〇六噸，造於一八五一年，爲第二艘最大之快剪船。貿易風號(Trade Wind)較挑戰號多二十四噸，係Jacob Bell所造，爲菲列得爾菲亞之勃來脫父子公司(N. Platt & Son)所有。挑戰號最初由號牛Waterman指揮，航海作家對其業績極盡有聲有色之描寫，退職船員亦以之爲豐富之傳說資料。該船有「世界最佳最貴之商船」之名，但服務多年之後，終於在巴西海面失事。

遠東號載茶至倫敦

英國航海法令廢除以後，第一艘自中國載茶至倫敦之美國快剪船爲遠東號(Oriental)，一〇〇三噸，辦於一八四九年，爲紐約羅氏兄弟公司所有，長一八五呎，寬三六呎。其處女航經東方路線往香港，費時一百零九十日，其載茶返抵紐約則八十一日，第二次赴香港亦費八十一日。以後該船則由維桼公司租貨運茶至倫敦，每噸取費六鎊，佔四十立方呎，英國船則須三鎊十先令，佔五十立方呎。

遠東號於一八五〇年自香港運茶一千六百噸至倫敦，費時九十七日，其速度爲前所未有，首次所載價值美金七萬元，該船此次之租費爲四萬八千元，於其自紐約經遠東海道至倫敦之三百六十七日航程中，造成六萬七千哩航海紀錄，每日約行一百八十三哩。

繼遠東號之後而至倫敦，並使所有英國船在倫敦貿易上幾全讓位於美國船者，尚有加里福尼亞號、驚異號、無雲之蔘風號(White Squall)、海蛇號、夜鶯號(Nightingale)，阿羅瑙號(Argonaut)及挑戰號。美國快剪船皆能獲得倍於英國船所索之運費。

航行中國之著名快剪船

英國航海法之廢止後，航行中國之著名快剪船，層出不窮，常創海上之話史，但自加里福尼亞州發現金鑛以後，美國人之注意力迅速轉向本國沿海，只餘數艘美國船繼續渡太平洋往中國運茶。惟此時英國海運業者相互間之競爭大起，其尖銳一如以前對美國之時。

船型繼續改進，年年競運首批新茶返英，以博厚賞，成爲年常舊例。自五十年代及六十年代，此等船不斷進步而成爲海上之貴族，一如以前東印度公司之船然。運茶快剪船之黃金時代，亘達一代。起自一八四三年，終於蘇彝士運河開通之一八六九年。

加里福尼亞州之快剪船時代，始自一八五〇年，迄於一八六〇年，在其早期，自舊金山開往遠東各船之傑出者爲天朝號(Celestial)、中國官員號、驚異號、巫術號(Witchcraft)、無雲之蔘風號、雄獵犬號(Stag Hound)及飛雲號。在一八五〇年，下列各快剪船皆繞合恩角作競賽，即Houqua號、海巫號、薩繆爾羅素號、孟農號(以上皆舊中國快剪船)及較新之加州快剪船天朝號、中國官員號、競馬號(Race Horse)。海巫號竟以九十七日獲勝。

其他加州快剪船爲流星號(Shooting Star)，九〇三噸，一八五一年造，波士頓李特公司(S. G. Reed & Co.)所有，；羚羊號一一八七噸，一八五二年造，紐約哈培克公司(Harbeck & Co.)所有，

Donald McKay之船隻

一八五〇年雌獵犬號之出現，設計者 Donald McKay（一八一〇——一八八〇），頗受業中人之注意。Richard C. McKay 曾云：「D. McKay 雖非快剪船之創始者，但使此種船出名者，實即彼也，彼之更進而造出一極頂快剪船級之船，對於美國之成爲一海運國，實爲一大供獻」。航運界認爲雌獵犬號在快剪船型中，幾已近於完備。該船一五三四噸，爲當時最大之商船，自廣州駛紐約約費八十五日，其後於一八六一年，在伯南布哥（Pernambuco）附近海中失火焚燬。

一八五一年，Mckay之第二艘超級快剪船又下水，此即飛雲號，一七八二噸，本爲波士頓托來恩公司（Enock Train & Co.）所定造，但未造成時，即轉售與紐約之格林乃爾明耽公司，該船以八十九日又二十一小時繞合恩角而抵舊金山，三年之後又縮短十三小時，而打破自身之紀錄，此等紀錄從未有打破者。Longfellow之「船之建造」一詩，據云即受飛雲號下水時之暗示，該船由美國財政家及作家G. F. Train（一八〇九——一九〇四）命名，彼爲該公司之股東。

飛雲號亦越太平洋而往中國運貨，以十二日之時間，駛抵檀香山，某日，該船張掛小橫帆及副橫帆而駛行三七四哩。在澳門裝茶後，費時九十六日而返抵紐約，以十日之差，爲巴爾麥號所敗，後者之出發日較遲三日，但如前所述，該船終雪其恥，其後至一八五二年舊金山競賽中擊敗巴爾麥號。一八五九年，該船乃出售而加入倫敦、中國間之航行，首次自福州載茶至倫敦，費時一百二十三日。一八六三年由利物浦之詹姆斯公司（James Baines）購入，用於澳州移民貿易。其後又轉售以供北大西洋之木材貿易，最後於一八七四年至聖約翰（St. John）船埠焚燬。

McKay又於一八五一年造斯達福特郡號（Staffordshire）及飛魚號（Flying Fish）二船，均爲超級型之加州快剪船，前者於一八五四年在沙堵爾岬（Cape Sable）遭難毀壞，後者亦於一八五八年自福州載茶駛出後損壞。

McKay之海王號船於一八五二年下水，係燕尾航線（The Swallow Tail Line）所有者紐約明耽恩公司定造，二四二一噸，爲以前所未有之最大快剪船，用於對華茶葉貿易已嫌過大。當一八五二年十一月十五日，該船在快剪船航行舊金山之競賽中獲勝時，水手唱「蘇三娜歌」(Oh Susanna)云：

啊！蘇三娜！親愛的，安心吧。
我們已擊敗了快剪船隊。
海上之王啊！

一八五三年，McKay對於加州快剪船之繼續供獻有向西啊號（Westward Ho），幸運車號(Chariot of Fame)，海后號(Empress of The Sea)，海怪號及登峯造極之大共和國號。大共和國號爲當時所造最大之超級快剪船，四五五五噸，前已述及，未及加入航行，即在船塢中焚燬，其後由羅氏兄弟公司購入重造，雖縮小規模，成爲三、三五七噸，但仍爲當時最大之商船。

繼此以後，澳洲郵船利物浦黑球航線之創始者 James Baines，聘請 McKay 建造著名快剪船四艘，即閃電號（Lightning）、詹姆斯號（James Baines）、海之選手號(Champion of The Seas)及麥凱號（Donald McKay），皆於一八五四——五五年下水。閃電號尤爲特出，每二十四小時能駛四三六海哩，平均每小時在十八哩以上，此項速率爲任何帆船所不及，即在今日，亦僅有數之汽船，能超過此項紀錄。

英國之運茶快剪船

英國之熱烈建造運茶快剪船，開始於一八五九年之鷹號(Falcon)，該船木製，爲滿麥克東公司（Shaw, Maxton & Co.）所有，此後十年之間，英國所造之木製及混合製快剪船，不下二十六艘，其中著名者計六艘，即太平號（Taeping）、羚羊號（Ariel）、倫綏脫爵士號（Sir Lancelot）、熱門號（Thermopylae）、短襖衣號（Cutty Sark）、及黑蛇號（Black-adder），以上最後一艘爲鐵製，餘以各項材料混合建造。

鷹號之後，同年下水者有八二一噸之南島號(Isle of the South)，次年有八八八噸之火十字號（爲茶運競賽之選手，第二艘取此名之船）及六百噸之茶師號（Chaa-sze）；一八六一年下水者有六二九噸之閩江號（Min）及開爾沙號（Kelso）；一八六三年則有白爾的魏爾號（Belted will）、綏利加號（Serica）、太平號（此二船亦茶葉競運選手）、愛立薩簫號（Eliza Shaw）、揚子江號（Yang-tze）及黑太子號（Black Prince）；一八六四年下水者爲八五三噸之羚羊號，八八六噸之倫綏脫爵士號，六八六噸之亞大號（Ada），八一五噸之太清號（Taitsing）；一八六六年有八七九噸之鐵塔尼號（Titania）；一八六七年有八九九噸之紡織號（Spindrift），九四三噸之前進啊號（Forward Ho），八八三噸之林陻號（Leander），七七九噸之拉勞號（Lohloo）。一八六八年著名茶競船更多，有九四七噸之熱門號，九二一噸之短襯衣號及八四七噸之溫特好柜號（Windhover）；一八六九年有九一四噸之回教主號（Caliph），七九九噸之魏羅號（Wylo），七九五噸之開松號（Kaisow），七九四噸之勞退爾號（Lothair），及美麗之諾曼宮號（Norman Court）。黑蛇號亦於一八七〇年下水。

火十字號爲 J. Campbell 所有，船長 Robinson，號爲「賀駛詭譎的中國海之硬漢」。該船曾於六十年代之茶運狂賽中獲勝四次，非競賽時期過後，則出售於挪威人，其後失火沉沒於希耳尼斯(Sheerness)地方之港灣中。

給與一八六一——六二年各茶季中首先到達之船，每噸十九先令之賞金，曾爲火十字號所得，太平號即係爲打倒火十字而設計者。木製之綏利加號及混合製之太平號，皆有數度鬥爭。綏利加號自一八五一年起，即用於茶葉貿易，且十分幸運，於首次對火十字號自福州運茶之競賽中獲勝，太平號則至一八六六年之大競賽中，始眞正顯名，於一八六七年及一八六八年並獲勝利，該船最後於廈門至紐約途中，觸雷特斯暗礁（Ladds Reet）而毀壞。

羚羊號由 John Keay 船長指揮，彼以前曾駕駛勞穠斯號（Ellen Rodgers）及鷹號而獲極大成功。據諾曼宮號舊船長 Andrew Shewan 之意，認該船爲「理想運茶之快剪船，爲水面上風所能吹送之最速物件」。Lubbock則云：

> 該船亦如類似神仙Steele之快剪船，爲一難於捧持之寶玉，必須一船長爲之盡力保護。該船有一癖性，即若壓力過重，則船尾下傾，此時須急速放下船後之帆，不然則舵手即將沉入海中。此種缺陷，由於船尾缺乏支持力，實爲此種運茶快剪船設計上僅有之缺點。

Hawthorne Daniel 在「快剪船」（The Clipper Ship）一書中，亦認爲：

> 羚羊號之尾部太纖小，難保安全，其頭部亦同樣尖銳，如遇惡劣氣候，則有使船員沒入海中之虞，但此不僅爲許多英國製船隻之缺點，即美國船隻亦有此項弊病，蓋其構造上，往往最注重於速度，而於其航海妥穩與否，有時疏忽之。

在一八六六年之運茶大競賽中，羚羊號在唐恩斯（Downs）獲勝，但因缺乏潮水，致於泰晤士河中等候，較其敵手太平號竟遲二十分鐘。一八七二年，該船離倫敦赴雪黎（Sydney），其後即無下落。又以羚羊號命名之船凡四艘，其中只此艘一八六五年在英國建造者爲運茶史上重要之船。

著名之運茶快剪船倫綏脫爵士號爲羚羊號之姊妹船，其船頭像爲一着胄甲之騎士，面部之甲張開，右手持劍，其載茶量在一、五〇〇噸以下，爲著名之挑戰者號之後在漢口載茶之第一艘船，由怡和洋行租賃，每噸七鎊，時在一八六六年，該船於一八六八年之競賽中，以九十八日自福州至倫敦而獲第三名；旋於次年競賽中，自福州至倫敦以八十九日獲勝，其後改航澳洲、上海、紐約之線，最後售於一印度商人，於一八九五年因旋風沉沒於孟加拉灣。

熱門號爲英國運茶快剪船中最進步之一船，該船在阿伯頓(Aberdeen)港建造，設計者爲 Bernard Weymouth。彼以前所設計之林陻號（Leander），速度甚高，但容易浸水。熱門號之構造，則使其雖在疾風中駛行，亦如在晴天之安全，Shewan 船長稱之爲運茶快剪船隊中之最佳者。該船爲英國所造之快剪船中第一艘能受風浪壓力者。曾有兩次以六十三日自倫敦駛抵麥爾邦（Melbourne）。一八六九年自福州駛回之競賽中，以三日之差，輸與倫級脫爵士號。其載茶最多時，達一、四二九、〇〇〇磅，其後出售而用於橫斷太平洋之貿易，後又轉入葡萄牙政府之手中，於一九〇七沉沒於里斯本（Lisbon）附近。

熱門號之勁敵爲短襯衣號，該船在英國運茶快剪船中被舉爲獨一無二者，船爲混合材料建造，係由 Hercules Linton 專爲打倒熱門號而設計者，爲號稱「白帽老人」之倫敦人 John Willis 船長所定製。自一八七〇年至一八七七年，運茶多次，皆平平無奇，以後則作不定期之航行，何處有貨，即停何處。該船曾遭種種驚險奇遇，直至其由 Woodget船長指揮後，乃從事於固定之澳洲羊毛貿易，其後亦轉入葡萄牙人之手，再從事冒險，迄至一九二二年，又返於英國人之手，駐於法爾馬司（Falmouth）海港，作爲固定之練習船。

該船與熱門號從未得有特顯身手之機會。在唯一可以一試之機會中，該船竟失去其舵而裝以一臨時代用者。但雖如此，其到達之時較其競賽之敵不過遲數日而已。可見當時事情如果順利，則必能獲勝也。

黑蛇號爲一鐵製之快剪船，與好樂瀛號（Hallowe'en）爲姊妹船，特爲對華貿易而設計，在一八七〇年之處女航行中，即因構造上之缺點，而險遭不測，當其在運茶商所有時代，迄未得人滿意稱讚。經七十及八十年代，該船長期在逆境中，但以後則稍佳。此二船皆已過時，因此時蘇彝士運河實際已完成，利物浦船商 Alfred Holt 已在倡導茶葉運輸自帆船轉換汽船之運動也。後期之快剪船，大部皆用於澳洲貿易中。

緞利加號及紡織號兩船於一八六九年燬壞，太清號號於一八八三年在桑給巴爾島（Zanzibar）洋而燬壞。

帆船讓位與汽船

帆船時期之短促，有類一幕戲劇。一八六九年蘇彝士運河之開通，對於煤之給養問題，予汽船以前所未有之便利，使其壓倒帆船。Alfred Holt始以一舊汽船航行非洲西海岸，頗可盈利，於是，趁機立即建造新船，既經濟而速率又高，數年之內，彼之藍煙囪定期船，在茶葉貿易中佔得最燦爛之地位。

嗣後其他公司繼起，其中有成功者，亦有失敗者，帆船雖仍繼續掙扎多年，但其中最佳之船，則漸次轉入澳洲之貿易。該處之淘金者及羊毛貨物給予此等船以幸運，而競運新茶返國之舉，則從此告終。汽船所有者審慎比較各種船之費用，覺汽船載貨容積大而航行可以準期，冒險性既減少，又爲穩獲利潤之事業。在八十年代初期，由五千噸之著名汽船史底林堡號（Stirling Castle），再燃起速度競賽之狂焰。該船行駛速率十九浬，縮短中國倫敦航行時間至三十日，即約當快剪船時代之三分之一，另一葛來拿格爾號（Glenogle）則須四十日。但其後發現此種競賽之獲利不抵所費，於是茶運仍歸於正規之載貨汽船。

快剪船時代之明星巷

在快剪船時代，陸居而不航海之人，對於此種競賽之注意與興趣，只有對於大賽馬時可與之匹敵。茶葉貿易在當時爲最高等之商業，而在茶季中，一般視線尤集中於飛駛之「運茶快剪船」，張掛無數雪白之帆，自遙遠之中國向英國或美國之本國海中急駛，船上裝載最上等之新茶，此種貨物給與其最先到達之代運者之利益，甚爲可觀。最佳之帆航家、最精之航海者及最快之船舶，皆以運茶船隊爲其代表，當時茶運競賽爲在交易所及俱樂部或爐邊之最有吸引力之話題，其獲勝者，皆能名利雙收。

報告茶船何時經過某某地點之電報，在明星巷（Mincing Lane）中宣讀之忙碌，一如現在之股票行市報導之緊張。當來自出發點之消息報告快剪船已沿英國海峽上駛時，興奮頓時增大。在未有電報之時代，因消息遲緩，快剪船之到達甚至更神祕而驚人。

有時貨主贈與獲勝船之全體船員之賞金達五百鎊之多，蓋第一批茶葉上市時，其價較遲到之船所載者，每磅售價可貴三至六辨士也。當競賽各船通過格拉維生特（Gravesend）時，大批扦樣員即齊集船塢，爲掮客及批發商扦取茶樣。彼等或在附近之旅館中過夜，或即睡於船塢上。上午九時，茶樣在明星街品評，並即由各大商家評價，並按毛重完稅之後，此批新鮮之工夫茶即可出現於利物浦及曼徹斯特之市場。

在明星街茶葉中間商Thompson之辦公室中，今日仍可引起快剪船時代之有趣回憶。有一風鐘（Wind-Clock），懸於販賣室中之壁上，以報告風之方向，蓋因帆船時代，逆風能使快剪船被阻於唐恩斯至一星期以上也。此鐘之指針，連接於一安置於屋頂之風標。西南風爲一種疾風，被認爲使快剪船在海峽中飛速上駛之風，但東北風則爲使船更加遲延之信號。而扦樣員則毋寧歡迎東北風，蓋由此可以稍稍延緩其緊張迅速之工作也。當風鐘之指針自東北轉向西南時，即有騎馬者自市中趕赴滌亭（Tooting）或巴爾罕（Balham）——當時倫敦郊外之村落，離市八哩——以茶船將到之消息報告居住該處之商人。

一八六六年之運茶大競賽

一八六六年運茶大競賽之故事，在明星巷中至今仍傳爲佳話。Basil Lubbock在其所著之「中國快剪船」一書中，有最佳之敍述，此爲運茶競賽中最精彩之一次，以一八六六年五月廿八日自福州下游閩江之羅星塔出發開始，而於九十九日後，在倫敦船塢中終結。R. Lubbock云：

在各船自閩江駛出頗久之前，鬥爭即已開始。此實開始於各船經理人之辦事處及中國茶商之行中，蓋金錢上之命運，全依獲勝之船而決定也。參加競賽之寵兒皆最先裝貨，茶葉皆以舢板自福州沿閩江先運至羅星塔前，吊上船後，由中國裝貨者將其裝塡入每一角落，甚至船長室中，此等人輪流晝夜工作。

箱茶裝載完畢，船員即整頓船裝，以備鬥爭。樹起最精之防擦聯動裝置，每一根繩及線，皆縝密檢察者，稍有磨損者，即以新者掉換之，檢查翼橫帆之齒輪及樹起其下桁。當每一隻船開始裝貨時，情緒極爲緊張，船上各種

犀音嘈雜，裝貨者之洋涇濱英語與大副二副及水手長等之航海英語互作不諧之應和。

一八六六年五月在羅星塔碇泊所裝茶之頭等快剪船名單如次：

「羚羊」八五二噸，船長Capt Keay，載茶一、二三〇、九〇〇磅。

「火十字」六九五噸，船長Robinson，載茶八五四、二三六磅。

「綏利加」七〇八噸，船長Innes，載茶九五四、二三六磅。

「太平」七六七噸，船長Mckinnon，載茶一、一〇八、七〇九磅。

「太清」八一五噸，船長Nutsford，載茶一、〇九三、一三〇磅。

「齊巴」四九七噸，船長Tomlinson。

「黑太子」七五〇噸，船長Inglis。

「中國人」六六八噸，船長Downie。

「飛刺」七三五噸，船長Ryrie。

「阿達」六八七噸，船長Jones。

「閩」七九四噸，船長Gunn。

以上次序係依開行之先後排列，「羚羊」及「太清」均爲新船，二者之中，前者在此次競賽中榮膺冠軍。在速度方面，競賽之各船最前與最後者，並無大差異，勝敗之決，船長之技巧與精力實與船之本身同樣重要。

「羚羊」首先裝畢，但其出發時則不順利，直至潮落後開行。「火十字」越過該船，首先出海，第一日中皆在最前，「太平」與「綏利加」相並出閩江口。其他各船啓椗之日期如次：「太清」五月三十一日，「齊巴」（赴利物浦）六月二日，「黑太子」六月三日，「中國人」及「飛刺」六月五日，「阿達」六月六日，「閩」六月七日。

在當時首日繞過全地球四分之三之競賽中，或有人以爲出發時數日之先後，結果當不至有差異，即有亦必甚小，但事實上此時競賽之船，皆緊緊相隨，有如同一式樣之競賽快船，每一小時皆有一定之價値。但在此次競賽中，各船均從未長時間聚集一處。每船之船員皆屬精選（「羚羊」計三十二名），但皆無輪班替換之船員準備，在競賽中額外之船員僅兩名，「羚羊」平常則三十名也。

六月二日「太平」與「羚羊」互相在望，一星期後，兩船在北緯七度東經一一〇度之點再度相値，「太平」以信號通知，謂前一日已超過「火十字」，兩船長互視以爲已在Robinson船長之前，但Robinson實爲一飄漢，在變幻多端之中國海上，於極短時間內，終又佔先。

印度洋中之海風，不時强大猛烈，壞帆折檣爲常有之事，當時「羚羊」失去二中桅，上桅，最上翼橫帆桁，但當該船自六月二十二日通過基陵島（Keeling Island）以至同月三十日，每日航程仍能有二一五至三三〇哩之

達，其他各船亦皆同樣順利，「火十字」於六月二十四日行三二八哩，「太平」於廿五日行三一九哩，「太清」於七月二日行三一八哩。

當抵達好望角時，「羚羊」幾已完全爭回其落後之二十四小時，較諸「火十字」僅後兩三小時，蓋於七月十五日兩船同時經過該角，「太平」落後十二小時，而「綏利加」與「太清」更落後。進入大西洋時，五船彼此愈接近，但卻互不相知，先頭之五船於二日半之間次第越過聖赫勒拿島(St. Helena)，其順序為「太平」，「火十字」，「綏利加」，「羚羊」及「太清」。八月四日，「太平」「火十字」「羚羊」於同一日越過赤道，此時「綏利加」落後兩日，「太清」則在一星期以上。

八月九日至十七日，「太平」與「火十字」於無風之天氣中彼此在望，「羚羊」以得較便之風，更向西佔得首位，十七日「火十字」望見「太平」於數小時中乘微風向前，駛出視線之外，該船自身竟落後而獨行至二十四小時。Robinson嘗謂競賽至此，使彼失利實夥，但至西方島(Western Isles)時，重佔前驅。在此處，時間更可注目，在各船通過佛羅勒斯(Flores)時，其順序如下：(1)「羚羊」八月二十九日經過，已行九十一日；(2)「火十字」，同日經過，已行九十二日；(3)「太平」，同日經過，已行九十一日；(4)「綏利加」，同日經過，已行九十一日；(5)「太清」，九月一日經過，已行九十三日。新起之西風，使五船於六日之間皆行駛於水深可測之處。九月五日上午一時半，前行之「羚羊」越過主教(Bishop)及聖亞格尼斯(St. Agnes)燈塔，五時半，天氣清朗，風向轉西南。自天明後至午後四時，「羚羊」「太平」二船，沿海峽爭進，前者略佔先，西南西方之風轉強，午後六時，「羚羊」以全力前進，抵畢支治角(Beachy Head)以外時，已先於「太平」一小時，及接近達鈴貞尼斯(Dungeness)時，即開始發藍火信號，並放火箭，以招領港者。

此時岸上及船主之興奮，可以想見，對於兩茶船駛英國海峽新聞之傳播，速如燎原之火，報告船之位置之消息自每一海角急速遞至距離最近之郵局，當時雖無現在之便利，但二船之所有者及其經理人亦能立刻在倫敦獲知其方在並驅而進。至於船上之興奮與關心尤達極度，蓋賞金多至數百鎊也。

在 Keay 船長之航海日記中，可以感知其當時之震慄，緊張與心弦被壓抑之激動。彼為一有經驗之對華貿易商，在競賽之每一行動中，皆表現其為一沉靜及自信力強之船長，每一行動，皆紀錄於航海日記中：

九月六日上午五時，望見「太平」且駛且發信號，吾人須力爭以免其先得領港者。五時四十分，在「太平」與領港者所乘小船之間，五時五十五分，轉涇就近小船，首先得到領港者。以第一艘運到本季中國新茶之資格而受歡迎。六時，向南岬(South Foreland)前進，張起全部平帆，立即被「太平」趕上。我船仍佔先，「太平」又近至我船一、二哩之內，但終於落後一哩。抵第爾(Deal)之外時，我船乃先「太平」一哩，並保持此距離直至將帆全部收起而掛上汽船為止。

五船進入唐恩斯之時間如次：「羚羊」九月六日上午八時，已行九十九日；「太平」，八時十分，已行九十九日；「綏利加」，正午，已行九十九日；「火十字」於七日上午十時，經過聖凱塞林(St. Catherine)燈塔之外，但因強烈之西南風而停止於唐恩斯。競賽直至茶葉裝箱在倫敦船塢中上岸後，方可認為完畢，但「羚羊」與「太平」二船之所有者因深懼失去每噸十先令之額外利得，竟托辭不能確定何船真正獲勝，而私自協議分割首先入塢之船之賞金，兩船之船長於此當然一無所知，船上仍興奮異常，Keay 船長之日記云：

「太平」之拖船顯然比我者為優，不久即拖過我船。該船抵格拉維森特時，早於我船五十五分鐘。吾人為免更換拖船之延擱，仍以原來之速度前進。吾人得潮水之助力，於下午九時抵黑壁及東印度船渠之入口。但須待潮水之再高，始能開渠門，至十時二十三分，始將船開入。「太平」隨吾人溯河而上，迄十時始抵倫敦船渠之入口，因其得水較少，而船渠則有兩門，彼等先放該船入外門，關閉之，開關引水使滿，然後開內門，該船遂得先吾人二十分鐘而入塢。

競賽之終結雖甚特殊，但不能滿意。在此一偉大之航海家競賽表演之後，並無分配賞金之騷動，一切海運界之人，皆承認競賽應於先頭之船得到領港者時，即告結束。

Basil Lubbock 曾將此時期中各帆船一日航程之達四百哩或其以上者，以表格記錄，達此速度者，表中有八次，牛津大學之S. E. Morison 教授又增加二次於其中。此十次稀有之成績全部屬於五船，時期在一八五三——五六年，其中四艘為 McKay 在波士頓設計與建造之海王號、逐恩號、麥凱號及閃電號，其他一艘則為波士頓S. A. Pook設計在梅恩州洛克蘭(Rockland)建造之紅衣號(Red Jacket)。此等航程大部分皆係在英國旗下對於澳洲貿易時所造成。

運茶快剪船裝設美麗，設計精巧而建造堅固，甲板室小而甲板面之空處大，以便工作得以迅速。此項船隻之外觀皆如標準之快剪船，船體作黑色或綠色，有金色之渦捲花飾，全部黃銅飾品均經磨光，甲板皆用石打磨，帆桁索具皆整備完善。此等船有一特徵，即其壓艙物皆為二百噸至三百噸之海濱粗石，平鋪於船底，以爲茶箱之墊底，船員普通爲三十名，其船長均爲極有能力之人。

此項船隻，海運家認爲最易傾側之船隻，其所載貨物一經卸下，移動非易。船形甚高，具桅桿三枝，每枝皆裝以多數之方帆。早期之快剪船皆係木製，五十年代末六十年代初所造者，幾全爲混合製，即骨架爲鐵製，外部則木製而包以紫銅。至六十年代之末，則完全以鐵製，再後乃進而以鋼。

現在紐約人能記憶曳靠定泊所內快剪船之景象者已甚少，W. G. Low述其對於巴爾麥號停泊布魯克林（Brooklyn）時之回憶云：

其新漆之黑色船體，飾以金線一道，桿上懸掛雪白之帆，以交叉之黑帶織作。其主要桅桿之頂上有赤色，黃色或白色之公司旗，隨風招展，最新之美國國旗則儕旗飄彩於船尾之斜桁，當夕陽西墮，益示該船美麗而壯觀，幾使其周圍環境有相形見絀之感。

在快剪船時代，紐約之南街（South street），波士頓之印度碼頭（India Wharf），菲列得爾菲亞、撒冷(Salem)及巴爾的摩爾之岸邊，皆帆檣如林。Andrew Shewan 船長在其所著之「帆船之偉大時期」一書中，搜集各運茶快剪船長之回憶錄，材料至爲豐富。書中描述茶師號之建造與下水，該船之船頭像爲一中國人，捧一牌，上書中國字，沿船頭波浪處則有表示茶箱、茶壺、茶杯、茶盤之圖形，其中并有一類似掃帚之物，表示爲茶樹。

在英國亞伯丁（Aberdeen）之運茶快剪船之下水，則與美國不同，該處每逢此日，公立學校輒放假，并有軍樂隊奏樂，其景象完全如一祝祭日。

據 Shewan 所述，在福州羅星塔碇泊所裝茶時之景象有如圖畫，福州茶葉交易之開市有其特殊情形。當五月初方過，首批新茶到達福州城中時，中國商人不能即刻以外商所同意之價格出售，經過數星期之爭論，最後價格已充分低下，外商中較重要之一家且表示將關閉停業，於是茶市方開，而搶裝遂開始。過秤及封貼茶箱需時四十八小時。每一行皆用駁船將其各批之茶葉搶運至羅星塔，其地在福州下游十二哩，三四艘保有良好紀錄之快剪船被選爲離去之船隻，等待於該處，每班船照例皆裝一批底貨，此即一批足夠箱數之次等茶葉，其運費較廉於新茶，用以鋪於船底所墊粗石之上，以期給與上面之新茶以更多之保障。

在數星期等待開市時之懈怠以後，乃可聞得一種吹海螺聲及更多之喧噪聲，此爲首批新茶到來之信號。其信號發出均在日間，常突如其來，繼之駁船上之人即引聲高唱該茶所有者之中國名稱，怡和洋行所雇之人即以哀哭之音調，連續不斷高呼「怡和！」「怡和！」華記公司之人則急應之以不調和的「華記！」「華記！」其他者亦照樣喊成一片，船長 Shewan 云：

吾不知何人向答彼等及指導彼等至其應到之地位，但彼等決非船上之員工，吾儕當彼等逍遙在岸時，中國船戶即待於碇泊之小船中。天明後，即可見二三艘幸運之快剪船旁，各有半打上下之駁船環集，其他各船則須忍耐等待，但亦不須過久，約至四十八小時之內，幸運者中之一艘，或不止一艘，即可裝滿，屆時一批一批之茶，即可轉向於其次各船矣。

快剪船等候開市時之情況，就余記憶所及，其最佳之一次，當推一八六九年，當時參與之船不下十五艘，皆泊於羅星塔外，船舶皆已整備，壓艙物皆已鋪平，底貨已堆好，只待新茶之到。余認識當時閩江上如此一美麗船隊之集合，在全世界其他任何港口，實不能見之。

船體皆光彩耀目，新經油漆，少見有縫之處，其銅製之船底包皮皆經手工打磨，並仔細塗油，使在日光中閃閃發光；桅桿亦皆油漆光亮，船頭船尾皆張雪白之布篷，公司旗號懸於主桅，以爲茶貨送來時之標識，船長在船上時，於船尾張一長旗，在彼離開船門時，此旗立即投下。英國國旗到處傲然高揚，有時張於桅頂，但平常多張於船尾之旗桿上。

第八章　茶樹征服爪哇及蘇門答臘

茶樹最初生長於吧城私人花園中——J. I. L. L. Jacobson之故事及商用茶樹栽培之傳入——政府專營失敗——私人企業時代——J. Peet輸入亞薩姆茶籽——黃金時代——茶葉試驗場及茶葉評驗局之歷史——茶樹攀登潘加倫根高原——茶業發祖之家族——茶業開拓在蘇門答臘東海岸

以前皆認為除在中國、日本以外，茶之栽培與製造，皆不能成功。故在葡萄牙航海者開闢南洋及遠東路線長時期以後，荷蘭人及英國人始擬在其殖民地嘗試此事。

德國博物學者及醫生 Andreas Cleyer 最先在爪哇植茶。彼以走私致富，在巴達維亞(Batavia)虎河(Tiger Canal)之旁有壯麗之住宅，彼覺茶樹可以為其花園之裝飾品。一六八四年，乃自日本攜回茶籽，育成茶樹數株。雖然彼之植茶試驗，並無任何供獻，但因此而享有爪哇第一人植茶者之盛名。其後彼之花園管理員 Georg Meister 將茶樹輸入好望角及荷蘭。

教會歷史家 F. Valentyn 在一六九四年之記載中稱，彼曾見中國來之幼茶樹，其大小如紅醋栗樹，植於總督J. Camphuijs在巴達維亞附近之別墅花園中，但對於來源，似為誤傳。總督曾至日本，為 A. Cleyer 之保護人，且為隣居，故二人似曾交換茶籽與茶樹，無論如何，此事可說明荷蘭人如何發現殖民地新事業之可能性及爪哇成為繼中國、日本之後植茶成功之第一處地方。征服爪哇之茶樹最初來自日本，繼來自中國，至一八七八年印度亞薩姆茶籽輸入後，此一征服乃告完成，計前後經過二百年以上。在 A. Cleyer 輸入日本茶籽後約經四十年，荷屬東印度公司始決定以中國茶籽自行種茶，蓋由於嫉視英國荷蘭商人在中國、日本貿易中之競爭，而思有以挫折之。

荷屬東印度公司之董事會所謂「十七巨頭」(Seventeen Lords)者，在一七二八年曾於某次對荷屬東印度政府之建議中，主張中國茶籽不但應植於爪哇，且應植於好望角、錫蘭、查夫那怕南(Jaffanapatnam)以及其他各處。並提議招募中國工人，以中國方法製茶，出品雖遜於中國，但並無妨礙，蓋可逐漸改進，而同時歐洲正準備購買稱為「茶」之物品，且指出事實，謂爪哇咖啡之種植在以前曾被認為不可能，而今在歐洲市場上已取 Mocha（譯者註：一種上等咖啡）而代之。

荷屬東印度政府對此項計劃非常冷淡，甚至懷疑茶樹能否在爪哇生長，但若有人能最先生產一磅製成之土產茶葉，如此等巨頭所計議者，則政府對於此種試驗亦可給以獎金。但荷蘭東印度公司顯未進行此事，蓋數年之後，該公司又恢復其在歐洲茶葉貿易中之獨佔，已滿足其歐陸獨家供給者之地位，乃不再斤斤於茶之生產。

直至一八二三年，英國人在印度發現土生茶樹以後，爪哇種茶問題始重行提起。根德(Ghent)皇家農業畜牧公司之總經理為此時之積極分子，彼致函教育部、實業部及殖民地部之部長，請求遣送日本植物多種至荷蘭。但其中並未提及茶。當此要求達於駐巴達維亞總督之手時，國家植物園指導者 C. L. Blume 博士提議將此任務付與其友人德國醫士少校軍醫官 Ph. F. Von Siebold（一七九六——一八六六），後即轉往日本，服務於長崎港平戶島上東印度公司之經理處及租界中。

十九世紀第一件述及茶籽輸入之公文，為一八二四年六月十日荷印政府決議案第六號，該文訓令在日本之主管職員，轉令 Siebold 實行。Blume博士之要求，將具有特殊用處或性質之植物及其種籽，每年運往巴達維亞。但當時未想及在爪哇植茶，此等植物不過送往荷蘭，充實植物園之點綴，該島僅爲其中轉站而已。

雖然，茶樹並未提及，而第一次之運輸亦告失敗，直至一八二六年之第二次運輸，始包括茶籽，此等茶籽即播種於茂物(Buitenzorg)植物園及加粟特(Garoet)附近一實驗園中，均獲成功。

一八二〇年，法國博物學者P. Diard於遊歷英屬印度及蘇門答臘之後，到達爪哇。一八二五年，彼被任爲各種農作物之觀察者，而着重於罌粟、木棉樹及其他一切可認爲有望之作物。彼於荷屬印度之科學調查中，曾完成重要之任務。

此時保守之殖民地政客企圖爲政府保持東印度公司之獨佔體系，而自由主義集團則欲開放殖民地與私人企業，雙方之鬥爭遂於極端，結果乃由荷蘭政府特派一大員前往處理，付以根本改革之權。所派之大員爲委員長Gisignies子爵，荷王予彼之訓令，係命改進現有之各種植物，並創植各種新植物，以復興殖民地之疲弱財政。彼爲知行合一之人，立即組織一農業委員會，自任主席，此即農業試驗場之前身，其結果，由政府之援助擴展至私人企業，而茶則成爲委員長所特別關心之物產。大規模實驗之農業試驗場，則創立於克拉溫(Krawang)及外南普(Banjoe-Wangie)。此舉爲爪哇創設者及植茶之父J. I. L. L. Jacobson開闢一進路。

Jacobson之故事

Jacobson本爲一評茶專家，爲荷蘭貿易公司自荷蘭往廣州担任扦樣工作，當彼途經爪哇時，茂物及加粟特四周之茶樹，在潮溼之天氣中，生產甚爲茂盛，但詢及在爪哇之中國人，能知茶葉如何製造應市者，則寥無一人。Gisignies給予Jacobson以絕佳之機會，指定彼担任自中國收集並發送各種栽製茶葉之方法、用具及工人之工作，以期促進荷印之茶業。Jacobson來往中國、爪哇間凡六年，其後則在爪哇工作十五年之久，而使其名字在荷印茶業史上，獲得最高之地位。

J. I. L. L. Jacobson於一七九九年三月十三日生於鹿特丹(Rotterdam)，爲咖啡與茶葉經紀人I. L. Jacobson之子，從其父學得當時一切評茶之技術。荷蘭貿易公司任命彼爲該公司在中國及爪哇之茶師，彼遂於一八二七年九月二日抵巴達維亞，受命於Gisignies之後，即前往廣州，周旋於各大茶商間凡六年，每年返爪哇一次，每次攜返有價值之報告及大量茶籽或茶樹。

在其各種事蹟之記載中，可知彼於二十歲開始此項工作之時，即有驚人之自信力，並爲有決斷之人，故常獲得成功。但因此引起他人之嫉忌，樹敵甚多。從最可靠之傳記所載，知彼不僅曾至河南(Honan)，且深入內地參觀各茶園。

C. P. Cohen Stuart博士在所著之「爪哇種茶之起源」中，對於後一點頗表懷疑，彼指出外國人在中國不得進入內地之事實。Jacobson在其記載行程之文中曾謂經一長途入河南，此河南實爲廣州對岸之一小島。Stuart認爲Jacobson所到不能更遠於河南碼頭附近之茶廠，蓄粗製之毛茶，皆於該處精製，以備出口也。

Jacobson謂中國人曾允領彼至茶園，且斷言彼曾至該處，進入內地三十哩之定遠(Tingsua)，見該處茶廠甚多，再進六哩，則有千所以上之茶園，其環境條件一如茂物者。Ch. Bernard博士在其荷屬東印度植茶史中云：Jacobson必須正式被認爲此種植物之實際創始者。Stuart雖以爲Jacobson之成功有賴於其他開創者，尤其爲De Seriere，但亦稱道一八二七年Jacobson到達爪哇，爲植茶試驗重要成功之一要素。

Jacobson於一八二七——二八年第一次至中國所獲得之重要知識，雖如Stuart所云：彼本質上爲一評茶家及商人，而非一植茶者，關於此等栽培及製造之報告，並無若何重要。其後之評論則云：視Jacobson爲茶葉栽製專家，確爲一種錯誤，彼不過爲一茶師而已。但亦承認其有可欽佩之堅忍，並承認其以後出版之著作植茶便覽具有永久之價值。

Jacobson在廣州之職務爲與一本國人Thure共同工作，協助管貨人Buchler爲茶師。時彼年僅廿八，但年俸已達四千美元，富具大志及富幻想，熟悉茶之購買方面，當時並無一人能明瞭茶之栽培及製造。彼對於此充滿危險之任務，並未逡巡畏避，故在年青時，政府即授予過分之榮譽獎。在當時侵入一不表友好之國家而企圖攜去其工人與物產，實爲極端危險之舉，但彼對於此二項任務，均能完成。一八二八——二九年第二次赴華，自福建攜回十一株中國茶樹；一八二九——三〇年第三次赴華，無甚結果；一八三〇——三一年第四次赴華，攜回二百四十三株茶樹及一百五十顆茶籽；一八三一——三二年第五次赴華，攜回三十萬顆茶籽及中國工人十二名，Stuart稱之爲有意義之成功。其後發生工人暴動，該十二名華工被殺。彼復於一八三二——三三年作第六次旅行，攜回七百萬顆茶籽及十五名工人，其中有植茶者、茶司及箱板工，並有其收集之一批材料與工具。此爲最後一次之旅行，彼幾喪其身，蓋中國政府懸賞獲其首級，並欲捕獲其裝儎茶籽及工人之船。但在另一正欲開行之船上，捕獲其翻譯Acheong，彼則攜同資費之貨物而乘原船離去。其後Acheong由廣州荷蘭領事以五〇二Piaster（西班牙幣）贖出。

當政府予彼以此種任務時，即已認爲最困難之事，並明知廣州有無數暗探監視外來者。從總督Bosch之函件中可知此事之重要。當Jacobson返抵安朱港（Anjer）外時，岸上鳴禮砲，以驛馬迎彼赴巴達維亞，其盛況有如近年美國人之歡迎林白（Lindbergh）。

在最早一批日本茶籽安全播種七年以後，Jacobson於一八三三年開始熱心從事於爪哇之茶業。在是年以前，始創工作之大部份雖已有他人進行，但彼於茶籽、茶樹、人工、材料及製茶之技術指導上，均曾作有價值之貢獻。

在此時期，其他重要創始者之中，Stuart認爲首推De Seriere。因彼具有與Jacobson同樣之熱心與自信，而有不同之才幹。彼原爲駐比利時公使，以議員之資格隨Gisignies至荷印。到爪哇之初，即受聘爲巴達維亞官報（即以後之爪哇時報）之主筆，同時並爲農業委員會之祕書；其次爲克拉溫之副總督及其他數省之總監；最後則爲摩鹿加(Moluccas)羣島總督及議員。彼負有最先促進爪哇茶樹栽培之榮譽，彼詳述一八二六年委員長受種植督察員Diard之勸告而命Von Siebold自日本送茶籽之事，據云Siebold即以一小盒茶籽交荷蘭船帶回應命。此事亦無政府文書爲之證實，但Stuart認爲有可能性，並指出此等種子爲Siebold自一八二四年受命每年由日本輸送茶樹時所輸入者。

由於De Seriere對於Von Siebold與Jaccbson在茶籽運送上之盡心，及以後在克拉溫區作首次大規模茶園、茶廠之管理，其於種茶事業之最後成功，貢獻實多。彼始創爪哇茶業之功績，曾於一八六七年在巴黎世界博覽會中獲得金牌。尚有一事應提及者，乃在一八三九年，曾有一人名M. Diard者要求在爪哇獎勵植茶事業，彼在一八二二——二四年之三年間，曾由中國輸入茶籽，但運到時皆已敗壞。惜此等運送，皆無政府文件爲之證明。

De Seriere在一八二七年之巴達維亞時報上，亦云：Amherst爵士或Minto爵士在一八二三年以前，已由中國輸入茶樹，植於茂物植物園中，事實上一八二三年Blume博士最初之園藝目錄中，已列有武夷茶樹。

據農業委員會之報告，在一八二七年四月，植於茂物之一八二六年所輸入之茶樹，已經長大，竟能有一部份輸往加巢特。該處同時又種植一種樹，其葉具有特殊香氣，而可與茶葉相混和者。初視爲一新變種，其後始知爲中國茶樹（Mandarin tea），此種樹葉含有丁香油，以前在中國及日本作爲窨花茶之用。

一八二七年，茂物有茶樹一千株，加巢特有五百株；但至次年，茂物只餘七百五十株，其他皆爲第一次發現之害虫所毀，其生存者已開花結實。是年四月委員長下命製造爪哇第一批樣茶。此種工作，由僑居爪哇之中國人義務擔任，結果予Gisignies以深刻之印象，彼云：此種產品之所以仍不完美，實在於缺乏良好之工具。農業委員會於是奉命盡力推廣植茶事業。但荷蘭貿易公司對於此事則無好感，該公司之報告，謂茂物樣茶採摘毫無規則，製造又不適當，無論本地消費與輸至歐洲，皆不合宜，並勸告委員長往廣州招聘一專門製茶司。於是擬定原則，以爲後來茶葉專家局之張本。其後爪哇種茶之成功，大部份實由於荷蘭人常尋求專家之指導。

同時，農業委員會並向日本方面定購大量茶籽與茶樹，以使其試驗不致遭受妨害。一八二八年，運到大批茶樹，即分配於數省之農業分委員會，以便在各種不同之土壤與氣候中試植。G. E. Teisseire 曾任巴達維亞外圍地方之高級監守，並爲省分會之會員，植成茶樹數千株。同年，馬藍邦（Malambong）咖啡種植督察員 Fisscher 之報告，謂發現若干中國茶樹，係一中國人自其祖國輸入者。在此時期，中國人時常攜來茶樹，但多半不能發芽，其原因如農業委員會所謂：未混和泥土包裝而致腐敗。

在此時期，中國人多有在蘇門答臘之班庫蘭（Benkoelen）及馬爾僥（Marlborough）附近佈置家庭小茶園者。當時該處英國東印度公司勢力已經確立，於是在荷屬東印度最後成立植茶事務之一省，即爲最早產茶地之一。

一八三三年以降，Jacobson 致力於爪哇植茶事業之發展者凡十五年，指導十四省之產製技術。荷蘭政府爲酬答其功績乃任彼爲植茶督察員，助手二百名，其後並贈以荷蘭獅子十字章。彼於一八四三年在巴達維亞出版「茶葉產製手冊」一書，一八四五年出版關於「茶葉之篩分與包裝」一書，二者均爲初期之茶葉技術書籍。

茶樹之栽培在彼指導之下，遍及爪哇西部及中部，且急速增加；但彼不及親其最後之成功，在一八四八年返國計劃植茶事業更進一步之發展時，不幸於十二月二十七日逝世。同年 Robert Fortune 赴中國攜帶茶樹及工人至英屬印度，並首次在美國嘗試植茶。此時中國茶尚在支配各國茶人之思想，直至三十年後一八七八年亞薩姆茶籽傳入爪哇，乃成爲茶業發展成功之轉捩點。

第一階段——政府之失敗

在一八二八年十二月 De Seriere 就任農業委員會秘書以前，發生另一重要事件，即農業試驗工作於 Diard 指導之下在華那乍沙（Wanajasa）建立其基礎之事。一八二九年末，遂有茶樹植於波蘭格蘭（Boe-angrang）斜坡之上。據 De Seriere 氏一八二九年之報告云：Jacobson 與茂物之中國製茶司極爲相得，故彼在第二次赴中國之後，曾製成綠茶及紅茶，甚至小種及白毫之樣品，而得荷蘭貿易公司之讚許。同年六月二十七日至七月十日，在巴達維亞舉行之第一次展覽會中，其茶葉獲得銀牌獎。展覽會之目錄中記載如下：

茂物國家植物園產製之樣茶一小盒計五種；萬丹、雷巴克（Lebak）地方產製者一種，布林加州（Preanger）之加果特產製者三種，茂物植物園者四種……日本輸入者二種。

在此後數年內，進展甚速，一八二九年在華那乍沙創立有二七八三株之種植場，一八三〇年又增植五千株，一八三一年已增至一一九、〇〇〇株。一八三二年自中國、日本首次大幫輸入四二五、〇〇〇株。一八三三年，更自日本運入四一五、〇〇〇株。至一八三三年末，總計達九六四、〇〇〇株。假定此等茶樹皆實際存在，而依照 Jacobson 之主張茶樹株間爲五尺，則 Stuart 以爲：

此說明在英屬印度正計議試植茶樹時，爪哇之種植面積已達二百公頃，（四九四英畝）以上。一八三〇年在華那乍沙更有一備有四座爐灶之小茶廠，並有爪哇最早而完全之裝箱設備，事業以是開始焉。

最初，製茶並無定時。其間曾奉送一小包與總督，其後則送茶樣陳列於巴達維亞展覽會。一八三一年又有一小箱獻予荷蘭王。當一八三二年 Jacobson 攜回其重要之貨物及中國茶工時，幼稚之爪哇茶業即呈嚴重狀態，竟至演成流血慘劇，因在芝蘭加浦（Tjilankap）之中國工人發生不滿情緒也。新總督 Bosch 偏袒中國人，因彼對爪哇一般勞工有不良之印象，而新革人（Singkeh）則起而騷動，於是事態惡化，至於出兵鎮壓，裂痕遂愈擴大，華那乍沙之中國茶工雖傾向和平，且不參與芝蘭加浦方面之叛亂，但彼等終遭攻擊，結果竟被殺至祇餘二人。

De Seriere 雖受此一挫折，仍繼續進行其試驗。但至一八三五年三月，芝蘭加浦之試驗場終於結束，華那乍沙之茶園則由 Jacobson 繼續經營。

Von Siebold 在日本之助手 H. Burger 博士曾於一八三三年觀察華那乍沙，對該處之爪哇工人發生良好印象。彼稱讚彼等對於新工作之適應性云：余曾見十名爪哇工人在四座爐灶製成二十斤（約二十七磅）茶葉，包括綠茶及較精之茶。

Bosch總督於一八三三年之公開拍賣中，以二〇三、〇〇〇弗(florin)購入普獨格德(Pondok Gedeh)之土地，彼以後受封為伯爵。此份私有土地，世襲至一八八七年普獨格德種植公司成立之時。在此土地上除赫威朱蘭（Herwijnen）及勒各尼隆（Legok-Ngenong）兩地之外，在一八九〇年以前皆未植茶。Bosch 為爪哇栽植制度之父，彼雖為一舊學派之獨佔主義者，而與主張私人經營之 Gisignies 思想正相反。

栽植制度

爪哇之植茶業，雖有較良好之開端，但由於一八三〇年荷印政府所行之土地財政政策，在一八六〇年以前終不佔重要地位。此時委員長Gisignies之位置已為總督Bosch所代，Gisignies 熱烈主張私人企業與歐洲殖民地者農工業上之自由活動；Bosch 則提倡栽植制度。當爪哇在英國統治下時，副總督 Raffles 因土著王侯在其統治區內擴霸專擅，乃制定法則，規定政府為一切土地之所有者，不論其已否墾植，土人居住之土地，由繼承及享有使用權利者繳納地租，租額約當其土地所生產之五分之一。

Bosch 規定土人村落納租之法，土人應將其所有土地之五分之一，種植歐洲市場所需之作物，在此部分土地上之工人，則由政府供給。地租之又一支付方法，則為供給在未墾地上種植出口作物之勞工，政府發見此法可以用低價操縱大量之咖啡、甘蔗、藍靛，以及新傳入之作物——茶，同時須用強迫手段。此種制度，在茶業方面終歸失敗，因茶之栽培與製造皆需專門之技術，在一八三五至一八四二年間，政府僅於少數與私人特約經營之種植場中生產少量茶葉，其製造亦有私人特約承辦，彼等先收定銀，然後按產量計值。此法結果當然使彼等對於量之注意更甚於質，且證明政府欲作有效之監督，亦不可能。

一八七〇年以後，Gisignies之主張再獲勝利。此種政府栽植制度，因受封建土地保有制度及與歐洲種植者契約之束縛，在茶葉方面已顯示其無力，此等政府茶園，不過供後來私人企業建立實際成功之基礎而已。一八四九年克拉溫之政府茶園皆歸放棄，而茶叢未盡滅絕。一八五一年，在華那乍沙之茶廠及倉庫亦公開出售，至一八六〇年，由政府獨佔之爪哇茶葉於損失六百萬盾（合美金二百四十一萬二千元）之後，而作最後放棄。

同時，在一八三五年，阿姆斯特丹接到首批爪哇茶之貨單。一八四一年，在布林加有工廠八家，因所產茶葉不能應市場之需要，故決定在巴達維亞郊近之米斯特康乃爾列斯（Meester-Cornelis)設立一中央茶廠加以精製。此舉亦無甚效果，因茶園工資高而運費甚昂也。一八五九年茶葉之生產成本每磅高至一．一七弗，但阿姆斯特丹之售價則僅〇．八一弗，政府為彌補損失，乃將其所有產業轉讓與私人公司，與之訂立契約，並貸款協助之。該約規定各地方初製之茶葉須以一定之價格售與中央茶廠。至一八四二年，除巴達維亞、布林加、井里汶及巴加勒（Bagelen)各居留地中出租者外，政府終於全部停閉其所有產業，當時出品雖已改進，但成本仍超過售價。中央茶廠亦於一八九四年停閉，租賃契約亦經改訂，茶葉由本地茶廠完全製就，然後以精茶售給政府。

自一八四九至一八五三年政府付與特約者之價，平均每半公斤為六五．五荷分，價格之評定則依據阿姆斯特丹市場之時價。政府之損失繼續增高，但當 Jacobson 品評中央茶廠之茶葉時，則覺在繼續改進中。彼及 Jacobson 回荷蘭，評茶工作由政府官員在承包人之茶廠中執行。彼等於茶所知甚少，或竟一無所知。於是，不法之承包人皆使用不正當之手段，其結果使全部之政府企業不得不予開放，以每公頃二五至五〇弗之代價讓傳與私人經營。

第二階段——私人所有

茶樹征服爪哇之第二階段（私人企業時期）開始於一八六二——六五年。政府既脫離茶業之冒險，乃轉向正在繁榮中之咖啡業，此業貢獻國家以可觀之利益。但幼稚之茶業招致六百萬弗以上之損失。茶與咖啡間之競爭，繼續尖銳化，經營茶業之人，常思別求適於種植咖啡之土地。茶業之發展因而受阻，蓋恐其對於咖啡之發展有不良影響，且其所需勞力，亦遠較咖啡為多。

私人植茶企業遭受多方面之妨害，開始之時，植茶者所守之契約即不斷使彼等與政府間發生種種麻煩，甚至引起訴訟。於是未經選擇之土地收穫不佳，且病害延蔓，僅有數處地勢較高之茶園，如芝加特宗（Tjikadjang）及巴加勒（Bogelen）之茶作為合製上等拚和茶之用；至於低地茶園之茶，在市場中則唯以強烈之爪哇味聞名，絕不能與中國產者競爭。一切困難中之最大者，殆為運輸問題；道路窳劣，運輸常用緩慢之印度雄水牛、馱馬，或苦力。一八七五年十二月間，曾自華斯帕達（Waspada）發出一批樣茶之貨單，但其貨物到達巴達維亞，已在十個月之後。

一八七〇年僅有十五個種植場有作物栽植，面積自一五〇至二〇〇公頃。政府茶園之面積在一八四六年曾增加至四、五〇〇公頃以上，植茶二〇、〇〇〇、〇〇〇株；但至一八六四年乃減至九〇〇公頃以下，茶樹僅六百萬株。產量在一八六〇年幾達二、〇〇〇、〇〇〇磅，亦降至八〇〇、〇〇〇磅以下。

直至一八七〇年，Waal 總長之「土地法令」公佈以後，茶業始見光明。依照該項法令，土地可租借至七十五年，並得自由擴展，不受在咖啡業方面有利益之官員之妨礙。同時現存各茶園之賃借契約則轉成承佃權。一般而論，因低價格華茶之競爭，及印度、錫蘭茶葉之供給不斷增加之故，境遇仍甚不利。Bernard 博士稱：此為黑暗中之長途摸索。

其後有數家茶廠於日暮途窮之中想及試銷倫敦一法，一八七七年乃有首批巴拉更沙拉（Parakan Salak）之貨單到達倫敦茶市中心之明星巷。英國茶葉掮客之態度尚稱友善，但亦老實不客氣指出爪哇茶葉較印度茶不但製法低劣且品種亦遜。在此種困難情形之下，爪哇製茶業者只有二路可行，即退出市場或出產更好更合用之茶葉。所幸者為採取後者，引起爪哇茶業革命之亞薩姆茶籽，於一八七二年首次輸入，種茶總視察員 Bosch 由丁尼孫公司（Dennyson & Co.）向印度定購茶籽數百磅，由 Patjet 將其試植於 Bosch 之芝邦哥爾（Tjiboengoer）種植場。至一八七六年，該場轉入他人之手，試植工作亦因新主之疏忽而中止。

Jhon Peet 傳入亞薩姆茶籽

一八七八年又有一茶業先進出現，即 John Peet，亦即約翰皮特公司（John Peet & Co.）之創立者。彼極明瞭英國市場之需要情形，並熟悉印度、錫蘭所用之製造法。爪哇植茶者在彼指導之下，開始經常自亞薩姆輸入茶籽，並改變製造方法。Peet之首批亞薩姆茶籽，由 A. Holle 播種於芝巴達（Tjibadak）Sinagar Tjirohani 地產之上，Peet即為該企業股東之一。有一種子園在毛安特祖爾（Moendjoel）開設。一八七九年在辛那加爾設立由 Van Heeckeren 所收到之第二批茶籽種植之採摘茶園。毛安特祖爾茶園所產生之茶籽，則售與爪哇之各茶園。甘邦（Gamb.eng）之監理以 R. E. Kerkhoven 曾將一八七七年及其後數年自錫蘭運來之亞薩姆茶籽播於該地，但結果不甚佳。一八八二年，彼鑒於其叔父 E. J. Kerkhoven 在辛那加爾之成就，乃從印度定購若干午浦（Jaipur）茶籽，同年 Peet 亦為 Holle 及 E. J. Kerkhoven 等自加爾各答定購茶籽十馬特（Maund，印度衡量名約合八十磅），其中之敍任者，則送往毛安特祖爾及鄧特喬祖（Tendjoajoe）兩地，前一處所產者，其後曾大量售出，此等茶園至今日仍有存在。

舊日之中國茶樹，逐漸爲更强健之亞薩姆種所代替，新式機械則代替舊式之揉捻方法，乾燥機更取炭爐而代之。是爲輸入茶樹征服爪哇之第三階段，在此時期內因咖啡園之衰落，茶業乃大見繁榮，茶園之面積擴充，品質改進，而爪哇茶乃在世界茶葉市場上享其盛名，一如其舊日之咖啡。

第三階段——黃金時代

現代之萎凋法，爲製茶過程中最重要各階段之一，據 Bernard 之意，此在爪哇茶製造中尤其較任何其他手續爲難，H. J. Th. Netscher 及 A. A. Holle 在一九〇二年赴印度考察製茶之報告中謂：初次見到該地萎凋方法之特殊，頗爲驚異。直至當時爲止，爪哇製茶皆於日光之下，置於竹製平底之盤上，或廠房地板上行萎凋，此後即作有系統之萎凋試驗，其結果發表於一九〇四年之「栽培指導」(Culture Guide)中。

Bernard 博士述及一八七五年至一八九〇年間，爲爪哇茶業界之親善而友好之黃金時代。當時在各茶業大王之邸宅中，款待賓客之禮極爲隆重，此等豪富之生活有如封建地主。其茶園工人數以千計，皆仰望彼等爲「大白父」（Great White Father）。當時出入茶園須行數日之久，且多險境，交通工具爲轎子、氣球車(Balloon Cart)及野牛。其中可舉行獵竹雞、賽馬、騎馬、射獵、夜會、午餐會、及奢靡之東方式宴會。吾人今日雖生活於速度較高之時代，例如鐵道、飛機、汽車、無線電、電話、大路等，已稍失去舊日之平靜，但荷蘭人待客之精神始終未變。作者曾兩遊爪哇，覺彼等之款待賓客，即在一九二四年，亦仍愉快如一九〇六年。當年僅遊過二三處茶園，大部時間耗於辛那加爾名勝之所「東方花園」中，爲 Heeckeren 之上客；在一九二四年，所經歷及見聞者皆十倍於前一次。

最初之茶園氣象觀察，爲 K. F. Holle 於一八五八——五九年在芝加特宗（Jjikadjang）行之。其後 Meijboom 於一八六四——六九年在芝愛姆保爪哇（Tjioemboeleuit)行之。Bernard 博士在一九二四年茶業會議之演說中，曾指出早在一八三四年，關於植物繁植法在 Seriere 與 Jacobson 之間，已有不同之意見；一八四五年，各種植茶土壤之樣品曾送往荷蘭從事分析；一八四七年，Jacobson 曾紀錄茶蚊在耕耘不良之土地上大肆蹂躪之情形。

爪哇茶葉協會

一八八一年十二月二十日，爪哇植茶者首要分子十一名集議組成桑卡保密（Soekaboemi）農業協會，該十一人爲 E. J. Kerkhoven, A. Holle, G. C. F. W. Mundt, W. R. de Greve, P. Zeper, B. B. J. Crone, G. A. Ort, F. C. Philipeau, G. W. Eekhout, Ch. J. Hausmann, 及 D. Burger。

此爲爪哇茶葉協會之開端，其第一屆之主席爲 A. Holle，秘書爲 G. C. F. Mundt。

一八八五年，Mundt 被派往錫蘭考察茶業，其考察結果刊成小冊，名「錫蘭與爪哇」。

一九二四年該協會與橡皮種植者協會合併，自一九二七年以後，桑卡保密之組織乃轉與吧城（即巴達維亞）之農業總理事會，主理地方事件。一般農業事務，亦由該理事會負責。

吧城之植茶者協會爲一荷蘭僑民茶園主人之新組織，與在阿姆斯特丹之由居住本國之茶園主人組成之植茶者協會相似。

茶葉試驗場

早在一八八六年，植茶者已感覺有一諮詢及科學觀察服務機關之需要。在國家植物園指導者桑卡保密農業協會副主席 Melchior M. Treub 博士及 E. J. Kerkhoven 間作初步協議之後，一八九三年其計劃完成，並由數家公司保證供給薪俸，聘一助手，使其在植物園之農業化學實驗室內研究茶樹栽培問題。C. E. J. Lohmann 博士被委任該職，在 P. Van Romburgh 博士指導與合作之下，服務五年之久，Lohmann

第一次之茶葉調查報告於一八九四年六月十四日出版。其經費由農業協會派定之委員會掌管，E. J. Kerkhoven 爲該委員會之首任主席。

一八九八年由 A. W. Nanninga 博士繼 Lohmann 之任，一九〇二年，由於T. G. E. G. de Dieu Stierling之建議，茂物之臨時研究所乃成爲茶業試驗場，Treub 博士繼續担任指導，Nanninga博士則仍爲經理。

一九一六年該場脫離農業協會，改組爲獨立機關，自有其理事部，理事由參加之植茶者中選出。現在該場代表一百七十家茶園，仍與該協會合作，且仍附屬於農工貿易部。直至一九二五年七月，一切關於茶、咖啡、橡皮及金雞納霜業之科學研究工作，凡由試驗場担任者，均轉交農業總理事會（General Agricultural Syndicate）管理，該理事會爲荷印山區茶園之最高組織。

該理事會現任主席爲 W. J. de Jonge，一八九八年九月八日生於荷蘭，大學畢業後曾在海牙及三寶壠 (Semarang)爲律師，先任該理事會之秘書多年，至一九三三年，被選爲主席，以繼前任之G. H. C. Hart博士。

自一九〇七至一九二八年，試驗場之科學研究員，皆由瑞士植物學家 Bernard博士指導。彼於一八七六年十二月五日生於日內瓦，一九〇二年獲得日內瓦大學科學博士學位，一九〇五年應 Treub博士之邀請，担任茂物之植物研究所所長，一九〇七年，Nanninga 博士卸任茶葉試驗場場長，後由 Bernard 繼其職。至一九二八年，彼任農、工、商業監督，於一九三三年退休。

繼Bernard 之後者爲J. J. B. Deuss博士，一八八三年生於荷蘭，一九〇八年在列日大學獲得化學博士學位，一九一二年到茂物任 Bernard 之助手。於一九二八年繼任場長。

該場現任場長爲 Ir. Th. G. E. Hoedt 博士，生於爪哇，在荷蘭受教育，於一九三三年場長之職。

該場之場長爲一本地植茶事業之顧問。該場每年得政府津貼美金三千元。一九〇七年聘請一植物學家及一化學家，主持各種關於茶葉之製造、化學變化及病害、施肥等之試驗。

人員漸次增加，至一九三二年，茶葉試驗場乃與橡皮試驗場合併成爲西爪哇試驗場。

一九二七年九月二十四日，茶葉試驗場現在辦公所用之新式大廈，在茂物正式開幕。

茶葉評驗局

一九〇五年吧城鄧祿普柯爾夫公司（Dunlop & Kolff）之F. D. Cochius 創議組織茶葉評驗局，初設於萬隆（Bandoeng），後遷吧城。植茶者可以將樣茶送局品評，在裝運之前，指出其缺點，以保持在海外市場之名譽，其於改進爪哇茶葉品質供獻良多。此外該局並研究外國各種應市之茶，又在澳洲及美國從事宣傳。

在該局成立以前，植茶者須待貨物運到倫敦或阿姆斯特丹後，方能得到關於評價及品質鑑定之報告。此等報告之到達，一般皆在貨物運出後八至十星期以後，該局之茶師除消除此種稽延外，並予植茶者以機會，使在裝運以前改正其產製上之缺點。在一九〇五年末，該局代表三十三家茶園。最初聘用之茶師爲 H. Lambe，彼服務至一九〇五年。以前彼曾受聘於倫敦藍培公司（Walker Lambe & Co.）多年，以後在加爾各答以自己之名字代表同一公司，然後赴吧城担任茶葉出口公司經理之職。

J. Th. Hamaker 在茶葉評驗委員會成立時，即被選爲首任會長，S. W. Zeverijn則任秘書。以H. Van Son, S. W. Zeverijn, F. D. Cochius 組成之三人委員會受命與蘇卡保密植茶者協會派來之兩代表，担任輔助並監督茶師之職務。

一九〇七年萬隆被選爲評驗局茶葉總辦事處之地點，一九一〇年茶葉評驗委員會合併爲茶葉評驗局，遷駐吧城，以便與其首腦部密切接觸，該部當時包括會長 S. W. Zeverijn秘書兼會計威利公司(Geo. Wehry & Co.)及E. H. Evans, Odo Van Vloten 及 K. A. R. Bosscha諸人。

該局每年經費約六萬至七萬盾（合五〇〇〇至五八三三鎊），此款之籌集方法，一部份由於捐助，每製茶一百公斤（二百二十磅），捐十分（二辨士），試茶樣一件取費廿五分（五辨士），常年費五十盾（四・三四鎊）。其中一千鎊爲宣傳費用，大部份用於美國；至一八三二年以後，放棄在消費國之宣傳而轉向於爪哇土人方面。

茶樹攀登潘加倫根高原

自一八八〇年至一八九〇年，爪哇茶園逐漸增加，茶樹即在此時發展至潘加倫根高原（Pengalengan）之上而完全征服爪哇。此絕佳之臺地，高度與大吉嶺相等，配合赤道帶之強烈氣候，予茶葉以各種有利條件。在此廣大高地之肥沃熱帶土壤上，茶之栽培大部由於植茶業者兼慈善家 K. A. R. Bosscha（一八五五——一九二八）之促進。彼常被稱爲「布林加農業大王」及「爪哇茶王」，曾協助馬拉巴茶園達三十年以上，該園於一八九六年創設，其名與「哥爾巴拉」（Goalpara）同樣，幾與「爪哇茶」爲同一意義。當時該地南股熱帶蠻荒狀態，至今日已有三千英畝土地植茶，六十五英畝植金雞納霜樹。

Bosscha 一八八七年離荷蘭赴南洋，在蘇卡保密附近之辛那加爾茶園（Sinagar Estate）中，與其舅父 Kerkhoven 共事，不久即赴婆羅洲採探金礦，爲歐洲人在西婆羅洲從事私人企業者之第一人。彼於一八九二年返爪哇，與其舅父合組布林加電話公司，彼爲監督及技術顧問，直至該公司爲政府接收爲止。彼於馬拉巴茶園發展之每一階段中，處於指導地位，即發明 Bosscha式萎凋機，設立實驗室，使一切茶葉經常在化學家監督之下；建立三千四馬力之發電廠一所，供給該園之電力；並建設水利工事，包括一長四千呎之水溝。彼亦爲其他多數農工企業中之主要分子，其中有萬隆電力公司，萬隆樹膠廠，及吧城附近製造炸藥之炸藥廠。

Bosscha 以對於公私福利之熱心著名，如捐助萬隆大學十萬盾，以及對於醫院、科學團體及其他教育機關之無數捐助。並創議在藍姆邦

（Lembang）附近建立氣象台，該台常見於世界天文界新聞之中。彼卒於一九二八年。

潘加倫根高原開發之成功，引起投資界之興趣。而發生一種「到茶業去」之狂潮。一八九〇年以後爲茶業之繁榮期，新茶園不斷創立，初時雖限於其最適當之土壤、氣候、及勞工力之西部爪哇山區，其後則及於爪哇其他各地區。至一九一〇年前後，其數增至二百家內外，大部份皆在西部，尤其在布林加。

一九二七年時，僅爪哇島上即有茶園二百六十九家，植茶地二十一萬英畝；蘇門答臘則有二十六家，植茶地三萬一千英畝；此外馬來土著所有之茶園約六萬三千英畝，總計植茶地達三十萬四千畝，每年產茶一萬萬磅以上。至此，茶之征服爪哇，可謂已經完成。

一八九〇年以後，採用進步之栽培方法，每單位面積產量，比較以前增加甚鉅，實際今日每公頃產茶一千至一千五百公斤，不復爲例外之事。

繁榮時期繼續至一九一四年中，其後即經歷數年之困難，至一九二〇——二一年之恐慌時期而達其極點，其後環境確有進步。

一九二四年在萬隆舉行茶樹栽培傳入爪哇百年紀念會時，召開一茶業會議，由農業指導員 A. A. L. Rutgers 博士致開幕詞，在報紙上討論茶業問題者，則有 Bernard 博士，Deiss 博士，Stuart 博士及 Keuchenius 等人。

隨茶業會議四年以後，一九二八年又由茶園經理會議在萬隆召集，由蘇卡保密農業協會協助之。

茶葉限制

一九二九年不景氣發生後，荷印茶業界即與印度、錫蘭茶業界聯合成立一限制採摘之協定，規定爪哇及蘇門答臘在一九三〇年之產量應減至九、五〇〇、〇〇〇磅，惟實際上並未減少，翌年此計劃乃被放棄。生產過剩之繼續，乃引起茶葉輸出之調整，此舉由倫敦之英國商務

部東北印度委員會發起，使印度、錫蘭與荷蘭聯合於一個五年計劃之下，於一九三三年減少茶葉輸出量百分之十五，並於以後數年中皆作適度之減縮。

經營茶業之大家族

敘述爪哇茶業歷史時，不可遺略者，有大家族Holle-Kerkhovens，此等堅忍之荷蘭人乃爪哇茶業之眞正創造者。此處所記之資料，得諸於茶葉試驗場之 Stuart 博士者為多，特此誌謝。

Guillaume Louis Jacques van der Hucht 於一八四六年時，隨帶親屬三十三人抵達巴達維亞，此對於爪哇茶業，皆値得大書特書者。Hucht 生於一貧寒之大家族中，其父死於俄國戰爭後，彼決計往海上謀生，以養其母。彼服務於來往南洋之荷蘭大商船上，於航海中自行教育，自買學校課本，於船上之眺望台中讀書自習。升至大副，及船長逝世，乃繼其職。當時此種航行獲利甚豐，船長以此致富，於是此貧困少年乃成為富人。彼希望征服其他之世界，乃轉其目光於爪哇。一八四六年，彼乃作其末次航行，攜其親屬所結成之殖民團蒞臨此土，此衆創業精神，一如 Hucht。

同行者之中有 Holle 夫婦，Holle 夫人即 Hucht 之妹。Holle 有子女七人，子與壻皆為茶業界及財政界要人。Holle 曾經營波耶茶園(Bolang Estate)，但不久即逝世。Heeckeren之父母亦係Hucht 家族團體中之人。

G. L. J. Hucht 於其前妻死後，續娶 Mary Pryce 女士，不久即創設約翰普來斯公司(John Pryce & Co.)。A. W. Holle之子Alexander Albert Holle 在 G. C. F. W. Mundt 之下，受雇於巴拉更沙蘿茶園，曾於一九○二年與 Netscher 同往印度考察。

Hucht 另一妹夫 Johannes Kerkhoven 死於荷蘭，其幼子 Edward Julius(一八三四——一九○五)，在一八六一年前往爪哇，在其表兄 A. W. Holle 之下受雇於巴拉更沙蘿茶園，其後即繼Albert Holle為辛那加爾茶園之監理，同時該園即由 Hucht 向 B. B. Grone 手中購入，E. J. Kerkhoven 在其工人中被稱為「老主人」，於 Albert Holle 死後管理辛那加爾達九年之久，一八七三年彼之表弟 L. B. Heeckeren 受雇而與彼合作。Kerkhoven 又曾參與茱卡保哲農業協會之創立。

Albert Holle 亦係該協會創立者之一，並任第一屆會長，於一八七八年在蒙特組爾(Moendjoel)設立第一所亞薩姆茶樹種子園。

因 Holle 一族開發芝巴達區(Tjibadak)，故 Kerkhoven 乃開發萬隆區之南部。R. A. Kerkhoven (一八二○——一八九○)於一八六五年至爪哇創立亞丁沙利茶園(Ardjasari)後，由其子 A. E. Kerkhoven繼續經營。R. A. Kerkhoven 之次子R. E. Kerkhoven(一八四八——一九一八)，於一八七一年至爪哇，在辛那加爾茶園為其叔父之代理經理。彼與其父在今日甘邦茶園之地址開始栽植咖啡與茶，於一八八二年採用亞薩姆茶籽，開發潘加倫根高原，選定馬拉巴茶園為理想之植茶地。甚多人對於此點頗表疑竇，蓋恐此種印度平原所產茶籽，至此一嘽高度之高原氣候中，難得佳果。R. E. Kerkhoven 籌集必需之資本，經過相當困難，終於獲得布倫皮特公司在金融上之援助。彼聘請 A. R. Bosscha 為經理。繼又聘任為大隆茶園(Taloen)之經理。該園為最近由K. F. Kerkhoven 經營之尼加拉茶園(Negla)奠立基礎。

R. E. Kerkhoven諸子之中，其長子R. A. 先在馬拉巴茶園任經理，後升監督；E. H. 為甘邦茶園監督；K. F. 則為尼加拉茶園之監督。有一特異之點，即出身該家族之人，連 A. R. W. Kerkhoven 在內，皆係先得工程師之學位，然後再從事植業者。

Karl Frederick Holle 為 Holle 族中最著名者之一，生於一八二九年，十五歲時即至荷、印，在芝安組爾(Tjandjoer)受雇於總監署中為書記，彼雖在行政機關中任職達十年之久，並無官僚習氣，埋頭研究蘇丹人及爪哇人之生活與語言，從事於歷史之探討，於古文字之註釋，尤顯特異之天才。一八五六年，彼乃辭去政府之職務，而從事研究荷印人民之生活狀態與習慣。於一八五八年任芝加特宗茶園之經理，至一八六五年則就任於華斯伯達茶園（Waspada）。

彼致力於復興巽他（Sundanese）文學，於布林加設店肆，出售廉價織物，並輸入織機。一八六六年在萬隆創設土人師範學校，政府獎以荷蘭大勛章，賜財布林加保護區；一八七一年更任彼爲土人問題之名譽顧問，但彼決定留任華斯伯達之經理。彼頭戴土耳其式紅氈帽，力求適合巽他人之風俗，但小手指上，仍御一高貴指環，以顯示土人知彼仍爲彼等之主人。彼不久，即成爲大農業家，能幹之茶園主及民俗學者。彼曾云：「若欲茶園發達，對待茶園工人必須一如茶樹」。彼曾傳人甚多改進巽他人之福利事業，如螺角綿羊之輸入及蠶絲業之促進等。彼曾刊行各種小冊子，及一組農業小叢書，名爲「農民之友」以供人民閱讀。

凡關涉回教之大衆教育，農業及勞工一切問題，政府當徵求 Holle 之意見。一八八六年，彼移居茂物，一八九六年卽終於該處。

其他爪哇茶業開創者，尚有 W. P. Bakhoven，曾爲本格倫茶園（Bengelen Estates）之管理者，對發展中部爪哇之茶業，立下偉大之功勞。

實業前鋒 E. J. Hammond

在西爪哇較後之開創者中，Ernest John Hammond（一八七七——一九二六）應佔一重要地位，彼爲爪哇英荷種植場之監理。到爪哇之時，該處顯然已無隙地，彼乃盡心使用精密之栽植法，由此竟使數萬英畝之荒野，化爲大片生產茶葉、咖啡、木棉、橡皮以及其他產品之土地。此舉不但使業主大獲其利，且使過剩之土人，享受夢想不到之繁榮，彼等皆自人煙過密之地，迅速移入此新區域。

Hammond 一八七七年生於英國，其從事商業開始於倫敦皮克兄弟及溫司公司（Peek Bros. & Winch）之茶葉購買部中。最初，彼特別熟練於評茶工作，不久卽獲得倫敦茶葉市場中最優秀茶師之榮譽。當該公司以皮克公司（Francis Peak & Co.）之名義，在巴達維亞開設一分行時。卽由彼主持之。彼最初之努力卽在組織爪哇英荷種植場，該場於一九〇九年購入，巴曼諾可汗（Pamanoekan）及芝亞瑟姆（Tjiasem）之土地，至一九一三年彼乃任爲監理。

自荷印農業公司接收而來之茶樹、橡皮及咖啡園地共約三千五百英畝，在 Hammond 指導之下，擴大至五萬英畝，種植茶葉、橡皮、咖啡、龍舌蘭，及木棉等。在彼管理之期間，該場更購入其他茶園及咖啡園十六所，散於爪哇各地，總計面積二萬四千英畝。該公司所有之土地共達五十一萬英畝。

Hammond 對於該公司內部及其附近土人之繁榮，均極關切，彼曾建造數所供土人居住之房屋，大部皆有電燈與飲水之供給，一般生活條件皆大加改善。彼創立巴諾曼可汗及芝亞瑟姆基金，以供土人醫藥及改善飲水之用。並供給養老金及養路費，彼將加列特茲亞提（Kalidjatti）陸軍飛機場之地基讓與政府，僅取費一盾，但根據公司之規定，彼不能直接以該地贈與政府，此種行爲使輿論大受感動，荷蘭女王乃任命彼爲佩 Orange Nassau 勳章之官員。

爪哇茶葉之進步

茶葉製法在一八九〇年以後，大有改進。爪哇茶在阿姆斯特丹及倫敦兩市場中遂確立其地位，特別由於其濃烈與水色，極適於與香氣濃烈之印度、錫蘭茶拚和之用，若干國家中，對爪哇茶特別愛好，不必與其他茶葉拚合。

一九一〇年時，茶業條件及狀況之順利，竟至引起一種突然景氣，其結果使更多之土地闢爲新種植場，爪哇境內一切可用之土地，均用以種茶或他種作物，毗連之蘇門答臘島遂被侵入，該島因土地較大而人口稀少，故予茶葉之擴展以大量土地及絕好之機會。

茶樹征服蘇門答臘

在蘇門答臘由於行政官之供給茶籽並加於鼓勵，Palembang之巴薩馬（Pasemah）及舍曼特（Semendo）兩區亦曾開設數處土人之茶園。

但最初大規模傳入植茶事業之嘗試，則係由於數位有名之植茶者之提倡，彼等皆來自布林加，其中如O. van Vloten，爲經驗豐富之茶葉專家，與茶葉試驗場之Bernard博士，數度考察蘇島之東西沿海，並攜回土壤樣品：彼等發現此等土壤甚適於種茶，且由於在爪哇多年成功與失敗之經驗，蘇島茶葉乃得急速發展。

在十九世紀九十年代之早期，得利(Deli)即有一亞薩姆種之茶園，係英國得利倫加脫公司所有，由J. Inch管理之。Inch來自錫蘭，經營林本茶園(Rimboen)。一八九四年，第一批之蘇門答臘茶葉送到倫敦，每磅得價二辨士，即爲林本茶園之出品。不久該企業因需巨款維持一批工人，費用浩大，不得不停歇。此等工人多爲中國人，蓋當時尚不能自爪哇輸入必要數量之苦力。

一九〇六年，由於哈理遜克郎斯菲爾特公司經理人C. A. Lampard之努力，顯示種茶爲蘇島東海岸之獲利事業。該公司即在是年首次獲得其在蘇島茶園之利益。而Lampard來蘇之結果，更深信種茶事業在該島可以繼續成功。至一九〇九年，乃作種種準備，並在該公司之德冰天基茶園(Tebing Tinggi)中作一大規模之植茶試驗，該園當時由F. Hess經理。爲供給茶樹栽培以精湛之專門智識起見，Lampard更招請一有經驗之荷印度植茶專家H. S. Holder爲該公司蘇島茶園之職員。Holder自該島茶業之幼稚時代從事工作，至今仍爲該島茶業主要權威者之一。

德冰天基茶園試驗之結果，使人興奮，於是乃有率他爾茶區(Siantar)及橡皮種植場投資信託有限公司大茶園之開設。其他尚有哈理遜公司各支店經營之產業五十處，計包括蘇島東海岸茶園三萬畝之半數。

在一無鐵路或其他便利交通工具之新區域中開創事業，更有甚多須克服之困難。但該公司各地人員在該公司蘇島首席種植技師Victor Ris——即現在有力之地方種植者協會之創設人，及第一任會長——指導之下，竟能迅速繼續發展。Ris富於煙草、咖啡及橡皮方面之經驗，有高度創業精神。其後，更佐以C. G. Slotemaker，彼爲該信託公司率他爾茶園之總經理。那加忽他茶園發展之勝利，竟急速引起其他荷德英各方之競爭，皆在該區域取得土地，從事植茶，使此重要產業由此確立。

因茶業調查者認爲只有森林土地適於茶樹，故潘馬坦率他爾之高面荒野之平地，首先成爲煙草種植者發展之所，但不久即發見茶在草地上，亦能生長良好，一如在林地然。約在一九一二年星馬隆根(Sineboengkoen)乃成爲一茶葉中心地。

一九一二年，荷印地產公司開設巴比隆與盧茶園(Bah-Biroang Oeloe)；馬立哈脫蘇門答臘栽培協會在巴加辛德(Bah Kasinder)開設茶園。

一九二六年荷印地產公司在可林芝(Korintji)區又有重要新發展，該公司在該地購入土地多處，面積總計約達一萬公頃，建立第一所茶園，名爲加佐鵝盧(Kajoe Aro)，計劃中包括開闢茶地二萬五千英畝。其在巴爾林米干(Balimbingan)之茶廠爲世界最大者。

德冰天基茶園第一批樣茶之成績雖不甚佳，但第二批運往倫敦，於一九一一年十月獲得滿意之報告。那加忽他第一茶園之首批茶葉於一九一四年四月在倫敦出售，佳訊傳來，植茶事業隨之擴展，東海岸一帶更開闢新茶地。最近茶園則闢於西部之西海岸及北部之亞齊照(Atjeh)。在東西兩海岸有數萬公頃之土地，皆適於植茶，高度自一千八百呎至四千呎，多在巴蘭邦、本庫蘭、可林芝、莫拉來波照(Moeara-Laboeh)、奧菲蘭(Ophirlands)及大利蘭德(Dairielands)等地。

由於開創者如Ris, Slotemaker, Von Guerard, Holder, 及Martinus等之努力，蘇島今日乃有茶園約二十八所，皆附以完全現代化之茶廠；在西部塔潘諾里(Tapanoeli)、本庫蘭及巴蘭邦者十所；其他十八所則在東海岸，此十八所茶園之面積在一九二六年爲一四、一七八公頃，產量八、四三五公噸。是年植茶總面積自一九一五年之三、二三七公頃擴充至一四、一七八公頃，以一一、〇六三公頃之土地生產茶葉八、四三五噸。

種植者協會

爲各種植企業服務者之協會有二：一爲煙草業方面者；一爲A. V. R. O. S.，代表茶、橡皮及煙草以外之熱帶產物。後者成立於一九一〇年，總會在棉蘭（Medan），在該地設有一試驗場。

蘇門答臘茶業開創者 J. H. Marinus

蘇島茶業中有一顯著之人物，即爲J. H. Marinus。彼於一九一〇年創設荷印地產公司，以後更開設大茶園十二所，在蘇島東海岸之發展工作上，曾任重要角色。

Marinus（一八六五——一九三〇）於二十一歲時自阿姆斯特丹來至荷印，在得利之聖斯爾（St. Cyr）茶園中開始其種植生活。直至一九〇六年，乃回荷蘭。彼之出現於蘇島茶業中而爲一開創者，實始於一九一〇年，其所創之公司，在荷開幕，彼之時間精力大半耗於該公司。現在該公司之種植園在東海岸者有五所，在南部巴蘭邦及本康蘭者六所，生產茶葉、咖啡、金雞納及油棕櫚。該公司有甚多大規模而完全現代化之茶廠，其中芝加布拉塔(Tiga Blata)有白色及金色之揉捻機二十具，爲世界最大茶廠之一，每年製茶五百萬磅以上。最近該公司希望能增加產量至每年一千萬至一千二百萬磅。

其後 Marinus 更致力於巴蘭邦及本康蘭二區之土地開發事業。在其三十八年之種植生活中，曾在蘇島開創大園地二十五所，全部皆極發達。彼於一九二七年退休，至荷蘭之希爾惟松（Hilversum），但仍致力於茶葉貿易，一九三〇年逝世。

蘇島之茶葉種植仍有極大之發展餘地，據估計，如全部適宜之土地均經使用，則全島每年產量增至一萬萬磅以上，亦非難事，此數業超過爪哇目前之產量。茶在征服爪哇之後，今日正一帆風順，以更偉大之規模在蘇島重獲此種勝利，蓋可斷言也。

第九章　風行全球之印度茶

印度茶統治世界茶葉市場——土種之發現——Bentinck爵士與第一個茶業委員會——Bruce與其他先進人物——亞薩姆公司之興起——狂潮與恐慌——亞薩姆昔年之情形——Jackson與Davidson——若干先進之植茶者與代理商——印度茶業協會——科學部

印度茶所以能稱雄於世界市場之經過情形，可分二部份敘述之，首述茶葉在印度未成爲永久性事業以前之沿革，次述英國企業家如何促進印茶在全世界之銷售與消費。

印度茶之蹤跡，遍及於世界飲茶或產茶各國。在錫蘭與爪哇，以印度茶種代替中國各種茶種。歐洲茶葉市場本爲華茶獨佔達二百年之久，而印茶竟起而代之。北美洲之茶葉市場，初爲中國，繼爲日本，今亦爲印茶所攘奪。拉丁諸國數世紀以來以可可爲唯一飲料，巴西以咖啡爲主要飲料，巴拉圭以所產冬青葉爲飲料，然今亦不得不向印茶低首。非洲、澳大利亞、紐西蘭等地，嗜飲印茶者爲數極衆，即在產茶諸國如中國、日本，亦有許多外僑及一部份本地居民，對於印茶表示歡迎。或謂印茶銷場無落日，此確係事實，並非誇大。

茶樹栽培之傳入印度，爲一驚奇之故事。第一，印度本有土種茶樹，不過知者極少，一般有愛國思想之英人向當局建議採辦中國茶種以備在印度自行種植，但調和派之政客，以及對於東印度欲圖把持遠東商業霸權有相當關係之人，則羣起表示反對。

印度之土生茶雖經十年之呼籲，仍不能喚起社會之注意。後雖略露頭角，但仍未引起一般人之興趣。蓄華茶在印度之勢力已根深蒂固，一時不易搖動。當一般雜亂之商人開始脫離東印度公司專賣之魔手時，徬徨歧途，不知所措，結果惟有仍在華茶方面着想。若輩繼續從遼遠之中國，運入茶籽、茶樹與工人，兢兢焉在一已有土生茶之印度試種中國茶樹。其實此項土生茶更合於當地之風土，對於此點，祇有少數幸運之軍人、政治家與科學家認識最清。若輩在此方面之努力，即對於印度土生茶之栽培，終於有顯著之成功。其後政府主義衰襄而私人企業家紛紛起而仿效，競相栽培土生茶，經三代（共約一百年）之長期經營，英國資業家在印度之森林中，創立一偉大企業，在二百萬英畝之土地上，投資達三六、〇〇〇、〇〇〇鎊，並在七八八、八四二英畝之茶地上，每年產茶四三二、九九七、九一六磅。在此方面所用之人數，約有一百二十五萬人。同時對於國民經濟及英國政府之稅收，均有極大之利益。

印度土人在往古似已知有茶葉，最初以鹹汁茶當作一種蔬菜，其後將茶浸入湯內，猶如西藏奶油茶之製法。在印度之西人，對於中國茶必知之極早，因英國東印度公司派駐日本與爪哇之代表，早已將此項消息傳往其印度之同事，可無疑義。

茶在印度之萌芽

Mandelslo於一六四〇年遊歷印度，而於一六六二年在其所著一書中論述印度之飲茶有云：「吾人在平日聚會時總喜飲茶，飲茶在印度極爲普遍，不僅土人喜歡飲茶，即在荷、英人間，亦莫不以茶爲一種飲料，惟波斯人不飲茶而飲咖啡」。在Ovington所著「蘇拉特航行紀」一書內，亦有同樣之記載。

英國博物館中所藏之Sloane 臘葉植葉彙品內，有一種古時茶之標本，據稱係由Samuel Browne與Edward Bulkley二氏於一六九八至一七〇二年之間從馬拉巴(Malabar)海岸所採得。在Cohen Stuart之意，以為此或係一種中國茶樹，在荷蘭東印度公司時代運至馬拉巴者。直至一七八〇年，始發生歐人提倡在英屬東印度植茶之運動，但在當時，茶祇視作一種觀賞品，其情形正與在爪哇首次所種之茶樹相同。

一七八〇年，有少數中國茶籽由英國東印度公司之船主從廣州運入加爾各答。其中有一部份茶籽由總督Warren Hastings寄與在印度東北部不丹（Bhutan）地方之 George Bogle，其餘茶籽則為孟加拉步兵營隨軍中校 Robert Kyd在其加爾各答私人植物園中栽植，Kyd 雖不諳茶之栽培方法，但其所種茶樹頗為茂盛，此為印度第一次種植之茶樹，當時印度係在東印度公司統治之下。

英國自然學家 Joseph Banks（一七四三——一八二〇）早在一七八八年即已提倡引種茶樹，Banks 實為印度倡導栽培茶樹之第一人。彼對於傳播商用植物問題最感興趣，嗣應英國東印度公司董事會之特約，寫成一套小冊子，詳述在印度所可採用之新作物，特別為種茶方法，並指明別哈爾(Bihar)、倫浦爾(Rangpur)、可初別哈爾（Cooch Bihar）三處為最適宜於種茶之地點。此項小冊子極得 Kyd 中校之贊助，但因與東印度公司所專營而有厚利可圖之華茶貿易，在政治及商業上均有抵觸，故Banks 之計劃卒未能見諸實行。惟在一七九三年有隨駐中國公使 McCartney 爵士至中國之科學家多人，曾採辦中國茶籽若干，寄往加爾各答，並依據Banks之方法，在皇家植物園中栽植。

一八一五年，Govan博士——後充珊哈倫浦（Saharanpur）之國家植物園第一任主任——對於Kyd中校及 Banks 之意見復加以補充，主張在孟加拉西北部種茶，但結果亦一無成就。

駐印英軍之Latter上校似為最早述及印度土生茶之人。上校在其一八一五年所寫之報告中，記述在亞薩姆省新福（Singpho）山中之土人，如何採集一種野生茶，參仿緬甸人方法，和以油及大蒜食之，又以茶製成一種飲料。

一八一六年，當 Edward Gardner 寓居於尼泊爾時，在卡孟多（Khatmandu）之一宮園內發見一種灌木，即疑為茶樹，將標本寄與加爾各答皇家植物園主任 N. Wallich博士（一七八七——一八五四）代為考驗，經其詳加檢驗後，斷定此為一種山茶，並非真正之茶樹。

印度茶樹之發見

對於植物學研究有濃厚興趣之 Robert Bruce 少校於一八二三年為商業上之任務而遠行，越英屬印度之東部邊境，而進入當時之緬屬亞薩姆省。少校攜帶大批貨物到倫浦爾——現稱釋布薩茄（Sibsagar），與當地之新福土酋 Beesa Gaum貿易。當其滯留該處之時，少校曾數次闖入附近一帶地方，作植物學上之探索。因見有土種茶樹生長於鄰近之山谷中，乃在行前與土酋訂一協定，訂定在彼第二次來到，土酋應準備茶樹茶籽，供給少校。

在一八二四年，土酋將茶樹及茶籽送交Bruce少校之兄C. A. Bruce，當英國與緬甸開戰時，奉令至倫浦爾附近，將一部份茶樹寄與亞薩姆省行政專員 David Scott 上尉，彼即將茶樹栽植於高哈蒂(Gauhati)之私人花園中，其餘茶樹則於一八二五年種於Bruce在薩地雅(Sadiya)之私人花園中。Bruce 少校卒於一八二五年。

一八二五年，Scott 上尉將其在馬尼坡所發見野生茶樹上採得之葉與籽，分別寄往印度政府之祕書長 G. Swinton 及在加爾各答植物園之Wallich博士。Scott上尉堅持此項野生茶樹為真正之茶樹，但 Wallich博士則指為山茶之一種。以後有幾位權威以為 Scott 上尉在馬尼坡所採得之茶樣係一種普通山茶，或為另一種與 Bruce所覓得之真正亞薩姆種不同之茶樹。但無論如何在加爾各答一般人對於亞薩姆茶樹之真偽，終不能有準確之鑑別力。

在一八二七年，新聞記者 F. Corbyn博士曾在珊陀位(Sandoway）地方發見一種茶樹，當將樣品寄往印度總督 Amherst 爵士，並附以報告，後來印督又將此項報告分送東印度公司之董事部。

其時在倫敦正醞釀一種強烈之空氣，主張在印度創辦植茶事業，即使爲東印度公司所反對，亦在所不顧。一八二五年，英國技術學會懸一賞格，以金眉一具或五十基尼（Guinea，自一六六三至一八一三年間英國發行之金幣名，一七一七年其價值爲二十一先令），獎給在東印度或西印度或其他任何英國殖民地種茶最多而品質最優良者。但所產之茶至少需二十磅。此外有一著名植物學家 J. Forbes Royle 博士於一八二七年對於英屬印度宜於種茶之一種理論，亦予以科學上之支持。Royle 博士爲古門（Kumaon）璽哈倫浦國營植物園之主管人，竭力鼓吹在沿喜馬拉雅山脈之印度西北區試種中國茶樹。並深信沿喜馬拉雅山一帶區域亦極宜於茶之種植。在一八三一——三四年間，一再大聲疾呼，以期喚起國人之注意。當時亞薩姆、卡察（Cachar）、雪爾赫脫（Sylhet）西北諸省之一部及旁遮普（Punjab），均屬土人管轄，尚未併入英國之版圖。

在一八三一年，據 Andrew Charlton 中尉報告，在亞薩姆省皮賽（Beesa）附近地方有野生茶樹。彼從該處辦來三、四株茶苗，寄與 John Tytler 博士種於加爾各答之國家植物園中。但此項茶苗寄到時業已枯萎，且亦認爲山茶之一種，不久即告死亡。次年麻打拉斯省（Madras）外科醫生 Christie 博士負有在南印度調査氣象與地質之特殊使命，在尼爾吉利（Nilgiri）山上得政府許可，圈定一塊土地，開闢一茶、咖啡與桑樹之種植園。不幸不久即行逝世，工作遂半途停頓。其後彼所植之中國種茶樹，分配於尼爾吉利山各區試種，有三株送與 Crewe 上校，種於私人花園內。

第一個印度茶業委員會

將茶樹從中國移植於歐洲人殖民地之企圖，大都均出於個人之努力。惟在英屬印度，其情形稍有不同，多出於國家一種迫切需要之結果。東印度公司爲保全其自身之利益計，對於此種情形，則置之不理；同時並不許任何人干涉其華茶貿易之特權，因此竭力阻止在印度植茶之企圖。至一八三三年，該公司與中國所訂之商約滿期，而中國政府又拒絕續訂，甚至中國有步日本後塵而採取閉門政策之可能。在此事態嚴重之情形下，印度總督 W. C. Bentinck（一七七四——一八三九）爵士組成一委員會，以研究中國茶樹究竟有無在印度種植之可能。

印督 Bentinck 爵士

Bentinck 爵士對於英國有極大之功績，其在印度總督任內最重要之政績，即爲提倡種茶。因爵士有遠大之目光與堅決之意志，使印度之土壤及氣候與所植各種茶樹是否適宜一問題，得以完全解決，使以後不致再啟爭辯之門。爵士所用之方法，係先搜集事實，加以整理後再求得結論。不幸在事實尙未蒐集齊全以前，爵士遽爾逝世，否則早期茶業上所發生之數種錯誤，或可避免。

Bentinck 爵士生於一七七四年，爲第三波特蘭（Portland）公爵 William Henry 之次子。因造次出征有功，乃於一八〇三年被委爲麻打拉斯之行政長官，但於一八〇五年即重被召回。爵士於一八一〇年以司令官名義率軍援助西西里王 Ferdinand，同時兼任西西里國全權大使，在一八一二年爵士爲西西里制定一自由政體。一八一四年率軍征伐在意大利之法國人，因戰勝之結果，佔領熱那亞（Genoa）。一八二七年，受 Canning 首相之特派任印度總督，被認爲一位仁慈賢明之總督，其在印度最卓著之政績厥爲廢除寡婦殉葬之陋俗，與剿滅暗殺團等事。

Bentinck 在早年公務繁忙時，對於茶之各種報告猶能加以密切注意。但其對於茶業能有斷然之處置，係受倫敦 Walker 之鼓勵。Walker 在一八三四年宣稱：鑑於茶葉對於國家之重要，故除中國政府所許對於茶之供給有相當之確保以外，應有更安善之保障。彼便倡議東印度公司應在尼泊爾山及其他區域內切實從事於茶樹之栽培，因此種土地原已有山茶及其他野生似茶之樹存在。

Bentinck 於一八三四年一月二十四日設立一富有歷史性之茶業委員會。該委員會最初由 James Pattle、G. J. Gordon、Lumqua 及一在加爾各答居住已久之中國醫生組織而成。其後擴充至英人十一名，印人二名。若輩對於在印度植茶能否得到最後成功之一種觀念，均抱懷疑態度。但總督堅持此項計劃必須予以試驗，並責成委員會草擬在印度植茶如何可收成效及其實施計劃呈獻政府，以備採納。

茶業委員會本此方針於一八三四年三月三日發出一種通告，詳述適宜於茶樹生長之氣候、土質與地形或地勢，徵求合於上述條件之土地或供給有關之消息。委員會又派遣該會祕書 Gordon 至中國，研究茶之栽培與製造方法。同時採辦茶籽茶樹及雇用中國工人。Gordon 每月薪給為一千盧比，可見其所負使命之重要。

委員會之上述二種措置，曾產生有持久性之成果。茶業通告雖引起若干之異議，但並不影響當局在亞薩姆省栽種茶樹之最後決定。第二種措施為第一批中國茶籽之運入，此項茶籽即 Mann 博士所指之「印度茶業之一種詛咒」。

由於總督之堅持，委員會必須繼續進行其已着手之調查工作，終於有非常重要之發見。當時在亞薩姆山中所發見之野生眞正茶樹，使印度可種茶樹之理論更得一強有力之證明。

經Bentinck總督竭力提倡茶業之結果，使從前一般人對於茶業之冷淡態度一變而為熱烈。許多有識之士已料定英國茶葉貿易必將從中國而轉移至印度，中國茶樹輸入於亞薩姆省、喜馬拉雅山與尼爾吉利山一帶，雖亦有相當之成績，但印度土種茶之栽培更為繁榮發達。

印度茶經過多年之努力而始達到今日在世界市場不可動搖之地位，此雖非一人之功，但Bentinck總督之卓識與獨勇，實為印茶成功之最大原動力。總督於一八三五年因體弱辭去總督職務，四年後在巴黎病故。

Gordon 在一八三四年六月間偕 C. Gutzlaff 教士從加爾各答啟程，在途中雖迭遭海盜之截劫，但終於到達中國。二人同至產茶之安溪山（Ankoy）參觀，但因中國政府禁止外人遊歷內地，因此遂未能至內地著名之綠茶產區。惟 Gordon 終能設法購得大批武夷茶籽，而於一八三五年寄到加爾各答。同時委員會徵詢宜於闢作華茶種植之園地之通告達於F. Jenkins之手。彼繼 Scott 上尉而為亞薩姆省之代理人，對於開發亞薩姆山中資源一事極為注意。彼因住於山谷中心之高哈蒂(Gauhati)地方，故熟知有茶樹野生於山之東北一帶。此種珍貴之發見，Bruce 於一八二六年首先加以宣傳，繼由Charlton中尉於一八三一年重加鼓吹。Jenkins 復於一八三二年繼起而喚醒社會之注意，當時 Bruce 曾勸告其對於此事應重加考察。

茶業報告所得之驚人效果

Jenkins 上尉認為時機已至，乃於一八三四年五月七日作成報告，逕寄加爾各答政府以答復委員會所發之通告。報告內敍述在皮瑚（Bee-sa）之新福區有野生之土種茶，並指定亞薩姆為宜於栽培茶樹之地點。同時並遣派 Charlton 中尉至薩地雅（Sadiya）附近之山谷中尋覓茶之標本。當覓得全套標本，包括葉、果、花以及山中土人用作原始飲料之製成茶葉，並云此項成茶足以證明山中茶樹並非如 Wallich 所臆測之山茶。此為第二次土種茶之發見，此種標本復送往加爾各答植物園中，於一八三四年十一月八日寄到。Wallich 博士將此次寄到之標本經化驗後，亦認為確係茶葉，與中國茶相同。

委員會對於此項重要消息於一八三四年十二月二十四日繕具下列之報告，呈送政府：

> 職會以最興奮及最滿意之情緒向諸公報告：在上亞薩姆省確有土種之茶樹，其生產區域在東印度公司所管轄之範圍內，從薩地雅、皮瑚二地起，以至於中國邊疆之雲南省。地面廣及一月之旅程，土人栽種茶樹之目的在於摘取茶葉。職等認為此乃係帝國在農業與商業資源方面之最重要且最有價值之一種發見。深信此項已發見之茶樹在適當之經營下，將來必能在商業上獲得厚利。職等所致力之目的，亦得於最近期內完全實現。

一八三四年委員會所發通告由激動並引起興趣之當地行政人員、植物學家與科學家中，其最著者為古門專員 G. W. Traill 及珊哈倫浦國營植物園主任 Hugh Falconer 博士等。Falconer 亦為提倡保護茶葉貿易主義最力之一人。Traill 最先感覺茶業問題在經濟上之重要，故凡茶業委員會所提出之建議均一一予以實施。彼有一得力之助手 Robert

Blinkworth，彼爲Wallich博士在阿爾莫拉(Almorah)之茶樹收集者。

Falconer博士因對於Wallich博士所持中國茶樹最宜在印度高原上栽植之主張表示同情，故被派在杏漠河(Jumma)與恆河間之區域內勘察種植地址，並以所得結果作成報告。Falconer因此成爲古門與加瓦爾(Garhwal)二地茶業之創造人。後於一八四三年由William Jameson繼任其職務，彼亦爲印度山區種茶發展史上之一個重要人物。

仍不能擺脫中國茶種之羈絆

印度政府對於土生茶之發見，所受印象甚深，並與茶葉委員會所抱之意見相符。茶葉委員會報告之第一個結果，爲一八三五年二月三日召回Gordon，因認爲彼之任務已無繼續之必要。但在Gordon接到該函以前，已有三批茶籽裝出：第一批係從武夷山辦來之茶籽，由彼親自裝運，據稱純爲製造優良紅茶之種籽；第二第三兩批則未經其檢視，而選由廣州裝出，惟就其購辦之來源推測或爲次等茶，最後一批裝到時已過植茶季節，致未能發芽。

委員會報告之第二個結果，即爲一八三五年組織一科學調查團。團員爲植物學家Wallich博士、Griffith博士及地質學家McClelland等數人。調查團之職責，專在研究或調查印度土生茶，並查勘茶樹試驗園最適宜之地點，該團團員於一八三五年八月二十九日自加爾各答啟程，向亞薩姆省進發，至該省最遠一端之薩地雅，費時約四月又半。

在薩地雅C. A. Bruce以嚮導資格加入同行，在一八三六年一月十五日至三月九日之間，遍歷土生茶繁殖最多之五個地點。調查團至一八三六年三月二十一日結束，據Griffith博士報告：此項土生茶質地堅強而又易於繁殖。有各種樹齡之茶樹，自苗木以至高達十二呎至二十呎者，樹幹直徑多在一寸以內，而絕無超過二吋者。在一八三六年二月間，大多數成長之茶樹上，種籽纍纍，惟亦有仍在開花者，較老之樹，葉形大而呈美麗之深綠色。

調查團中對於可作爲試驗茶園之適宜地點之意見，亦不一致。Wallich博士贊成在喜馬拉雅山一帶，但Griffith與McClelland二人則以爲在喜馬拉雅山植茶不若在上亞薩姆省較爲適宜。二氏並謂亞薩姆茶原係中國茶之變種，不過野生已久，在品質自不免較遜耳。Wallich博士未作任何報告，惟對土生茶既認爲確係茶樹，即無再從國外輸入茶籽之必要一點加以反駁，彼認爲「無理由可斷定從中國辦來之各種茶籽，能產生異於印度土生之茶樹」。

最後決定採用中國茶樹，而不用品質較低之亞薩姆種，以供政府之試驗，故Gordon於一八三六年又被派遣至中國。以後中國茶籽輸入印度歷時頗久，當時一般人之注意力多集中於中國茶樹之栽培，此實爲茶業調查團之第一錯誤。

其時印度一般科學家對於茶之問題形成二派，Wallich、Royle與Falconer諸人贊成喜馬拉雅山與中國茶樹成爲一派，Griffith與McClelland則傾向亞薩姆省與土種茶又爲一派。Gordon第一次至中國所運來之茶籽在加爾各答植物園中栽成四萬二千株，此項茶籽於一八三五——三六年間分別寄往上亞薩姆省、古門、台拉屯(Dehra Dun)及尼爾吉利山等處。

茶業調查團在亞薩姆省竟選定一處爲茶樹所不能生長之地點而設立第一個試驗茶園，此爲茶業調查團之第二錯誤。其所選擇之地點爲賓迪爾穆克(Koondilmukh)，在薩地雅附近爲賓迪爾穆克河與布拉馬普得拉河(Brahmaputra)合流之處。在該處圈定一片廣達十畝之沙地，係一活沙之沙灘，浮面堆積沙粒至數寸之厚。當苗木之鬚根伸入沙土時，茶樹早已枯死。David Crole有云：「當布拉馬普得拉河流經此第一個亞薩姆茶園之地址時，在短時間內即將一種至可悲哀之失敗埋葬於滾滾之濁流中」。

在賓迪爾穆克試驗失敗以後，有一部份茶樹移植傑浦爾(Jaipur)地方。傑浦爾係拉肯普(Lakhimpur)區域中之一角，在當時亦爲駐兵處所，此處繁殖茶樹，直至一八四○年將園地售與亞薩姆茶業公司時爲止。惟爲歷史上留一紀念起見，原來之茶園，至今仍有數畝保存。

第二次之種茶企圖係於一八三七年在査浦（Chabua）即今稱査活（Chabwa）地方推行。査浦離迪勃魯加（Dibrugarh）十八哩，在拉背普土種茶區之中心。據一印度權威人士所云，査浦之原名即爲種茶之意。此地與傑浦爾相同，所種茶樹頗能滋生繁衍。但J. B. White反以爲「此次試驗未遭遇在薩地雅同樣之命運，深覺可惜。因亞薩姆之毒害——中國茶種或雜種——自此將蔓延於全省矣」。所最爲可異者，歷來中國茶種之移植，從未獲得良好結果，在爪哇如此，在印度如此，在錫蘭亦莫不如此。Couperus 在其所編之東方故事中云：「彷彿冥冥中有一種神祕之勢力，嫉妬中國最名貴茶籽之出口而加以損害或破壞」。亦有許多人疑爲華人將售與外人之茶籽，先行煮沸，使其不能發芽，或用其他種種詭計，以阻止中國茶籽在國外之繁殖。往往良好之茶籽茶樹，待裝到時，總是包裝破損、發霉、有病害、枯死或將近枯萎。即使檢得健全之茶樹而加以栽培，但製成之茶，總不能與在中國所製者媲美。蓋唯有中國之土質氣候而始能源源產生中國特有之優良茶葉，正如華人自詡得天獨厚而非他人所能覬覦者。白種人因對茶葉亦有同嗜，故歷年向中國購入大批茶葉，以供享用。但最奇者，茶一經白種人在外國試種，即變成毒蛇，未見其利而先受其害。

對於上述情形，僅Fortune 爲例外。彼於一八五〇——五一年間採辦大批中國茶籽與茶樹，當運至加爾各答時，色澤仍非常鮮豔。從萌芽之種子培成新樹一二、〇〇〇株，即加入於喜馬拉雅山茶園中。Stuart 博士因此加以評論云：「至少茶業調査團之勸告，在喜馬拉雅山已可完全證實爲不謬，惟亞薩姆土種茶之優點未能得到普遍承認，事實上喜馬拉雅山茶區則能確實證明在某種情形下，中國茶可變成較優之茶種」。

惟今日從中國種或中國亞薩姆雜種所製成之茶，在商業上已不重要。而亞薩姆土種則爲除中國、日本以外世界產茶各國之植茶業者所最歡迎之茶種。惟 Fortune 從前所栽植之中國茶樹，在當時頗著成績，至今仍有一小部份留存。

在一八三五——三六年從加爾各答運寄Bruce 之中國茶樹共約二萬株。Bruce 於一八三六年四月繼 Charlton中尉而爲亞薩姆茶業督導員，遵照Wa'llch、Griffith、McClelland諸氏之指示，將經過長途裝運而未曾枯死之茶樹栽植於薩地雅附近之綏克華（Saikhwa）苗圃內。該批茶樹裝到時祇有八、〇〇〇株未枯死。然據 Griffith 博士報告，在栽植以後枯死者亦屬不少。二年以後，據 Bruce報告有一、六〇〇株中國茶樹移植於鄰接査浦之提喬（Deenjoy）地方，至一八三九年始有茶葉三十二磅之收穫。

另有二〇、〇〇〇株中國茶樹寄往沿喜馬拉雅山之古門與台拉屯二地，除枯萎者外，共僅存之二、〇〇〇株有較好之成績，古門專員 G. W. Traill 採納H. Falconer博士之言，選擇備作試驗茶園之地址二處，一在別脫爾(Bhemtal)附近之浦脫帕(Bhurtpur)，一在拉初米叟（Lutchmesir）即與阿勒莫拉（Almora）毗連之地方，此二種植園在一八三五年後期開始栽培茶樹，其後Falconer博士在拔海二、〇〇〇呎至六、四〇〇呎之古門、加瓦爾（Garhwal）及叟摩爾 (Sirmore) 等處栽植中國茶樹，成績頗佳。珊哈倫浦所植之茶樹即由此等種植園中得來之茶籽所培養而成。

剩餘之茶樹二、〇〇〇株運往南印度之麻打拉斯，後聞在二年以內即盡數枯死。該批茶樹分作二十箱裝運，每箱裝一〇〇株，在到達麻打拉斯以後，分配於邁索（Mysore）六箱；庫耳（Coorg）六箱；麻打拉斯之農業園藝社二箱；寄與在尼爾吉利山堪得（Kaity）國營試驗場中之 Crewe 上校六箱。不久以後 Crewe 逝世，其所分得之茶樹遂無人過問。一八三六年八月間據法政府所派遣之植物學家 Perrottet 調査，在Crewe遺下之茶樹中祇有九株未死。Crewe 在世時曾有一小部份茶樹分與駐紮西高止山（Western Ghauts）埋爾吐提（Mannantoddy）地方之Minchin 上尉，根據一八三六年六月所作報告，此一小部份茶樹共初頗能繁殖，但至最後終不能避免在南印度栽植中國茶樹所共有之命運。Bevan 少校於一八三九年有記事一則云：「自余離開惠耐（Wynaad在西高止山）以後，即有茶樹栽植，前途似有光明之希望，但因在亞薩姆有野生茶發見，致在惠耐植茶一事，比較不甚重要」。

居住於爪盤谷（Travancore）之Cullen將軍在一八五九年十月所寫之報告內有云：

在爪盤谷之茶樹，無論種在與海面相平之低地或高度在一、八〇〇呎至三、二〇〇呎之高地上，均能生殖繁茂。余於一八四一年在Huxam之咖啡園內第一次見及此樹，該處離海約四十哩，高出海面六百至七百呎。所植茶樹約有十株或十五株，高自二十呎至二十五呎不等，此項茶樹恐係在Lushington執政時代所輸入。尚在尼爾吉利山地方所得之茶樹，恐亦爲Lushington所輸入者。余從Huxam所得之幾株茶樹種在一個香料試驗園內，該香料園在爪盤谷之南一座海拔一、八〇〇呎之山嶺上，即爲余在十二年以前所設立者。現在香料園內之樹已高至二十呎至三十呎，大有欣欣向榮之氣象。余從此項樹上所得茶籽另在一接近丁尼佛來（Tinnevelly）邊疆海拔三、二〇〇呎之山上播種。現已有四百株茶樹長成，可知在此處茶樹極易繁殖。但現所選擇之地點不甚高峻，空氣亦稍嫌潮溼，如能選擇較爲高亢之地點，則植茶前途之發展當更無限量也。

麻打拉斯之H. Waddington在一九二九年曾致函作者，謂Cullen將軍有錯誤，蓋一八三三年茶籽之分發在Lushington退休之後。被認爲在加爾陀帝（Caldoorty）之茶樹，多半從一八三四年所運入之茶籽培植而成。據Waddington云：

爲商業目的之植茶於一八五三年在尼爾吉利山開始，在三十年以前種茶之畝數在尼爾吉利山約三、〇〇〇畝，在惠耐茶園約二五〇畝，在甘南第凡（Kanan Devans）約三一五畝，在爪盤谷之其餘地方共約五、〇〇〇畝，在南印度一一六、〇〇〇畝之面積中至少有一〇五、〇〇〇畝係在一八九三年以後新墾種者。

除加爾各答植物園在一八三五——三六年有中國苗木四二、〇〇〇株分配於各國營茶園以外，尚有九千餘株分配與印度各地一百七十個之私人植茶者。S. T. Best 在加爾各答扶輪社中演說，追述茶業委員會如何認爲在穆蘇里（Mussoorie） 與台拉屯周圍一帶地域爲最適宜之種茶地。在當時個人植茶者有加沙尼(Kasauni)茶園，即前爲Best 所經營之茶園，該茶園現仍存在，所植茶樹已有九十年之久。

除此項試種之中國茶種以外，C. A. Bruce 又於一八三六年在薩地雅開辦一個專種土種茶之種植茶園。此實爲Bruce 在一八二五年之原始植茶計劃之擴展。Bruce 繼續搜尋野生茶之新產地，於一八三七年在薩地雅附近之馬坦克（Matak）覓得幾處新產地，於一八三九年又尋獲一百二十處，而以那伽山（Naga）範圍最廣。但在體旁（Tippoom）與古勃倫（Gubru）二山亦有極多之野生茶。據 Bruce 云：「野生茶產區自伊洛瓦底江（Irrawaddy）至亞薩姆以東之中國邊境，綿亘不絕」。

一八四九年，印度政府將合活茶園以九五二盧比（Rubbe）十四安那（Anna）八派(Pie)之代價售與一中國人。該華人以經營不能獲利，於二年以後以四七五盧比貶價轉讓與 James Warren。至此純粹之中國茶種已漸加淘汰。在一八七一年該園所種七一三畝之茶樹有八五、七七五磅之產量，而今日從一五四八畝所得之產量則爲一、一二〇、〇〇〇磅。在一八八七年所種之一種中國亞薩姆雜種茶至今仍在栽培。又在一九一〇年以亞薩姆茶籽所播種之茶樹，亦在繼續栽培之中。

在一八三八——三九年又有三個栽培中國茶種之茶園開闢於汀蘇加（Tinsukia）附近：第一處在提谿，第二處在可旦丁格里（Chota Tingri），第三處在胡甘帕克利（Hukanpukri）。

亞薩姆茶首次製造之成績

種植土生茶之第二步手續，爲飭令土酋清除第一次發見有茶樹之叢林，同時印度政府所派之科學調查團經實地考察之結果，乃勘定下列地點：新福區之顧菇（Kuju）與寧格脊（Ningrew）；麥塔克(Muttuck)區之那特華（Nadowar）與丁格里（Tingri）；新甫（Singh)之加布羅勃拔（Gabroo Purbut）。

Gordon 自中國雇來之工人在抵達加爾各答以後，即被送至亞薩姆Bruce處，Bruce 令若輩於一八三六年初，預備少許樣茶，寄往加爾各答。此項茶葉係麥塔克區土生茶樹之嫩芽製造而成。在同年後期 Bruce 又送出第二批樣茶，共製五箱，此批樣茶在加爾各答頗受社會之好評，印督 Auckland 亦贊許此種飲料品質之優良。

就一般而論，對於土種茶之效用最早之感想已如上述。均以爲此項土種茶存在之區域移植中國茶樹成功希望或爲較佳。若彙集中注意力於儘速完成外來茶之栽植爲基礎，使所產茶之品質可與中國、日本之茶相競爭，而聽度土種茶之可能利用，須經過若干年之繁殖與選擇，方可出而問世。

發見者獎品之爭執

亞薩姆茶樹之發見者究屬何人，引起極大爭執。Wallich博士先保舉Charlton中尉爲茶之最先發見者，但後來又將發見權移歸Bruce少校兄弟二人。惟Robert Bruce少校業已故世，故英國技術改進社所贈之獎品由孟加拉農業園藝社送交C. A. Bruce具領。因此Charlton中尉與Jenkins少校均提出抗議，乃發生激烈之筆戰。然二氏之抗議最後終能得到滿意之解決。孟加拉農業園藝社社長於一八四二年一月三日以金牌一枚贈與Charlton中尉。因Charlton爲最先倡議茶樹係亞薩姆土生之一人；該社又以金牌一枚獎給Jenkins少校，因由於Jenkins之努力而使調查工作有完滿之結果。所未得獎者祗有原始之發見者Robert Bruce一人而已，但彼已逝世，與世無爭矣。「亞薩姆茶葉」一書之作者Samuel Baildon偶然述及有一印度土人Moneram Dewan對於茶之發見亦殊有功，彼或曾將關於土生茶之消息告知Bruce少校，可能由彼帶領Bruce少校至發見土種茶之處，但究屬如何，尙無從考證。

C. A. Bruce之開創工作

印度茶葉之發展首應歸功於Charles Alexander Bruce，彼實爲亞薩姆植茶業之創始人，亦爲植茶之第一個督導者。致以後之事實證明，彼並非一科學家，亦非一善於經商之人。但雖無植物或園藝之智識，亦能熟諳如何開闢叢林，而發掘其蘊藏之富源。彼係一探險家，曾久居亞薩姆，故深知當地之氣候人情。彼體格壯健，能耐勞苦，且極機警而有謀略。彼探悉茶樹不僅限於少數偏僻之地點，即在有叢林之殖民地內，

茶樹之生長亦極爲廣泛。

Bruce斬荊披棘在綿亘數百英里之叢林中探險，最初爲一般土酋所猜疑與嫉妒。但彼不僅能設法祛除土酋之成見，且進一步更能將土酋引爲已助。Mann博士推崇Bruce爲一至可欽佩之開闢者，渠能體察茶樹之習性，克服許多原始之困難，而終於製成第一次可飲之茶，使茶之栽培與製造達到爲商業公司樂於採行之地步，皆出於Bruce一人之功績爲多。Bruce所經營或負責指導之茶葉，大部份爲純有亞薩姆土生茶之殖民地。此項土生茶樹係從Bruce所開闢之森林中分配而來。

在第一批樣茶送往加爾各答以後之第二年，Bruce有裝運茶葉至倫敦之偉舉。同年——即一八三八年，Bruce刊印「紅茶製造——如今日由所僱華工在上亞薩姆、蘇特亞地方所實施者——之經過以及對於茶在中國與亞薩姆栽植之觀察」一書，內述作者曾見一株高約四十三呎周圍達三呎之茶樹，惟如此高大之樹實不多見。

Bruce認爲茶樹最宜於在有蔭蔽之處栽植。彼甚至將剪條亦栽種於蔭蔽處。並令所雇用之華工，俟芽上生有四葉後即將全部嫩芽採摘。第二次或第三次採摘時亦同。採摘之葉在日光下凋萎，用手揉捻，然後在炭火上焙乾。

Bruce係一有聲有色之人物，在獻身印度茶業界以前，其生活極爲冒險，富有刺激性。彼生於一七九三年一月十日，十六歲時即已開始其冒險生活。彼於一八三六年十二月二十日致書於在高哈蒂(Gauhati)之Jenkins書內，詳述其所經歷之生活：

> 余於一八〇九年離英，在斯特瓦特(Stewart)任艦長之溫特渡船中任候補士官。經二次激烈戰爭後，余曾被法人俘獲二次，在槍桿威脅之下被押至法屬西島，拘禁於一船內，直至該島爲英人所奪取時始得恢復自由。余在俘虜時期內備嘗痛苦，余之一切所有，經兩度損失而迄未得賠償。後余在一戰艦上以一官長之資格而進攻爪哇，並佔領之。在緬甸戰事爆發時，余在印度總督之代表Scott處投效，被委爲砲艦艦長。去年余奉命討伐擾亂邊境之Duffa Gaum酋長及其部屬，幸能克奏膚功，將敵人盡數驅逐。

Bruce死後葬於德士帕(Tezpur)教堂墳場內。而在該教堂內刻有

Bruce 之紀念碑。今日Bruce 之子嗣仍有在德士帕茶園繼續經營先人之營業者。

第一次裝運英國之茶葉

在一八三七年間祇製成茶之樣品，但在一八三八年竟破天荒第一次裝運茶葉至倫敦，此次所裝之茶葉共計八箱。亞薩姆專員 Jenkins 在宣佈茶葉於五月六日起裝時，頗以此為自豪。此批茶葉在該年後期裝到，轟動一時，在一八三九年一月十日即在拍賣場公賣，各箱分別出售。亞洲日報對於此事有下列一則之記載：

從英國屬地亞薩姆第一次裝來之茶計有八箱，重約三五〇磅。由東印度公司於一八三九年一月十日在明星街拍賣場舉行公賣。一時激動社會之好奇心，爭欲一睹為快，在此八箱茶中，三箱係亞薩姆小種（紅茶之一種），五箱係亞薩姆白毫。在拍賣第一箱小種茶時，賣方經紀人Thompson宣布每箱售價絕無限制，以叫價最高者為得主。第一次叫價為每磅五先令，第二次十先令，經過多次競爭，最後以每磅二十一先令結價，得主為Pidding上尉。第二箱小種仍為原顧主所得，每磅二十先令。第三亦即最後一箱之小種，每磅十六先令，得主仍為Pidding上尉。第一箱白毫經過劇烈之競爭後，每磅售二十四先令，又為 Pidding 所得。第二第三第四箱白毫每磅以二十五先令、二十七先令六辨士、二十八先令六辨士之代價續售與 Pidding 上尉一人。最後一箱白毫競爭最烈，叫價幾有六十種之多，終於以每磅三十四先令之高價拍定，得主仍為Pidding。結果第一次運入之亞薩姆茶為Pidding一人獨得。彼不惜以如此鉅大代價而購買亞薩姆茶，無非為一種愛國思想所驅使，而欲以此鼓勵英屬亞薩姆一種有價值之生產品而已。

Pidding 上尉為「侯官混合茶」(Howqua Mixture)之所有人，其後Pidding 將此批茶之小樣以每件二先令六辨士之代價分布各處。此舉為證明英國茶之一種最好廣告，但在品質上自尚須加以研究與改進。在第二批茶葉九十五箱於一八三九年末期裝到時，茶葉品質顯然已有極大之進步。除為東印度公司之董事部留存十箱備作私人之餽贈以外，其餘仍由該公司於一八四〇年三月十七日公開拍賣。有若干茶葉經紀人及茶商估價為每磅二先令十一辨士至三先令三辨士，一般有愛國心之顧主願將茶價抬高到每磅八先令至十一先令之間，惟有一種稱為泰莊茶（Toy Chong）者則為例外，每磅祇售四先令至五先令。

特威寧公司（Messrs. Twining & Co.）對於此第二次裝來之茶表示意見如下：

就一般而論，吾人以為亞薩姆能產生一種適合於此處市場之商品——茶，實為至堪欣慰之事。雖目前在品質上尚未臻佳境，但亞薩姆茶將來在栽培與製造方面經驗漸增，經逐步改進之結果，必有與華茶並駕齊驅之一日，此則可斷言者也。

上述預言果有相當應驗，在六年以後，Bentinck總督組設一茶業委員會，政府亦竭力鼓吹英國茶增加產量，以供市場需求。但此後十二年中印度茶產仍未能達到商業性之成功。一八四〇年為具有重大意義之一年，因自是年起華茶在英國之銷路開始進入末途。

亞薩姆茶第一次輸入加爾各答之一種紀錄，現保存於印度公署中。此係記載茶葉銷售之一種傳單，由政府起稿，經國營園藝場場長 T. Watkins 之簽署，又經皇家植物園園長 Wallich 博士之副署。傳單上所載之地址及日期為上亞薩姆省傑浦爾(Jaipur)，一八四一年三月五日，標題為「出售亞薩姆茶之敍述——加爾各答市場之第一次輸入」。據茶業通告宣佈，有二宗茶葉出售：第一宗三十五箱，係由新福土酋 Ningroola所製造；第二宗九十五箱，為國營茶場之出品。G. Watt爵士鑒於上述情形而有下列之評語：「所可注意者，當 Wallich 博士對於土種茶正在懷疑之際，新福土人已在亞薩姆實行製茶，此可使 Wallich 相信亞薩姆土種茶為一種真正之茶種」。

亞薩姆公司之興起

當上述各種試驗正在着着進行之時，茶之天然產區上亞薩姆仍為土酋Singh 所管轄，唯英人已派有少數軍隊及一政治代表駐紮該地。一八三九年因土酋不能履行條約上之義務，為英國代表所黜廢。政府自覺對於英人所產之茶在試驗方面已克盡厥責。故最後向其本國商人宣稱：

「請觀沿汀格里河在那伽山（Naga）四周迪勃魯加（Dibrugarh）地方之茶園，現已卓著成績，此後則有賴於諸君之努力」。

一般商人受政府之策勵，果能急起直追。首先響應者，爲加爾各答城，該城有數資本家得政府之許可設立孟加拉茶業公司。在一八三九年二月倫敦又有一聯合物產公司之組成，其目的在栽植亞薩姆新發見之茶樹。此二組織在事實上頗有合併之必要，故在一八三九年五月三十日由孟加拉茶業公司建議與倫敦之物產公司合併。惟附以條件：卽在加爾各答當地業務由該城自己選舉之董事會主持之。印度最初之茶葉公司之組織頗爲奇特，公司所有任務由一在倫敦一在加爾各答之雙重董事會共同負責。

倫敦之亞薩姆公司，係得東印度公司首領之特許而設立，Charles Forbes對於此舉竭力加以反對，其理由以爲公司一經給與專利權以後，恐將發生欺詐之流弊。然Forbes之主張並不爲當局所注意。政府於一八四〇年三月將在亞薩姆所辦三分之二之試驗茶園撥交亞薩姆公司。在最初十年內並予以免費經營之優待，政府所辦之茶園，除在吞活者外，幾已全數包括在內。

一八四〇年三月Bruce 加入亞薩姆公司而任該公司之北部主持人，總辦事處設在傑浦爾，另有一農學兼博物學之研究者J. Masters 任南部主持人，駐在耐齊拉城（Nazira），至今亞薩姆公司在印度之總辦事處仍在此城。

亞薩姆公司不久在僱用勞工方面發生困難，因內亂與緬人之侵犯而使亞薩姆人口大減，以致當地工人極感缺乏。乃決定從加爾各答及星加坡二處招募數百名華工，但所招募者多屬粗魯不馴之徒，其中有許多且爲市街上之鞋匠與木工，毫無製茶智識，其後在派那（Pabna）地方與土人發生衝突，結果有五十七名華工被捕入獄，其餘工人卽拒絕前進，卒致取消契約，任若輩遄返加爾各答。自此招募中國勞工至印度茶園之企圖，遂完全打銷。

此後又招募漢加可爾斯人（Dhangar Coles）六五二名，但在中途染疫死亡者頗多，其餘幸未傳染者亦皆逃亡一空。此次在歐人及土著勞工中死亡頗重，卽該公司之醫生亦同罹於難。

雖然迭經勞工缺乏及瘟疫之打擊，但據該公司於一八四一年八月十一日在加爾各答所舉行之年會報告內稱：從叢林中開墾植茶之地共有二、六三八畝，在前一年中製成茶葉之產額爲一〇、二一二磅，惟倫敦投資者之所費已逾六萬五千英鎊，殊屬得不償失。但公司當局並不因此灰心，且更能鼓足勇氣，向前邁進。從加爾各答董事會之報告中可以窺見其對於前途之樂觀。據董事會之預計，在一八四一年產額可達四〇、〇〇〇磅，至一八四五年更可增至三二〇、〇〇〇磅。

無論中國製茶工人或歐人助理員均無滿意之成績可言。對於前者，據Masters 云：「以三盧比一月之收入而卽欲以紳士自居，雅不願操勞工作」。Masters 在一八四二年二月十二日寄與董事之書中有云：「如果若輩繼續不受約束，在公司方面惟有暫行停工二、三月，使若輩覺悟非賴公司發給之工資，卽不能生活」。Mann 博士對於 Masters 之批判則謂：「不能使人認爲一個機警幹練之經理」。

至於歐人助理員，Masters 亦有「一個生性急躁之歐人在如此不合衞生之氣候中，對於當地方言及其本身之職務又全不瞭解，當然不能稱職，而且一無所用」之怨言。但此輩歐人最大之困難在於疾病與死亡。凡此種種，皆迭使Masters 感覺棘手，而認爲無法解決之問題。

據該公司一八四二年之報告所載：「在Masters 之轄區內，加布盧勃拔（Gabroo Purbut）茶園佔地四四波拉 （Poorah，等於一・二一畝），赫替遲(Hatheoah)茶園二一三波拉，井里多(Cherideo)茶園三三波拉，德亞潘尼（Deopani)茶園二〇波拉，路干荷比(Rokanhabbi)茶園有新墾植之地三五〇波拉。Bruce 之轄區內，在加洪（Kahung)地方有三一波拉，在荷荷里(Hoholea)三四・五波拉，荷立乾 (Hoogrijan)三一・二五波拉，丁格立（Tingri）一〇波拉，哥里（Goorie ）三三波拉，荷漢（Hookham）三〇波拉。替榜（Tippum ）一五波拉。至於巴索羅尼（Bozaloni）種籽園之地點係在荷立乾地方。

該公司在前一年雖有樂觀之預計，但實際上一八四一年祇有二九、二六七磅之產量，所費成本則達十六萬英鎊，以是大爲輿論所不滿，新聞紙又以諷刺之語調大肆抨擊，一時空氣極爲惡劣。

加爾各答董事認爲其間必有錯誤之處，乃於一八四三年決定派遣M. Mackie與Hodges二人至亞薩姆調查，以明其癥結之所在。經調查結果，Bruce與Masters二人均被免職，在倫敦方面之董事亦承認受二人之欺，且允以後予以澈底之改革。

在以後數年，開支減少而出產增多，一般董事極爲興高采烈，居然於一八四六年一月宣佈發給股息，每股十先令，惟無紅利。同時，亞薩姆公司因國會已於一八四五年製定專律，乃正式改組爲有限公司，東印度公司鑒於此種情形以及一般經濟制度之成立，認爲正可乘機活動，以便攫取權利，其詞如下：

在加爾各答與倫敦所售之茶，從其成本每磅須十四安那一端加以觀察，吾人深信此種物產如在適當之經營下必能獲利，是以謹向貴政府（指孟加拉政府）建議，以後政府對於亞薩姆茶之栽培與製造應完全脫離關係。

上述之種種處置，無非要使一般人相信植茶爲有成功把握之一種實業，但如Mann博士所指出，此事之眞實情形，與其所下之判斷並不相符，產量之估計係出於僞造，腐敗不善之經營依然如故。其最可痛心之一事，莫如無人能懂得種茶之方法，以致不能增加茶之產量。易言之，從華人學來之種茶與採茶方法已不適用，如無較好之新方法，能使茶之產量增加，更能維持茶樹之繁殖，則此種實業勢非停止不可。

倫敦董事目睹牘上所書責難之字句，卽藉口緊縮，將在丁格異與傑浦爾二處之茶園於一八四六年閉歇。若輩於一八四七年竟直認前途希望極微且無利可圖，故以爲殊無繼續經營之意義，甚至欲將公司財產歸併於加爾各答之董事，但後者保持沉默，不作任何表示。每股二十英鎊之股票慘跌至半克郞（Crown値五先令），此與東印度公司向世界宣稱印度茶業爲已有成功把握之事業，相隔不過二年。

最後決定再繼續辦理一年，一般董事在一八四八年卽最後一年中，經費既不充裕，意志亦極爲消沉。公司至此已瀕破產之境，無法再加粉飾。此爲亞薩姆茶之黑暗時期。亞薩姆公司之持票人身受其難，當然更感切膚之痛。

在建築及墾植方面已耗費二百十萬盧比，據後來發覺實在之用途，尚不到上開數目之十分之一，因此公司之信用與資金均告匱乏。在倫敦負債七千鎊，在加爾各答負債四萬盧比。以致在亞薩姆爲修理房屋與維持種植所必不可省之開支亦均無着落。

在此次暴風雨中，有一部份人對此勢將崩潰之茶業，急思擺脫，但亦有少數目光較遠之人認爲茶業在較善之經營下未必無復蘇之望。「印度之友」雜誌曾評論云：「若輩之精神、毅力與信心足以感召一切，以其個人之信用，負責招集資金，而使亞薩姆公司得以重振旗鼓」。

誰能夢想到此是黎明以前所必有之黑暗？但事實果眞如此，往往在非常之時卽有非常之人出現，當時在茶業界有三位傑出之人才，卽加爾各答之Henry Burkinyoung、Stephen Mornay及稍後在亞薩姆之George Williamson是，其時爲一八四七年。

H. Burkinyoung任加爾各答董事會之副主席，S. Mornay爲亞薩姆之負責人，在五年內二氏使一個破產之公司漸能自給自足，改進方法與專門技術，首由Mornay計劃實施，繼由Williamson加以推進，使一種不可救藥之失敗變成利益優厚之工業。Mann博士曾讚揚云：「三氏對於茶業有莫大之功績，後繼者祇不過將三氏所得之成果加以發揚光大而已。總之印度東北部茶業之有起色，自不得不歸功於三氏」。

此確是一種非常之變遷，據公司一八四八年之報告獲利三千英鎊，所負七千英鎊之債務竟能償還二千英鎊。又因信用恢復之故，每股溢價至一英鎊，合計卽有一萬英鎊，用以推廣墾植之面積，此種成功乃產生於繼續開發所謂「可詛咒之中國茶種」之時期中。

此爲値得注意之一事，該公司在審愼之經營與合宜之指導下，如何得有蒸蒸日上之氣象，因當時對於茶種之選擇尚未加以考慮，而印度土種茶之抬頭尚須經過若干歲月也。

加爾各答人士對於其事業之前途極感興奮，而一意向前邁進，但倫敦方面則殊無如此勇氣，總是抱一種旅進旅退之態度。在一八四九年丁格里與傑浦爾二處又重行開墾，此舉大爲倫敦所恐懼與不快，然種植面積推廣之後，仍能繼續獲利，且在二年之內將全部債務盡數償清。在一八五二年始有第一次盈餘，可發股息百分之二・五，公司顯然已走向成功之路。在一八五三年發給股息百分之三，Mornay 與 Burkinyoung 二人卽於此年退休。

亞薩姆之新經理 Williamson，爲發展亞薩姆茶業之中心人物，彼於一八五九年脫離亞薩姆公司後卽創辦魏林遜公司（Messrs. George Williamson & Co.），此卽加爾各答麥高公司(Magor & Co.)之前身，當時加爾各答之總董爲屯洛浦公司（Dunlop & Co）之 W. Roberts。

Williamson 後來對於中國茶樹，忽表示嫌惡，從彼所謂傢波克利（Kachari Pookri）茶園有「不種中國茶樹之優點」一言而觀，即可窺見其所抱之態度。中國茶樹之生育力較低，現已成爲一種確定之事實，Williamson又竭力詆責鹵莽無知之採摘，一般董事見三、四兩月並無茶之生產，卽羣起責難，彼亦不爲所動，而從容答之曰：「請靜觀其後，自不致使諸公失望」。後來果如其言，彼查悉全部茶場每波拉祇能生產二三五磅，於是積極從事改造，使亞薩姆之土種茶逐漸代替外來之中國茶樹，此在印度茶業史上爲一種劃時代之變遷，經 Williamson 苦心研究茶樹之品種，採用專門技術與改善經營之結果，卒使產量增加而有較多之紅利可分，該公司於一八五六年發給股息百分之九。

上述情形發生於Bentinck總督組設第一個茶業委員會以後之二十二年，Bentinck之理想與信仰至此始得實現而獲得成功。其餘茶業公司一時如雨後春筍，紛紛設立。故以後十年中更有驚人之發展。因茶業已打定堅固之基礎，無怪其能克服阻礙而終於達到科學栽培之時期，此一時期延續至於今日。

其他區域第一次種茶情形

吉大港之植茶，開始於一八四〇年，當時從加爾各答植物園運來之中國茶樹及由亞薩姆辦來之種子，栽植於現今所辦俱樂部附近之原始茶園中，該地因氣候不宜，未有多大發展。台拉屯植茶始於一八四二年。W. Jameson 博士在一八四三年繼 Falconer 博士之後任古門茶業督導員。

因在西北諸省辦理頗有成効，故中國茶樹猶爲茶業委員會在一八四八年之計劃中所最注意之一事。當時有一英國旅行家及園藝家 R. Fortune受東印度公司之指使，喬裝華人深入中國內地，採辦最優良之茶籽、茶樹及工人，Fortune 果能不辱使命。第一批所裝之茶樹茶籽於一八五〇年夏季到達加爾各答，路上未受絲毫損害。Fortune 於一八五一年返歸加爾各答，帶來華工八名，一宗茶籽及二萬餘株茶樹，係從中國紅綠茶產區所收集者。此後 Fortune 又至古門及加瓦爾（Garhwal）茶區考察，以其考察所得之結果，於一八五二年印行「中國及印度茶區巡行記」一書，Fortune 復於一八五八年第三次遊歷中國。

在一八五一年陸軍中校 F. S. Hannay 在亞薩姆創設第一個私營茶園，此爲茶園私營時期之肇始。該茶園所種爲中國茶樹，現在彼之後裔中尚有與印度之重要茶葉公司有關係者。

在一八五四年西北省之代理總督授權於 Jameson，使在別士耐斯（Byznath）附近之埃爾多里（Ayer Toli）設立一主要之茶樹種植園。此園以後成爲古門最好最豐富之產區。Jameson博士於一八五五年在西北省植物園所發表之報告中有云：

> 栽培茶樹之最後目的，在於改變山鄉之狀態，而使山鄉對於國家之貢獻不落於平原之後，現在自甘拉至古門一帶皆有茶樹之繁殖，由政府派遣 Fortune 從中國北區如武彝山、徽州、婺源、天童（譯音）銀島等處採辦較優之茶種，分佈於全區，並產生大量之茶籽，可供次年各方之需求。

亞薩姆土生茶於一八五五年在雪爾赫脫之張卡尼山（Chandkhani）與卡察二地發現，有一說謂西爾赫脫之茶樹係由一土人名 Muhamed Warish 者所發見，後來發見沿加仙（Khasia）與傑仙山（Jaintia）一帶皆有野生之茶樹，在當時認爲有土生茶之存在即爲該區可種茶之一種證明。雪爾赫脫之植茶在 Sweetland 之指導下開始，第一個茶園馬爾尼希拉（Malnicherra）於一八五七年開闢；卡察於一八五六年在馬遂白總山（Mauza Barsanjan）第一次植茶，種植於山頂上，自白拉爾山（Barail）綿亘至白拉克山（Barak），一望皆是，纔在山巖上栽植，在一八七五年又開墾低窪之地以植茶。

大吉嶺（Darjeeling）在至一八五六——五九年間着手種茶，在當時首席行政長官A. Campbell 博士之支持下進行。至一八五六年末，在托克佛（Tukvar）及大吉嶺之肯寧（Canning）與賀普湯（Hopetown）茶園中，在甘桑（Kurseong）平原，以及在甘桑與潘克漢白里（Pankhabari）之間均有茶之種植。種茶在大吉嶺區成爲一種商業性之事業以後，注意力即集中於丹雷（Terai），在丹雷之甘他（Champta）地方於一八六二年開闢茶園，在推斯太(Teesta)以東即所稱爲杜亞斯(Dooars)區域，不久亦加以開墾。加查爾荷巴(Gajaldhoba)於一八七四年開始墾植，其後在浦胡爾巴里(Phulbari)與巴格拉可脫（Bagrakote)二處相繼栽植，當種茶區域逐漸向東擴展而最後達到亞薩姆邊界珊可斯(Sankos)之時，在西杜亞斯與丹雷等處均改種優良之土生茶，以替代原來所種之中國茶樹。

Mann 上尉於一八六一年在南印度尼爾吉利山重新以中國茶籽播種，吉大港與可他南帕爾（Chota Nagpur）約於一八六七年始有規模較大而合於商業目的之植茶。

對於古門、加瓦爾早期茶業史之回顧，前古門專員 J. H. Batten 概括分爲七時期：第一期爲無知與淡漠；第二期爲揣想與摸索；第三期爲第一次有實際之正式試驗；第四期爲政府實行開墾；第五期爲私人經營之濫觴；第六期爲官營試驗之廢除；第七期爲在商業上之成功時期。就大體而論，以上所分各時期對於整個印度頗覺切合。

茶業之狂潮與恐慌

約於一八五一年，印度對於茶之投資，開始感覺極端之興趣。因亞薩姆公司之發達，（一八五八年纔起之翁蘉得公司亦獲厚利），與其他各區新闢茶園之勃興，凡此種種現象，均使一般人集中注意力於此新興事業。在一八五九年私人經營之茶園多至五十處以上，不僅在亞薩姆，其餘如大吉嶺、卡察、雪爾赫脫、古門及哈薩利巴（Hazaribagh）等處在投資者之目光中亦皆認爲前途極可樂觀。當正常健全之發展正在進行之中，不料至一八六〇年，此富有生氣之茶業，竟不幸轉入黑暗之角落，而沉淪於投機之狂流中，以至於毀滅。大多數歷史家目此爲「茶業狂」，可謂名符其實。

其初因政府有意扶植茶之栽培，故以極寬大之條件，撥給適宜之土地。後因茶業日趨發展，對於墾地之需求激增，政府乃採取較爲嚴峻之法律，如一八五四年所頒佈之亞薩姆條例，即其最著者。在極苛刻之條件下，規定九十九年之租期，此項條例，大爲植茶者及投資家所痛恨。此種不滿之情緒日益高漲。結果在一八六一年對於亞薩姆條例有肯寧法規（Canning's Rules）之補充，准許以相當之款購取墾地，在政府方面同時尙有其他幾個合理之讓步。

在肯寧法規頒布以前，茶業狂之象徵已到處發軔，不久即成爲燎原之勢。一般投機家及發財迷者，亟思利用時機，將少數成績較佳之新茶園作爲宣傳之資料，大吹大擂，一若發財即在目前者然。結果遂有許多新茶園應運而生；舊茶園亦莫不力求擴充，不問有無獲利之把握，不稍加慎重與深思而一味盲目蠻幹。此種瘋狂之潮流遂橫溢而不可遏抑，新公司紛紛設立，而各公司之股票市價亦激漲。

在加爾各答新公司既日有開設，茶業股票遂爲一般有發財迷者所爭購（頃刻即可售罄），人類之一切理性，全爲瘋狂之發財迷所掩沒。有若干且拋棄其正當職業或有希望之地位，而專從事於茶之投機。A. F. Dowling 云：「此可謂貪婪時期，假使新律例之訂立是出於抑制投機，而非爲鼓勵投機之動機，則殊有益於茶業」。

肯寧法規之修改，不幸出於遠在英國不明當地情形之內閣大臣之手。致使茶地之出售價格陷於最不合理之狀態。且採用最不公道之方法，以二至八盧比之限價，用競賣方式出售，致使購買者常因一安那之差，而失卻所欲得之地。即叢林中未經開墾之荒地，每畝亦須售十盧比或十盧比以上。

在一八七四年出版之「孟加拉茶業彙報」中有一段描述產茶區情形之記事：

在茶業狂潮中，一般投機家之主要目的，在於獲得一所或數所廢地。在領取廢地規則中所載，在購買之前例須劃界與調查之條文擱置以後，使廢地之獲得更易。比較誠實之投機家所取之第二步手續，係將所得廢地之一部份，予以短時間極草率之栽植，然後不惜以高價僱用本地勞工，並以重價收買茶籽。將泥土稍鬆撒下種子以後，即可着手組織公司，以其開墾尚未完竣之地所售得之價，作爲開辦費，同時將餘剩不需要之廢地賤價售與政府。但有時即對此種掩人耳目之舉，亦認爲過於迂緩。一般聰明之商人招募股本時所提出之計劃，均是信口胡說，實無眞正茶園之存在。諾康區（Nowgong）有一顯著之實例，有一倫敦投機家命其所用之印度經理，開墾若干面積之廢地，以備交割。受主即爲該投機家會以同一廢地當作茶園出售之一個公司。

此種惡習當時在亞薩姆、卡察、大吉嶺及吉大港等處亦頗爲普通。在吉大港有許多峻峭之山坡或地力已盡不堪植茶之瘠土，皆得以善價出售，甚或一地有重售至二次三次者，上述一切現象，對於公衆心理之影響，正如 J. Berry White 所云：

在一八六二——六三年間之茶業狂潮中，凡在亞薩姆有若干廢地並栽種少許之茶籽，即自認爲擁有極大之財富。有許多人爲欲取信於人，逐拒絕收取現款，惟請受主在愼重考慮之後而讓與股票。茶雖以使人興奮而並不使人沉醉之一種飲料著稱，但在新茶區之栽植，對於從事此業之一般人大有不可思議之麻醉力。其狂熱之程度，不亞於金礦發掘者。在印度每一新茶區之開闢，必有許多人寄以無窮之希望，其實者當應以冷靜之頭腦加以切實之估計。（註一）

Money云：「在茶病熱度正高之時，誰不心存奢望，以爲前途祇有成功，決無失敗，此實爲一種瘋狂。一般植茶業者無異爲一種奇妙之混合體，包括退伍之海陸軍人、醫生、工程師、船主、化學家、店員、意志堅強之人、疲憊之警察、書記等。形形色色，幾於無奇不有，茶業失敗於此輩之手，自不足爲奇」。

在最初之狂流中，每個人以爲祇要有少數之茶園即可致富，不僅實有之茶園可售超過原價八倍十倍以上之高價。甚至有許多在購入時名義上爲五百畝，而後來一經丈量，則還不到一百畝。新茶園委諸一般從無見過茶樹之經理，在不能生長之地域開闢。倫敦加爾各答之董事，皆坐享厚祿，幹事則支更高之薪給。此輩無所事事，僅虛糜公帑而已，糜費與經營之不善，實爲各地之通病。（註二）

茶業泛濫之洪流，至一八六五年而達到頂點。於是即有不可避免之反應。茶業之崩潰本屬意中之事，不過猶嫌其崩潰過遲耳。當時一般經營不善之公司，均已奄奄一息，而卒至於倒閉。然水泡一經破裂，即痛苦隨之，從前不惜以任何代價而爭購茶業財產之風氣，一變爲不顧血本惟求及早脫售爲快。前值數十萬盧比之茶園，今願以數百盧比出售。有幾處茶園因每畝尚無一先令之收穫，故皆棄若敝屣，不值一顧，蓋已山窮憐而入於潰敗之時期矣。侍與人之唯一希望祇求將自己之姓名從登記冊上勾銷，以免再受其累。茶業股票從前無限制抬高，今則其價值幾等於零，茶業潰敗至此已不堪收拾，結果遂有許多慘劇發生，因茶而至債臺高築者有之，因茶而使親戚朋友同受連累者亦有之。因此一般投機者視茶業爲畏途，甚至喻茶爲洪水猛獸，可見其創鉅痛深之一斑。

情勢之嚴重已如上述，政府自不能再袖手旁觀。在一八六八年初期，政府乃派遣一調查團考察此事之經過及茶業之現狀。經調查團考察之結果，得悉每個有思想之學者與謹愼之投資家仍能進行順利，並未受絲毫影響。茶業本身亦極爲健全穩固，祇須取締無意識之膨脹與投機之徒，僅有繼續經營之可能，調查團之報告，係限於亞薩姆、卡察、及西爾赫脫三處，該團察覺凡未捲入投機漩渦之老公司，依然營業興隆。

茶業之信用，約在一八七〇年開始恢復，有幾家新公司次第開設，

註一：J. B. White著：印度茶業五十年盛衰記，一八八七年倫敦出版。
註二：E. Money 著：茶之栽培與製造，一八七八年倫敦出版。

其餘有股息可發之舊公司，其營業益有蒸蒸日上之勢。印度茶業因在一八六六——六七年間受地價及股票狂漲之打擊，以致發生普遍之經濟崩潰，但否極泰來為事理之常，從茶業之真正建設者一方面觀察，不久彼等即進入前一時代遺傳下來之科學栽培與正當利益之康莊大道。

如欲洞察印度茶業之早期歷史，下列各書可供參考：W. N. Lees所著之「印度栽培茶棉及其他農業試驗」（Tea Cultivation, Cotton and Other Agricultural Experiments in India），M. K. Bamber所著之「茶之化學與栽培」(A Text Book on the Chemistry and Agriculture of Tea)，G. Watt所著之「印度之產品」(Commercial Products of India)，H. H. Mann所著之「東北印度早期茶業史」(The Early History of the Tea Industry in North East India）及C. P. C. Stuart所著之「茶樹選種之基礎」（A Basis for Tea Selection）等書。

亞薩姆茶業始創情形

亞薩姆往昔之茶業對於一般有冒險性而並不計較費用之人，或可稱為生逢其時，但在他方面植茶者所過困苦艱難之生活，有非他人所能想像者。

就一般而論，亞薩姆全地幾盡為深密不能穿過之叢林，高達丈餘之蔓草原野，觸目皆是，偶有幾處「沙漠」中之良田，昔日曾種禾稻，今已荒蕪，其餘一半地面，則為樹木茂密之森林，當英人着手開闢叢林以備種茶之際，正值野獸猖獗，使亞薩姆土人不能安於故居，一再遷避，以致麕集於其他較為安全之地區。

大概有喬木之森林，總比雜草滋蔓之藪地更合於茶之種植，在喬灌得、迪勃魯加及陀姆陀馬等區之茶場，幾盡由茂密之森林開墾而成。

Linde 在一八七九年描寫植茶者猶如原始之民，生長於一古代之大森林中，森林之邊界離其居處至為遼遠，下述即為Linde 描摹之情形：

一個植茶創始人所僱用之一羣土工，其足跡所到之處，森林均相率俛首稱服。若輩及其雇主均與世界其餘部份隔絕。此輩土工視雇主如嚴父，如保護人，亦如判斷曲直之法官。此創始人所處之地位，可謂崇高已極；但其生活則非常枯燥，四顧無一同資格同等級之人，經年累月亦不能一覩白種人之面目，亦不能一聞白種人之語言，背鄉離井，遠別親友，人生一切享樂，均被剝奪，終日惟呼吸山中之瘴氣，在酷熱之氣候下揮汗工作而已。但一個創始人既有目的而來，對於一切艱險，自惟有忍受，彼在事業未告成功以前，決不放棄責任，即使患病或甚至死亡，亦所不顧。

在當時植茶者之居室，景象頗為蕭條。室內除燒飯用之鍋爐，竹編之眠床，一桌一箱（即作為坐椅之用），及一具藥架以外，即別無長物。而藥架實為其最重要之傢具，如無藥物，則一個植茶者即難望生存，彼每晨必須服用奎寧少許，每星期服蓖麻油二次，每月服甘汞一次，此為一植茶者必須遵守之規律。

Jackson 及其所發明之製茶機

十八世紀後期，在布拉馬普得拉河（Brahmaputra）沙灘上，某次有一小舟擱淺，該河以多沙洲著名，航行者多視為畏途。但因此一件小事，竟使二個名人之生活方針為之改變，而在製茶機械方面亦掀起一革命之巨浪。

此兩個名人，即為 John Jackson與 William Jackson 昆仲。二人自上亞薩姆一個茶園還返英國之途中，船因擱淺受損，修理需時，故船中搭客多至附近村落遊玩，Jackson 昆仲於偶然中遇見 Marshall 所發明之輕便蒸氣機，此種蒸氣機印度土人使用已有十年之久。W. Jackson 見此種機器，頗感無窮興趣，即將製造者之姓名住址詳為紀錄，後因在蘇格蘭接洽製造製茶機不成，即逕往英吉利之甘斯鮑洛甫城（Gainsborough）與不列坦尼亞鐵廠（Britannia Iron Works）合組一個公司，此公司對於茶業有極大之意義，其後以製造製茶機著名之馬歇爾父子公司（Messrs. Marshall Sons & Co.）即由此公司改組而成。此公司直至一九一五年當Jackson 逝世時始行停辦。

Jackson 昆仲最初擬將個人意見發表，以喚起社會對於製茶機之注意。但後來中途分袂，John Jackson 前往美國，William Jackson 仍在印度及甘斯鮑洛甫城繼續工作，一切Jackson製造品之商標，幾乎咸用William之名義。

W. Jackson 大部份之實驗工作係在布拉馬普得拉茶葉公司所辦之囍格列丁茶園及喬霍得二地進行，彼之第一部製成之揉捻機，於一八七二年在蘇格蘭亞藍婦茶葉公司所辦之希利卡茶園中裝置試用，彼坦白承認從Kinmond與其他發明家之製造品得到不少啟示，但彼顯然有其革命性之新作風。Jackson揉捻機雖與Kinmond揉捻機類似，但在日後即可辨識Jackson顯已另闢一條新途徑。即使印度植茶專家陸軍中校Money在未見Jackson揉捻機以前，不信任何機器可代手工揉捻，當舉世皆在黑暗摸索之中，Jackson能衝破黑暗而見光明，其見識自是高人一等。

Jackson之發明，不僅限於揉捻機，且進而對於茶之烘焙，篩分，揀剔及包裝各問題，亦均有所表現。彼在現代製茶各部門所用之機械皆作有價值之發明與改良，原來之Jackson各種揉捻機如直交動作式（Cross Action）高壓式（Excelsior）手工式（Hand Power）等各式均屬製造複雜而需笨重之機器。後在一八八七年Jackson發明更進步之迅速揉捻機，風行於市場垂二十年之久，在一八八九年一年中此項揉捻機售出二五〇具以上。其後在一九〇七年及一九〇九年分別發明單動式及雙動式揉捻機。

Jackson於一八八四年第一次發明乾燥機，有「勝利」「威尼斯」「模範」等牌號，爲茶業界所熟知，係應用吸力風扇之原理，吸引熱空氣從葉盤上升，此項乾燥機亦在市面上風行二十年之久。

Jackson對於各種發明有極強大自信力，彼採用直軸與斜齒輪以製造揉捻機。雖經十五年之研究，但於一八八七年竟予以全部推翻，重加改造。因Jackson相信輪軸以一種簡單之旋轉爲最佳，在同年Jackson製成第一部碎茶機，在一八八八年發明揀茶機，在一八九八年復有裝箱機之發明。

Jackson有過人之腦力，在揉捻、乾燥及篩分機各方面不斷發展新理想，其中有許多機器皆已註册專利。然馬歇爾父子公司能儘速製成Jackson所繼續發明之改良機器，並能暢銷於市場，且爲各產茶國所樂用者，蓋Marshall一家均具有工藝天才，對於Jackson之各種發明，亦自有極大之幫助。

在一九一〇年，Jackson對於乾燥機有一種著名之改革，從前係用吸收原理，今則應用向上壓力之原理，一種巨大之「帝國」式機械可作爲彼在此方面所表現之天才，此項乾燥機係用風扇將空氣經由著名之Jackson多管爐抽出，使其通過烘焙室內之葉片。

在一八七二年當Jackson開始從事發明之際，印度製茶之成本每磅需十一辨士，至一九一三年用新式機械而使成本減少至每磅二辨士半至三辨士，今日用八千具揉捻機製茶，可抵從前一百五十萬勞工用手工製茶之數量；從前烘乾一磅茶葉需由八磅好木所燒成之炭，今則Jackson機器用任何木材，草料或垃圾亦能產生同樣之結果，如用煤燃燒，則每磅茶葉之烘乾，僅需煤四分之一磅。

Jackson最先主張茶葉一經移入乾燥室後，即須停止發酵，在烘乾以後須儘速使涼，彼又辨明當茶葉攤涼時，其中主要油份決不致逃失。

起初茶葉製造係用手揉捻，在炭火上烘乾，裝箱時工人用脚踏緊，在印度亦如中國。Jackson一流人士反對此種操作，若輩竭力提倡用科學方法製茶，力求合於衛生。

W. Jackson於一九一五年六月十五日在蘇格蘭亞伯頓（Aberdeen）桑格羅城（Thorngrove）逝世，享年六十五歲，其兄弟John於一八八〇年應美國農業司長之邀，在南加羅林那（S. Carolina）指導茶葉試驗工作。一八九〇年死於聖保羅城，是爲其從事茶業最後之處。

W. Jackson將其遺產之一半約二萬英鎊，委託印度茶業協會酌量撥助各慈善團體。植茶業者公益會成立於一九二一年，亦從Jackson遺產保管金項下分得一部份。

Davidson爵士及其所發明之機器

Samuel C. Davidson 爵士之名，在茶業界極為聞名，因其名與雪洛谷（Sirocco）式乾燥機及其他 Davidson 所發明著名之製茶機均有密切之關係。

S. C. Davidson 生長於愛爾蘭，但原籍在蘇格蘭，一八四六年生於唐城（Down），早年在培爾法斯特(Belfast) 皇家學院受教育。十五歲時離校至培爾法斯特之工程師 William Hastings 處學業，以至一八六四年為止。

當時 Davidson 之父購入勃克哈拉（Burkhola）茶園之股份，即遣其子至該茶園學習茶業。彼於一八六四年秋首途至加爾各答，該處距勃克哈拉茶園尙有三星期之水程，而今日乘輪船火車二日即可到達。

Davidson 在此茶園以副經理地位開始其種植事業。二年以後，當 Davidson 二十歲時，即升任為經理。

Davidson於一八六九年在其父親死後將該茶園歸併，而成為獨資之園主，繼又將該茶園出售，而加入另一茶業公司，後又將該公司收歸獨資經營。

年輕之 Davidson，目光銳利，不久即感覺用原始之中國方法製茶之不適宜，乃勤思苦索以求製茶方法之改進。對於最初發明機器之先進如 Kinmod, Nelson, Me Meekin, Gibbs 及 Barry 諸人之成績，極感興奮，而以機械代替篾籃之乾燥法，尤為彼所注意。由試驗之結果，使渠深信用機器製茶固可得到較優之成績。而製茶機本身之在商業上之成功，有更勝於製茶者。彼最後於一八七四年將蘇芳（Subong）茶園售去，回至培爾法斯特，在 Messrs. Combe, Barbour & Combe 廠中監督製造其自己發明之機器，在一八八一年創立雪洛谷機械工程廠（Sirocco Engineering Works）自任打樣及經理之職。

Davidson之第一具雪洛谷式乾燥機於一八七七年問世，繼而於一八七九年有第一號上曳雪洛谷式乾燥機之發明，其後陸續製成各種製茶應用之機械。

Davidson 於一八八一年從一個僅用工人七名之小規模工廠開始而擴展到有工人一千餘名分廠遍佈世界各大城市之私營有限公司。雪洛谷工廠專製 Davidson 所發明之機械，出品除製茶機外，尙有雪洛谷式離心推進風扇。此不僅推翻從前空氣原動力與風扇設計已成立之理論，且促進工廠與閉艙設施上以及水上生活之革新。此外更有一種新法生橡膠機，惟 Davidson 之名因發明製茶機械而在茶業界流傳最久。Davidson 對於其原來發明之乾燥機，隨時加以改進。其餘如揉捻機、碎茶機、篩分機及裝箱機等亦均獲得專利權，Davidson 之出品，包括向上及向下曳引之各種雪洛谷式機。

Davidson 係多才多藝之人，渠在百忙中，仍有餘暇發明新式之網球柱，皮帶上用之鉸釘、蒸氣機、並從茶、咖啡與可可提製不含酒精之飲料。後在唐城、班高城（Bangor）之西考得（Seacourt）鄉村農場中，在園藝及樹藝方面曾作多次科學試驗。印度茶在美國及歐洲設立經售處，亦以渠為第一人。

在第一次歐戰時，雪洛谷工廠對於軍械之製造頗居重要之地位。Davidson 亦有數種戰時發明為當局所採用。

在一九二一年六月二十二日，英國政府授 Davidson 以爵士勳位，但不二月即與世長辭，時在一九二一年八月十八日。

植茶業之先進

英人在印度植茶成名者甚多，如欲一一紀錄，則可寫成一厚冊。若輩雖未必在茶葉公司或茶業團體中有顯著之地位，惟均不乏某種特長，或為製茶專家，或在栽培方面有特別研究，或對於勞工問題措置得宜，或在茶業界有長時期之服務——自廿五年至五十年不等。須知在酷熱之氣候下工作，最不合於白種人之體質。茲擇其中最著名者酌並紀錄之。

William Roberts 為亞薩姆種茶最早之一人，與番雀得茶葉公司關係最為密切，現由其子 F. A. Roberts 任該公司之總經理，印度茶業協會第一次在倫敦開會時渠亦為參加者之一。

W. H. Verner歷任杜亞斯茶葉公司(Dooars Tea Co.)、印度錫蘭茶

葉公司(The Empire of India and Ceylon Tea Co.)及新羅茶葉公司(The Singlo Tea Co.)等之董事，爲杜亞斯區茶業之重要人物，對於倫敦之印度茶業協會亦極有貢獻，曾任該會之副主席，卒於一九〇二年。

W. Magill Kennedy 中校，曾任印度茶業專員，在亞薩姆有顯著之功績，一九一五——二〇年間任亞薩姆勞工協會第一任主席，並担任茶區勞工協會之代表，因在此方面多所效力，故在植茶業者中頗享盛名。渠於一九二三年九月在火車上遇刺身亡，雖經當局之嚴緝，兇手終未緝獲。

Claud Bald爲印度茶葉技術方面之著名著作家。一八五三年生於格拉斯哥城(Glasgow)，在加入大吉嶺區里防公司以前，在丹雷從事茶之栽植。嗣在里防公司卓著聲名與榮譽，所著「印度茶業」(India Tea)一書已印行四版，此外關於茶與橡樹之種植者以及普通農作物之生產者亦著有二種篇幅較少之書，渠在大吉嶺植茶業協會中担任會長數年，於一九一九年辭職，退休於蘇瑚克斯(Sussex)地方，一九二四年卒。

加爾各答最初之茶業代理商

十九世紀末葉有許多新茶園開闢，此類茶園大都爲家庭式之營業，後漸次向有限公司之途發展。至今日則茶業已成爲一種極有組織之企業矣。

往昔自英國至印度，路途遙遠，茶業代理商爲事實上所必需，即使今日交通進步，旅程縮短，然代理商制度仍不能廢除。因此種制度兼有茶園經營之穩重政策，及售貨人可在運輸與銷售方面取得合作之雙重利益。茲略舉一二與印度最初產茶時有關之著名代理商如下：

加爾各答最早之茶業代理商首推吉蘭段公司(Gillanders, Arbuthnot & Co.)，該公司由F. M. Gillanders奉John Gladstone爵士之命於一八一九年所創立。但直至一八六六年方與茶業發生關係，而爲哥拉哈脫茶園(Golaghat Tea Estate)與蒂華里茶葉公司(Teelwaree Tea Co.)之代理商。一八六五年 Thomas Kingsley 始以植茶業者聞名，彼從此時起以至一八九九年死時爲止，成爲吉蘭段公司最親密及最忠實之友人。

巴利公司(Barry & Co.)亦爲歷史上一重要之加爾各答代理商，其創辦人 J. B. Barry 係一富於冒險性之愛爾蘭人，在聯合王國研習醫學以後，即有向遠處發展之決心。在上世紀中葉，Barry 投入開往印度之一營兵中當一士兵，在同船中有 R. S. Thompson 醫生，於旅程中察覺Barry 對於醫學具有基礎，頗愛其才，遂代爲贖免兵役，而令入湯普生公司(R. Scott Thompson & Co.)爲練習生。若干時期以後，Barry 對於此項業務極感興趣，在一八六〇年前後，東印度公司董事正苦於無法羅致醫學人才，渠遂被聘爲德士帕(Tezpur)之外科醫生，此時正值茶業衰落時期，茶葉不論價格，祇求出售，Barry 醫生乃與友人以最低之代價購得若干茶園，此即爲其加爾各答茶業代理商制度之先河。

印度茶業協會

早於一八七六年間，北印度各茶園主人即有組織一種會社之企圖。但此種企圖直至一八七九年始獲實現，印度茶區協會即於該年在倫敦成立。今日印度茶業協會係將倫敦與加爾各答二處之茶業團體合併而成。

加爾各答印度茶業協會於一八八一年五月十八日在孟加拉商會開會宣告成立。在開會時 A. B. Inglis 被推爲主席，聲述在五年前即有聯合業主而成立此種團體之計劃。在各茶區因由於此種需要已有數處地方組成此種團體，自倫敦茶區協會於一八七九年成立以後，更覺在印度有組織同樣團體之必要。以前因業主之間缺乏聯絡，致此項計劃遲遲未能實現，今將此種缺點糾正以後，如成立印度茶業協會，對於政府必能發生極大之力量。

印度茶業協會初成立時，所有公司與茶園主人加入之會員，可代表栽地約一〇三、〇〇〇畝，至一九二八年終則增至五三〇、〇〇〇畝，上述面積約佔印度東北部植茶全面積百分之八四。該會之總機關設在加爾各答克剌夫街皇家交易所大廈內。每區有一分會，處置就地發生之問題r。亞薩姆分會之總辦事處設在迪勃魯加城(Dibrugarh)，森馬谷(Suma Valley)分會之總辦事處設在卡察之賓那甘地城(Binnakandi)。

該協會之目的與責任在於增進一切在印度從事於茶之栽培者之公共利益，茶園之主人、經理與代理人皆有被總委員會遴選為會員之資格。協會之事務與經費由九人組成之總委員會負責管理。此項委員係由每年選出之九個公司各推代表一人所產生，在總委員會中又互推主席與副主席各一人，孟加拉商會之幹事與助理幹事即為該協會之當然幹事與助理幹事，每年三月間開年會一次。

勞工供給協會

印度東北部茶業有一辦理勞工事務及招募勞工之協會，該處茶業界早於一八五九年感覺從國外輸入勞工之重要，因此而有植茶業者協會之設立。該會目的之一即為組織從下孟加拉省輸入勞工之一種制度，因茶業之突然擴展而有承攬人之產生，承攬人以勞工供給各茶園，使植茶業者祇須出錢雇用勞工，得以免去種種麻煩，但因事前無審慎之考慮，以致勞工雲集，而形成極不良之結果。往往因承攬人間之競爭，發生嚴重之命案。政府乃於一八六一年指派一委員會負責審查關於勞工入口之一種制度。

經此種審查及從他方面調查之結果，乃有各種入口律之訂定。一九一五年將假手於承攬人招募勞工之辦法廢止，此後唯一合法之招募，須由茶園工頭辦理。此項工頭受一領有執照之本地代理處之管理，所謂茶園工頭係為茶園雇用之土著工頭，領有一種特許證書，得在其本鄉為雇主招募勞工。本地代理處之職責，在於保障茶園工頭之利益。上述證書須經本地地方官之副署，以明工頭之身份是否相符。

孟加拉商會於一八九二年召集會議，討論組設一可以解決勞工供給問題之會社，結果有茶區勞工供給協會之組成。將所有同性質而範圍較小之組織，盡行合併，惟亞薩姆勞工協會除外。上述兩大協會得政府第一次之承認，即在其辦事方面予以某種之讓步，如本地代理處之行動不必受地方官之拘束，即其一例。

一九一五年有亞薩姆勞工局之設立，以代政府負管理本地代理處之責，該局對於本地代理處執照之發給有決定可否之權。同時亞薩姆勞工協會與茶區勞工供給協會合併，在一九一九年改名為茶區勞工協會。

由工頭招募之一種制度，進行頗為順利，惟費用較大，平均每一勞工之輸入約需一五〇盧比。

在一九一八年，印度因季候風之失調而發生嚴重之災荒，同時有一種流行性感冒傳染甚廣，致其時印度人民因染病而死亡者，超過在歐戰時之死亡人數。

一九三二年通過一新律，取消對於招募方法及雇用人員之限制，僅管理移民之輸送，並注意若輩在茶園所受之待遇，使每個移民或勞工在亞薩姆工作滿三年者，即有休假回里之權利。一切費用由雇主負担。並有一勞工管理員常川駐節於亞薩姆。但此種新律祇能適用於亞薩姆，而杜亞斯與丹雷二處則不在此例，該二處招募勞工大都通過協會而採用工頭制度。

茶區勞工協會由一委員會負責主持，委員包括倫敦與加爾各答雙方之代表以及從各茶區選出之植茶業者。該協會管理招募之範圍，據估計約佔北印度茶園所雇用勞工總數百分之九五。

茶稅

如不將茶葉稅法列入，則印度茶業協會之簡史似不完全。印度茶稅由印度政府於一九〇三年制定第九號專律，而自同年四月一日起發生效力。最初定每磅輸出之茶徵稅四分之一派(Pie，幣名，等於英幣十二分之一辨士)，有效期五年，其後於一九〇八、一九一三、一九一八、一九二三，一九二八及一九三三年重予繼續實施，現行稅則至一九三八年三月三十一日滿期。

自一九〇三至一九二一年間之稅則，每磅徵收四分之一派，一九二一年所訂立之第二十一號專律，授權政府凡經茶業界之請求，得將稅率增加至每百磅出口茶徵稅八安那。自是年起，卽徵稅六安那。一九三三年則增至八安那，由海關代爲征收，將所收稅款另行提存。

茶稅委員會由印度政府委派之二十人所組成，根據一九〇三年印度稅法之規定，委員會得斟酌情形採取必要之措置，以推廣銷售與增進茶在印度及其他各國之消費，委員之遴選方法如下：

孟加拉商會推舉三人，馬打拉斯商會推舉一人，加爾各答印度茶業協會推舉七人，印度茶業協會亞薩姆分會推舉二人，印度茶業協會森馬谷分會推舉二人，大吉嶺與丹雷二處之植茶者協會合推一人，杜亞斯植茶者協會推舉二人，查爾派古利植茶者協會推舉一人，南印度植茶者聯合會推舉一人。

茶稅之收入係專供擴展印茶在本國及國外市場之用，派遣專員分駐各國，利用雜誌報章進行宣傳，及在展覽會陳列所職爲陳列，以期達到推廣茶葉市場之目的。

茶稅委員會於每年三月間舉行年會一次，在七月間舉行常會一次，委員會隨時舉行會議，以解決與宣傳無直接關係之問題。

科學部

印度茶業協會設有人選優秀設備完善之科學部，以研究茶葉產製有關之各項問題。根據協會在一八九九年年會中之議決，乃於一九〇〇年有一小規模科學部之創設。自此次年會議決以後，協會卽向其各分會徵求關於任用一個科學家之意見，經愼重考慮之結果，決定任用一農業化學家，倫敦 Harold H. Mann 博士遂應聘而任斯職。任期訂定三年。最初估計費用每月需一千五百盧比，由協會餘款項下撥付，不足之數除由孟加拉政府及亞薩姆行政當局補助外，復由各分會捐助之。最初規定實驗用之設備費爲二百英鎊，實驗時所需用之一切儀器材料係向加爾各答印度博物院經濟部借用。研究工作在此種情形下繼續進行，直至一九三二年爲止。後在亞薩姆省希利加（Heeleakah）設立一小站。一九一一年遷移至喬靠得附近之托格拉（Tocklai）地方。

科學部自上述之小範圍開始，發展成一規模宏大之機構。今日內部所用人員由英人担任者，有科學部主任一人，化學家二人，昆蟲學家一人，細菌學家一人及黴菌學家一人，此外更有許多幹練之印度助手。

在一九三〇年科學部經費爲三二七、五三八盧比，係由協會會員每噸捐助六安那籌集而來。此外亞薩姆與孟加拉二政府及南印度植茶者聯合會亦有少數之補助。

Mann 博士爲印度茶業協會第一任科學部主任，生於一八七二年十月十六日。初在約克郡之愛爾姆菲爾特（Elmfield）學校求學，繼入里池（Leeds）之約克大學，及巴黎之巴斯德（Pasteur）學院，後在一八九五——九八年間任皇家農業會研究部之化學助理員，一八九八——一九〇〇間任皇家農業會所辦胡勃（Woburn）試驗場之駐場化學技師，一九〇〇——〇七年間任加爾各答印度茶業協會之科學部主任，一九〇七——一八年間先後任蒲那（Poona）農學院院長及孟買政府之農業化學技師，一九一八——二〇年及一九二一——二八年間任茶區農業督導員，一九二五年任孟買立法會議議員，於一九一七年榮獲一等 Kaiseri-Hind 獎章。著作豐富，尤以關於茶之栽培與製造方面者居多。其餘如關於印度之社會與經濟問題亦有所闡發，其最著名者則爲與 George Watt 合著之「茶樹病蟲害之研究」一書。Mann 博士於一九二七年辭退政府方面之職務，但後仍以尼塞姆（Nizam）政府農業顧問之名義遄返印度，最後於一九二九年仍回至勞維斯農業信託局所辦之胡勃試驗站任職。

Claude Mackenzie Hutchinson 於一九〇七年繼 Mann 博士任科學部主任。著有若干關於土壤黴菌學、植物病理學及肥料學等之小冊子。自一九〇四年入印度茶業協會工作，至一九〇八年因受印度政府之聘任爲帝國農業黴菌學技師而辭職。

G. D. Hope 於一九〇八年繼任科學部主任，在其任期中科學部工作有顯著之進步。Hope 博士曾至爪哇、蘇門答臘及波斯等處考察，歸來後寫成「爪哇與蘇門答臘之茶業」及「波斯沿裏海諸省之茶產」二種專著，Hope 於一九一一年退休。

P. H. Carpenter 爲現任之科學部主任，自一九〇九年入印度茶業協會任科學部副主任，中途曾一度從軍，至一九一九年重回托格拉試驗站任職。自一九一九年起繼續担任印度茶業協會科學部主任之職。

南印度種植者協會

南印度種植者協會之成立，爲各植茶者公會於一八九三年在邦加羅爾(Bangalore)開會議决之結果。其第一次大會於一八九四年在同地舉行。該會之主要目的，在於增進與維護南印度全體植茶業者在世界各處之利益。

凡加入協會之植茶者，得推舉麻打拉斯立法會議之議員一人。協會之工作包括勞工部，該部有分辦事處七處，皆由歐人負責主持，在南印度遍設代理處。科學部現有專家三人，在提伐縮拉 (Devarsho'a)、蒙達加陽(Mundakayam)、雪特包(Sidapur)三處設立茶葉、橡皮及咖啡之試驗站。公益金爲資助或救濟同業中之遭難者而設。一九〇六年該協會在麻打拉斯發刊一種「種植者紀錄報」(The Planters, Chronicle)，現改爲二星期出版一次。

協會一切事務由每區植茶者協會各推代表二人所組成。總委員會由主席、種植會員一人、勞工會員一人與各區會代表三人所組成之執行委員會共同辦理。同時選出候補委員四人，以備委員中遇有缺席時補充。

該協會在倫敦由在倫敦之南印度協會代表，與麻打拉斯商會及麻打拉斯之南印度雇主同盟聯絡，並與加爾各答印度茶業協會及Quilon植茶者協會合作。同時亦爲加爾各答印度茶稅委員會之會員。

南印度科學部

南印度種植者協會初於一九〇四年有設立一科學部之提議，五年以後，即在一九〇九年，麻打拉斯政府委派 R. D. Anstead 爲協會之科學顧問。總部及實驗室設在邦加羅爾，所有費用由政府與協會分担，在一九一二年協會出資增聘歐人助理員二人，在邁索(Mysore)與庫耳

(Coorg)二處工作，但至一九一四年歐戰爆發時，助理員二人即相率辭去。

經重加調整之結果，協會認爲Anstead應加入麻打拉斯農業部爲農業副指導員，意在擴展科學部之工作，但爲大戰所阻而未克實現。一九一九年協會着手進行已擬定之計劃，因而有四處小規模試驗站之設立。其中在中爪盤谷之比爾麥特(Peermade)一站專爲茶之試驗而設，該站由一印度職員在Anstead之指導下主辦。在一九二三年Anstead被任爲麻打拉斯農業指導員，所遺科學顧問一席由 D. G. Munro 繼任，總部設於科印巴托(Coimbatore)農學院內十年，自一九一四至一九二四年以後，協會重將科學部之管理權收回。同時麻打拉斯政府亦允每年捐助二八、〇〇〇盧比，以五年爲限。自一九二九年起又繼續捐助五年。

以一人兼管三種物產之一種計劃，事實上不甚適合。故早於一九二一年即擬對於各種物產有一專任之人，並在該年聘用一菌學家專司研究橡膠之責。繼於一九二四年又增聘一科學家專任茶葉方面之工作，同時另覓一處合宜之地點以作爲茶葉試驗站之用。原來之比爾麥特站不甚適用。在一九二五年 W. S. Shaw 博士被任爲現今茶葉試驗站之科學專員，該站在尼爾吉利城提伐縮拉村佔地二七畝，一九二六年比爾麥特站停辦，Munro 調回國立農業部任職，現在之科學部乃成爲一種獨立單位。

查爾派古利協會

查爾派古利(Jalpaiguri)之印度種植者協會成立於一九一八年，以聯絡在孟加拉、亞薩姆及英屬印度其餘各處之種植者間之感情並促進其團結爲宗旨。其職責在於辦理有關公衆之事業，一面與政府接觸，以保障一般種植者之利益，凡屬印人經營及印人所有之茶業公司均得加入爲會員。

茶產限制

因生產過剩與市場疲弱之結果，印度茶業協會勸導各會員限制一九二〇年之生產額不得超過自一九一五——一九一九年間平均產量之百分之九〇，或自一九二〇年十一月十五日起停止採摘。此種建議頗爲各會員所贊助，故能一致遵行，翌年該協會復提議減少產量百分之八〇，仍以一九一五——一九一九之五年間平均產額爲根據，此次提議未能獲得全體之同意，唯大多數同業仍能切實遵守。

一九二九年因茶葉生產過剩，在英屬印度、錫蘭與荷屬印度茶葉生產者之間，協議限制一九三〇年之採摘量。依據一九二六——二八年間之茶價與品級，在印度方面對於每磅售一先令五辨士之茶減少百分之一五，每磅售一先令五辨士至一先令七辨士者減少百分之一〇，每磅售一先令七辨士至一先令九辨士者減少百分之五，每磅在一先令九辨士以上者減少百分之三。印度與錫蘭之限制已超過規定之此額，但荷屬印度並未履行議定之限制辦法，在一九三一年該項限制辦法即行取消。惟一九三三年在荷屬印度、錫蘭與印度之間復訂立一種關於茶葉輸出規約之五年計劃，故一九三三年輸出額減少百分之一五，其後各年亦均有相當減少。

茶葉合作宣傳

茶業界之意見，以爲限制茶葉產量僅爲一種救急辦法。五年計劃在一九三八年滿期，又須遇到存貨堆積茶價慘跌之命運。因此爲喚醒英屬印度之植茶者，有聯合錫蘭及荷屬印度二處同業從事合作宣傳之必要。此項宣傳運動開始於一九三四年，以期增進茶葉消費不顧諸國之銷量。

第十章　錫蘭茶之成功

咖啡爲茶葉所代替——早期植茶之嘗試——昔日之咖啡業——轉向至茶業——Worms兄弟，茶業先進——約爾萊特拉，最古之茶園——茶業之勃興——錫蘭種植者協會之歷史——茶業研究所——勞工問題——錫蘭園主協會

茶在錫蘭據每咖啡之地位，在產業史上，爲一饒有興趣之事。咖啡在錫蘭之種植，已有五十年之歷史，後因發生咖啡樹之葉病，不到數年，竟將價值一六、五〇〇、〇〇〇鎊，每年輸出達一一〇、〇〇〇、〇〇〇磅之巨大產業，完全毀壞。

當時植茶尙在試驗時期中，茶地僅二〇〇畝至三〇〇畝之間，以視咖啡佔地達二七五、〇〇〇畝之多者，眞不可以同日而語。時至今日，植茶面積竟突增至四六七、〇〇〇畝，而咖啡種植地反減小至於零。茶葉之產額在一九二九年達二五一、五〇〇、〇〇〇磅之紀錄，現在植茶地已超過昔日咖啡面積約一九二、〇〇〇畝。

當英人繼荷人而領有錫蘭時，對於此地力肥厚之島嶼，銳意開發，其首先經營之事，即爲在肯第安區（Kandyan）未經開闢之森林中，興辦殘人之咖啡事業。

一七九六年，咖啡在錫蘭早已馳名，土人對於咖啡之嗜好幾已有一百年之久，因土人對於咖啡嗜好已深，故對於英人用科學方法栽培咖啡，並不表示反對，其後茶葉代咖啡而興，土人方面即無如此之友好態度。小規模之咖啡園在農村間頗爲普遍，在一八三〇年至一八四五年間，投資於錫蘭咖啡園之數額，約有五百萬鎊。雖然新海爾斯（Sinhalese）鄉人墨守舊法，不願協助英人開闢森林栽培咖啡，但對於從南印度運入坦密耳（Tamil）勞工之舉，則不表示反對。坦密耳勞工勤苦耐勞，此種勞工對於後來茶業之發展極有關係。

植茶之最初嘗試

Wolf 於一七八二年著有「人生與事業」（Life and Adventures, London, 1807）一書，其中云：「茶與其他數種香料爲錫蘭所無，對於此等之栽培，雖曾經多次嘗試，但均無成效」。此當指荷人迭次在此島上試植華茶而言。J. E. Tennent 爵士在其著作中曾言及荷人試種茶樹之失敗。

在一八〇二年七月二十五日之倫敦觀察報中有云：「最近有一著名博物學家，在錫蘭舉行茶樹栽植試驗，曾採集附近各地之一切茶樹與花質，但結果仍歸失敗」。

Gordiner 於一八〇五年謂茶樹野生於特蘿可馬里（Trincomalee）附近地方，當地駐軍將樹葉烘乾泡製，認爲其味較優於咖啡。但此並非野生茶樹，乃山扁豆之一種，因當時多數人對於眞正之茶樹皆不能分辨清楚。

Bertolacci 以爲茶樹野生於錫蘭之森林中。但J. W. Bennett 於三十年後在其所著「錫蘭及其能力」（Ceylon and Its Capabilities）一書內列印一種土生茶樹之彩色圖版，此係依據 S. S. Crawford醫生於一八二六年從巴逖加羅（Batticaloa）寄來之標本而描繪者，但以後再不能在馬哈格姆（Mahagam）山地發見此種茶樹。

Tennent 更負責說明山扁豆在錫蘭南部一帶用作茶之代用品。時代大辭典中亦將一種錫蘭茶附記於茶字項下。Trimen 博士則謂此種小樹生於丁蒲拉（Dimbula）江岸，葉多鋸齒。

昔日之咖啡

總督E. Barnes爵士於一八二四年在干格魯華（Gangaruwa）開闢第一所歐人之咖啡園。彼不僅爲咖啡事業之開創者，更在哥倫坡與康提（Kandy）之間建築公路，使魯華拉愛立耶（Nuwara Eliya）成爲休養勝地，而爲發展茶與咖啡之階梯，使此二種實業集中於康提及魯華拉愛立耶二處。George Bird繼Barnes總督之後領導咖啡事業，於一八二四年開墾新南匹迭雅（Sinnapittiya）及格姆波拉（Gampola）。

咖啡在一八六四年前後幾成爲天之驕子，在錫蘭有許多大叢林皆闢爲栽植咖啡之區域，自H. D. Elphinstone到錫蘭以後，即在可脫曼利（Kotmalie）開闢農場，從事種植咖啡。至一八七五年渠遂成爲錫蘭最大之咖啡園主人。不幸在此時發生咖啡葉病，將其所有之產業完全摧毀。但同時引進一種運動，使咖啡之崩潰轉而爲茶葉之成功。經一亞薩姆植茶者W. Cameron之鼓勵，遂轉移其視線於茶葉，彼對於茶葉之發展，本可大有貢獻，惜爲經濟所迫，而於一九〇〇年賚志而終。Cameron在一八八二年改良剪枝與採摘方法，使產量大有增加。

在一八四五年因瘋狂之投機而發生第一次咖啡不景氣以後，多數歐人所有之產業均告破產，但在鄉村之咖啡事業仍極興盛，其後發現咖啡葉病時，鄉村之咖啡業亦同受影響。錫蘭之咖啡業於一八七七年達到繁榮之頂點，十年以後，政府因遭遇財政上之困難，對於此島似棄若敝屣，同時咖啡事業亦瀕於破產。查夫那（Jaffna）之坦密耳人與受僱之居民追隨於一般失敗之種植者之後，相率離開此島，猶如鼠之離沈舟。彼等多投奔至馬來諸州，因此馬來諸州之開闢，恰與咖啡之失敗同時發生。

錫蘭在受咖啡葉病打擊之後，始有茶葉試驗之計劃，在此經濟恐慌之際，對於一種新興實業之前途似乎希望甚微。錫蘭所恃爲命脈之一種極有組織之農業頓告摧毀，所有咖啡樹全然腐朽，在此不景氣之環境下，而欲徵集鉅資，以興辦植茶事業，確非易事。在數年以前，在咖啡樹葉之下而發見一種奇異之橘紅色斑點時，科學家Thwaites博士——派勒特尼雅（Peradeniya）皇家植物園之主持人，一見此種斑點，卽警告各種植者。無如言者諄諄，聽者藐藐。果然災禍不久旋踵而至，昔日一般快樂而自信之種植者今乃一變而爲愁容滿臉。

祇有一小部份種植者徘徊於其已毀滅之產業中，雖未免觸景傷神，但並不因此而悔心。彼等在錫蘭歷史中最黑暗之時期，而能毅然不畏艱難，努力奮鬥，從咖啡園之殘骸中，振興一種偉大之實業，其有功於世界茶業，實非淺鮮。錫蘭茶業在經營之始，固極艱苦，然至今日居然已成爲世界最優良茶葉之生產地。

咖啡毀滅至於如何程度，可從下述事實窺見之，人有將枯萎之咖啡樹樹皮剝去，並將枝條斫斷，運往英國用作製造茶桌之桌腳者，此可稱爲咖啡之劫運。

轉向至茶葉

一班咖啡種植者，新受咖啡之打擊，窮苦不堪，甚至連種籽亦無力購買，每月祇能得三〇至四〇盧比之人，不在少數。故從咖啡衰落以至於恢復元氣，其間一切經過，確爲殖民地史乘中一最重要最顯著之成功。凡因咖啡破產之人陸續回至錫蘭，脫去外衣，咬緊牙齒，努力工作，此種精神，以後永足爲英國移民之規範。彼等最先試植金鷄納樹，結果良好，但其後價值慘跌，大有一落千丈之勢，然此爲一切藥物所共有之命運，亦不足爲奇。彼等購得金鷄納樹種籽雜植於咖啡之間，聊以彌補在咖啡方面之損失，當時金寧價每磅約一一．五盧比，但因生產過剩而降至每磅七角五分，最後，提煉金寧之樹皮，已不值剝取，於是彼等購辦茶籽，播種於咖啡行列中間。錫蘭之種植者，在一種不甚適宜之氣候與嚴重之時期中，而能表示敏慧堅忍自我犧牲與苦幹之精神，大爲世人所稱許與推崇。

在咖啡完全崩潰以前，茶之試驗，已略具眉目，金鷄納樹對於多數種植者不過爲從咖啡過渡至茶業之一種居間物而已。

一種大企業之開始

在一八三九年之末，第一次茶籽從新發見之亞薩姆土生茶樹上運到派勒特尼雅之植物園中，此項茶樹，係 Wallich 博士在加爾各答之植物園中所種植者。一八四〇年，有二〇五株茶樹繼茶籽運入，在一八四〇——四二年此項茶樹分植於首席法官Oliphant在皇后茅廬與伊珊克茅廬附近之二處茶園中。

同時，M. B. Worms於一八四一年從中國遊歷回來，帶來數株中國茶苗，將其栽植於普塞拉華(Pussellawa)地方之羅斯却特(Rothschild)咖啡園中，後來他人G. B. Worms與M. B. Worms兄弟在沙格馬（Sogamma)與其他園地上栽植茶樹。據傳說每磅價值一基尼(Guinea)之茶葉，為羅斯却特茶園聘請之一華人所製造。其後錫蘭公司——現稱東方墾植公司——從孟加拉輸入熟練之勞工，在已告退休之亞薩姆種植者Jenkins 指導之下，在康特格拉與賀浦二處合辦之一個臨時茶廠中用手工製造茶葉。

Worms 兄弟——茶業先進

Worms兄弟生於一著名之家庭中。為Benedict Worms之子。兄弟三人皆為天生之商賈或企業家。Solomon居長。次子 Maurice於一八二七年赴英國經商，幼子 Gabriel 亦於一八三二年隨兄至倫敦，後來昆仲二人均成為倫敦證券交易所之會員。 Maurice 於一八四一年東行，Gabriel 亦於翌年追蹤至哥倫坡，兄弟二人在哥倫坡開設華氏兄弟公司（G. & M. B. Worms），專營運輸及銀行業務，Gabriel 在哥倫坡主持店務，Mauriel 本人則轉移其注意力於種植方面，在普塞拉華所經營佔地二，〇〇〇畝之羅斯却特（Rothschild）茶園，以設備完全與辦理得宜著稱，W. Sabonadiere在其為咖啡種植者所編之教科書內，推為模範茶園。該公司之商標在市場上享盛譽達二十五年，嗣後更大事擴展，增闢茶園多處，連同原有之茶園共計佔地七，三一八畝，此項產業由Worms掌管達二十四年，後於一八六五年售與錫蘭公司，得價一五七，〇〇〇鎊。Worms昆仲功成身退，返回英倫，且云：「吾儕已達到有用而滿意之人生歷程矣」。Maurice 死於一八六五年，Gabriel 死於一八八一年。

當Worms兄弟輸入中國茶種而正在試種之際，加爾各答之 Llewellyn 傳入亞薩姆土種茶樹，植於多羅斯貝其（Dolosbage）之本尼蘭（Penylan）茶園中。

魯爾康特拉——最古之茶園

最早在種植方面成功者，首推魯爾康特拉茶園(Loolecondera)，初為Hewaheta 所有，其後為 G. D. B. Harrison 與W. M. Leake所有，現今則為英錫公司(Anglo-Ceylon & General Estates Co.)所有，經J. Taylor苦心經營之結果，其出品在八十年代之錫蘭茶葉中極負盛名。魯爾康特拉茶園原來亦為一咖啡園，Taylor ——有時亦稱為錫蘭植茶之父——早於一八六五年奉 Harrison 之命，開始從派勒特尼雅採辦茶籽，於一八六六年沿路旁之籬笆分行栽植；在同年，種植者協會之秘書W. M. Leake 請求政府派遣有經驗之錫蘭咖啡種植者到亞薩姆茶區實地調查，結果作成一極有價值之報告，由政府刊印，後在一八六五——六六年之「熱帶農人」雜誌中亦有轉載。Leake 因受此項報告之影響，於一八六六年購辦一批亞薩姆雜種茶籽，此或為錫蘭第一次運入之亞薩姆茶籽。Leake 即將此項茶籽交由Taylor播種，乃於一八六七年終闢地二〇畝，準備栽種，直至一年以後，始有錫蘭公司繼起仿行，伐林種茶。故一般人公認魯爾康特拉為在錫蘭最早之茶園，多數茶園無論永久或暫時者，在Taylor開始在魯爾康特拉園植茶以前，均已停止種植。後由錫蘭公司輸入亞薩姆茶籽，於一八六九年開始種植此雜種茶樹。

Taylor 於一八三五年三月二十九日生於門麥多（Monboddo）之墨斯派克(Mosspark)地方，幼年時曾在風景美麗之奧肯勒米村(Auchenblae）受教育，至十七歲時即往錫蘭，在康提人 G. Pride 處供職，年耕一百鎊，頗爲東翁所器重，後在魯爾康特拉茶園任職達四十年之久，直至逝世。種植者協會於一八九一年贈送Taylor獎狀一種，以紀念其在錫蘭奠定茶業基礎之功績。

茶葉之勃興

一八六九年咖啡樹開始遭受一種病害之襲擊，一八七七——七八年已達到危險之頂點，但至一八七五年，始有一千畝之咖啡地改植茶樹。不久以後即稱爲「向茶葉突進」時期，當時情境，可從下表窺見之：

一八七五年植茶面積	一、〇八〇畝
一八九五年植茶面積	三〇五、〇〇〇畝
一九一五年植茶面積	四〇二、〇〇〇畝
一九二五年植茶面積	四一八、〇〇〇畝
一九三〇年植茶面積	四六七、〇〇〇畝

在一八六六——六七年，據植物園主任報告，有一種由中國武夷種茶樹所製成之樣茶，在倫敦頗受歡迎，Taylor博士亦連續數年向政府及公衆鼓吹栽種此種植物之利益。在一八六八年有高約二呎之亞薩姆茶種二七〇株，在海克加拉園(Hakgala)種植，頗爲茂盛，二年以後，乃有茶籽分播。據一般人之見解，均以爲亞薩姆種成功之高度將可超過咖啡限度之上，Thwaites 博士更認爲較高之山嶺亦無不適合於茶之種植，以是至一八七五年，錫蘭種茶固然獲得商業上成功之基礎。

Taylor 將魯爾康特拉茶園第一次所產之亞薩姆雜種茶於一八七一——七二年在康堤出售，次年又有茶二三磅運往倫敦，價值五八盧比。在一八七三與一八七四年，有亞薩姆雜種及中國種之茶樹由派勒特尼雅與海克加拉兩個茶園傳佈各處，其後則由加爾各答輸入大量之亞薩姆茶籽。此種辦法現已爲法律所禁止，以防止葉捲病之傳入，一切茶籽均由島上之本地茶園供給。

錫蘭之種植者協會

一般種植者早已感覺有建立一種組織以謀自身利益之需要，錫蘭種植者協會於一八五四年二月十七日在康堤成立，以 J. K. Jolly 上尉爲第一任主席。在一八六二年訂定第一次會章，規定以地主或茶園主爲基本會員，非地主如欲加入爲會員者須付普通會員之會費，惟對於有關捐稅之問題無投票權。

在一八六七年，協會之會員可代表七五園，至一九二一年增至二三九四園，此外尚有個人會員。各處分會陸續成立者有二十七處，但後來爲謀內部團結起見，在一九三一年減少至十八個。由各處分會推派代表爲協會之委員。在一九三二年終協會會員之植茶畝數，共有四〇六、七二七畝，在一九三三年會員總數爲一一二一個。

在最近三十年內，協會之活動範圍大起變化，其原因在於多數錫蘭茶園已從私人經營而轉爲有限公司性質，公司內關於財政之事務，皆由經理處辦理，因此協會之大多數會員， 已非茶園之所有者， 而其一切行動，亦祇處於顧問地位，不過政府及其他與種植事業有關方面，對於會員大會或委員會所提出之任何建議，常能加以愼重之考慮。

協會在一九一六年註冊，一九二〇年修改會章。此時正有組織另一協會之運動，修改會章即爲針對此種運動，以防止內部之分裂。在多數會員之意見，以爲將會章修改以後，各關係方面或仍可在一個組織下通力合作，此新會章內規定設立二分委員會，其一專就地主或所有者之利益着想， 另一個爲處理關於茶園監理人或助理監理人之一切事務與問題。結果私人經營之茶園皆反對此舉，故祇能成立監理人與助理監理人委員會。同時，私營茶園因各種理由，決定加入一新協會，此新協會爲茶園代理人所發起，在一九二一年以後，即用倫敦錫蘭茶園主協會名義，設於哥倫坡。

茶葉研究所

一八九八年，化學家 M. K. Bamber 受聘至錫蘭研究茶用土壤，自此後專事研究有關土壤及茶葉製造上之各種問題，Bamber 於一九二四年在格雷夫生特(Gravesend)因汽車肇禍而死，著有「關於茶之化學與農業——包括生產與製造」(A Text Book on the Chemistry and Agriculture of Tea, Including the Growth and Manufacture)及與A. C. Kingsford合著之「爪哇、臺灣、日本茶業報告」(A Report on the Tea Industries of Jave, Formosa and Japan)二書。其後此項科學工作由派勒特居雅皇家植物園之農業指導員在茶樹栽培及施肥方面屢續進行，但不過為此世界著名茶園之普通試驗工作。欲發展錫蘭茶業，端賴種植者個人對於茶之栽培與製造有科學之知識與經驗，此種經驗，係逐漸獲得，在目前最顯著之缺點，是為茶業方面有極多問題須待有系統之科學調查方能解決。

為補救此項缺點起見，乃有一種所謂錫蘭茶葉研究計劃之發表，此種計劃係由R. G. Coombe所提出，經錫蘭種植者協會之贊助，於一九二四年得倫敦錫蘭協會之批准。按照此種計劃，設立一個茶葉試驗場，由錫蘭茶葉研究所特設之委員會辦理，聘用化學家細菌學家及昆蟲學家從事茶廠之調查，此外更有巡迴指導員二人。採用此項計劃以後，茶業方面每年須負担經費九萬盧比(等於英幣六七五〇鎊，或美金三二〇〇〇元)，錫蘭政府每年亦補助與茶商相等之數額。並將每一百磅茶葉課稅五錫蘭分(等於十分之九辨士)，在政府方面其總數約與支出者等。

錫蘭茶園主協會初因財政關係纔為其他理由，對於上述辦法未能予於贊助，政府因此取消每年補助九萬盧比之預算，茶業界方面亦不願受政府之補助，而自願負担全部之經費。以後每一百磅茶葉征稅錫蘭幣十分，由政府協助辦理，一九三〇年稅率增至十四分。

一九二五年初期，在倫敦錫蘭兩處舉行投票，結果贊成者所代表之畝數為三七八、五七二畝，反對者八、六六八畝，無表示者一七、〇〇〇畝，是即贊成者佔百分之九七・七。茶葉研究條例於一九二五年十月九日經立法會議通過，在同年十月二十七日，其第十二條所載設立茶葉研究所與管理委員會二項均得錫蘭總督之批准，並公佈自一九二五年十一月十三日起開始徵稅。

管理委員會之十二委員由下列方法選出：

a. 當然委員

農業指導員。

殖民地司庫，如遇開會時因事不能出席，由副司庫代理之。

錫蘭種植者協會主席。

錫蘭茶園主協會主席。

b. 推選之委員

錫蘭種植者協會在其普通委員中推舉三人。

錫蘭茶園主協會推舉三人。

低地生產協會推舉一人。

在小業主中由總督指派一人。

由各方推選之委員，其任期為三年，但連選得連任。

研究所於一九二六年三月八日委派植物學及細菌學專家 T. Petch為所長，一切助理人員均歸其自行選用。Petch 在職三年，至一九二九年四月三十日辭職，由R. V. Norris繼任。Norris曾任麻打拉斯印度農業服務處農業化學師(一九一八——二四)及印度科學院之生物化學教授(一九二四——二九)等職。

研究所在開始時並無適當之工作，僅在努華拉愛立耶(Nuwara Eliya)以一所茅舍為實驗室與辦事處。同時，Petch所長親至各處種植者協會分會訪問，蒐集甚多有價值之建議，此項建議對於正待調查之問題頗為重要。

為避免調查工作之重複起見，因此決定農業部在研究所成立以前，將已着手進行之工作儘速完成，至於研究所所擔任者為關於茶之栽培與製造方面廣泛之新調查。

當初研究所因在臨時地址工作，一切工作，進行頗為困難。對於調查之範圍，亦受限制。直至一九二八年始有一永久之地址，即為迪蒲拉(Dimbula)地方之聖可姆茶園(St. Coombs)，係向英國樂植公司所購入，以後實驗室、模範茶廠、汽車路等均開始建築，在一九二九年十月更開辦一應用電氣之茶廠。但研究所遲至一九三〇年始自努華拉愛立耶遷移至聖可姆茶園，該茶園佔地在四二三畝以上，其中已植有茶樹者一六五畝，新闢者七四畝，低濕地一八四畝，買進價值共六〇〇、〇〇〇盧比。研究所購進此地，擬以三四〇畝專作為生產商品茶葉之用。

研究所更計劃在各產茶區設立試驗場，各場注意研究當地之一切問題，但有一共同之目標，即為提高錫蘭茶之品質。

勞工問題

在一九〇四年錫蘭種植者協會所代表之全體種植業者，在南印度坦密爾省中心之多里奇諾波利 (Trichinopoly) 地方派遣一常駐勞工專員，以辦理招募勞工事宜。在其週圍各區，更派遣勞工調查員，以監理各分機關之工作。此項計劃實施後，成效頗著，得錫蘭茶園百分之七五之支持，其輸入之勞工估勞工總數之百分之九五。

從前在各茶園之土人工頭，可向雇主領取一種預支款，以備支付辦理勞工進口之一切費用，如在勞工離開家鄉以前，代為償付個人之債務及安家費等等。

一九二一年，殖民地勞工法中之關於勞工解雇一點加以修正，以制止雇主方面濫用職權，工人之工資亦因此略有提高。

自一九二三年十月以後，法律規定招募人員須有經印度政府及錫蘭之印度勞工[illegible]管理員簽字之執照，以示限制。

近年之茶業

起初，錫蘭所製造者祇有紅茶，但至一八九五年，據錫蘭派駐美國之茶業專員 Mackenzie 報告，謂美人喜飲綠茶，故於一八九九年開始製造綠茶，凡每磅綠茶出口，補貼錫幣十分（等於1/3辨士），以資獎勵。此種獎勵辦法施行六年，至一九〇四年停止。獎勵之原意無非為提高綠茶之價格使與紅茶相等，其後紅茶跌價，綠茶自不必另給獎勵金，惟其產量自此亦逐漸減少。

約在一九〇〇年，因茶葉生產過剩及儲藏設備簡陋，使錫蘭之植茶業遍告停頓，直至一九〇六年以後始得重行恢復；至一九二〇——二二年，又遭遇第二次衰落，其原因為低級茶之生產過剩與缺少堆棧設備所致。

錫蘭之植茶業者，最先感覺現代消費者需要優良之茶葉，故領導全體同業向此方面努力，經過一九二〇——二一年之不景氣以後，始覺悟祇有高品質之茶葉方有銷路，應即採取早採嫩摘及精細製造之政策。在一九二九年又因存貨過多而價格步跌，於是在印度、錫蘭、爪哇及蘇門答臘之茶葉生產者乃協議減少一九三〇年茶葉產量至五七、〇〇〇、〇〇〇磅。依據錫蘭茶園所用之分級制度，共於一九二六——二八年在倫敦每磅售價平均在一先令五辨士以下之茶，減百分之一五；每磅售價在一先令五辨士至一先令七辨士之茶減百分之十；每磅售價在一先令七辨士至一先令九辨士者減百分之五；每磅售價在一先令九辨士以上者減百分之三，上開價目係根據各等級之平均數。但此項計劃試行未久即告失敗，在一九三一年以後終於無形取消。

因繼續不斷之生產過剩，故對於茶之輸出不得不加以調整，由於在倫敦英國商會中茶業委員會之倡議，英屬印度與錫蘭聯合荷印議訂一種五年計劃，規定在一九三三年之茶葉輸出量減少百分之一五，以後各年亦作相當之減縮。

錫蘭園主協會

自十九世紀終了以後，有多數錫蘭茶園從私人經營而變成公司性質，公司內一切事務統歸茶園經理辦理，此與印度之情形相同。在種植者協會中之私營茶園，於一九二一年八月五日組成錫蘭園主協會 (Ceylon Estates Proprietary Association)

一九三二年時，該會會員包括五五四個園主，代表藥地六四一、九二五畝，計茶三七五、五〇四畝，橡膠樹二四三、一〇〇畝，他種農作物二三、三二一畝。該會設立之目的在於促進在錫蘭一切有關於茶，橡膠與其他農作物生產者之共同利益，會員之資格無論茶園主或代理人，以有藥地在五〇畝以上者為合格。

錫蘭園主協會之第一任主席爲C. M. Gordon 其任期自一九二一年五月至十月；第二任主席爲E. Turner，至一九二三年二月由T. L. Villiers 繼任，其後由 G. Turnbull、H. Pois、C. H. Figg 諸氏相繼爲主席。

第十一章　其他各地之茶樹繁殖

瑞典、英國及法國之植茶試驗——高加索、台灣、法屬印度支那、暹羅、緬甸、英屬馬來亞及波斯植茶史——非洲之茶樹栽培——英屬哥倫比亞、美國、墨西哥、巴西、巴拉圭、阿根廷及哥倫比亞之植茶試驗——澳洲及若干島嶼之小規模茶樹栽培

茶樹自中國移植於日本、爪哇、印度、錫蘭、蘇門答臘之外，更移植於台灣、法屬印度支那、俄領高加索、納塔耳、尼亞薩蘭、怯尼亞及烏干達，且已至商品化之程度。尚有栽培較少之區域爲暹羅與緬甸、英領馬來、伊朗（波斯）、葡領東非洲、羅得西亞及亞速爾。至於在東半球之植茶試驗，則有瑞典、英、法、意大利、保加利亞諸國，最近更遠及於喀麥隆、阿比西尼亞、坦喀尼加諸邦。

在西半球方面，如美國、英屬哥倫比亞、墨西哥、危地馬拉、哥倫比亞、巴西、祕魯、智利、巴拉圭及阿根廷均有試植。島嶼上曾試植茶樹者，有東半球之婆羅洲、菲律賓、斐吉、莫里求斯及西半球之牙買加、加亞那與波多黎各。

歐洲植茶之嘗試

在歐洲種植茶樹，曾經多次嘗試，但其結果均歸失敗。

瑞典——最初試種茶樹成功者爲瑞典著名植物學家 Linnaeus（Charles或Carl von Linne. 一七〇七——一七七八），彼於一七三七年訂定茶之學名，當時有一法國印度公司之船長瑞典博物學家Peter Osbeck受 Linnaeus 之委托由中國採得一優美之茶樹標本，本欲攜回瑞典，不幸船經好望角時，爲巨風吹落海中。此正與第一株咖啡樹由法國運至馬提尼克（Martinique）時之發生意外相同。

其後，得瑞典東印度公司董事及瑞典學者 Lagerstrom 之助，始得中國茶樹二株，安然運抵瑞典之烏普薩爾（Upsal），經一年以上之培養，發現此植物爲山茶；後得一眞正茶樹，運至高脫堡（Goteborg），不幸抵埠未久，爲鼠所毁。Linnaeus 並未因此氣餒，託其在中國經商之船長Eckburg採取標本，Eckburg在未離中國之前，先以茶籽種於花盆中，使其在航海之中發芽，船抵高脫堡，已抽嫩苗，立即以半數送往烏普薩爾，但在途中枯死。其餘一半，彼於一七六三年十月三日自行攜至該地，是爲歐洲大陸最初長成之茶樹。

當時法國科學院發表茶樹祗能生長於中國不能種植於他地之理論，Linnaeus乃函知該院，說明在彼之國中已有此樹，生機旺盛，且將設法繁殖之，並謂此樹之耐寒性不亞於其他當地植物如山梅花之類。

英國——在Linnaeus移植茶樹至瑞典成功之同一年（一七六三），英國植物學家亦由廣東取得若干茶籽，在途中播種發芽，移至英國。在航行期內，對於灌溉以及避免强光烈風，甚爲注意。此種栽成之茶樹並非供作食用，而作爲溫室標本或庭園佈景之用。最初在英國種茶而開花者，爲西洪（Sion）之 Northumberland 公爵。

法國——在革命前數年之一七九三年，倫敦有一花木商 Gordon 氏贈給巴黎Janssen茶樹一株，此爲法國之第一株茶樹。不久，Cossi公爵亦索得茶樹一株。一八三八年巴黎國立自然博物院植物技師 M. Guillemin 接到巴西農商部贈送之茶樹三千株，因巴西早在五十年前移植此樹。其中成活者不及一半，但植物園方面頗注意保護。後試種於沙姆（Saumur）及安格斯（Angers）之海岸，以觀察其能否在曠野中繁殖，

惟生成之葉片太輕，不能獲得商業性之成功。

俄領高加索——就各地栽培茶樹之年代及重要性之順序而言，次當述俄領高加索之輸入茶樹，此種移植，實開歐洲大規模種茶之新紀元。當一八四七年時，黑海沿岸蘇克亨港（Sukhum）之植物園，受高加索總督 Vorontzoff 之命，首先試種茶樹。此後數十年，俄國農業家更繼續在內地試驗，一八九三年始大規模種植，成為高加索重要資源之一種。

俄國最初從事茶樹試驗工作者為 A. Solovtzoff 上校，渠於一八八四年由中國輸入茶種，栽培茶樹達五畝半。其次更進而作較大規模之栽培者為鮑博夫茶葉貿易公司之總經理 C. S. Popoff，在黑海東岸近巴統（Batoum）地方購園三所，設置種茶之苗圃。更於一八九三年以自緯及由中國輸入之苗，種茶三八五畝，其後若干年復由 M. Klingen 及 Krasnoff 教授將印度錫蘭種子所育成之茶苗加意培育，雇用中國勞工及炒工十五名，教本國人以製茶之方法。一八九六年，復設置製茶機器，如揉捻機、碎葉機、乾燥機以及分篩裝箱機等。不久即造成在俄國市場供給茶葉之商業基礎。

在 Popoff 領導之下，查克伐(Chakva)之皇家土地亦種茶六百畝，一九〇〇年農業部設立一試驗場，免費供給茶苗與當地地主。

更因政府獎勵提倡植茶之結果，民間瀰盛興趣，新茶園亦次第開闢。至一九〇五年，已有茶園四十餘所，栽培面積增至近一、二二五畝。一九一三年，茶園總計達一四七所，栽培面積達二、四〇〇畝。

一九〇〇年，巴統北部內地之高塔斯（Kutais）設立試驗茶區二十五所，經六年之試驗，明格里亞（Mingrelia）及高立亞（Gouria）之多數地主，各種茶樹一、二畝。在一九一三——一四年，多數農民亦以一部份土地闢為茶園。平均每畝可收獲一七〇至二〇〇磅。

歐洲大戰發生，各茶區之交通阻隔，加以土耳其、孟希維克派（Mensheviks）、英國以及蘇俄之軍隊經過巴統，將茶園變作戰場，以是高加索之茶業大受摧殘。一九一七年至一九二一年之間，該地受孟

希維克派之支配，茶葉栽培面積減少至一五〇俄畝（四〇五畝）。其間曾有一短時期被英國佔領，一般軍官曾在離巴統十五哩之查克伐，設法恢復茶區，但終少成效。自一九二三年喬治亞成為蘇聯之一邦，至一九三四年，該茶區之茶園面積由一、〇〇〇公頃（二、四七〇英畝）增至三四、〇〇〇公頃（八四、〇〇〇畝），並有試驗場設於查克伐、蘇克亨、烏曾其第（Ozurgeti）及楚地地（Zugdidi）。

意大利——除上述各國外，歐洲栽培茶樹者尚有二國，即意大利與保加利亞。二國尚未脫離試驗時期，意大利之巴維亞（Pavia）、佛勞倫斯（Florence）、比沙（Pisa）及那不勒斯（Naples）各植物園，均栽有茶樹，且在西西里島(Sicily)，茶樹全年均能在室外長育。又在馬其來湖（Maggiore）之包樂門島（Borromean）以及比沙省之山格立亞（San Giuliano）之一茶園中能開花結子。

保加利亞——近年保加利亞由俄國移入茶樹，種植於菲利波波利斯（Philippopolis），結果甚佳，現已計劃大規模栽培。

亞洲植茶之擴展

台灣——台灣茶業與中、日二國比較，歷史較淺。最初從事栽培，約在十九世紀初葉。但在台中、台南以及高度等於二五〇〇呎以上之高山，發現有野生茶樹，因此往往認為台灣茶樹，或為該島原有產物。

十七世紀末年，中國移民台灣，驅逐荷蘭之居留民，佔領該島之大部份，由鄰近之福建供給茶種。一八一〇年後，中國商人由廈門傳入種茶方法，不久發見當地茶葉所製之烏龍茶，最易顯出特異之品質與香氣。一八六八年始有大規模商業化之經營，出產三種主要茶葉——著名之半醱酵烏龍茶、約出之四分之三醱酵烏龍茶及花包種茶，此外尚有少量之紅茶及綠茶出產。

一八六八年廈門之專門製茶廠商，設廠於島上，開始大規模烏龍茶製造，此後各種烏龍茶產量日漸增加，現在栽培面積已達一一二、〇〇〇畝，每年產茶量將近二四、〇〇〇、〇〇〇磅。

包種茶在一八八一年由福建商人創始。在台灣最初試製紅茶約距今三十年前，三井公司爲最初從事大規模製造之製造者。日本政府鑒於印度及錫蘭紅茶暢銷國內，遂急思製造紅茶以供國內需要。後於一九二八年將台灣所製紅茶樣品，送至倫敦及紐約市場。一九二九年該公司製造紅茶一萬箱，輸往倫敦市場，並供給美國、澳洲及日本，自後產量年有增加。綠茶之製造法於二十年前始由 Byoritsu 農業協會教與台灣之中國人，專供內銷之用，現在祗有小規模製造，供島內自用。一九二三年三井公司更設立一新工廠，製造四分之三醱酵之烏龍茶栈茶，送至美國，頗受歡迎。至一九二八年底，已設立最新式之茶廠四所，完全製造此種茶葉。

一八九五年中日戰役之後，日本霸佔台灣，政府對於茶葉特別注意。一九〇二年設立機械製茶廠於 Anpeichin，一九一〇年有一紅茶製造公司成立，政府准許其應用 Anpeichin 工廠。一九一八年政府復頒佈獎勵茶業法規，凡有適合於政府計劃之工廠，給予獎勵金以添設機器。一九二三年更頒佈工廠規則及檢查法規，凡出口茶葉，均須加以檢驗。

一九二三年，各茶廠受政府之補助與監督，共設聯合售茶市場，除由各工廠予以種種協助外，更由新竹州農會在浮暹（Heichin）設立茶葉運輸辦事處，該處對於一般茶商予以種種便利。

法屬印度支那——法屬印度支那之土人種植茶樹，已有數百年歷史，故指述茶業開創之期，實不可能。二百年前，茶業爲其重要產業之一，後漸衰落，直至一九〇〇年以後，始由法國再度復興之。

暹羅——據植物學家考查之結果，暹羅之土著，一如緬甸人以及中國邊境之雲南人，爲最先採用茗葉者。彼等將此種野生茶葉，經水蒸及醱酵，製成小束，以供咀嚼。在遠古時代，將靑葉煎沸，作醫藥之用。

緬甸——稽考最古之歷史紀錄，可知緬甸人曾以茶葉作爲蔬菜，其消耗數量遠甚於今日。近年曾有提倡採用近代栽製法，建立商業化茶葉生產之運動。一九一九年，在湯谷（Toungoo）正式開闢茶園，一九二一年開始種茶。

英領馬來——一九一四年農藝化學家 M. Barrowcliff 視察海拔三、五〇〇呎之路湖克泰孟（Lubok Tamang）地方。並巡視白登(Bertam)谷之一部分，將採得之多種土壤標本，與東北印度之最著名之茶區土壤比較，證明泰孟土壤在任何方面均達優良茶土之標準，顯然並無理由可證明高等茶葉不能生長於該處。

其後更有其他化學家，亦支持 Barrowcliff 之論見，直至一九二五年始行實地試驗，是年取得三種亞薩姆茶樹品種，每種種籽二〇〇粒，種於坎麥倫(Cameron)之高地，並於較低地方，設一苗圃，發芽甚佳，共得四三七株之苗木。此種苗木移植於海拔四、六五〇呎之高原，所種植之品種爲Betjan、Dhonjan、及Rajghur三種。一年後長大至四呎高，茶叢擴展至二呎廣。在採摘之前，於一九二七年四月先行剪枝，在七月開始第一次採摘，直至翌年七月爲止。一年之間所收穫之乾葉計七八磅。以種植面積六分之一畝計算，每畝可產精製茶四七〇磅。

有數試驗區設於低地，其中之修屯（Serdang）試驗場於一九二四年播植亞薩姆種種籽五畝，一九二八年起開始採摘，惟當時製造方法尙極幼稚，至一九三三年始有設備完全之新式工場成立，栽培區域亦次第擴大。

在一九二四及一九二五年，吉打(Kedah)土邦之古隆（Gurun）地方，開闢一茶園，種植茶樹達三百畝。吉打爲馬來半島之最北區域，全境多山，氣候與錫蘭相似，勞工工資低廉，終年可以僱用，故種茶頗有希望。又在中國人留居地約佔土地三六〇畝之雙奇倍西 (Sungei Besi）礦山區域，中國地主曾種中國茶樹一四〇畝，專門製造中國式茶葉，供給錫蘭中國僑民之用。

伊朗（波斯）——波斯於一九〇〇年始由波斯王子Kashef-es-Saltaneh傳入茶樹栽培法，遂由印度輸入種籽，更派波斯人在中國及印度學習製茶，教授種茶及製茶方法予當地農民。現在波斯平原邊界裏海南岸之吉蘭（Gilan）省之富曼（Fumen）、拉希甘（Lehijan）、蘭格魯特（Langrud）諸處均有少量茶樹種植。

非洲茶樹之栽植

以一般言，非洲茶樹栽培，除遠東以外，在商業方面遠較他處為成功，且非洲荒地極多，將來產茶量增加之可能性甚大，故非洲對於世界茶業，有其重要之地位。

納塔耳（Natal）——茶樹最初輸入納塔耳在一八五〇年，但僅種植於德班（Durban）植物園供試驗之用。一八七七年素稱繁榮之咖啡躁告失敗，納塔耳之栽培協會，遂由加爾各答輸入數種印度茶種，是為茶業之開始。後又因試種亞薩姆種之結果，證實此種茶種最適於納塔耳氣候與土壤，當即成為納塔耳唯一栽培之茶種。其後 James L. Hulett 爵士被認為非洲茶業之父。

茶苗種植於納塔耳之斯坦求（Stanger）附近，現在南非洲所栽培之茶樹，均由該地供給。全境適於種茶之地，共達一五、〇〇〇畝，但過去最繁盛時亦僅開闢至四、五〇〇畝。該處現在最主要之栽培者為淡頓脫公司及亨特遜公司，均設總辦事處於而德班及斯坦求附近，前者擁地一、二五〇畝，後者擁地七五〇畝。除此二公司以外，尚有三、四小栽植者，其產量不足重視。

納塔耳所栽之茶，於一八八〇年初次收獲，計得茶葉八十磅。自後年有增加，至一九〇三年產額最高，計達二、六八一、〇〇〇磅。其後茶園面積無甚變更，一九一一年印度限制印度人移民至納塔耳，以是工資騰昂，茶業大受影響，產量亦逐年減退。至減退之最大原因，在於納塔耳所產之茶，價格極低，而非洲工人之工資較貴。

尼亞薩蘭（Nyasaland）——最初企圖輸入茶樹於尼亞薩蘭者，為英國園藝家 J. Duncan，彼赴勃蘭推來（Blantyre）參加蘇格蘭教堂傳道會時，愛丁堡植物園技師 Balfour 教授贈以咖啡苗三枝及幼茶樹一枝，渠雖在途中盡力保護，終以路途遙遠，咖啡苗二株及茶樹一枝均告死亡。九年以後，一八八七年，在勃蘭推來之教會試驗園中另種茶樹數株，惟以該地雨量過多，茶樹栽培，不易成功。直至一八九〇年，始有J. W. Moir 以勃蘭推來教會所產之茶籽，委托錫蘭咖啡栽培家Henry Brown種植於姆蘭治（Mlanje）之老特台爾（Lauderdale）咖啡園中，生長甚佳。後更由 Moir 供給納塔耳所產之茶籽，亦能發芽成樹。數年後，Brown亦在該地另闢一咖啡園，並種若干茶樹。一九〇四年，姆蘭治一地已有二五〇畝之茶園。一八九八年，尼亞薩蘭最早之茶樣，已送至英國。

一九〇一年，Moir退休，將老特台爾園歸併於勃蘭推來東非公司，並自任董事。該公司鑒於咖啡業漸形衰落，有改種他物之必要，另決定儘量播種茶樹，以替代咖啡。

當時所能得到之茶種僅為不純粹之品種，後知欲得優良茶葉，非栽培純粹之麥尼坡利種（Manipuri）及亞薩姆種不可。當時曾有輸入錫蘭茶種之企圖，但因路程遙遠及當時聯絡未妥，舉行數次，均告失敗。現在每年輸入之茶籽均以印度茶種為主。

勃蘭推來東非公司決定老特台爾園之種植計劃以後，乃擴充耕地，設置水力發電，輸入製茶機械，並將產品送至倫敦市場。當地之種咖啡者，目見此種盛況，深受感動，乃相繼傚尤，以是不出數年，姆蘭治所有可以種茶之耕地，幾已完全變成茶園。

勃蘭推來東非公司於一八九八年在蘇格蘭之愛丁堡成立，為現在老特台爾及其他尼亞薩蘭茶園之所有者，除在尼亞薩蘭種植茶樹及其他熱帶產物外，兼理各茶園之業務。在非洲之總處設於尼亞薩蘭之勃蘭推來，最初在愛丁堡成立時，稱蘇格蘭中非企業公司，至一九〇一年始改今名。為經營尼亞薩蘭茶業之最大企業組織。

一九二五年，倫敦之里昂公司（J. Lyons & Co. Ltd）亦在姆蘭治之路其里（Lujeri）購地八、〇〇〇畝，在前曾在錫蘭種茶之 C. F. S. Shaw 指導下，開始種茶，並設機器製茶工場及水力發電廠。

姆蘭治之茶樹栽培，漸次擴展至鄰近之科羅（Cholo），該處之雨量雖不及婦蘭治，但亦稱充分。婦蘭治之平均高度為二、〇〇〇呎，但科羅則有三、〇〇〇呎，故科羅所產之茶葉，品質稍見優良。

尼亞薩蘭之第二個最大之茶葉種植者為魯氏(Ruo)茶園，此外尚有非洲湖地公司等若干家。一九三二年尼亞薩蘭栽培畝數為一二、五九五畝，產茶量為二、六九九、九八四磅。

坦喀尼加屬地(Tanganyika)——在第一次世界大戰以前，德人在德領東非洲，即現在英領坦喀尼加屬地及喀麥倫(Cameroons)曾有多次栽培茶樹之嘗試。在坦喀尼喀之尼亞薩湖(Nyasa)北部，有豐富之雨量及良好之土壤，適於種茶。又在依林加(Iringa)之東北高源亦適於種茶，現在交通尚不便利，如敷設輕便鐵道，該地大可種植茶樹與咖啡。

羅得西亞(Rhodesia)——羅得西亞最初種茶於馬松那蘭(Mashonaland)省東邊麥爾色脫(Melsetter)區之平加(Chipinga)地方之新年禮物茶園。初於一九二五年種茶以繁植種籽，此種種籽生長以後，於一九二七年春季種茶一〇〇畝，再於一九二九年十一月開始擴闢一〇〇畝，一九三〇年三月始告完成。一九三〇年初次收穫一、四〇〇磅，一九三一年約得四、〇〇〇磅，一九三二年收穫約一〇、〇〇〇磅。後又由同一園主增闢另一茶園，如生產完成時，每年當可產茶四〇〇、〇〇〇磅，足供全境之需要。

阿比西尼亞——阿比西尼亞之旅行家 K. Gebrou，最初輸入茶樹至內地，但數年後即告毀滅。至一九二八年，在怯尼亞殖民地之種茶者 G. Howland 再輸入亞薩姆茶籽八箱。彼旅行各地，選擇適於種茶之土地，幾經更易，始在加發(Kaffa)地方發現有幾千平方哩之土地，頗適種茶，遂於該處之旁加(Bonga)創設一成功之苗圃。近年更有大規模之種茶計劃，勃洛克邦特公司(Brooke, Bond & Co.)即爲準備在該地開闢茶園而成立者。

烏干達(Uganda)及怯尼亞(Kenya)——茶樹於一九〇〇年輸入烏干達之植物園，一九一〇年在康巴拉(Kampala)之公地種植茶苗，闢再及於加科密洛(Kakumiro)及托洛(Toro)二地之公地。試驗結果，甚爲圓滿，遂引起密退那湯雪撥(Mityana Township)之著名墾植家 F. G. Talbot 在該地建立茶園，以後各方聞風而起，今烏干達至少已有一千畝以上之地種植茶樹。

怯尼亞最先種茶者，傳說爲 Orchardson 兄弟。一九二五年，勃洛克邦特公司與詹姆斯芬來公司購買土地開始大規模種茶，前者在里莫魯(Limoru)購地六四〇畝，設立工廠，以應當地之需要，更創立合作種茶協會，有十五個種茶者加入此會。後者又與其他公司合組非洲高原產殖公司，以二五〇、〇〇〇鎊之資金，投資於開立巧(Kericho)及龍勃華(Lumbwa)二地，擁地達二三、〇〇〇畝。在購地之前，並請南印度之專家先行考察，所得報告稱該地土壤既佳，雨量亦足，用以種茶，可與爪哇盤谷之高地相媲美，而所費則遠省於該地。

此種新實業之最大進步，爲一九三三年成立怯尼亞種茶者聯合會，凡公司及個人種茶者擁地在五〇畝以上者均得參加。

自一九三四年起，怯尼亞、烏干達、坦喀尼加及尼亞薩蘭等均贊同在印度政府實行茶葉管理計劃時期中限制新闢茶地及禁止輸出茶籽，直至一九三八年期滿爲止，以是四殖民地之新茶區，限於其總面積七、九〇〇畝。

北美洲之嘗試

在北美洲方面，如英領哥倫比亞，美國之若干區域以及墨西哥，均曾有種茶之企圖。

英領哥倫比亞(British Columbia)——英領哥倫比亞曾於一九一五年由日本採取長六吋之茶苗，移植溫哥華島(Vancouver Is.)之試驗場，其中有若干顆成長。此種試驗之目的，不在開闢商業性之茶樹種植，僅表示該地氣候之溫和而已。茶樹在哥倫比亞可於曠野中長育，惟在加拿大尚無商業性種茶之企圖。

美國——美國對於建立茶業企業使其成爲商業基礎之嘗試，頗爲努力。最初於一七九五年由法國植物學家A. Michaux（一七四六——一八〇二）輸入茶樹，彼於一七八五年由法國政府委派至美國採集北美植物標本，在美十一年，最初二年因受英法戰爭之威脅，停留於離查里斯東（Charleston）十五哩地方之植物園，經從事中國貿易之美國船長之手得若干茶籽及茶苗，種植於該園。其中親爲原生茶樹之一株，長大至十五呎高，生存至一八八七年。

最初努力於樹立茶業者爲史密斯J. Smith博士，彼放棄在倫敦之原有職務，於一八四八年在格林維爾（Greenville）開闢茶園，據其在一八五一年美國農學雜誌上之報告，各樹雖能耐寒雪而不死，但尚未脫離試驗時期，一八五二年因渠之逝世，種植亦告停止。

一八五〇年另一醫生Jones博士種茶於喬治亞（Georgia）之麥克因托希（McIntosh），努力數年之後，由其女R. J. Screven夫人繼任之，終亦宣告停止。一八五八年美國政府對於種茶發生興趣，派英國園藝及旅行家Robert Fortune至中國採集茶籽，免費分贈於南方諸州之農民播種，在北部及南部加羅林那、喬治亞、佛羅里達、路易西亞那及田納西各地均能長成若干叢茶樹。惟農人所生產之茶，均供自用，並不從事於商業化之生產，故種茶之興趣漸即告消滅。

至一八八〇年，美國農業部部長William G. Le Duc雇用在印度有十七年種茶經驗之John Jackson及其善於製茶之弟William Jackson二人在南加羅林那之森麥維爾(Summerville)地方，覓地二〇〇畝，從事更進一步之試驗，以是美國種茶之大規模試驗，又告復活，當時所用種籽除一部份由中國日本及印度輸入外，更由從前政府所散佈於民間種子所生成之茶樹採取之，若干小茶園確獲成功，Jackson乃製成樣品，送至紐約，受公開之批評與推薦，惜以Jackson患病，在試驗尚未完成以前，工作即告中止。

其後，理化學及關於化學與農藝方面之著作家Charles U. Shepard博士於一八九〇年又在南加羅林那之森麥維爾開始一小規模之栽培，並受美國農部之聘，爲茶樹栽培特約員，其企業即爲著名之潘赫斯脫（Pinehurst）茶園，自一九〇〇年起，政府繼續補助十五年，每年約一千至一萬美金，茶園面積自六〇畝擴大至一二五畝，每年所產茶葉，最多時達一五、〇〇〇磅。

美國茶葉檢驗師Geo. F. Mitchell於一九〇三年至一九一二年與Shepard博士在潘赫斯脫茶園共事九年。該園於一九一五年放棄種植茶樹。

此外僅有一商業性之茶葉計劃曾經進行，一九〇一年時，Roswell D. Trimble少校創辦美國種茶公司，由退伍軍人August C. Tyler上校爲經理。彼等曾於旅行中暫居潘赫斯脫茶園附近，對於Shepard博士之試驗頗感興趣，乃在南加羅林那購地六、五〇〇畝，擬以一、二千畝闢爲茶園。第一年苗圃中育成幼苗六〇〇、〇〇〇株，自行移植。此項種植繼續數年，曾製成少量茶葉。一九〇二年，該公司將Shepard博士所經營之茶園出品，在全美各地之食品店發售，但一九〇三年因Tyler上校逝世，並以停徵美西戰爭中每磅茶葉十分之進口稅，此種計劃，終告失敗。

一九〇四年，南加羅林那尚有一次小規模之種茶試驗，爲A. P. Borden與農業部合作，地點在得克薩斯州（Texas）之馬基茶園（Mackey），結果不佳，乃於一九一〇年停止。一九一五年在加里福尼亞州有少數茶樹種於聖地牙哥（San Diego）博覽會，此種茶樹均能生長於田野，與洛杉磯（Los Angeles）附近之日本農人家庭中所種者同樣繁茂，惟商業性之生產不再嘗試。

墨西哥——從一九二九年起，墨西哥在瓦克薩卡（Oaxaca）之庫加倫（Cuicatlan）地方種植茶樹，數量甚少，但曾生產品質優良之商品茶。

危地馬拉——危地馬拉爲中美洲唯一企圖種植茶樹之國家，在亞爾他凡拉拜（Alta Verapaz）之科班（Coban），Oscar Majus曾種茶樹若干，生長甚旺，其樣品據報告可與優良之印度茶比美，惟此種試驗並非一種商業上之成功。

南美洲之嘗試

南美五國，均曾設法種茶，但均未獲得眞正之成功。

巴西——巴西種茶，始於一八一二年。當一八〇八年葡萄牙朝廷離去以後，該地即向農業與商業方面發展。在里約熱內盧（Rio de Janeiro）設立植物園，從事有計劃之植物移植。一八一二年由中國移植茶樹於該園，並雇用中國茶工來該國教授土人種茶及製茶方法，初僅在首都附近種茶，不久即擴展至聖保羅(São Paulo)及密乃斯其拉斯(Minas Geraes）。一八五二年之產量達於最高點，聖保羅一地之三十九家農場生產六五、〇〇〇磅。但一八八八年解放黑奴以後，茶業即告衰落。

一九二〇年後，茶業曾在密乃斯其拉斯復活，該處之奧盧普累托（Ouro Preto）有若干茶園存在，又有日本僑民亦在聖保羅及巴拉那（Paraná）以前未種茶樹之地方種植茶樹。一九三二年，所種茶樹約有二二、〇〇〇株。

巴拉圭——巴拉圭在一九二一年亦設立試驗苗圃於維拉立加（Villa Rica），試驗成功，但生產尚未能達商業標準。

祕魯——祕魯最初種茶在一九一二年，但直至一九二八年政府由錫蘭聘請專家主持以後，茶業始實際開始。當時茶園有十七所，栽殖茶樹一、三四九、〇二九株。一九三三年製茶二〇、〇〇〇磅，一九三四年可望增至五〇、〇〇〇磅。

阿根廷——阿根廷之農業部在一九二四年由中國輸入茶籽一、一〇〇磅，分給北部農民，以期茶業發展爲商業化。茶樹生長尚佳，唯以製造上與市場上有一部份困難，以及阿根廷有一種稱爲 Yerba Maté 之普遍飲料，故此業未能奪取其重要地位。

哥倫比亞——哥倫比亞在加查拉（Gachala)有小規模之種茶，其所製茶葉，售於巴哥大（Bogota）內地一帶，僅有小量運至西班牙。

澳洲及大洋各島

澳洲及太平洋與大西洋各島，亦有種茶之嘗試，成功之程度不一，較少之栽培分散於各處，其大部份與歐人在各地發展新企業有關聯。

澳洲——探究印度原生茶種之領袖Charlton中尉，於一八三四年作一報告，謂曾見茶樹生長澳洲，其後即無關於種茶之報導，可知茶樹種植並未成功。一八五〇年時又有種茶之嘗試，但此試驗因澳洲多強烈之風及雨量不均勻之故而失敗，勞工工資過昂，亦爲茶業不能發展之一因，最近又在昆士蘭（Queensland）開始另一種茶試驗。

婆羅洲與菲律賓——在世界大戰以前，婆羅洲與菲律賓均曾企圖種茶，但在菲律賓種植一次，成績不佳，以後即不再續種。婆羅洲則有英領北婆洲公司從事試驗，一九二六年由印度輸入茶種若干，至今尚甚繁茂。據一製茶專家評論此種試驗，謂婆羅洲之土壤與氣候均適於種茶，但缺乏適當之工人以及交通不便，實爲一大困難。

毛里求斯（Mauritius）——毛里求斯島爲印度洋中之英國領土，種有少量茶樹。一八四四年時 M. Jaunet受英國政府之補助，最先種植茶樹，近年已能達於商業化之標準，現今常年產量爲二九、〇〇〇磅。

斐吉（Fiji）——一八七〇年時，一英國青年 G. Simpson 由薩姆至斐吉，在英領五十餘斐吉群島中之第二大島伐南來浮島（Vanua Levu）開闢茶園於該島之西部，是爲斐吉種茶之開始。茶樹種植以後，遜因病返英，茶園遂告荒廢。一八八〇年英國種植家 Robbie 船長承受 Simpscn 之園地，重加整頓，年產達六〇、〇〇〇磅，但以後未能保持此生產紀錄。現在伐南來浮島之茶園面積約二〇〇畝，在伐南來浮設有工廠，裝備英國製之揉捻機及乾燥機。產品完全推銷於菲吉群島。斐吉種茶試驗之結果，與其他若干地方相同，茶樹雖能充分長育，終以工資太昂，不能獲得商業上之成功。

西印度群島——西半球中之島嶼，開闢茶園者祇有三島。一九〇三年美國試驗場於波多黎各（Puerto Rico）之馬耶奇（Mayaguez）種植茶樹，因開花過多，茶葉產量反少。法屬圭亞那（Guiana）之開雲島（Cayenne），由法人雇用中國工人從事種茶試驗，亦未能成功。英領西印度中之最大島嶼牙買加島（Jamaica），則產有少量之商品茶。

一八六八年牙買加島金高納（Cinchona）地方之公立試驗場，試行種茶一畝，因試驗成功，故又復擴展面積。一九〇〇年 Cox 由試驗場採得茶籽與茶樹，在聖安司拜立希（St. Ann's Parish）之倫勃爾（Ramble）種茶二五〇畝，最初用手工製造，其後輸入機器，以節工資。一九〇三年將所產茶葉推銷於本地市場，知其品質優良，適於拚和之用。但後來工資日增，數量減退，茶葉乃日益衰落。一九一二年 Cox 逝世，茶園全告廢棄，該島遂不復再產茶葉。

第二篇　技術方面

原书空白

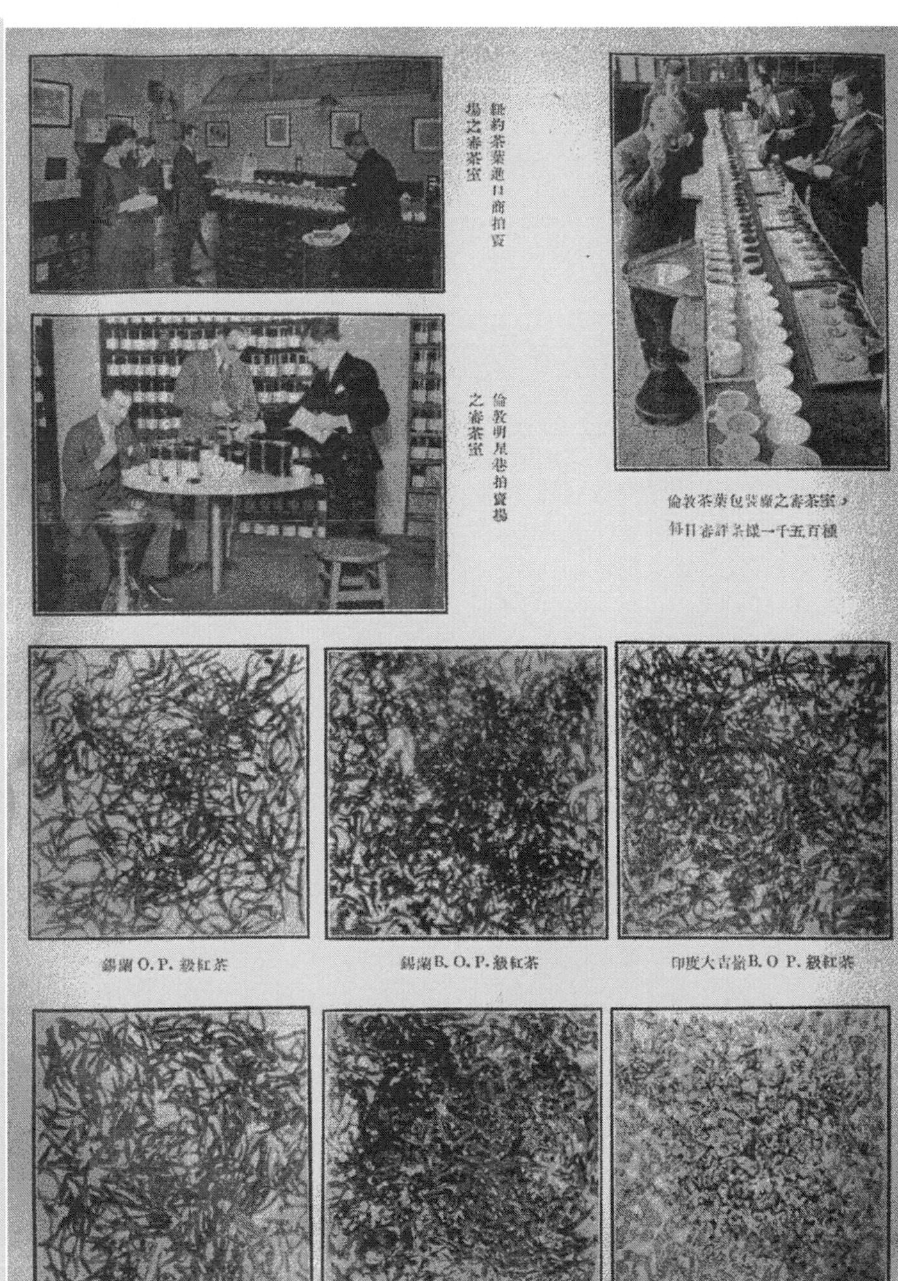

紐約茶葉進口商拍賣場之審茶室

倫敦明星巷拍賣場之審茶室

倫敦茶葉包裝廠之審茶室，每日審評茶樣一千五百種

錫蘭O.P.級紅茶

錫蘭B.O.P.級紅茶

印度大吉嶺B.O.P.級紅茶

印度P.級紅茶

祁門工夫紅茶

中國頭號珠茶

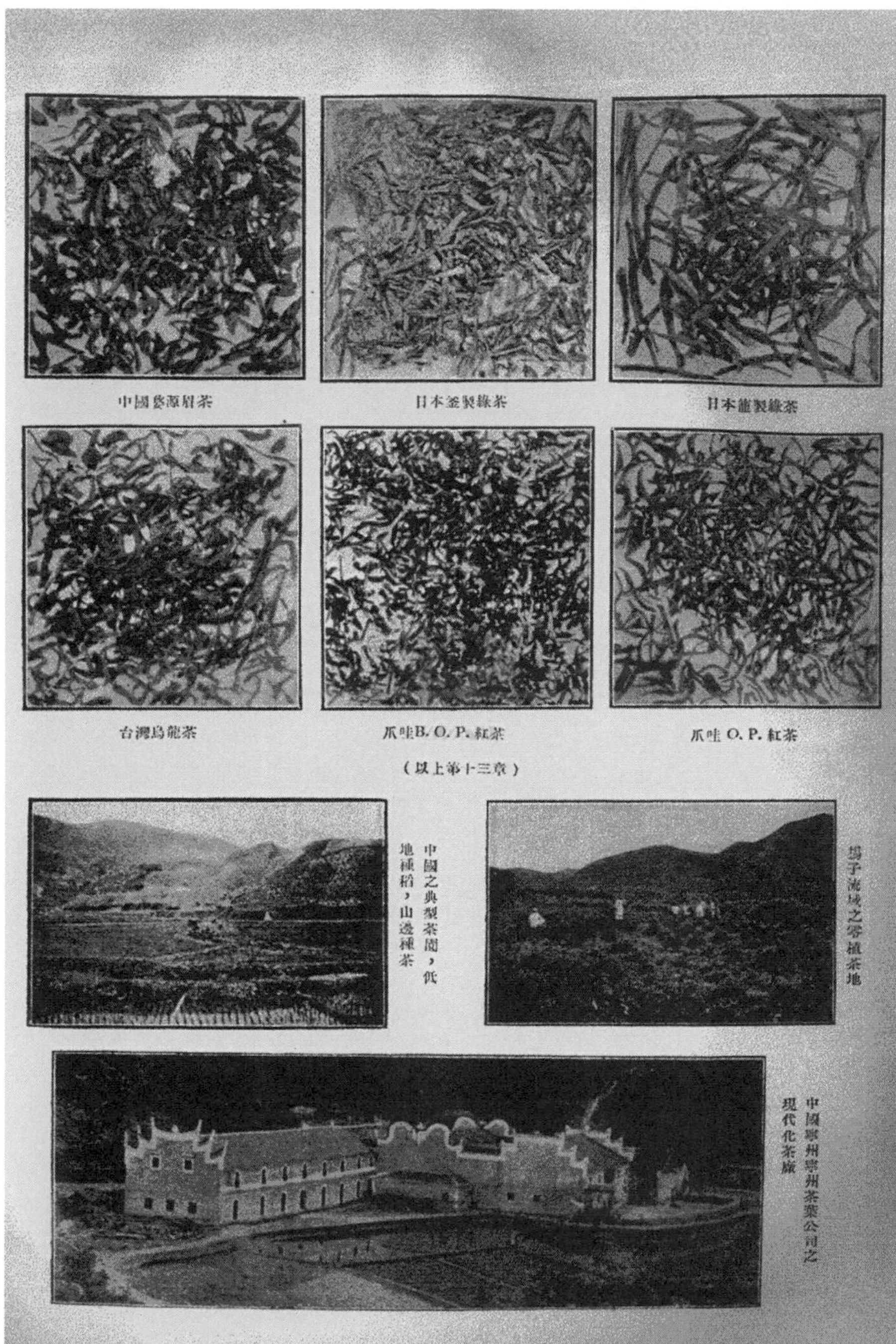

中國婺源眉茶

日本釜製綠茶

日本籠製綠茶

台灣烏龍茶

爪哇B. O. P. 紅茶

爪哇 O. P. 紅茶

（以上第十三章）

中國之典型茶園，低地種稻，山邊種茶

揚子流域之零植茶地

中國寧州寧州茶葉公司之現代化茶廠

揚子流域茶園採摘茶葉之一景

台灣之階段式茶園

（以上第十五章）

台灣新式茶廠之外景

台灣紅茶之製造——上圖爲乾燥機，下圖爲萎凋與圓篩部

台灣新式茶廠之內景，圖示製造改良烏龍茶之篩分機、揉捻機、炒茶機及圓篩等。

（以上第十六章）

日本農林省牧之原茶葉試驗場

日本靜岡縣用採茶鋏採摘茶葉，左下角爲採茶鋏

日本茶之手工製法——在紙面平鍋上乾燥茶葉

日本茶之機製法——用蒸汽蒸茶

日本外銷茶之復火

（以上第十七章）

爪哇潘加倫根高原之茶園全景

蘇門答臘DELI地方之茶園一景

蘇門答臘茶園之綠肥作物及蓄水潭

蘇門答臘之茶樹苗圃

蘇門答臘之剪枝茶園

工人進廠前必先在流水中洗腳

爪哇PASIR RANDOE之萎凋樓

爪哇之醱酵室

爪哇之醱酵室

蘇門答臘東海岸TIGA BLATA之一行二十架揉捻機

蘇門答臘東海岸BALIMBINGAN之茶葉乾燥機

蘇門答臘之帶式傳送揀茶機

BOSSCHA茶葉熱電乾燥機

世界最大之茶廠，在蘇門答臘之BALIMBINGAN，此廠每年可製茶六百五十萬磅

爪哇茂物茶葉試驗場

（以上第十八章）

印度DOOARS之覆蔭茶園

印度DUM DUMA採摘茶葉之一景

印度亞薩姆 NAMDANG 茶葉公司茶園中之大路

印度之三種採茶法——左，用雙手採茶（大吉嶺及DOOARS）； 中，用雙手採茶（亞薩姆）； 右，用一手採茶，以布袋代替竹簍（亞薩姆）

印度DOOARS之金屬網萎凋架

印度一佈置緊密之茶廠內景

印度大吉嶺之舊式發酵室

印度亞薩姆之新式醱酵室

亞薩姆托格拉印度茶業協會之茶業試驗場

（以上第十九章）

錫蘭烏伐山茶區及狹軌鐵道

一袋茶葉經由纜道自茶園運至茶廠

錫蘭UDAPOSSLLAWA採摘茶葉之一景，該處海拔五千呎

錫蘭茶廠中之水門汀醱酵檯

切斷篩分及官堆處

錫蘭應用之振動裝箱機

（以上第二十章）

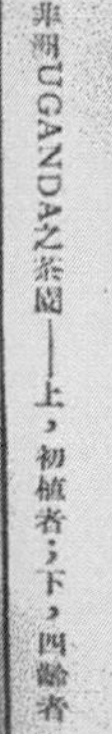

非洲UGANDA之茶園——上，初植者；下，四齡者

蘇俄CHAKYA國營農場中已長成之茶樹

外高加索CHAKVA茶園中採茶之一景

蘇俄CHAKVA新式茶廠中之乾燥機

法屬印度支那之茶園

非洲KENYA之茶園

（以上第二十一章）

一八七三年JACKSON之第一部揉捻機

一八八〇年 JACKSON之茶葉揉捻機

SADOVSKY茶葉採摘機

一八七八年SIROCCO上引乾燥機

MITCHELL茶樹剪枝機

MARSHALL 茶葉萎凋機

一八八〇年第一部VENETIAN式乾燥機

一八八〇年第一部VICTORIA式乾燥機

左，DAVIDSON裝箱機；右，SIROCCO旋轉揉捻機

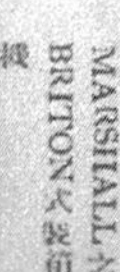

MARSHALL之BRITON式裝箱機

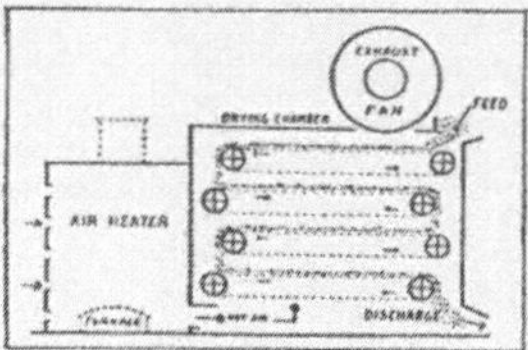

上引式乾燥機圖

EXHAUST FAN 風扇
DRY CHAMBER 乾燥室
AIR HEATER 熱氣爐
FURNACE 火爐
FEED 入口
DISCHARGE 出口

REID最初之切茶機，此機在十九世紀七十年代後期由亞薩姆植茶者GEORGE REID專利

MCKERCHER C. T. C. 式茶葉機器

一八九四年MARSHALL之PARAGON式乾燥機

SIROCCO二聯斜框壓力乾燥機

SIROCCO上引乾燥機——兩端滑節式

左，KRUPP揉捻機
右，KRUPP乾燥機

CHALMERS茶葉篩分機

自動管制之揉捻機——上，GAWTHROPP聯動裝置；下，SIROCCO式指壓器

MOORE連續自動篩分機

BATEMAN茶葉磨碎揀梗聯合機

MARSHALL雙動作快速揉捻機

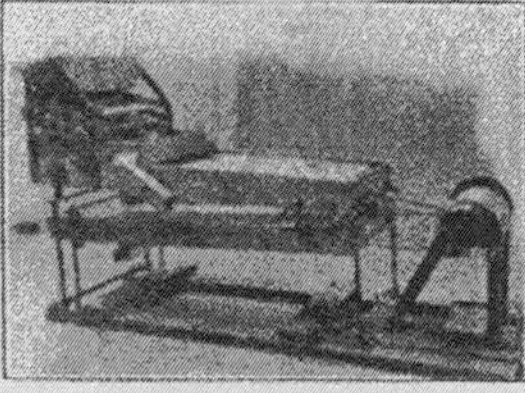

MYDDLETON 揀梗機

錫蘭製茶機器——上，揉捻葉解塊機；下，C. C. C. 單動作揉捻機

MCDONALD之DEFLECTOR式茶葉風扇

SIROCCO雙重下引茶葉乾燥機

一組MARSHALL新式機器——左上，揉捻機；右上，新EMPIRE式乾燥機；左下，四框平衡篩分機；右下，抗摩搖篩分機

一組DAVIDSON新式機器（SIROCCO）——左上，O. C. B. 揉捻機；左下，循環鏈壓力乾燥機；右上，解塊機；右下，選別機

（第二十二章以上）

第十二章　世界上之商品茶

商品茶概況——茶葉來自何處——茶葉之分類及區別——各種茶葉之相同點與茶葉輸往何處——錫蘭、印度、中國、日本、台灣、爪哇、蘇門答臘、法屬印度支那及尼亞薩蘭茶之性徵——商品茶表

世界上栽培茶樹成功者已有二十三國，但產量豐富使茶葉能成爲重要商品之一者，僅中國、印度、錫蘭、爪哇、蘇門答臘、日本、台灣、法屬印度支那及尼亞薩蘭等九地。

茶葉通常依出產國分類，如錫蘭茶、中國茶、爪哇茶等。在市場上出售之各類各級茶葉，係由於（一）採摘季節及葉身老嫩之差異；（二）種植地帶之氣候與地勢高低之差異；（三）土壤之不同；（四）製造方法之不同，遂有所謂紅茶、綠茶、烏龍茶之別；（五）用篩分類及出售前最後處理方法之差異，而有較爲普通之非混合茶與各種外形及品質不同之拚和茶葉。

印度、錫蘭之茶，多推銷於英國、澳洲、美國、非洲、加拿大及蘇俄。爪哇及蘇門答臘茶多運往英國、荷蘭、澳洲、美國、英屬印度及蘇俄。中國茶多數運往歐洲大陸及地中海諸國，以及蘇俄、美國、加拿大、英國。日本茶幾專銷於美國、加拿大及蘇俄。台灣茶則以銷美國爲主，但有大量花香茶或包種茶銷於荷屬東印度及暹羅。法屬印度支那茶銷於法國及其殖民地。尼亞薩蘭所產之茶推銷於倫敦市場。

中國產茶數量，佔全世界茶葉產量之半數，但其輸出量反不及若干其他國家。在茶葉產量上印度佔第二位，錫蘭第三，爪哇及蘇門答臘第四，日本第五，台灣第六，印度支那第七，尼亞薩蘭則佔第八位。茶葉在各國輸出貿易中，有認爲重要之商品者，亦有視爲不足輕重者。例如印度蘭溪（Ranchi）地方，雖有茶葉栽培，但其產量過少，在商業上不足重視。玉露茶產於日本，但以成本昂貴，遂不見諸國際市場。此類茶葉，在品質上雖屬上乘，但以若干原因，致不能成爲國際商品。茲就國際市場上之主要茶葉種類略加說明，其他未列入本章者，當於下章論及茶之性徵時再敘述之。

錫蘭主產紅茶，即醱酵茶，依產地可分爲高山、中等地、低地三類。高山茶爲內地高山區域所產，以味濃香高著名；中等地茶製工良好，茶湯亦佳；低地茶有製工精良之黑葉，但茶湯平凡，香味不足。錫蘭紅茶之品級分爲碎橙黃白毫、碎白毫、橙黃白毫、白毫、白毫小種、小種、花香（Fannings）及茶末等八種。

印度爲世界上輸出茶葉最多之國家，製造紅、綠茶，但紅茶數量遠在綠茶之上，佔總產額百分之九八至九九。茶葉以出產地或以園名命名。茶葉中最主要者，爲北印度之亞薩姆茶、加錫茶（Cachars）、雪爾赫脫茶（Sylhets）、杜爾斯茶（Dooars）、特來斯茶（Terais）、大吉嶺茶（Darjeelings），南印度之爪盤谷茶（Travancores）及加南第凡茶(Kanan Devans)。就一般而論，乾葉常呈黑褐色，茶湯滋味醇厚。大吉嶺茶有馥郁之芳香，故售價最高。印度茶與錫蘭茶相同，亦分爲碎橙黃白毫、碎白毫、橙黃白毫等。

中國產紅茶、綠茶及烏龍茶。華北工夫爲最著名之紅茶，色香味俱屬上乘，華南工夫（或紅葉）液汁較淡。華北之寧州茶、祁門茶及華南之白琳茶、坦洋茶，均爲購茶者所愛好。

中國綠茶，分爲平水、湖州以及路莊綠茶。所謂路莊綠茶係包括除平水、湖州及其附近各縣以外各地所產之綠茶。綠茶分爲下列各品類：

雨茶（Young Hyson）、貢熙（Hyson）、珠茶（Gunpowder）及圓茶（Imperial）等。

中國之半醱酵茶在市場上均稱爲福州烏龍，其品質僅較次於台灣烏龍。

日本產綠茶較多，分三類——原葉茶(Natural leaf)、釜製茶(Pan fired)、籠製茶（Basket fired），而原葉即以前所謂釜製茶。就一般而論，其茶葉細長如蛛脚，上等者各具特殊之芳香。其等級分爲：特等、超等、上選、最優等、優等、中上、中等、普通及茶末、花香等。

台灣向以產製半醱酵烏龍及包種茶二類茶葉見稱，在最近數年，亦產有少量紅茶及四分之三醱酵烏龍茶，分爲碎橙黃白毫、橙黃白毫及白毫三級。烏龍茶市場上頗受消費者歡迎；花包種茶每年約產七百萬磅，行銷於暹羅、荷屬東印度、馬來聯邦以及太平洋諸島。台灣烏龍葉色青褐，沖湯時具有特異之天然果香，分爲頭茶或春茶、早夏茶、第二夏茶、秋茶及冬茶。台灣政府茶葉檢驗機關分烏龍茶爲十八級，在商業上則更有若干中間級。

爪哇及蘇門答臘所產紅茶係依其園名爲標識。爪哇茶均具有黑色而優美之葉片，惟在旱季時——約在六月至九月，則稍變褐色硬化。但經過此時期以後，則葉質又增進。茶葉製造甚佳，茶湯亦不劣，宜於拚和。蘇門答臘茶不若爪哇茶之易受季節變化之影響，全年所產茶葉均適於飲用。茶葉品級分爲嫩橙黃白毫、橙黃白毫、碎橙黃白毫、白毫、碎白毫、白毫小種、小種及花香、茶末等。

法屬印度支那兼產紅綠茶，其輸出者爲安南紅茶及安南綠茶，均由較次等之粗葉製造。製茶者大都爲歐人，技術頗優良。

尼亞薩蘭爲東中非洲英國之保護國，近來紅茶產量日見增加，品質尚佳，茶湯清淡，茶種則均屬印度種。

商品茶表

洲別	國別	主要出口岸	著名之市場名稱	貿易上性徵
亞洲	錫蘭	哥倫坡	錫蘭高地茶 平地茶 低地茶	大都爲紅茶。製工甚精，色澤勻淨而黑，常有芽尖。湯色濃厚，與之高山茶至平凡之低地茶之間頗有差別。
	印度	加爾各答 吉大港 孟買 麻打拉斯 加利庫特	亞薩姆茶 卡察茶 雪爾赫脫茶 杜爾斯茶 丹雷茶 大吉嶺茶 爪盤谷茶 加南凡茶	大都爲紅茶。乾葉黑色至褐色。湯色濃厚而有香氣。
	中國	上海 漢口 福州	華北工夫茶 華南工夫茶 路莊綠茶 平水茶 湖州茶 福州烏龍	紅茶、綠茶、烏龍茶、窨花茶及磚茶。形狀及湯色全不相同。常依其形式而命名，如雨茶、貢熙、珠茶、圓茶等。
	日本	靜岡	日本茶	綠茶。形長而直，殊細形。上等茶具有特殊之芳香。
	台灣	基隆	台灣烏龍茶	烏龍茶。乾葉青褐色。其茶湯有一種自然之葉香。
	法屬印度支那	吐蘭 海防	安南茶	紅茶、綠茶、爛茶及花茶。條子粗鬆。湯濃而帶苦味。
大洋洲	荷屬東印度	巴達維亞 棉蘭	爪哇茶 蘇門答臘茶	紅茶。乾葉黑而美麗，製工頗佳，最宜拚堆。
非洲	尼亞薩蘭	貝拉 支德	尼亞薩蘭茶	紅茶。湯淡，品質中等。

第十三章　茶葉之特性

商業上各種茶葉之價值、特性及其湯門，並附世界上各茶葉之索引表——以乾葉之外表、捲撚及香味，葉底之顏色、氣味，湯門之色澤、厚薄、強弱、刺激性、香味審評茶葉——茶葉審評與評茶設備

讀本章所附全世界產茶種類表後，當知茶葉產製於錫蘭、印度、中國、日本、台灣、法屬印度支那、緬甸、暹邏、伊朗、荷屬東印度、大洋洲之斐吉島、非洲之納塔耳、尼亞薩蘭、怯尼亞殖民地、烏干達、葡屬東非洲、毛里求斯、亞速耳群島、歐俄之喬治亞共和國以及南美之巴西、阿根廷及祕魯等。茶區之分佈，雖廣及全世界，但大量茶葉之來源，僅亞洲一洲而已。大洋洲居次，再其次則為非洲。非洲植茶之歷史甚短，尚不足稱為重要產地，但其前途極有希望。

從商業上而言，茶葉可分為三大類：（一）紅茶，或完全醱酵茶；（二）綠茶，或不醱酵茶；（三）烏龍茶，或半醱酵茶。尚有二種劣等茶，即緬甸人用作蔬菜之鹽漬茶及暹羅人所用之茗茶或口香茶。

各種茶葉均為茶樹（Thea Sinensis L. S'ms.）之葉所製成。各種不同之茶葉均為採摘後處理之結果。若自茶園採摘茶葉後，立即移放於可以加熱之場所，以停止醱酵，則成為綠茶；若用揉捻方法，使葉片起物理之損壞，再使自然醱酵，經數小時，然後加熱，即成紅茶；茶葉如僅使其作短時間之醱酵即成為烏龍茶。

紅茶之主要產地為印度、錫蘭、中國、爪哇及蘇門答臘。綠茶則產自中國及日本，錫蘭及印度亦有少量出產。烏龍茶則僅產於中國之福建省及台灣。

紅茶、綠茶及烏龍茶，可分為葉茶、磚茶、小京磚茶及可溶茶。葉茶各產茶國均有產製；磚茶大部為中國所製，印度亦製造少數；可溶茶製於消費國家，在商業上無甚重要；至於壓製茶（磚茶或塊茶）及可溶茶，均可用紅、綠、烏龍茶製造之。

葉茶向為商業上之茶葉，紅茶、綠茶及烏龍茶更可分為許多種類。其分類標準，視茶葉採摘之季節，葉之老嫩、生長及採摘製造時所受氣候之影響，土壤之性質，製造之方法，分堆、勻堆時所用各種品質及大小茶葉之混合狀態，以及其他原因而定。

茶葉以產地命名，如錫蘭茶、印度茶等。或更冠以紅茶、綠茶、烏龍茶及貿易上之名稱，而有所謂中國紅茶、台灣烏龍等。有時各城市及地方名亦有作為茶名者，例如福州烏龍。再各產茶國在其本國內更有其固有之名稱及品名。

錫蘭茶

錫蘭四季產茶，最佳之茶葉採於二月及三月，其次為八月及九月，惟後者數量較少。茶葉產量以四月、五月、六月及十月、十一月、十二月為最多，品質以一月所採者較為低劣。其主要產品為紅茶。

錫蘭茶分為高山、平地及低地茶三種，前者品質最優，但從葉形觀察，則三者並無顯著之分別；惟在茶湯方面，則高山茶有濃味與優雅之芳香。在七千呎以上之高地，茶樹亦能生長良好。平地茶則製工精美，茶湯亦適可。低地茶葉有良好之黑葉，易於轉捲而製成美觀之外形，色濃而味淡。可見四千呎以下低地所產之茶，雖有優點，但其味則較淡，在此高度以上，則能具備相當之香氣。

以錫蘭茶作為拚和之用時，常缺少如某種印度茶之濃味與刺激性。

故錫蘭茶宜於單獨使用，而不宜與他種茶葉拚和。世人往往以葉之粗細判斷錫蘭茶及印度茶之優劣，其實若干粗葉茶反具有優美之香味。

錫蘭茶各有園名標識，園數達二千以上。此種名稱，印於箱外，有時僅爲園名之第一字母，例如：S. V. C. E. Ld 卽指Spring Valley Ceylon Estates Ltd. 亦有用幾何圖形以作標識者，如大谷錫蘭（Great Valley Ceylon）用雙三角形表示之。

除若干貿易專家，尤以經紀人外，世人多不注意茶葉之出產地，購茶者均僅憑茶葉之品質，並從經驗上從茶葉特徵判斷其產地。但實際上每一區域之高度差，可達三千呎及三千呎以上。若干地方如亞拉加拉（Alagala）、革加爾拉（Kegalla）及其他較低之地方，出產品質平凡之茶。他如努華勒愛立耶（Nuwara Eliya）、烏達布舍爾拉華（Udapussellawa）、迪蒲拉（Dimbula），均產品級極優之茶葉。

錫蘭紅茶之分級如下：碎橙黃白毫，碎白毫，橙黃白毫，白毫，白毫小種，小種，花香，茶末。此種分級乃用篩分別粗細而成，故同時採摘之茶於分別品級之後，各級中之香氣性質多少相似。

由於廣告之效力，一般消費者尤以美國消費者漸有以橙黃白毫一名稱誤認與品質特別優良爲同一意義。在茶葉貿易上爲分別橙黃白毫之各種茶葉形式起見，又加全葉（Plain leaf）、嫩芽(Tippy)、鬆卷（Loose rolled）、線狀(Wiry)等字樣。橙黃白毫之名稱，其來源頗難明瞭，雖當初用以標明某種物理形狀者，現在字義上已擴張至凡竭撚捲良好之茶葉，不論其有無葉尖，均稱爲橙黃白毫，而與較粗或碎葉多者區別，非爲表示品質之名詞。

一九二四年美國農業部對於橙黃白毫之名稱，規定僅適用於印度、錫蘭、爪哇、蘇門答臘等國所製造之完全醱酵茶。其他與橙黃白毫同一粗細之茶葉，如採用橙黃白毫之品稱時，上面更須加葉度(Leaf size)數字並附記其出產地名。一九三四年又頒布規則，對於台灣、日本、中國以及其他國家所產之葉形大小一定之完全醱酵茶，如與美國政府歷年所採用之爪哇標準茶相符者，均可稱橙黃白毫，惟在商業上之解釋，祇限於「冷醱酵」之東部印度形式之茶葉，方可歸入此類。

錫蘭尙產有少量綠茶，因湯水有不快之香味，品質不及中國與日本之綠茶。

印度茶

印度茶所指範圍甚廣，包括多數氣候、土壤以及緯度不同地方之產品。事實上在各種不同環境所產之茶葉，其品質及價值相差極遠。因此亞薩姆茶與大吉嶺茶，以及康格拉、台拉屯、尼爾吉利斯及爪盤谷等茶葉，均不相同。每區所產茶葉，各有不同品質，僅茶師藉試茶方法，方能判別其產地。

印度兼製紅綠茶，但紅茶之數量遠在綠茶之上。綠茶在品質上不及中國及日本所產者，大部均推銷於印度北部邊境。印度茶大別分爲南印度茶與北印度茶二類。大部份北印度茶產於印度之東北部，其產製均有季節性，自四月至十一月爲產製期，六月至正月爲銷售期。南印度茶則終年均有產製。東北部茶葉之最上品者，爲二茶及秋茶，尤以大吉嶺及杜爾斯爲然。大吉嶺茶以在七月及八月初者爲佳。氣候漸寒，品質雖有增進，但葉之外觀漸呈退化，並帶褐色，梗子亦多。南印度茶在近十二月及正月中所產者品質爲最優，以後品質逐漸降低，直至初秋之時，此時茶產爲全年中之最劣者。

東北印度茶產自孟加拉及亞薩姆二地及帖比拉山（Hill Tippera）之土人區域。台拉屯及康格拉所產之茶，常稱爲北印度茶。南印度茶產於邁索（Mysore）。惟南印度茶葉種類，常以區或鎮名之，極少冠以省名者。

印度產茶最重要之省爲亞薩姆，此地又分爲布拉馬普得拉谷（Brahmaputra）與森馬谷(Surma)二區。布拉馬普得拉谷之茶，統稱爲亞薩姆茶，森馬谷茶則多數以其所屬之卡察（Cachar）及雪爾赫脫（Sylhet）二處之地名稱之。布拉馬普得拉谷所屬主要茶區爲拉肯普（Lakhimpur）、悉薩加爾（Sibsagar）、達蘭（Darrang）及諾康（Nowgong），尚有較小之產區，爲薩地耶(Sadiya)邊境、哥亞爾帕拉（Goalpara）及加蘆蒲（Kamrup）等。

亞薩姆茶滋味濃郁，高級茶有優雅之香味及芽葉，中等茶葉則爲結實而製工精良之葉片，灰黑色，富有香氣，爲英國拚堆商人之主要原料。亞薩姆茶能泡出深色味濃之湯水，强烈而有刺激性，因此常與較淡之茶相拚和。六月上旬，茶樹因生長緩慢，亞薩姆茶在此季節爲最佳。最優良之秋茶，則產於十月至十一月之間。

杜陀麥（Dum Duma）爲拉肯普之一區，此處有若干優良茶葉產地，不獨產量甚鉅，茶葉品質亦屬上乘。卡察茶在外觀上呈灰黑色，其葉較在雪爾赫脫附近所產者略小，湯水濃厚而味甘，但不及亞薩姆茶之醇濃。雪爾赫脫茶外觀頗美，製工亦佳，液汁濃厚適中，並具有溫和之香味。卡察茶及雪爾赫脫茶均屬優良茶葉。

孟加拉省所產之茶，在東北印度茶葉中佔次要地位，其主要產茶區爲大吉嶺（包括丹雷Terai）、杳爾派古利（Jalpaiguri 包括杜爾斯）及吉大港。

大吉嶺之高山茶，栽培於海拔一千呎至六千五百呎之喜馬拉雅山上，此處所產之茶，輸出相當數量，價格最高。就其特徵而言，大吉嶺茶湯味濃厚，水色紅豔，並具有馥郁而難以形容之獨異香味，此種芳香常稱爲胡桃香。茶樹栽培區域，高度相差極大，各茶園產茶品質自難一致；有若干茶園，產最優等茶葉，即其價格在倫敦市場上亦高出於一切茶葉之上。其中碎橙黃白毫級、橙黃白毫級之茶葉，葉片優美，惟以買主注重香氣，反不及他茶之被重視。葉形自極細之嫩葉以至極大之粗茶，任何茶人一經審査大吉嶺之優美茶葉，將永不能忘記其特殊之香氣。此種茶葉恐爲印度產品中唯一可供單獨飲用者。但事實上常用以與中國紅茶即工夫茶或錫蘭茶相拚和，祇須混以少量大吉嶺茶，即瀰漫誘人之芳香。世界上任何區域所產之茶葉，其香氣未有能與大吉嶺相匹敵者。該地在六月所採摘之二茶及十月所製之秋茶，其品質尤佳。

杜爾斯茶之外觀爲黑色，在某種氣候狀態下，往往能發見有大量茶梗而帶紅色之茶葉，其製工不甚均勻，略帶有亞薩姆茶葉之特性，但刺激性略弱。茶湯溫和、沉晴而濃厚，在十月及十一月時可用以製造玫瑰秋茶（Rosy Autumnal）。

丹雷茶，葉黑而較小，形狀不甚優美，湯水品質中庸，但有適當之色澤，且具甘味，不亞於次等之大吉嶺茶。丹雷茶常供拚和用，蓋大吉嶺茶之馥郁香氣，易被硬性及刺激性之茶所減損，而以丹雷茶相混用，最爲適宜。

吉大港所產之茶，葉色黑而形小，水色中等而味甜，屬於中等及次等之品質，惟因味淡而無顯著之特徵，故在商業上不被重視。

別哈爾省（Bihar）及奧理薩省（Orissa）內有哈薩利巴格（Hazaribagh）及蘭溪(Ranchi)又稱可他那格浦(Chota Nagpur)二產茶區域，茶種大多爲中國種，茶味强烈，略帶銅氣，蘭溪附近今產少量之綠茶。

旁遮普省（Punjab）之唯一產茶區爲康格拉谷（Kangra），乃印度西北部高地，以氣候嚴寒，對於茶葉不甚適宜。所產綠茶有美妙香氣，是其特徵，故能博得善價，多數銷於西藏，其餘則爲內銷茶用。

帖比拉山（Tippera）之土人地方，屬於孟加拉省，茶園大半爲印度土人所有，其茶葉在商業上不甚重要，與雪爾赫脫(Sylhets）之次等茶相似。

聯邦省中之產茶區域爲古門（Kumaon）——可分爲阿爾莫拉(Almora）及加瓦爾（Garhwal）二區——及台拉屯。古門茶葉小而緊，能泡出鮮明而有刺激性之湯液，但因氣候過寒，未能生產優良之茶葉。所產茶葉（包括一部份綠茶）越邊境而運往西藏與尼泊爾，台拉屯茶品質平凡，無香氣與濃味。

南印度茶區在地理上近於錫蘭茶區，故其一般性質亦不近北印度茶而近錫蘭茶。麻打拉斯省包括科印巴托(Coimbatore)、交趾(Cochin）、庫耳（Coorg）、馬都拉（Madura）、馬拉巳、尼爾吉利斯、尼爾吉利魏南特（Nilgiri Wynaad）及丁尼佛來（Tinnevelly）等區。

科印巳托茶常以其所屬之亞那莫拉（Anamalai)名之，湯水濃烈，與爪盤谷所產者相似，但較爲濃厚。交趾、康耳及馬都拉在商業上爲不重要之產地，馬拉巴之魏南特，生產品質平凡之低地茶。

尼爾吉利斯爲一高山區域，高度由海拔四百至六千呎，所產茶葉有優美香氣與刺激味，湯水稍薄，有時具有如檸檬之誘人香氣。尼爾吉利魏南特位於斜坡之半途，所產茶葉似爪盤谷茶，品質頗佳。丁尼佛來爲不重要之產區。

邁索（Mysore）位于麻打拉斯之西北，產茶不多，爲一新闢之茶區，茶樹均種植於舊咖啡園中及未開闢之林地。

爪盤谷省之產茶區爲中爪盤谷或稱比爾麥特（Peermade）、加南第凡（Kanan Devan）、蒙達加陽（Mundakayam）及南爪盤谷。茶葉品質近於錫蘭茶，多具有香氣，味濃，但葉形不甚優美。

中爪盤谷位于加南第凡與南爪盤谷之間，產中級之茶。

加南第凡山或稱高山區，產茶地在海拔六千呎以上。該地出產大量上級茶葉。

蒙達加陽茶亦爲普通之優良茶葉，南爪盤谷茶爲普通之低地茶。

印度紅茶之分級與錫蘭所採用者相同，即碎橙黃白毫、碎白毫、橙黃白毫、白毫、白毫小種、小種、花香、茶末等。印度綠茶之分級爲優等眉茶（Fine Young Hyson）、眉茶（Young Hyson）、頭號貢熙（Hyson No.1）、貢熙(Hyson)、干介(Twankay)、秀眉(Soumee)、花香（Fennings）及茶末（Dust）。

中國茶

中國產紅茶、綠茶、烏龍茶、薰花茶、磚茶、小京磚茶、珠茶以及東茶等，種類繁多，分類不易。若干縣區所產茶葉，或完全不出現於海外市場，或僅銷於某一國家。唯就大體而論，中國茶可依出產地、季節性以及貿易上之名稱等分類。

紅茶可別爲二大類——即華北工夫茶與華南工夫茶。此種茶葉均爲熱（鍋）醱酵茶。前者有時稱爲黑葉工夫茶，後者常稱爲紅葉工夫茶。產茶期自四月至十月，以頭茶品質爲最佳。每年之三次摘採期爲四月至五月、六月至七月及秋季。

華北工夫茶，過去英國人常於早餐時飲用之，故名爲英國早餐茶。產於湖北、湖南、江西及安徽。上等之工夫茶，有香氣，滋味醇厚。下等者水色稍差。

堪爲華北工夫茶之代表者，爲祁紅、寧紅及宜紅三種。以前曾通稱爲中國茶之巨擘，因其具有拔萃之芳香。祁門原爲綠茶產地，在十九世紀八十年代始改製紅茶。所產綠茶品質極爲普通，但紅茶則爲中國之最優產品。祁紅色濃味厚，有馥郁之香氣，外形雖無特殊引人可愛之處，但其最優級之茶確爲茶葉中之珍品。寧州茶外形美麗緊結，色黑，水色鮮紅引人，茶身較祁紅及宜紅爲輕，但在拚和茶中極有價值。宜紅身骨頗佳，水色香味亦佳，惟稍有煙味或黑油味。

著名之華北工夫茶中尙有一種至德茶，與祁門茶相似，具有特殊之清快香氣，水色鮮紅，湯味濃烈，亦屬上品。湘潭茶葉形狀不甚整齊，葉底粗老，呈黑色，水色淡薄，香味不高，爲低級之工夫茶。

古潭（Kutoan）茶有時稱中國亞薩姆白毫，葉形短而稍帶銹紅色，味濃，貯藏稍久，即有發生草味之弊。

安化茶爲湖南省所產之一種優良拚和茶，上等者湯色鮮明，惟常有煙味。

蕪湖茶爲江西馬當地方所產之茶，通常歸入於九江茶，常由九江市輸出。九江茶有馥郁之芳香，但無身骨，乾葉色黑整齊，茶末少，易於變質。

湖北茶常稱作 Oopacks ，乃由「湖北」兩字之廣東音轉譯而來。凡湘陰、武昌、漢陽及湖南之衡州地方所產之茶，因其品質相似，而又同在漢口之市場上出售，故均稱爲湖北茶。

其他較不重要之華北紅茶，有下列各種：

湖北省

長壽街、通山、羊樓洞、羊樓司、太沙坪、張陽、崇陽、咸寧、蒲沂、江岸、崇陽、漢陽、鶴峯。

湖南省

醴陵、桃源、瀏陽、潙山、高橋、湘潭、雲溪、平江、長沙、寧鄉、湘陰、臨湘、石門、聶家市。

江西省

臨州、浮梁、寧鄉、武寧、瑞昌、修水、遂川、玉山。

安徽省

蕪湖、六安、屯溪、秋浦、徽州。

華南紅茶以華南工夫；紅葉工夫及福州工夫等聞名。產於四月至十月。最普通之品名爲白琳茶，北嶺茶及坦洋茶。因土壤與氣候之不同，華南紅茶之品質香氣與華北紅茶有區別。此種茶葉均爲中國茶中之上品。

白琳茶條子緊而細小，優等者多有白色之芽尖，爲中國紅茶中外形之最佳者。湯水鮮明而芳香，但缺少濃味。

坦洋茶葉較粗大，大都作拚和之用，較細者滋味濃厚，並有香氣。坦洋茶之夏茶，常稱爲針狀坦洋茶（Thorny Panyongs）或稱亞蘇姆坦洋茶，頗爲特別，香氣頗佳，清快而帶有刺激性。

北嶺茶葉小而均勻，色黑，做工精細，身骨良好而重，並有動人之焙香味。

政和茶常視爲紅葉工夫中之最優等者。其葉常能捻捲勻緊，呈黑色，稍具葉芽，香味極佳，水色鮮紅，拚和時能分發香氣於其他茶葉中。

沙縣茶爲紅葉工夫茶中之最紅者，除若干頭幫茶外，製工粗放，二茶與三茶常雜有粉末，但冲泡時，味强而有充分之刺激性。

邵武茶質頗優良，有香味，味濃，爲優良之拚和用茶。

白毫工夫茶製工精美，葉黑而捻捲勻緊，葉底鮮紅，惟湯水稍帶暗色，缺乏香氣。

精選紅茶（Padraes）爲火工最足之茶，乾葉呈黑色而捲縐，葉粗而不勻，在泡液中有快爽之香氣，色濃，味強烈，且具特殊之香氣，略似黑葡萄，其普通品級，雖粗而光潤，但味亦強。

水吉茶（Suey Kuts）爲捻捲美觀而黑色之茶葉，滋味不濃不淡，品質普通，中等者常有粉末。

安溪茶（Ankois）略與沙縣茶相似，惟葉較沙縣茶稍黑，香氣亦稍劣，但亦不失爲强味可用之茶。

星村茶（Singchuen）除本身有特殊之市場外，無甚價值，產量不多，葉片粗鬆，混有茶末，爲烈性飲料。

小種茶爲多數大葉工夫茶之通稱，特別適用對於華南之粗葉紅茶，湯水濃而呈糖漿狀，稍有煙味，最著名者爲正山小種茶，常用以加香於高價及精細之拚和茶，葉色純黑，稍捲曲。二茶與三茶較頭茶爲柔和，此茶在美國雖曾一度暢銷，但現已無此需求。小種之名，又常通用於若干印度、錫蘭、蘇門答臘及爪哇等之大葉品級。

福建省又出產一種商業上不甚重要之茶，即廈門工夫茶，火工甚足，味强，乾葉粗而寬鬆。

福建尙產有若干數量極少而不甚重要之紅茶，例如武夷茶或岩茶（譯者按：岩茶係半醱酵茶）、白嶺茶、洋口茶、界首茶、丹洋茶、邵武茶、沙縣茶、水吉茶、東塘茶、武園茶、淸和茶、政和茶等。

以前尙有所謂一種新茶或稱地方茶（Province Leaf）或新產區工夫茶者（New District Congous），均爲廣東出品，由廣州出口，但現已無此種名稱。此種茶之主要品類爲河源茶、煙香河源茶、白毫茶、小種工夫茶以及金銀花工夫茶等。前二者色灰葉粗，湯水强烈；後二者則製工較精。其他普通之新茶，質劣而不甚重要。

河源茶（Hoyunes）形狀不佳，葉底有銅色，湯色鮮紅而優美。尙有煙香河源茶，則有特殊之煙味。

白毫小種（品級名）工夫茶，有優美之捲葉，含有葉芽，茶液鮮明，濃厚而强烈，有若干幫茶葉且具有特殊之金銀花香味，葉常帶紅色，茶液亦强烈而快爽。

中國綠茶可大別爲路莊綠茶（Country Greens）、湖州茶及平水茶三類。凡湖州及平水附近以外各地之綠茶通稱爲路莊茶。綠茶主要產地爲安徽、浙江及江西三省，他如福建、廣東、湖南各省亦有少量出產。上述產地之主要茶類，爲安徽之婺源茶、徽州茶、屯溪茶，浙江之湖州茶、平水茶及溫州茶，江西之九江茶及福建之福州茶。綠茶之出產期，約自六月至十二月，以頭茶爲最佳。

各地產製之茶，可分爲珠茶或蝦目（Gunpowder）、圓茶（Imperial）、眉茶（Young Hyson）、貢熙(Hyson)、副熙(Hyson Skin)、干介（Twankay）及茶末。此項名稱僅形容製造後乾茶形狀，故在貿易上此項名稱常表以地名，如屯溪蝦目，婺源蝦目等。

珠茶以細嫩及半老嫩之青葉製成，揉捻成爲球狀，其大小自針頭至豆狀不等，可分爲特號珠（Pxtra First Pinhead）、頭、二、三、四、五、六、七號及普通珠茶（Common Gunpowder）等級，中國品級名稱爲麻珠、寶珠及芝珠三種。

珠茶愈小，價格愈貴，因此頭號珠茶形狀極細。頭號珠茶爲細嫩之青葉緊捲而成，二號珠圓緊程度較差，三號珠已呈疏鬆狀態。珠茶中國名稱爲小珠。

眉茶亦由嫩葉及半老嫩之青葉製造，揉捻成長形細條，其品名可分爲珍眉、鳳眉及針眉等，有時亦稱爲頭號、二號及三號雨茶。珍眉雨茶爲細長緊捲之葉條，鳳眉條子較粗長而稍灣曲，針眉則爲細小而捲曲之條子。

圓茶由較老之葉製成，通常爲篩出珠茶時所餘之茶，仍做成珠茶狀而較鬆，可分爲頭號、二號、三號圓茶。頭號圓顆粒圓緊，二號圓顆粒寬鬆，三號圓粗大寬鬆。中國稱圓茶爲大珠，此三等級又稱爲蕊珠、丹珠及細珠。

貢熙爲粗老之葉所製成，其形狀在眉茶與珠茶之間，在中國又稱熙春，可分爲貢熙，正熙與副熙三種。

干介爲一種粗放破碎鬆散之葉，品質低劣。副熙（Hyson Skin）品質更劣。

婺源茶產於安徽省，不獨爲路莊綠茶中之上品，且爲中國綠茶中品質之最優者，其特徵在於葉質柔軟細嫩而光滑，水色澄清而滋潤。可分爲三類：南京（Nankin）、Packeong 及眞婺源茶。南京與 Packeong 爲一種優美飲用茶，香氣馥郁，水色鮮明，味强而厚，惟葉身纖柔；眞婺源茶稍呈灰色，有特殊之櫻草香氣，Ouchaines 爲一種小粒狀婺源茶，味特强。婺源茶又有各種商標。每一字號之茶，每年常有三幫，第一幫約在七月初出現於上海市場，第二幫在九月初，第三幫在十月杪，中以頭幫茶最佳。

屯溪茶亦爲安徽之路莊綠茶，形狀美觀，水色清淡，葉底鮮明，香氣與婺源茶頗爲相似，但不甚濃烈。火候欠足，葉身緊縐。手工較婺源茶尤精。

徽州茶亦爲安徽路莊綠茶之一種，葉形尙佳，惟有顯著之煙味。在安徽尙有其他較不著名之茶，如屯溪、歙縣、婺源、休寧、績溪、黟縣及太平等，因以蕪湖爲中心市場，故有時即稱爲蕪湖茶。

溫州茶爲浙江產之路莊綠茶，無特徵，湯水低劣，香氣宛如乾蘋果。遂安茶在形式上與屯溪茶相似，但湯水與屯溪茶相去懸殊，且泡出茶液瞬即變紅，故不能久貯。

上海土莊茶爲由各地毛茶運至上海精製者，因其所備花色並不一定，故其特徵亦無法敍述。

湖州茶湯水淡薄，形狀美觀，有甜和香味。爲中國綠茶在春季最早上市者。通常做珠茶七至八種，圓茶二至三種，珍眉及鳳眉各一種。湖州屬浙江省。

平水茶品質與湖州茶相同，但稍帶金屬味，水色平凡，僅形狀較湖州茶爲佳，其頭幫與湖州茶之形狀及滋味均相似。製工甚佳，較婺源茶爲緊結。平水爲一市鎭之名，浙江省紹興附近各地所產之茶，均集中該鎭製造運銷，故市場上統名之爲平水茶。

湖州茶與平水茶均爲浙江產品，該省之其他綠茶亦均以縣名名之。

如奉化、上虞、諸暨、永嘉、瑞安、平陽、遂安、開化等。永嘉、平陽之綠茶大多數爲內銷。杭州之龍井爲著名之內銷綠茶。浙江綠茶大部集中杭州、溫州，然後運往上海。

江西亦產綠茶，多爲內銷，少數外銷者，則集中於九江，然後運至上海，在市場上即以九江茶稱之，其地方名稱包括德興、餘干、萬年、玉山、鉛山、上饒及吉安。

福建亦產內銷綠茶，均銷於三都澳及福州，最有名者爲淮山茶，以香味甜和出名。

湖南製造少量之內銷綠茶。

廣東製造少量之貢熙及眉茶，經廣州銷於外埠。

白毫茶爲福建所製之綠茶，在形式上，驟視之宛若一堆白毫芽頭，幾全爲白色，且極輕軟。湯水淡薄，無特殊味，亦無香氣，惟形狀殊爲美觀。中國人對此種茶葉常出高價購用。

中國烏龍茶可分爲福州烏龍、廈門烏龍及廣東烏龍三種，中以福州烏龍茶最爲著名。以前尙有高橋烏龍（Kokew），此種烏龍茶製造粗鬆，品質上等者頗爲快爽而清香。銀色烏龍爲特別採摘之茶，由頭茶中最嫩之葉做成。

福州烏龍昔曾稱雄一時，現因有台灣烏龍之競爭，頗受打擊，福州烏龍茶滋味醇美，但無身骨，葉粗長而色黑，二茶或夏茶品質最佳，秋茶較其他種類之三茶爲佳。烏龍茶每年可採製四次至五次。

著名之線茶(String)即爲福州烏龍，其中有若干牌號如「同利」、「同茂」等頗爲出名。昔時該項線茶製工極精，葉黑色美觀而潔淨，一經沖泡，則湯水清澄，香氣純正。優等者與婺源蝦目或眉茶相拚和，可成高級之飲料，但其價值甚昂。曾有一時市場上對烏龍茶之需要甚大，Tycons、水吉等地均改製烏龍。

十九世紀末葉，大量烏龍茶由廈門輸出海外，如一八七七年廈門輸出烏龍茶達九萬担。此時台灣烏龍在台灣製造而裝至廈門出口。至一九○六年，台灣始自行直接出口，輸送至海外消費各國。現在廈門烏龍大半均輸往新加坡及暹羅。尙有極小量之廣東烏龍茶則由廣州輸出。

中國主要之花茶爲福州窨花茶，由福州出口；廣州窨花茶由廣州出口；澳門窨花茶由澳門輸出。其種類有花香橙黃白毫，花香珠蘭（Capers）及包種茶等。就一般而論，窨花茶之滋味並不足道，味極淡薄而不強烈。

包種茶爲福州市場上出售之窨花烏龍茶。台灣包種茶常輸入中國。

福州橙黃白毫與福州珠蘭茶當視作同一種茶，祇由篩分時分開其不同形狀之葉而已，其長形者，製成橙黃白毫，其圓形者製成珠蘭茶。此種茶葉常供拚和之用。

福州花茶依照慣例均在五、六月間製造。福州窨花橙黃白毫爲捲曲均勻之黃色葉，湯水澄清，爲窨花茶中之最上等者。福州珠蘭，味淡，不足以供拚和用，具有特殊縐紋形狀。

廣州窨花橙黃白毫，葉形細長，呈暗綠色，常稱爲長葉窨花橙黃白毫或蜘蛛葉白毫，滋味濃厚而有刺激性，香氣頗佳，品質較珠蘭爲高。

尙有一種短葉廣州窨花橙黃白毫，係仿福州式製造，味強而有刺激性，但缺乏香氣。

廣州珠蘭茶分爲二類，即光滑類與橄欖葉類，前者曾用白蠟磨過，後者則爲原來色澤。福州珠蘭花茶葉形甚小，頗有刺激性。澳門窨花橙黃白毫，製工甚佳，葉帶黃色，有刺激性，其中最優級者稱爲高等白毫（Mandarin Pekoe）。

中國壓製茶，可分爲三類——紅磚茶、綠磚茶及小京磚茶。就一般而言，磚茶之味，祇及一般茶葉之六分之一。

中國紅磚茶爲中國、印度及錫蘭之低級紅茶與茶末所製成。製造時，各用不同之混合法，其混合比例則各守祕密。紅磚茶長八吋至十二吋，厚一英吋。茶磚裝於竹簍，每簍裝三十塊至一百四十塊不等，平均則爲八十塊。每塊磚重二又四分之一磅。商人有摻雜者，則往往混以樹皮、各種茶葉、木屑及煤灰。

綠磚茶全用茶之葉片製成。做成後裝於木箱，每箱可裝四十五塊。

每磚面積 7×12吋或 8×5.5 吋。無論紅綠磚茶、均分爲上、中、下三等級。

在四川雅安與打箭爐（譯者按：打箭爐現改康定，爲西康省會。）所產之磚茶，其性質與其他茶完全不同。此種磚茶，係用粗葉或用剪枝剪下之枝梗所製成。將葉裝於濕牛皮中，乾燥後即成一堅實包裹，重約六十至七十磅，全供西藏貿易之用。

小京磚茶之製法與磚茶相似，完全以中國或爪哇及錫蘭之最佳茶末製造，製造時不用蒸汽而僅以壓力。塊小，重四•七八八唡，用銀紙包之。

束茶由多數茶條束成，長二吋，用銀絲綫縛之，爲廣州烏龍茶之一種，僅用茶樹之頂芽所製成，產量極少。

茶梗爲茶中篩出，僅供內銷用。

毛茶亦輸出於若干國家，均不分級。

有時茶末不僅指粉末而言，且指一部份之葉梗及粉末。此種茶末僅爲增加重量時而輸出。

日本茶

日本茶以綠茶居多，每年五月至十月產之，分爲頭幫、二幫、三幫。頭茶最優，湯水淡薄而香濃，葉底亦較二、三幫爲鮮綠，二、三幫以後之茶，有時形狀亦頗美觀。頭幫採摘自五月至六月中旬，二幫自七月中旬至八月，三幫自八月中至九月，有時因氣候關係，更可在九月底採第四幫。

日本茶依其製造方法，可分爲釜製茶（長形）、玉綠茶（Guri 圓形）、籠製茶(Basket Fired)及原葉茶（Natural Leaf），最後一種在從前稱爲瓷製茶。釜製茶由短葉製造，色淡綠。玉綠茶爲類似中國眉茶之釜製茶。籠製茶用長葉製造，最上等品則用嫩葉，因其易於捲成長而黑且帶橄欖青之葉；中等品用老葉製成，捲性亦較小，但尚易於捲捻；至下等品捲捻疎鬆，並含有多數粗而製工不良之葉。原葉茶之製法與釜炒茶及籠製茶相似，但常含粗葉。

日本上等茶各具特異之芳香。在飲用上釜炒與籠製並無區別，所差異者僅外觀而已。

日本茶依其製造，可分爲商業用之煎茶，供神用之碾茶或稱式茶，低級之內銷番茶，產生於蔭蔽下葉片經特別製造之玉露茶。煎茶專供外銷。尚有新興之紅茶，亦供外銷。

靜岡縣爲日本外銷茶之最主要產地，所產茶葉，可分爲遠州茶與駿河茶二種。前者外觀雖稍遜於後者，而滋味則極佳。再細分之，有川根、森、大川及金谷、濱松等數種；其中以川根茶爲最優，葉細而捲，湯水味強而厚。森茶葉形與水色均佳；金谷茶品質中等，味強而色劣；濱松茶則品質平凡；大川茶在商業上不甚重要，但亦有與金谷茶相混後再輸出者。

駿河茶爲日本茶之外觀最優美者。大部爲籠烘，湯水品質不及遠州茶，且少香氣。可分爲二大類：一爲安倍茶，一爲富士茶。前者較優，後者色佳而味稍弱。

近京都之山縣，出產優等茶葉，宇治茶爲其中之一種。大部分山縣茶有種種品級，供作內銷；且因價貴，故輸出甚少。其附近尚有近江，產優良品質之茶，稱爲滋賀茶。三重縣所產之茶係供拚和用；岐阜縣亦產有品質優良之捲葉茶。

在崎玉縣之入間及玉一帶，又有一種茶稱爲狹山或八王子，葉形及湯水均佳，惟在外銷上價格稍覺過貴。九州島之鹿兒島縣，亦製造相當數量之低級茶，用於拚和而供內銷。

在宇治覆蔭所生之葉，經特別方法製成玉露茶，品級上等。不作外銷。碾茶或式茶常爲粉末狀，亦如玉露茶用蔭蔽葉製造，惟玉露茶爲揉捻葉，碾茶則在自然狀態中乾燥而再粉碎者；其用以供茶道用者稱爲抹茶，亦非外銷茶。番茶爲一種粗葉下等茶，供內銷用。焙茶爲焙製番茶，刺激性強。

茶尖(Nibs)爲塊狀之葉，製造時因不易捲轉而被揀出，在各種日本茶中均有，上等者湯水尚佳，但下等品質之茶尖則比原來之茶葉更劣。

日本外銷茶之分為下列各級：超優等、最優等、優等、最上等、上等、中等、普通、茶尖、茶末及茶片。

台灣茶

台灣所製茶葉可分為二大類，即半醱酵之烏龍及包種(窨花烏龍)。最近更有第三類茶為醱酵四分之三茶，專銷美國；第四類為紅茶，數量甚少，銷於日本。醱酵四分之三之台灣茶，分為嫩橙黃白毫、橙黃白毫、白毫三種。但在美國必須註明「橙黃白毫葉形」(O. P. Leaf Size)之標記。

包種茶在補火時用梔子(Gardenia)、茉莉或玉蘭花薰之。在世界上主要茶葉市場上，雖尚未見此種包種茶，但對東印度貿易上，已製造七百萬磅以上。

台灣烏龍曾被稱為茶葉中之香檳酒，乾燥、青褐而捲皺，又含有芽葉。茶液有強烈之刺激性，且有最優美而誘人之天然果香。水色依採摘時間及品質而自琥珀色至棕色不等。品級愈高則香氣愈高，如葉底為完全綠色或近於綠色，則茶液之香氣與濃度尚非最佳，如葉之邊緣有醱酵現象，品質較佳。

台灣烏龍之生產期在三月至十二月，分為五次：第一次即春茶，第二次夏茶，第三次晚夏茶，第四次秋茶，第五次冬茶。各次茶在品質上頗有出入，例如春茶與晚夏茶之間之差異，有如工夫茶與錫蘭茶或日本茶與眉茶之差異。就一般而論，春茶外觀較優，滋味較淡，而夏茶與晚夏茶均有身骨與香氣。

春茶之採摘自四月初至五月中，六月裝運。葉粗而鬆，芽葉較少。水色為琥珀色，淡而薄。早採者有充分香氣，其品級通常在普通(Common)與上等(Fine)之間。

夏茶之採摘在五月末至六月底，晚夏茶之採摘在七月第一週至八月中旬。前者外觀美麗，香濃味厚；後者葉形更美，芽葉較多，香氣及味更濃。其中級茶因其滋味濃厚，猶如用一小部分之錫蘭茶或工夫茶拼和而成。夏茶之品級甚多，最高級茶即在此時期產生。

秋茶於八月下旬至十月中旬採摘，葉美味強，但其香氣不及夏茶，故品級頗難超過優等。

冬茶在十月下旬至十二月初採摘，外觀華美，湯水輕淡而新鮮，茶葉品質隨氣候不同而異。有時初冬寒氣迫人，往往在冬季甚晚時能採得少量極香極美之茶，且其品質與春茶相似。但此種情形為十年中難得一見者。

在地理上劃分台灣之產茶區域(不依品質而定)，最主要之產地為新竹及台北。新竹區域內之茶產地為苗栗、竹南、竹東、中壢、新竹、大溪及桃園等；台北則包括文山、海山、基隆、七星、新莊、淡水。至於台中、台南二部則產茶數量極少。在外國茶商中有時將烏龍茶分為北區茶與南區茶，以產區大稻埕之南或北而區別之。

中國舊式之名稱，亦常用於大面。

台灣烏龍之分級，政府檢驗機關分為十八級。即為 Standard, On Good, Good, Fully Good, Good Up, Good to Superior, On Superior, Superior, Fully Superior, Superior Up, Superior to Fine, On Fine, Fine, Fine Up, Fine to Finest, Finest, Finest to Choice, Choice。在貿易上尚有其他中間級，為 Good Leaf, Fully Standard, Standard to Good, Strict Superior, Choicest, 及 Fancy等級。

法屬印度支那茶

法屬印度支那之產茶區為安南、東京及交趾支那各省。此外在上老撾之各山地，亦產有不少野生茶，土人有時亦製造之。

印度支那之最主要外銷茶為安南綠茶及安南紅茶，均為歐人所製，製工甚精，常為法國拼和茶應用。至於土人所製者，則均用較劣之粗葉，有強烈之辛辣味而無香氣。尚有所謂花茶者，正如其名，係用茶花製成，有一部分運往法國，巴黎人士常作為新奇飲品。

在印度支那製造而供當地消費之茶葉，除上述數種之外，更有日曬茶、東京紅茶、東京綠茶、東京餅茶及交趾支那綠茶等。前三者完全粗製濫造，毫無優點可言，蓋土人好强烈之辛辣味而不重視香氣也。東京餅茶與雲南所製之餅茶相似，主要者爲海杏（Hagiang）餅茶及河內餅茶。交趾綠茶爲一種粗而有刺激性之茶葉，在商業上並不重要。

暹邏茶

暹邏採茗葉製茶，茗樹亦爲Thea sinensis（L.）Sims.之一種。每年常採摘四次，即六月、八月、十月及十二月。最後二月品質較佳。若干地方亦有全年採茶者，葉經蒸及醱酵，再加鹽以及其他味料，常用作口香品。

緬甸茶

緬甸茶共有三種，即紅茶、綠茶及土產醃茶。其中百分之九十產於潭平老隆（Tawnpeng Loilong）之北禪部（Northern Shan State）及南禪部。又亞拉根（Arakan）、都拿舍廉（Tenasserim）及西北邊境亦有少量出產。

每年自三月至十月底，採茶三次，以五月至六月所採之二茶爲最佳，稱爲Swépe。頭茶製成醃茶（Pickled），緬甸語稱爲Letpet，此茶乃經蒸及醱酵，在本地作蔬菜用，常與菜油、大蒜或乾魚共食之；二茶常製成乾葉泡飲，但不適於歐人口味。倘有旅居緬甸歐人所製之紅茶，惟數量極少，祇足供本地消費之用。

其他亞洲茶

在伊朗之幾蘭（Gilan）、莫山台冷（Mazanderan）及亞斯塔拉白特（Astarabad）亦有少量茶葉出產，其種籽採自外高加索及印度。又在馬來聯邦，吉打（Kedah）之古鑾（Gurun）有三百噉之茶園，在商業上均無重要性。

爪哇及蘇門答臘茶

爪哇四季產茶，而以旱季——六月至九月——所產者爲最佳，其餘各季則品質次第低減，僅出產紅茶。

爪哇茶以園名標記，有時則更冠以產地名，以示區別。因採茶季節及地勢高低之不同，致茶葉品質、香氣及滋味等均頗有參差。就一般而論，爪哇茶有黑色及誘人之外形，但在旱季則褐色多梗，而香氣反見增進。爪哇茶湯水强烈適中，製工甚精。實一優良之拚和茶。高山產者有錫蘭茶之香味，低地產者則香氣弱，茶水濃厚而不澀。

爪哇最上等之茶，產於潘加倫根高原，此地旱季所產之茶，可與印度錫蘭茶比美。其高度約在四千呎至六千呎。在布林加州之茶園占全爪哇百分之七十。此外，產茶地倘有萬隆、加累特、柴卡保密、宋麥丹及芝安祖爾等地。

巴達維亞州爲次於布林加之產茶區，其茶均產於高山上，產區爲茂物及宋邦(Soebang)。倘有若干優等茶產於巴索魯安州（Pasoeroean）及馬蘭（Malang）之隆馬特宗（Loemadjang）一帶。

蘇門答臘茶受季節之影響不若爪哇茶之甚，全年所產各茶均有同一佳味，葉亦勻整可愛，大量茶葉產於東海岸之日里州，其次爲亞薩汗（Asahan）、巴吐巴蘭（Batoe Barah）、星馬隆根（Simoeloengan）及潘馬潭聖他爾（Pematang Siantar）。產品以後者爲最優，茶園多位於八〇〇呎至二、四〇〇呎之高地，其他各地將來亦頗有發展之可能。

爪哇與蘇門答臘茶之品級亦分爲嫩橙黃白毫、橙黃白毫、碎橙黃白毫、白毫、碎白毫、一號及二號白毫小種、小種、碎茶、茶末及Bohea等。

斐吉島(Fiji)茶

斐吉羣島中之第二大島伐尙來浮（Vaiwa Levu）亦有茶園，僅製少量紅茶供島民飲用，低地則不適於植茶。

非洲茶

尼亞薩蘭——非洲植茶最多之國家爲尼亞薩蘭，產茶區爲姆蘭治（Mlanje）及科羅(Cholo)二地，前者海拔二千呎，後者三千呎，故後者產茶之品質較前者爲佳。所產均紅茶，品級在中等至上等之間，水色清淡。今日尼亞薩蘭茶在倫敦市場上漸被重視，故其價格亦能與錫蘭、印度之同一高度產茶區之出品相似。其分級與錫蘭、印度茶相同。

納塔耳（Natal）——納塔耳之茶樹僅生長於鄰近斯坦求（Stanger）之六個茶園內，該處爲一高地，海拔在一、〇〇〇呎以上，在斯坦求濱海區之西及土共拉河（Tugela）之南——土共拉河爲納塔耳及祖魯蘭（Zululand）之界線。今茶業已漸衰落，僅有茶地二、〇〇〇畝，但在一九〇九年時有茶地五、九〇九畝。採摘季節自九月至次年六月，僅產紅茶，種亞薩姆土種，茶葉分爲金黃白毫、白毫、白毫小種及小種四級，大部份在南非銷售，僅偶有一小部份在倫敦市場出現，此爲含單寧少而有輕香之茶葉。

怯尼亞——怯尼亞（Kenya）殖民地之產茶區在尼亞薩（Nyanza）之開力巧（Kericho），基古右（Kikuyu）之怯姆善（Kiambu），以及納伐娜（Naivasha）及烏生奇休特別州（Uasingishu）。地勢多高出海拔七、〇〇〇呎。茶種均爲印度種。葉肉肥厚，湯水薄而相當強烈，品質亦佳。在商業上雖尚未臻重要，但在茶園之經營方面，則進步甚速。一九二五年有茶地三八二畝，一九二六年已增至一、六八九畝。一九二九年有一批怯尼亞茶正式在市場上公開出售。據評茶報告知其製造方法完全依據其他產茶國之方法行之。

烏干達（Uganda）——有少數茶葉產於烏干達五、〇〇〇呎以上之高地，茶葉富含茶素、單寧及可溶物，故似印度茶而與中國茶不同。常推銷於怯尼亞之內洛皮（Nairobi），供內銷用。

葡屬東非洲——在葡領東非之莫三鼻給與尼亞薩蘭相聯之姆蘭治山，有茶地四九三畝，行銷本地及葡萄牙，享受百分之五十之特惠稅。

湯水平淡，與尼亞薩蘭茶相似，亦無澀味，外觀殊佳，具有芽葉。

亞速爾及毛里求斯

在葡領亞速爾羣島（Azores）之聖密契爾島（St. Michael）上亦栽培少數茶樹，採製紅、綠茶，其品質頗佳，均輸往葡萄牙，亦享有特惠關稅。印度洋之英領毛里求斯島（Mauritius）亦有商業性之茶葉生產，每年產量約三萬磅。

外高加索

在蘇俄外高加索之喬治亞蘇維埃共和國境內之亞治哈立司坦（Adzharistan）有廣大之茶地。茶園均在巴統（Batoum）附近黑海東岸之亞特加山（Adjar Hill）之南坡。產品均售於蘇俄。栽培及製造之中心爲Chakva 集體茶園。上等茶與多種中國茶及印度平地產之普通級（Good Common）茶相似，葉形頗佳，但湯水平平。

茶葉審評

昔謂茶師如詩人，係天才而非由於學習。雖然茶師之技術必須經訓練而成，然必先具有敏感之味覺及微妙之嗅覺，始克有濟。優秀茶師正如音樂家，一聽其音符之外形，即知其發音長短；又如烹飪家，就配合材料之智識，而能辨別調味之美惡。茶師不僅憑樣茶之審查而定幾千磅茶葉之價值，且須預知多數種類不同之茶葉如何可以拚成佳品，故具有超拔之天才者，再經多年之研究與實驗，方可爲成功之茶師。

茶葉審評得係據三要點；乾茶之外觀、撚捲及香氣，皆由視覺與嗅覺檢定之；葉底之色澤及氣味亦由視覺及嗅覺審評之，湯水之色澤、厚薄、強弱、刺激性及香氣等，則由視覺及味覺評定之。

緊捲黑色之茶葉，表示萎凋良好；鬆而褐色者，表示萎凋不良。惟茶葉稍帶褐色，常爲湯水最佳之茶，黑而美觀之葉，其湯水恆不良。又不捲之葉易於泡出液汁，且初次冲茶，茶之內容物即能完全泡出；撚捲較緊之茶，第二次沖泡之茶湯常較初次爲佳。故在硬水區域宜選擇撚捲緊結之茶，而軟水區域則以選用疏鬆之茶爲宜。就一般而論，葉以小硬而撚捻均勻者爲佳，芽尖並不十分重要。在美國購茶者大都注重葉形，而以白毫之芽尖表示紅茶之品質，但實際上各種紅茶之優良者，未必均有芽尖。例如上等台灣茶中，葉小而黑硬，撚捻良好均勻者，則其品質較葉粗、不勻而多芽尖者爲佳。超等大吉嶺茶，每以最高價出售，其特徵在於呈全黑色。如有芽尖之茶，則芽尖必長而呈金黃色，且撚捲良好，多數購茶者每採少許乾樣茶於手中，輕輕壓之，以辨別其樣茶之是否有彈性或乾脆。新茶在輕輕壓榨之下，仍能不破碎而回復原狀，反之，陳茶則易碎而生粉末。

錫蘭、爪哇及印度紅茶之乾葉，在外觀上均極相似，實際上爪哇茶亦爲阿薩姆茶種，分別自頗困難。中國紅茶完全與其他紅茶不同，每一種類各具有特異之香氣，故久經習練，便可依嗅覺辨別之，有時茶師僅用此法檢別乾葉，即可決定其價值。

葉底之色澤極爲重要。在紅茶，鮮明之葉底混有青色之葉片時，即爲含有生茶而表示醱酵不充分。此種茶葉如屬過生，即稱爲「生」（Raw）或「綠」（Green）。葉底爲暗綠色而葉形平展者，表示萎凋不足及醱酵過度。葉黃而帶有綠色者，則表示有刺激性。金黃色葉片必爲品質優良之茶。紅葉底表示湯水豐富而濃厚，暗葉底表示低級及平常之茶葉。色澤必須平勻。在綠茶，液色澄清而帶青黃或金黃色，葉沉於杯底其鮮明者，表示此種葉爲早採之嫩葉；如爲晦暗無光或帶有褐色之黃葉，係表示老葉或爲低等茶。故一般在淡色茶中，水色愈淡即表示茶葉愈嫩，而茶葉亦愈佳。日本之上等茶及婺源之蝦目或眉茶等，均有顯著之鮮淡色湯水；當然水色愈淡，係表示湯水不濃烈，但此等綠茶則屬例外。因此特別淡色之茶湯，並不足以視爲缺少其他湯水之性質。葉底亦可藉嗅覺判別其特徵而決定其爲有無刺激性及性質厚薄豐富與否，以及爲濃烈或焙焦或醱酵過度之茶葉。若干購茶者確有僅憑葉底之含蓄性質以評茶者。在茶湯充分濾出以後，富有含蓄之茶葉，仍含有相當之水

份，故如壓榨海綿然，尚可擠出相當分量之茶湯。

可助乾葉與葉底之審查者，乃在於最後品評茶液之品質與香氣。最理想之茶，爲快爽、濃厚而有香氣之茶，且在杯中濃厚之汁液，不暗而富有色澤。好茶之水色，在沖泡之後，即現有鮮明光輝之外觀。若爲阿薩姆茶種，水冷時立生乳狀，中國茶則無。

在茶葉審評時所用之各種名詞，頗爲難以描述，例如茶可稱爲快爽（Brisk）、醇厚（Full）、濃（Rich）、厚（thick）、淡（insipid）、青味（Grassy）、腥味（Fishy）、煙氣（Smoky）、香味（flavory）、澀味（Harsh）、金屬味(Metallic acrid)、辛辣（Puckery）、烤麵包味（toasty）、麥芽味（Malty）、銅味(Brassy)。又有濃烈（Body）及強烈（Strength）、刺激（Pungency）、辛味(Bite)、，又可有沉澱(Gream Down)。刺激爲嘗液汁所得之感覺，在口中感覺粗糙或收斂，但並非爲一般之滋味。生（Rawness）與青（Greenness)爲一種苦味。快爽爲一種活氣；與平淡味相對，正如新鮮蘇打水與陳蘇打水之差異。香味爲一種甜味，一種蜜香。沉澱表示茶突變濃厚，一若在有多量澱液沖入茶中者，且其液面亦起一乳狀膜。此點雖不足之完全斷定茶之品質，但如有此特徵，多係品質優良者。惟此非香味之表示。

就化學方面而言，單寧有強烈之澀味與刺激性，即因此味，遂使茶湯具有特殊之滋味。單寧又使茶液呈金黃色、紅色及褐色，一方面使葉起乳漿之現象。紅色單寧生新青銅色及烈味；褐色單寧使水色起老青銅色；單寧使液汁起澀味與快爽。茶素能使茶葉成爲一種興奮劑；揮發油使有芳香。全部之可溶物使茶湯濃厚。

除上述各項性質之外，茶師更須在各茶中發現其特性，使一種茶加於其他拼和茶中或普通茶中使其特性能表現於拼和茶內。茶葉如能具有此種品質，即使缺乏某種特性，亦可博得高價。

拼和冰茶

美國夏季時最普遍之飲品爲冰茶，不需加牛乳或乳酪。拼和茶商須

研究各種茶是否適於此種用途，因有若干種茶之茶湯常變濁而生沉澱。上等亞薩姆茶及大部份普通亞薩姆茶及高地產錫蘭茶，即具有此特性。

欲拚成一種沉澱不過多之茶葉，亦非不可能者，實際上多數茶葉如錫蘭、北印度與南印度之低地茶葉，台灣紅茶及華北之中等茶、華南工夫茶等，均不起沉澱現象。拚和冰茶在拚和之前，應用水冲泡六分鐘後再加冰試之。使拚和茶減少沉澱，在於冲泡之時間問題，若熱茶在冲泡三分至五分鐘傾出，即可成爲夏季適口之飲料。

審評用具

光綫爲審評茶葉之最主要部份。理想之審茶室，當面北之窗戶，審茶檯應放於光綫勻和而各茶杯均能受到同一光綫之處，若光綫不一，則水色即不能比較，直接太陽光與人工光綫均不宜應用。在遠東方面，檯常放於窗下，窗外更加一幕，使光綫直接反射於茶面。

美國審評茶葉之方法及設備與英國、荷蘭及其他產茶國所用者不同，後者更爲周詳而正確，美國審査茶葉所用房屋較小，時間亦短。

除美國以外，各國審査之方法如下：長審茶檯高約四呎，室之四周有木架陳列各種茶樣。一銅壺放於火爐上。窗外有幕，可以調節光綫。應試之乾茶樣品排列於檯上。在樣品之前，放有蓋之磁缽，此種磁缽通常無缺口，但在歐州若干地方，亦有用有缺口者。在各樣品與磁缽之前，放置一定大小之磁杯。每一樣茶用小型手上天平稱取四分之一唡或四十三克。俟稱就十、二十或三十種茶樣後，各放入磁缽中，然後用水壺準備冲泡，冲泡時所用之水，需剛到沸點，決不用二次煮沸者。水冲入磁缽中即將蓋蓋上。

茶在缽中約浸漬四分、五分或六分鐘，其鐘點以沙時計，或用小壁鐘計之，此鐘須先調整，能於一定時刻鳴鐘，然後將缽橫置於杯中，使茶液流出，葉底即放於反轉之蓋面，即放於缽上。如此，一方面可審査茶湯，一方面又可審査葉底。習慣上均自左至右審評茶葉，下等茶每最先試之。

在美國審茶時常用圓檯，檯面可以旋轉，檯面可用木或假石，台之中央裝一天秤，固定於台基或裝於檯柱上，新式者更有一突出之小盤，用一軸與檯柱相連，此小盤適在台面之外緣。台面可轉動，而此小盤不動，用作比較樣茶與標準茶之用。台面之四周約缺去三四吋，使在外圈有一層較低之台面，白磁杯即放於四周，背後放一淺盆或於以盛貯樣品。茶師盤坐台傍之櫈上。不用磁缽，茶葉之重量等於一個 Halfdime 銀幣，秤後各放於杯中，再以沸水冲入。茶師注視茶葉在各杯底緩緩展開，並隨台之迴轉，而測別由杯底所上昇之蒸氣。後以乾淨匙羹在杯底攪拌茶葉，以觀水色之變化。約經半分鐘後，葉已涼却，可再嗅聞，然後用匙取起葉底，放近鼻孔嗅之，以辨別葉底之性質，再將羹匙浸入檯上盛潔淨熱水之碗中洗淨，以防附近兩杯之茶香混誤，如此一再審查及於其他樣品。其次爲檢視水色，有若干樣品之色澤始終不變，其他樣品或不久即變暗者。有一標準樣茶置於比較盤上，然後迴轉台面，與各樣品逐一比較。此種工作頗爲費時。

一組英國審茶用具

1. 審茶壺；2. 汽笛壺（Whistling Gas Kettle）；3. 審茶天平；4. 審茶鐘；5. 泡茶缽；6. 審茶杯；7. 唾盂；8. 審茶匙。

俟茶漸冷却後，茶師乃開始實際試茶。茶師見茶湯已不甚熱而適於辨味時，乃取茶水一匙，急速用上下唇吸入口內。茶水絕不嚥下，不然將暫時影響於味覺，試味畢，乃吐於一大口之水筒內，此筒放於地上，而夾於兩膝之中間，此均保特製者，在美國此筒之高與膝相若，其他國家或有高過於膝者，其形與沙時計相似，口底寬而中狹。

茶爲茶葉之水浸液，故水之重要不亞於茶葉之種類。若干茶師擬用蒸餾水以審查茶葉者，但此種方法常不能試出茶葉之本來性質。倫敦方面爲適合此種情形起見，拚和茶商常採取兩地之水應用，例如售於勃萊媄斯（Plymouth）之茶則採取南台望（South Devon）之水以檢驗之。美國試茶上對於此點則不甚重視。

若干茶葉有祇適於某種飲水者，例如各種優等幼嫩紅茶、綠茶，用純粹之軟水冲泡可產生香氣與強烈味，但如用硬水冲泡，必難獲得如用軟水所發現之優點。火工太老之茶或較粗糙之茶，用硬水反得良好之結果。飲用牛乳之國家，最後更須加牛乳試之。但加於每杯中牛乳之量，必須相等，普通先使每杯中之液量相等，然後用小茶匙各加等量之牛乳。有若干外觀濃厚之茶，僅爲色澤富麗，加牛乳後則淡而無味。

就一般而論，倫敦茶商將強烈之亞薩姆茶運往蘇格蘭，大吉嶺茶及爪盤谷茶運往約克郡（Yorkshire），錫蘭及若干中國茶則運往西南部，其餘之印度及錫蘭拚和茶供倫敦及東部各地之用。（註一）

茶師有在試茶時吸煙者，有事先咀嚼小塊蘋果或牛酪以引起味官作用者，有在膳前試茶以防膳後味覺之遲純者，亦有終日試茶者。審査室中之茶杯與茶碗容量必須相等；天平必須準確；水壺必須洗淨；茶杯與茶匙，亦須洗淨而用布抹乾。

註一：F. W. F. Staveacre 著：Tea and Tea Dealing 一九二九年倫敦出版。

世界主要茶葉種類索引　附述茶葉之貿易價値及性徵

t，指城市或「貿易中心」；mn，市場名稱；d，區域、邦、郡、或區；sd，小區。

洲別	國名	出口商埠	地方名區域名或市場名	當地情形，定義，品質，貿易上特點及分級。
亞洲	錫蘭	哥倫坡	錫蘭茶mn（紅茶及綠茶）	一般情形：錫蘭茶在高地、中等地及低地均有出產。普通以其出產之茶園名之(茶園有二千以上)。本島西南部及中部，南部六十餘區均有出產。最佳之茶採摘於二、三月及八、九月。茶葉製工佳良，均勻，色黑，富多芽尖。高地區者茶型並無特殊，但滋味濃烈，中等地區產者外形美觀，湯水優美，但不濃，因製對野生葉。低地區者葉形美，滋味強烈。
			產區	
			亞拉加拉d（Alagala）	海拔自七〇〇呎至二、七〇〇呎，品質平常。
			亞姆巴加姆華d（Ambagamuwa）	最潮濕之茶區，海拔自一、八〇〇呎至三、〇〇〇呎，產中等地茶，品質平凡。
			巴杜拉d（Badulla）	在烏發（Uva）近旁，海拔一、五〇〇呎至二、七〇〇呎，產中等地茶，有時爲優級茶。
			巴蘭哥達d（Balango:a）	海拔一、八〇〇呎至五、〇〇〇呎，品質不一。
			第可耶d（Dikoya）	前爲繁茂之咖啡產地，現產高地茶，海拔四、〇〇〇呎至五、〇〇〇

	呎，品質優良。
下笛可耶d（Dikoya Lower）	產中等地及高地茶，海拔自二、三〇〇呎至四、五〇〇呎，品質中等至優等。
迪湍拉d（Dimbula）	海拔三、五〇〇呎至六、〇〇〇呎，錫蘭優良茶之一，香氣品質尚優良。
多羅斯貝其d（Dolosbage）	產中等地及高地茶，海拔一、三〇〇呎至四、〇〇〇呎，品質平常。
達姆巴拉d（Dumbara）	產低地及中等地茶，海拔七〇〇至一、七〇〇呎，品質平常。
加那革達拉d（Galagedara）	海拔八〇〇至二、三〇〇呎，品質平常。
加爾d（Galle） 　亞姆巴蘭哥達sd（Ambalangoda） 　愛爾畢地耶sd（Elpitiya） 　烏都加馬sd（Udugama）	低地茶。
漢丹尼d（Hantane）	產中等地及高地茶，海拔二、〇〇〇至三、八〇〇呎，品質平常。
哈浦他爾d（Haputale）	海拔二、〇〇〇至六、二〇〇呎，茶葉優良。
西哈浦他爾d（Haputale west）	海拔三、一〇〇呎至七、二〇〇呎，茶葉優良。
哈里斯巴都d（Harispattu）	海拔一、七五〇呎。
上希華希太d（Hewaheta Upper）	海拔二、四〇〇呎至六、〇〇〇呎，品質不一。
下希華希太d（Hewaheta Lower）	最老之產茶區，海拔二、〇〇〇至五、三〇〇呎，品質不一。
洪那斯幾利耶d（Hunasgiriya）	海拔二、〇〇〇至四、〇〇〇呎，產中級茶葉。
嘉都干那華d（Kadugannawa）	海拔八〇〇呎至三、六〇〇呎，產各種品質之茶。
嘉魯他d（Kalutara）	產低地茶，海拔一〇〇呎至五〇〇呎，品質平常。
革加爾拉d（Kegalla）	產低地及中地茶，海拔四〇〇呎至一、五〇〇呎，品質平常。
革蘭尼谷d（Kelani Valley） 　亞維斯沙維拉sd（Avissawella） 耶替耶安託塔sd（Yatiyantota） 魯安維爾拉sd（Ruarwella） 　吉吐爾加拉sd（Kitulgala）	海拔三〇〇呎至二、〇〇〇呎，大部份錫蘭低地茶產於此區，品質平常。
革爾卜加（Kelebokka）	海拔三、〇〇〇呎至四、五〇〇呎。
勒吉爾斯d（Knuckles）	海拔三、〇〇〇呎至四、五〇〇呎，產各種品質之茶。
可脫曼利d（Kotmale）	海拔二、〇〇〇呎至五、〇〇〇呎，品質不一。
苦魯尼加拉d（Kurunegala）	海拔五〇〇至一、五〇〇呎，品質平常。
馬都爾雪馬d及海華愛爾耶d（Madulsima and Hewa Eliya）	海拔二、〇〇〇至五、〇〇〇呎，品質不一。

馬斯奇爾耶d (Maskeliya)	前為咖啡產區，海拔三、〇〇〇呎至五、五〇〇呎，茶葉優良。
東馬他爾d及拉加拉d (Matale East an1 Lagalla)	海拔一、二〇〇呎至四、〇〇〇呎，茶葉中等。
北馬他爾d (Matale North)	海拔一、二〇〇呎至二、五〇〇呎，品質平常。
南馬他爾d (Matale South)	海拔一、〇〇〇呎至一、五〇〇呎，品質平常。
西馬他爾d (Nata'e West)	海拔一、五〇〇呎至三、〇〇〇呎，品質平常。
馬吐拉他d (Maturata) 包括苦巒達	產最高地區茶，海拔三、五〇〇呎至六、五〇〇呎，茶葉優良。
奧耶谷 (Kurunda Oya Valley)	
米達馬哈華拉d (Medamahanuwara)	海拔三、五〇〇倦至四、五〇〇呎，品質不一。
蒙那拉加拉d (Monaragala)	海拔六〇〇呎至三、五〇〇呎，中級至平常之茶。
莫拉華可拉爾或丹尼耶耶d (Morawak Korale or Deniyaya)	海拔一、〇〇〇呎至二、五〇〇呎，品質平常。
紐加爾威或威爾生之茆屋d (New Galway or Wilson's Bungalow)	產最高地區茶，海拔四、〇〇〇呎至六、二〇〇呎，品質優良。
尼拉姆比d (Nilambe)	海拔一、六〇〇呎至三、五〇〇呎，品質中級。
列脊里穴d (Nitre Cave)	海拔二、〇〇〇呎至四、〇〇〇呎，品質不一。
努華勒愛立耶d (Nuwara Eliya)	最佳而最高之茶區，海拔六、〇〇〇呎至七、〇〇〇呎，品質極優。
潘維拉及華脊加馬d (Panwila, Wattegama)	海拔一、五〇〇呎至二、五〇〇呎，品質平常。
帕沙拉d (Passara)	海拔二、〇〇〇呎至四、五〇〇呎，品質中級。
潘達勞雅d (Pundaluoya)	海拔三、〇〇〇呎至五、〇〇〇呎，茶葉頗佳。
普塞拉華d (Pussellawa)	前為咖啡產區，海拔二、〇〇〇呎至四、五〇〇呎，茶葉佳良。
拉克華那d (Rakwana)	海拔二、〇〇〇至三、五〇〇呎，品質不一。
拉姆波達d (Ramboda)	最老產茶區之一，海拔三、〇〇〇呎至五、〇〇〇呎，茶葉優良。
蘭加拉d (Rangala)	海拔二、五〇〇呎至四、五〇〇呎，中等至優良茶。
勒那布拉d(Ratnapura)包括克脊維脊及帕爾馬都拉 (Kpruwity and Pelmadulla)	海拔一〇〇至四、〇〇〇呎，中級茶葉。
烏達布介爾拉華d ([illegible]ussellawa)	海拔三、五〇〇呎至五、五〇〇呎，優級茶至最優級茶。
下華拉潘尼d (Wala)ane Lower)	海拔二、五〇〇呎至四、〇〇〇呎，品質中等。
瓦脊加馬及潘維拉d (Wattegama and Panwila)	海拔一、五〇〇呎至二、五〇〇呎，品質平常。

		耶克得薩d (Yakdessa)	海拔一、〇〇〇呎至四、〇〇〇呎，品質平常。
		較小低地區，包括：加姆帕哈(Gampaha)衛耶安哥達(Veyangoda)馬他拉或維爾加瑪(Matara or Weligama)莫拉吐華(Moratuwa)	全區產普通茶葉。
			錫蘭紅茶之分級：碎橙黃白毫，碎白毫，橙黃白毫，白毫，白毫小種，小種，花香（即茶片），及茶末。 錫蘭綠茶之分級：眉茶，一號及二號貢熙，麻珠，干介，茶片及茶末。
印度	加爾各答(Calcutta) 吉大港(Chittagong) 孟買(Bombay) 加利庫特(Calicut) 麻打拉斯(Madras) 喀喇蚩(Karachi) 吐的可恩(Tuticorin)	印度茶mn （紅茶及綠茶）	一般情形：印度醱酵茶（紅茶）之品質因產地而不同。成茶通常為黑色，惟時期稍遲則漸呈褐色。在後數月中茶梗較紅而顯明，所謂秋茶，通常為銹紅色，其香味與早摘之茶有顯著之不同。湯水色重味濃。印度茶亦以茶園商標命名，茶園約有四千餘家。有數區亦製少許綠茶，由北部邊界輸出。
		產區 北印度	
	加爾各答 吉大港	I. 亞薩姆(Assam) m n 及 d a. 布拉馬普得拉谷(Brahmaputra Valley)	通稱亞薩姆茶。製工良好，堅硬。灰黑色，高級者有光潤金黃之芽尖。葉片厚重，有刺激性，湯濃，多作拼和茶用。產量最多之區為悉碧加爾(Sibsagar)及拉肯普(Lakhimpur)。
		達蘭d (Darrang)	在亞薩姆區域中佔第四重要地位。
		畢斯那斯 sd (Bishnath)	城市及輪船埠頭。
		曼加爾代 sd (Mangaldai)	市鎮。
		德士普 sd (Tezpur)	鐵路終點及輪船碼頭。
		哥亞爾帕拉d (Goalpara)	市鎮及火車站，產茶甚少。
		加遼浦d (Kamrup)	輪船碼頭在高哈蒂(Gauhati)，產茶甚少。
		諾鞏(Nowgong)	市鎮及火車站，產中級茶。

			拉音普d（Lokhinrpur）	爲亞薩姆最上品茶之一種，有刺激性，二茶多嫩芽，秋茶具有良好之香味。
			北拉音普sd	
			狄布魯加d（Dibrugarh）	市鎮及輪船埠頭。
			潘列吡拉sd（Panitola）	市鎮及火車站。
			杜陀麥t及sd（Dum-Duma）	包含世界最佳產茶區域之一部份。質佳量豐。
			丁格里sd（Tingri）	
			薩地耶邊境d（Sadiya）	產茶甚少，臨近喜馬拉雅山之小河合流處而成布拉馬普得拉河。
			悉薩加爾d，t及sd（Silsagar）	產優良茶，火車站。
			哥拉哈脫d（Golaghat）	沿達森利河（Dhansiri）之市鎮。
			約哈脫d（Jorhat）	茶葉品質中等，但有一部份絕佳。
			巴利巴拉邊境d（Balipara）	在商業上不重要。
			b. 蘇馬谷（Surma Valley）	
			卡察mn及d（Cachar）	葉呈灰黑色，液汁而濃，惟不若亞薩姆茶之刺激强烈，形似雪爾赫脫茶（Sylhete）而略小。
			雪爾赫脫mn及d（Sylhet）	葉片美麗，製工佳，茶湯溫和而有香味，品質中上。
		加爾各答	II. 孟加拉（Bengal）	
			大吉嶺mn及d（Darjeeling）	葉之形狀大有差異，自細小芽葉以至大葉均有；生於喜馬拉雅山之山坡，海拔一、〇〇〇至六、〇〇〇呎，爲品質最佳香味最優之印度茶，以六月及十月採摘者爲尤佳。
			齊爾派古利t及d（Jalpaiguri）	杜爾斯茶區及印人茶園之商業中心。
			杜爾斯mn及d（Dooars）	葉呈黑色，茶湯較亞薩姆茶爲柔和，色重汁濃，多作拼和用。在某種氣候情形下，有大量茶梗及紅色葉片，秋茶尤多。
			加爾支尼sd（Kalchini）	
			達爾哥安sd（Dalgaon）	
			冰那古利sd（Binnaguri）	
			那格勒加塔sd（Nagrakata）	
			査爾薩sd（Chalsa）	
			馬爾sd（Mal）	
			奧得拉巴里sd（Oodlabari）	
			丹雷mn及d（Terai）	細小黑葉，茶湯頗佳，其品質近於杜爾斯茶。柔軟，有良好色澤，有時與低品質之大吉嶺茶無異。
		吉大港	吉大港d	茶湯頗濃烈，係一種良好之茶葉，葉小而黑。
			吉大港山區d	產量甚少。

加爾各答	III. 別哈爾(Bihar)及奧理薩(Orisa)	大多數為中國種茶樹所產之綠茶，有相當濃烈之液汁，略帶黃銅氣味。
	哈薩利巴格(Hazerbagh)及蘭溪d(Ranchi)	
	潽爾尼亞d(Purnea)	
加爾各答 喀喇蚩 孟買	IV. 旁遮普(Punja'b)	此處製造綠茶，品質特佳，略有香味。
	康格拉d(Kangra)	
	V. 帖比拉山	茶葉全產於人土茶園內，在商業上不甚重要。
加爾各答 喀喇蚩 孟買	VI. 聯合省	
	古門mn及d(Kumoan)	葉片小而緊，茶湯清淡快爽，商業上不重要。有一部份綠茶在此區製造，由邊界運往西藏及尼泊爾銷售。
	阿爾莫拉sd(Almora)	低級茶，五、〇〇〇至七、〇〇〇呎。
	加瓦爾sd(Garhwal)	低級茶，五、〇〇〇至七、〇〇〇呎。
	台拉屯d(Dehra Dun)	茶湯清淡，缺少色澤與香味，為一種低級綠茶，大部份銷於當地之阿姆利沙(Amritsar)市場。
	南印度	
麻打拉斯 加利庫特	麻打拉斯	
	科印巴托d(Coimbatore)	有良好泡液及相當濃度，略似爪盤谷茶，但更較強烈而合用。
	亞那莫拉mn及d(Anamalai)	
	交趾d(Cochin)	產量極微，商業上不重要。
	庫耳d(Coorg)	商業上不重要。
	馬都拉d(Madura)	商業上不重要。
	馬拉巴(Malabar)	低地茶，品質低劣。
	魏南特(Wynaad)Sd及mn	平均高度三、〇〇〇呎。
	尼爾吉利斯d及mn(Nilgiri)	優良有香味之茶葉，茶湯快爽有刺激性。
	尼爾吉利魏南特d	一種爪盤谷式之良好茶葉。
	丁尼佛來d(Tinnevelly)	非重要茶區。
加利庫特 吐的可恩	邁索土邦(Mysore)	產量不多，但現又開闢舊咖啡地及森林地。
	爪盤谷土邦mn	就一般而論，此種茶葉較為近似錫蘭茶，而不似印度茶。
	爪盤谷中部d	中級茶。
	加南第凡d(Kanan Devan)	高地茶，質佳。
	蒙達加陽mn及d(Mundakayam)	一種良好而合用之茶葉。

		南爪蟹谷mn及d	產於低地之平常茶葉。
			印度紅茶之分級：碎橙黃白毫，碎白毫，橙黃白毫，白毫，白毫小種，小種，花香（茶片）及茶末。
			印度綠茶之分級：優等眉茶，眉茶，一號貢熙，貢熙，于介，秀眉，茶片及茶末。
中國	上海 漢口 福州 杭州 溫州	中國綠茶	在貿易上中國綠茶分爲路莊茶（婺源，屯溪，徽州，遂安，溫州及在本地包裝者）、湖州茶及平水茶。路莊綠茶湯水淸冽，香氣濃烈。湖州茶無香味。平水茶略着色，湯水尙佳。
		I. 浙江省	
	杭州	平水mn	除其頭批茶之形狀及湯水與湖州茶相似外，湯水較劣。
	溫州	杭州mn及t	杭州市場上之茶名。
	上海	湖州mn及t	水色淡，條不美觀、最佳者有鮮明動人之顏色。
		溫州mn及t	劣質路莊茶。
		金華mn及t	綠茶。
		嚴州mn	綠茶。
		龍井mn	品級最高之綠茶。
		廣東省	在商業上不重要。
		湖南省	在商業上不重要。
	福州	II. 福建省	
		福州mn及t	福州市場上之茶名。
		三都澳t	三都澳市場上之茶名。
		武夷mn	茶汁而香。
		淮山mn	品質佳。
		III. 安徽省	
	上海	蕪湖d	爲主要綠茶產區之一，包括歙縣、婺源、休甯、績溪、黟縣及太平。
		婺源mn	中國最上等綠茶，有美妙香味，葉灰色，惟撚捲不及平水茶之細。
		屯溪mn及t	次於婺源，爲最合時尙之路莊綠茶，有鮮明之水色。
		徽州mn	滋味辛澀，惟水色不良，且有烟味。
		IV. 江西省	
	上海	九江mn及tn	九江市場之茶名。

漢口	鄱陽 m n	包括德興、餘干及萬年各縣。
	餘江 m n	包括玉山、上饒及餘江各縣。
	吉安 m n	普通之九江綠茶。
	形狀、製工及分級：所有之中國綠茶製工及分級如下：珠茶自針頭形至豌豆形，分特號，一號，二號，三號，四號，五號，六號，七號及統珠；圓茶（一號，二號，三號），粒大，圓捲；雨茶（長粗而捲之茶）；貢熙（細小製造良好之捲形葉）；准山（葉棕色）；秀眉（葉小），貢熙片，干介，及茶末等。	
上海 漢口 九江 杭州 溫州 福州 廣州 澳門 香港 上海	中國紅茶 （工夫茶 m n）	在貿易上中國紅茶分爲華北工夫或「英國早餐」茶，湯水强烈，香氣濃厚而滋味甜；華南工夫茶，水色較淡，葉嫩而紅色。前者如法國之課根地酒（Burgundy）後者如法國之冰紅酒（Claret）。
漢口	I. 安徽省	
	祁門 d 及 m n	爲華北工夫紅茶之最優等者，湯濃，香氣厚。
	蕪湖 d	蕪湖縣所產之茶。
	秋浦（至德）d	秋浦（至德）所產之茶。
	六安 m n	六安縣所產之茶。
	II. 湖北省	
	宜昌 n 及 t	葉小而動人，近似寧州茶，味厚，水濃，有特殊之金屬味或烟香。
	羊樓洞 m n	蒲圻縣所產之茶。
	羊樓司 m n	羊樓司一帶所產之茶。
	長陽 m n	長陽縣所產之茶。
	崇陽 m n	崇陽縣所產之茶。
	通山 m n	通山縣所產之茶。
	咸甯 m n	咸甯縣所產之茶。
	蒲圻 m n	蒲圻縣所產之茶。
	江岸 m n	崇陽、蒲圻、咸甯及通山一帶所產之茶。
	江南 m n	宜昌四週各縣所產之茶。
	長壽街 m n	長壽街一帶所產之茶。
	鶴峯 m n	鶴峯縣所產之茶。

	衡陽mn	爲湖南衡陽之茶名，但以湖北茶之名出售。
	太沙坪mn	太沙坪一帶所產之茶。
	III. 湖南省	
漢口	安化mn及t	南鄉所產之茶，水色鮮明，有烟味。
	桃源mn	桃源縣所產之茶。
	長壽街mn	平江縣所產之茶。
	高橋mn	瀏陽縣所產之茶。
	醴陵mn	醴陵縣所產之茶。
	瀏陽mn	瀏陽縣所產之茶。
	湘潭mn	湘潭縣所產之茶，形狀鬆散，成海綿狀，品質頗佳。
	雲溪mn	巴陵縣所產之茶。
	平江d及mn	平江縣所產之茶。
	長沙d及mn	長沙縣所產之茶。
	甯鄉d及mn	甯鄉縣所產之茶。
	湘陰d及mn	湘陰縣所產之茶。
	臨湘d及mn	臨湘縣所產之茶。
	石門mn	石門縣所產之茶。
	湘江mn	安化、湘潭、湘陰、瀏陽、長沙、醴陵、甯鄉、平江及臨湘茶之總名。
	聶陽mn	石門及桃源縣所產之茶及聶陽一帶所產之茶。
	聶家市d及mn	聶家市所產之茶。
	衡陽d及mn	衡陽縣所產之茶。
	黃州d及mn	黃州所產之茶。
	IV. 江西省	
九江	九江mn及t	爲江西省北部鄱陽湖一帶所產之茶。香濃，湯水淡。
上海	鄱陽mn	鄱陽一帶所產之茶。
	浮梁mn	浮梁一帶所產之茶，其一部份名爲祁門茶。
	修水mn	修水縣所產之茶。
	甯州mn	爲名貴之甯紅茶，外觀灰色而有芽尖，條子緊結，湯水佳良。
	甯都d及mn	甯都縣所產之茶。
	武甯d及mn	武甯縣所產之茶。
	瑞昌d及mn	瑞昌縣所產之茶。
	玉山d及mn	玉山縣所產之茶。

			古澤mn	有時品質優良，葉堅挺，有纖芽，爲强烈之中國茶。
			馬當d及mn	馬當縣所產之茶。
			湖口mn	馬當縣所產之茶。
		杭州 溫州 上海	V.浙江省	
			溫州mn及t	溫州市場上之茶名。
		福州	VI.福建省	
			白琳mn	中國紅茶外形上之佳者，葉小而均勻，湯味可口而薄。
			坦洋mn	葉通常黑色，滋味美而香，水色良好而有特性。
			小種mn	小葉紅茶，滋味濃厚如糖漿，微有烟味，雖爲製中國拼和茶之極有用者， 但美國人少飲之。
			白毫工夫mn	葉色黑，均勻而緊捲。葉底有光澤，但湯門淡而無香。
			精選紅茶mn（Padrae）	一種華南紅葉工夫，火工甚高，乾葉黑色而捲縐。湯色濃味烈，香氣佳。
			福州mn	指集中於福州出口之一切閩紅。
			嶌村mn	葉稍鬆蕘，常混有茶末。
			北嶺d及mn	閩侯縣所產之茶。
			洋口d及mn	建甌縣所產之茶。
			政和mn	黑葉緊捲如絲，略有芽尖，香氣馥郁，水色鮮紅，味濃而香。
			丹陽d及mn	連江縣所產之茶。
			邵武d及mn	邵武縣所產之茶，爲一種特別製造之福建紅茶。
			沙縣d及mn	沙縣所產之茶
			水吉d及mn	建甌縣所產之茶。
			東風塘d及mn	壽寧縣所產之茶。
			武圍d及mn	武圍區所產之茶。
			北嶺d及mn	福州所出產形狀最合時之茶，水色清，薄，缺乏鮮明及本質。
			沙縣mn	爲低價拼和茶之基本茶，葉色紅而略鬆，易變粉末，湯味濃厚。
			正山mn	葉大，水色清豔，有烟香。
		廣州 澳門 香港	VII.廣東省	
			河源mn	在此等區域出產之茶，名爲新茶或新地方工夫。
			烟香河源mn	
			白毫小種mn	
			金銀花工夫mn	

中國烏龍茶	福州　廈門　廣州
福州mn及t	
水吉mn	
東洪mn	
銀針mn	
綠茶：	
廈門t及mn	
廣州d及mn	
中國花薰茶	福州　廣州　澳門
橙黃白毫mn	
白毫mn	
珠蘭mn	
茉莉mn	
包種mn	
廣州mn	
中國壓製茶	福州　漢口
磚茶	康定（打箭鑪）
包茶	松潘
茶餅	
小京磚茶	
茶球	

紅茶分類：花香白毫、橙黃白毫、白毫及小種。
中國烏龍茶為半醱酵茶，外形略似紅茶，但滋味則與綠茶相似。優等者水色為翡草色，劣等者則為棕色或紅色。烏龍茶多銷於美國及暹邏。
福州市場上之福建烏龍茶名，葉長而粗，帶黑色。有炙焙味微有香氣。
福州烏龍茶中醱酵較甚之一種，滋味誘人，但微薄。
用絲線束成小束之廣州烏龍茶。
特別採摘之福州烏龍茶，由頭茶之微白色嫩葉製造。
福州烏龍茶之一種，醱酵較水吉茶為輕。
在廈門市場之福建烏龍茶，商業上不重要。
在廣州市場上之廣東烏龍茶。
任何中國茶在補火後以茉莉花或其他花類薰香之茶。
一種高香之小種，在福州及廣州包裝。來自福州者，葉小品質劣，來自廣州者，葉狹長品質較福州者尤劣，常與他種茶拼和以傳其茉莉花香氣。
嫩芽尖較花薰橙黃白毫為多。
一種重薰花之下級紅茶，形似珠茶。
以茉莉花薰香之任何茶葉，通常為貢熙或紅茶。
一種重薰花之福州烏龍茶。
一種重薰花之廣東烏龍茶。
紅茶及綠茶均壓成各種大小之磚茶、小京磚及茶球，作為茶葉製造上之廢物利用，而成為大量之陸路運輸貿易。
紅磚茶由紅茶製造後之廢物製造，包括茶片、茶末及茶梗。綠磚茶僅用葉製造，並無茶末、茶梗等混入。俄國從前購買大量中國磚茶，但現時之消費只限於中亞細亞及西藏。
松潘市場上之茶，在雅安及四川製造，含有茶枝及茶籽。
亦名普洱茶，在普洱製造，供內銷用。
為小型磚茶，每塊重僅數喱，由一種特別品質之細茶末製成，供內銷用。
一種將茶葉壓成球狀以抵抗水氣變化者，供內銷用。
中國茶以季節分類：
春茶：頭春茶，二春茶。
夏茶：三春茶，四春茶。
上海市場上之分類（本國貿易名稱）：

			路莊茶：在內地製成箱茶，運往上海市場之各種茶類。
			毛茶：未經精製之茶。
			土莊茶：杭州或上海隣近運至上海精製之茶。
			分級茶：各種茶葉運至上海後拼堆，在上海市場上應仍用本地之名稱，此種茶在出口貿易上名「上海包裝茶」(Shanghai Packed)
日本	清水港　橫濱　神戶　長崎	日本	日本之外銷茶可大概分為釜製茶，焙製茶及原葉茶，後者在從前稱為「釜製茶」。日本亦產少量紅茶。日本茶葉為長直而成蜘蛛腳狀者，頭茶最佳，優等茶有濃郁美味。日本茶有如白酒。
	清水港	I. 靜岡 d	靜岡縣產製日本外銷茶之大部份，各種類及各等級之茶葉均產於此，如遠洲（川根，森，大川，金谷，濱松）及駿河（安倍及富士）。
		a. 遠洲茶 m n	遠洲茶雖不甚合時，但僅次於山形而為日本最佳之茶。產量較他種為多。
		川根 m n	遠洲茶之一種，蓄捲，湯水佳。
		森 m n	遠洲茶之一種，葉形及湯水均佳。
		大川 m n	遠洲茶之一種，商業上較不重要，普通與金谷茶相拼和。
		金谷 m n	遠洲茶之一種，品質中級，味濃，水色不佳。
		濱松 m n	遠洲茶之一種，品質中等。
		b. 駿河茶 m n 及 d	為日本茶之合時者外形美觀，品質不及遠洲茶，湯水有香氣。
		安倍 m n	駿河茶之品質優良者。
		富士 m n	駿河茶之一種，味薄，色佳。
		c. 玉綠茶（蒸捲）	與雨茶極相似。
		d. 日本紅茶	一種完全醱酵茶。
	神戶	II. 山形 m n 及 d	日本茶之最佳者，水色及香氣均佳。山形茶之最著名者為宇治。價高，僅少量外銷。
		宇治 m n	最佳之山形茶。
		III. 近江 d	
		滋賀 m n	一種優級茶。
	長崎	IV. 鹿兒島 d 及 m	九州島出產之一種低級茶，在日本最多，用以供低價拼和茶葉。
		V. 三重 d 及 m n	一種佳良之拼和茶。
	橫濱	VI. 埼玉 d	通常稱為八王子茶，葉形水色均佳。此種茶產自埼玉縣之八閤及玉二鄉。
		狹山 d 及 m n	因價昂之故，輸出甚少。
		VII. 岐阜 m n	一種捲葉之茶。

產地	港口	茶名	說明
		VIII 玉露 m n	在宇治區由遮下茶園之茶葉經特殊過程製成之高級茶。非外銷茶。
		IX 碾茶 m n	亦稱爲式茶，爲與煎茶及番茶相對者。碾茶常爲粉末，非外銷。
		X. 煎茶 n	普通日本外銷茶名。
		XI. 番茶 m n	由粗葉製成之低級茶，非外銷。
		XII 焙茶 m n	炙焙之番茶，刺激性稍强。
			日本茶之分級：超優等，最優等，優等，最上等，上等，中上等，中等，普通，茶尖，茶末及花香（茶片）。
台灣	基隆 淡水	台灣茶，或台灣烏龍，台灣包種，四分之三醱酵台灣茶及台灣紅茶。	台灣茶多製成烏龍或包種，前者猶如香檳酒。
		烏龍 m n	一種半醱酵茶綠棕色，尖細，春茶形狀佳、色淡。夏茶水色及香氣均佳，秋茶葉形亦好，但湯水薄。烏龍茶之特徵爲自然誘人，有果香。 外商常將烏龍茶分爲北區茶及南區茶，區分之標準乃依其出產於大稻埕之北或南而定。
		包種 m n	一種由特別方法製造之半醱酵茶，而於補火之前以梔子、茉莉或玉蘭等花薰之。特爲荷屬東印度貿易而製造。
		改良或四分之三醱酵茶 m n	由台灣烏龍種茶樹製造，但以四分之三醱酵代替半醱酵。分爲嫩橙黃白毫，橙黃白毫；白毫等。
		台灣紅茶	由輸入之亞薩姆及土生種茶樹製造之完全醱酵茶。
		產區	
		新竹	爲兩主要產茶區之一，在本島之西部。
		苗栗 d	市鎮及火車站。
		竹南 d	市鎮及火車站。
		竹東 d	市鎮及火車站。
		中壢 d	市鎮及火車站。
		新竹 d	商業市場及火車站。
		大溪 d	市鎮及台車站。
		桃園 d	市鎮及火車站，在茶區中心。
		台中 s d	在兩茶區中，其產最被忽略。新輸入之亞薩姆種，多在是處。
		台北	爲另一主要產茶區，所有之北區茶均產於此。
		文山 d	市鎮及火車站。
		海山 d	市鎮及火車站。
		基隆 d	最大之海口，在東北海岸。

			七星d	市鎮及火車站。
			新莊d	市鎮及火車站。
			淡水d	東北海岸之口岸。
			台南	產量甚少。 台灣烏龍，採用台灣茶葉檢驗處之分級法：標準，尚好，好，最好，好上，好至佳，尚佳，佳，最佳，佳上，至良，尚良，良，良上，良至最良，最良，最良至超等，超等。貿易上分若干中級等級，如好葉，完全標準，標準至好，最佳，超等及異常。
	馬來聯邦	檳榔嶼(Penang) 佐治墩(George-town)	吉打馬來m n (Kedah Malay)	商業上不重要，與卡爾茶相似。
			古樂d (Gurun)	在商業上有希望。
			松蓋倍西d (Sungei Besi)	狹小之中國人地區。
			丹那拉他d (Tanah Rata)	種植試驗。
	印度支那	吐蘭(Tourane) 海防	日曬茶(野茶)	粗製之茶葉，供土人消費。
			安南紅茶及安南綠茶m n	安南區出產之下級粗茶，強烈、辛辣而微有香氣。有少量輸往法國以作拼和之用。由歐人製造者則製工較佳。
			東京紅茶及東京綠茶m n	東京區土人出產之粗茶葉，供內銷用。
			東京茶餅m n	球形之茶塊，分三級，行銷本土及中國之雲南省。
			交趾支那綠茶m n	交趾支那區出產之粗葉，有刺激性，供內銷用。
			花茶m n (Fleurs de Thé)	由茶花所製成之茶，有時或以茉莉或其他花薰之，極為土人所歡迎。
	緬甸		土人醃茶m n	一種蒸過之醱酵茶，為土人所產製，行銷於本土，作為生菜食品，常以菜油及大蒜共食之，為緬甸之主要茶產。
			紅茶及綠茶m n	緬甸之歐人所產製，仿錫蘭通用之方法及分類，供內銷用。
	泰國		茗茶或香茶m n	一種蒸過之醱酵茶，與鹽共咀嚼之，時或和以大蒜及豬油，供內銷用。
	伊朗		波斯m n 富曼d (Fumen) 拉希眞d (Lahijan) 闌格弩德d (Langrud)	茶種為印度種，幾尚(Gilan)有產少量茶葉，行銷本土，自謂品質絕佳。
大洋洲	荷屬東印度	巴達維亞	爪哇及蘇門答臘茶	一般情形：荷屬東印度之茶葉在貿易上以茶園商標出名，僅製造醱酵茶。

	洞水 棉蘭 巴東 本庫蘭 巴蘭邦		一年中之大部份，爪哇茶有黑色動人之外形，但在旱季（六月至九月）時略呈棕色，香氣較佳，製工亦佳而適用，爲勸人之拚和茶，滋味之對稱性適中。
爪哇	巴達維亞 洞水	爪哇茶	
		產區	
		巴達維亞州	大部份之優良茶葉均產於此區之山地，在爪哇產茶區內僅次於布林加州
		茂物d、t及mn	海拔八〇〇呎。
		克拉溫d	市鎮。
		索邦d、t及mn（Soebang）	海拔約一、五〇〇呎。
		比蘇克d（Besoeki）	茶只產於二茶園中。
		井里汶d、t及mn（Cheribon）	在二茶園中有少量出產。
		革德里d（Kedri）	在三茶園中有少量出產。
		革多d（Kedoe）	在三茶園中有少量出產。
		溫羅蘇保t及mn（Wonosobo）	海拔三、四〇〇呎。
		馬迪安d（Madioen）	在一茶園中有少量出產。
		巴索魯安d（Pasoeroean）	在五茶園中有少量出產。
		陸馬特宗d、t及mn	本區之首邑及火車站，海拔五〇公尺。
		馬蘭t、d及mn（Ma'ang）	海拔六〇〇呎。
		餅加隆根d（Pekalongan）	在三茶園中有少量出產。
		布林加州d	製造大量之爪哇茶，本州佔全爪哇茶園百分之七十以上。
		萬隆d及t	海拔二、四〇〇呎。
		潘加倫根d	產荷印之優等茶，是季茶可與較佳之印度茶及錫蘭茶相較，海拔四、五〇〇呎至六、〇〇〇呎。
		加栗特d、t及mn	海拔二、三〇〇呎。
		索卡保謝t、d及mn	海拔二、〇〇〇呎。
		索麥丹t、d及mn（Soemedang）	本區之首邑，位於鐵路上，海拔四六〇公尺。
		芝安組爾t、d及mn（Tjiandjoer）	本區之首邑，有火車站，海拔四六〇公尺。
		會馬蘭d及t（Semarang）	在四茶園中有少量出產。
		沙拉提加t及mn（Salatiga）	本區之首邑，有火車站，海拔五八〇公尺。

		索拉卡他d及t（Soerakarta）	在二茶區中有少量出產。
	棉蘭	**蘇門答臘**	蘇門答臘受氣候之影響不若爪哇茶之甚，全年品質均一，葉形動人。
	巴蘭邦		
	本庫蘭		
	巴東		
蘇門答臘	本庫蘭	產區	
		本庫蘭d	在少數茶園中有少量出產。
		上本庫蘭s d	此區之首邑。
		革柏亨s d（Kepahiang）	海拔一、五〇〇呎。
		巴沙杞租爾洛s d（Pasartjoerop）	爲列特脊（Redjang）殖民地之一部。
		可淋芝（Korintji）	位於特勞姆比（Djambi）土人領地內。
	棉蘭	東海岸	出產蘇門答臘之大部份茶葉。
		日里d（Deli）	東海岸之主要區域。
		亞薩汗（Asahan）s d	海拔不高。
		巴吐巴羅（Batol Barah）s d	在巴吐巴羅河流域。
		星馬隆根（Simoeloengan）s d	品質佳良。
		潘馬譚壩他爾s d	爲蘇門答臘茶之最佳者，海拔八〇〇至二、四〇〇呎。
	巴蘭邦	巴稜邦（Paalembang）d	產量雖少，但有發展希望。
		德冰天基（Tebing Tinggi）s d	爲重要之貿易中心。
		上巴蘭邦	在摸西（Moesi）河畔，火車站。
		莫亞拉比列提（Moearabliti）s d	在巴蘭邦高地上。
		柏格亞拉姆（Pager Alam）s d	海拔二、四〇〇呎。
		塔潘諾里（Tapanoeli）d	商業上不重要。
		達里（Dairi）d	海拔三、六〇〇呎至四、五〇〇呎。
	巴東	西海岸	產量較少。
		巴東高地d	海拔四、〇〇〇呎。
		路保柔卡坪（Loeboek Sikaping）d	本區之首邑。
		奧菲爾蘭（Ophirlands）s d	
		莫拉拉勃保（Moerara Laboeh）d	海拔約四、〇〇〇呎。

爪哇及蘇門答臘茶之分級：嫩橙黃白毫，橙黃白毫，碎橙黃白毫，白毫，碎白毫，白毫小種，小種，碎茶，茶末及B.hea，後者含梗。

非洲	斐吉羣島	利烏卡(Levuka)	斐吉d及mn	産少量紅茶，在伐南來浮(Vanua-Levu)製造，供內銷用。
	納塔耳(Natal)	德班(Durban)	納塔耳d及mn	由亞薩姆土生種茶樹製造紅茶，供本地消費。
	尼亞薩蘭(Nyasa'and)	貝拉(Beira) 支德(Chinde)	尼亞薩蘭mn 蠻滿治d(M'anje) 科羅(Cholo)d	紅茶品質中至優級，品種爲印度種。水色淡薄，在倫敦市場上已漸重要。
	怯尼亞殖民地(Kenya Colony)	蒙巴薩(Mombasa)	怯尼亞mn(Kenya) 卡維倫度d(Kavirondo) 開力巧d(Kericho) 怯姆菩d(Kiambu) 烏生奇休d(Uasingishu)	怯尼亞茶（各種印度種茶樹）在商業上仍不重要，但漸有發展。葉大，水色淡，味頗烈。
	烏干達(Uganda)	蒙巴薩	烏干達mn 姆賓地d(Muhendi)	葉富含茶素、單甯及可溶物，近似印度茶，供本地消費。
	羅得西亞(Rhodesia)	比爾拉(Beira)	馬松那蘭省d(Masbon land) 麥爾色脫(Melsetter)d	商業上不重要。
	中東非洲	達累斯薩拉姆(Dares Salaam)	坦喀尼加(Tanganyika Territory) 西南高地d	試驗茶區。
	葡屬東非	莫三鼻給	莫三鼻給mn	商業上不重要，水色淡薄，與尼亞薩蘭茶相似。
	毛里求斯	路易士港	毛里求斯mn	商業上不重要。
北大西洋	亞速爾羣島	聖密起爾島	亞速爾mn	製造紅綠茶，輸往里斯本。
歐洲	喬治亞共和國 外高加索	巴統(Batoum)	喬治亞d	大部品質不良，最佳者與若干中國茶相等，僅在蘇俄本國。
	意大利	里窩那(Livorno)	比沙省d(Pisa P.) 幾里安諾(Giuliano)d	在試驗時期。

	保加利亞	布加斯 (Burgas)	東羅美里亞 (Roumelia) 菲利波波利斯(Philippopolis) d	試驗期中，茶樹來自俄國。
西印度	牙買加 (Jamaica)	京斯頓 (Kingston)	藍山 m n	試驗期中。
	波多黎各 Puerto Rico	聖瓊 (San Juan)	波多黎各 d 及 m n	試驗期中。
北美洲	墨西哥	委拉克路斯 (Veracruz)	瓦哈嘎肯 (Oaxaca) 庫加倫 d (Cuicatlan)	商業上不重要。
南美洲	巴拉圭	維拉利卡 (Villa Rica)	維拉利卡區	試驗期中，有發展希望。
	祕魯		拉張凡辛肯 (La Convencion)	試驗期中。
	哥倫比亞	布宜那文圖拉 (Buenaventura)	丁那瑪卡區 (Cundinamarca) 加查拉 d (Gáchala)	商業上不重要。
	巴西	里約熱內盧	密乃斯其立斯 d (Minas Geraes) 俄盧普蕾托 s d (Ouro Preto) 聖保羅 d (Sao Paulo) 巴拉那 d (Paraná)	由亞薩姆種茶樹製造之紅茶，大部供內銷。
	阿根廷	布宜諾斯艾利斯 (Buenos Aires)	阿根廷 m n	茶樹爲中國種，商業上不重要。

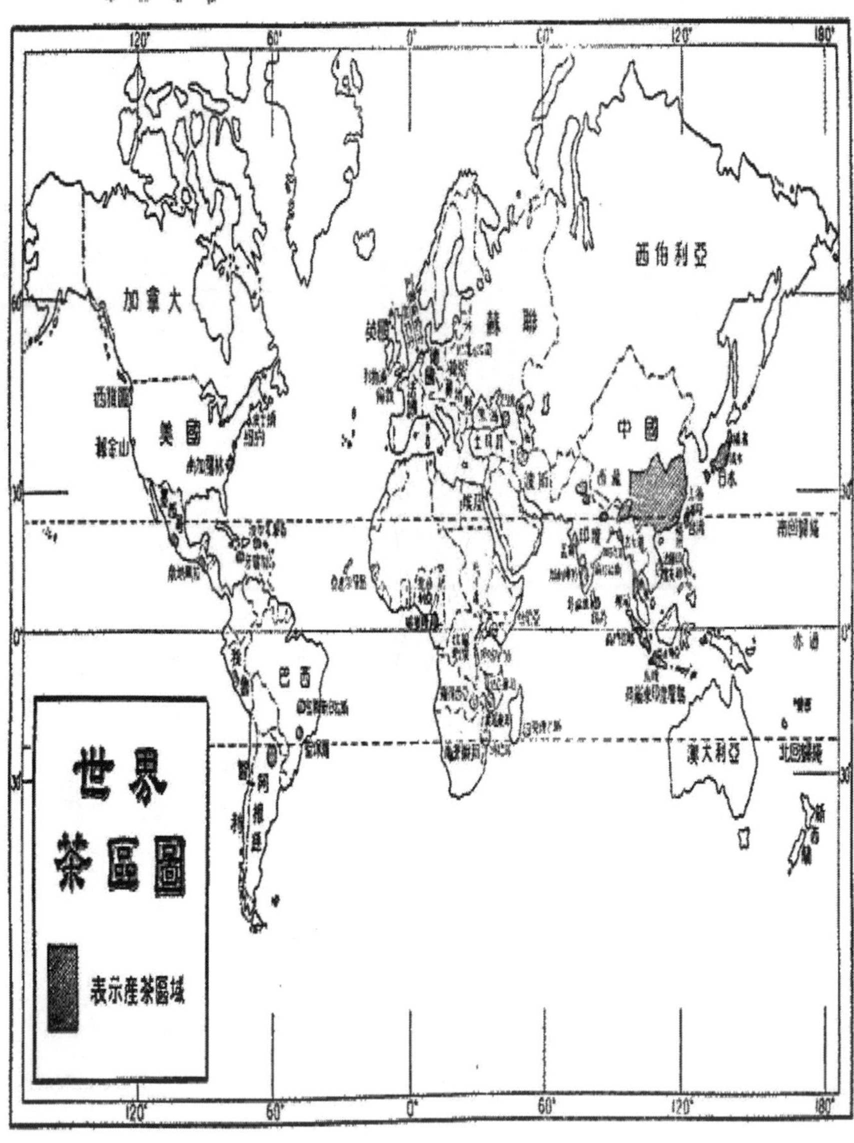
世界茶區圖
表示產茶區域
加拿大
美國
西伯利亞
蘇聯
中國
巴西
澳大利亞
赤道

第十四章　茶葉之栽培與製造

栽製方法之發展——土壤、氣候及高度——整地——繁殖之理論與實際——耕作——遮蔭、防風及護土植物——施肥——病害及蟲害——修剪、採摘及茶樹管理——茶癥——製造方法——紅茶、綠茶及烏龍茶之製法——磚茶、塊茶、餅茶及細末——勞工——試驗場——種植者協會

種茶及製茶方法起源於中國，現今各產茶國，均直接或間接採用中國舊法；但此種國家業將舊法加以改良，應用科學化之農業技術及節省人工之機械。

在中國，茶籽播種於斜坡及荒地，栽植粗放，遂使茶叢矮小，產量低下，較印度、錫蘭、爪哇等地均有遜色。中國舊法製造綠茶，係摘葉後即行釜炒，然後揉捻及乾燥；製造紅茶係先揉捻、醱酵，然後烘焙。

爪哇及印度之最早經營茶業者，首先雇用中國之技工，輸入中國茶種，並引用中國方法栽培製造。其後改植亞薩姆本地種，剪枝採摘，改用新法；製造則採用機械。今日歐人之經營方法已與中國舊法相對。在栽培方面，選擇適當園地，用苗圃育苗，再擇良苗移植；茶叢施行剪枝，促其增產，摘葉亦注意增進日後之繁茂。至於爪哇、蘇門答臘、錫蘭及印度諸國間方法之差異，全由於氣候及地理形勢之不同，大體上言之，此等新興產茶國，其產製技術均大同小異。

五百年來，中國茶葉之栽培與製造方法無甚變更，茶農仍以茶葉為副業，晚近始漸引用印度錫蘭新法；採用機器製茶，仍屬寥寥。日本則自爪哇及印度學得新法種茶，且已發明多種特有之製茶機器。台灣亦已採用進步之產製方法。

近代之茶樹栽培

地圖上栽培茶葉之區域，北自蘇俄高加索，南至北阿根廷，在北緯四十二度至南緯三十三度之間，共計七十五度。但產茶最主要區域，仍限於北緯三十五度之日本至南緯八度之爪哇之間，相隔不過四十三度。至於經度，自東經八十度至一百四十度。在此區域範圍者，計有中國、日本、台灣、爪哇、蘇門答臘、錫蘭、印度等國。

今日大規模之茶葉栽培者，對於茶樹栽培已如其他園藝及五穀經營者，採用科學知識及精密管理。並用種種方法，以增進效率。爪哇、印度、日本、中國、蘇門答臘及錫蘭等國各試驗場，均從事於研究工作，以求方法及產品之改進，並育成新種，使能抵抗病虫害及適應不良之氣候環境。

土壤條件

中國茶樹向栽培於不適宜種植其他穀物之土壤，因咸謂茶樹以栽培於瘠土為優。但據各國初期試驗結果，證明凡排水良好土質過於疏鬆之土壤，栽茶雖以豐收。事實上茶樹能生長於任何種類之土壤。例如亞薩姆堅實之黏土及輕鬆之沙土中，均能產高量之茶葉。卡察茶生於泥炭土（Peat）中，每英畝仍能產茶二千磅。然欲茶樹生長繁茂、容易管理及減省費用，仍以輕鬆、砂質、養料豐富而排水良好之土壤為宜。

因茶為採葉之作物，故土壤中氮之供給，最為重要。至就有機物、鉀及燐之需要而論，與其他植物無異；但不甚需要石灰。蓋最適於茶樹栽培之土壤，必需具有酸性，酸度較高之土壤，所產茶葉之品質亦常較

佳；中性及鹽基性土壤，均不宜茶樹栽培，且所產質劣。

氣候與高度

茶為常綠植物，除過於乾旱之區域外，可生長於任何氣候。如英國寒冷多溼之南部既可生存，而在五月氣溫昇高至華氏一一五度，溼度減至一七%之印度蘭溪地方，亦渦無礙。但最能繁茂而產量最多者，仍為熱帶及亞熱帶地方，如錫蘭、爪哇之高熱與潮溼，茶可終年萌發新芽。印度東北部在十月季候風停止時起至次年四月，氣溫低降，空氣乾燥，以是十二月至三月，茶樹發育受阻，不能採摘。中國較印度乾寒，產量亦較少。日本在冬季甚寒，故雖然降雨，枝條仍停止發育。

溼度為產葉之重要因子。乾燥空氣不合於茶葉之生長，在華氏八十五度左右而溼度甚大之情況下，茶葉之生長發育特佳。

寒冷之氣候使茶樹生長緩慢，雖然霜能使茶樹之葉變黑，但提高茶葉品質，如錫蘭高地茶、大吉嶺茶、亞薩姆初春茶及杜爾斯秋茶，均為良好之例證。

在印度，茶樹種於山地，其高度往往超出海拔一、〇〇〇呎至七、〇〇〇呎不等。錫蘭多栽茶於平地至七、〇〇〇呎高度之地面，惟大部則栽於三、〇〇〇呎之地面。爪哇茶多生長於海拔一、〇〇〇呎之地面，惟潘加倫根茶則栽於幾超出五、〇〇〇呎以上之山地。蘇門答臘之栽茶區域，在一、二〇〇呎至三、五〇〇呎之間。

中國之最優等紅茶，產於安徽省海拔三、〇〇〇呎之高地。最珍貴之綠茶，產於安徽省海拔四、〇〇〇呎之高地。日本最上等茶，產於河流兩旁之山坡，但半數左右之外銷茶葉，則產於靜岡縣海拔不高之地。台灣茶園，多位於二五〇呎至一、〇〇〇呎之高度，但著名之烏龍茶則產於平地至海拔三〇〇呎之丘陵地帶。

使茶葉生長繁茂之最主要條件，在於常年有調勻豐富之雨水，尤以採摘前之期間為最重要。不然，茶樹生勢柔弱，易滋病虫侵害。雨量每年至少須在八十至九十吋，不宜有長期之乾旱。多數重要茶區常超過此

數，極少有低於此種限度者。不然必為該地空氣溼度特高，以彌補實際雨量之缺少。

印度各茶區之平均雨量，依地形位置頗有參差。東北部之亞薩姆地方，頗為溫暖而潤溼，每年雨量在五十至一百五十吋左右。杜爾斯平均雨量為一百至二百吋，大吉嶺一帶當東北季候風時，氣溫較低而乾燥；但在西南風時期，如五月至八月間，則空氣特溼，接續下雨。普通該時期之雨量每在八十吋以上。印度西南部茶區平均雨量在一百至三百吋之間。

錫蘭氣候以十二月至四月為比較乾燥，五月至十一月為溼季，每年平均雨量在七二至二七一吋。

爪哇各產茶區之雨量，分佈頗為平均，最低者如馬拉巴(Malabar)為一〇二吋，最高者茂物為一六八吋。七月與八月為最旱之月份。蘇門答臘每年之雨量，終年無甚變化，雨量最少時為六、七兩月。主要產茶區之卑他爾（Siantar），每年雨量平均為一一六吋。

中國氣候與印度東北部相同，無細明之乾季溼季之分，全年有雨，以夏季諸月為多，而每年平均雨量為六十至七十吋。

日本終年有雨，無一定之乾季。九月為日本最多雨之月，一月則為最少雨之月。京都得濃霧與重露以補充。每年平均雨量約六十吋，靜岡平均雨量為一〇〇吋。

台灣每年有顯著之雨季，自六月至九月下旬，每日下午必有驟雨。全年雨量大部降於此期。

整地

印度初期開闢茶地，仿中國舊法，多擇峻峭之傾斜地，其後知平地栽茶更為茂盛，故現在印度東北部之最佳之茶地均在平地。錫蘭、南印度、大吉嶺及爪哇之茶，大部栽於坡地，故須注意其方向。例如錫蘭選晨曦直射之斜地。大吉嶺之斜地，則以向北為較佳。雪爾赫脫之丘陵地，亦同一情形，該處除有遮蔭樹者外，南向坡地不宜種茶。

在屆定勞工及建築房屋之後，開墾土地之第一步工作即爲設置苗圃；苗圃擇定後，先使種籽發芽，然後以四吋至十吋距離播種。若以森林地爲茶園時，當先將地面叢莽割去燒燬，再砍斷及焚燬大樹。最宜注意者，爲除去一切之殘枝殘根，不然日後所種茶樹，將受嚴重根病。惟清除殘物，需工甚多，所費尤鉅，故有時使其次第腐爛。至於草地之整理，較爲容易，惟遠不及林地之肥沃。

每一茶園當先立計劃，佈置道路；舊式茶園不但缺少道路，且少小徑。現代茶園如位於平地者，常用道路分劃爲每十畝至二十畝之小區，道路可通汽車。茶園中之道路愈多，管理亦愈便利而完善。

如用斜坡種茶，當先闢爲梯園，植物種植於坪上。傾斜較緩者，不須作坪，常用土堆成環形，以防表土之沖失。種植茶樹後，當再佈置排水溝，主溝傾斜順流而下，小溝則橫過山坡入於主溝。使水注於主溝，其方法悉依普通農業土木方法辦理。

當新區域整理耙平後，用木樁在坪上排定栽植茶苗位置，每一梯園可栽植一行或數行，隨斜度定之。斜度愈大，則每一梯園之面積亦愈狹。

平地栽茶多採正方形或三角形栽植法，其栽植距離大抵四至六呎。每畝種茶株數依種植形式而異。種植較密，所費稍鉅，但早得收成。經濟之種植距離，在平地爲四呎六吋，四年內即可使茶叢遮蓋地面。

表一爲平地用長方形種植法之每畝種茶株數。惟道路及水溝等其他空地，尚未計入在內。印度常採用等邊三角形式之種植法，土地經濟，同時可以避免茶叢過密之弊。表二即表示每畝依此法可種植之株數，但道路及水溝等空地，亦未計在內。

表　一

長方形種植法每英畝種茶株數

	3呎	3呎6吋	4呎	4呎6吋	5呎	5呎6吋	6呎
3呎	4840						
3呎6吋	4148	3555					
4呎	3630	3111	2722				
4呎6吋	3226	2765	2419	2150			
5呎	2904	2489	2178	1936	1742		
5呎6吋	2640	2263	1980	1760	1584	1440	
6呎	2420	2074	1815	1613	1452	1320	1210

表　二

等邊三角形種植法每英畝種茶株數

株叢面積　3呎0吋×3呎0吋＝每畝5590株

株叢面積　3呎6吋×3呎6吋＝每畝4107株

株叢面積　4呎0吋×4呎0吋＝每畝3144株

株叢面積　4呎6吋×4呎6吋＝每畝2484株

株叢面積　5呎0吋×5呎0吋＝每畝2012株

繁殖之理論與實際

茶樹繁殖除用成熟之種籽外，更可用無性繁殖，如扦插、壓條及嫁接等方法。種籽繁殖最爲普遍，但如台灣採製具有特殊香氣之烏龍茶之品種，以及試驗場中行各種科學研究試驗時，爲防止茶樹之特殊性質發生變異，則均用無性繁殖。

多數茶園常闢出一小塊地坪植經過選擇之茶樹，使其生長至十五至二十呎高，以產種籽。種籽成熟落地，始行拾取，再用篩選或水選法選種，俟充分乾燥，乃貯藏於木炭、乾黏土或二者之混合物中。運送時常用箱裝之。

茶樹播種亦有行直播者，但在印度甚爲危險。因乾旱易使幼苗枯死，且不易充分灌溉於廣大地區。尚有一缺點，爲苗木不易選優汰劣，即使每一穴中放三、四粒種籽，仍難避免此弊。

多數茶園均擇適當地點作成苗圃，或植遮蔭樹以遮蔽烈日，或以人工做成木架及竹架，上蓋茅草或樹葉遮之。苗床寬六呎，用小路分隔，旱時用水灌溉。

種籽運到茶園，大多已經選擇，但常再用水選，棄其輕而浮於水面者，取其重而沉者。種籽常放於溼沙盆中發芽，俟種殼裂開，乃再植於苗床，深度爲半吋，眼孔須向下。但優良之種籽而爲出售者所保證時，可直接播種於苗床發芽。

茶苗之移植，蘇門答臘常在發芽後二月，此時雖已發育充分，但選擇尚屬困難。故普通移植期當以六個月至十八個月之茶苗爲佳。印度茶移植時，幼苗附有泥塊，愼重移運至新地。錫蘭與爪哇雖在乾季，亦不甚乾燥，故移植時不必附泥塊。

苗圃施肥，不甚通行。但幼苗移植後，常施若干廐肥。苗圃遮蔭，頗爲重要。故在種幼苗之茶園中，常種植半常綠植物，如Boga medeloa之類。中國祇有一小部分採用苗圃，而在英屬印度及荷屬印度之大規模茶園，則常備苗圃。

日本及台灣之種茶者不用苗圃。日本直接播種，其播種方式採叢播或條播。斜地植茶，爲防止表土沖失，多採用條播。台灣對於普通及性質較强之品種，用直接播種繁殖。但對於優良品種，欲保持其固有優點，往往採用扦插及壓條方法，而壓條法更爲普遍。

扦插之手續，係將枝條插入溼土，並去其葉，使其生根。壓條將選定之茶樹，壓其側枝，深入泥中，俟枝條生根，然後與母樹剪斷，再行種植。

爪哇對於品種選擇研究工作，進行已歷十六年，印度支那、中國及日本，近年來亦仿行之，但錫蘭與印度至今尚無此項研究。

耕作

在種植幼苗之土地，清除雜草爲促進生長之要件。普通在雨季後行深約六吋左右之深耕；此外，每年約再耕四五次。印度南部及錫蘭常行除草，故極少雜草滋生。爪哇茶區均植綠肥作物，自無耕耘之必要。

中國每年除草四次，同時在茶樹四週翻土。日本秋季各行茶樹間施行深耕有達二十四吋者。三月至十月間，行淺耕除草及鬆土三、四次。台灣在六月底以前每年翻耕一次。但非全體皆然。可能時，更用耕牛翻土至四、五吋深。

在印度平地，幼年茶園有用牛拖彈簧齒之中耕器者，三、四年後，茶叢長大，不適用此種耕法，同時繁茂之枝葉已可抑制雜草之滋長。惟中耕器之施用卽在幼茶亦不及鋤之有效，因不能如手鋤之易於清理株幹根附近之雜草。

遮蔭、防風及護土植物

茶園栽植遮蔭樹，已採行多年，因有蔭與無蔭相比，前者產茶常更佳。樹木對於茶樹，可使鉀及燐酸等礦物性養料有利於茶樹之吸收，阻止根深幹高雜草之生長，促進土壤之通氣與排水，並保護茶樹，使不受强光及蒸發。但其缺點則在易於傳佈根病，枯死倒下時，必害及茶叢，以及與茶樹爭取養料水分及溼氣。利害相比，樹木之供給礦物性養料既可用肥料代替，防止雜草滋生，亦可用除草方法避免，至於土壤之通氣，可用適當排水方法改良之，若多數地方太陽照射無礙茶樹，則上等茶葉於無蔭下亦能生產，惟在一般情形之下，利用遮蔭樹利多害少，且其所得之優良效果，較其他方法更易於獲得。

亞薩姆茶園經詳細試驗結果，知蔭下所生長之茶葉，其可溶質分量增加而單寧量則大減。

多種樹木，只要不過密，均能造成適宜之蔭，惟荳科植物，有自空中吸取氮氣貯蓄於枝葉之功。其落葉及殘枝卽成爲土地之綠肥，因此普通用作樹蔭之植物，均爲此種植物，如 Albizzia Stipulata、A. Moluccanna, A. falcata、A. procera、A. lebbek、Derris microphylla、Erythrina lithosperma、Leucaena glauca 及其他種種 Dalbergias。此種遮蔭用樹木之種植距離，在爪哇以十八呎或二十四呎平方爲度，在印度東北部以六十呎平方爲度。

荳科樹木又可種植於沿茶園之路旁，排列成行，以防强風區域之風害。發風頗能妨礙茶葉之生產，故在通常遮蔭植物之外，更宜種數行之防風林。錫蘭海拔四千呎之高地茶園，種植銀樺 (*Grevillea robusta*)

作爲防風林。

灌木性之荳科植物，於茶園開闢之始，常種植於行間，以作綠肥並防止土壤冲刷。最普通者爲 Crotalaria usaramoensis、C. Anagyroides、Tephrosia Candida、T. hookeriana、Leucaena glauca、Clitoria cajanifolia、Centrosema、Plumerii、Cajenus indicus、Sesbania aculeata、S. egyptiaca、Indigofera dosua、I. arrecta、Desmodium polycarpum、Desmodium tortuosum、D. retroflexum,

若干一年生草本荳科植物常種於茶叢間，俟其生長後數週，耕入土中，如 Phaseolus 屬之多種植物如Vi gna catiang(Cowpea)、Glycine hispida (Soyaben)、Cyamopsis、Psoralioides、Crotalaria juncea及Crotalaria striata 多作此用。

錫蘭及爪哇常因土壤受劇烈洗刷，養分損失甚大，故多植荳科覆土植物，並以之淸除雜草。其中以 Indigofera endecaphylla 適於錫蘭，而 Vigna hosei 適於爪哇。此二者均爲蔓生植物，當欲用作綠肥時，可刈割埋入土中。此種植物經刈割後又從根部迅速抽發新芽。印度最普通之覆土植物爲 Phaseolus mungo 及 Crotalaria juncea、Sesbania aculeata。

施肥

施肥之目的，在增加土壤中植物生長所必要之養料，以補因栽種及土壤冲刷之損耗，而無損於茶葉之品質。

關於某一土壤需要何種肥料，應由土壤化學家決定之。爲求完善起見，最好由栽培者將所用之土壤加以分析，以求得適當而最大之效果之施肥方法。印度、錫蘭、爪哇、日本及台灣各茶業試驗場，均聘請富有學識之技術人員，從事栽培與製造之研究，各種土壤應需要何種肥料，亦爲其研究問題之一。

印度、爪哇及錫蘭除用綠肥外，更同時利用無機與有機肥料。印度最多用廐肥，中國及日本常用人糞尿，日本更用人造肥料。實際上各種

人造肥料均可用於茶葉，常用之氮肥爲硫酸錏、炭酸鈣、過燐化鈣及其混合肥料。又如鉀鹽、燐酸肥料、油餅、動物餅、魚鱗、骨粉等，在市價適宜時亦有用者。

通常每年於茶芽萌發期前施肥一次。日本秋季施用遲效肥料，春季則施用速效肥料。台灣經科學試驗之結果，已使農民加强施用人造肥料之信心，但在中國一般茶農，常任茶叢自然生長。

病害及虫害

茶樹易受種種病虫之侵害。虫害中最烈者爲茶蚊（Helopeltis），喜吸嫩芽之液汁。在爪哇印度南部杜爾斯及森馬谷流域，雖用種種方法防除，亦未見有效，惟如栽培良好，頗有實效。其他重要之害虫爲茶捲葉虫（tortrix），用絲捲茶葉成巢穴，；尙有穿孔虫，常穿空莖枝，使其不能生長茶葉，在錫蘭蔓延甚廣。茶壁蝨，（Tea mite）依其體色而分有紅壁蝨、橙黃壁蝨、淡紅壁蝨、黃壁蝨等，均在乾旱時期侵害葉片，使葉變黃色或黑色，最後使葉片脫落。若雨量充足，茶樹雖受侵害，但仍能恢復。

此外尙有一種顏色顯著之綠蠅，產於印度，日本、中國間亦有之，爲唯一受栽培者歡迎之昆虫。印度大吉嶺一帶，茶葉受其妨害，而所製之茶葉，品質特佳。

中國茶樹病虫害尙少紀錄。日本冬季嚴寒，故得免南方各茶區多種熟知而嚴重之病虫害。如上所述，若干病虫害僅發生於某一地方或某一高度內。某種病虫害時發現於同一茶園中，實皆由氣候與高度之所賜也。

關於茶樹害虫其詳細情形，非本編所能述及，閱者可參考關於此項問題之專書。如倫敦出版 E. A. Andrews 著之「防除茶蚊之因子」(Factors Affecting the Control of the Tea Mosquito Bug. 1923)，巴達維亞出版 S. Leefmans 著之「茶蚊之研究」(Bijdrage tot het Helopeltis-vraagstuk Voor thee, 1916)以及倫敦出版 George Watt

著之「茶樹病虫害」（The Pests and Blights of the Tea Plant, 1898）。此外關於各種防除法，散見於加爾各答之印度茶業協會及爪哇茂物試驗場之各報告中。

各種茶樹之病害均爲寄生菌類侵害葉、根、莖各部之結果。葉部病害對於栽茶者最關重要，因茶樹以產葉爲主，故發生葉病不但將來葉與幹之發育將受影響，且立即使可用之葉量減少。茶樹之病害，已往記載已有百五十餘種，惟除北印度之 Blister 病外，其他幸尚未釀成大害。

概言之，凡茶樹之營養不良，以及其他原因而使樹力減損，乃爲茶樹被病菌侵入之誘因。因此如施肥及管理得法，即可避免之。葉病中足以記述者爲 Blister blight、灰褐病、銅斑病、鳥眼形斑病、Cercosporella theae 以及 Sooty mold、Phoma theicola、Phaeos phaerella thene、Scabbed Leaves 等。以上各病除中國無詳細記錄外，其他各國，均有其中若干之病。防除之法，爲剪去病害部分並燒燬之，或用 Bordeaux液及 Burgundg液，或用石灰硫黃乳劑或採用精密栽培方法。

上述方法，更適用以防除其他病害。如赤銹病、細菌病、莖病、黑腐病、印度寄生性線斑病、共生性線斑病、白蕈病、色斑病、馬毛狀病（Horse hair blight）。又有兩種幹瘤病 (Branch Canker)、Pink 病，三種 Die-back、Massaria theicola、根腐病、絨狀病、灰黴病、幼苗之根腐病、蘚苔、地衣以及虫癭，枝上瘤腫等。現在常於剪枝及切口塗灑青，可防止病菌侵入。

根病能害及枝幹，而促其枯死，最爲栽培家所忌。但此種病菌，極少傳染叢枝之上。凡掘起已死之根，如無其他顯著原因時，必發現病菌之菌絲。根病最普通之來源爲枯死之樹根，能傳佈菌絲於各部。根病有下列數種：Rosellinia arcuata、Rosellini abunodes、Ustulina Zonata、Sphaerostilbe repens、Diplodia、紅根病、Poria hypobrunnea、Trametes theae、Fomes lignosus、F. lucidus、F. applanatus、Polyporus mesotalpae、Sclerotium等。

關於茶樹病害之處理方法可於 T. Petch 所著之「茶樹病害」（The Diseases of Tea Bush, 1923）書中見之，彼曾爲錫蘭政府聘請之植物學家及細菌學家，其後任錫蘭茶葉研究所第一任所長。

修剪、採摘與茶樹管理

多數作物之生長，均非爲自然之原有狀態，其中尤以茶樹爲然。野生茶樹能長成大樹，但栽培於茶園中則爲一灌木，此乃由於定期剪枝。且剪枝後，並不任其生長，俟新芽抽發時，大部摘去，一再施行及至衰老，爲保持茶叢之根與葉之平衡，故如葉量超過平衡時即須再行剪枝。

關於剪枝方式，印度、錫蘭、爪哇及其他產茶國，均依其地方情形而不同，但其原則及目的則相同，即爲刺激新芽之生長，並使茶叢能保持適於採摘之高度。剪枝常用彎形長四吋至八吋之剪刀，但亦視需要不同而形式各異。剪枝時間，有於移植後六月或一年，即行去頂使其發生側枝，亦有至三年後長成高五、六呎之幼樹時，乃在離地面九吋處，剪去上幹，祇留基部。由此基部長出側枝，再將側枝自地面十五至十八吋處剪栽，造成茶叢之骨格，俾其向外發展。次年剪枝約於高十八吋處剪栽，以後每次剪枝，較上次增高二吋，直至產量減少或枝條太高爲止。至此應施行中刈，於離地十四吋處悉數剪去，以後每個剪枝復各加高二吋。

亞薩姆以每年剪枝一次爲原則，但有若干茶園，則每二年剪枝一次。印度南部每隔二、三年剪枝一次，錫蘭剪枝次數依栽培地之高度隔十八月、三年、四年、五年不等。爪哇剪枝後之相距期間，爲一年半至二年。日本則十年祇剪一次，惟在茶株衰老時，則施行台刈，任其生長至恢復樹勢，然後再行整枝。台灣茶樹甚少剪枝，在五年至十年間，在離地三吋至六吋處台刈一次。

普通手摘及日本之用採摘鋏均有輕度修剪作用，並可保持適當採摘面與促進茶芽之生長。

印度錫蘭之茶叢，以剪成平頂形爲主，爪哇過去剪枝方法，使樹叢成爲中凸旁低，但近年則因切斷主幹之結果，使四週枝條容易高長，與印度、錫蘭所採用方法相同。

中國培養較佳之茶叢，常不超過三呎，使矮小之採茶者，亦得便於工作。幼齡茶叢於生長之初期，用指甲去頂，每年二、三次，以促側枝發育；側枝又繼續去頂，使其繁生茶葉。除去頂以外，中國最優良之茶園更於必要時隨時用剪枝刀剪枝，使茶叢仍高二呎左右，以便採摘。

剪枝時期依地方情形而不同，然以寒季及雨季前植物休眠期行之為最適宜。此種情形，通用於印度。錫蘭茶樹終年生葉，可在任何時期行之。日本則視需要與否，於頭茶二茶後之生長盛季中剪之。

採摘為茶葉供應市場之第一步驟，採摘之精細與否，與成茶之品質有關。採摘普通常由婦孺為之，男子則從事較繁重之工作，採時僅採芽及第一第二葉，其他較大及較粗之葉，則留於枝上。採摘在茶樹發芽期中繼續行之，其時期間隔則依各茶區之氣候狀態而異。勻整之採摘，為製造優良茶葉之必要條件。蓋粗細不同之葉，其萎凋所需時間不同，必製成不良之茶葉。南印度、錫蘭、爪哇及蘇門答臘，無旱期及寒期，茶葉終年繁生，故採摘亦全年繼續行之。北印度採摘期在三月末或四月初至十一月中，中國採摘自四月起繼續至秋季為止。日本初茶採於五月，繼續採摘三次至四次，最後一次，往往延至九月末或十月初。台灣茶農自三月起至十二月初採葉。

葉在植物生長之一般機能上，為植物製造養料之製造廠，故欲顧全茶樹之健康，在採摘一定數量之葉片後，當剩留新葉若干，以維持其生活，惟摘葉與留葉多少問題，僅從經驗上始能決定之。錫蘭之坦密耳（Tamil）採茶人用兩手採摘，每日可摘三萬芽，每三千二百芽約製茶一磅。

採摘頭茶，除留魚葉外，常以剩留已完全發育之三葉於原枝上為原則。（魚葉印度語稱 Jannum，乃生育之意，錫蘭及南印度稱魚葉。）當葉腋抽發新芽時，其第一葉（即魚葉）邊緣無鋸齒，形甚小，第二葉不及普通葉大，亦無鋸齒。普通於芽下第二葉下之葉梗附近用指尖採取之。但葉梗不為購茶者所歡迎，故採摘時務必愈少愈妙，前有採一芽三葉而留極短之梗以保護芽眼及葉腋者，但今已無人行之。

凡產茶葉以供製造，分別為精採（fine）、中採（Medium）、粗採（Coarse）三類，完全用以表示葉之嫩老，以及同時採摘葉片之多少。

第一次採摘以後，爪哇、錫蘭之一般習慣，剩一葉至第二次採摘，即有三葉一芽時，祇採二葉一芽。在亞薩姆第一次採摘，常採去新芽及葉之全部，此種採法可得優良之茶，製成上等茶葉，但對茶叢生長頗有影響。

從發育不良之芽所生之葉，普通無繼續生長之希望，故稱為不育葉，其處置方法頗多討論，有主張從速採去，對於茶叢較為有益，但 Claud Bald 主張此葉乃在休止時期，不宜加以妨礙。更較正確之解釋，為不育葉尚在發育中，但其葉腋之芽，則在休眠，其原因由於根部養分供給不足或乾旱及過度採摘所致，經相當時期之休眠，亦未嘗不能再行活動而向上發育。（註一）

對於大面積茶園之茶樹生長發育不良時，可用暫停採摘方法，不加擾亂，任其自然生長，以休養其樹力。茶叢之負担，原在於產生葉片而供採摘，若能暫免此種負担，即可休息而恢復原來生氣，為恢復全茶園健康起見，停止採茶一年，亦非過分。

停採為求恢復樹勢，並非放棄不加管理，其茶地管理工作仍須照常進行。土地亦繼續除草，至年底茶叢已經休養之後，則對於新枝修剪，亦如其他已採摘之茶枝同樣截剪二、三吋。此種剪枝使茶叢不致開花而消耗樹力。如茶季上半期採摘而下半期任其生長，亦為一種休養方法。

茶葉採摘後，常放置籃中數小時，以待運送至工廠。如堆積過多，則中部發熱，茶葉變紅，有影響製茶品質之虞。取籃內中央變紅之茶葉，試驗其含單寧量，與籃面茶葉所含單寧量相比較，知其分量往往減

註一：見 Claud Bald 著：印度茶之栽培與製造（Indian Tea, Its Culture and Manufacture）一九三三年加爾加答出版。

去一半（註二）。由此可知生葉在茶籃中不宜積壓，且須多留空隙通氣，並宜隨時送至工廠萎凋，不可延遲。普通每日送工廠以二次爲宜。

茶廠

現在規模宏大之茶園需要附設設備完善之工廠，印度錫蘭東印度即屬如此。日本茶廠雖設備精良，但規模甚小。中國及台灣除少數有機械設備之新式工廠外，其他大部份，尚有賴於手揉及舊式炭火爐之烘焙。

新式製茶工廠之房屋，爲輕鋼骨建成，以波紋鐵板爲頂，牆以磚建造，或用洋鐵板牆再加木板。亞薩姆之茶廠，幾乎全爲平屋，萎凋則在另一室中。杜爾斯茶廠大部爲二層或三層樓房，萎凋間築於揉捻室、烘焙室、包裝室之上。錫蘭、爪哇及南印度則用露棚。

茶廠佈置並無一定標準，惟多數設計，係在排列萎凋室或露棚、揉捻室、醱酵室、烘焙室、包裝室，以便於工作及管理爲主。工廠大小依產量而定，在亞薩姆，每年產量之百分之〇•七五，作爲每日平均應備足之設備量。因此若每季之產量爲一萬 Maund（1 maund＝80磅），則所裝機器容量，每日應以七十五 Maund 爲度。錫蘭機器設計，以最忙日每日所能容納之採摘葉量之四分之三爲度。馬歇爾式（Marshall）乾燥機及揉捻機，Davidson 之雪洛谷式（Sirocco）乾燥機爲製茶機中之最普通者。錫蘭、爪哇亦有製造製茶機之工廠。最近加爾加答亦有此種工廠。

製茶工廠中之揉捻室及醱酵室，均須低溫溼潤。因此常用磚牆或石牆與烘焙室相隔，使其不受乾燥機所發生熱氣之影響，亞薩姆茶葉醱酵工作常在與工廠隔離之一室中行之，此室常在萎凋室之下，以其溫度較低也。如茶廠中有調節溼度機械之裝置，則可調節溫度與溼度，因此醱酵室與揉捻室無分設之必要。如二者合併，必須有極大之房屋。過去既無此種裝置，故當時爲易於調節室中溫溼度起見，不得不使房間縮小，而有分設之必要。

烘焙室與篩分及包裝室常相連接。分篩室中塵埃最多，近有吸收塵埃之裝置，可使空氣稍爲清潔。

動力室常在建築物之中部，但常稍偏於一邊，主軸之一端轉動揉捻機，中部轉動乾燥機，他端則轉動篩分機。

萎凋室高約八呎，過高則不便處置架上之葉片，太低則建築不甚經濟。最主要之點，爲窗戶之大小與構造，務使必要時有充分之空氣可以流入。但又不可太大，以防在熱天關窗時，熱氣透過窗戶而傳入。

茶廠之動力

茶廠中之動力常用蒸氣機，視地方之情形而不同，用煤或木材爲燃料，又有採用新式之柴油機者。日本與爪哇用水力發電機，即用電以發動機器。爪哇之馬拉巴更用電熱以乾燥茶葉，此僅能在電費甚廉之區用之。普通乾燥機多用木材或煤，有時亦有用油料者。

紅茶之製造

紅茶之製造有四種重要步驟，即萎凋、揉捻、醱酵及烘焙。（註三）此種過程之結果，可概括如下：萎凋爲揉捻之預備手續，使葉消失相當水分，變爲柔軟。並使細胞內部液汁起重要之變化。揉捻爲破壞葉細胞，使液汁滲出與空氣接觸，同時造成細條。醱酵使茶之一部分單寧氧化，葉色變紅。揮發油亦於醱酵時造成。烘焙則爲制止醱酵之進行。

萎凋之物理狀況

萎凋方法，在主要產製紅茶國家，如印度、錫蘭及東印度，各有差

註二：見一九二三年印度茶業協會季刊第三部P. H. Carpenter及H. R. Cooper 合著之 Factors Affecting the Quality of Tea。

註三：關於紅茶製造之基本原理，可參考一九二三年印度茶業協會季刊第三部中 P. H. Carpenter 及 H. R. Cooper 合著之 Factors Affecting the Quality of Tea. 一九二六年該刊第一及第三部中P. H. Carpenter 及 C. R. Harler 合著之 Important Points in Tea Manufacture。

異。錫蘭、爪哇及蘇門答臘之空氣，常年潮溼，印度在季候風時期之四個月較爲潮溼。因此錫蘭與荷屬東印度常在密室中萎凋，其空氣狀態不適於自然萎凋時，則以華氏九十度以上之熱風以調節之。在印度若干地方——尤以亞薩姆爲然——自然萎凋甚爲良好，無須設置萎凋室。

萎凋時將葉均勻薄鋪於萎凋架之萎凋簾上。萎凋簾有用竹製，而上鋪漆布與否不定。亦有全用鐵紗或全用漆布製造者，種類殊不一律。每一平方碼之簾面，約可萎凋一磅之鮮葉，而所需時間，視空氣中溫溼度之情況而定，約需十八至廿四小時。萎凋時，葉因水分蒸發關係失去原有重量三分之一至二分之一，葉身柔軟，並發出一種特殊香氣。

此時葉片起一種物理變化，但尚無顯著之化學變化發生。判別萎凋之進度，可依其所含水分之多寡，或一定份量葉片消失重量之多少而定。亞薩姆每百磅之葉萎凋後，常變成六十五磅左右。錫蘭每百磅變成五十五磅左右。

萎凋必需緩慢而均勻，不然芽梗尚未乾燥，葉已變硬而焦黴。

萎凋之程度依時間、溫度及溼度而定，最理想之時間爲十八小時至二十四小時。如平均溫度爲華氏八十三度（亞薩姆製造期中之溫度）而一百磅之葉在萎凋後變爲六十五磅時，葉片即適於揉捻。在錫蘭之溫度較低時，物理的萎凋更爲完全。

關於使用何種萎凋容器最爲合宜，曾經各方面之討論。其結果爲漆布及竹簾可以萎凋平勻，但須薄鋪葉片，因其面上之葉易於乾燥。鐵絲網可盛葉較多，因有兩面乾燥，但細嫩葉芽易自網眼漏下，並有過分乾燥之弊。漆布易藏有害細菌，在長期溼潮中，常起酸味，尤以亞薩姆爲然，因在亞薩姆之萎凋室四周兩側均無牆壁。

萎凋均勻爲製造優良茶葉之主要條件，欲達此目的，攤葉宜薄而勻。錫蘭每一磅之青葉，常用十至十二平方呎之面積，惟多數工廠，所用鋪葉面積，常較此爲大，有達三十平方呎者。印度平均與錫蘭相似，但較優良之產茶區域，則常以二十五至三十平方呎之平面鋪茶一磅，爪哇攤茶常較印度、錫蘭爲厚。

萎凋管理

種植者咸知若非獲得適當之萎凋，極難製成上等之茶葉。長期溼季時，葉片雖放置一晝夜，往往仍不能達萎凋目的。因此天然萎凋雖以進行，不得不用人工方法代替之。惟欲產製最優等之茶葉，仍以良好之天然萎凋爲最妥當。天然萎凋之條件，爲一方面有充分新鮮適當之低溫空氣（約在華氏八十度），相對溼度爲七〇%至八〇%，流通速度每分鐘爲五十至一百呎。此種狀態，殊難用人工仿造之。

錫蘭、爪哇及印度之若干地方，通常在工廠上層之萎凋室中萎凋，並引入乾燥室之熱空氣復以風扇排出。在多層萎凋室中使熱空氣先通至大熱氣間，再由此熱氣間用壓力風扇或推壓器吹送至需要熱空氣之室內。然後再以強烈之風扇由萎凋室之一端排出。若干屋頂萎凋室開窗甚多，俾在適宜天氣下可行自然萎凋。由經驗所知，萎凋室以長一百呎寬四十呎爲度，此種長度爲熱空氣經過葉面而吸收水分之最大限度，超過一百呎，空氣即成飽和狀態，不能吸收葉面之水分。根據經驗所得，四十呎寬之限度，亦爲自然萎凋最大之限度。

萎凋室接近熱空氣室之一端，其葉面所接觸之空氣，較熱而乾燥，故該處之茶葉，較他端接觸較冷較溼空氣之茶葉萎凋較快。爲平衡其萎凋程度起見，乃有反覆送氣之辦法。即先從一端通空氣，其次又從另一端通氣。此種方法，祇要開閉熱氣進出口即可辦到。爲得優良結果起見，萎凋室之溫度，不可超過華氏八十五度至華氏九十度，從實驗證明用調節方法萎凋時，葉片必須鋪攤平勻，使葉接觸溫暖乾燥空氣，俟葉有相當乾燥，即應隔絕萎凋室與熱氣之連接，任其進行萎凋，萎凋必須緩進，在通常溫度華氏八十度左右，以十八至二十四小時之結果最好。

在上亞薩姆地方，全年中除十五天外，可以完全在僅有屋蓋不裝牆壁之萎凋室中萎凋，該地雖可以行天然萎凋，但多數工廠，仍以鉅資設置可以調節溫度之萎凋室。因此種萎凋室之成功，不數年後，亞薩姆谷之工廠，均次第設備若干萎凋調節之裝置。

除萎凋室外，尙有應用茶葉乾燥機之原理，以機器萎凋青葉者。故青葉於不斷迴轉之框上，使其接觸華氏一一〇度之熱空氣，以是葉即變紅；但茶味稍辛澀，較天然萎凋爲劣。人工萎凋機之最大缺點，在於機器之容積不能過於膨大，故萎凋大量葉片時，不得不採用較高之溫度。若溫度保持八十度，則機器必大，而其過程緩慢，難合實用。鮮葉在高溫度之萎凋機中萎凋，遇熱即迅速失却水份，驟變柔軟，以爲萎凋適度，但放置一小時後，葉細胞內之水份重行分配，葉之柔軟狀態即行失去。此種情形同樣發生於乾熱空氣通過萎凋室中之時，此爲不可不加注意者。

最近爪哇馬拉巴茶園之 K. A. R. Bosscha 發明一有趣之萎凋機，爲一長八角柱之鐵絲網筒，凡經普通方法萎凋之鮮葉，放入此筒，吹入華氏一二五度之熱空氣，並以緩速度使筒旋轉約三十分鐘。在此過程中，葉可失去水分百分之二至三，其色變褐而帶粘狀，發出熟蘋菓之香氣。此爲醱酵已開始之表示。故發明者謂用此機器可以減少醱酵時間七、八小時至三、四小時。

萎凋之理想條件

據實際經驗所得，知萎凋之理想條件如次：

（a）採摘後立即攤葉。

（b）萎凋時勿使葉片損傷。

（c）均勻薄攤於清淨之萎凋簾上。

（d）在冷空氣中行徐緩而適當之萎凋，時間最少十六小時，最多二十四小時。

（e）物理萎凋之程度，依溫度而異。若平均溫度在華氏八十度時，一百磅青葉之重量減至七十五磅；七十度時，減至五十五磅，即爲適度。

萎凋之化學狀況

萎凋時葉內究起如何化學變化，從分析方法上尙難斷然表示新鮮葉與萎凋葉之差異。惟單寧及其他可溶物，隨萎凋之進行，而以沸水浸出之，其量有增加之趨向。即新鮮葉放於冷水中加氯化鐵一滴，數日不見起任何水色之變化，但萎凋葉用同一方法處理時，則數分鐘後，水色即變青色，是爲萎凋葉中之單寧質立即分散於水中之證明。葉中之單寧量及可溶物量，在萎凋中質無變化。而且細胞內之液汁酸度，亦無變化，在萎凋之各過程中，其PH值均爲四·三至四·五。

關爲茶葉萎凋時單寧化合物之變化，曾有種種學說。較早之學說，謂單寧在新鮮葉中乃一種配糖體，萎凋後則起加水分解。即單寧在新鮮葉中，依某種方式而得保護，萎凋後起加水分解，而變爲易於游離之物。惟尙少實驗之證實。

鮮葉浸水後，得帶青黃色之溶液，萎凋葉浸水後，則其青色稍淡。經茶師品評結果，則謂鮮葉之浸液有生味，而萎凋葉汁之味辛澀，此二名稱之眞實意義，雖茶師本人，亦不易解釋。惟前者表示稍有味，而後者則有一種收斂性而已。

若葉片完全受損傷，則其汁變爲紅色。此種浸液，茶師仍稱其爲生，又稱其有澀味。澀味於茶葉揉捻後立即發現，而其特性與收斂性相近。葉經醱酵或經氧化作用，茶師稱茶汁清爽。單寧紅化合物認爲與刺激性有關，Peacock 曾謂茶汁中之收斂性，實出於 Phlobaphenes 即單寧紅所形成。

揉捻

揉捻之主要目的，爲破壞葉細胞，使細胞內所含液汁及酵素流出。其第二目的，在於造成特殊之條索。葉細胞一破，液汁與空氣相接觸，醱酵亦即開始。吸收氧氣而發生一定之熱度，葉色由青而轉銅紅色，發出茶之特殊香氣。凡此種種過程，總括稱爲醱酵。以前製茶，在萎凋之後用手揉捻，此種方式，至今中國製造工夫茶或其他紅茶時仍沿用之，但後來在印度、錫蘭及荷屬東印度則改用機器揉捻。

揉捻機台面包有黃銅，即為揉盤，其表面裝有長短高低不同之稜齒（Batten），在此台上面，有一開底之葉箱（即揉筒），作迴轉磨狀運動，更有調節壓力之裝置，使青葉在揉筒內與揉盤接觸時可加適當壓力，便於揉捻。

用手揉捻與用機器揉捻，在工作效率上相差至鉅。一有力之揉捻機可以代替七十人之工作，且能使工作均勻而可不致觸及人手，保持食品之衛生。

印度、錫蘭及爪哇雖均用揉捻機，但其形式並不完全相同。錫蘭及爪哇之揉捻機每分鐘迴轉四十五轉，每次須三小時；在印度每分鐘迴轉七十轉，時間普通為一至一小時半。

迴轉之快慢，對於茶質有無影響，曾有相當研究，凡在適當溫度之下，二者所製成之茶葉，在茶湯上並無顯著之差異；惟徐緩揉捻，時間太長，在揉捻器中之青葉，易於發熱。印度氣溫較高，必須避免此種發熱，故常在揉捻後，立即薄攤於醱酵室。

錫蘭之慢轉與充分萎凋有關，蓋萎凋愈充分，則迴轉必須緩慢，方為有效。就外觀而言，揉捻愈緩者，碎葉愈少而芽尖愈多。快迴轉較緩迴轉易使芽與他葉液汁粘滑而破損，其結果使揉成之葉，常缺少芽尖。

錫蘭茶葉往往揉捻至六次之多。每次揉捻，葉必分篩，將篩得之細嫩芽葉移放於醱酵室。如此揉捻過程，可延長至三小時之久。最後留於機內之葉，不到最初之半數。

印度分揉捻為兩步驟：第一步為輕揉，約須半小時。經此工作，葉片可彼此分離，而芽葉及細葉均與梗脫離，故選擇後即可將細葉送至醱酵室；第二步為重揉捻，可將壓力稍稍降低，約一小時畢事。

由經驗而知重揉可以增加茶汁之濃味，惟多茶梗，在揉捻時所發之熱，大部由醱酵而起，而非摩擦而生。每數分鐘後，將壓力減輕一次，以免溫度增加太高。

揉捻過程中常使葉形變為球狀，倘即以此醱酵，必使捲在內部之一部分葉片與外界空氣隔絕而仍保持青色，有醱酵不勻之弊。因此揉捻之後，先行一次篩菁，分離成團之葉，此種工作，有助於葉片之冷卻。

揉捻室之溫度，必須保持低溫，以使葉在揉捻機中保持低溫，若葉溫超過華氏八十五度以上時，醱酵提早，不能製成優良之茶。

揉捻機台面稜齒之位置、數目及性質，對於揉捻之結果，頗有關係。稜齒高低較深者，適於製碎茶級；闊淺而低之稜齒，適於製造完整葉。揉捻機宜保持清潔，隨時將粘着於台之頂端之葉除淨。且多數茶塊粘着於茶筒內面及加壓器。稜齒四周在揉捻完畢後均須洗刷乾淨。

解塊機與青葉篩分機有裝成一具機器者，由揉捻機送來之葉，經解塊分散後，由漏斗送入篩框或適當容積之圓筒篩。一框上往往配有二篩，篩眼二篩不同，普通為每方吋三孔及四孔或四孔及五孔或五孔及六孔，依其地方環境之需要而決定之，應否用較粗篩眼或較細篩眼，全視需要決定。但同時用二篩較單用一篩為方便，可無疑議。

通常每二架揉捻機約配置解塊機一架，但在揉捻機多之工廠，則其比例，可減至五與二。各種機器以及盛葉之器具，均須每日用水冲洗。又揉捻室之地面，常堆青葉，亦當保持清潔。

醱酵

萎凋葉從揉捻機及解塊機取出，葉帶青色而柔軟，送至醱酵室，舖於磁磚地面或玻璃及水泥台面，完成其在揉捻時已開始之醱酵作用。此種醱酵室常以水洗滌，以防發生任何類似黴之臭味。故醱酵之意義，事實上為完成萎凋之過程而已。

茶葉在醱酵時之氧化作用，常引起茶葉之化學變化，對於成茶茶汁之香氣、濃度、身骨、水色及葉底之色澤，有莫大之影響。以前之無色單寧變為紅色單寧及褐色單寧，使茶湯顯現色澤。

醱酵在華氏七十度至八十度時進行最順利（冷醱酵），惟在亞薩姆雨季時，不易使溫度保持至八十度以下。在大吉嶺及潘加倫根平原等較寒區域，則葉常舖於乾燥器之附近，以助醱酵。錫蘭舖葉甚薄，使得充份空氣，以促進醱酵。

醱酵室之溼度，常保持飽和狀態，其法用麻布懸於四壁，另有穿孔之水管噴水於麻布上。又有用溼布放於棚上，此種置於離醱酵葉數吋之上面。更有若干工廠裝置如紡織廠之噴霧裝置（Humidifier），則更爲完備。

紡織廠式之噴霧裝置，係用壓力將水從管孔壓出，而產生適合需要量之水蒸氣，再應用溼布等以發散之。簡言之，此種裝置由一唧筒藉高壓力供給水至各噴霧單位；各噴霧單位，掛於噴霧室之天花板上，其位置以最適於流通及散佈溼空氣爲原則，使一室中可以得到均勻之溼度。噴霧裝置有二種，一種爲開放式，一種爲換氣式。開放式祇供給水分，而換氣式者則與外界空氣相通，引入新鮮空氣，經冷卻及濾過而入醱酵室。

揉捻室中裝設噴霧裝置之目的：第一，在熱天可降低室中之工作溫度；第二，爲防止揉捻、篩分、醱酵時葉片之乾燥。若醱酵葉乾燥，葉底色澤不勻。

凡醱酵時間愈短，則茶葉之味愈有刺激性，醱酵時間愈長，則茶味愈溫和，且其色亦愈濃。此在化學上之理由，因單寧在自然狀態之下爲無色而有刺激味，但醱酵之後，則變色而刺激性減少。

葉之醱酵，以俟其變成鮮明銅褐色爲止。最適當之時間約須一小時或一小時半至四小時或四小時半，須依其萎凋與揉捻之程度而異。地域之差異，亦有關係。不同茶園生產之鮮葉，醱酵程度亦不相同。醱酵適度之時間與性質，須經過精密之試驗後方能決定。

凡與葉片相接觸之醱酵室之任何表面，必須無臭氣，無破損及無罅裂，以防停著葉汁，不然葉片即難保美味。如木及磚等有小孔之面，均絕對不宜應用。鐵雖無孔亦不適宜，因葉汁中之單寧與鐵易起作用，能變爲單寧鐵，使葉變爲黑色。

醱酵之化學狀況

茶葉幼嫩芽葉易於醱酵，老葉硬而少液汁，醱酵後亦難有良好之紅色。

空氣爲醱酵之必需品，揉捻葉放於真空及炭酸氣中，仍爲青色而不醱酵。如欲製成良茶，一般均謂醱酵過程（包括揉捻時間）不得超過三小時半。

溫度與空氣之供給，爲決定茶葉醱酵速度之兩種因子，惟空氣之溼度對於醱酵亦有極大影響。

在醱酵時發生之種種反應，雖高溫可促進此種反應而使醱酵時間縮短，但從經驗所知，因細菌而發生污穢以及失去香氣之外，優良茶葉仍以低溫醱酵爲佳。且醱酵之化學反應，在華氏七十五度時進行最佳。故與此溫度相差過甚即不能使產生優良茶葉之各種反應順利進行。

將揉捻茶攤於醱酵床上，其厚薄爲一吋或一吋半至五吋。愈厚則空氣透入葉面愈難，醱酵之時間亦隨之增加。但攤葉愈厚，保留醱酵之溫度亦愈高，而使葉面溫度增高，因而減短醱酵之時間。惟最後結果，攤葉過厚者仍較攤葉薄者所需之醱酵時間較長。

錫蘭之山地茶園，氣溫較低，攤葉亦常薄——約爲一吋半；但印度溫度在八十度以上，如用薄攤，則在製造好茶時，殊感醱酵太速，因此常攤至二吋半厚。

醱酵時板面之溫度逐漸上昇，二、三小時後即達最高點，約經五、六小時始再低降，當溫度昇至最高點時，即發出觸鼻香氣，經二小時，則漸消失，以後又須隔相當時間方再發生。

醱酵之作用，既大部分在於產生單寧紅，使茶湯及浸葉變爲紅色，故醱酵時間愈長，則水色亦愈濃，惟刺激性則被犧牲。此種刺激性爲單寧之特性，而與單寧紅之含有量適爲相反。

茶葉有強烈刺激性而同時又有極濃之湯水者甚少。購茶者各在此二種性質中取其一種。故同時具有二種性質而不甚強烈之茶，反不如祇具一種特性而強烈者，在茶價上較爲合算。

明乎此，當可討論醱酵室中之溼度問題。茶葉如在乾燥之空氣中醱酵，則變爲古銅色；如在溼潤之空氣中醱酵，則變爲新銅色即紅銅色，亦即表示醱酵良好。一般視單寧褐爲不佳之色澤，而以單寧紅爲佳良之色澤。

關於溼度、光線、空氣、時間及溼度對於醱酵之影響，曾有種種研究，且對於醱酵之一般問題，亦有論及。此種研究，可在爪哇茂物茶葉試驗場及亞薩姆之托格拉試驗場出版物中見之。科學試驗上所得之結論與實際上所得之經驗頗能符合。

爲獲得最適當之醱酵起見，當注意下列若干事項：

一、醱酵之地面必須常保清潔。

二、氣溫最好保持華氏七十五度，且空氣必須新鮮，應避免乾燥。

三、醱酵室空氣之相對溼度應爲百分之九十五。

四、攤葉宜薄而勻，不得超過三吋，務使醱酵葉之溫度不到華氏八十三度。

五、香氣一經發生或葉色已發展至鮮紅銅色時，即當停止醱酵。

論及醱酵不能不再述及所謂後醱酵，茶葉在乾燥及包裝之後，仍進行輕微之變化而產生炭酸氣。此種變化，稱爲成熟（Mellowing），當屬一種後醱酵之結果。

紅茶之烘焙

當陳茂最初採用茶葉之時，中國茶爲世界上唯一之商品茶，其焙茶方法即用淺鐵鍋炒焙或用漏斗形烘籠烘焙，此種手工製法，至今仍沿用於中國、日本及台灣，惟自印度、錫蘭及荷屬東印度諸新產茶國供給大量茶葉以後，即有大量焙茶之必要，於是有乾燥機之裝置。

乾燥機有多種形式，以不同之方式供給熱度，有自動送茶入機者，葉落於移動之框上，然後由機頂移至機底而排出於機外。亦有先預備若干盛茶之框，上攤茶葉，然後如烘麵包者然，將框放入機內烘焙。

焙茶之原理在於吹進乾熱空氣於密封之容器內，而茶葉則放於框面通過此器。在上行乾燥機，則乾熱空氣由器之底部送入，當時之熱氣溫度爲華氏二百度，先與由機器排出之乾葉接觸，然後通過盛較溼茶葉之框，最後當空氣由乾燥機排出於機外時，溫度降爲華氏一百二十度，同時適與新放入之溼葉相遇，排出之空氣亦變溼潤。

若葉在乾空氣中急速乾燥，則葉之表面硬化，而葉之中心則尚潮溼，結果發生緩慢之化學變化，損害茶葉品質，有時且易生黴。

茶葉醱酵常在華氏一百五十度停止，如過熱風吹入時，則停止醱酵之溫度更低，因此茶葉送入乾燥機而遇及一百二十度之空氣，其醱酵當即大致停止。惟有時乾燥器中葉量過多，而通過器後之空氣降至一百二十度以下，則在機內之茶葉在短時內將急速醱酵，蒸煮茶葉，製成乏味或醱酵過度之茶。

送入乾燥機之茶葉，依萎凋之程度，含有百分之五十至六十五之水份。印度茶烘焙之時，含水量大多爲百分之六十，烘焙則分爲二次行之。初烘使葉之水分減至百分之三十，再在另一機內以低溫復烘，使水分減至百分之三。初次焙火時倘使葉中水分急減至百分之三十以下，則將蒸煮葉片而遭受損害。

錫蘭及爪哇之茶葉，其物理萎凋程度，常較印度完全，故祇須一次焙烘。

高熱烘焙茶葉，從試驗結果，知初吹入之空氣不可超過華氏一百八十度。如乾燥之茶葉，留於此種溫度之機器中，即變乾硬。本來茶葉在機中，最初如遇一百八十度之高溫，可不致過火，但若乾葉再遇此種高溫，即使時間極短，亦變爲過火。過火在底框最易犯之，蓋底框中之茶已乾，即將排出機外。

如焙火過高，葉片即起水泡。有時此種水泡極小，需用顯微鏡方可看到。但此種葉片，當用機械分類時，則此泡面因磨擦而失去，變成灰色，顧名思義，灰色茶爲一種紅茶而未有充分之紅色者。

下列諸點爲烘焙之最良條件：

（a）起初以低溫烘焙，濕度華氏一百八十度。在出口處之空氣溫度，最低應爲一百二十度。

（b）吸入充分之空氣。

(c)攤葉須薄。

(d)葉由乾燥器送出機外時，應保持百分之三十之水分。

以上(b)(c)(d)三項爲防止葉片蒸熟所必要。

葉片覆烘後，水分降至百分之三，分堆及裝箱時又次第吸收水分而增至百分之十左右。故在裝箱之前，尙須入乾燥器中覆火，使所含水分降至百分之六左右。如茶葉較此乾燥，即不致軟，若較此更溼，則將在箱中變質。

多數工廠於茶葉裝箱之前，將含水量加以正確之檢定，以判斷其是否需行覆火。印度在茶季之初，約一週或十日裝箱一次，常有覆火之必要；若在旺季，二、三日即裝箱一批，已無覆火之必要。

紅茶製造過程中之水分變化今已可作成一表。印度茶水份之平均變化如下表：（註四）

印度紅茶製造過程中之水分變化

鮮　葉約含水	77%
萎凋葉約含水	66%
醱酵葉約含水	66%
初烘葉約含水	30%
覆烘葉約含水	3%
裝箱葉約含水	6%

錫蘭某產茶區在長期之優良氣候期間，常以日晒法乾燥已經揉捻及醱酵之茶葉，此種方法所製成之茶葉，味强色黑，且較機烘茶葉之芽葉爲多，但有强烈之金屬味。欲除此弊，可將日光晒乾之茶與一部分機器烘焙之茶相混。一方面可以改善外觀，同時又可避去金屬味。日晒法常先將葉用機器烘之，然後再薄攤於適當物面，在日光下晒之。如此亦可避去若干金屬味。日光乾燥之時間約爲四十五至九十分鐘，但先用機器烘過者，時間亦可減少。

烘焙之化學狀況

從化學上言之，烘焙之目的爲殺死醱素及其他微生物，以停止醱酵。此種破壞作用賴熱度完成之，同時更可除去水分。除此種結果之外，更有葉中之一部分物質因熱而發生麥芽糖香味者，此種變化通稱爲糖膠化作用（Caremelizotion）。正如糖在鍋中變爲褐色相同。又在醱酵葉中如有果香之物質，則在烘焙後亦可消失此不快之性質。

在烘焙過程中亦有若干可貴之茶葉成分因而消失。此在一定範圍以內，雖屬不可避免，但如溫度及氣流調節適宜，則其損失亦可儘量減少。最重要之損失爲產生香氣之物質，此種物質常隨蒸氣而散失。烘焙之溫度愈高，則揮發香氣之消失亦愈多；惟烘焙溫度低於華氏一百七十度時，則茶葉於貯藏中易於劣變。除此種香氣消失以外，更有茶素之消失，但減低溫度，則消失之茶素量亦可減少。

乾燥器中茶葉之蒸煮亦爲使香氣消失之一種原因。此種原因大多在葉片堆積於乾燥器中過厚時所發生。若充分吹入熱氣流通之乾燥器內，則可減少因葉面凝集水蒸汽而消失之揮發油。

爲避免此種消耗，有應用吹冷空氣而使之乾燥者，更有用石綿夾板中盛氯化鈣以吸收水分者，此種方法雖能製成優良茶葉，但茶葉不易保存，除非與日晒法並用，方可免除此缺點。同時並用熱冷兩種乾燥方法，亦可製成優良茶葉，惟在經濟上耗費太多，不切實用。

在烘茶時，葉中蛋白質凝固而變成不溶解物。除 Degraded form 外，蛋白質不能浸出於茶湯中。

紅色之醱酵葉，經烘焙而變爲黑色，但用沸水泡之，則又復見紅色。

烘焙後之茶葉分堆攤放於地面，任其冷却，然後置於箱中或其他容器，以備分級。

碎切、揀選及包裝

大堆之中級茶常需碎切以整外觀。將葉送入切茶機切斷，然後再行

註四：C. R. Harler 著：Moisture, During The Manufacture of Black Tea 載一九二八年印度茶業協會季刊第三部。

分篩及揀選。其結果可使高品級茶葉之成分增高。

普通茶葉作兩次揀選，第一次在切茶以前，第二次在分篩以後。此工作常由婦人担任，以其手指靈巧活動，易於揀出粗枝、碎片、茶梗以及其他夾雜物。

次行分篩，將茶葉分爲各種品級。因市場上尙無不分級之茶出售。分篩機備有多數篩盤，其網眼大小各有一定，分篩結果將茶葉粗細分別爲若干級，如白毫，即頂號紅茶；嫩橙黃白毫，爲最優良之茶，含有多數芽尖；又分爲橙黃白毫及白毫。在較粗之葉中，又分爲白毫小種及小種。又碎葉經分篩後，亦可分爲數種，其最上等者爲碎橙黃白毫，其次爲碎白毫。碎茶爲最次品。硬小之碎片則不列入等級而稱花香（茶片）及茶末。

製成之茶，用箱存貯，俟每級有相當數量，即可以成爲一幫花色。倫敦市場每品級以每十八大箱或二十四中箱或三十九小箱爲一幫。哥倫坡則每幫至少一千磅，方可登入目錄出售。

最後則行官堆(Bulking)，所謂官堆者，即每日所製成同一品級之茶，最後加以徹底拚和，使同一品級之品質，不致有所差異。

官堆之後，茶葉立即裝箱封固，並標記茶園之名稱，然後運至最近之輪埠。

裝茶時常用一鐵機器夾住一箱或二箱，此器以電力作迅速振動，使茶葉因振動而充實於箱內，可免在運輸途中摩擦而破碎。尙有一種裝箱機，應用振動與踏實二種動作而使箱內之茶葉壓緊。

茶箱之材料宜輕而耐用，且須無強烈氣味。現在所用者有兩種，一種爲木箱內襯鉛箔，一種爲完全金屬製。木箱由小木板或三夾板造成。木板爲當地製，而三夾板則爲外埠輸入者。若干工廠在當地直接購買茶箱，亦有自行製造者。三夾板爲用機器鋸成之薄板，乾燥後用酪質膠及壓力將三層薄板膠成一塊，外面二片與中間一片，其條紋互相直交。此種三夾板箱，已漸替代印度之舊式木箱。

金屬箱通常用鐵製，其優點在於輕而容量大。24×19×19 时之木箱，容積五立方呎，可盛茶九〇磅，同一大小之金屬箱則可盛茶一〇六磅，

最近木箱中以襯鋁或鉛爲最普通，將來鋁箱當更普通，惟鋁之溶解點爲攝氏四百度，然現已克服製造上之困難。

綠茶之製法

製造綠茶有三種主要步驟，即蒸或釜炒、揉捻及烘焙。綠茶與紅茶製法之差異，在於綠茶無需醱酵。凡供製綠茶之葉，先蒸熱而不採用普通紅茶所用之天然萎凋方法。蒸與釜炒不獨使葉變爲柔軟，並破壞酵素，不使其醱酵或變紅。

中國及日本之大部份茶葉，均爲不醱酵茶。北印度亦製一小部分綠茶，爪哇與錫蘭則不產綠茶。

中國製造綠茶之手續與製紅茶同，惟減少先行萎凋之一步。茶葉用釜加熱，其溫度較用於紅茶者爲高，其時間亦較長，醱酵已不可能。其後繼行揉捻及烘焙。

凡供製綠茶用之青葉，採摘時必須無梗。

在日本，凡青葉一經採下，即用蒸氣殺死酵素及微生物，然後在用鐵板加熱之紙框上揉捻。當揉捻過程正在繼續進行時，可分爲四個過程，此時水分亦次第消失。多數工廠採用電動機器以代手揉之四種過程。如用揉捻機時，吹熱空氣於箱形之機內，如爲無蓄之機，則將鐵板加熱。外銷茶再用鐵釜覆火，使其水分減至百分之二左右。在中國則用籠覆火。

印度製造綠茶有兩種不同之方法，亞薩姆及蘭溪之製茶者先將葉蒸熱，然後在揉捻前放入吸水器中以乾燥之。台拉屯及其他印度北部地方，在揉捻前用鍋炒之。此二種揉捻方法均用機器，與製造紅茶同。

綠茶炒焙之後，常在外觀顯現一種不勻而污穢之綠色。細葉仍能保持新鮮之綠色，但粗葉則往往變成黑灰色，有礙茶之外觀。中國及日本之製茶者爲使其上等茶葉有自然之綠色，於是在焙炒完畢後，再在熱鍋

中擦炒約一小時。最初此種自然綠色之茶，不爲美國市場所歡迎。爲適合美國市場之需要起見，常將茶葉染上藍靛、普魯士藍、硫酸鈣、石鹼石、石膏及薑黃等有色物質，此種物質均於焙茶之最後階段加入，惟其分量極少，對於衛生尚無妨害。自一九一一年以後，美國禁止輸入此種着色茶，日本亦即以法令禁製着色茶。中國則至今尚以此種茶葉運至埃及與土耳其，因該處並無明令禁止輸入。

綠茶製造中之化學變化

關於綠茶製造過程中之化學變化，不若紅茶之有詳備資料。二者最主要之差異在於醱酵。綠茶中之單寧，尚爲原來之形狀，惟在製造前或因醱酵以及蛋白質沉澱之結果，使單寧稍有消失，但單寧紅與單寧褐，在優良綠茶之茶湯中，絕少發現，蓋在綠茶製造之第一步，即在於防止此種物質之產生也。

綠茶製造時初次蒸青或炒青之結果，使任何足以促進揮發油變化之微生物，均告死滅。因此不若紅茶之有因微生物產生之香氣。

烏龍茶之製法

烏龍茶製法介於紅茶與綠茶之間，前已述及之。茶葉先行萎凋，並任其稍行醱酵，乃再加火。萎凋時攤葉於大竹籃上，厚約三、四吋，放於樹蔭下，每隔四、五小時翻轉一次。葉之溫度，在此時當爲華氏八十三至八十五度，俟變色而發特殊之蘋果香時，即爲可以停止醱酵之徵象，乃行炒烘。

烏龍茶用鐵鍋炒焙約十分鐘。此鍋裝於磚或粘土製之火爐上，爐之溫度約華氏四百度，此時用手炒或其他機械拌攪，以防其焙焦。

炒後即放於席面，揉捻約十分鐘。

烏龍茶用焙籠乾燥，台灣焙籠高三十吋，直徑二十七吋，兩端寬大，中間較狹，放置焙心。地面開一圓穴爐，深十二吋，直徑十八吋，中盛木炭火，俟其火焰及各氣體均散洩後，始將盛茶之籠放於穴面。火面用灰掩覆，茶葉在此爐上烘三小時，中間不時將籠移開，以便翻拌茶葉。

在內地或鄉間完成以上工作後，茶行在內地收購毛茶送至城市中再行覆火，此時所用溫度爲華氏二一二度，時間約五至十二小時。品質最優之茶，覆火時間亦最長。

覆火工作完畢後，乃裝入襯紙之鉛罐內，再裝入木箱，箱面粘貼花紙，再用蓆包裹之。

烏龍茶在美國有特別銷場，全爲台灣產。以前在中國福州出產者亦不少。福州爲烏龍茶之發源地，但無台灣茶之香氣。以前印度及錫蘭曾派科學家赴台灣考察烏龍茶之製法，欲模仿以資競爭。但所得結果，知此茶之特別香味，全係地方土壤及氣候之關係，非他處所能模仿者。

包種茶之在台灣出現，僅最近四十年事。其方法係在烏龍中混合各種香花，如茉莉、梔子等。其方法與中國窨花紅綠茶同。在最後覆火後，以香花混和經二十四小時，揀出花瓣。爲獲得最優美之香氣起見，在約二十磅之茶葉中當混和一磅香花，然後加以緊密封藏。

磚茶、塊茶茶餅及細末

磚茶多銷於西藏，在一九一七年以前，俄國爲磚茶之一大市場。此項磚茶，均爲中國所產。

銷於西藏之磚茶，爲中國四川所製，其製法頗爲簡陋，四川製茶者採取細葉製成上等茶葉外，其餘之粗葉、茶梗、茶枝，在袋中醱酵數日，然後用手揀選分爲三級，再用蒸氣鍋蒸之。俟其柔軟後，與用米水膠過之茶末混和，再用壓力壓成 11×14 吋之磚塊，每塊約重六磅。

製造俄銷之磚茶，在中國向以羊樓洞及漢口爲中心，此種工業起源於古代，當時陸地交通利用駱駝運輸，爲便別起見，遂造成此種磚塊。細葉除去之後，其粗葉及茶梗，先分爲三種，再切成一吋長。此種葉片蒸過後放於模中，再用水壓機榨成塊狀。較優品質之茶末，放於模之頂端及底部，即所謂洒面洒底。而其他切細之梗及粗葉，則置於中央。磚塊大小不一，重爲二又四分之一磅至四磅。在泡冲之前，先刴去磚塊之邊緣，再搗碎至適當大小。

塊茶爲中國及爪哇所產，係用特别品質之茶末製成之小磚。有一英國化學家，在數年前製成一種丸型茶，爲一小個丸，與藥丸相似，此種丸茶係用上等茶去其茶末所製成，以防茶水變濁。丸茶裝於小袖珍鉛箱內。此種丸茶在一九一五年以前，在南加洛林那州之森麥維爾（Summerville）有一得美國政府補助之茶園亦曾製造，係用尋常製藥丸機在二、〇〇〇磅之高壓下所製成，每分鐘可出一一五枚，但不加入粘膠物。此種茶葉在旅行及野餐時均甚方便。

餅茶——爲雲南南部普洱地方所製，此茶稱爲普洱茶，中國各藥店均有出售，視爲對於助消化及興奮神經極有效之物。此茶有顯著之苦味，製造時用釜炒、日晒及蒸熱，然後壓成八吋直徑之塊。此茶歷史甚遠，在紀元後七八〇年出版之陸羽著作中，已有關於此茶製造方法之記載，陸羽氏謂餅茶用竹片包裹運輸，此在今日普洱茶亦爲如此。

細末——在製茶工廠中，篩分機械常將嫩茶破碎並將葉毛擦下，此種細碎之絨毛狀物均通稱細末。又用扇簸時亦有茶末纖維及細末分離，此種殘餘物售與藥廠，供製造茶素之用，約可得百分之三·五之茶素。

茶園勞工

在製茶葉經營上，廉價勞工之供給，與優良氣候、地勢高度及土壤等條件俱有同樣之重要性。但事實上有多數國家，雖已具備自然界之優惠條件，然終因勞工供給之短少，而遭受種種阻礙。

印度幅員廣大，但勞工頗感缺少，因此勞工乃成爲一嚴重問題，茶園勞工僅在旱季或遇荒年始有大量之供給，因此種勞工無法栽植其自有之作物，遂暫投身於茶園內工作。上述事實，在亞薩姆、杜爾斯諸地均感受同等之困難。大吉嶺情形較佳，可向山地僱用大批勞工。

錫蘭茶園之勞工多來自南印度之坦密耳族（Tamil）。錫蘭栽培者早已察覺本地土人之性情，對於茶園內之固定工作甚不相宜，故皆轉向南印度僱用廉價之勞工，坦密耳族人遂多數被雇至錫蘭工作。

爪哇茶園之勞工，皆來自世他島，勞工分爲長工與契約工兩種。爪哇雖爲人口衆多之國，但勞工仍非常缺乏。

蘇門答臘向爪哇雇用勞工，其待遇亦稍高於爪哇，實爲促使移民入境之一良策。

近年來日本茶廠對於製茶工人之待遇已漸提高。茶葉栽植者之待遇亦隨同增高，但其提高程度，不及茶廠工人之多。

中國茶園普通均爲農人全家自經自營，無須另僱勞工。台灣亦然，茶葉之栽植及製造，均爲本地人所經營。

茶葉試驗場

各主要產茶國皆設有茶葉試驗場，凡關於茶葉栽培及製造各方面，均作科學之探討與分析。

一九一二年印度茶業協會在托格拉設立現今世界最有名之茶葉試驗場，在相距二里半之菩爾黑塔（Borbhetta）設有一分場，該場科學部所作一切報告均在加爾各答該會之季刊上發表，并列載於年報上。

南印度茶葉種植者聯合協會在尼爾吉利斯之提伐縮拉(Devarshola)附近設有一完備之試驗場，該場之工作報告在麻打拉斯出版之種植者雜誌（Planters' Chronicle）及協會會刊上發表。

錫蘭茶葉試驗工作由聖公波（St. Coombs）茶園之茶葉研究所担任，該所爲一地處中心之試驗場，並附設一小工場，對於茶葉製造上作科學之研究，該所所址在迪蒲拉（Dimbula），與塔拉韋克爾（Talawakelle）相近。

爪哇茂物有一國際著名之試驗所，進行茶葉及橡皮之研究工作，其實驗工作報告均有小冊刊行。除試驗室之內部工作外，茶園可供人參觀，並供給一切有關種植之智識或消息。

日本有主要茶葉試驗場六所，在牧野原之國立試驗場爲供試驗室及教育之用，又在牧野原設有靜岡縣茶葉技術訓練學校，由此試驗場或學校訓練之學生，均派靜岡縣作實際之茶葉生產製造之發展工作。其他尚有四茶葉試驗場，爲京都茶葉試驗場、奈良茶葉試驗場、熊本茶葉試驗場及鹿兒島茶葉試驗場。

此外在本州、四國、九州各島，尚有若干範圍較小之茶業試驗所或試驗場，專作各種茶業上之探討及研究，多數茶業協會亦從事同樣之試驗工作。

台灣有一省立茶葉試驗場，名平鎮茶葉試驗場，設於新竹，專作茶葉栽培及製造上之科學研究。又有專門研究茶葉栽培之試驗場二所，分設於台北之文山及新竹之桃園。（譯者按：或係台中魚池之誤）

種植者協會

在一般農業或製造業方面對於聯合組織均甚感重要。茶葉生產各國亦均有聯合組織之需要，以便謀公共之利益與保障。

加爾各答及倫敦之印度茶業協會爲茶業組織中之二大柱石。其會員均爲代表印度茶業界之一切重要單位，在加爾各答協會內始終保持一種立法精神，並特設科學部以助栽植事業上發展，更策劃擴大印度茶葉在國際之市場。倫敦協會則處理在英國所發生之一切問題。該協會在各處設有分會或支會，散佈於亞薩姆、森馬谷、杜爾斯、台拉屯、大吉嶺、旁遮普及麻打拉斯等地。

錫蘭種植者協會爲該島最早之組織，設立於甘堤。專爲處理一切關於茶園、勞工、立法、栽植者慈善基金等等問題而設，在各地設有十八個分會，總會代表則由各分會推選而出。

錫蘭園主協會有會員五百五十四人，均爲茶葉橡皮及其他農作物之業主或代理人。另有一重要產業組織爲低地協會（Low Country Association），對於茶葉亦頗注意。

錫蘭茶業研究所指導委員會係由上述之三協會組織而成。創立於一九二五年。

爪哇茶葉種植者之組織，在其茶業史上早已成爲一種法則，栽培者均爲企業聯合社之會員，總會設於巴達維亞。此組織主持西爪哇試驗場之工作。

巴達維亞茶葉專家局供種植者即其會員在技術上之諮詢，所有待售之茶葉須將樣茶送至該會，由茶師鑑定後方得出售。因此得以糾正茶葉製造上之不少錯誤。爪哇茶亦因之大有改進，此外該會對於茶葉市場亦加以研究或考察，在澳洲及美洲更積極推行茶葉之對外宣傳。

日本各地之茶葉生產者協會聯合組織爲日本中央茶業組合，該組合之主要目的在發展日本茶葉在國內外之市場。

台灣亦竭力鼓勵茶葉生產者組織地方協會，由各區協會組成一中央茶葉工廠。此計劃發軔於一九一八年，在實施上已獲有相當成效。

第十五章　中國茶葉之栽培與製造

產茶區域——中國茶葉生產者——土壤之性質——氣候與雨量——現代之繁殖及栽培法——修剪與採摘——紅茶、綠茶及半醱酵茶製造法——熏花茶——磚茶、包茶、餅茶及小京磚茶——中國外銷茶之分級——以產地、製造法及土語分類——政府之援助

中國土地廣闊，面積大於歐洲全洲。包括蒙古、新疆及西藏，計其總面積爲四、二七八、〇〇〇方哩。人口據最近調查爲四三八、〇〇〇、〇〇〇人。生產外銷茶葉之主要茶區，在北緯二十三度至三十一度之間。其最優產區在北緯二十七度至三十一度之間。鐵路交通在運茶上應用極少，箱茶均藉人力運送至最近之河流，再由水路運往上海、漢口，或福州出口。

若干世紀以來，中國各省中栽培茶葉之省份，已達十六省，卽：廣東、廣西、雲南、福建、江西、湖南、貴州、浙江、安徽、湖北、四川、江蘇、河南、山西、山東、甘肅，其最後四省——河南、山西、山東、甘肅——位於中國北部，產量甚少，品質亦低，大都供本地消費。其他各省位於中國中部及南部，百分之九十五之內外銷茶均產於此。紅茶主要區域爲福建、安徽、江西、湖北及湖南，綠茶大都產於安徽、浙江二省。

中國茶葉生產者

中國茶樹大多由農民零星種植於山坡之上，作爲農作物之一種。如印度、錫蘭、爪哇、蘇門答臘甚或日本之大茶園，尙無所見。農人採摘茶葉，先事粗製，售與水客或茶販，再轉售與茶行或茶廠，再由茶行轉售與中間商人，中間商人則供給出口商。

當茶價跌落過甚之時，茶農任茶葉生長，不加採摘，直至價格相當，始再摘茶。栽茶面積每年變化頗少，蓋卽使海外市場完全消失，中國國內仍需要大量之茶葉。

土壤之性質

中國農礦部研究茶區土壤之結果，知由雲斑性沙岩所成之壤土，並富於鐵質者，栽茶最爲適當。此種土壤以皖南爲最多，故該處附近所產綠茶、紅茶，品質優異。表一示皖南祁門區標準土壤之化學分析。

表　一

祁門土壤之化學分析	百分率
水分	2.41
燃燒之損失	6.58
不溶解於鹽酸之物質	80.453
矽（溶於鹽酸）	1.002
氧化鐵（Fl_2O_3）	4.48
氧化鋁（Al_2O_3）	6.22
石灰（Cao）	0.20
氧化鎂（MgO）	0.221
氧化鉀（K_2O）	0.161
氧化鈉（Na_2O）	0.336
硫酸（H_2SO_4）	0.117
磷酸（P_2O_5）	0.2035
碳	4.330
氮	0.1356
腐植質	2.041
共　計	99.9031

就中國一般茶地而言，土壤大都非常溼潤但排水佳。G. J. Gordon爲一精明之視察家，彼於印度最初種茶時代，曾對於中國茶葉栽培作一報告，發見茶樹完全需要一種疏鬆，不乾不溼，而其組織上又須能保持溼氣之土壤。

英國皇家研究院著名化學家 Michael Faraday 教授（一七九一——一八六七）將中國茶區土壤標本，作機械分析，其結果如表二所示。

此種土壤，均呈鐵銹，其顏色除第二號標品爲灰色或褐灰色外，其餘爲淡黃至紅褐色。且均富有黏土性質，但易粉碎，在水中裂散甚速。

表二

中國茶區土壤之機械分析

標品	採地	砂	含纖質之黏土等	碎塊	共計
		百分率	百分率	百分率	百分率
1	澳門附近山地	46.1	53.9		100
2	福建東北部	17.7	56.53	25.77	100
3	福建東北部	10.	90.		100
4	武夷第1種	33.08	66.92		100
5	武夷第2種	44.61	55.39		100
6	武夷第3種	36.15	63.85		100

表三

平均溫度（華氏）

城市	地帶	緯度	全年平均溫度	正月平均溫度	七月平均溫度	特別高溫	特別低溫
北平	北部	北39度	53	23	79.0	105	5以下
上海	中部	北31度11分	59	36.2	80.4	102	18以上
廣州	南部	北23度15分	70	54	82.0	100	38以上

氣候與雨量

中國氣候受季候風之影響極大。北方之季候風爲寒冷與霜雪之先兆，能抑止植物生育；南方之季候風含有熱與溼氣，頗能刺激植物生長。在有南方之季候風時，夏季雨量雖較多，但全年雨量多少分佈於各季，故不若印度之有顯著之旱季與雨季。

正確之氣象統計，僅較大之都會可以得之，產茶區域尚少記錄，表三爲廣州、上海、北平之平均溫度，代表中國南部、中部、北部之氣候。紅、綠茶區既位於上海之南，廣東之北，故就此表亦可得一概念。

繁殖方法

中國茶樹，直接用種籽播種，或用苗圃培育幼苗，再移植於茶地。苗圃之幼苗，一年即可移植。用種籽直接播種者，三年後即可採摘，如係移植，則須略遲，但移植之茶樹生長較佳。種植時株距普通爲三、四呎，行距約爲四呎，每穴種茶五、六株。但在若干土質瘠弱之區，均密集種植，長成後外形頗不整齊。

栽培方法

冬季用玉蜀黍稈覆蓋茶樹之基部，以防凍害及土壤流失。如施肥料，則用菜餅或豆餅，二者均富於氮質。木灰亦常與氮質肥料合用。普通施肥時期在九月與二月，大抵依土壤性質及茶樹之年齡而定。

供製造紅茶之茶樹，認爲不需施肥，只須除草，任其自然生長。製上等綠茶之茶樹，每年在春秋二季，施肥二次，且全年中耕除草四次。下等茶稱爲山茶者，除每年除草二次外，不加任何處理，除下之草，置於根旁，任其腐敗。

中國茶樹雖多栽培於山坡之上，但除作成較平坦之床地外，並無正式梯園之建築，最近在中國山地最多之江西省之寧州茶區，已有現代化之梯田。

修剪與採摘

中國農民爲避免採摘之不便，頗少使茶樹長至三呎以上。苗木高至一呎後，即行去梢。其法係用拇指指甲掐去頂端嫩梢，使其中央部中止生長，而自旁邊生側枝。第一年中約摘梢三、四次。

除幼苗摘梢以外，處理周到之茶園，其已長成之茶叢，仍須每年修剪，修剪時左手握滿枝條，右手執刀向上切斷，使茶叢之高度，離地約爲二呎。凡沿地面生出之枝條，均須除去，多節或歪曲之枝條，亦須在離地不滿一呎內之處切去，側枝亦常切短，使其自主幹分叉點起約剩二呎。短枝則切短至祇剩一、二眼或芽爲止。

採摘自茶樹長至三齡後開始，但仍嫌採摘過早，此乃由於其他作物收成較早之故。

每年以採摘三次爲度，第四次採摘，當視爲季末之清理工作，而非普通之採葉。第一次採摘稱首春，自四月中旬開始，當時剛抽出細嫩之葉芽，葉面覆有白色細毛。首春茶採量頗少，但其品質最佳，可製最上等茶葉。第二次採摘稱二春，常在農曆四月底至五月初——與西曆六月初相當。此時各枝條均滿生葉片，故採量最豐。第三次採摘稱三春，於二春之下一月行之，此時茶叢復生枝葉，採得之葉片，供製最普通之茶葉。第四次稱爲秋露，祇能採得粗老葉片。第三、第四次葉祇供內銷，不供外銷。

紅茶、綠茶可由同一茶樹製造，現已成週知之事，所差異者，在於製造方法，但在中國每一區域，其製茶茶司均祇專門於一種，且中國採摘方法，二者亦不相同。採摘綠茶祇摘葉而不摘梗，因梗與葉同時萎凋時必將損及茶味；但採摘紅茶，則用雙手同時採摘，連柄採下，因葉梗可以增進紅茶之滋味。

採茶者各備一籃，隨摘隨放，除小籃外，園中每一分區，各備大籃四個，兩個供小籃盛滿時投入，二個備遞至炒茶處。

福建每畝茶園，每年平均可產茶二十斤，即每英畝可產一百六十磅。又就中國一般而言，茶樹生產量最高之時期在第六、七年。採摘以婦人及兒童爲主，每日每人平均可採二十磅。

紅茶之製造

當青葉採集後，即攤於大竹蓆或淺盤，放於竹架上，藉日光乾燥。竹架高約二呎，向日光作二十五度之傾斜。葉質不佳，或在雨天採得之葉，必須用火乾燥，葉片攤於平籃或蓆面，置於竹架上，離地面約六呎，室中則用木炭，放於陶製盆中燃燒之。

當烘晒葉片時，隨時用手攪拌，並在空氣中拋鬆，以防醱酵過度。如此繼續操作至葉梗失去脆性，葉有紅點時爲止。

葉乾燥後，放於竹筐中冷却，以阻止醱酵，俟發出微微香氣，乃用手掌輕揉約十分鐘，然後再攪拌並拋鬆三十分鐘，如是約重複操作三、四次，俟葉色變暗而柔軟，乃行烘焙。

第一次烘焙，祇須五分鐘，用淺鐵鍋行之。鍋爲圓形，無把手，放於磚砌之灶上，而灶面多向工作者一面傾斜。火口在爐之背面與工作者方向適相反，因此燒火者可不致妨礙炒茶工作。

茶司每次取葉二磅，拋入鍋中，使其攤放平均，兩手自各方面翻茶，使熱力可以平均於各葉片。翻炒時愼防葉片粘貼鍋面而炙焦，以免有礙茶香。炒茶繼續至發出香氣且葉變柔軟爲止，然後移於圓竹盤以備揉捻。用刷儘量刷去鍋上剩餘葉片，否則此種剩葉將在下次炒茶時燒焦。

在揉捻時，工人取兩手所能握取之葉量，前後揉搓使葉汁擠出，葉形亦具有商品上所需之條索。在揉捻過程中，葉漸成球狀，流出青汁，其水分亦逐漸減少，此種葉球經解塊後，再揉數次，又放入鍋內作第二次炒茶，時間稍短，以後揉捻與烘焙交互行之，至茶葉揉捻時無茶汁擠出爲止，乃行最後之烘焙。

最後一次之烘焙乃將葉放於竹製焙籠中，其直徑約三十吋，高三呎，兩口稍大，中部爲一竹籃，葉即勻攤於籃面。地下鑿有炭火穴，籠即置於穴上。在此最後一次烘焙時，最宜注意勿使葉片穿過籃孔，落於炭火上。因稍有煙燻，即足以損害品質。

從焙籠取出葉片，乃行分篩及分級。篩眼依大小分爲一號篩至十號篩，甚或有篩眼更細之篩。用篩分級之後，乃行裝箱。

綠茶之製造

供製綠茶之鮮葉，採摘後首先摘去葉柄，並用篩除去一切沙塵及雜物，然後將葉放於鍋內殺青，即利用蒸氣使其萎凋。綠茶鍋較製紅茶者爲深，直徑約十六吋，深約十吋。鑲裝於磚灶上，灶高約與腰齊，鍋低於灶面五吋，加上鍋之深度，自頂至爐共達十五吋。此爐用木柴爲燃料。鍋面燒成將變赤紅色，乃將葉投入，重約半磅，迅速翻拌，是時發爆聲，並發散大量蒸氣。工人且常用手將葉拋高至爐頂以上，拋時且將手掌振盪，使葉片之蒸氣可以透出。最後將葉猛力在鍋面迴轉二、三次，乃收集成堆，以熟練之動作移入籃中，交與其他工人。

從鍋中取出之蒸葉，放在鋪於檯面之蓆上，從事揉捻，其方法與製紅茶相同。俟葉片捲成球狀，再鬆開用兩手撚之，右手撚過後，左手稍用壓力前進；右手退回，再繼續向前搓撚，遂成細條。揉捻後，葉放於篩上，使其在短時間內冷卻後，再入鍋作第一次焙炒。此時火力減低甚多，且用炭代柴，以防煙火，但鍋面仍甚熱，手如觸及鍋壁仍將灼傷，火工注意火力之調節，另有一人用扇搧風於葉面。

茶可在鍋中交互用手攪拌茶葉或揉捻茶葉，其方法與在揉捻上所作者相同。此種攪拌與揉捻，直至葉片減少水份至不再發生蒸氣始止。經如此處理後，葉片仍放於平鍋中攪拌，直至比較乾燥而轉變爲暗橄欖色而止。自鍋中取出葉片，分篩後，再用鍋作第三次炒焙。

在若干地方爲謀迅速榨出葉汁起見，第二次加火時將茶葉放入厚布袋，每袋約十五至二十磅，將此袋向地面拋擊，並時常轉動，至葉之容積減至三分之一，乃將袋揉搓，俟袋內茶葉變爲固體而有抵抗力爲止。

在最後炒焙之後，葉色即起特殊之變化而呈碧青色，此乃葉片乾燥程度適當之表示，在葉色起此變化以前，工人焙炒不停。三次炒焙共約費時十小時。

經此種炒焙後之茶葉稱爲毛茶，若非立即揀選及分級，則先裝入箱中，而由農人售於茶販及水客，再轉售於較大市鎮之茶行或茶廠。經過若干分篩工作，乃再用風車或用簸盤簸茶，再分爲幾種商業上之品級，如珠茶、圓茶、眉茶及貢熙等。

中國綠茶經分篩以後，再雇婦孺用手工揀去夾雜物及碎片。此種揀選工作雖頗費時，但頗關重要，藉此可以保證茶葉之優良品質。

中國製造綠茶往往用染料着色，但英美之中國綠茶顧客，需要清潔之茶葉，因此着色之風，業已停止；惟運往中央亞細亞、北非洲、土耳其、波斯及印度者，尚有着色之茶。

外銷綠茶裝於雙重之油漆箱內，其內層大都爲鉛罐，使其與空氣隔絕，外層爲木板箱，此外更包有竹簍，以免運輸時損壞，箱外則註明商標或花色及廠號之名稱。

半醱酵茶

半醱酵茶即爲烏龍茶，具有若干綠茶與紅茶之特性。製造時任其萎凋而行局部醱酵，其他方面之製造過程，完全與綠茶相同。以前在福建省製有大量烏龍茶，但以台灣具有產製上更佳之條件，以是此種貿易漸爲台灣所奪。

花香茶

中國植茶者有一熟語，謂祇有次等茶方需窨花。雖屬如此，但亦有若干窨花茶之品質與價值，均甚高貴，而爲中國人所珍視。凡欲窨花之茶，在最後一次炒焙後，趁其未冷時即裝入箱中，每敷茶二吋厚，加一把新摘之花於葉面，如此花與茶葉互相重叠，直至裝滿爲止。普通所用之花，爲白茉莉花、梔子花及玉蘭花。茶葉加花後，放置二十四小時，最適當之用花數量，爲茶葉一百斤用花三斤。次日將花與茶葉相混，放於篩上稍加烘焙，每次約三斤，時間約一小時至二小時。有時任花混在茶葉中，有時則將花篩出，再行裝箱。

磚茶、包茶、餅茶及小京磚茶

磚茶有二種，一由篩末、茶屑所造，一由葉與梗所造。前者銷於亞洲與蘇俄，後者銷於西藏。二者之用途不同，俄銷磚茶常飲其泡出之茶液，藏銷磚茶則與鹽、牛酪及其他香料沸煮而製成一種湯汁。俄銷之磚茶廠均在中部之漢口、九江一帶，藏銷之磚茶在四川一帶製造。

俄銷磚茶——在漢口及九江一帶之俄銷磚茶廠，製造磚茶之方法簡單而有效。有一笨重之模型，上有精細花紋放於水壓機中，不論紅茶或綠茶，經過平常製造過程後，再加蒸熱而放入模型中。其程序爲先放一層上等茶，然後放一厚層之粗劣茶葉，再加一薄層上等茶於面上。俟覆以模型後，再用水壓重壓之。旋去壓力，取出模型，即得磚茶。經三星期之乾燥，即告完成。磚茶每塊重兩磅半至四磅，依其大小而異。爲便於運輸，均包以紙，並裝入竹簍中，每簍八十塊，淨重二百磅。

茶屑包括碎葉、茶梗及粉末，常爲製造磚茶之用。雖大半爲中國所產，但自印度、錫蘭及爪哇進口者亦不少，每年約爲一〇、〇〇〇、〇〇〇磅至一五、〇〇〇、〇〇〇磅，通常與中國之茶葉與茶片相混應用，此種拚和磚茶，較單用中國茶所製者，茶汁較濃而強。

在湖北省之羊樓洞，山西茶商每年常設立臨時辦事處開設工廠，該地有數千農民及其家族從事製造磚茶，大都推銷於俄國及亞洲市場。原料多爲二茶或三茶，葉長約一吋，味強，一般稱爲老茶。壓力多用木質平壓機，以其經營方式大都爲臨時性質，不利於購置新式設備。

藏銷磚茶——運銷磚茶至西藏，必經兩重要城市，即康定(打箭鑪)及松潘，供給康定市場之茶葉，均產於雅州區域，而在雅安、名山、崇慶、天全、邛州(即邛崍)製造。栽培區域延及四千呎之高原。茶叢高達三呎至六呎，種於山坡階段式耕地之四周，與雜草相混雜。六月至八月，將葉及幼枝切下，用火鍋加熱數分鐘，然後攤晒。經此初製之後，乃盛於袋中或打成一捆，攜至市鎮，售與茶行或茶廠。茶廠即設於此種鎮上。

茶葉到達茶廠，任其醱酵數日，然後將葉及枝攤開，由婦孺揀選，分別爲若干類。葉分三級，其第四級爲最粗老之葉以及切斷之枝條及灰末等，揀選分級後，每級茶葉均放於布上，用爐蒸之，柔軟後，加入粘質之米水與葉末混和，放入模型中，加以重壓，即成磚狀。每塊長十一吋，闊四吋，重六磅。放於架上三日，俟其乾燥，再用印有廠名之紙包之，四磚合爲一包，首尾相連成長條。外面用竹簍包裝。工人即負此種竹簍經康定而運至西藏出售，由雅州至康定約一百五十哩，幾無可行之道路，每人常負三百至四百磅，約須二十日始可到達。

較上等之磚茶及銷售於西藏內部及拉薩者，在康定先將竹簍劈開，將各磚茶重行包裝，每十二塊用生犛牛皮包成一包，用線縫緊，毛向裏面，以免在山路上損傷磚茶。

藏銷包茶——松潘市場之包茶，其製造方法較磚茶更爲簡單，摘取茶樹之幼枝及葉，甚至周圍之雜草，亦同時切下，在日光下晒乾，捆扎成包，偶或亦有加火焙烘者，此茶包送至有茶廠之村落，任其醱酵數日，然後稍加揀選。茶枝用鍘刀切斷，此折斷之枝葉，放於沸水上蒸之，然後再壓成包，用席遮蓋後任其乾燥。此茶產地有二：一地所出者爲壓成長方形，長二呎半，闊二呎，高一呎，重一百六十磅；另一地所出者爲卵圓形，重九十磅。

餅茶——普洱餅茶因產於雲南南部之普洱縣而得名，製成扁圓塊，直徑約八吋，用竹葉包之，再以棕櫚條捆之，爲中國藥店一種普通物品。在西藏喇嘛寺亦常備此種茶葉。茶葉摘後加火，再晒乾，與四川者相同，然後再蒸熱，壓成餅塊狀。普洱茶生長於撣部，而在 Ibang 一帶最多。有顯著之苦味，視爲藥物，供醫療消化器病及興奮神經用。

小京磚茶——有若干小京磚茶，供作歐銷，茶作小磚狀，重不過數兩，以特別優良之細茶末放於一定模型內壓製而成。

球茶——球茶(Ball Tea)之名，專用以指中國茶壓成球形以抵抗各種氣候變化者而言。

束茶——束茶爲廣州烏龍所製，用絲帶束之。

中國外銷茶之分級

中國茶葉經各項製造手續之後，再依其葉之大小及揉捻之鬆緊，用篩分篩爲若干級或若干形式，例如白毫(Pekoe)及小種(Souchong)，以及雨茶(Young Hyson)，均爲表示形式之名稱。但此種名稱常再冠以地名分別之。惟用地名之分類，常缺乏統一性，有時依茶葉出產地而命名；有時依茶葉製造分級地而命名；有時甲地所出之茶，而用乙地之名。甚至因茶葉相同之故，有以他省省名名之者。

製造方法亦頗有差異，同一茶葉在不同地方處理，即得不同之特徵。因此最後處理之地方，頗關重要。即使採用同一方法，各地有其不同之應用方式，使茶葉之品級受不可避免之影響。例如以出上等品質著名之地方，其所產茶葉中之最優、普通及最次各等茶葉中，其最次茶葉之品質，往往較其他出產地之最上等茶葉為佳。他如採摘茶葉之時期，亦頗關重要。

中國茶商對於茶葉之分類法

中國茶商自有其分類之方法，此種方法與外銷之分類法相一致。其成茶為：紅茶、綠茶、金茶（即黃色茶不供外銷）及紅磚茶、綠磚茶。每一類又分為粗、細、陳、新，共成二十類，再各分為上貨、次貨二類，成為四十種。中國商人更以其出產地及省名等分為二百餘種，因此完全土法之分類，實有八千餘級。

上海市場上依茶葉至上海之來源而分為路莊茶——即由各地完全製成後輸入上海市場之茶；毛茶——為上海鄉間所造之茶；土莊茶——為湖州及其附近所產之茶而在上海製造者；洋莊茶——為在上海拼和之各種茶葉冠以地方名稱，常為珠茶、雨茶等，又稱為上海包裝茶（Shanghai Packed Tea）。

政府之援助

一九〇五年中國政府派茶葉專家赴印度、錫蘭考察茶葉產製情形，其考察報告謂採取新式方法，當可使中國茶葉增產，並減低成本，且提議中國各小製造單位，應聯合設立大規模之茶廠，裝置新式機械。但其提議並未獲政府採用；直至一九一五年，始在祁門設立新式茶園，但所產品質尚未臻上乘，且其茶價亦較昂。一九一五年，政府應上海茶業同業公會之請，減低出口稅百分之二十。一九一七年茶葉出口完全免稅。

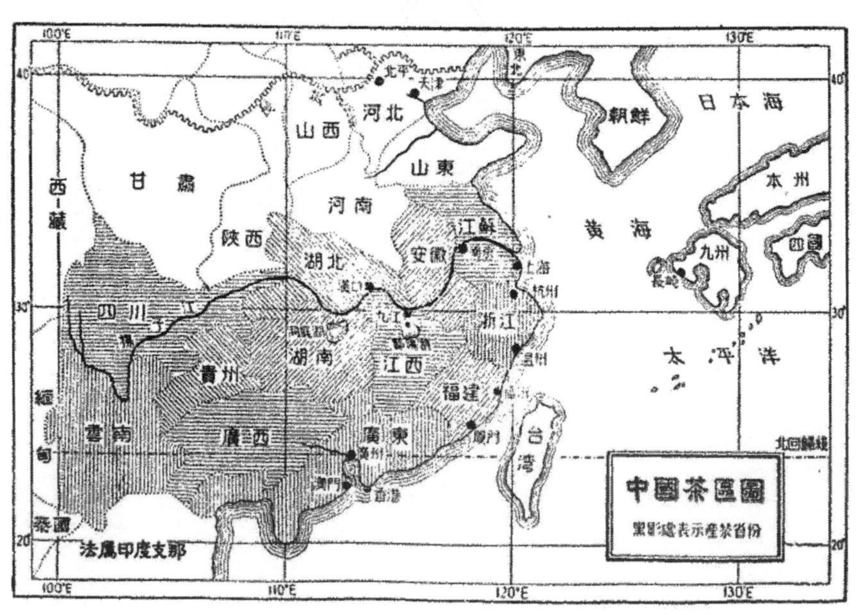

第十六章　台灣茶葉之栽培與製造

地位——茶區——土壤分析——氣候、雨量、日照及高度——茶樹品種——修剪——採摘——烏龍茶之製造——第一步製法——萎凋——醱酵——釜炒——揉捻——烘焙——第二步製法——覆火或精製——包種茶之製造——裝箱及船運——改進推銷事業——茶葉協會及其規則——檢查規則——分級

台灣位於西太平洋，其主島爲長卵圓形，附有若干小島，地處亞熱帶。東西寬九十七哩以上，南北長二四四哩。在北緯二一度四五分至二五度三八分之間及東經一二〇度至一二二度六分之間。與古巴、墨西哥、撒哈拉沙漠及北緬甸在同一緯線上。

島中縱貫一高山山脈，由北而南。本島與中國大陸間之海，深僅三百呎。惟在島之東岸，離陸不遠，即有深海。此島之東北與日本相距七五二哩，西與廈門相近。面積一三、四二九方哩，較荷蘭本國稍大。惟較瑞士略小，本島與日本標準時間相差五十四分鐘。

台灣之北半部，位於溫帶，南半部則位於亞熱帶。北回歸線在近嘉義處，通過本島之中心，故除高山頂在冬季有一短時期積雪外，其餘極少降雪。

關於台灣茶葉之栽培與製造，James Hutchison曾有詳細之記錄，報告於印度茶業協會。（註一）

茶區僅限於該島之北部，在西北高山與沿海平原之間。該區地形有三種：丘陵地、台地及起伏地。丘陵地平均高度約自一〇〇呎至二、〇〇〇呎。但大多數則在一五〇至七〇〇呎之間，在一、〇〇〇呎以上者極少種茶。

大多數之茶園均位於二五〇至一、〇〇〇呎高度之台地，台地大都向西傾斜，爲該島最大河流淡水河與主要山脈之山麓相隔離，惟有若干水道橫貫其間，然此種水道一年中大部時間均爲乾枯者。

起伏地包括起伏之岩及主要山脈西方之崩岩，其間亦有稻田。此區海拔約二〇〇呎至三〇〇呎，該島品質最優良之茶葉均產於此。

凡栽植茶樹之土壤，悉屬於第三紀層及第四紀層，各種栽茶土壤之面積及其平均產茶量，因起伏地及丘陵地之茶園散漫無序，難以正確估計。惟在起伏地之產茶量，每畝當在八〇至一〇〇磅之間。丘陵區域爲一六〇至二〇〇磅，台地爲二五〇至三二〇磅。

台灣之主要產茶區如下：

台北縣：文山、海山、新莊、基隆、淡水、七星。產量每年約六、〇〇〇•〇〇〇台斤。

新竹縣：桃園、大溪、中壢、新竹、竹東、竹南、苗栗。每年產茶約一一、〇〇〇•〇〇〇台斤。

台中縣亦產若干茶葉。平均每甲產粗製茶四〇〇台斤，即等於每畝產二二一磅。（一甲＝二•三九七畝；一台斤＝一•三二五磅）

烏龍種爲台灣栽培最多之茶樹，約佔全產量之半數，黃柑種次之。在三十餘品種中，其主要者爲白毛猴、時茶、枝蘭種、毛仔種、埔心種、竹樹種及貓耳種等。

每年葉產之百分之四十五在四月至五月製造，百分之三十五在夏季製造——自六月至八月。百分之二十產於秋季。春茶富於香氣，夏茶香

註1：James Hutchison 著：Report on the Cultivation and Manufacture of Formosa Oolong tea 一九〇四年加爾各答出版

氣外形均佳，滋味亦較濃烈。秋茶外觀雖佳，但其湯水不濃。

台灣農民種植茶樹，完全爲副業性質，彼等以種植五穀、蕃藷等爲主，僅以一小部分之土地種茶。高地之一般種植地面較寬，茶園面積之比例亦較大。然即在此種地區之土地，亦全由農家個別耕種，難以計算生產成本。

中間商人深入鄉間，向製茶者購買茶葉，再轉售與當地商人，幾經販賣，集成較大數量，然後包裝。在最繁忙之時，茶園工作超過家族之工作能量，亦雇用短工，但此種情形甚少。

當採茶時節，常送食品至田間，每日有達五次之多者，但普通仍回家就餐。

採茶工作多由女子担任。

茶用土壤

中央山脈附近之第三紀及第四紀冲積土壤，最適於茶樹之生長。此種土壤，依其位置而差異，但大部均富有機物質，且頗多小石粒。最肥沃之土壤爲淡赭色土。

就茶樹栽培之實際應用而論，台灣之土壤可分爲二類：（一）紅色或帶紅褐色之壤土，各地因所含砂土之多寡而脆性不同。（二）黃粘土，由分解之岩石而成，其中常含砂礫。

紅色壤土爲丘陵地之特徵，死火山斜坡上土壤之表面常有石礫，但有時在黃粘土之心土中亦可發現此紅色壤土，並有石礫露出，此種土壤亦爲台地土壤之特徵，色澤常較丘陵地爲深。此種台地之土壤，常在一層粗圓之水蝕石礫之上，山麓之土壤深度——海拔一二〇呎——僅掩沒石礫層，而在海拔四五〇呎之高地，則深可六呎以上。此種台地，土人稱爲低地，茶葉品質並不最佳。

黃粘土幾祇在起伏地見之。造成此種土壤之岩石，受長年日光、雨水之浸蝕，其邊緣次第破碎分解，較細之粉末，冲積於鄰近田野，即成爲重粘土土地。黃粘土地方所產茶葉，品質頗著名，常稱爲高地茶；事實上普通被稱爲低地之台地，其平均高度遠在起伏地帶之各著名地方之上。有若干地方，赤土與黃土混合，惟區域不大，亦不顯著。該島之種茶者，認爲土壤及地位與茶之香味頗有關係，其信仰幾與法國種葡萄者相似。法人謂葡萄愈劣，酒味愈佳。台灣之種茶人，則常謂「黃土小樹出好茶」。

事實上土地之崎嶇與峻峭，可減少雨量過多之影響，阻止雨水積滯於土壤中，崎嶇之區，景象蕭條，植物僅能生根於崩壞之岩石面，因生存困難，性質遂頗強健。但若無適宜之土壤與氣候，以及健康之樹根，則亦不能產生優良之品質　。栽培者於此所注意者不復爲產量之多少問題，而均以品質爲唯一之注意點。

台灣之茶區土壤，著名化學家 H. H. Mann 曾加分析，而印度茶業協會則研究此土壤與台灣烏龍茶之具有特殊香氣之影響。Mann 氏在台灣茶區三種土壤中各取一代表樣品，其報告如下：

表一
土壤分析

	丘陵地 No. 1	台地 No. 4	起伏地 No. 5
有機物等＊	12.76%	6.92%	4.30%
氧化鐵	11.19	4.75	3.29
鋁	24.25	10.04	6.86
氧化錳	.01	.06	.04
鈣	.05	.02	.05
鎂	.17	.35	.17
鉀	.28	.54	.46
鈉	.27	.32	.25
磷酸	.20	.06	.08
不溶性矽化合物	50.82	76.94	84.50
	100.00	100.00	100.00
＊　含氮量	.15%	.13%	.08%

上述三種土壤經分析結果，如第一表所示。Mann 博士發現台灣烏龍茶之具特殊香氣，除生產地之土壤以外，尚有其他若干原因。依渠之意見，最重要者，爲製茶原料之特殊茶樹品種——即所謂青心烏龍。同

時彼指出此品種之繁殖，全用壓條法；且在此優良品質區域之產量甚小（每畝僅八〇至一〇〇磅），而在產量較多之區域，茶葉之價值亦形降落。彼並未述及中國早有此種品種，而後傳至台灣；但彼之見解，對富於香味之台灣烏龍之特質，極爲讚美，彼謂除台灣以外，再無一處可集品種、氣候及土壤於一處以產生此種特殊香味者。

氣候、雨量與高度

不論產生烏龍茶特殊香味之原因爲何，但台灣之氣候極適宜於生產優良茶葉，並易於處理，已無疑問。該島最高溫度爲華氏九十五度，田野丘陵，終年青翠可愛。當最熱季節，溫度不及日本之九州，但夏季甚長。夏季時有驟雨，雨後必有涼風，使人卽可忘卻悶熱。

台灣之氣候有一特徵，卽同一高度而相距不及二十哩之兩地，雨量頗有差異。此種差異乃由於中間高山阻礙東北及西南季候風之故。是以一地爲乾季，而一地則爲溼季。更以日本暖流沿島之西岸通過，遂使此種差異，更爲增劇。

以台北爲中心，與在茶區東邊最潮溼之地點——基隆相比較，據氣象台之報告，五年間雨量平均如表二。

表二　五年平均雨量

月份	台北（吋）	基隆（吋）
一月	3.60	16.78
二月	6.38	10.43
三月	5.12	10.25
四月	6.06	8.80
五月	7.21	6.95
六月	10.16	9.88
七月	9.21	3.38
八月	18.19	12.17
九月	10.91	14.45
十月	5.18	18.30
十一月	3.37	22.74
十二月	2.44	15.82
總計	87.83	149.96

除去非產茶期之多季月份——十一月、十二月、一月、二月及三月——之雨量，則二地之雨量相近（六六‧九二吋與七三‧九四吋）。此表給予一種較優之概念，卽茶區有效之雨量，並非全年雨量。

日照與茶樹之品質有密切之關係，氣象台特就上述二地點，將日照時間之百分率，列如第三表。此表指明當七個生產月份平均日照近於百分之四十，並爲全年之百分之三十三又三分之一。

表三　日照百分率

月份	台北（百分率）	基隆（百分率）
一月	25	18
二月	24	16
三月	31	26
四月	25	26
五月	36	28
六月	39	31
七月	50	63
八月	50	51
九月	47	45
十月	37	32
十一月	24	18
十二月	30	18
總平均	35	31

自六月初至九月底，台灣每日下午幾乎均有陣雨，但實際上則除颱風期（九、十月間）繼續下雨至二、三日外，普通僅爲陣雨。每日均有相當時間之日照，爲台灣氣候最重要之特徵，蓋可使大部之茶葉得以乾燥，且能在日中晾晒，而可當日製造；如因無日光而在次日製造，則必損及品質，照例茶樹在天雨時不加採摘。

所有茶區之溫度，均甚平均，台北市在茶區之中心，可作代表。每年平均溫度爲華氏七一‧六度，平均最高溫度爲七七‧七度，平均最低溫度爲六五‧五度，平均差爲一二‧二度。單就製造期之平均溫度而言，爲七八度，平均最高溫度爲八四‧七度，最低溫度爲七一‧四度，平均差爲一三‧三度。

台北之海拔僅五〇呎，但全島茶區之平均海拔，爲三五〇呎。

茶樹品種

台灣所栽培之茶樹品種，大部爲中國種，間或有一、二日本普通品種。兩者之區別甚易，蓋日本種之葉色淡綠，形圓，組織較薄，中國茶樹栽培者認爲台灣茶樹有八種品種，可分爲三類。

第一類包括四種：青心烏龍，紅心烏龍，黃柑種及竹樹種，由此類品種所製成之茶均甚濃烈，其中青心烏龍如遇適當土壤氣候及製法，可具有特別之香氣，而爲其他品種所無。

第二類包含三種：時茶（She-tay）、枝蘭種（Kilam）、柑子種（Kama）。此種茶樹葉均廣闊。而側脈與主脈幾成直角，組織單薄而多纖維，缺乏濃味與香氣。籽茶之名，因其具有結種籽之特性，此種特性，本類中均具有之，而與第一類判然不同。實際上第二類品種，均用種籽繁殖，而第一類品種則用壓條繁殖。

第三類祇有一種，卽白毛猴，此品種可製成一種優美白毛茶葉，稱爲白毛猴。

除以上所述各種外，尚有在試驗場中之大葉烏龍，係青心種用種籽繁殖時之變種，爲偶然所成之品種，數量極少，不歸入上述三類。

青心烏龍約佔栽茶面積之百分之四十，紅心烏龍佔百分之三十，其他各品種佔百分之三十。至於大部分地方栽培次等品種之理由，據云當一八八〇年左右，該地茶業驟然發展，青心烏龍不敷供應，遂由中國輸入其他種類。紅心烏龍祇在幼芽時可由顏色分別，故多用之代替青心烏龍，現在此二品種常混植一處，尤以台地一帶爲甚。

青心烏龍之生產量較時茶等爲少，此亦爲其特點，時茶每十日可採摘一次，而青心烏龍則須每三星期採摘一次，豐富之產量祇能在次等品種中得之。

繁殖

台灣最優良茶樹品種之繁殖，全用壓條法，上述第一類之四品種，卽均採用，此法此類品種產籽極少，但此並非爲不用種籽繁殖之原因，因以其具有特殊香氣，如用播種繁殖，易起變化。（註二）上述之大葉烏龍種，卽爲青心烏龍用種籽繁殖時之變種。

壓條時期在六、七月之初雨時，其生根後與母株之分離，則在冬季或六月初雨時。其法將茶樹之側枝用竹鈎壓入於地下，使其生根；生根後與原樹切斷，設後移植於預先選定種植之茶園，普通每穴種植二、三枝。

在壓條時，栽培者於側枝壓至地下之點，加以強烈絞撚，其目的正如荷蘭石竹及馬鞭草屬等壓條時之半切斷然，以阻止養分流通，而促進其根部生長側枝。如上法處理至母樹之半數枝條已壓入地下爲止。時茶枝蘭及柑子三品種因產有豐富之種籽，故常用種籽繁植。

種植與栽培

茶樹之種植，常在冬季十二月初或六月初雨季節行之，在起伏地區種植之，距離通常約爲3½×3呎，但在台地則常爲5×3呎。在起伏地帶茶樹在傾斜面上成橫行，鮮有利用階梯狀栽培者。

在台地如可能行耕耘時，常用牛耕，其後跟從一人，茶叢甚小，其間常有二呎空隙，故可犂耕三行。此種犂耕甚爲完善，往往深達四、五吋，在六月底茶園均可清除雜草。在起伏地或較峻峭之區，則每年用鋤耕四次。

修剪

起伏地帶頗少施行修剪，僅在茶樹生長過劣或產量過少時行之。修剪時除留主幹數吋外，餘均剪去。

在台地之茶園，常加重修剪，此種茶樹之一切處理，均還較起伏區域者愼重。重修剪後所留下之枝幹，有時爲一呎，但普通則爲三吋或四吋。該地甚少輕修剪，因此地之採摘甚烈，已有輕修剪之功用。重修剪可使所產茶葉之品質受損，據栽培者云，至少須有二年時間，方可恢復其原有品質。

關於茶樹修剪時期，並無一定，有若干處在四月舉行，有若干處則在五月或六月初，卽在第一次採摘後行之。

註二：A. C. Kingsford 及 M. K. Bamber 合著：Rep r. on The Tea Industries of Java, Formosa and Japan 一九〇七年在哥倫坡出版。

採摘

依其他各產茶國（包括日本在內）之標準而言，台灣之採摘，實較修剪更爲粗放。凡葉之可以採摘者，連魚葉在內，自枝頂至枝底，一概採下。至萎凋時始將其最粗者揀去，若具有特殊香氣者，則另行製造。然此等粗葉亦能採成美觀之茶葉，實令人驚奇不置。

在台灣北部之採摘，可自四月至十二月初。此季節分爲五期：春季自四月初至五月中；夏季第一次自五月下旬至六月底，夏季第二次自六月底至八月中；秋季自八月下旬至十月中；冬季自十月下旬至十二月初。每年約可採摘十一至二十次。

春茶將終時——五月底或六月初，葉質變粗，然大部份之茶葉，均在此時採摘。夏季採葉較爲注意，往往採一芽二葉或三葉，不採魚葉。在起伏地帶，發育不良之茶樹普通多採取一芽二葉，但亦有採三葉者。

起伏地帶在良好天氣時，每日採鮮葉十磅，在台地可得十五磅至二十磅。惟就全季而言，每日所採數量當較此數爲少。

採摘量既如此之少，採摘費自必異常昂貴，幸台灣採茶者全屬家族勞動，不計工資，祇有大量種植及特別農忙時，方雇用工人。

烏龍茶之製造

台灣烏龍茶最初係模倣福建烏龍茶製造，以供移居本島之福建人飲用。烏龍茶在貿易上稱爲半醱酵茶，蓋此茶具有若干紅茶之特性，兼具有綠茶之湯味，頗似爲二者之拚和茶。惟台灣烏龍之滋味顯與福建烏龍茶不同。

台灣烏龍茶之製造，可分二個過程，第一過程在產地進行，第二過程則在茶廠行之。

第一過程包括日晒萎凋，室內萎凋，初炒，揉捻烘焙，經此過程所製成之茶即爲毛茶。毛茶之優劣，關係製成茶葉之最後品質甚大，故此步過程，甚爲重要。一切工作均用手工，製品之結果，全賴製造之技術，而此種製茶技術全由經驗而得，可稱爲一種藝術，絕非模倣所能及。

日晒或萎凋

鮮葉於中午送到工場，即攤於帆布簾上或淺竹籃中，每個約盛二磅，置於日光下，使其萎凋。最初攤放較薄，俟葉漸軟，則加倍之。所需時間約自二十分鐘至一小時；陰日需時較長。較嫩之葉，經此步驟後，形必稍捲曲，但須注意勿使其晒焦或變色。

下午所採之葉，最好亦於當日施行日晒與萎凋，如在雨天而係露葉時，則先將茶葉攤於框中，至翌晨再行日晒，惟遇此種情形時，製茶品質必難優良。

醱酵

萎凋後即將茶葉移入室內，攤於框上，厚約三、四吋，使其萎凋及醱酵。先放置十分至二十分鐘，然後混合之，並用手播動，再攤開如舊，此手續每隔十五分鐘舉行一次，其間隔之時間依此步驟之進度而次第縮短。

茶葉自日光中移入室內經二小時或二小時半後，葉色漸變，嫩葉及葉緣之鋸齒處，且發現褐色，當此種變色於較嫩之葉上蔓延成斑點狀並在較老葉之邊緣漸顯著時，則爲已適於焙炒之象徵，惟實際上仍以香氣爲斷。此種茶葉常稍帶暗色而較軟，但較製紅茶用之醱酵葉，程度稍淺。全過程所需時間，即自放於日光下至加火停止醱酵止，如鄰處之溫度在華氏八十二度至八十六度，約需四小時半至五小時。在較新式工廠，鮮葉在籐製或竹製框上經過日晒後，亦有採用與 Bosscha 式萎凋機相似之醱酵機者。

同時進行萎凋與醱酵爲製造烏龍之主要特點，任何欲製成烏龍茶之鮮葉之最後品質，大部由此一步驟決定之。

烘炒

包種茶之製造

包種茶之採摘及製造與烏龍茶不同，其異點在於前者以獲得不醱酵之茶湯爲目的，且不若烏龍茶之需要細小之捲葉。

製造包種茶或薰花茶，乃烏龍茶在再火前混入茉莉及梔子花，茶與花之配合重量之比例爲：一份茉莉花與三份茶葉；一份秀英花與四份茶葉；一份梔子花與一份茶葉。此種花之栽培在大稻埕一帶之郊間已成爲一種實業。

大量製造時，乾茶與花堆於烘場之地板上，少量時則放於圓筐內行之，茶與花相間堆放先灑以水，堆高多在三呎左右，上蓋以布，在一○四度之溫度下過夜，約經二十四小時，即可使茶葉軟化並滲入香氣。

其後即將花揀出，茶葉以一八○度至二○○度之溫度烘之。其出品每箱約重一磅或二磅，銷售於菲律濱、荷屬東印度、安南、暹羅及海峽殖民地一帶之華僑。

改進事業

台灣政府對於改進台灣茶葉品質，增加生產，減低成本之工作，貢獻甚多。自日本佔領該島後，爲振興台灣落後之茶業，首即成立三井公司，其主要計劃在台北、台中、新竹諸州將土地大量租與農民種植茶樹，而受此公司之管理，並採用科學方法施肥及除草耕作。在此種改進生產工作之下，估計每畝之成茶產量可增加至三、二○○磅。該公司又因政府之匡助，開闢新茶園，設立製茶工廠，並裝置新式機械以製造全醱酵及醱酵四分之三之茶葉。

台灣之紅茶製造，年有增加。大溪及中壢兩地係用黃柑種製造，新竹州用野生茶製造，埔里區用亞薩姆種製造，現台灣政府對紅茶之製造甚爲獎勵。

四分之三醱酵茶之製造，係將茶葉在日光下迅速萎凋，其餘步驟與他國製紅茶方法相似。全醱酵茶之製造方法全係採取印度及錫蘭之進步方法，故甚爲英美市場所歡迎。

當著者至台灣考察時，曾參觀三井株式會社之製茶設施。該公司有適合於植茶之地八四、○○○畝，其聯合公司即著名之台灣實業公司，有植茶地二○、○○○畝。

著者曾在瑞芳參觀一完全新式之製茶工廠。在錫蘭、印度及爪哇新式工廠隨處可見，因鐵路縱橫，道路修築甚佳，交通均甚便利，故新式工廠設立之可能性較大。而在荒僻與交通梗塞之台灣，設置新式工廠，自較困難，然而在瑞芳之新式工廠內，備有醱酵室、萎凋室、揉捻機、烘焙機、拚和機、切茶機及整套之分篩機，均爲台灣政府之成績。

台灣總督自一九一八年以來即鼓勵當地茶葉生產者成立地方協會，名爲組合，每一完備組織須組織一中央工廠，該組合所有之茶葉，均集中於中央茶廠製造，此次計劃已獲得成功，會員亦逐年增加。

台灣原有之生產製造方法與印度、錫蘭及爪哇等產茶國所提倡之茶園制度迥然不同，後者係由茶園辦理茶葉之種植、栽培、製造及出口等事，因此得以減輕產製費用並去除小規模製茶上之一切積弊。台灣在現行制度下，生產者與出口者之間尚有許多中間商人，因之茶葉生產費用遂增高二倍或三倍之多。爲解決此項困難，台灣政府曾於一九二三年指定基金，專爲改進茶業之用，尤其在茶葉之生產改進上，茶園園主均被勸導共同組織協會，貸予製茶機械及器具，免費供給種籽並給予補助金以購置肥料。

組織A級協會有茶地六百甲（每甲合二・三九七畝），需費約五○、○○○日圓（每日圓合○・四九八五元美金），全年維持費約達五、○○○日圓，此外另有二○、○○○日圓作爲購買種籽免費供給會員之用。

台灣政府所屬之中央研究所設有一茶葉試驗場，其名稱爲平鎮茶業試驗場。

另一發展爲自一九二三年始由台灣政府創辦之檢驗制度，其目的在禁止劣等茶之出口，以增高台灣茶在國際市場上之信譽。

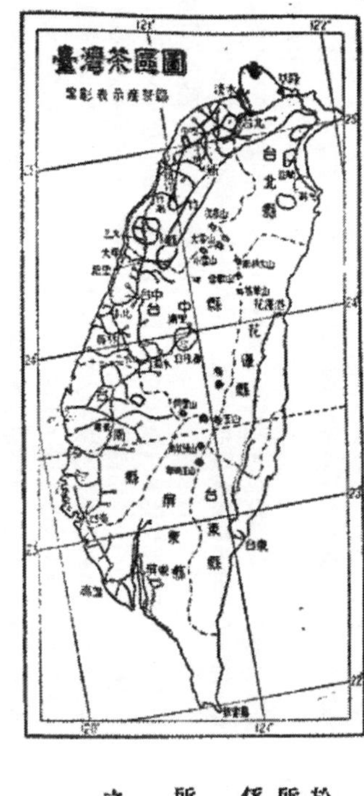

因欲改進台灣茶之市場情況，於一九二三年創設台灣茶共同販賣所於大稻埕，俾使協會得直接與銷售者及出口者發生關係，剷除中間商人所取得之一切不正當利益。然而事實上台灣之烏龍茶買賣，中間商人仍係不可少者。

共同販賣所接受協會會員及非會員之委託，推銷其茶葉，該所依照所定之價格出售。

一九二六年共同販賣所開始貸款與出售茶葉之茶農，以不超過茶價之百分之五十為限，俟茶葉在販賣所出售後，如數歸還之。

第十七章　日本茶葉之栽培與製造

地理位置——茶區——氣候與土壤——繁殖方法——地勢及排水——施肥、耕種及修剪——遮蔭——日本茶之採摘——病蟲害——製茶種類——製造方法——煎茶之手製法及機製法——玉露茶及碾茶之製造——分類——茶葉協會——科學工作

日本本部包括四大島——九州、四國、本州及北海道——及大量之小島，自北緯三十度至四十六度，人口五千九百餘萬，面積一四七、三二七方哩。適於種茶之土地，概括言之，在北緯四十度以南，故茶區均分佈於是地。

全國多山，惟東京四週有廣大平原，茶樹多種於山坡或小塊荒地，排水佳良。優良之農田多種稻作與其他作物，故茶區與鐵路相距甚遠，運輸不便。

重要茶區

日本雖爲東方之工業國，但人民以業農爲主，全國人口百分之六十爲農民。農民咸承襲三千年來之農作，對於土壤與作物，具有廣泛之智識；近年此種智識始爲現代科學所代替，各縣均設立農事試驗場。

日本植茶地面積自一八九二年以來，逐年減少，是年茶地面積計一四八、七一四畝。一九三一年僅九三、三五二畝。一八九四年茶廠爲七〇五、九二八家，一九二八年增至一、一五三、七六七家，達於最高峯。一八九二年茶葉產量爲五九、七二六、五〇二磅，一九三一年增至八四、四四七、九九四磅。

主要產茶區域爲靜岡縣，位於富士山山麓之風景區。京都縣——包括產玉露茶出名之宇治，以及鄰近之三重、奈良。滋賀縣亦爲主要產茶區。事實上本州及九州各縣，無不種茶，爲全國之主要茶區。除已列舉者外，本州尚有埼玉縣與岐阜縣，九州尚有熊本縣與宮崎縣。

全國產茶量之半數及全部輸出國外之茶葉，均集中於靜岡縣製造，並在靜岡城及其附近城市精製，由鄰近之清水港或橫濱出口。但具有特徵之日本綠茶，則產於近京都之宇治縣。日本嗜茶者所樂飲之玉露茶，即產於是縣。

優級而高貴之茶葉，產於近京都之山城舊治，大部份產品供作神祀之用，並有特殊品級之內銷茶。

埼玉縣之狹山地方，以產狹山茶著名，狹山茶又稱爲八王子茶，爲次於山城茶之上等品。惟以種種原因，漸形衰落；但其名稱則至今仍爲美國茶商所熟諗。

表一爲四十五縣茶區之分佈情形。以產量言，當推靜岡、京都、三重爲最重要。

氣候

日本氣候溫和，雨量豐富，環境最宜於植茶。每年有三次雨季：第一次在四月中旬至五月初，第二次在六月中旬至七月初，第三次在九月初至十月初。六月爲全年雨量最多之一月，正月則爲雨量最少之一月。

日本在氣候上最受影響之因素爲往來於中央亞細亞平原之風，即普通所謂季候風者。季候風起因於戈壁沙漠，夏季時該處熱空氣上昇，海洋上空氣由東疾駛向西，經過日本，凝集其溼氣於該島之東部。冬季時沙漠地帶較太平洋寒冷，遂使空氣向海洋方面吹去，此時最大之雨量在島之西部山脈地帶降落。不論季候風之風向如何，其風勢必捲過大洋之

表一　1928年日本茶之產量及栽培面積

縣名	茶廠數	栽培面積	製茶數量
		町	貫
岩手	1,432	12.5	986
宮城	2,572	88.9	5,901
秋田	17	2.1	73
山形	79	17.4	1,377
福島	7,302	84.8	7,554
茨城	42,288	1,979.3	197,033
栃木	15,878	372.4	37,419
羣馬	5,697	118.0	8,463
埼玉	23,932	1,583.3	247,579
千葉	23,608	645.3	73,603
東京	10,995	630.0	71,901
神奈川	20,424	262.5	30,110
新潟	1,013	512.1	84,027
富山	2,718	409.7	42,117
石川	4,889	244.0	54,174
福井	28,535	325.1	164,026
山梨	4,078	84.1	5,480
長野	2,477	24.0	4,409
岐阜	47,978	863.8	218,891
靜岡	31,052	16,000.7	5,308,798
愛知	25,914	231.3	70,320
三重	26,796	1,707.0	491,242
滋賀	29,925	958.8	245,956
京都	28,010	1,498.8	544,131
大阪	4,825	201.0	88,908
兵庫	40,561	647.0	146,024
奈良	12,118	737.0	276,180
和歌山	26,499	365.0	94,125
鳥取	7,532	40.0	11,818
島根	38,537	476.8	107,315
岡山	34,839	291.0	91,586
廣島	79,575	277.4	122,342
山口	40,741	526.1	98,605
德島	18,595	435.4	89,097
香川	2,080	29.4	2,430
愛媛	20,607	439.2	55,255
高知	37,870	1,127.6	144,968
福岡	37,842	1,619.2	142,067
佐賀	30,837	462.3	69,831
長崎	32,721	390.7	66,487
熊本	69,531	1,876.5	213,116
大分	51,454	568.4	67,804
宮崎	60,550	1,059.7	211,018
鹿兒島	117,791	2,887.6	407,073
沖繩	1,053	51.4	1,672
總計	1,153,767	43,164.6	10,423,291

1町＝2.45畝　1貫＝8.28磅

農林省農業部報告

波浪而收聚溼氣，並再降落於種茶之山地，使該島受其惠澤。

有利之地方條件

多數茶園均在島之西南部，即日本之溫暖部份。茶區中心爲靜岡縣之牧野原。靜岡縣之大部茶葉，均生長於最有利之地位，而其他作物則不能或至多勉强生長。奈良及京都（包括著名之宇治茶區）位於離海約三十哩之內地，故對於大風雨之遮避，較靜岡縣爲佳。同時因與大海遠隔，夏季較熱而冬季較寒。

園地常在沿河川或湖沼之山上，該處有適宜之溫度，並有濃霧重露，使茶樹易於繁茂。宇治、川根及狹山等著名茶區即屬如此。

表二爲京都及金谷每日平均最高及最低溫度與雨量。

日本氣溫較低之影響，至爲顯明，青葉於採摘後可以貯藏過夜，再行蒸青；而在印度溼熱之八月及九月，此種延擱將使茶葉完全損壞。

烈陽與驟雨之交互作用，可以增强茶樹之生長力，並有使茶湯色濃味苦之功用。在靜岡一縣，當六月與九月不宜於產茶，其理由不在於陽光之缺乏，而在於多雨；因陽光缺乏，有益於綠茶之品質，採摘溼葉常

表二　溫度與雨量

京都（包括宇治地方）

月份	最高溫度（華氏）	最低溫度（華氏）	雨量（吋）
1	47.4	34.9	2.14
2	48.7	34.2	2.62
3	52.2	33.6	4.57
4	66.8	42.1	4.38
5	74.0	50.0	3.64
6	80.9	62.4	9.45
7	89.1	70.9	5.34
8	88.9	70.5	5.59
9	73.1	64.6	8.91
10	72.7	52.7	6.16
11	61.8	41.6	3.73
12	51.6	32.6	2.73
			總量59.26

靜岡縣之金谷

月份	最高溫度（華氏）	最低溫度（華氏）	雨量（吋）
1	47.5	33.9	2.83
2	51.4	34.5	5.53
3	55.7	37.6	7.45
4	64.9	48.5	10.95
5	71.2	54.2	9.02
6	75.2	61.7	10.99
7	82.1	69.7	8.17
8	84.6	70.7	12.29
9	79.3	65.5	15.23
10	71.0	56.1	7.80
11	62.5	47.6	7.14
12	52.7	35.6	3.01
			總量103.41

不能製品質較好之茶，此在科學上之理由尚未釋明。

茶用土壤

日本種茶常利用不宜於種植稻穀及其他作物之地，前已述及之。除宇治附近以外，茶樹常種於傾斜山坡以及當風不毛之高原或成行種於稻田之田塍，果園之空地，桑樹之間，以及其他荒地。祇有宇治一處，則以廣大之低地闢為茶園。

日本茶農咸信土壤對於茶葉外形與品質頗有關係。紅粘土土壤可產帶褐色之黃葉；腐植質土壤則產深綠色之葉；沙質土壤視為可產淡綠色葉；粘土土壤視為可產暗色葉，並賦予香氣，最適於外銷。即葉之形狀，據稱亦與土壤有關，紅色土壤產狹長葉，便於揉捻。

靜岡縣因地域較廣，縣內各地地形頗有差異。因此各地土壤亦互有不同，每一區域所產茶葉之品質，常與土壤性質發生連帶關係。牧野原一處以紅色土壤居多，產茶品質中等，味強而色劣。阿部在靜岡市之附近，土壤為壤質土，產茶品質甚佳。在富士嶺之周圍一帶，為火山性之富士山所在地，所產茶葉，味弱而色佳。此種綠色非由於黑火山灰與腐植質，而由於施肥得當所致。

表三 土壤分析

京都區

	宇治	久世	Kiosawa礫壤土
有效性磷酸……	0.710	0.706	……
有效性鉀……	0.010	0.010	0.020
有效性石灰……	0.025	0.025	0.130
腐植質……	1.710	1.620	……
酸度……	57.	48.	酸
總氮量……	……	……	0.440

靜岡區

	靜岡壤土	庵原沙質壤土	牧野原腐植壤土
有效性磷酸……	……	……	……
有效性鉀……	0.008	0.010	0.006
有效性石灰……	0.160	0.200	0.100
腐植質……	……	……	……
酸度……	中性	微酸	酸
總氮量……	0.25	0.17	0.51

沿河山坡之土，均適種茶，川根地近河流，所產茶葉為靜岡縣出產之最佳者。

日本對於茶業研究工作，歷來均注重於製造方面，而對於土壤方面較不重視，因此各地土壤尚有未經分析者。表三為二主要產茶區之六種土壤不完全之分析，就大體而論，日本土壤含有促成茶樹繁茂之各種重要元素，且土層極深，二呎以下之土壤與表土同樣肥沃。

茶樹繁殖法

日本所栽植之茶樹均為中國種。在靜岡縣勝間田村及金谷附近之牧野原之縣立試驗場，曾從事種植亞薩姆種之試驗，因不能抵抗凜冽之氣候與嚴霜，頗少成效。

日本之茶樹繁殖，就一般而論，均直接播種於茶園，頗少另設苗圃。惟少數用扦插、壓條或嫁接法繁殖之。

日本頗注意在優良區域採集種籽，大都於晚秋搜集，用水選法擇其沉於水中者，而棄其浮於水面之低劣者。

種茶有兩時期，即春季與秋季。春播常在三月中至四月初，秋播常在十一月上半月行之。播種之種籽數量，每段（日本面積名，約等於四分之一畝）約五十四至七十二公斤。

凡欲育成一苗木而完全保持母樹之特徵者，則多用扦插、壓條或嫁接方法。金谷地方扦插茶樹已成功。在六月間切取長約六吋之枝梢，除去大部份芽葉，以防生長太速，插於地中。如經過良好，則枝下生根，二年後移植。若採用壓條法時，以茶叢側枝離某一芽眼下一吋左右，稍予切傷，然後壓低此枝，將芽眼埋於地下，俟生根後始自母樹切斷，再移植於適當之地。插枝可施油餅或魚肥，並用稻草保護。

播種法有叢播與條播兩種，叢播更分為環播與簇播；條播又分為一條播與雙條播。環播時將種籽密切排列成直徑約十八吋之圓圈，每一圓圈之中心點與第二圓圈之中心點相距約三、四呎。簇播使種籽互相接近成一塊，不作環狀。但無論任何形式，由種籽長成幼樹，均成蜂巢形，最後則成爲籬狀行條，行距因茶叢之高低而異，惟每條中心點與他條中心點之平均距離，以五呎至六呎爲最普通。

單條播係將種籽接連排成一行；雙條播之法相同，播成雙行，行與行間相距約一呎。單條與雙條播之行間距離則均以五呎至六呎爲最普遍，條播最適於傾斜地面。

地形與排水

日本最著名之茶區均位於沿河之山坡，如宇治一帶，茶樹栽培於宇治川兩側之緩傾斜山坡，排水優良，同時又可得到河水所生之蒸氣，使空氣常保潤濕。

伊河通過靜岡縣之川根地方，兩岸均爲山坡，成爲天然之排水系統。在狹山區及阿部川之間，亦具有同樣之特徵。

金谷位於靜岡縣之牧野原地方，爲季候風較烈之平原，東南濱太平洋。Harler 氏曾描述該地之風光謂：「在春季暴風挾雨後掠過鄉野之時，氣候似僅與茶相宜。……在晴朗天氣時，金谷景色異常偉麗，一望綠野，均爲茶樹，離谷較遠，色彩美麗，均爲其他各種穀物，對河斜坡，遍種茶樹，後接松林」。

神采絕倫之富士山俯瞰於此景色之上，其頂終年積雪，自平地聳入雲際達一二、三六五呎之高。

京都不若牧野原之曠闊，產茶中心地宇治位於宇治川之旁，此川自琵琶湖蜿蜒至大阪海。一若牧野原之地形位置，對其氣候常有密切關係。

日本茶園中無排水工程，亦無眞正之階段，在靜岡城周圍雖有若干簡陋之梯園，但普通均種植綠籬，以防土壤流失。

肥料

茶樹所有肥料爲豆餅、乾鯡、海鳥糞、菜子餅、油粕、乾魚以及硫酸錏、硝酸鈉、蒔蘿餅、過燐酸石炭、硫酸鉀、人造肥料、米糠、人糞尿、綠肥等。硫酸錏及硝酸鈉爲速效肥料。就一般而論，施肥之唯一作用，無非爲供給氮分。在宇治附近，一畝用氮二三〇磅，並用小量之燐及鉀。印度每一畝僅用氮三十磅，作爲速效肥料。

爲促進新枝葉之生長，常用分解之菜子餅及磨碎之乾魚、米糠或其他有速效性之肥料。此種肥料又稱補肥或發葉肥料，施於茶叢四周之淺溝中，每年三次。最主要一次，常在九月中旬至十月中旬深耕時施之，所用肥料爲遲效性，常埋入地下三吋至四吋之深處。

日本雖不常用綠肥，但亦應用一小部份。普通所用者爲紫雲英、黑豆及 Seradella，但紅金花菜亦常栽培作綠肥用。此種綠肥常於夏季及秋末撒於表土上。

耕種

在日本茶園中有兩種耕法：一爲深耕，一爲淺耕。深耕係在各行茶叢之間耕至二呎深。表面側根均被切斷將泥土堆積於茶叢基部之四周。深耕時期並無一定，但通常於九月至十月末行之。

每年於三月至十月，行淺耕三、四次，祇及地面一、二吋，以適於除草鬆土爲度。茶樹以稻草或竹枝遮護，甚爲普遍，護根物在秋季放置，翌年耕入土中。

修剪

供製上品茶葉如番茶、玉露茶及碾茶之茶叢，任其高長至三呎，製中等茶葉者，其樹身常截成一呎半。但剪枝不可過度，以免茶叢在冬季受凍害。

修剪時期依氣候情况及農田或製茶工作之忙閒而異，惟普通均於採摘頭茶後即行修剪，間亦有於二茶之後行之。初次修剪在茶齡約達三、四年時，高低依預定茶叢生長應達之高度低去百分之二十至三十爲度，此後三、四年間，茶叢長至所需之高度，其間應注意保護，以防傷及幼狩側枝。此種茶叢自地面至叢頂次第修剪，即可形成圓頂之採摘面。茶叢如見衰老，可於根基刈去，加肥覆蓋。經此刈割後，即能使樹勢恢復，枝葉繁茂，但四、五年後則又復衰退。此種重刈不常採行，因一般認爲高茶叢所產茶葉之品質常較爲優良也。在靜岡縣約每五年或十年於茶幹離地二呎之處台刈一次；在京都產茶較佳之茶園，在三十至四十年間，始台刈一次。

遮蔭

在茶叢間種植遮蔭樹，在日本幾無所聞，祇用人工遮蔭方法，以生產較優茶葉。如玉露茶完全遮蔭，覆茶則用一部份遮蔭。

人工遮蔭分爲二類：單叢覆蔭及全園覆蔭或區域覆蔭。前者蓋以草蓆，猶如乾草堆所用之草頂，阻止生長，增進茶色，此種茶即稱覆茶。

玉露茶園在採摘前完全用特殊構造之遮棚。據日人稱，如此可以使玉露茶具有特殊之色味，且可增加甜味及茶之深綠色。在四月茶芽將發之時，在地面裝置高六呎之棚架，芽將成葉，即用簾覆於架上，十一日後，簾上加稻草，採摘後即將此簾除去。

採摘

茶樹種植三、四年後，方可採摘。八年至十五年間，茶質最佳。普通茶樹壽命爲二十五年。以前採摘均爲手摘，現則改用特製之採摘鋏。此採茶鋏形如修剪綠籬用之大剪，刀片旁有一袋，片上有一阻礙物，俾使茶葉落於袋中。鋏用右手持取，左手扳動有刀鋒之刀片，刀長約八吋。舊法手摘每日可得一六磅半至八三磅，平均爲四五磅；但用採茶鋏時，婦女每日可採摘二〇〇至二五〇磅，男子可採三〇〇磅，最高紀錄每日達四三二磅。此種方法對日本茶樹特別有效，因其茶樹猶如黃楊之籬，葉面平坦而均勻。

在宇治地方，常採摘遮蔭茶叢之嫩芽以製造玉露茶。新枝之較粗部份常製爲番茶，二茶則製煎茶。但靜岡縣自頭茶至四茶均製煎茶。宇治採茶均係僱用女工手摘，此輩女子多穿藍服，在草棚下工作，不易爲人所見。採摘時常唱採茶歌，狀至愉快。

採茶期有三、四次。第一次採摘之茶爲一番茶，自五月一日至六月十五日，此爲最佳之茶，約佔全收穫量之半數；第二次採摘爲二番茶，在六月下旬底至七月上旬；第三次採摘爲三番茶，約自八月二十日至九月五日；如採第四次，則在九月底或十月初，爲時甚暫。

採茶者將所採茶葉集於小籮，再傾入大籮，每兩大籮由一工人用扁担挑送至茶廠。

病蟲害

日本冬季嚴寒，故在英領及荷領印度所常有之病虫害，每因寒冷而避免，惠益茶農不少。惟 Harler 氏發見印度最普通之害虫，在日本均有發見，如紅蛀虫、紅蜘蛛、青蠅、日本茶毛虫、茶尺蠖、避債虫及捲葉虫等。至於威脅印度茶農之茶蚊，則尚無發見。

至於病害，餅病常發生於各季，但以九月及十一月爲甚。茶樹由於施肥過度之結果，亦常發生褐斑病。其他穿孔病菌、赤銹病、茶瘤痂以及根腐病等皆有發見。當發現根腐病時，掘去患病之茶叢，以防傳染。牧野原科學部曾出版便利茶農之圖表，列示各病可能發生之時期及其防治方法。

日本茶農普通使用石炭硫黃劑及波爾多液，在採製期後使用。據考察所得，如能於採製前二十至三十日噴波爾多液於茶樹，對於茶葉頗爲有益。

製茶之種類

日本所製茶葉，以綠茶佔多數，綠茶中四分之三以上製成煎茶——即普通茶，爲主要之輸出茶葉。其次爲番茶，品質較次，多爲國內所用。再次爲玉露茶及碾茶，碾茶又稱式茶，後者更分爲濃茶（Koicha）與淡茶（Usucha）二種。表四示各種茶葉之生產量。

紅茶製造

紅茶產量雖少，但最近五年幾已增加三倍，此由於私人及政府獎勵之結果。日本最初製造紅茶之目的在於代替東印度紅茶在日本國內之銷場，後以美國紅茶消費漸見普遍，日本紅茶復爲美國人所愛好，乃欲爭取美國市場。此種意見爲美國農業部前茶葉檢驗主任 George F. Mitchell 所支持，渠謂日本必能產製適用之紅茶。

表四 1928年日本製茶種類

種類	製造磅數
玉露茶	589,528
煎茶	68,588,050
番茶	16,671,838
紅茶	45,880
其他茶	409,553
	86,304,849

前印度托格拉茶葉試驗場之 C. R. Harler 亦謂日本茶種既與中國相同，當無不能製成中國式紅茶之理。渠稱：

在靜岡余曾參觀一小工廠，正在製造印度式紅茶。茶葉於揉捻後烘焙前先放於冷處，經過相當時間之醱酵，余認爲不能製得優良之紅茶之故，或在於溫度太低；在大吉嶺如溫度低至華氏七十度以下時，則醱酵時間過於延長，不能製成優良之紅茶。惟日本紅茶用中國方法製造時，其茶葉品質並無遜於中國紅茶之理由。

製茶之過程

日本茶葉製造可略分爲三類：(一)手製法；(二)機械製法；(三)手工機械混合法。玉露茶與碾茶用手工製造，煎茶幾全用機械揉捻。在一九二八年，以靜岡縣一縣而論，手製者佔百分之八，機製者佔百分之七十一，其餘百分之二十一，則爲用手工機械混合製造。

手工製法

蒸茶——手工製茶之第一步驟爲蒸茶。普通所用之器具爲大底而口徑爲一呎半至二呎之鐵鍋，放於以磚、粘土或瓦砌成之炭爐上，鍋上加一木製蒸籠，蒸籠形如琵琶，桶高十八吋，中有一開孔之隔板，蒸氣即由此種小孔透出。有時隔板僅開一孔，接以鐵管，上裝交叉成十字形並開有細孔之管子，由細孔中透出蒸氣，使其均勻分佈。

茶葉置於盤中約五吋厚，盤底爲金屬絲網，放入蒸籠中，上加蓋。當蒸氣由蓋透出，則用棒攪拌之。蒸茶時間之長短，依蒸氣量之多少而定，惟在攝氏一百度時，普通以四十至五十秒鐘爲度。蒸煮不足之茶有苦味，蒸煮過度之茶則葉片變軟，顏色不佳，茶湯亦濁。蒸後葉片攤於架上，使其冷卻，有時用風扇加速冷卻。

乾燥——乾燥爲第二步驟。用紙盤放於一以粘土或瓦砌成之木炭爐上行之。爐之直徑三呎，深五呎二吋半，頂稍向前傾斜，後面高二呎二又四分之一吋，前面高二呎。裏襯一陶土壁，近底處稍厚，故爐腔底部常較狹於頂部。

爐中放木炭十至十三磅燃之，上覆稻草約一又四分之一磅至一又四分之三磅，稻草經燃燒成灰後，遮於炭火面，使火力稍微。爐頂有五、六條鐵棒，上覆一網，闊一呎五吋，長三呎至三呎半。網面更敷一洋鐵板，使熱氣均勻。木框紙底之盤放於爐面，茶葉即攤於盤中。於是用手指將茶葉揚起再播散之，如是迅速反覆行之，但其熱度祇可較體溫稍高。乾燥完畢時，茶葉已失去光澤，茶梗皺縮，葉片生暗斑點。

揉捻——日本之手揉，係多年經驗所得之技術，其法分爲六步：(一)迴轉揉，(二)玉解，(三)中休，(四)中揉，(五)轉繰揉，(六)仕上揉。揉捻工作在置於火爐上之紙盤中行之。

迴轉揉爲初步手續，約行三十五分鐘，目的在使葉乾燥而不損傷。如揉捻太慢，則有酸氣，並有損茶葉色香；但如迴轉太速亦有礙茶味，茶湯因之變濁，形狀亦不佳。非惟溫度須視含水量之多寡而調節，並須同時調節迴轉速度及壓力。迴轉揉至葉體表面有溼氣時中止。

玉解或解塊隨迴轉揉而行之，其作用在使葉片可平均乾燥，同時並用手輕揉。

中休爲間息約十四分鐘之名稱。使茶葉微涼，並掃淨紙盤。

中揉或中間性揉捻，將茶葉一握一握用手搓撚，並加大壓力，俟葉呈暗綠色而止，時間約二十五分鐘。

轉纖揉用以調整葉形，須十分小心，否則液質不佳，當葉將乾之時，以兩手由兩側揉茶，再加揉壓力使其互相磨擦，每一葉片均能捲緊。時間約爲十五分鐘。

仕上揉爲最後一次之揉捻，約需二十分鐘。茶在兩掌中互擦，至葉在手中無粘性而光滑時爲止。

最後乾燥——將揉捻之葉另移於另一焙爐，使其近於乾燥，卽放於一可搬動之乾燥器上，此乾燥器係木製而有多數抽屜者。每一抽屜長闊各三呎，深三吋，其高度當依工廠情形而定。熱源爲放於爐底之木炭盆。每隔一定時間，將抽屜互調，使茶葉可以均勻乾燥。葉乾脆至在手指間可以壓碎成粉時，乾燥始告完成。製成之茶，水分約爲百分之四。最後乾燥後，再任其冷卻，卽可置於密閉之容器內。

機製法

最近十年來機械製茶之風漸盛。動力用電動機、汽油發動機、蒸氣機或水車。

蒸葉——機製法中有兩種蒸茶機器可資應用，卽螺旋形筒及迴轉帶。前者爲小工廠中所常用，係一圓形筒，長三呎，內徑一呎，有一軸可以旋轉。葉放於一端，迴轉後卽漸次移至他端，其間適可蒸熱。此器每小時可蒸葉二百磅。

迴轉帶機器爲一長六呎、闊三呎之平箱，有一竹帶或網帶，上置茶葉，通過該箱時，蒸氣由箱底之汽管放出。茶葉由箱之一端達到他端，約需四十至六十秒鐘。其後用風扇吹冷之。

初揉——初揉機器兼作茶葉乾燥及迴轉揉捻之用，式樣甚多，但均大同小異。一般式樣爲一圓形筒，固定於迴轉之輪軸，在筒內有許多帶及叉，將葉拋高，而又則壓葉使與筒壁相搓揉。筒當爲鐵製或鋁製，內襯以木。更有一風扇，送熱空氣入機器。

最著名之揉捻機爲高橋式，乃日本首創之製茶機。尙有栗田式、原崎式，均爲乾燥、初揉、中揉及仕上之混合機器。入木式爲乾燥、初揉及再乾機。

中揉——中揉機器之形式與印度、錫蘭、爪哇所用之Jackson式機相似，惟揉捻台不在箱內，機器較小，每次茶葉祇可揉捻二十至二十四磅。使用此機之目的，在使初揉之葉，可以均勻。於揉捻時粗葉當較細葉需時爲多，平均所需時間爲十分鐘。製造此機者，以臼井、望月及栗田爲最著名。

再乾燥——再乾機與初揉機形狀相似，惟不作任何揉捻工作。機內溫度當保持攝氏六十度，其速度每分鐘迴轉三十五轉。工作時間需十五分鐘。

最後揉捻——最後揉捻機爲一長圓槽，下置熱源，上有一木製揉捻滾筒，可以調節速度與壓力，在葉片上前後移動。溫度常保持攝氏七十度，而揉捻時間爲四十至六十分鐘。每一機器每日工作十小時，可製茶八十至一四〇磅。由此器取出之茶葉最後亦如手揉法乾燥之。

手工機器混合法

手工機器混合法卽手工與機器並用，前一半之過程用機器，中揉後卽以手工完成之。

玉露茶製法

製造玉露茶之第一步爲篩分葉片，再由女工揀去一切草屑茶梗、老葉等。蒸茶方法與煎茶（卽普通茶）無甚差異，惟更爲愼重，時間約十秒鐘。其他各過程與製煎茶之區別，亦僅在於工作精細而已。茶葉經最後揉捻後，置於熱鍋中乾燥，再篩分精製之。乾燥需時四小時，其溫度較普通煎茶稍低，一切手續均用手工。

玉露茶製造中之電熱

在京都有若干製玉露茶者，試用木炭及其他燃料之製茶機，與靜岡縣普通所用者相似，但結果不佳，此乃熱力供給缺乏所致。最近試用電熱，所得成績較佳。應用電熱之機器包括蒸葉之蒸發器、粗揉機、再揉機及乾燥機。

電熱之特殊利益，在於依需要而調節溫度，並可使之均勻。一九二〇年左右，京都電燈公司開始應用電熱之試驗，至一九二四年乃得完美結果，現已有多數工廠，採用此法。

碾茶製造法

碾茶（式茶）爲供儀式用之茶，常爲粉末。製造之第一步手續與玉露茶相同，惟置於爐面烘茶之紙底盤，較製玉露茶及煎茶者稍大，闊爲六呎，長爲三呎。

放置烘茶爐之房間，關閉甚密，室內溫度至少當保持攝氏五十度。在盤上攤放一又四分之三磅之鮮葉，每隔五、六分鐘即用竹把將葉徐徐攪拌，俟水分發散六、七成，乃取起葉片，用扇去熱，再放回盤中，如前攪拌，將乾時再取起放置架上，待其乾燥。，

茶葉於完全乾燥後，將葉片碎成小片，加以揀選，暗色者即濃色茶，淡色者即淡色茶。以後再將此種小片磨成粉末。

碾茶乾燥所需之標準時間，第一次爲三十至四十分鐘，第二次約卅分鐘，在架上乾燥約需四小時。製成茶量僅爲原鮮葉量之百分之十七。

覆火

一八六二年，中國茶司將外銷茶覆火之方法傳授於日本，日本乃皆用此法，直至一九一一年仍沿用中國方法。法將茶葉五磅置入鐵鍋，在炭爐上烘之，茶葉烘焙約半小時後，再行着色。一八九八年行原崎發明再烘鍋，現今日本仍多採用之。

輸出之茶多在靜岡縣覆火，此項工作包括加火、精製與裝箱。大工廠並有多數倉庫。工廠設備除鍋及木炭爐外，更備有各種網眼之篩、風車、切茶機、磨光筒、去梗器以及其他附屬器具，均藉頂上之迴轉軸轉

動之。烘青時則以烘籠代鍋，葉可拼和亦可不拼和。

精製茶有三種：原葉茶、籠製茶及釜製茶，統稱爲煎茶。原葉茶常用紙盤焙烘，但以某種理由，在日本貿易上過去曾稱爲瓷製茶，現常稱爲原葉茶（Natural Leaf）。籠製茶者爲長葉所製，外觀極美，最上等品捲成二吋半長，葉細如針，故有針葉茶與蜘蛛腳茶之稱，若干年前東京某著名茶商曾題爲天下第一茶。

釜製茶由小葉製成，佔外銷茶百分之七十。

釜炒——製造釜製茶常以原料二十磅投入鐵鍋中，用機械攪拌。此種鐵鍋常排列成行，茶葉原料經攪拌至二十五至四十分鐘後，另投入一筒中，再磨擦使之光滑。

其次爲精製，即先放茶葉於篩分機，或用人工執竹篩分別粗細。於篩分時更用風車吹去其粉末及碎片。凡葉片太長或太闊而不適於釜製茶者，則先送入切葉器，經切斷後再行精製。如葉尖爲茶葉中最柔軟之部分，製造時易製成圓形如珠茶，此種葉尖當以特種切茶機與篩分出。玉綠茶即仿照福茶之形式而製成，專供運銷北非、俄國及阿富汗等地。

籠焙——長形葉常行籠焙，先將茶葉精製，再行焙火。俟揀去番茶粉末以及篩底，留下者即爲選淨之原料葉。以五磅投入於竹籠中，籠深四呎，形如滴漏沙時鐘，在其腰部有一可以移動之淺盤。籠置於覆灰之炭火爐面，焙烘三十至四十分鐘。在焙烘中，籠自火爐取開數次，用手攪拌葉片。焙火後，任葉在空氣中冷卻，乃行拼和。

副產物——在製造精製茶時，其所得之副產爲番茶、葉尖、葉梗、碎片、篩底、茶片以及茶屑等。番茶爲揀選所得之粗葉，專供國內用。最近煨番茶銷路頗廣。煨番茶色如咖啡，味極澀。葉尖與中國珠茶形式相似，在手撿茶中，葉尖之量約有百分之三；在機揉中，數量更少。葉尖由外銷茶中揀出，但留作國內消費者則不揀去茶梗，常與番茶相混使用。碎片、篩底、茶片，除一部分外銷外，餘供國內用。茶屑售與化學工廠，供製造茶素用。

磨光與去梗

釜製茶與原葉茶經焙火之後，投於水平迴轉之圓筒中磨光，所需時間依葉之種類及所需光滑之程度而異。但籠製茶無此種過程。

其次爲揀出茶梗，小葉茶如釜炒茶等葉片細小者，可用機器揀選，但原葉茶以及籠製茶則必須用手揀選。

內銷茶之覆火

銷於日本國內之茶，用手工覆火，其手續與籠製茶完全相同。零售茶葉每斤價在日金一圓六角以上者，即不用磨光，蓄其自然之綠色，頗爲顧客所重視。碾茶及玉露茶，鮮有施行覆火者。

包裝

茶葉經覆火及精製工作後，即送至倉庫拚推裝箱。供外銷者用板箱裝。箱有多種，外爲彩色紙，箱內襯鉛皮，再襯紙。茶裝入箱後，將鉛鏽銲密，箱外加篾包，上刷商標、號數及淨重。然後綑縛，亦有將茶葉裝於紙袋中，再裝襯鉛或能完全防溼之木箱或鉛罐中，再裝入木箱。外銷箱茶之重量，如附表所示。

表五　外銷箱茶重量

	大箱	小箱	盒
釜製茶	80磅	40/50磅 或 5/10磅	1/4,1/2 或1磅
籠製茶	70磅	40/50磅 或 5/10磅	………
原葉茶	70至80磅	40/50磅 或 5/10磅	………

內銷茶裝於體積14×16½×28½吋之箱中，箱襯錫皮及鋅皮。玉露茶及碾茶則裝於小箱。

茶精

在製茶及消費茶葉之國家，每多有其他種類之茶葉製造品，茶精即其一種。此種茶精與牛乳相混，或與檸檬汁相混，製成液體或粉末狀。但製造過程均保守祕密。大體言之，係在眞空中自茶浸出液製成，再用離心機去其膠粘物質。

成本

靜岡縣最優良之茶園，一九二八年地價每段七〇九日圓，中等者四七七日圓，下等者二六三日圓（每段等於〇・二四五英畝）。每年上等茶園地租爲三一・二一日圓，中等者一九・九五日圓，次等者一一・〇一日圓。

在製造方面，機製茶與手工製茶成本相差頗大。工廠中工人每日用揉捻機工作，可出產八至一〇貫，用手工揉捻之工廠，每人每日祇得一・三貫。表五示二者生產成本之區別。

表五

用機械揉捻製茶之生產成本	
鮮葉4貫，每貫55圓	2.200日圓
薪炭	.300
人工	.210
動力	.040
器械折耗	.220
稅金	.012
其他雜費	.050
總計每貫茶葉成本	3.042日圓
用手工揉捻製茶之生產成本	
鮮葉4貫，每貫55元	2.200日圓
薪炭	.700
人工	2.300
稅金	.035
其他雜費	.070
總計每貫茶葉成本	5.305日圓

釜製茶、籠製茶以及原葉茶等之覆火所需費用每一百磅爲三日圓。包裝費如用小箱裝，包括箱、鉛及竹篾繩等，亦爲每百磅三日圓。一磅裝紙匣之成本依管料印刷等而異，平均每千匣爲二十日圓。

日本茶之分類

除極少數紅茶外，日本所製之茶均爲綠茶，分爲下列四種：

（1）玉露茶或露珠茶，爲最優良之日本茶，生長於蔭棚下，以減少單寧量，但增加其茶素，同時使葉色光亮而香氣增加。

（2）碾茶或式茶，亦如玉露茶之栽於蔭處，但不加揉捻即行乾燥，磨碎為粉末。

（3）煎茶，一種由幼嫩葉製成搓捻甚佳之普通茶，為內外銷最普通之茶類。

（4）番茶，為一種用較粗之葉製造或在煎茶時揀出之粗茶。

煎茶常作外銷，可分為：

（a）釜製茶，係用鐵鍋炒焙而成，原料葉撚捲良好略捲曲。

（b）籠製茶，用焙籠殺火，葉為長形，其最佳者為針狀形，其原料撚捲良好，長而直。

（c）原葉茶，形式在二者之間，供內銷。

（d）玉綠茶，或稱蟠曲茶，形甚彎曲，如其茶名。

茶業協會

日本茶業協會受政府之統制，其法規及章則均由政府制定。一八九一年農商省所頒布之第四號法規，規定無論茶農、茶廠、茶商以及經紀販賣人等，均須參加茶業協會。各縣之中有一聯合茶業協會，其代表由各地協會推選，更由聯合協會選出代表組織日本中央茶業協會。

每一地方協會，包括一城一鎮或一縣之各種茶業人員。例如在靜岡縣有靜岡縣茶業組合、富士村茶業組合、靜岡縣精製茶業組合及其他地方組合約有十三所。組合之主要目的，在謀發展當地之茶業，並辦理技術人員之訓練及籌開茶業展覽會並檢查機器等。

關於協會之工作，可就靜岡縣茶葉聯合協會即普通所謂靜岡茶業組合知其概況。該會每年在三月舉行年會一次，由十六縣選舉代表出席。除設會長、副會長、主事、會計之外，更用技士二人，助理員二人，茶葉檢驗主任一人，下有檢驗員三十人，書記七人。該會之工作，為茶葉之管理與檢驗，並謀生產方法之改進及市場之擴充等；更設立檢查站以檢視各廠所製之茶葉，規定標準品級，防止不良製品。凡新發明茶葉機器者，則予獎金，津貼茶農改良茶園；在茶葉競賽展覽會，頒給獎品；設講習班，教授機械製茶法；在牧野原茶葉試驗場舉行科學研究；補助地方協會經費；在海外分派通訊員，送登廣告於外國各報紙、雜誌，並贈送日本茶葉樣品；派專員至國外觀察市場；造倉庫於淸水港。數年前曾出版茶葉史，又出版「茶業界」雜誌，以供會員參考。

靜岡縣聯合會之規則，於一九二四年三月一日加以修正後，更為嚴格。規則甚長，此處不便逐一引述，惟有一條款——第六條甚有趣味，規定任何人不得售賣未經檢驗而貼合格證之茶葉，凡獲得合格證，必須品質適合或超過每年三月所規定之標準樣茶。日本中央茶業會議所及靜岡縣聯合會之經費，即由此種合格證手續費撥充。

如上所述日本中央茶業會議所，乃由各縣組合推舉代表所組成。會議所之工作，每年不同，大體上可分為二部分：（一）茶葉生產之改進；（二）日本茶葉國外市場之擴張。關於改進方面，或開有獎之茶葉比賽展覽會，津貼講演課程，訓練技術人員，舉行茶葉試驗等。關於擴張對外貿易方面，則派遣代表或團體至美國研究市場情況，舉辦茶葉博覽會及商場中之展覽，登載廣告於美國及加拿大各報紙、雜誌，譯述美國市況之報告分發各會員；補助出口商在海外登載日本茶之廣告。惟除俄國、加拿大及美國之外，在其他國家（除參加英法博覽會外）並未進行其他重要推廣工作。

茶葉試驗場

關於日本茶葉栽培及製造上所有之科學研究以及教育及指導茶業生產者之工作，均由日本六大茶葉試驗場担任之。此六大茶葉試驗場之名為：

一、農林省茶葉試驗場，在靜岡縣金谷西南之牧野原。

二、靜岡縣茶葉試驗場，在牧野原之勝間村西北。

三、京都茶葉試驗場。

四、奈良縣茶葉試驗場。

五、熊本縣茶葉試驗場。

六、鹿兒島縣茶葉試驗場。

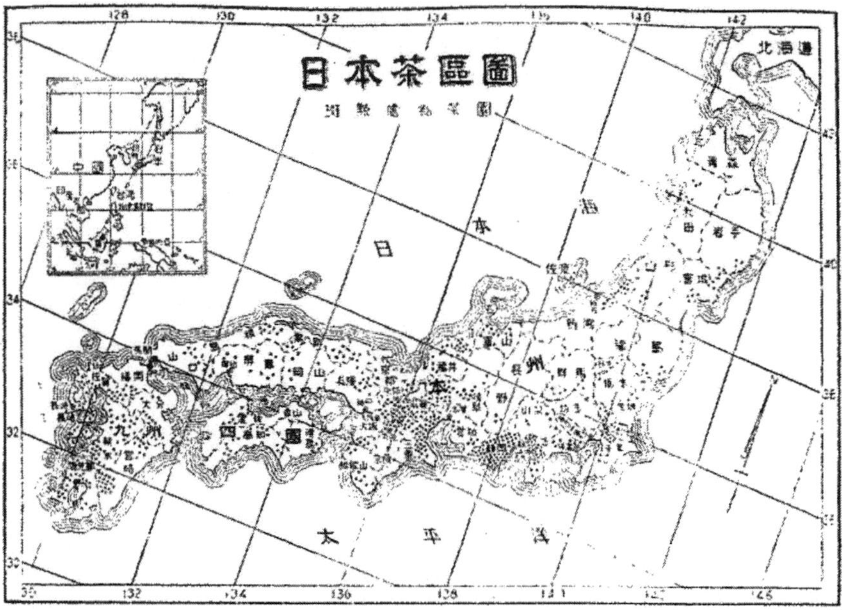

日本茶區圖

以上六試驗場，依其經費而言，以中央政府之牧野原試驗場爲最主要。該場之工作，教育及示範較研究工作爲多。每年經費以前爲一六、〇〇〇日圓，一九三二年時增加至二一〇、〇〇〇日圓。

靜岡縣之試驗場，聘有化學家三人，農學家二人，技師四人，機械師一人及昆虫學家一人。場中研究室設備頗爲完備，並設有最優良之工廠——手工及機械——及一廣達十五畝之實驗茶園。每年經費爲四二、〇〇〇日圓。

除上述各試驗場之外，尚有其餘較小之茶葉試驗室及研究所，在本州、四國及九州各島之縣農事試驗場內從事茶葉研究工作。尚有若干組合會亦從事於茶葉試驗工作，例如前已述及之靜岡縣之茶業組合，即有一座特別完全爲茶業製造試驗之建築物，如應用電熱於新式製茶機等。其他各組合會亦從事關於茶葉栽培，防病蟲害等試驗，以及改進製茶方法之研究工作。

第十八章　爪哇及蘇門答臘茶葉之栽培與製造

地位——茶區之土壤——氣候、雨量及高度——開墾及佈設——耕作——建築道路——排水系統——建築階段——種籽繁殖——無性繁殖——種植——綠肥——遮蔭樹及防風樹——籬笆——地被物——施肥——病蟲害——修剪——採摘——田間運輸——製造方法——勞工及工資——工人住宅——種植者協會——茶葉試驗場——茶葉評驗局

爪哇及蘇門答臘爲馬來羣島之一部份，此羣島又名馬來西亞、東印度羣島、印蘇林德（Insulinde）或印度尼西亞（Indonesia），爲世界上最大之羣島。除菲律賓羣島、英屬婆羅洲、葡領帝汶島之一半外，其餘均爲荷蘭屬地，故又名荷屬東印度羣島。羣島綿延於赤道上東經九十五度至一百四十一度及北緯六度至南緯十一度之間。

荷屬東印度由東至西之闊度與美國自紐約至舊金山相等。面積爲荷蘭本國之五十八倍，人口六一、〇〇〇、〇〇〇，亦幾爲荷蘭之七倍。爪哇島爲羣島中之最重要者，面積約與紐約州相等，人口四二、〇〇〇、〇〇〇，爲世界上人口最稠密之國家。蘇門答臘面積爲爪哇之三倍半，但人口僅七、八四一、〇〇〇。

爪哇島長達六二〇哩，闊度由五五至一三一哩不等。位於南緯六度至九度之間，爲世界上最富庶豐饒之地。南海岸險阻而多岩石，北海岸則甚低溼。全島內部多山，其崖層係由火山崖所組成。島上河流雖多，但僅有少數可以航行。

成串之火山峯大部現已熄滅，形成本島之脊骨。此種火山峯之間爲極肥沃之大平原，故一般多在此種平原上或鄰近山嶺之斜坡上經營茶園。

革達（Gedeh）與沙瀘（Salak）火山，位於茂物（Buitenzorg）附近，在巴達維亞之南三十五哩，形成巴達維亞與布林加間空曠地之屏障。革達山在布林加州內，而沙瀘山則在巴達維亞州內。在此二山脈之斜坡上，有許多著名之茶園，如革達之哥爾巴拉（Goalpara）茶園及沙瀘之帕拉更沙瀘（Parakan Salak）茶園。

在布林加州之主要山脈之南，另有一重要之山區，此地與圍繞革達及沙瀘之各地均有多數茶園。島之東部，亦有茶樹生長，惟不若西部之繁茂，此乃因西部之雨量分佈較爲適當之故。

最重要之商業中心爲巴達維亞、三寶壠(Semarang)及泗水（Soerabaya），均位於島之北部。三寶壠及泗水爲海港，有天然之港口，巴達維亞離其港口穗蕃比利克（Tandjong Priok）約六哩。巴達維亞、三寶壠及泗水至島之各端均有鐵路連絡。事實上所有之茶葉均在巴達維亞出口。萬丹（Bantam）位於島之西北岸，在十六世紀時曾爲荷蘭最豐富之香料貿易之大本營，現今已失去其商業上之地位。爪哇之植茶面積，至一九三三年止之統計爲一五〇、四六五公頃，茶園二九三個。

蘇門答臘位於爪哇西端之西北方，在南緯六度至北緯六度之間。高山綿延，至西端達印度洋時突然中斷。在東部則漸形成一廣大之沖積平原，由於此種地形關係，遂使山之西部之河流短而不利於航行；在東部者則較長，可通小船。

東北岸之棉蘭（Medan）爲主要之商業中心，由日里港（Bolawan Deli）至該地有鐵路及良好之公路連絡。棉蘭之南約九十哩爲巢他爾（Siantar），位於蘇門答臘東海岸州，該地拔海一、二〇〇呎，爲蘇門答臘茶樹生長最迅速之茶區中心。多數茶園位於巢他爾山地，亦有

少數茶園經營於西海岸之巨港（Palembang）及本庫崙（Benkoelen）山地上，該處環境亦極適於茶樹之生育。茶地之總面積，一九三三年底之統計爲三三、八六○公頃，茶園計四一所。此外，適於植茶之土地尚有數百方哩。

蘇門答臘之歐人租地制度，使歐人企業得在長時期中保有大面積土地之產權，租期長至七十五年，此雖非眞正獲得土地所有權，但對耕種上之目的及投資上之安全，均與私有土地無異。意大利政府在爪哇牙律（Garoet）附近之芝比吐（Tjibitoe）經營一茶園。總計在蘇門答臘東海岸所投之資本，非荷人者竟達半數，若將煙草除外，外人之投資額更爲可觀。

蘇門答臘之地租甚廉，每公頃第一年爲○．五弗（Florin），第五年以後則爲三弗。政府更可視該地之位置而酌予減租。第一年之租金可分期付款，以免在籌備時間即負担重稅。普通首年付全値五分之一，次年付五分之二，第三年付五分之三，至第五年償清，以後即按年付値。

茶區之土壤

爪哇及蘇門答臘之土壤，對於茶樹生長之影響不及氣候之重要。惟茶樹生長在沙質土或壤質土較粘質土爲適宜，尤以輕鬆易碎含有腐植質及氮充分者爲最佳，若多孔易滲透者則更佳。

最適宜之土壤成份爲礫粒及粗砂一份，細砂及泥二份，細砂及粘土一份，此種土壤可在潘加倫根得之。其風化程度並不過份充分，但已能供給植物養料所需之礦物質，且多孔而易碎。如土壤愈風化，則粘性愈重，亦愈不易於粉碎。蘇門答臘與他爾之土壤，大都風化甚淺，極易乾旱，幸氣候良好，每年有均勻之雨量可補此缺憾，或爲此島中茶樹生長繁茂之原因。

佳良之茶園土壤其中所含有機物與腐植質之比不能少於三比二，此比例甚爲重要。與他爾土壤缺乏有機物及腐植質，故需要種植綠肥，以增茶葉產量。

表一爲爪哇及蘇門答臘主要茶區土壤之分析結果：

表一　土壤分析

	爪哇茶區			蘇門答臘茶區
	芝比吐 Tjibeder	索卡保密 Soekaboemi	潘加倫根 Pengaengan	與他爾 Siantar
機械分析				
砂礫及石	10 } 33	2 } 31	1 } 24	18 } 70
粗砂	23	29	23	52
細砂	10 } 25	23 } 50	23 } 54	10 } 16
泥	15	27	31	6
細泥	15 } 42	12 } 19	15 } 22	7 } 14
粘土	27	7	7	7
化學分析				
氮	0.38	0.48	0.69	0.60
氧化鉀	0.04	0.01	0.03	0.15
磷酸	0.03	0.10	0.11	0.05
石灰	0.08	0.05	0.74	0.03
有效磷酸	0.01	0.02	0.02	0.01
有機物	5.20	12.32	15.30	0.54
可溶腐植質	—	2.65	5.10	0.94

爪哇之多數土壤，由火山灰所構成。生成西爪哇火山灰之岩石，主要者爲安山岩及玄武岩，崩解極易，因高溫與普通之溼氣更促進其風化，然因風化過速，若無充足之腐植質吸收，此種礦物性之植物養料因熱帶之大雨頗有沖刷淨盡之危險。因此如何保持土壤中之腐植質，實爲茶園中之重要工作。目下該地道路之佈置，排水之設備，大見改良，均有阻止表土中所含腐植質流失之效用。此外尚有一種改良方法，即爲種植豆科植物爲藩籬笆或被覆物，此種植物不僅可防止表土之流失，且可作爲綠肥，供給有機物與腐植質及氮素。

一般而言，茶園之高度愈高，則火山土之年齡亦愈新，而種植於此種土壤所產生之茶葉品質亦愈佳。較古之火山土，則積集於山麓，風化既烈，所含粘土量亦多，如保護得當，耕耘合宜，則由於低地之優越氣候，亦可產生大量茶葉，惟味濃色暗，缺少香氣。

島之西部產茶較多之原因，為空氣潤溼及土壤之來源為火山岩，據一九一六年印度茶業協會科學研究部主任 G. D. Hope 關於爪哇之茶業報告有云：在巴達維亞及布林加州之廣大產茶地帶，幾全為第三紀之土壤，而大部份包含最近由玄武岩及安山岩火山所分解之火山土。（註一）

布林加州大多數茶園，均位於火山之斜坡上，僅少數南方茶園在沖積平原上。布林加以北有茶園甚多，以茂物及克拉溫區(Kra Wang)、巴達維亞區、與井里汶區(Cheribon)為主，亦均在火山土上。爪哇中部，茶園集中於潘加倫根、三寶壠、葛都(Kedoe)、索拉加爾塔(Soerakarta)、文里粉(Madioen)及諫義里(Kediri)各州之山坡上。爪哇東部之茶園則在於岩望(Passoeroean)及比蘇基(Besoeki)之山坡上。

除布林加以南之少數茶園在沖積土上而外，其他所有之爪哇茶園均在火山土上。例如革達山上之革達、哥亞爾巴拉(Goalpara)及百達華替(Perbawati)茶園，均在較高之斜坡上，亦即在較新之火山土上；聚他爾茶園則在較低即較古之火山土上。

布林加南部之沖積土，其原始亦為火山土，後為海水所侵沒，有時沈積一層珊瑚石灰岩於其上，現今海拔在二、〇〇〇呎至四、〇〇〇呎之間，並已完全風化，為一粘土之結合體。

就全島而論，在高處較新之土常呈灰色而多石，且必出產品質佳良之茶葉；在低坡較古之土壤，色稍紅，因風化而完全分解，腐植質含量甚少。新火山土之產量每荷畝(Bouw)約為一、〇〇〇至一、五〇〇磅(約合每畝產茶五七五至八五〇磅)，古土壤中含腐植質少，每荷畝產茶七〇〇至一、二〇〇磅(合每英畝產茶四〇〇至六八五磅)。在五千呎高度之處，土壤中含腐植質及氮素極豐，故多數優良茶園均位於此種地帶，每荷畝可產二、〇〇〇磅之優等茶葉(每畝約一、一四〇磅)。

此等茶園均在馬拉巴(Malabar)、替羅(Tiloe)、魏雅(Wajang)及溫多(Windoe)之高坡上。

位於蘇門答臘東北海岸之聚他爾之土壤，起原於火山上，由噴出之石英粗面岩所造成，下層較粘重而帶黃白色，表土黑色易碎，易於耕耘，雜有石英碎粒，大雨後使地表發出一片閃光。

平坦之地，有若干處稍帶傾斜者，其微細土粒常被沖刷流去，致表土成為砂質。惟性質仍與底土相同。表土平均深度約九吋，足供茶根之伸展。底土組織稍密，致雨後時有積水成濕之事。

有時可發現一片紅色土壤，表示其風化完全及其中鐵質已經氧化，聚他爾之土壤為一種酸度極大之石英粗面岩噴出石風化分解而成，此種岩石在爪哇其他地方並未發現。土中之砂土部分，所含礦物質大多為鉀長石、石英及小量之雲母石等。

在蘇門答臘西南海岸之巴東(Padang)高地之坦那他洛(Tanang Taloe)茶園，乃位於平坦而微有起伏之地，其坡度較聚他爾地方為甚。該地森林不密，表土腐植質層深而呈黑色。與聚他爾土壤相比較，則該區之土壤石粒較少，故持水力強，需要排水。在黑腐植土之下，更有一層粘土與砂之紅棕色混合物。砂為石英砂，只發現於此層土內，並不若在聚他爾之遍滿全土。因有砂質底土，故多孔而根易深入，水亦容易滲透。砂土之下，有一層黃粘土，接觸空氣後能漸次風化。更下者則為白色之粘土，無砂質而極結實，難以透水。幸皆在較深之處，如在腐植土之下層，則茶樹樹根將難以發育。黃粘土層之滲透性亦不良好，若直接在腐植土下面，對茶樹亦屬不幸。茶樹最適宜之土壤，為黑色腐植土之下配以紅棕色之土壤。在此種土壤中，深耕與排水仍屬絕對需要。

氣候、雨量及高度

爪哇及蘇門答臘與馬來羣島完全相同，因受海洋之調劑，得享受溫

註一：G. D. Hope 著：Report on Certain Aspects of the Tea Industry of Java and Sumatra，一九一六年在加爾各答出版。

和之熱帶氣候。冬夏溫度變化極少，已達維亞之最高溫度爲華氏九六．○八度，最低爲六六．○二度。

西南季候風在七月時經過蘇門答臘北部，其情形與亞洲南部大陸相同。同時，在澳洲附近有一高氣壓區，又有東南風經過蘇門答臘南部及爪哇。此兩種主要氣流與其餘若干次要之因子決定島中六、七月時各方之風向。一月時，在亞洲有一氣流向南吹來，同時又有西風經過爪哇，海岸附近乃比內地受風更多。事實上此風在內地高山地帶幾不足注意。近海岸及高山之地，平時又常有本地之氣流，由東來之氣流，普通於四月開始，由西來者則於十一月開始。由於此地與赤道接近之故，空氣壓力無顯著之變化，故完全無颶風發現。

季候風與降雨有密切之聯繫，其主要之特點堪予以注意者，爲在一月及二月之西季候風時，給予爪哇大量雨水，七月、八月、九月、則爲比較乾燥之東南季候風。

在爪哇及蘇門答臘，茶樹於三、○○○呎至五、○○○呎高度之山區，生長最爲繁茂，該處全年雨量爲一○○至一六○吋，各季分佈極爲平均。早晨陽光照射，午後或傍晚下雨，爲最理想之氣候。太乾燥之天氣，使植物軟弱，易於感受病害。茶樹栽培偏處於鄰近革達及沙蘇山之布林加州及茂物一帶，即爲合於上述理想氣候狀態之故。爪哇中部之山區，亦適於茶樹栽培，在東爪哇之試驗亦已證實成功。爪哇之茶園之高度自八○○呎至六、○○○呎。

蘇門答臘有栽茶最理想之氣候及高度之地，在與他爾一帶，地近淡水湖(Toba)，海拔達一、二○○呎，爲產茶最著名之地。西海岸之巴東高地及西南海岸高三、○○○呎至五、○○○呎之巴庫蘭(Bankoelen)亦適於植茶。

表二及表三爲爪哇西部主要產茶區之每月平均雨量及溫度。

從上表觀之，雖在四月杪至十月東季候風之旱季，上述各地仍無顯明之乾期。爪哇西部由於雨量分佈均勻，故較本島之東部及中部更適於茶樹之生育，且西部之空氣較東部爲潤溼。東部亦有小地區植茶，但因

表 二

雨 量 （吋）

月份	爪		哇		蘇門答臘
	茂物 (Buitenzorg) 800呎	加索馬蘭(Kassomalang) 1550呎	哥爾伯拉(Goalpara) 3300呎	馬拉巴爾(Malabar) 4650呎	潘馬塘一聖他爾(Pematang-Siantar) 1200呎
一 月	16.93	19.11	16.73	13.85	10.14
二 月	15.37	15.76	15.07	12.87	7.33
三 月	17.33	23.16	18.84	12.95	8.31
四 月	15.60	17.47	19.42	10.65	8.35
五 月	14.04	11.65	12.64	6.63	12.62
六 月	10.49	7.72	8.66	4.33	6.55
七 月	9.67	4.21	5.7	2.54	6.05
八 月	9.57	1.68	5.6	2.42	9.17
九 月	12.75	5.30	8.39	3.82	12.35
十 月	16.69	7.06	14.08	7.64	15.95
十一月	15.89	13.88	19.81	10.92	9.48
十二月	13.55	16.20	20.40	13.34	9.79
總 計	167.88	140.20	165.34	101.95	116.09

表三

溫度（華氏表度數）

月份	爪哇				蘇門答臘
	茂物 800 呎	加索馬羅閣 1550 呎	哥爾柏拉閣 3300 呎	馬拉巴閣 4650 呎	潘馬環一亞他爾 1200 呎
一月	75.4	72.5	65.9	62.6	71.0
二月	75.6	72.1	66.9	62.6	72.6
三月	76.1	73.2	67.4	62.7	73.7
四月	77.0	74.1	68.1	63.3	73.9
五月	77.1	74.3	68.1	63.1	74.6
六月	77.0	73.5	67.6	62.6	73.7
七月	77.0	73.2	67.4	61.5	73.4
八月	77.1	73.5	67.1	61.3	73.4
九月	77.5	74.1	67.4	62.2	73.0
十月	77.5	74.3	67.6	62.6	72.3
十一月	76.0	73.7	67.4	62.4	71.9
十二月	75 9	73.0	66.7	62.4	71.9
平均	76.6	73.4	67.3	62.4	72.9

受長期乾旱與燥熱風之影響，終難獲得優良結果。

另一氣候因子爲霜，在五、〇〇〇呎至七、〇〇〇呎高度之潘加倫根高原，有一、二茶園常爲霜所侵襲，尤以在七、八、九月爲甚。在此時期內，天氣清朗，地熱發散，常致夜間下霜，通常在平坦之茶地多受其侵襲，但叢山包圍區域則無霜。

茶園之開墾及佈置

爪哇及蘇門答臘之植茶者之最大努力，卽在防止表土流失，故無論在開墾以後或茶苗移植之初，必在斜坡築成階段。各階堤旁均植以根部繁茂之豆科植物，較緩之斜坡，則在外側掘溝渠或築堤，或掘溝而又植綠籬，以保護表土。

茶樹植於階段上，斜坡愈陡，則階段愈狹，每級所植之茶樹亦愈少。在最陡之斜坡，每階段只能植茶一行，斜坡較緩者，階段較寬，可植數行。此制甚易施行，因荷人植茶者將茶樹依斜坡之地形線種植，已視爲慣例。

在平坦而疏鬆之土地，如潘加倫根高原，預防表土之沖刷，則不若混有Tjadas及石灰岩重粘土之處緊要。但無論何處，皆不宜使地下吸收多量之水，故需要防止水量過多。

原始森林地帶，闢作茶園，固甚相宜，但終以已開闢之森林地爲更有利。又生長Alang-alang草及灌木之平地或其他之老咖啡園、金雞納樹園以及荒廢茶園等亦可再開闢，其計劃雖依情形而異，但初步之工作必爲防止沖刷，是乃爪哇及蘇門答臘茶園之特點。

土地之開闢

開闢濃密之原始森林地時，首須開闢道路，以便測量管理。欲闢作茶園之每區土地，各由一組工人先砍去樹下之植物，任其乾枯；其次，選適宜之樹木，約在離地三、四呎處砍伐之。直徑三呎以上之大樹，砍伐最爲困難，且最費勞力，宜連根伐之，以得一清淨土地。若樹幹任其留在原處，則易惹起茶樹之根病，而尤以在富於腐植質之土壤爲甚。樹枝灌木及小樹，最好堆於將來預備作路之處燒燬之，因燃燒時有損土壤中之腐植質也。伐倒之大樹如不鋸成木材出賣，應依斜坡方向放置，以防其滾落而妨害種植，小木則可滾入山谷中。

雜林（Secondary forest）之開闢較易，費用亦少，但土壤不佳。

被覆叢木及雜草之土地，開闢更易，先將所有之草木刈下，俟乾燥後焚燒之。草及草根須小心除去，以免日後之麻煩。

老咖啡園、金雞納樹園及老茶園改闢為茶園時，首先宜除去尚在生長之植物而重新種植之。有時新植物難於生根，可植荳科植物如 Leucaena，Tephrosia 及 Crotalaria.，數年後，舊園可完全重闢為茶園。

耕作之開始

土地待雜樹完全清除後，乃開始耕作。是否需要重耕，全視土壤之性質而定。疏鬆之砂質土及含腐植質多之土壤如潘加倫根者，不必重耕，以防乾燥。反之，粘土則須重耕。開始時須儘量深耕，同時除去草根及有害雜草。惟 Alang-alang 草及他種雜草，極難除根，故必須十分留意，保證其確係深耕而將草完全除去，其後如有雜草發現，亦當立即除去。在爪哇及蘇門答臘咸感種植以後再行耕耘實為錯誤，故耕耘宜在種植前行之。

粘質之土壤，最需深耕，使空氣及水分易於流通。且可使礦物質容易分解，促進茶樹生長。在疏鬆之砂地，水及空氣之循環極為良好，故無庸多加耕耘，腐植土亦然，因其多甚疏鬆也。

築路

爪哇及蘇門答臘之公路極為良好，建造亦極小心而合理。在茶園內當土地有一部份已清除後，即根據下列數原則而設計路網：

第一、建築道路之目的不在排水，而在防止路面水之泛濫。當路上積水時，應立即引入山谷下或路下之排水溝，故設計道路應在設計排水系統之前。

第二、在山地築路不宜絕對水平，每長四十公尺中應有一公尺之斜度，以防聚水。倘路築於斜坡上，則路之方向可由山脊最高處直向山谷方面，如此則沿路之排水溝亦可縮短。

第三、起伏不甚大之路，在每隔一五〇至三〇〇公尺，即須設一橫亘之暗渠，以排洩泛溢之水。

第四、因生葉運往製造廠，每日數次，故幹路應成蛛網狀，製造廠則在網之中心。路之種類則為石路或輕便鐵路。輕便鐵路之費用並不較石路為多，養路費亦廉；亦有用索道（Ropeway）者，但建築費用較昂。

如可利用輕便鐵路時，幹路不可太斜，以不超過一比三十或四十為度。種植之後，頗難改變道路以適合敷軌，故在開始時即當注意及此。設計道路時，須顧及工人常選擇最短之路，甚至不計陡峻，如被發見能有短路可穿過耕地，則雖有障礙，渠等亦必造一小路。

此外尚有百公尺制，以道路將茶園分為百公尺長之四方形，並可築間道以便採摘者迅速到達製造廠。

平行支路之設計，亦如幹道，不可絕對水平而應斜向山谷。平行路之間，以急峻路聯絡之，此路之斜度以不超過一比七至一比十為度。路之聯接處應在山脊，以便交通。

排水設備

爪哇及蘇門答臘之土壤均為多孔性，故當小雨時，雨水立即滲入地下；倘遇大雨，除非將雨水立刻排去，即有沖失土壤之虞。

欲防雨水之積聚而匯成小川，沿斜坡直下之排水溝實為必要，惟如設置漫無系統，難收實效。就經驗所得：

第一、排水溝不可太長，因流水到達溝之底部，重量過大，仍不免起沖刷作用。欲得較短之排水溝，則溝之最高點須在山脊之頂，而依斜坡方向直下谷底。其斜度因地之性質而異，由一比二十五至一比四十，平均約為一比三十。兩條支溝之距離約為五十至一百呎，倘遇下列之情形，則兩溝間之距離宜密：（a）雨量大，（b）土壤疏鬆，（c）地勢陡峻，（d）園地常除草者。

第二、山谷為天然之排水溝，故主排水溝應設於此，曲轉愈少愈佳。

惟有反對上述意見者，謂山谷中之土壤最佳，但水流向，山谷因地下水關係，應用深主溝排水。

主排水溝如爲陡峻者，則漸變深溝，此蓋因水流過地面時，其上層土之逐漸流失之故。溝之兩側應植草保護之，則湍急之水流可因之緩慢。

地表水由支溝匯合而引入主溝，支溝之斜度宜緩，其計劃在設置時須極小心，兩側之上下部，均植以適宜之豆科作物，最適合者爲 Andropogon aciculatus，此草生長甚易，成一厚密之籬笆，根部伸長面積極大，可保持溝旁之泥土。支溝常須清理，以利水之流通。

水潭

蓄水潭之設置對山區茶園實爲最有用之發明。第一、在大雨後，水潭能容蓄相當水量，使水能有時間滲透入地下；第二、雨水冲去表土，在此蓄水潭中沉積以後，再可掘出而移於地面。滲透性不大之土壤，水潭能積滿一日或一日以上之水量。故其所貯之水，並不能全部隨時有用，普通能達容量一半，已屬滿意。潭闊〇·一五公尺，深〇·四公尺，長二·七公尺，潭間距離〇·九公尺。在茶樹畦間每間一行掘之，其行間距離爲一·二公尺。每公頃（二·四七一畝）可掘一千一百五十潭，每潭容積爲〇·一六二立方公尺，每公頃所有水潭之容量達一八六立方公尺，相當於十九粍之雨量。如以一半計之，即其能保貯之水量將少於十粍。此數雖較少，但水之貯留，對防止冲刷，則極重要。（註二）

如上所述，可知表土下如爲結實堅硬之土層，則土壤不宜吸收多量水分。故在此種情形，即不適宜開掘水潭。又植茶樹之畦非完全水平，故水潭之長度不宜超過十呎，因若非水平時，常在較低之一邊起冲刷作用也。

建築階段

荷屬東印度一帶，對於修築階段式茶園，有各種良好意見，皆視土地情形及雨量而定。多數陡峻斜坡，均築成階段式茶園；較緩斜坡，則掘排水溝以保護之，或植適宜之作物以爲籬笆，或掘水潭。有時築階段及掘水潭同時行之，但有使土壤超過吸水常度之處。故先決條件，必先明瞭土地是否需要多蓄水量，抑或有阻塞空氣之處。

倘地勢傾斜不甚，雨量亦不過多，則只掘水潭或同時植以豆科作物作爲籬笆，即已無礙。如土壤滲透性極強，能吸收大量雨水，則最好在一畦間掘長水潭，另一畦間植荳科作物作籬笆。在現時茶叢間之狹小畦間，實無餘地可築階段及水穴。畦間在四呎或少於四呎時，祇可單獨築階段或掘水穴。若干植茶者在陡急斜坡上築有遮蔽之階段而不掘水穴，惟在較平之地，則掘水穴而不築階段。在有石塊之地則用石塊作成階段，並植各種作物以保護之。在較廣闊之階段，常在其內側相隔若干距離即掘水穴以收受從上冲下之物，隔相當時期，清理一次，將其中沉積之土壤再送回上一層之階段。

繁殖種籽

爪哇及蘇門答臘開闢茶園之第一步工作，即爲設立大苗圃，使兩年後得以移植至已開墾之茶園。惟在初開闢之處女地，而環境優良時，植茶者恆願直接播種籽於茶園，播種距離，株間爲四呎，畦間爲五呎，每穴植種籽二粒，如此則時間較爲經濟。採用苗圃栽培時，荷蘭植茶者必愼重將事。苗圃必選擇沃土，並須有充分水份之供給。此種土壤普通須耕深二呎，除去小石雜草及樹根，乃以二呎闊之主路分成數小區，每區闊二十呎至六十呎，在斜坡上，主路依斜坡方向圍繞苗床而成長方形。苗床常成水平依土地之等高線而築。小區內更有小路穿過，以路上之泥移入床上，高達一呎。每床之周圍植綠肥以爲籬笆，綠肥最通用者爲

註二：A. R. W. Kerkhoven 著：Wash in Tea Gardens 一九三四年在 Weltevreden 出版。

Leucoena glauca或Crotalaria usaramoenis，此籬笆可使苗床堅牢，並防止沖刷，又爲有用之遮蔭樹及肥料。

在荷印之茶樹苗圃上，常以鳳尾草或Alang-alang葉以作覆蓋。又有先將茶籽播種於發芽床，以促其發芽，在發芽床之上三十吋處，蓋以茅草。發芽床掘泥深至六吋，耘平後蓋以篩過之細砂，種籽即播於其上，壓入砂中達半吋深，芽眼向下，每隔二日灌溉一次，直至其殼破裂。在發現幼根前，即移入苗床。

幼苗在苗圃內須生長一年半至二年，故如土地寬裕，種籽之間隔應爲六吋至八吋。幼苗必須達此年齡方可移植至茶園。移植前將主莖刈至六吋至九吋高。表四爲西爪哇試驗場舉行之各吋種距離栽培試驗之結果。

表四 苗圃播種距離之結果

播種距離（吋）	每育株茶苗之平均重量（瓦）	平均高度（吋）	頸部平均圓周長度（吋）
4	43	56	1.14
6	56	50	1.48
9	80	47	1.80
12	98	43	2.03
18	128	40	2.20

從上表觀之，株間距離增加，則植物之重量及濃密度亦增加，但高度減少。由經驗獲知幼苗之年齡與間隔距離之最優良結果爲：

六個月之茶苗，相隔五吋；
十二個月之茶苗，相隔八吋；
二十四個月之茶苗，相隔十吋。

在苗床中用三角形播可較長方形播多播百分之十四。每噸苗圃之最佳發芽率，爲邊長八吋之三角形播，可播種籽五茂特（Maund，一茂特約含種籽一五、〇〇〇至二〇、〇〇〇粒）。在出芽前，苗床上離地約五呎或五呎以上之高度，以蕨草作蔭蔽，此種覆蔽物在四千呎高度以下之茶園多用之。依普通之習慣，當幼苗高六吋時，必割草以蓋苗床，在床邊緣者，則藉綠肥之籬笆以作遮蔭。用此種遮蔭者，苗床闊度以不超過三呎爲宜。

無性繁殖

壓條、扦插、接枝等無性繁殖，在爪哇除採籽園外，商業茶園多不採用。茂物試驗場曾就各種無性繁殖方法，如頂接法、長方芽接法（Patch Budding）、直幹壓條法、壓條法及插枝法之結果，編一報告，同時論及不適用於茶樹者有半裂接枝法、盾形芽接法、包被芽接法、連接接枝法及冠接法等。（註三）

種植及種植距離

當十一月及十二月之雨季開始時，正常季候風之雨亦已開始，乃移植茶苗。俟畦上株間距離決定後，即於應行植茶之處，插一高三呎之竹桿，於是一羣苦力隨一工頭立即在此處掘成深一呎半至二呎之洞。此種工作在移植前一、二月即舉行，藉使土壤有充分之時間與空氣接觸。

一年半至二年大之茶苗於六呎至九吋之處切斷，除去枝葉，乃將其掘出以備移植，同時將主根及側根加以修剪，但不可太重。清除泥土後，再檢驗之，如細弱之苗木及支根短而彎曲者可棄去之，因其不能長成強健之茶樹也。茶苗掘起後，立即用剪棄之葉包裹，放入竹籃內，然後送至茶園。

印度常移植發芽後六個月之幼苗。移植時根部必需連土塊掘出。但在爪哇及蘇門答臘則因土壤多屬砂質，不能團結，故多不連土塊。蘇門答臘常採用之一種移植方法，乃將兩株長約四吋至六吋並有少數葉子及一根之幼苗，同植於一穴中。

若干種植者不用苗圃而直接播種於茶園，隔適當之距離播種，每處播種籽二粒或數粒，待其成長，去弱留強。

現今爪哇茶之株間距離普通爲三呎或四呎，畦間則爲四呎或五呎，但因土壤、氣候之情形，茶園之斜度，距離亦有不同，倘於茶叢間栽植綠肥，則距離以五呎爲最適當。

註三：A. A. M. N. Keuchenius著：Vegetative Propagation of Tea 一九二三年在巴達維亞出版。

關於爪哇及蘇門答臘之茶園工作，有值得我人之注意者，爲充分利用荳科植物及其他植物供種種不同目的之用，例如綠肥、遮蔭、防風、保護階段、排水及防止斜坡地之冲刷等。

綠肥

茶園佈置就緒並掘就移植穴後，應立即在茶樹行間種植綠肥，作爲遮蔭樹、籬笆樹及覆蓋物。故在茶樹未移植以前，已在茶園栽植綠肥。

爪哇及蘇門答臘之綠肥栽培，包括培育、剪枝及壅入土中諸工作，此已證明較人造肥料及化學肥料爲廉，且能以較少之勞力，供給大量氮素及腐植質，獲得較爲永久之效果。若干爪哇茶園在茶叢中栽培綠肥，因而獲得加倍之茶葉產量。

荳科植物不論其爲木本灌木或草本，多有養育某種細菌於根瘤中之能力，吸收空氣中之遊離氮氣。氮氣固定作用在根瘤中行之，故根瘤含氮量較根之他部爲多，最後乃變成可溶性蛋白質輸送予植物。

當荳科植物落葉或將其壅入土中時，氮素迅即變成其他植物之養料，一俟分解開始，其礦物質化合物——如鉀鹽、磷酸及炭酸鈣，均爲豆料植物自土壤中吸收者——亦歸還土壤，而變爲易於利用之狀態。

綠肥在有機物方面，亦能改良土壤，當其在良好環境下分解時，一部分變爲腐植質。植物纖維素形成植物殘物之主要成份而加入於土壤中，其分解結果即變爲土壤中腐植質之大部。

遮蔭及防風

荳科植物之作爲遮蔭用者，除供給氮素及有機物外，尙有下列各種利益：

(1)其深根使土壤成多孔性而易於透水。
(2)其蔭影保持土壤清涼而溼潤。
(3)抵禦大雨之破壞力及防止土壤硬結。
(4)使茶樹生長强健，增加其產量。

下列爲用作遮蔭及防風之主要荳科植物：Albizzia stipulata、A. montana、A. Moluccana 及各種 Acacias，生長均甚迅速；Derris microphylla 爲一種生長緩慢之樹，但爲强性之木材；餘爲 Erythrina lithosperma、Leucoena Glauca。

此種植物之種植距離，普通爲十八呎至二十四呎，當其生長達二十呎高時，即於十二呎之處將主幹伐去，可得傘狀之樹形，以供給茶樹適宜之蔭影。

荳科植物常植於茶園之路旁，以防强風，蓋强風頗足影響茶樹之生長，風期中茶葉出產極少，有若干受强風侵襲之茶園，在一、二日後，茶樹上已無餘葉，在此種茶園，不獨須在路旁種植防風樹以保護之，且須於茶叢中，植以荳科遮蔭樹及籬笆樹。在乾旱季節受夜霜侵襲之茶園，亦須於茶叢中種植荳科遮蔭樹以保護之。Acacia decurrens最適於供此目的之用，但有時蔭蔽尙不足以防禦霜害，但在茶園內每隔相當距離，掘十呎至十五呎深之溝渠，則甚爲有用。

籬笆

爲防止土壤之冲刷作用，常於茶叢間植多年生之綠肥。當茶園佈置就緒後，綠肥之種籽乃相間播於茶樹畦間之淺溝中，使生成籬笆。此種籬笆，常加修剪，以免妨礙茶叢之生長，剪下之枝葉，爲一佳良之地被物，其富於氮質及增加土壤之腐植質，則更無論矣。下列數種常用作籬笆：Crotolaria usaramoensis、C. anagyroides、Tephrosia Candida、T. noctiflora、Leucoena Glauca、Clitoria cajanifolia。

由於茶樹依等高線種植，故排列不成規則，於是單位面積亦無法顯示，對於採摘管理頗有困難，補救之法，爲在茶園中劃成二十分之一荷畝（一荷畝＝一・七五畝）之小區，每區周圍植以籬笆植物。千年蕉（Dracoenas）常作爲此種籬笆植物，因其與茶樹並不抵觸，且其高度及明亮之顏色，極易判別。其他亦有用 Leucoena glauca 及數種……

覆地植物

近年來種荳科植物以作覆地植物者日多，其目的乃在保持土壤之陰涼及防止熱帶大雨之洗刷。最常用者爲：Tephrosia candida、Crotolaria usaramoensis、C. anagyroides、Indigofera endecaphylla、Calopogonium mucunoides、Vigna oligosperma 及 Leucoena glauca，最佳者爲 Indigo endecaphylla，因其並不攀緣茶樹。在老茶園中，茶樹生長稠密，荳科之籬笆植物，反屬有害，故宜掘去而改用覆地植物。

在更老之茶園，覆地植物之栽植，不若新園之有效，故當茶樹種植後，應立即栽植覆地植物，使其有充分時間生長蔓枝，迅速蓋覆地面，中耕時將蔓枝翻轉，耕後再散展於地面。

肥料

爪哇及蘇門答臘施用人造肥料不若在日本、錫蘭及印度之甚，原因爲荷人能築階段以保護茶園，防止表土洗刷，並大量使用綠肥而不應用速效肥料。該處有充足雨量，故對於多年生之植物如茶者，荷人寧用慢性肥料如油餅、骨粉、鹽基性火山灰及木灰。近數年來遲效可溶性肥料如磷酸錏與磷酸鹽（磷銨肥料）混合施用之結果，頗見成效。油餅及骨粉，在土壤中被細菌緩慢分解，可長期留存土中，不易爲雨水所冲失，對於茶樹剪枝期間有連續性之肥效。有時人造肥料能促進綠肥植物之生長，間接給與茶樹以更佳之效果，而減少肥料因冲洗所受之損失。

施肥常於剪枝後不久行之，因管理工人及肥料在已剪枝茶園較未剪枝茶園易於施行。需用肥料之量，以足供茶樹用至下次剪枝時爲準（即一年至二年）。可溶性肥料如硝酸鈉等之效果，普通爲八至十個月，惟多雨季節在短時間內即有被冲失之虞。每畝最適宜之施肥量爲油餅六百五十磅；骨粉一百六十磅；硫酸鉀一百六十磅或木灰三百磅，可供給氮磷酸及鉀三種主要成份（前二者爲遲效性）。有時更加用石灰，用量依土壤分析之結果及土壤之酸度而定，施用石灰常在施用他種肥料之一月前。

人造肥料與綠肥合用則更爲經濟，故栽培綠肥者再施人造肥料，必獲最優良結果。倘綠肥生長緩慢，可施以木灰、石灰或速效性之無機肥料如磷酸鉀或磷酸鹽以補救之。

硝酸鹽（如硝酸鈉）初施肥能促進產生嫩梢，但在爪哇此種可溶性肥料易被水所冲失，不適於大量使用，隨時少量施之或較有效。

施肥適宜可使每年茶樹由土壤吸去之養料依然歸還於土中。此非推測之辭，可由每年肥料用量以推算之，蓋需用肥料可由土壤分析及肥料試驗而確證之。

爪哇茶樹之病虫害

爪哇之各種害蟲中，蚊蟲（Helopeltis）爲最嚴重之一種，蚊字實爲誤稱，因此昆蟲不屬於蚊科而爲盲椿象科（Capsid），爲害茶之嫩葉及嫩枝之綠色葉柄，吮吸其中汁液，猶如蚊之吸人血然。蚊蟲將其口器刺入葉中，注入一種液體，以破壞其周圍之細胞，遂致產生一種小圓形之死組織，葉遂捲縮而變黑，生機亦告停止。

蚊蟲成災時，平均減少生葉產量約一〇、〇〇〇、〇〇〇公斤，有時或更過之。前茶葉試驗場之昆蟲學家 R. Menzel 博士發現此蟲之寄生蜂爲 Euphorus helopeltidis，屬 Braconid 科。此蜂產卵於蚊蟲之幼蟲中，其後遂爲寄生幼蟲所佔據。蜂之幼蟲，至稚蟲期即離開寄生，此寄生之幼蟲在土壤之表面或罅隙中作繭，經十六、七日後變爲成蟲，而寄主即告死亡。

寄生蜂雖在各茶園均有發現，但依據截至最近爲止之研究結果，尚未發見用寄生蜂以制裁蚊蟲之有效方法。蓋一寄生蜂祇寄生於一蚊蟲，而蚊蟲之生殖超過寄生蜂極多。

其他之害蟲爲各種之蜘蛛：橙色蜘蛛，緋紅蜘蛛，黃蜘蛛及紫蜘蛛。最甚者爲橙色蜘蛛(Brevipalpus obovatus)，爲害於高度四千呎以上之茶園，而紫蜘蛛（Eriophges Carinatus）則爲害於高度二千呎以下之茶園。當蜘蛛爲害劇烈時，茶葉變紅黃色或黑色，最後乃脫落。此多發現於旱期中，在雨季時蜘蛛被雨水沖離葉面，故茶樹不久可再發新芽。

抵抗茶樹蟲害必須施肥——尤其爲綠肥，並施以輕度之採摘及剪枝，以保持其健康狀態。

紅銹黴（Cephaleuros virescens）屬藻類，侵害已受蚊蟲、重剪枝或其他原因而致衰弱之茶樹。使健康之樹葉上產生稀疏之圓點，迅速侵入弱組織，而使葉脫落，樹幹破裂而枯死。

其他之病害如根、枝及葉之病，均由於生長於各種朽腐植物，如殘留樹根上之黴菌，而傳染至茶樹之根，茶樹因此致死，更傳佈至鄰株。爲害茶根之黴菌有三種最屬危險，即爲兩種根腐病菌（Rosellinia）及紅根菌；前者如在高地茶園，後者如在較低之茶園，則爲害更爲猖獗。

爪哇尚有無數次要之病蟲害，茶叢之所以發生如此繁多之病蟲害，與印度相較，或由於剪枝次數較少及採摘較輕之故。至於高山茶園之受地衣蘚苔、介殼蟲侵蝕枝幹，則兩地之情形相同。

凡茶園之耕種管理得法者，必較管理疏忽之茶園受病蟲害之侵害較輕。各地茶園既以斜坡爲多，茶叢又高，故噴霧殺虫劑及其他直接防治方法，殊難實用。故植茶者所能爲者莫如選擇強健茶樹以抵抗蟲害，並植於排水良好之土地上，播以綠肥。如茶樹已受害，則宜停止採摘，使其休養復原而發生抵抗力。茂物茶葉試驗場有多數關於茶葉病蟲害之著作，實爲研究此類科學者所宜熟讀。

馬拉巴茶園於一九二八年六月十六日舉行一試驗，以決定藉飛機散播藥粉在防治茶樹病蟲害方法上是否實用。試驗區域約二公頃，在數分鐘間來回飛行四次，散播硫黃粉六十公斤，而成有規則均勻之粉雲，廣布空中，工作極爲良好。其結果茶樹表面被覆一層薄硫粉。證明應用此新方法以防治病蟲害，在植茶上甚爲實用，但茶園須空曠如潘加倫根及日里等，無重山峻嶺且不陡峻而面積又廣大者，方爲適用。

蘇門答臘茶樹之病虫害

蘇門答臘東海岸之茶樹，生長壯健，尚無病蟲害發現，只在少數適於黴菌生育之地，發現根部菌病。Bernard博士曾告誡蘇門答臘之植茶者，謂欲防禦根病，必需保持土地之完全清潔，尤須注意於除去一切樹幹，殘株，樹枝及根。又謂斷定病菌之確實種類，並不重要，而最需要者爲使植茶者明瞭地下之朽腐樹身，能發生無數之黴菌，並能傳入植物之根可矣。最有效之對策，乃掘地至十九至二十三吋深，掘去所有之枝根，而用溝渠隔離不能移去之殘枝。

葉及枝之主要寄生菌爲棕色葉枯菌（Colletotrichum Camelliae），紅銹黴（Cephaleuros virescens）及灰色葉枯菌(Pestalozzia theae)多發現於老葉上，在幼樹上則只能爲害於曾受他種病而致衰弱者，但在蘇門答臘東海岸尚屬少見。

蟲病爲害不烈，但Adrama幼蟲曾發現於從爪哇輸入之半破裂之茶籽上，故此等種籽須放於裝有紗窗之室內而揀別之，受害種籽須澈底毀滅。

Helopeltis sumatrana曾在Uncaria gambler樹上發現，且似特別愛好此植物。但試驗證明亦可爲害茶樹，蚊蟲之另一種亦發現於Eugenia jambolana樹上，但並無侵襲茶樹者。Pachypeltis爲蚊蟲之一種，爲害情形與蚊蟲相同，而蚊蟲僅能爲害衰弱之茶樹或可使衰弱之茶樹停止發芽，但壯健之茶樹雖受侵襲，仍可萌芽不受損失，由此可見蚊蟲未必影響於蘇門答臘東海岸之茶園，因該處茶樹生長極旺。

Bernard博士曾在爪哇高度四千呎以上之茶園，發現Brevipalpus obovatus之數種跡象，蘇門答臘東海岸之茶園並無如此之高，故此害蟲未必能繁殖（註四），但紫蜘蛛則在蘇門答臘甚爲普遍。

註四：Ch. Bernard著：Diseases and Pests of Tea on the East Coast of Sumatra 一九一七年在巴達維亞出版。

紅蠟蟲之爲害甚輕，故種蠟及藤麻屬植物亦爲害於茶園。在Grevilleas及Sesbania樹下生長之茶樹，如發現某種Lawana，同時亦必發現Reduviid，此乃捕吞Lawana者無疑。概言之，蘇門答臘之茶樹受病蟲害之侵襲尚輕。

修剪

修剪在爪哇首由Jacobus Jacobson於早期實驗茶園中行之，其目的乃欲明瞭何時適於採摘。當時對茶樹之栽培知識甚少，故此爲探求處理茶樹唯一可實行之方法。（註五）

今日修剪已爲增加嫩梢產量之方法，但程度不若印度之甚，且亦不覺需要，蓋若干地方之土壤肥沃而深厚，即一獨幹茶樹，不剪至八吋高度以下，仍能連續數年產生豐富之產量，而不需剪枝。據Cohen Stuart博士報告稱：

> 修剪並不能使茶樹強壯，反損失其原氣；生長新茶芽乃犧牲貯藏食料之結果。重修剪之茶樹若兩次採去其新芽，結果則因枯竭而死。故修剪及採摘須極小心，且須施肥以補充之。

該作者同時敘述修剪之目的及限制：

> 修剪乃使植物之分枝簡單化，故宜減少頂芽數目而擴增每一茶芽之形狀與重量，並使根與葉之距離縮短，惟剪枝對於植物簡單化之程度及縮短之數目，殊難得一數字之資料。

爪哇之剪枝方法，依土壤性質及各處之特殊環境大概可分爲高剪及低剪兩種。在潘加倫根等地，土壤肥沃，氣候極適於栽茶，故種植者常喜高剪。此種剪枝方法在該地施用固甚圓滿，但在別處及低剪區尚未證明成功。

在離萬隆三十三哩位於潘加倫根高原之馬拉巴茶園，茶樹高而幹直，一般均爲高剪，亦即爲爪哇剪枝之較古或原始之方法。錫蘭植茶者協會之科學研究員M. K. Bamber與會長A. C. Kingsford曾於一九〇四年至爪哇調查茶業，關於較老之修剪方法報告如下：

> 第一次之修剪普通爲高剪，應用大而重之剪枝刀，工作甚爲成功，茶樹之生長狀態多數整齊而強壯。在此種茶園，即使在較幼茶樹之樹幹上均現灰色。惟剪枝後樹皮即現綠色，逐漸強健，有時茶樹中心太密，亦予剪去，尤其當新芽採摘稀少時，但其意則在阻止茶樹生長太高之傾向……剪枝時期在海拔低者爲十四個月，在五千呎者爲兩年半。（註六）

較新之方法，第一原則爲低修剪；第二原則爲改正不良樹型之方法，即將茶叢之中心枝條剪至較周圍爲低；第三原則爲修剪應在兩枝相接之處。此正確之剪枝原則，與工作實施上之謹慎管理，爲爪哇新修剪方法之顯著特點，此項工作在任何產茶國家中當視爲優良者。

修剪非一星期或數日之事，而須在全年次第行之。在旱季舉行更可減少割口樹液漏出。在爪哇及蘇門答臘若干地方，幾全年多在修剪中，普通之程序如下：

修剪幼樹——茶樹已種入地中時：

（a）如直接播種之苗或方由苗圃移於茶園而未經修剪之幼苗，首次修剪通常均俟幼樹達二齡，而高達六吋至一呎時行之。第二次修剪於茶樹高達一呎至二十吋時行之。

（b）如茶苗在移植時即行修剪者，通常乃於離地約九吋之處剪之。第二次修剪在其上十二至十八吋之處。如此處理之茶叢，爲一單幹之茶樹。

修剪壯樹，輕剪或重剪——修剪之次數全視茶園之位置及高度而定。施行輕修剪之間隔時間，較東北印度爲長，普通爲一年半至三年。重修剪約於每五次或七次之修剪中舉行一次，由於土壤肥沃及氣候溫熱，在此期間，常長成頗濃密之樹形。

凡因蚊蟲及紅銹黴之侵害而致茶樹衰弱之茶園，茂物試驗場主張高剪——二呎至二呎半，同時除去所有之微弱或枯死及有病之側枝，以防傳佈病害，此方法可得良好結果。

註五：Jacobus Isodorus Lodewijk Levien Jacobson著：Handboek Voor de Kultuur en fabrikatie van thee 一八四三年巴達維亞出版。

註六：M. Kelway Bamber及A. C. Kingsford著：Report on the Tea Industries of Java, Formosa and Japan 一九〇七年哥倫坡出版。

試驗場之Bernard博士及Deuss博士曾試驗用何種物質可以密封剪口而得厚硬而永久之保護外表，其結果如下：

（1）普通之煤膽（Coal tar）經洗去酚酸類（Phenolic acid）者，爲最妥當之封蔽物。

（2）須用於一齡以上之茶樹。

（3）剪枝後隔一日，方可塗之。

最近數年亦有用水泥及土瀝青密封較大之剪口者。瑞典焦油對茶樹有害，因其能灼傷枝幹之組織。其他物質或滲透太快，或易於脫落均不甚適用。

茶葉之採摘

爪哇氣候適宜，茶葉終年可以採摘，每隔八日至十四日舉行一次，其工人爲婦女或小孩，而以一工頭管轄之。

除偶然因修剪之外，茶芽可連續發放。修剪後，約停止採摘六十至九十日，俟樹勢恢復，又可採摘。

「嫩摘」爲採頂端之嫩芽及二片嫩葉，中摘爲採一芽二葉，「粗摘」爲採一芽三葉。爪哇普通採摘法稱爲「長摘」，即每次採摘後留一完全之葉。其結果乃使茶樹漸高，至剪枝前往往高達八呎至十呎，以致摘葉時不得不將茶枝壓下。

此種採摘法對茶樹生長有不良之影響。最佳之法爲在茶叢中心採摘較深，而外圍則採摘較淺，如此可免生成羽毛狀。此種採法並可使樹中養液經常平均分給各枝葉，以作營養及發育之用。在修剪後二、三月之幼條，不宜採摘太重，此點亦極重要。至茶樹較強健後，乃可在茶叢中心粗摘。

世界大戰後不久，在爪哇某茶園舉行時間試驗，因而發明史把拉他採摘刀(Sperata Plucking Knife)，其目的乃在茶葉採集後，即除去茶梗，免去製造後再行揀出之麻煩，爲萬隆附近史把拉他茶園監督 Carl Heinz Tillmanns 所發明。此刀用帶縛於摘工之腰上，照平常方法摘葉，惟將枝條向同一方向突出，俟得一握之轡，將各枝條放入一V字形之刀口，將老葉及梗切斷，墜入附於刀口下之袋中，嫩葉則放入普通掛於摘工肩上之細布袋。據發明者稱，此法是否可得優良出產，尚未證實。

工人每日送生葉往工場二次，工場之房屋設備均極完善，裝置最新式機器，使用水、電、油或水蒸汽等原動力。生葉送到時，施行檢驗及過磅，並記錄每一工人所摘之量。工資一部份按量計算，普通半公斤爲〇・八或一・五荷分。每一女工一日可摘十五至三十公斤。

田間運輸

生葉收集後普通均用棉布包裹，在中午送至工場，不如印度、錫蘭之用籃運送。普通最經濟之方法即由採茶女工逕由山地斜坡運至工場，但如在廣闊之潘加倫根高原茶園，如環境允許，其田間運輸由女工、狹軌電車、牛車、馬車及美國運輸汽車任之。在萬隆東南四十二哩之泰隆茶園則用空中纜索。

空中纜索之應用已逐年推廣，計有兩型：其一爲有適當斜度之固定纜繩，吊一載茶葉之籃，附有二滑車，因地心吸力而下溜；另一種有一移動之纜繩，其下附帶一籃。

概言之，田間運輸之方法常受本地地形之支配。在階段及坡地，車輛不能使用，則苦力及高價之纜車交替使用；在廣闊起伏之平原，或其斜度可建築車路之處，則用馬車、電車或運貨汽車，以解決困難之勞力問題。爲流通空氣以保持生葉之新鮮及防止不良之發熱起見，車之周圍裝以紗網，亦有用木製淺盆形之架，底襯紗網，疊置於車內。

有若干茶園，其生葉直接輸送至萎凋室，或送至一廣大之接收室過磅。工資依採葉數量而定。如接收室在樓下，而萎凋室在樓上，則須將生葉送至樓上。此法殊爲人所反對，以其有遺落生葉之虞，尤以大量時爲然。若干工廠用升降機、或用附有木盤之循環帶，將生葉送至樓上卸下。

萎凋

爪哇植茶者對於萎凋一事，咸以生葉消失重量約百分之四十而無不良影響爲標準。同時，欲使茶葉柔軟，在揉捻時不致折斷，萎凋時須有規則而不可草率。

自然萎凋爲最理想之方法，在數層之木屋內行之。每層裝有木架，上置木盆架，成對安置，架之中部留有通路，可使工人通行，運送生葉，分攤盆上。每架可安置一叠數個之木盆，盆與盆間上下相隔約八吋。盆之放置爲水平或微向通路傾斜。生葉均勻分佈於木盆中，成一薄層，放置十六至十八小時。此屋建築之方法在使流動之風能沿建築物之前後兩端通過。在布林加一帶，因空氣潮溼，在屋內難以獲得充足之萎凋，每晨工廠開工時，均不易得到昨日萎凋完畢之茶葉，故此種萎凋室在此種地區頗少採用。用竹篚萎凋而無充分風扇及熱空氣之設備者，亦有同樣之缺點。從前竹篚之應用甚廣，其面積約七方呎，生葉分攤極薄——每篚約鋪葉半磅，叠置於通風之所。第二列之竹篚置於第一列竹篚間之空處。在日間使竹篚儘量乾燥，竹篚有吸收水分之益處，木板及黑漆布亦具備此種作用，但不若竹篚之有攜出室外晒乾之便利。

最新式之萎凋設備爲工場上設置一層以至三層之頂樓或與工場分離之萎凋室。其內部裝置與前述之萎凋室相同。架之裝置，每兩座成對，順房屋之縱軸，排列於屋側。每邊留一爲通路，以運送生葉。通路與架之間設牆及門。如架上置有木盆，則每盆上下相隔八吋，最高之盆不高過地面八呎三吋。當工人分攤生葉於其上時，常用一小梯，或於每架之兩邊離地二呎之處釘一木條，與架同長，工人可踏於相對之兩木條上，達到最高之木盆。此種方法在其他萎凋架上亦有用之者。木盆或金屬網盆不准工人踐踏，放置成水平或微帶傾斜。金屬網盆常爲傾斜，而黑漆布則爲水平。黑漆布兩端裝有木製滾軸，當布鬆弛時，可使之緊張。

萎凋充分時，如何卸下盆內之葉，曾發明各種方法。用木盆者，最簡單之方法，即用帚將葉掃出，如工作不過分粗放，則此法最爲簡便。金屬網盆則從底下用手輕拍使葉跳出，但仍有少數葉遺留於網眼，有受損傷之缺點。若用黑漆布者則使一端脫離，將葉播出，或全架懸於偏心軸上，將其旋轉，使葉跌落，如此略加移動，即可使全架卸空。除通路外，全萎凋室均裝滿上述之架。

風扇置於室之一端或兩端，將室內空氣抽出。在兩端裝有風扇之室，住往忽視室下工場空氣之供給，此種空氣因其由乾燥機放出，熱而且溼；在隔離之萎凋室，熱空氣可由一隔離之空氣加熱器供給之，並與外界吸入空氣相混和。如混和空氣之室稍大，可得有規則之萎凋，若冷熱空氣未完全混和而吹過葉片，則萎凋難以均勻。有時因萎凋之需要，整夜開動風扇。例如生葉於正午入廠分攤後，即開風扇，直至翌晨六時。惟水力有時不能長期利用，而用蒸汽機或汽油發動機又太浪費，故風扇開至十一時或午夜即行停止。

馬拉巴茶園使用 K. A. R. Bosscha 所發明之萎凋機以促進醱酵。生葉照普通方法萎凋後，放入八角形之大筒，此筒之四邊裝置金屬網，沿一水平軸旋轉，吹入熱空氣，數分鐘後，取出茶葉冷卻，乃照常法揉捻及醱酵。此種機器應用於溫度較低之潘加倫根高原，能減少醱酵所需時間達二、三小時，因在筒內之茶葉已起輕微之醱酵作用，故前茶業試驗場 J. J. B. Deuss 博士主張命名爲前醱酵機。由機內取出之葉，表面仍極新鮮，損失水分甚少，但有棕色之顏色及香氣強烈如新鮮蘋果之氣味。

揉捻

生葉經適當之萎凋，用手握之不發聲時，即知水分已減少百分之三十至五十，已適於揉捻。

揉捻茶葉，以前用手，現時則用機器。此機爲一方形或圓筒形之筒，茶葉放入其內，此容器在一平台上環迴轉動，揉捻茶葉。「單動式」者，僅容器轉動或容器固定而平台轉動；「雙動式」者，則容器與平台兩者均以相對之方向轉動。「雙動式」者使用較多，以其結果良好也。容器及平台多襯以黃銅，襯鋁者不佳，前曾用石英面之平台，現已完全廢棄。

平台之中心設置黃銅板，以助揉捻之進行。並附活門，以便揉捻完畢之茶葉排出。容器之頂爲一活動之蓋，由一螺旋調節升降，施以適當之壓力，使汁液得完全混合，此在揉捻老葉時極爲需要。如此壓力可以調節，或提高其蓋使茶葉冷却。無此壓力蓋之揉捻機稱爲「開口揉捻機」，其所需之壓力則全恃茶葉本身之重量。

在萎凋室有管直通至揉捻機，萎凋完畢之葉可經此管而達揉捻機。每機一次可揉捻三三〇磅至四四〇磅之萎凋葉。普通揉捻均分爲三個步驟，但有時亦簡化爲二個步驟。每次揉捻後，即將細葉篩出，粗葉則須再行揉捻。例如茶葉滿盛容器內後，卽不加壓力，先揉十五分鐘，再逐漸將壓力蓋旋下，使與茶葉接觸，繼續揉捻五分鐘，然後取去壓力蓋，再捻十五分鐘，如此反覆行之。篩分後，粗葉再行揉捻，逐漸增加壓力。揉捻完畢之葉，則使跌落於機下之淺平底小車內，遂卽運送至揉捻解塊機，此機有一迴轉之筒形篩或搖動之平底篩。篩出之細葉，則攤開使其醱酵，餘者則再揉捻之。

醱酵

解塊機之篩通常不能將捲成球形之揉捻葉解開，此時須由工人幫助之。篩眼之大小須適度，否則老嫩茶葉混雜其中，勢難得均勻之醱酵。迨所有之葉揉捻篩分完畢，乃行醱酵。當醱酵時，葉之顏色變爲棕色，而茶香亦開始發生。實則眞正之醱酵已於揉捻時開始，有時在萎凋筒內萎凋時亦已開始。

揉捻後之葉分攤於淺盆內，此盆有一襯竹籃之木架，葉攤厚約二吋，將盆疊置之，經一小時半至四小時半，卽醱酵充足。

爪哇及蘇門答臘之數家新式工場，醱酵在瓷地板上行之，使在工作時有一極清潔之地，但此種地板上，茶葉攤放須極薄，否則空氣不能達於葉之中部，不能得到完全之醱酵。

爲保持茶葉有充分之水分起見，淺盆之上更蓋以溼布。醱酵通常在隔離之室內行之，實爲一良好制度，蓋易使各事完全調節而有規則也。

保持醱酵室所需之溼度有方法多種，現時所常用者，爲壓縮空氣噴霧機，與紡織廠所用者相似。可調節空氣中溼度至任意點或飽和點——普通爲百分之九十五——且可永遠保持不變。醱酵時常以溫度計插入葉堆中檢查溫度。在醱酵完畢時，溫度最高。倘醱酵有規律時，溫度亦平均升高，因醱酵時能產生熱量也。

乾燥

茶葉醱酵完畢後，乃用攝氏九十至一百度之溫度乾燥之。乾燥以特製之熱空氣乾燥機行之。空氣先於加熱器或火爐內燒熱，用木柴或粗油爲燃料。但在馬拉巴之熱空氣乾燥機全用電加熱。用粗油極爲清潔，調節容易，且可得更高之熱。大型乾燥器能於十七分鐘內達華氏二一二度之高溫，用柴則需三刻鐘之久。在那伽忽他（Nagahoeta）茶園每點鐘燃用八加侖半之粗油，雖其費用爲柴之雙倍，但如有貯藏油槽之設備，亦未嘗不可減低油價。

茶葉分攤於淺框，再用熱空氣吹之，其方式有若干種。例如「下抽式」之雪洛谷乾燥機，熱空氣從加熱器吸至乾燥室之上部，通過載茶葉之淺框而在下部抽出。在此種裝置中，溼葉係直接與乾熱空氣相接觸。在「上抽式」之雪洛谷乾燥機，則空氣從乾燥室底部吸入上升至頂部；此使熱空氣直接與將近乾燥之葉相接觸，工作稍有疏忽，則茶葉有燒焦之虞，是爲最大之缺點。

舊法乾燥係於乾燥器中盛入方形穿孔金屬板大框數層，框中攤茶葉，上下各框由二工人循環交換，使茶葉全部暴露於乾燥空氣中，此機容量甚小，但易於操作。較新之方法，將淺框連續疊置，茶葉分佈於上層之盆，逐漸跌落至下層，至底層時，則葉已充分或將近乾燥。框之移動速度可以調節，欲使葉之乾燥至任何程度，皆可如意。

最大之機器，其容量每小時爲一、四〇〇磅之溼葉，約得乾茶葉五

○○磅。乾燥室有側門，以便清潔及修理，更裝有溫度計或用自動紀錄之溫度紀錄器。茶葉須分攤極薄，使其均勻乾燥而免燒焦。

使乾燥之茶葉迅速冷卻，可攤於竹篩上或放入一箱內。此箱裝有螺突狀之穿孔通氣管，以排洩熱空氣。

試用電熱以乾燥茶葉，結果甚佳，價廉而便利，此為 K. A. R. Bosscha 之結論，彼曾在馬拉巴茶園中設置電力之萎凋機及乾燥機。

篩分

在爪哇，已乾燥之粗茶稱為「廠茶」(Factory Tea)，放入筒狀之旋轉篩內篩分之，或使用有搖動篩之篩分機。爪哇及蘇門答臘之各工場均用自動篩分機。此機包括軋茶機及一組各號之篩，搖動工作。

篩分後之茶再由女工揀去茶梗雜物等，手揀為極小心之工作。

在市場上之等級有九種：碎橙黃白毫、碎白毫、碎茶、嫩橙黃白毫、橙黃白毫、白毫、白毫小種、小種、茶末及本地名為武夷茶（Bohea）者，此係含有茶梗之茶葉，普通銷售於本地土人。此種分類因市場之需要而異，並非每工廠均製出相同之等級。製成之茶，貯藏於襯錫或鉛之箱內，以待裝箱。

裝箱

裝箱乃將茶葉裝置於木製襯鉛或鋁之箱內，每箱可裝一百磅。此種茶箱從前在茶廠內製造，但現時則用各種特許專利之箱，內有鉛製紙，再襯以紙。

裝箱係應用裝箱機，茶葉由漏斗放入機內，此機再以振動將茶葉裝滿，亦有壓茶器使多放茶葉於箱內者。從前則由工人用足將茶踏實。茶箱充滿後，將鉛蓋小心銲接之，然後以運貨汽車或牛車運至最近之火車站。

多數製茶工廠均使用水力及電燈。茶葉之運搬均用人力，但近來則漸用節省勞力之搬運工具。

茶園管理

爪哇——以上所述乃歐人如何投資於爪哇經營茶業發展之概況。尤以在西爪哇布林加山地區有充分之廉價勞工、肥沃土壤及適宜之氣候，故茶葉成為馬來群島最主要及最發達之產業之一。

茶園大多數屬於僑居爪哇之歐人，每一茶園有經理一人及助理二人至六人，其中一人為工廠助理，一人至五人為茶園助理，依茶園面積之大小而定。以前若干植茶者即為茶園之主人，現時則植茶人多半受僱於各大小公司。公司設於巴達維亞或荷蘭。

茶園或公司之出口及普通業務通常由巴達維亞之代理處負責，而普通之茶園管理則由富於茶業經驗者指揮之。每隔相當時間，巡視各茶園一次，稽查各種工作、預算及賬務等。

蘇門答臘——蘇門答臘各茶業公司之現狀，就其產品之販賣及管理而論，顯然已循現代大規模工業之途徑進展。茶園之組織形式可分為三大類：第一種為大規模之公司，如阿姆斯特丹公司，直接擁有若干茶園，管理各種製造上之工作，而由歐洲之指導委員主持出口。第二種為茶園公司，自始即由其他商號為之主持管理，並為其代理人及理事，如棉蘭之英國 Harrisons & Crosfield 有限公司管轄蘇門答臘西海岸之五十茶園。第三種，為小規模而獨立之茶園，自行銷售其出產品於本地或歐洲方面。

勞工及工資

茶園之勞工可分為永久工人及契約工人兩種。均為西爪哇之土人，普通為巽他人，包括男工及女工，由一工頭管轄之。工頭之工資普通為每月一〇至一五盾或每日三八至五七荷分（美金一五至二三分或英幣七辨士半至十一辨士半）；工人工資每月八至九盾或每日三一至三四荷分（美金一〇至一六分，或英幣五至八辨士）。發生於一九二九年之不景氣，使爪哇及蘇門答臘之工資減低百分之二十五至百分之五十。工人均有家庭，一部分在茶園內，一部分在附近之本村，醫藥費用則常由茶園供給。茶園內亦設有工人子弟學校。粗重工作如伐林，耕耘及剪枝等均由男工任之，輕細者如採摘茶葉及除草，均由婦女及童工任之。爪哇每日約有十萬人爲茶業工作。

布林加區人口衆多，人民對於經營茶園之自信心亦逐漸發展，希望爲本身利益而工作，致各茶園發生勞工問題，不能不時時提高待遇。蘇門答臘各茶園之工資較高，工人皆由爪哇輸入，通常月薪爲一一．二〇盾，或每日四三荷分（美金一七分或英幣八辨士半），惟工人除有定期契約者外，至少在三年內不准離去。

土人茶園

爪哇除歐人經營之茶園外，自一八八〇年以後，即有多數土人茶園出現，多在布林加區。此種茶園面積甚小，多位於急峻之斜坡或荒地，在村落之內，或在村落之近郊，常與香蕉、參茨、番椒等作物混植。較富裕之土人常擁有二畝至三十畝之茶園。土人茶園之所有權，爲各人所有，有時屬於村公所。生葉通常售與鄰近之茶園，與茶園出產之葉一共製造；有時或將生葉售與島上中國人經營之小茶廠。一九三三年末，爪哇之土人茶園共有四六、二〇八公頃或一一四、一三三畝。

工人住宅

遠東之茶業工人受滿意之待遇及生活愉快者，莫過於爪哇及蘇門答臘。東印度羣島在勞工福利上常爲其他熱帶國家之表率，其於島上茶園工人之待遇及土人村落自無例外。此等村落中有分離或半分離之竹或棕櫚平屋，有本地市場、戲院、學校及醫院等。新式之村落，住宅爲建築有序之小舍，上蓋波紋鐵片屋頂。

蘇門答臘東海岸附近與他兩之荷屬東印度土地公司之茶園，其工人住宅爲荷印茶園之模範，整潔之小屋排列成行，圍以清潔整齊之籬笆，前舖排水良好之道路，造成舒適衛生之住宅區，以供由爪哇移入之茶工住宿之用。街道、商店及一部分之住宅，均裝有電燈。兒童上學時之雀躍情形，一如彼等居於歐洲或美洲者。

醫藥由茶園供給，此爲法律所規定，設備完善之醫院在大茶園內數見不鮮，設備最佳之工人醫院在蘇門答臘之與他蘭。

娛樂並不缺乏，蓋爪哇人素爲遊戲之能手也。不少從土人村落中邀來之音樂家，跳舞家及伶人，形成一國際之集會。工人亦組織劇團、樂隊等。

植茶者協會

爪哇——索卡保密及橡皮栽植者協會爲改善爪哇茶業之首創組織。在一九二四年初，索卡保密栽植者協會與橡皮栽植者協會合併，以發展爪哇西部之各種農業如橡皮，茶，金鷄納樹，咖啡，油棕櫚，纖維植物等。其總會在萬隆。

農業總聯合社（General Agriculture Syndicate）之總社在巴達維亞，爲荷屬東印度山地植物園栽植者之首腦組織。此團體管理茶、橡皮、咖啡及金鷄納試驗場所進行之科學研究工作。聯合社分爲五部，爲荷印之茶園、橡皮園、咖啡園、可可園及金鷄納園之聯合會。

荷印植茶者協會之總會在巴達維亞，爲荷印歐人茶園主之組織。

蘇門答臘——蘇門答臘茶業有一高度組織化之栽植者協會，以統一其行動。此協會代表各栽植者之集會而爲有關各會員之代言人。協會名爲蘇門答臘東海岸橡皮栽植者總協會，簡稱爲 A. V. R. O. S.，不僅代表橡皮園，且包括蘇門答臘所有之多年生植物園，如橡皮、油棕櫚、纖維植物、咖啡、茶等，但煙草除外，其總會在棉蘭。

栽植者協會之管理職務，除促進茶業及橡皮業之發展與福利外，尙維持一苦心經營之試驗場，進行關於各種技術及科學栽培、耕作、植籽選擇、橡膠收刈、土壤分析、工廠內部之設備暨方法等之試驗及研究工作。

茂物試驗場

在茂物之西爪哇試驗場，爲栗卡保密栽植者協會所設立，自一九二五年起，受農業總協會之管理，爲植茶者及植橡皮者之利益而進行各種科學研究及試驗工作。一九〇七年即編輯各種研究之小叢書。除試驗室工作外，每年並巡視各茶園，對栽植者所發生之問題，加以解答，並發表報告。

多數茶園土壤曾經分析，並就各種土壤與所種茶樹之生長情形相比較，以便改良土壤，增加產量。土壤之分析分爲機械分析及化學分析兩種。機械分析方法與在華盛頓土壤局所用者同，將土壤分爲不同之等級——砂礫、粗砂、細砂、泥、細泥及粘土——以決定土壤之風化程度，應用 Atterberg 之方法以尋求土壤之物理性質。土壤之化學分析指示茶樹生長之重要因子，除鉀、磷酸及石灰外爲腐植質及氮等。又除土壤分析外，并有各種人造肥料之分析及中國茶、亞薩姆茶之分析，以決定在品質佳良之茶所需之茶素、單寧、芳香油之百分數。茶籽油及茶籽脂肪亦曾行試驗。

種籽之選擇甚爲重要，唯各產茶國家多忽視之。最近十五年來，茶葉試驗場曾舉行各種茶樹選種之科學試驗，其目的在於尋求及繁殖產量較多，品質優良及抵抗各種之不良環境因子如蚊蚃及土壤等之品種。且期望此種工作之結果或能減少成本。再進一步由於良種之母株用接枝法移植於隔離之園內，以產種籽。此種無性繁殖之試驗，曾經大規模舉行，且得滿意之結果。種籽選擇之工作，需時數十年，始能完成，因急需良種，政府對於入口之茶種施行檢查，並監督育種茶園。

施肥、採摘及剪枝之試驗亦曾舉行，同時更注意於因除草及日曬而起之土壤冲蝕，爲防止土壤冲蝕及損壞起見，試驗場曾指導各茶園在茶叢間栽植各種豆料植物，作爲覆蓋作物及平籬、遮蔭樹等。栽植綠肥試驗之結果，使爪哇及蘇門答臘各處之茶葉產量大爲增加。

試驗場曾完全鑑定蚊蚃之生活史，並作有系統之害虫防治方法及耕作法之改良，獲得重要之結果。試驗場更試驗市場上之殺虫劑，獲得相反之結果，使栽茶者減去不少耗費與失望。茶樹害虫之天然大敵——寄生蜂——在茶樹病害及其寄主間，亦經研究，獲得極有趣味之結果。某種蚊蚃寄生蜂，曾經發現並加觀察。

茶葉製造之各種過程，在理論與實際方面均經大規模之研究。試驗場對萎凋、醱酵等，均有重要之指導，有若干工廠賴以改進。一九二二年編纂一簡明茶葉製造法指南，頗爲植茶者所稱道。

茶葉評驗局

巴達維亞之茶葉評驗局成立於一九〇五年，爲爪哇及蘇門答臘植茶者所貢獻之另一重要組織。聘有對於各主要市場均極熟悉之茶師二人，其工作爲：（1）在茶葉出國前檢驗樣品，指示製造上之錯誤而加以改正；（2）舉行品質試驗，與以前之製品及其他茶園之製品相比較。（3）報告市場及價格之情形；（4）貢獻對於未來產品改良之意見。

茶葉評驗局成立之結果，對於擴展荷印茶葉之各主要消費市場，有極大之貢獻，茶葉品質亦大見改善。此種成功大部當歸功於茶葉出口之積極鑑定。此局更研究茶葉市場之詳細形勢，並在美洲、澳洲對爪哇及蘇門答臘茶作直接宣傳。評驗局工作之使人感奮，可由其發展中見之。一九一〇年有七十一會員，提出茶樣六、五〇五件，至一九三三年，則有一五〇會員，提出茶樣二七、九七一件。

茶業評驗局在阿姆斯特丹，倫敦，加爾各答及哥倫坡均有通訊站，常以電報及郵遞保持連絡，可使會員對市價及主要市場之情形，獲得可靠而迅速之消息。

荷屬東印度植茶者之生活

在荷印曾有貴族與植茶者發生連繫。爪哇私人茶園之首創者爲荷蘭貴族，其後裔安居島上，成爲社會上與工業上之重要份子。其後始有富於工業組織能力及曾受茶葉產製訓練之專門人才參加於該島茶業，於是

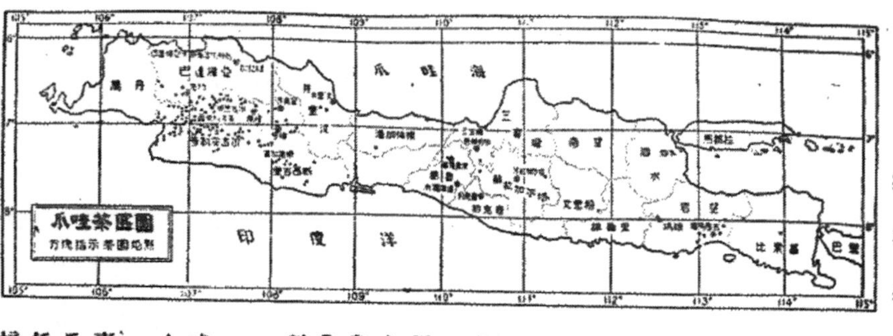

爪哇茶區圖

黑點指示茶園地方

新舊人材互相提攜，使茶業蒸蒸日上。

爪哇——爪哇有志爲茶業助理之青年，係在本島雇用，或由歐洲聘來，以具有普通智識者爲合格，其中有農業學校卒業之學生，彼輩先受助理資格之理論及實際訓練，使能力高強者獲得經理之最高位置。

初級助理普通開始之月薪爲一五〇至二〇〇弗，升至高級助理員可加至二〇〇——四〇〇弗，普通由茶園供給不設家具之住宅，或由茶園付房租，且免費供給醫藥。

服務五、六年後，給予八個月之假期，唯無旅費津貼。假期中薪金之支給各有不同，平均爲全額及紅利之半。經理之月薪由五〇〇至一、〇〇〇弗，除薪金外，經理及助理均有紅利，其數額依收入淨利而定。

爪哇植茶者之目的，普通爲保有一茶園，或俟有相當資產時即退隱，或爲一茶園之代理者等。惟多數均於十五至十五年後退隱歐洲。

蘇門答臘——蘇門答臘有遠見之青年植茶者通常來自歐洲，但亦有從爪哇茶園中轉僱而來者，彼等最先充任茶園或工廠之助理，學習全部之栽培及製造方法。

蘇門答臘茶區圖

黑影表示產茶區

在東海岸之英人茶園則多僱用英人助理，彼等常爲畢業於亞伯頓(Aberdeen)農業學校之蘇格蘭青年。在荷人茶園中，其助理普通爲來自荷蘭或歐洲各處曾受農業訓練之青年，但其中亦有曾在爪哇學習茶樹栽培者。月薪由三〇〇至六〇〇盾，須服務五、六年後，薪金始能達到最高之五〇〇或六〇〇盾，此外經理及助理更有純利百分之幾之紅利。

經理及助理均有一不設備家具之住宅，可隨各人之愛好而自行佈置。經理辦公室爲茶園之首腦部，故有濟華安適之設備。

植茶者之合約各有不同，但必需服從政府之法律及助理之規則。助理每月有例假四日，其中二日必爲星期日，另二日則須與工人之每月例假二日同。此外助理尚有每年半月之例假，服務五、六年後則有八個月之返歐假期。歐人在假期中薪金仍照付，或有應得紅利之半數及旅費。

第十九章　印度茶之栽培與製造

茶區之地理範圍——茶園數及面積——雨量——產茶區域——土壤與氣候——繁殖及栽培方法——覆蔭及綠肥——其他肥料——病蟲害——修剪與採摘——紅茶——綠茶——運輸——勞工問題之過去與現在——茶園鐵路與車路——印度茶人——印度茶業協會——試驗場——茶稅與茶稅委員會——種植者協會——植茶者之生活

印度爲亞洲大陸向南突出之一大半島，爲英帝國之寶庫，位於北緯八至三十七度之間，南北長度及東西最闊之處，均約一、九〇〇哩，連緬甸面積共一、八〇五、三三二方哩，人口三一八、九四二、四八〇，其中有一、〇九四、三〇〇方哩之土地爲英國領土，直接受英人統治。其餘之七一一、〇三二方哩土地則分爲若干土邦，爲土酋所管轄，此種土酋對內有最高權力。英領十五省爲：亞述米爾麥瓦拉(Ajmer Merwara)，安達曼斯(Andamans)及尼科巴斯(Nicobars)，亞薩姆(Assam)，俾路支斯丹(Baluchistan)，孟加拉(Bengal)，別哈爾(Bihar)及奧理薩(Orissa)，孟買(Bombay)，緬甸(Burma)，中央省及比拉爾(Berar)，庫耳(Coorg)，德里(Delhi)，麻打拉斯(Madras)，西北邊省(Northwest Frontier Province)，旁遮普(Punjab)，亞格拉及烏德聯合省(United Provinces of Agra and Oudh)。土邦中最重要者爲海達拉巴(Hyderabad)，邁索(Mysore)，巴羅達(Baroda)，喀什米爾(Kashmir)及賈姆(Jammu)，拉奇布答那邦(Rajputana Agency)與中央印度邦(Central India Agency)。

在亞薩姆省之布拉馬普特拉谷(Brahmaputra Valley)與森馬谷(Surma)及北孟加拉之大吉嶺與杰爾派古利(Jalpaiguri)毗連之兩區之總面積中，有百分之七十七爲茶地，沿南印之馬拉巴海岸之高原，包括爪盤谷(Travancore)、交趾(Cochin)、馬拉巴、尼爾吉利斯(Nilgiris)及科印巴托(Coimbatore)等地，佔百分之十八。一九三二年印度之茶園數及植茶面積如表一所示。

表一　一九三二年印度茶園數及植茶面積

省份或主要區域	茶園數	植茶總畝數
亞薩姆	998	428,100
孟加拉	392	207,000
南印度	943	153,000
北印度	2,489	15,900
別哈爾及奧理薩	26	3,700
總計	4,848	807,700

每畝之平均成茶產量，各區不同，如第二〇六頁表二所示。

歐戰前全印度每畝之茶葉平均產量爲五〇三磅，一九一五年時因濫摘而增至五八六磅，但至一九二一年，因受生產限制及施肥不足與過度剪枝而減至四三〇磅。一九二八年爲五七二磅，一九三二年則爲五八八磅。

印度茶之名稱通常以區名或小區名表示，用邦名者甚少。例如不稱孟加拉茶(Bengal)而稱大吉嶺茶(Darjeeling)，不稱旁遮普茶(Punjab)而稱康格拉茶(Kangra)，不稱麻打拉斯茶(Madras)而稱尼爾吉利斯茶(Nilgiris)。

表二

一九三二年每畝之成茶產量

區域	每畝產量	區域	每畝產量
馬都拉（Madura）	824磅	蒲爾尼亞（Purnea）	403磅
拉肯普（Lakhimpur）	745磅	卡姆蘆普（Kamrup）	397磅
薩地耶邊境（Sadiya F. T.）	735磅	大吉嶺（Darjeeling）	376磅
查爾派古利（Jalpaiguri）	679磅	吉大港（Chittagong）	343磅
雪爾赫脫（Sylhet）	644磅	帖比拉（Tippera-Bengel）	288磅
悉薩加爾（Sibsagar）	630磅	交趾（Cochin）	286磅
達蘭（Darrang）	603磅	吉大港山區（C. Hill Tracts	273磅
卡察（Cachar）	554磅	邁索（Mysore）	259磅
科印巴托（Coimbatore）	553磅	台拉屯（Dehra Dun）	244磅
諾康（Nowgong）	542磅	蘭溪（Ranchi）	163磅
庫耳（Coorg）	530磅	康格拉（Kangra）	142磅
馬拉巴（Malabar）	520磅	阿爾莫拉（Almora）	121磅
爪盤谷（Travancore）	519磅	丁尼佛來（Tinnevelly）	50磅
哥亞爾帕拉（Goalpara）	515磅	加瓦爾（Garhwal）	20磅
尼爾吉利斯（Nilgiris）	423磅	哈薩利巴格（Hazaribagh）	19磅

全印度總平均588磅

雨量

欲明瞭印度之氣候，須先有季候風轉變之概念。大概言之，地球上常有二風向固定之風，即為貿易風及反貿易風。貿易風由北方及南方吹向赤道，但因地球自轉，通常其方向常偏東北及西南，在溫帶中有反貿易風，此風在北半球乃由西南吹來，南半球則自東北吹來，中間有二平靜之地帶，形成沙漠地帶及薩哥薩海（Sargasso）。

設無中亞細亞之大陸，印度之南部應在東北貿易風之路程中，而印度北部則應歸入由撒哈拉、阿剌伯、波斯及塞爾（Thar）等沙漠地帶中，但實際上亞洲大陸夏季氣溫增高時即有氣流自南半球吹入，以代替亞洲高原所升起之氣流，最後因該氣流漸次強大，終至壓倒東北貿易風，於是西南季候風乃開始吹動。季候風因季節不同，其風力亦異。其根本原因雖未周知，但無論如何，一部分原因確由於此二風互相爭抗所致。

在錫蘭西部，季候風分為兩股，一吹向東非海岸，一吹向孟加拉灣。前者至東非海岸時，在阿比西尼亞高原降雨極多，致使尼羅河汎濫，故埃及之作物，雖在久旱之下，仍得欣欣向榮。此氣流到達阿比西尼亞高原後，乃轉而向東，經過伽達夫角（Gardafui）及索科特拉島（Socotra）時即消失；其向北之一股，達孟買時幾全向西。孟買之雨量，為一九〇吋，在內地即迅速減少，浦那（Poona）之平均雨量在三十吋以下，但遠離海岸時則又形增加。阿剌伯、波斯及信地（Sind）已無季候風吹到，故喀剌基（Karachi）祇有十吋之雨量。孟加拉灣之一股季候風較東非者為弱。當其沿孟加拉灣運動時，前者掠過緬甸南部而至孟加拉，此兩氣流均受信地及拉奇布答那（Rajputana）一部分所形成之低地之影響。

至季節之末期，孟加拉之氣流又起，而為旋轉於印度上空之颶風，颶風必含有之雨量，給與冬季作物以極大之影響。在夏季終了前，此氣流對中亞細亞之吸引力漸弱，至秋季則已轉向南方，而印度北部之雲層亦隨之消滅。同時以前被季候風所壓倒之東北季候風，亦因西藏沙漠吹來之寒冷而乾燥之風而加強其風勢，當其流過孟加拉灣時漸變和暖，並收集水氣，其後乃降落於麻打拉斯之南半部。

印度氣流之大概情形已如上述，由此可知亞薩姆及印度東北角在季候風軌跡之外，但因普通向西藏高原吹去之氣流經過此區域時常挾一定之潮溼空氣，而且喜馬拉雅山脈，綿亘於前，又有漏斗形之森馬谷及布拉馬普特拉谷，當此等潮溼空氣進來時，卽將其截留，而使其成雲，環繞羣山，終積聚而成雨。因此亞薩姆雖處一乾燥之大陸中，但仍永保常綠。錫蘭西部及南印度主要爲西南季候風，一、二星期後，由不同之路而達亞薩姆。錫蘭東部及印度南部主要爲東北季候風，在達孟加拉灣前，成乾燥之風而吹向印度東北部。

表三乃表示印度北部及東北部茶區之平均雨量。

表　三

印度北部及東北部茶區之平均雨量（吋）

	布拉馬普特拉谷（托洛拉）	森馬谷（雪爾查）	大吉嶺	杜爾斯（雪里）	丹雷（陸非）	潤哈爾及奧理薩（蘭溪）	雪爾赫脫（哈別干）	查爾派古利	台拉屯
一月	0.95	0.64	0.76	0.47	0.43	0.63	0.45	0.30	2.19
二月	1.35	2.32	1.08	0.74	0.69	1.24	1.24	0.66	2.49
三月	3.59	7.99	2.01	1.12	2.34	1.10	4.53	1.36	1.46
四月	7.89	13.56	4.08	3.99	4.22	0.80	9.08	3.73	0.78
五月	9.66	15.72	7.83	11.09	11.35	2.33	15.42	11.07	1.57
六月	12.43	20.39	24.19	33.43	30.89	9.00	19.74	23.73	8.29
七月	17.04	19.98	31.74	44.56	37.01	14.46	15.82	31.28	24.33
八月	13.01	18.69	25.98	28.21	29.57	13.61	14.23	25.04	25.68
九月	10.11	13.95	18.34	28.07	23.30	8.23	11.78	19.94	9.30
十月	4.47	6.40	5.35	7.49	6.40	2.79	5.90	4.90	0.29
十一月	0.92	1.31	0.24	0.98	0.50	0.37	0.83	0.20	0.92
十二月	0.37	0.54	0.23	0.19	0.15	0.16	0.27	0.11	0.67
總計	81.79	121.49	121.80	160.34	146.85	54.72	99.29	122.32	77.97

在南印度方面可代表不同雨量者，爲在卡羅蒙特爾海岸（Coromandel Coast）而對孟加拉灣之麻打拉斯及在馬拉巴海岸（Malabar Coast）而對阿剌伯海之甘那諾（Cannanore）。在西海岸一帶者爲產茶區，尼爾吉利斯區（Nilgiris）乃離海岸最遠者，而亞那馬那斯（Anamalais）及爪盤谷則常直接受季風雨之侵襲。南印度之雨量可於表四見之。

表　四

南印度之平均雨量（吋）

	麻打拉斯	甘那諾	尼爾吉利	亞那馬那斯	爪盤谷
一月	1.14	0.25	2.38	0.40	0.41
二月	0.30	0.25	2.32	0.12	1.47
三月	0.34	0.18	1.94	0.21	0.44
四月	0.63	2.15	4.12	3.48	2.52
五月	1.84	7.78	6.00	3.99	11.77
六月	1.97	38.22	4.08	28.56	48.67
七月	3.84	35.07	4.74	83.18	74.33
八月	4.54	18.83	4.33	23.70	40.47
九月	4.86	8.63	6.63	17.34	26.47
十月	11.15	7.95	14.35	8.17	19.69
十一月	13.61	3.67	10.16	3.35	23.85
十二月	5.35	0.61	4.30	0.33	0.51
總計	49.57	123.60	65.35	172.83	250.60

印度北部及東北部茶區

亞薩姆——爲印度最大產茶區。前印度茶業協會之科學研究員 Harold H. Mann 博士曾謂上亞薩姆有植茶之理想氣候，溫和而潮溼，且無久旱，各地雨量相差頗巨。起拉盆共（Cherrapunji）爲世界上最潮溼之處，其雨量平均爲三八一吋，最高紀錄達九〇五吋；雪爾查（Silchar）爲一二二吋；北拉青者在一六〇吋以上；迪勃魯加（Dibrugarh）

則爲一一二吋，哥那赫脫區（Golaghat）之米克山（Mikir）之陰地，雨量約五〇吋。

亞薩姆可分爲兩大區域，即布拉馬普特拉谷及森馬谷。前者所產之茶普通稱爲亞薩姆茶，而後者常以小區名之爲卡察茶（Cachar）或雪爾赫脫茶（Sylhet）。布拉馬普特拉谷之主要小區爲拉肯普區之迪勃魯加及杜陀麥；悉薩加爾區（Sibsagar）之悉薩加爾、約哈脫及哥拉哈脫；達蘭（Darrang）區之比什惱斯、德士帕及孟加達；諾康區（Nowgong）之諸康。

一九三二年森馬谷植茶面積爲一四一、五四二畝，產茶八〇、七一六、二二二磅。其氣候與亞薩姆之他處不同，雨量較多，分佈不勻，春季常旱。一至四月中最高溫度約較布拉馬普特拉谷高華氏七度，十月、十一月、十二月則較高四至八度。季候風時則幾相等。春寒對於森馬谷之影響，爲季節開始較亞薩姆其他各地略遲，由於秋季氣溫較高，故採摘亦常繼續至十二月杪。此早期之旱魃常使產量劇減，因其時嫩芽停止伸長，而葉亦不再生長也。其駐芽除生長在採摘面以下者，均變衰老。三、四月間雪爾赫脫受亞薩姆西北吹來之颶風之襲擊，冰雹暴風亦常發生。最初卡察之茶樹植於起伏之矮山上，當初佈置茶園，均未計及在地面設置保護物，致數年後表土即被冲失。其後茶樹均改種於山間之平原，並築有排水設備，此處頗爲潮溼，表土肥美，底土則不良於滲透。在卡察及雪爾赫脫之高原上，亦有茶樹栽培。總之此地氣候與布馬普特拉谷完全不同。

布拉馬普特拉谷植茶二八六、五三八畝，一九三二年產茶一七六、三四一、七一一磅。其南部由卡羅(Garo)、加錫(Khasi)、琴雪（Jaintia)、及那伽山（Naga）及雪朗(Shillong)高原等地與森馬谷相隔離。喜馬拉雅山繞其北部，山谷由東而西，闊度不等，地勢之升高約爲每哩一呎，土壤大部屬冲積土，物理性頗有差異。近河流者通常爲沙質土，漸入山地則變粘重，有數處竟爲粘土。對茶樹生長最佳者爲不十分黏之紅粗砂土或壤土，或在若干小高原上之較粘而帶紅色之冲積地。普通稱爲亞薩姆布拉馬普特拉谷。此地不在熱帶，而在北緯二十六至二十八度之間，故有顯明之夏季與冬季，七月之平均溫度爲八三度，一月則爲六〇度，主要之作物在四月至十一月時收穫，七月、八月、九月及十一月爲收穫期。

拉肯普區爲亞薩姆省植茶面積最大之一區，此區包括布拉馬普特拉谷兩側之大平原。其南部山嶺海拔約數千呎，但北部則高聳至雪線以上。河流以南之平原有相當高度，沿山麓一帶地方均爲稠密之森林所掩蔽。中部有一部份可種茶樹及稻之地，均賴小河灌溉，故僅有數處卑溼之地。

布拉馬普特拉谷之北岸，地勢較低，頗多卑溼之地，當季候風時，竟至河水泛濫。由此區域直至薩地耶（Sadiya）森林地帶，均滿長對草及蘆葦。

拉肯普三面爲山嶺所包圍，地面極平坦，僅那伽山脈由地散河（Disang）伸展至在浦(Jaipur)、馬干里太（Margherita)及地鮑（Digboi）之支脈有少數山嶺。迪勃魯加離海約一千哩，但其高度僅三四〇呎，薩地耶亦不甚高，僅四四〇呎高。

植茶地由河岸漸向內地伸展，在河流東方之茶園，成立期約較西部或南部爲遲，在拉肯普邊境區之杜陀麥之東及康提（Khamti）有倘在開墾中之新闢茶園。此區稱爲柏伊第興區（Burhi Dihing）。

就生產調查之結果，知迪勃魯加所產之茶，品質頗優良，其平均售價僅次於東北印度之大吉嶺。

大吉嶺——在全印度中爲最優美之茶區，位於尼泊爾、錫金（Sikkim）、不丹三王國之間。茶園均聚集於推斯大河（Teesta）以西，爲由山嶺及深谷所組成之地帶，隆起於丹雷（Terai)平原山區，形成該區南方之境界；北方之境界則爲大朗吉脫河（Great Rangit）之深谷；東方爲推斯大谷；西方則新加來（Singalia）山脈在其北，而麥希（Mechi）河谷在其南。

大吉嶺之氣候與印度一般氣候無異，寒冷、酷熱而富雨。前南印度栽植者聯合協會之科學研究員 D. G. Munro 對於大吉嶺氣候報告如次：

寒冷季節可分爲兩期：第一期在雨季之末，溫和而愉快，空氣清潔，無灰塵及雲霧，此即有大吉嶺之秋季；然初冬即挾嚴寒俱來，十二月杪及翌年一月時，地面常全日凍結，空氣乾燥，無雲而朗清。早晨極寒，日中因太陽照射而變和暖，但在陰影中則仍嚴冷，一月至二月間或降雪。

春季暴風從喜馬拉雅山吹來，但爲時甚短，至三月杪即終止。四月至五月爲夏季，時有驟雨，六月初更甚。在此後三個月中，大吉嶺全受季候風所襲，致陰雨濛濛，白霧漫天。在大吉嶺及恆河口間之沖積平原，爲一完全平坦之地，山麓之海拔僅三百呎，故自南方孟加拉灣來之潮濕水蒸汽隨風侵入，而不受阻礙。大吉嶺在此時期內，爲全印度最潮濕之地。

六月、七月、八月爲雨季。六月之平均雨量爲二四吋，七月三二吋，八月二六吋。全境中各地雨量差異極大，至九月，驟雨變爲驟雨，且漸次減少；日照時間亦漸長，至十月時完全停止。此後天氣變化甚大，竟日爲由深谷所升起之雲霧所籠罩。（註一）

大吉嶺大部茶園，平均在海拔一、〇〇〇至六、〇〇〇呎或更上之高度，其平均溫度較倫敦僅高二度。上下部氣候不同，低部爲熱帶，頂部爲溫帶。在四、〇〇〇至四、五〇〇呎之高度有一顯明之霧線。在季候風季節，霧線以上完全爲白霧籠罩，高四、〇〇〇呎處，溫度與溼度有顯著之變化。茶樹形狀迥異，生長遲緩，枝幹之上，滿綴苔蘚。

大吉嶺大部份土地均非沖積土，而爲本區岩石風化而成，滲透性優良，並富於植物營養所需之礦物成分。本區出產之茶葉，品質爲全印之冠，價值亦最高。一九三二年植茶面積爲六〇、四二四畝，產量二二、〇九六、一七七磅，惟每畝產量僅三七六磅，與馬都拉區之八二四磅相較，自有遜色。

杜爾斯——杜爾斯在大吉嶺區之東南，亦屬於孟加拉省，位於吞爾派古利之境內，植茶土地佔一三二、〇〇〇畝。全境均爲新沖積土所被覆，土壤之類別自砂礫至粘土均有，爲一部份過去與現在之河淵所形成，但大部份面積爲較老之土壤，其來源尚未全明。

杜爾斯氣候與亞薩姆谷不同，平均最高溫度較亞薩姆高三度至五度，但在二月中有時低至三十八度。近山之茶園，每年常有一八〇吋之雨量；遠離山嶺者，普通有一二五吋。亞薩姆之托格拉平均僅七九·一八吋。杜爾斯茶之所以能夠生長，據猜測係由於其土壤形成一種極佳之被覆物，此說後經田間試驗，加以證實。

丹雷（Terai）——丹雷北界大吉嶺之餘脈，在與尼泊爾作疆界之麥希河（Mechi）之西，東界推斯大河（Teesta），河之彼岸即爲杜爾斯。丹雷一字來自波斯，爲「潮溼」之意。此語可應用於喜馬拉雅山麓之狹長地帶，但就茶業而言，則僅指大吉嶺山麓一帶，而杜爾斯則正位於此潮溼區域之內。

著名植物學家及探險家Joseph Dalton Hooker 爵士於其喜馬拉雅山遊記（Himalayan Journals）中關於丹雷之記述如下：

錫立谷里（Siligooree）在丹雷之邊界，爲一潮濕之瘴氣地帶，自上亞薩姆之薩特拉（Sutlej）至勃拉麥孔特（Brahmoakond），圍繞於喜馬拉雅山麓，一入此區，凡植物、地質及動物之形態均突然變更。海洋與陸地亦無如此顯著之差異，自丹雷邊界至雪線間有顯著之植物分界線，此即喜馬拉雅山植物之發源地。（註二）

丹雷植茶面積爲一九、〇〇〇畝，土壤最適於植茶，但各地差異甚大，其情形與杜爾斯相似，但在年初時，雨量不足，土壤中砂質較多，高地之土壤色澤更黑。

吉大港——吉大港爲孟加拉省最小之產茶區，植茶總面積僅五、四〇〇畝，位於孟加拉灣；吉大港之東北，由海岸之低地漸次升至後方之山地。氣候較亞薩姆爲佳，冷天較少，春雨似嫌不足。其土壤大致與雪爾赫脫相似，山地土壤則與亞薩姆相同，地形與南雪爾赫脫相似。茶樹普通常植於小山上，成一美麗之梯形地。南方爲向陽之斜坡，較向北者土壤略瘠。

註一：D. G. Munro 著：Report on Tour in Assam for 1924—25 麻打拉斯南印度種植者協會科學部一九二五年出版。

註二：Joseph Dalton Hooker 著：Himalayan Journals 一八五四年出版。

別哈爾及奧理薩——此區與省同名，包括產茶之哈薩利巴格及蘭溪，在貿易上則統稱爲可他那格浦茶（Chota Nagpur），此亦爲別哈爾及奧理薩高原中一部之名稱。在蘭溪附近有茶園二十六處，包括三、六〇〇畝之植茶地，哈薩利巴格附近有茶園一處，植茶三〇畝。此區內有許多工人被雇至東北印度之茶園，如蒙達斯（Mundas）及奧隆斯（Oraons）兩團，其勞工即爲由蘭溪雇用者。其他少數茶園之工人，均自鄰近村落中招募而來。

茶區爲一缺少樹木之高原，海拔約二、〇〇〇呎，氣候頗不適於植茶，因在季候風來臨之時（六月），始有雨水；而茶叢須在潤溼之空氣中方能滋生繁茂，因此該地氣候離理想氣候尚遠，故茶樹生長不良。蘭溪之產量每畝爲一六三磅，哈薩利巴格爲一九磅，與亞薩姆之五七二磅比較，相差甚遠。

可他那格浦之茶樹品種爲普通中國種，亞薩姆及緬甸茶種反較遜色，因其僅能在潤溼之空氣中始能繁殖。

古門（Kumaon）——古門爲與西藏及尼泊爾相鄰之聯合省中之一區，內分兩小區，即阿爾莫拉(Almora)及加瓦爾(Garhwal)，高度五、〇〇〇至七、〇〇〇呎。有茶園十六所，植茶一、二〇〇畝。Edward Money昔在此區試驗植茶，結果頗爲失望，以其氣候寒冷，遠離海口，故許多已植之茶樹均任其荒蕪，不加管理，但其土壤肥美，菜園與茶園混雜其中，茶商由北部經此貿易者，以綠茶爲多。

台拉屯——台拉屯在古門之西北，與古門同屬一省，爲隔離喜馬拉雅山外部支脈之一狹長山谷（或稱爲盆地），區內有茶園二十一所，植茶五、〇五四畝。西北之燥熱天氣不適合茶樹之生育，早旱常令茶叢枯萎，頗難繁盛。勞工工資頗低，但運費奇昂。

康格拉——康格拉爲旁遮普之唯一產茶區，隆起於印度之西北部，在喀什米爾（Kashmir）之南，西藏之西，有茶園二、四六四所，植茶九、六九三畝，茶園數目之所以如此之多，乃因多數爲小規模者，其中有若干茶樹混植於菜圃中。

康格拉雖在喜馬拉雅區域，但茶園之高度均不甚高，僅在二、〇〇〇至六、〇〇〇呎之間。氣候乾燥而寒冷，土壤肥美，勞工衆多，所產茶葉具有特殊香氣，故能獲得高價。多數銷售於西藏及尼泊爾，其餘爲內銷。因銷售量甚少，對市場之影響亦小。

帖比拉山——帖比拉爲南雪爾赫脫及吉大港間之一小土邦。有茶園四十七所，植茶八、八〇〇畝，茶園均爲印人所有，因歐人頗少置產於這邦者。

南印度茶區

南印度茶業與錫蘭相似，而與東北部相異，因茶樹常與他種作物混植也。普通每一茶園均兼營數種事業，通常與咖啡、樹膠合營，但亞薩姆之植茶者則並不經營副業。植茶之總面積如表五所示：

表五

南印度茶地總面積及產量（一九三二年）

	茶地面積（畝）	產量（磅）	
		紅茶	綠茶
麻得拉斯			
尼爾吉利	35,347	12,481,712	…………
馬拉巴	12,690	5,948,272	…………
科印巴托	24,756	11,199,333	…………
丁尼佛來	602	950	…………
馬都拉	118	30,497	…………
爪盤谷	74,357	32,640,970	…………
邁索	4,239	153,842	…………
交趾	523	88,791	…………
總計	152,632	62,544,367	…………

南印度之產茶區分佈於西高止(Western Ghats)山脈。此等山脈由南部之尖端迤邐至孟買附近，形成半島西海岸之屏障。海岸與山脈之間僅為一狹小之地帶，在巴爾高脫（Palghat）附近有一裂罅，將在爪盤谷部份之山脈——卡當蒙山（Cardamom）主脈中分開，此裂罅闊約有十六哩，海拔僅一、〇〇〇呎。麻打拉斯鐵路通過其間，為半島兩邊之主要交通綫。巴爾高脫山北部之山脈，稱為尼爾吉利斯山。

此列山脈之西邊，面臨西南季候風，故茶多種植於此。馬拉巴海岸之平均雨量為一〇〇吋，高山則增加至三〇〇吋，西南季候風起於四月、五月、六月，東北季候風則起於十一月及十二月。茶園均在山地，不若大吉嶺之崎嶇，但較卡察及雪爾赫脫之起伏地為甚。土壤種類不同，有礫質土、紅壤土及重粘土等。

一九二七年麻打拉斯省政府職員 A. H. A. Todd 在關於土地賦稅之報告中，述及馬拉巴區之魏南特土魯克，在最近二十年來，植茶面積由四、六五四畝增加至一五、〇〇〇畝，尼爾吉利區之古大路土魯克由二、四九六畝增加至五、八八〇畝。此種擴張之趨勢，迄今仍未少衰，Todd 在某茶園中調查，每畝逐年之純利為四・七五、一・五六、八・七〇、五・二四、三・七四及二・八七鎊。渠並謂此茶園之利益並不超過投資者應得之利益，若在另一新事業則每畝可有六〇至八〇鎊之純利。又在另一大茶園調查，五百畝茶地之茶葉生產費為三五〇、七二五盧比，包括經理之薪金至工人之醫藥設備費等四、五十種款項，但工廠建築費、地價、租金及捐稅等則尚未在內，其中有一部分為工廠建築費，分五年撥付，過此期間後，茶樹已完全成長。一千畝土地在五年間——大戰前及大戰中——平均每畝每年產茶五四一磅，每磅值四・七八辨士，運費在外，故每畝每年之純利，至少當為五鎊。

尼爾吉利為一高山區，海拔在四、〇〇〇呎至六、〇〇〇呎之間。茶葉品質優良，有時竟能與最佳者相埒。

整地

在英屬印度常在雨季之後闢新茶園，將小叢樹連根伐去並燒毀之。繼將大樹砍倒，殘根須盡量掘出，否則將使茶樹發生根病。在亞薩姆及大吉嶺等地，普通常在樹旁掘一環繞之溝，將側面之枝根割斷，減少樹幹支持力，使其自行傾倒，用此法無殘根留遺。有時如屬於荳科植物，則留作覆蔭林之用。樹木被砍後，即行犁地，並移去石礫及枝根，將土壤翻覆混合；倘為平地茶園，並須開鑿排水溝。

種籽

印度茶園中均留一小塊地段，備重栽植特選之茶樹，供繁殖種籽之用。此種地段常遠隔茶園，以防雜交。從前此種茶樹並不剪枝，任其生長。除中國種外，能高達三十至四十呎，近年則施行剪枝，使茶叢成為高十二呎、直徑十五呎之灌木，如此可使茶樹增強其抵抗病害之能力。其他印度茶園從廣大區域之強健茶樹中，任意選擇種籽。

苗圃

作苗圃之土地，須小心耕耘，使土壤粉碎，不論石礫及樹根均宜儘量移去。苗圃築成長方形，闊五呎，以小徑隔開，播種約深一吋，種籽間之距離約四吋至九吋。托格拉試驗場主張樹苗在六個月之年齡時移植，種籽之間隔為五吋，若在樹齡十二個月時移植則為八吋，二十四個月則為十吋。對遮蔭灌溉及施肥須特別小心，遮蔭則搭一約五呎高之竹架，上舖茅草或席，苗圃中所有之雜草，則用手拔去。（註三）

大體言之，在北印度茶園中之茶樹有四品種：中國種、亞薩姆種（即淡色葉土生種）、緬甸種（即黑葉種）及馬尼坡種（Manipuri）。北印度之平原區以大葉種較佳，黑葉種較淡色葉亞薩姆種耐寒，雖然兩者產量相若，惟亞薩姆種所得之茶葉常較優良。在惡劣氣候之大吉嶺，則

註三：H. R. Cooper 著：Tea Nurseries載印度茶業協會科學部一九二四年季刊第三部。

以中國種為最佳，杜爾斯及泰馬谷地方氣候亦劣，但適宜黑色種，而布拉馬普特拉谷則適宜淡色葉之亞薩姆種。

八月至十月為茶樹開花期，果實經十二至十四個月後可成熟，任其落下而收集之。晚上攤佈於寒涼地面，翌晨乃揀去石子、空殼及其他雜物。

種籽之選擇普通用水選法，即將種籽投入水中，其乾者或空者浮於水面，將其棄去，餘者速即乾燥。有時較輕之種籽先保存於溼沙中數日，再用水選法浮沉，俟得相當數目之種籽沉入水底，乃行播種，可得佳株。長方形植者，一蒙特（八十磅）種籽可植之面積如表六所示，若為三角形植，則須減去百分之十五。（註四）

扦插或壓條等繁殖方法，在印度未獲得商業上之成功。

表六　苗圃播種

一蒙特種籽播種之面積(畝)	每畝株數	距離(吋)
3	2722	4×4
3.5	2420	4.5×4
4	2178	5×4
4.5	1742	5×5
7	1210	6×6

移植

幼苗在苗圃中之時間各有不同，有經過六個月或十二個月，亦有至十八個月者。移植時在茶園上劃以直綫，將幼苗在相當距離處植下，其間隔距離各有不同，多視土壤之性質及茶樹品種而異。普通多在四、五呎之間，即每樹與任何方向之茶樹距離約四呎至六呎。當劃綫並決定距離後，即以木標示其應掘之洞穴，此洞至少有一呎闊及十吋深。掘就後即可種植。

普通移植雖多用手為之，在東北印度，亦有時採用數種佳良之移植器者。最簡者為哲班(Jeban)移植器，能連根旁之土壤一併掘出，放入一洋鐵製有活底之圓筒中，攜至茶園，置於已掘好之穴上，拉開活底，使苗連土塊落於洞中。移去圓筒，再用泥土填滿空隙，稍稍踏實，但年齡十八月以上之幼苗，用此法移植，似嫌過大，最新式而簡單之愛立脫(Elliott)移植器，用一半圓形之鏟及一同形狀之鋤。每鏟約有十個鏟片，用時需二人，一人使用圓鏟掘土，另一人用鐵片將掘起之圓錐形泥土脫落。

中耕

北印度茶區多施行中耕，在環繞幼苗十二吋處，掘鬆土壤，深至三吋，為防止雜草之繁殖妨礙幼苗之生長，同時須施行深耕及淺耕。在乾季開始時行深耕，深須八吋，但能達此深度者甚少。其後每隔六星期行淺耕一次，深約三吋。淺耕之目的在於抑制雜草之生長。當季候風時，氣候適於植物之發育，雜草常佔優勢。南印度之土壤較細碎，無需耕作太勤，但須時常除草。

在一九二二年托格拉試驗場開始大規模之栽培試驗，此種工作至今仍繼續進行中。其結果均證明雜草有害，故中耕雖因攪動土壤致礙茶苗生長，仍須中耕以除雜草。通常使茶樹向旁發展，遮覆地表，以壓制雜草繁殖，如此不獨可減少犂地之需要，且可使土壤保持類似森林下之疏鬆土壤。

為減輕中耕費用而設計之茶樹中耕機，已傳入印度，但仍未見其實際效用。

遮蔭樹及防風林

印度茶園所植之遮蔭樹普通為 Albizzia stipuleta，此樹在若干區域須加修剪，有淡而均勻之蔭影，其落葉為佳良之肥料，且能覆蓋地面，此為落葉樹，十二月至一月時落葉，四月至五月則再發芽。壽命約為二十五年。

其次通用者為 Albizzia procera，對於抵抗樹脫病之侵蝕，較前者

註四：Claud Bald著：Indian Tea, Its Culture And Manufacture 一九二二年加爾各答出版。

爲弱。Dalbergia assamica 亦頗佳，但發葉稍遲。Derris robusta 有時生長極爲普遍，亦用作遮蔭樹。Erythrina lithosperma 多用於南印度，東印度則甚少，因該處極易罹根病。Dalbergia sissu 及 Albizzia lebbec 均應用甚多。

南印度普遍之遮蔭樹爲 Albizzia moluccana，此樹葉大而生長迅速，但因其枝葉蔥鬱，倘任其自然生長，反而對其周圍茶樹有害，因此樹爲常綠樹，且具濃密之蔭影，致土壤保留溼氣太多，故不宜用於東北印度。

以上所述，均屬荳科植物，在南印度亦有非荳科者，如銀樺（Grevillea robusta）、鐵刀木（Mesua ferrea）及無花果屬之植物。

南印度普通用作防風林者，爲 Dalbergia 屬之數種樹木，其常綠之濃蔭使此種樹木特別有用，銀樺亦廣植之。

綠　肥

綠肥之應用幾遍全印，因印度頗得天惠，土生荳科植物遍地皆是。綠肥大體可分爲喬木，灌木及草本。

如前所述之 Albizzia stipulata，不但可爲遮蔭樹，同時可作爲綠肥。荳科之他種植物亦可用之。Dalbergia assamica 在某數地曾推廣種植。

用作綠肥之主要灌木爲：Tephrosia candida，普通稱爲Bogamedeloa，大吉嶺稱爲 Bodlelara；Cajenus indicus，或稱 Arhar rahar；Sesbania aculeata，或稱 Dhaincha；Sesbania egyptiaca，或稱 Jyanth；Indigofera dosua；Indigofera arrecta，或稱 Natal Java Indigo；Desmodium polycarpum；Desmodium tortuosum；Desmodium retroflexum；Leucoena glauca 及 Clitoria cajanifolia 等。

一年生之草本用作綠肥者，乃先播其種籽於茶苗行間，俟其萌芽後數星期或數月即鋤入土中。此種植物有各種小豆屬植物，如Mati Kalai或Kalaidol；Vigna catiang，或稱黎豆，黃大豆（Glycine Hispida）有時稱爲Bhot mas；Cyamopsis psoralioides，或稱Guar；Crotalaria jauncia，或稱 Sunn hemp；Crotalaria striata。

他種肥料

印度茶園除特別情形外，每年或每隔年施肥一次，均在春季第一次淺耕時行之，倘茶樹生長緩慢，宜施以速效性氮肥，以促進其生機。

凡市上所出售之各種肥料，無不可作爲茶樹肥料，如硫酸錏、硝酸鈉、氰氨化鈣、油餅、血粉、魚肥、動物粉、蒸骨粉、獸皮及筋肉、海鳥糞、過磷酸鹽、石灰、骨、鹽基性火山灰、比利時磷酸鹽粉、阿根廷磷酸鹽粉、放射性燐化物（Radiophosphate）、硝石或硝酸鉀、鉀鹽、動物糞尿及石灰等。

肥料有時用輪施法者，茲舉一例如下：

第一年——磷酸鹽及速效之綠肥，如黎豆。
第二年——氮肥及鉀肥。
第三年——Boga medeloa。
第四年——將剪下之 Boga medeloa之枝葉深埋土中。

從前以爲環境需要時，第一年可用石灰，然後照上述輪施法，五年重覆一次。其後證實茶園土壤，並不需施石灰，任何土壤，如非顯明爲酸性者，可施用硫磺粉改良之，氮爲最重要之因子，價廉之可溶性人造肥料，最爲有用。

壅土及培土

在若干情形之下，壅土不必將土掘開，只將落葉及其他植物遺體分佈於地面即可，其目的在使燥熱氣候時，保持土壤之溼度，且當其腐爛時，可變爲佳良之肥料。此法並不行於東北印度。

改良土壤之有效方法，在印度被應用更廣者爲培土，如鄰近者爲肥土或泥炭土，則不難得優良土壤。當工人閒暇時，即可做此工作。培土約深三吋，每畝地約需泥土五百噸。

病蟲害

印度亦與其他產茶國相同，在茶樹上亦常發見某種蟲害及病害。蟲害中最重要者爲茶蠅(Helopeltis theivora)、紅蜘蛛，緋紅蝶虱、青蠅及牧草虫。

茶蠅在丹當發生於七月杪，但在其他被侵入各地，則以九月至秋季之末爲害最烈。防治之殺虫劑爲石油乳劑，但効力不大。施用鉀肥以試驗有無防止之力，亦未成功。現在科學上所能貢獻於防治茶蠅者，似祇着重於剪枝時淸除茶叢之微菌及被害枝條而已。

紅蜘蛛（Tetranychus Bioculatus）發現於四月杪，當茶苗第一次萌發已屆成熟之時，至六月中卽消滅，在中國種茶樹中發現更多。防治方法可在茶叢受雨水或露溼潤時，撒以硫黃粉，每畝應用二十磅卽足，每噸需費約二十盧比。

緋紅蝶虱（Phytoptus Theae）喜噬食亞薩姆土生茶樹，發現於四月杪或五月初，如築蔭影於茶園，能減輕其作祟，或施用硫黃亦可。紅色蝶虱（Brevipelpus）及黃色蝶虱（Phytoptus Theae）亦偶然爲害茶樹。

青蠅（Empoasca flavescens）常發現產生於有優良香氣之茶葉之茶樹。以往以爲當其爲害劇烈時，常使茶樹生育受阻，但最近試驗結果證明此說不確。

牧草蟲（Thrip）爲一小魚雷形之昆蟲，一九〇六年首先發現於大吉嶺，一九〇八年爲害最烈。在東北印度曾發現三種。

防治牧草蟲最佳方法，爲增強茶樹之生機，勤加中耕，施用肥皂液，或與石油混合噴射於茶叢上。

除以上之主要蟲害外，尚有其他種類，如蟋蟀（Brandrytypes Postentosus）亦常爲害茶樹，尤以在苗圃及重剪枝之茶樹爲甚。

甲蟲爲害茶樹，以 Diapromorpha Melanopus 爲最烈，此蟲將嫩枝嚙去，使其上部枯死。蟑螂蠐螬（Lachnosterna Spp.），爲害茶樹之根部。

鱗翅目中爲害茶樹之幼蟲最多，最甚者爲 Faggot 及 Bag worms (Clania Spp.)、Bark-eaters(Arbela Spp.)、紅菭蝓（Hoterusia Magnifica）、紅鑽蛀蟲(Zeuzera Cofeae)、蛆蟲(Biston Suppressaria)、Bunch Caterpillar（Andraca Bipunctata）、Sandwich Caterpillar（Agriophora Rhombata）、茶捲葉蟲（Homona Menciana）及Grecilaria Theivora、Nettle Grub（Thosea Spp.）。一種蛾（Blastobasis Spermogens）之幼蟲生於茶籽內。

茶蚜蟲(Toxoptera Theaecola) 使成長中之嫩芽捲縮而停止伸長，妨礙苗圃之幼苗及剪枝後之茶樹之發育。在大吉嶺之山區上，介殼蟲造成嚴重之傷害，但在平地則因茶樹生活力旺盛而減輕其爲害程度。中以 Chionaspis Manni 吮吸由枝幹向下流之汁液，爲害更重。茶粉蚤(Dactylopius Theaecola）損害茶樹之根，爲大吉嶺之一大害。茶籽蚤(Peecilocoria Latus) 爲育種園之大害，能將茶籽貫穿，使微菌侵入，毀壞種籽。

白蟻亦常成害，羣集於茶叢上，先害修剪所致之死節，逐漸蔓延至全體，另有一種 Odontotermes 生於土中，分佈極廣。

除蟲害外，印度茶樹尚爲某數種病害，最普通爲灰葉枯病、棕葉枯病、銅色葉枯病、水泡葉枯病、線狀葉枯病、黑腐病、幹及根之各種病害。

病害之處理

托格拉試驗場對其會員提出處理茶樹病害之十條規則如下：

泡葉病

1. 隔離病樹，禁止工人與畜牲等觸及之。凡有必需耕作等工作應由特別之工人施行，並應用特別指定之農具。每日工作完畢後，工人及農具均以石灰硫黃合液就地噴射之，防止病菌之傳佈。石灰硫黃合液並不傷及皮膚或衣服，但切不可入眼。

2. 摘去或剪去所有病株，就地焚燒之，倘難於燃着，可澆以火油。

3.噴射殺菌劑如石灰硫黃合液於病株上。

4.俟病之性質而或復施行採摘、剪枝及噴霧。

5.倘同時發生多種病害，則先處理小面積者，隔離大面積者，直至時間許可時再處理之。

根病

1.有已死或將死之樹之茶園應隔離之，應用於此土地內之農具，亦應隔離，工人則可不必消毒。

2.大面積及小面積病區之邊緣，首先掘去已死及有病之樹叢，小心移去其病株。

3.病株應在可能範圍內就地焚燒之，否則用舊布袋或籃收集，送至他處燒燬。袋或籃以一併燒去為宜，否則應以石灰硫黃合液消毒。

4.注意新發現之病害並立刻處理之。

5.掘去所有之死株。

茶樹感受多數微菌之襲擊，大都由於耕作之不善，故注意栽培方法，亦可抑制微菌之生長，經研究所得，知採摘或修剪時如留葉較多，亦可防止嚴重之病害。（註五）

剪枝

印度剪枝普通於冬季十二月至二月行之，且視各品種之停止發芽先後而定。中國種剪枝最早，其次為雜種，本地種最後。剪枝之形式，在各區各植茶者均不相同，東北印度每年全國剪枝一次。倘茶樹不在季節末抄剪枝，次年早期可得大量之產額，但下半年則減少。

剪枝時間各地亦有參差，如雪爾赫脫剪枝施行甚遲，因此地常受暴風雹及乾旱襲擊，過早剪枝對於重抽新梢嫩芽必受損害，在吉大港及其他山區，春季氣溫低，早期之抽芽易受凍害，杜爾斯及丹雷亦宜剪枝稍遲，但有時為減少微菌侵害，而行早期剪枝。

剪枝用鐮刀，刀口長約四至八吋，形式依剪枝之式樣而定。第一次剪枝之年齡各有不同之意見，有主張於種植後六個月施行，有主張三年後施行者，要皆視其生長而定。首次剪枝多在離地面六至九吋之處，切去主幹而留下部之側枝，在離地面十五至十八吋之側枝，亦一律剪去。第二次剪枝乃在十五至十八吋之高度，所有枝幹一概剪去，以後之剪枝

相同，均較上次所剪者多留約二吋。

印度茶樹之重剪枝在離地九至十五吋之處一律剪去，每隔十年方舉行一次，結果使是年茶葉之產量減少一半，在山區者則減少三分之二至四分之三。

台刈為剪枝中最劇烈者，若干茶葉專家認為普通情形下並不必要；無論如何非經二十年不宜台刈。農人中有完全不行台刈者。至於台刈之法，乃在茶叢離地面高約八吋剪去，亦有掘去株旁之泥土，再將主幹及枝條斜面切斷，但此法只在二十年前用之，現今並無採用者。

在印度剪枝之標準，乃視茶樹本身而定，普通均有一定之範圍，茶叢之形狀通常為平面，但有時因側剪及採摘而成饅頭形。

輕剪乃不論茶樹高矮或強弱僅略略剪去所有嫩枝之頂部，其方法乃以一有誌號之桿，直立於茶樹旁，在此誌號以上者一律剪去，但較弱之茶叢則不施行。

與剪枝相同者，為整潔剪（Cleaning-out），稀薄剪（Thinning-out），空間剪（Spacing-out）及摘心。Hope 及 Carpenter 謂整潔剪亦為剪枝之一法，有下列九項步驟：

(a)剪去所有之弱枝及不能生長者。

(b)除去死株及斷枝。

(c)產量甚多之新株，其嫩枝只留一、二株，最外之枝條，如非必須，則予保留。

(d)刈去修剪後新抽之小側枝以減少側枝之數目，而留少數之強壯者。

(e)新出之芽一律剪短至六吋長。（註六）

稀薄剪包括(a)(b)兩項工作；空間剪則包括(a)(b)(c)三項工作。刈去之枝，均埋入土中，以增加腐植質。其一年以上者，則焚燒之，以防傳染病害。

註五：A. C. Tunstall著：Heavy Pruning and Stem Disease載印度茶業協會科學部一九三一年季刊第三部。

註六：G. D. Hope及P. H. Carpenter合著：Some Aspects of Modern Tea Pruning 一九一四年在加爾各答出版。

採摘

南印度與錫蘭相同，不若北印度之有旱季或寒季，茶樹整年發芽，採摘亦可整年行之。北印度則於風向轉變並在西藏高原吹來乾燥而寒冷之風時，茶樹停止萌芽，製造亦即停止。三月時，春芽萌發，乃開始採摘，是爲頭茶。第二次於五月杪至六月初萌芽。此二次所採之茶，精製後含芽葉多，故可得善價。二茶以後期間不甚明顯，因在葉腋隨時能萌新芽。採摘時期由三月杪或四月初直至十二月中可繼續行之，出芽次數由十次至十五次。故勞力許可時，有若干茶樹每年竟可採摘至三十至三十五次——在採摘季中每星期可採摘一次。在南印度則全年可採摘。但當季候風盛吹時，或停止萌芽，四月至五月及九月至十二月爲兩大萌芽季，前者可得全年精茶百分之二十五，後者可得百分之三十五至四十。各區採摘最差異極大。

南印度之採摘法乃摘一芽二葉，遺留魚葉外之三片發育完全之葉。第二次發芽至七月杪，採摘時各留一發育完全之葉及魚葉。八月初暫停採摘，使採摘至魚葉之茶叢得以休息。每次採摘相隔約七至九日，最盛時每畝可得鮮葉一二〇磅，製成精茶三十磅。

採摘有粗嫩長短之分，嫩摘乃摘一芽二葉，粗摘乃三或四葉。嫩摘之葉製成優良成茶。一嫩枝之組成如次：

芽……………………一四%
第一葉………………二一%
第二葉………………三八%
梗……………………二七%

長摘乃在離老枝相當距離處摘斷之，重剪枝後之茶樹，必須應用此法，否則使茶樹受傷太重，當其生長漸老頂部漸長，乃可行短摘，即在離老枝約六吋處摘之。短摘、嫩摘可得優良茶葉。

東北印度採摘規定爲一芽二葉，其採摘之多少，視茶勢之強弱而定，惟尚涉及其他問題。採摘一語在各種茶者俱樂部中時有爭辯，有主張茶叢達三呎高度時摘成平面；有主張先摘頭茶，待生長至理想高度時再摘之。

採摘一定量之茶葉後，在嫩枝之端必成一葉及一蟄伏之芽，不再生長，此葉稱爲不育葉，應否再摘之問題，迄未解決，但托格拉試驗場試驗結果謂不育葉應摘去，否則茶樹受損。

採摘多由女工用手採之，摘後有將葉放入女工所背着之布袋內，惟易惹起醱酵，故多已廢棄。現用籃盛茶，其中部溫度亦能升至華氏一四〇度，倘茶葉遇此高熱，易發紅色，此種變色之葉與新鮮青葉混合，難於製成佳茶。

爲防止萎凋太早，每日至少須送青葉往工廠二次。其過磅即在原籃或傾入另一籃中行之，亦有在田間過磅，使採茶者可繼續不停工作，以獲得更多之工資。

萎凋

南印度及錫蘭之氣候常年溼潤，北印度則只在季候風之四月期間較爲溼潤，故前者生葉之萎凋均在不通氣之室內行之，若干萎凋室且有熱空氣循環通過之。在亞薩姆並不需要萎凋室，生葉攤於室內架上，即可萎凋良好。杜爾斯、丹雷及大吉嶺地方季候風時氣候較亞薩姆溼潤，故亦常設萎凋室。

萎凋室有兩種型式，一種爲一疊之竹框架上蓋以黑漆布，每架間距離三呎，僅容小童爬入攤佈生葉。全面堆積生葉，只留中部一通路，每室內約有十層。其他一種爲一疊之淺鐵絲網框架，上鋪以竹片或粗黑漆布，每架相隔六至九吋，稍傾斜，高約六呎。

新式之萎凋室用鐵構築，屋頂爲洋鐵片，裝有瀉水板，旁設有活動簾以防日光直射或雨水浸入，地板以竹片鋪之，上蒙以黑漆布，此型之萎凋室所費甚多，結果亦良好。

一般採用竹框架，式樣較鐵絲網架爲多，且可製成優良茶葉，以抵銷其較大之設備費用。又生葉分攤在竹框上較鐵絲網架上稍薄。在鐵絲網框每磅生葉可攤九方呎，在竹框架則每磅葉片可攤爲十五方呎，分攤之厚度，乃視輸入之葉量及可分攤之面積而定，故有時葉之分攤，不能合乎理想。

室內普通均裝有風扇。風扇有兩種，一爲裝在牆上，一爲吊在天花板上者。其中最多用者爲雪洛谷式扇，可放於地板上；雪洛谷牆上扇；勃拉克孟式（Blackman）黃楊木葉扇，嵌入牆中以抽入外間空氣；勃拉克孟式流線型扇；開脫（Keith）式開放式迴輪等。

萎凋時間約須十八至二十小時，在室溫較高時，宜先用冷空氣吹過葉面五分鐘至十分鐘，方可移入揉捻室。

揉捻

印度揉捻之步驟可分爲三：首爲揉捻，約十分至三十分鐘；次用解塊機解開團塊，其後再行四十五分鐘之重揉。重揉時加壓力十分鐘，再去壓五分鐘；或加壓七分鐘，去壓三分鐘。第三次揉捻并非必需，多於醱酵後十分鐘時行之，揉捻時間不定。

揉捻盤每分鐘迴轉約八十次。普通之速度爲每分鐘七十至七十五次。大吉嶺一帶常迴轉較慢，爲六十五至七十次。南印度則爲四十至四十五次，故需要揉捻時間較長，需用揉捻機亦多。

揉捻盤以黃銅作面，黃銅磨耗後，常用水泥片代替之。揉捻機使用最廣者爲 Jackson 揉捻機，最大之機一次可容納四至五蒙特或三二〇至四〇〇磅之萎凋葉，相當於精茶一蒙特或八〇磅。北印度一座新式揉捻機一季可採成一、〇〇〇蒙特或八〇、〇〇〇磅之精茶。

醱酵

醱酵室普通與工場其他部份隔離，但須與揉捻室相近，方屬便利。溫度常保持華氏八十五度以下，爲全工廠中最涼爽之所。

依最新式之方法，茶葉係攤佈於水泥地面或玻璃板及磚面上，但最新式工場多用水泥，亦有用架、桌或淺框者。

茶葉分攤之厚薄視季節及葉之情形而定，普通爲一吋至四吋厚。上蓋溼布，但不可直接與茶葉接觸。醱酵所需之時間因氣候情形而異，約爲二小時至六小時。若干新式工場或有溼度調節器，以高壓將水經小口壓出，在室中造成水蒸氣。

烘焙

印度各製茶工場均用機器烘焙，醱酵後之茶葉從機器上端放入，再從底部排出。熱空氣則由底部注入，由上端抽出，故最熱之空氣遇到最乾燥之茶葉。熱空氣之溫度均勻下降，頂部之溫葉所遇之溫度約華氏一四〇度。

第一次烘焙，其乾燥程度應爲四分之三。除南印度以外，須再行第二次烘焙。第一次烘焙普通用大型之自動式機器，第二次則用人工管理之較小機器。烘焙時間約爲三十至四十分鐘。

一大型乾燥機之效率可與應用舊式木炭乾燥法三十人至四十人之工作效率相等。燃料大都由爐外爐口加入。各茶廠所用烘乾方法未必盡同，有先用循環帶繼續轉動，使葉片之一部分乾燥，乃再以較小之乾燥機完全烘乾，亦有完全用大乾燥機一次乾燥者。印度人常用貨幣數目以表示乾燥程度，頗饒興趣。例如一盧比爲十六安那（Annas），故工人稱「十二安那」乾燥，即表示乾燥程度爲百分之七十五。

印度採用之著名乾燥機爲雪洛谷式，包括雪洛谷淺盤上抽式乾燥機、雪洛谷上抽式乾燥機、雪洛谷下抽式乾燥機、雪洛谷密閉斜盤壓力乾燥機及雪洛谷循環帶狀加壓乾燥機，均爲 Davidson 公司所製。尚有馬歇爾製茶機器公司（Marshall's Tea Machinery Co. Ltd.）所製造之 Jackson 專利機器，又有 Paragon、Empire、Venetian、Imperial Venetian 及 Victoria 等式機器。

篩分及揀選

茶葉烘乾後，即放入切茶機中，將大葉切小。然後用篩分機分爲各種等級，印度所用之篩分機普通有兩種——旋轉式及擺盪式，兩種均使茶葉經過一搖動之線網，令其儘量經過網眼，網眼通常有五號，適合於普通採用之等級。

第一次篩用第十三號或第十四號篩，每分鐘轉動二十五次，取碎橙黃白毫；餘者通過十二號篩而得橙黃白毫；通過十號篩得白毫。篩剩者含有白毫小種，用輥茶機切細之。篩分茶末用廿四號。

等級分為碎橙黃白毫，橙黃白毫，白毫，碎白毫，白毫小種，茶片及茶末。亦有分為黃金芽嫩橙黃白毫及嫩白毫，但不如標準等級之通用。尚有一種纖毛乃於茶葉篩分時飛揚散落於廠房四壁後再掃集而得者，此種纖毛乃售至加爾各答以製造茶素之用。

茶葉之揀選與清理乃一費時費力之工作。優良之茶廠在茶葉篩分後必用手工揀選數次，揀去茶梗及其雜物。工人多為婦女或孩童。揀出之茶梗亦可出售。

茶葉分級後各級之茶再用扇搧去茶片及茶末。唯一供茶葉製造用之扇為麥克唐式扇（Mac Donald's deflector），若干植茶者應用舊式扇，如用以搧穀殼者。在杜陀簽及其數區地方用籃將茶葉簸揚，而以電風扇吹風通過葉面，以分離茶片及茶末。

補火

揀揚後之茶葉在包裝之前再經補火，以除去在工作過程中所吸收之水分，茶葉在此過程中約吸收水份百分之十至十二。茶葉所含水份在百分之六以下方能保存良好，超過此數則易變壞發霉。惟茶葉過於乾燥反無香氣，而有一種難以言狀之氣味，尤以新製就之茶為然。補火即所以使茶葉含水分不超過百分之五至六。檢定茶葉水分之方法，甚為簡單而便利。其設備為烘箱、天平、乾燥器及若干小盆。在加爾各答祇費二〇〇至二五〇盧比即可向任何藥房購得之。先稱一定量之茶葉於小盆中，以蒸氣烘箱烘數小時，再於乾燥器中冷之，再稱之，所損失之重量，即為水分之重。再依此算出其百分數，即可知是否需要補火，或需要至如何程度。

勻堆及包裝

茶葉經揀過放於工場內，積至相當數量乃可勻堆裝箱。通常茶葉須經華氏一五〇度之溫度補火，以減少水分之含量至百分之五，始可保持馥郁之香氣而不發霉。

勻堆時在地上鋪一大布蓆，將茶葉倒在蓆上，以木耙將茶葉往返耙拌，使混合均勻。

包裝機器有數種，但其工作之原則均相同，即將茶箱振盪，一面傾茶葉入內，某種裝箱機乃一平台，每分鐘能振動二千次，將襯鋁或鉛之箱置於其上；另一種較通用之裝箱機裝有一搖擺之台，將一或二個木箱緊絆其上，使能迅速振動。

普通每幫茶葉在五十至三百箱以上，上等者每花色以不超過二十五至四十箱為度。每箱中另備二磅茶葉以備補償因蒸發而消失之量。茶箱種類最通用者為三夾板箱，以 Imperial、Luralda、Venesta 等商標為最通用。若干茶園仍用土製之大箱，但因其太重，安全效果難以抵償運費。三夾板箱多在上亞薩姆之雷多（Ledo）地方製造，箱內襯以鉛或鋁，如襯鉛者則須再襯以紙張。

茶葉裝箱後，頂部以鉛片銲接，再小心牢釘箱蓋，漆以廠名及批別，即可裝船運出。

綠茶

印度製造綠茶，已有七十五年之歷史，在某時期內各茶區中均有製造，現在則祇有康格拉，爪盤谷、雪爾赫脫、台拉屯、闌溪、卡察、尼爾吉利、吉大港、邁張、阿爾莫拉、馬拉巴、加爾瓦及丁尼佛萊各地尚有繼續製造而已——地名先後依產量多少排列。

綠茶手製之程序與中國方法相同，Charles G. L. Judge 曾發明數種製綠茶之機器，茲分述其製造過程如次：

先將生葉放入直徑卅六吋至十二吋之鐵鍋內，鍋下燃柴或炭，使鍋赤熱，用手或木桿急速翻動之，以免燒焦。約經三分鐘後，生葉漸變柔軟，體積亦縮小至一半，乃移至揉捻檯用手揉捻之。因綠茶需要較佳之條索，故揉捻較紅茶為久。

倘有日光，則將已採之葉薄攤於太陽下，直至變黑青色，以手觸之，覺其黏膩為止。如遇天陰，則將揉捻葉盛於一網架上，下加炭火烘之，直至上述同樣程度為止。

其後再放入直徑二十五吋深十二吋之鍋內，用溫火炒之，溫度之高低以手觸覺暖熱適宜為度。放入茶葉分量約以半滿為準，以手旋轉翻動，至其再變柔軟，復移揉捻檯揉捻之。

第二次揉捻後，茶葉復放入小鍋至盛滿為度，用文火不停翻轉炒之，約四小時，至茶葉將乾為止。如欲製較多之珠茶，則將葉塡滿一頁大之長狹布袋中打踏之，使成一緊結之塊團；欲取貢熙較多，則貯藏箱內，經數星期再施行最後之步驟。即放入上述之小鍋，其分量約為半鍋，加溫至手不能接觸之程度，然後用手將茶葉在鍋邊往返翻動，至呈淡綠色為止，需時約一小時，此後再經揀選而分等級。在裝箱前須再補火一次，約需二小時，着色與否，視茶葉色澤已否合宜而定，如此乃可裝箱出售。（註七）

茶葉曾經着色者，普通稱為「加工綠茶」或「眞綠茶」，不着色者稱為「不加工綠茶」或「天然綠茶」。着色料通常用滑石粉，一茶匙足夠四磅茶葉之用。

自製造綠茶機器發明以後，若干手工方法逐漸絕跡，在一八九〇年左右，有原在錫蘭後遷至爪盤谷之植茶者 H. D. Deane 獲得蒸氣製綠茶之專利方法。到一九〇二年，蒸汽首次傳入印度。不久 Judge發明離心機以分離茶葉之凝集水，此機即為離心力乾燥機。

Judge 又為改良茶色起見，發明綠茶精製及車色機，此機為六角形可轉動之筒形箱，直徑四呎，容量六〇〇至七五〇磅，中心為一固定之鍋車軸，有網窗以流通空氣。其後市上更有其他之綠茶精製機出現。

在台拉屯，生葉放於一淺鍋中直接加火殺青，待發小爆裂聲，乃劇烈搾轉，立卽取出，以免燒焦。

亞薩姆之綠茶製造程序如次：生葉採摘後立卽送至工場，鬆攤於一長六角形箱內，每分鐘旋轉二十五次，同時吹入蒸汽，約九十秒鐘，始取出使冷，再放於一分鐘旋轉一千次之去水機內乾燥之，此時抽出多量液體，液中約含有百分之十五之固體，故依此法處理後之茶葉製造紅茶，其分量必減少百分之十五。茶葉去水後出去水機內取出，略成餅狀，移至頂部開放之揉捻機內，揉捻約半小時，再放入以前所述之烘焙機內，乾燥至略成脆硬之程度。此種半乾茶葉，再揉捻半小時，最後以華氏一百八十度之熱度烘焙之。

綠茶車色用旋轉之六角形襯鐵片木箱為之，加百分之一滑石粉，欲製優良之綠茶，須避免採摘硬葉。綠茶之等級為優等雨茶 (Fine young Hyson)、雨茶 (Young Hyson)、一號貢熙 (Hyson No. I)、貢熙 (Hyson)、秀眉 (Soumee)、干介 (Twankay)、茶片 (Fannings)、茶末 (Dust) 等。

由熱鍋製造之綠茶較用蒸汽者為佳。且熱鍋法茶葉並不變溼，故無須用離心機分離其水分，可免葉汁之損失。

磚茶之試製

磚茶曾於大吉嶺及古門試製，以應西藏及不丹市場之需要，現在則不復製造。

遠在一八八三年時，卽討論及印度磚茶輸入西藏之可能性，一九〇五年印度茶業協會派 James Hutchison 往中國調査磚茶之製造法及市場情況，其報告指出在西藏喇嘛有磚茶專賣權，故反對印度磚茶傳入以代替中國磚茶。

運輸

印度茶葉由出產地運輸至加爾各答之市場，至今仍為一困難問題，例如迪勃魯加(Dibrugarh) 離加爾各答八三〇哩，以鐵路連絡之。但亞薩姆與杜爾斯則有不能築橋之河道橫阻路中。

註七：Charles G. P. Judge 著：Green Tea 一九二〇年加爾各答出版

亞薩姆之貿易通道自古迄今，卽爲布拉馬普得拉河，或稱爲大河，最闊處達二哩以上，加爾各答至迪勃魯加有老式明輪汽船相通，二者相距幾近千哩，需時二星期。北岸一帶遠至高哈蒂（Gauhati），亦均以汽船爲出口之工具。

在森馬谷鐵路未開闢以前，白拉克河（Barak）爲出口之要道，箱茶由本地小船運至布拉馬普特拉再轉裝汽船 。森馬更有鐵路直通吉大港，如欲運往加爾各答，需在陳德浦（Chandpur）轉裝汽船至科倫陀（Goalundo），再轉闊軌之東孟加拉鐵路，而至加爾各答。

杜爾斯有聯絡孟加拉之孟杜鐵路，在拉爾孟納哈脫(Lalmanirhat)與東孟加拉鐵路接軌，而成一亞薩姆至加爾各答之鐵路線，此線直展至桑他哈（Santahar）而與由西利古利 (Siliguri)而來之闊軌鐵路聯接。箱茶必須由桑他哈轉船或經過布拉馬普特拉之杜勃立（Dhubri）轉裝汽船直接至加爾各答。

亞薩姆之第一條鐵路爲約赫的（Jorhat）地方鐵路及迪勃魯薩地耶（Dibru Sadiya）鐵路，兩者均以聯絡布拉馬普特拉與茶區爲目的而建築。繼此兩路之後，再築亞薩姆孟加拉鐵路，由吉大港至汀蘇加橫過卡察直入亞薩姆谷之蘭亭。此後更完成蘭亭至高哈蒂線，如往加爾各答則在此轉汽船至杜勃立。此地與東孟加拉鐵路聯接，加爾各答與亞薩姆間之交通網最後一線爲拉爾孟納哈脫至阿敏岡鐵路，與高哈蒂相對。最近數年中，在亞薩姆已完成數條重要之支綫。

大吉嶺爲一山嶺區域，故運輸不便，最困難者爲箱茶運至大吉嶺喜馬拉雅鐵路之一段，此段鐵軌闊爲二呎，由七千呎高度之大吉嶺降至平原地之西利古利與闊軌路聯接，通達加爾各答。

箱茶運輸至鐵路綫，有時須以卡車或牛車裝運數哩，故需要佳良之公路，在亞薩姆者路面軟泥太多，雨後往往泥濘，祇能用牛車行駛。

森馬谷中有若干公路路面較佳，一因土壤爲紅磚土，一因運輸可由小河代替，減少陸上運輸。杜爾斯亞公路縱橫交錯，路面亦佳，但因河流太多，架橋較爲困難。

台拉屯亦用牛車或卡車運茶至往加爾各答之鐵路，關溪之情形亦同。在康格拉及古門，若干茶園距離太遠，箱茶由苦力挑至較近之路。吉大港之路甚崎嶇，故箱茶多用海輪直運加爾各答及倫敦。

南印度有一完善之鐵路系統，有一支綫通至亞那馬那（Anamal-aie），另一支綫通至鄂泰卡蒙特（Ootacamund），公路亦用碎石舖成。箱茶用牛車或卡車運送一百哩至鐵路綫。最不利者爲每月四、五十吋之霪雨，常將路面冲壞，致運輸常停頓數月或一週之久。

過去及現在之勞工問題

印度地大人衆，而茶業之困難問題反爲勞力，實甚奇異，尤以在亞薩姆、杜爾斯及丹雷爲然 。其原因乃在此數地之印人全擁有自耕之田地，惟在可他那格浦及別哈爾省之巢達柏十那斯，中央省之奧利薩以及較遠之麻打拉斯與孟買等省，雇用勞工較易。蔡達斯、奧倫斯及巢達爾斯又爲別哈爾及奧利薩省中補充勞工最易之地方。中央省之哥德斯，亦爲勞工補充區。

茶區勞工協會可視爲印度茶業協會主持勞工補充之一支會，在亞薩姆約有百分之九十二之植茶者，杜爾斯及丹雷約百分之七十之植茶者均爲該會會員，其祕書爲加爾各答之培格鄧洛浦公司（Begg. Dunlop & Co. ltd.）。

從前雇用工人均訂有合約，此約可依照工人背約法令或一八五九年第十三號法規延長至三年。由工頭所招募之工人，均願按照十三號法規訂約，其原因爲預支工資之引誘，此預支額每年約十二盧比，倘夫妻二人同受雇用 ，則二人所得之預支工資足以購買犁牛以供其自耕土地之用。數年前，合約期間減爲一年，至一九二六年六月三十日取消十三號法規，而代以純粹公民式之合約，如遇有違約情事，祇可向民事法庭請求處理。

其後發覺由工頭承包之有限制招募對新茶園及其擴充，殊多阻礙，乃於一九三二年通過一種新法令，取消此項限制，但爲實施管理移民事宜並注意工人之福利，凡在亞薩姆受雇滿三年者，供給旅費准許返里。此法令不適用於杜爾斯及丹雷之茶園，因該二處仍沿用工頭方法，其主要來源仍係經茶區勞工協會之手招募而來。

茶樹只能生長於不受洪水泛濫之土地，然而在種茶之土地中有若干處仍不適合於茶之生長，其面積竟達百分之五十之多，此種土地只適於栽植水稻。因此，在多數茶園中，勞工如欲移墾，可酌撥稻田以供其私人耕種，收取少數租金，或竟免租。在亞薩姆居留之五十萬勞工中，大多數均有私有田。

稻田並非完全與茶園無關係。若力應用於其私人耕種之時間過多，勢必減少其合約法令所規定最小限度之工作。此項工作在豐富經驗之工人每日須費二小時半至三小時。此等工人所處之地位無異封建時代之享受土地保有權者，既擁有稻田，又承認有每月最小限度二十四日工作之義務，如此每畝茶園最少須一至一個半工人為之耕作。

表七乃由商業統計部所製，指出工人工資之逐漸升高。在考察此工資時須注意大多數工人均擁有約一畝之稻田，種此稻田之收入已足以維持其全家之生計。

表七

亞薩姆茶園工人之平均每月工資

(1926—27至1930—31)

年份	男子			婦女			小孩		
	盧比	安那	派	盧比	安那	派	盧比	安那	派
1926—27	11	6	1	9	8	5	5	14	0
1927—28	12	4	5	10	6	8	6	6	6
1928—29	13	2	3	10	6	3	6	10	10
1929—30	12	11	3	10	3	5	6	11	11
1930—31	12	10	7	9	12	2	6	8	8

註：平均工資乃以代表之兩月中（九月及三月）每日平均勞作計算，均指現金支付者。

每一工人除工資外，茶園尚給與如下之利益：

住宅：估計最低價值為每房間三百盧比，可住三人，即應付一百盧比，每年每人之租金當為……一〇・〇〇盧比

米……一一・二五盧比

藥費……五・〇〇盧比

醫費……二・〇〇盧比

兒童教育費……五・三〇盧比

特別費，如生育結婚，死亡，節日，及其他紀念節之禮物……三・六二盧比

毛氈，每年每人一條……三・〇〇盧比

每年每人用費……四〇・一七盧比

每人每日費用，（每月以二十六日計算）……〇・一三盧比

除上述者外，茶園工人可免費享受自來水供給，供若輩禮拜之廟宇或選擇其他相等之利益，兒童免費入學，畜舍，托兒所，柴薪及一塊可栽植蔬菜之小園地。每五百畝之茶園，對工人所耗之費用每年達二〇、六〇五盧比，多於其所付之工資。

為減輕補充勞力區域之土地荒蕪，亞薩姆之茶園不復能吸引可他那格浦或麻打拉斯地方之勞工，凡願移住者，不過因暫時之窮迫而出此，而已習慣於勞工移殖制度之植茶者，對於其租借土地之工人所任最小限度之耕作，本無監管之必要，惟對於企求每日能獲十二安那至一盧比之新來工人，勢非有適應環境之計劃不可，而且又須常常加以管理，此等工人移殖之時期甚短，約自六個月至二年。

亞薩姆地方常遇兩種制度衝突之困難，移殖工人不滿於新來者之高工資，而新來者又羨妒移殖工人之安適生活，加以普通對有自尊心之工人，每日祇分派工作三小時。總之，在一茶園中之階級以及因工作消閒及自做等等，乃成為煩惱之原因。

杜爾斯與丹雷之勞工問題極相似，但無上述之限制勞工情形。茶園經理常親到他處覓雇工人，而今日之田園亦如在亞薩姆所見者同樣擴大。

最近茶區勞工協會在杜爾斯成立一分會，由選出之杜爾斯管理委員會統轄之。此舉堪注意者，即為會員曾自動願受在他處認為亞薩姆植茶者之桎梏之束縛。例如會員甘願受茶園工頭之約束，正如亞薩姆植茶者法令所規定而必須遵行者相同。但麻打拉斯一小部份之茶園則為例外。勞工由本地工頭招募而在一種聯合制度下分配於各茶園，藉以補充茶園

之工人。

勞工制度與在亞薩姆所施行者相似。惟茶園之工頭係傭用性質，得在其部下之工資內獲得十五至一百之佣金，此種工頭並不訂約，亦不負担工人之責，故與南印度茶園之Kangani或Maistrie不同，但在若干方面則與意大利工頭Padrone相似。

在亞薩姆及杜爾斯之茶園中，均可見印度各階級各種族之代表，故處理異族間之勞力分配問題，極難得圓滿之結果。茶區勞工協會曾編纂東北印度之階級及種族之手冊，用十二種方言印出，內容大多關於處理茶園生活之成語。此十二種方言如下：

1. Mundari語	2. Santali語	3. Telegu語	4. Kanarese語
5. Gondi語	6. Oriya語	7. Oraon語	8. Nepalese語
9. Assamese語	10 Khond語	11 Sadhani語	12 Kharia語

在茶園中所見最多者爲Dravidian土著，其中又可分爲兩大族：

(a)說Dravidian語者，以Oraon及Telegu爲典型，有三十一種階級及種族。

(b)說Kolarian語者，以Mundari及Savara爲代表，有十二種階級及種族。

Dravidian語爲印度之土著言語，Kolarian則入於澳洲類，爲印澳之中間語。說Dravidian語者大多爲土著，但說Kolarian語者相傳爲由澳洲之最先侵入者上述兩種方言均與雅利安方言——孟加拉語、印度土語及亞薩姆語——與印度邊境通行之蒙古語全無關係。

尚有類乎土著之第三類，已多少與印度同化，包括六十七種階級及種族。

最近到達之移殖者，爲亞薩姆人、印度人及孟加拉人混合而成。故茶園經理不需說他種言語，不過植茶者如熟諳Mundari、Santali、Gondi或其他方言，則可與彼等接觸而增進彼此之瞭解，因之更能獲得若輩之助力。

茶園內之鐵路及車路

大茶園內有用吊車以運送生葉至製造廠者，倘其山爲斜坡，則用纜車。滿載茶葉之籃因本身之重量將下面之空籃曳上。簡單之吊車爲一拉緊之鐵索，載物之籃用滑車掛於其上，因地心吸力而滑動，其行程常可達一哩之遙。唯其不便之處爲空籃必須用手推回。機械動力之纜車亦有用於平地上，以轉運茶葉，但不能應用地心吸力。表土肥料亦常用吊車運輸之。

倘茶園遠離河流，則用輕便鐵路運輸茶葉。亞薩姆之輕便鐵路由茶園聯接至布拉馬普特拉河之輪船埠頭。

從事茶業之印度人

據某專家所述最先印人茶園爲一雪爾赫脫人。於一八七六年創立。此人名B. C. Gupta，與其同伴D. N. Dutt爲印人業茶者之鼻祖，繼其後者爲雪爾赫脫之Raja Girischandra Roy，布拉馬普特拉谷之Manikohandra Barua，亞薩姆之Rai Bahadur Bishnuram Barua及查爾派古利之若干印人。自一九〇七年以來，在雪爾赫脫已有三十餘家土人所辦之公司。在康米拉、勃拉孟白利亞、查爾派古利、蘭貢及加爾各答亦有印人所設之公司。至一九二〇年其中有若干宣告失敗。

在亞薩姆原有之茶園，爲印人所有者極少，但在康格拉，大吉嶺、杜爾斯及丹雷則大多數之土地屬於印人，查爾派古利爲印度植茶者協會之總會所在地。在吉大港有一、二茶園爲印人所有，帖比拉山之所有茶園，均爲印人所管轄。

印度茶業協會

印度之最初茶業組織即爲印度茶業協會，爲倫敦之印度茶區協會及加爾各答之印度茶業協會合併而成者。前者於一八九四年合併之日即取消印度茶區協會之名義。在倫敦所發生之問題由倫敦分會處理，在印度發生者則由加爾各答分會處理。每一分會由常務委員會主持一切，並對於隨時發生之各項問題向會員提出建議，但無執行建議事項之權。

概言之，協會之重要目的在於推進一切從事於植茶及貿易者在東北印度之公共利益，並謀發展對內、對外之市場，後者包括宣傳運動及展覽會等。

加爾各答分會爲茶園業主、茶園經理或代理人以及若干有限公司組織而成。倫敦分會則由個人、公司、從事於印度茶業之商店所組成。前者所屬之茶園每年納會費每畝茶園約爲九安那。其事務及財政由每年選出之九個茶園所組成之常務委員會管理之，每園派一代表，主持其事，再由委員中互推主席與副主席各一人。

孟加拉商會之祕書及助理祕書爲此協會之當然祕書及助理祕書，蓋自一八八五年起，商會已與協會聯合，協會亦派一代表參加孟加拉立法會議。

加爾各答之印度茶業協會，會址在克里夫街皇家交易所大樓第二號。有二支會，一爲亞薩姆支會，設於迪勃魯加；一爲森馬谷支會，設於卡察之平那康地。

科學部之事業

印度茶業協會科學部之工作有三：研究、試驗結果之訂正及科學常識之傳佈。最主要者爲在實驗室內研究，以後再與田間之實際情形相對照，在菌學、昆蟲學、化學、植物學及細菌學各實驗室內之工作人員皆爲印人，而每組由一歐人專家指導。多數工作表面上似乎離茶業之題目太遠，但此項純粹之科學工作在實際上最爲重要。

化學研究室中對於土壤分析及熱帶土壤酸度之研究甚詳。其他大部份工作則爲研究茶葉在製造中之化學變化，且在托格拉設有模範茶廠，以利進行。

昆蟲研究室研究茶樹之害蟲，蓋欲防除害蟲非先知其詳細生活史不可。最近昆蟲研究室之主要問題爲蚊害。此種蚊類與吾人所習知之蚊不同，實爲另一種昆蟲，惟外觀略相似。茶蚊之爲害乃在鑽入嫩葉中而吸其汁液，每年損失茶葉至數百萬磅之鉅。

菌學試驗室研究茶樹之病害，大凡關於葉、莖及根部之病害莫不加以研究。尤注意致病原因及防治法，至今所發現之病害，爲數之多，令人驚異。

細菌研究室之主要工作在於研究土壤之有益細菌，先明瞭其生活史，乃可明白其生長適宜之環境。其次爲關於茶葉醱酵之細菌，關於此題曾經多數學者之探討，至今仍在繼續工作中。

科學研究部之第二步工作乃將實驗室中所得之結果與田間所發生之現象對照。蓋農業上所遭遇之環境勢難雷同，每一耕作者之工作均可視爲一種在自然環境中之試驗，例如某種剪枝在某年甚佳，但次年即完全失敗，欲求其原因，當檢討其是否爲氣候關係，抑茶叢之環境不同，或另有其他原因，以是需要科學試驗以探究其眞實原因。在理想之環境下，一定之處理方法可得到一定之結果，但常有出於意料之外者，此乃理論與事實對照之下所不能避免之缺憾。研究員之任務即在溝通及解釋此項任務，現由托格拉之研究部負責進行。

科學部職員常分駐各地茶園從事調査，觀察各種方法及結果，收集資料而編成實貴之報告。

研究部之第三步工作，將乃實驗所得之成績宣揚而推廣之，此項工作之表現，一部分爲編輯季刊，現在則改爲年刊，但大部份工作爲巡視各茶園，各植茶者都切望了解別地茶園進行之工作及經驗。

托格拉試驗場

印度茶葉協會在托格拉設立之試驗場，位於東北印度亞薩姆之辛那馬拉村（Cinnamara）郵政房附近，包括化學、菌學、昆蟲學、細菌學、植物學等實驗室及模範茶廠、會客室、住宅、工人宿舍等，佔地約十二畝。此外離婆勃黑他（Borbhetta）二哩半之處，擁有廣大之土地。

在托格拉植茶之地，祇有五畝，而其主要地區稱爲托克拉 Clearance，爲供給品種試驗之用。就大體言之，茶樹品種可分爲三大類，即中國種、亞薩姆種及緬甸種，觀察每種之強弱、生產能力對氣候之適應性等。尙有五十種以上之茶種，分植於各小區，內有印度支那、上緬甸、下緬甸及其他差別甚微之品種。

許多之剪枝試驗正在進行中，有數種方法可使灌木形之茶樹改成叢樹形，其高度適合於女子採摘。最激烈之一法乃將幼茶樹齊地面切去而逐漸培成叢形 ，此法稱爲台刈。另一法乃將茶叢在離地面十八吋處截斷，以後逐年刈取橫枝，但不致減少其產量。托格拉之各種剪枝型式，並附以過去各年之生產量，其優點在於可供各地植茶者之參考。

剪枝之後即爲採摘，茶樹之採摘雖有數百年之歷史，然其採摘方法仍未能合乎理想。採摘之輕重，當然視茶樹生勢强弱而定，但尙含有其他問題，例如假定採摘面爲離地三呎之高度，則是否應將該平面以上之嫩梢即含有一芽二葉者一律摘去，抑或先採摘一部份，然後再任其生長到採摘面而行第二次採摘。此一簡單問題，經反覆試驗後，即產生不同之意見，而收量亦頗有差異。

在托格拉之另一研究結果認爲綠肥最適於茶園之用。該場並建有設備完全之氣象觀察，以研究氣候對於茶葉產量之關係。由此即可確知用某種改良方法可以增加產量多少，因某種病蟲害而減少產量若干。

在婆勃黑他現有茶地六十畝以作試驗之用。此種茶地之選擇一如托格拉，無論在雨量或土壤之觀點上均不合於理想，實際上正因其土壤之貧瘠而選此地位。

托格拉之試驗法在婆勃黑他重複試驗而推廣之，茶樹生長情形如何之問題常在研究中 ，植茶者因貪圖近利往往不能實行其所知之遠大計劃。一九二二年加爾各答茶葉售價每磅二安那（英金二辨士，美金四分），至一九二四年漲至二盧比（英金三先令，美金七十二分）。在此二年中，茶樹之生長及其自然環境雖同，但茶園經營之方法有差異。祇注意關於茶樹每年生長之問題，而不顧及市場價値之變動，此說明在合理之範圍內，試驗場自不能斤斤計較成本。

在婆勃黑他之茶樹先植於苗圃，約一年後移植。關於最佳之苗圃遮蔭樹，最好之播種方法，最適宜之移植時期及其他許多問題，均在研究之列。

此外，肥料亦在試驗中，蓋茶葉產量乃在其葉，而氮爲促葉生長之肥料。故氮肥頗爲重要，必需明瞭何種氮肥最佳，何時及如何施用，以及用量之多寡。茶樹有一嚴重之時期，即爲施行剪枝及採摘最緊張之時期，以後更須施肥以補充其樹勢，但施肥亦有一定之量，過此則並無效益，此限度即爲在婆勃黑他研究中之一問題，有人以爲氮素過多易受某種菌病，其後乃知非由於用過量之氮，而在於用硝酸鈉之氮。若用硫酸錏則可得良好之結果。

在托格拉曾舉行剪枝試驗，繼之有採摘試驗。最後乃注意於耕種方法，此爲有關勞工之一嚴重問題。實際所有茶園之耕種均用手工，因茶叢距離太密，不能使用耕耘機，曾有數種輕便用牛拖曳之耕耘機經過試驗。此外更注意於幾種耕作法如深耕、掘溝、淺耕及除草之效率。

最有興趣之試驗爲選種。按照法則，二株植物雜交結果，其父母本之特性可能混合表現於子樹，或仍保持原有單純之性質。如上所述，茶樹品種可分數大類，故由最純粹之茶樹育種，連續數世代選種，最後可獲得一純粹之品種，由一種籽生長至結實時需三年，若更連續數世代以選擇純粹之品種，則其試驗之結果，須由植茶者之子孫扶植之。

茶葉製造研究，以整個言，最近數年中進步極少，在爪哇發現茶葉上有一種酵母，在醱酵時更臻繁茂，當初發現時，以爲酵母係在茶葉製造中之一重要因子，并未澈底研究。在印度亦發現相似之酵母，似與香氣之產生有關，但尙未證實。科學對於茶業最大之貢獻爲在製造方面有完全及有系統的研究，在托格拉之化學家與細菌學家對於茶葉之聯合試驗，在各種環境下試行不同之製造，實爲一最有價値之機會。

凡研究茶葉者對於托格拉及婆勃黑他二地不能只去一、二次即足，而須每年參觀一次，注意其試驗之發展經過及新法之採用情形，實際上可以體察關於茶籽生長之各方面。因印度茶業之中心雖在加爾各答，但其最前綫則可說在托格拉及婆勃黑他。

印度茶業協會以試驗工作只限於托格拉及婆勃黑池兩地，殊嫌範圍過狹，乃於一九二五年成立一臨時分場於杜爾斯之雪里茶園，由化學家 C. R. Harler 主持之。杜爾斯當地之植茶者表示熱烈歡迎，並切望改為永久之機關，但因科學部之開支過鉅而中止。此後又曾提議設分場於大吉嶺之丹雷及卡察與雪爾赫脫之森馬谷，然研究之中心仍在托格拉，分場則只對地方性質之問題加以考慮，而引用在托格拉研究之結果。一九三〇年在杜爾斯之拉爾西帕拉 (Tulsipara) 成立一專作田間試驗之永久分場。

在托格拉科學部之工作報告，以對植茶者之講演為最重要，在秋季常有二十成隊之人從各茶園到此，參與一週之聽講。

科學部之經費大部份為印度茶業協會所負担，而協會則以會員茶園按畝數所納之稅為經費，除此以外尚有亞薩姆及孟加拉省政府之津貼。因研究工作逐漸增加而經費隨之增加，現今平均每畝約七安那（英金七辨士，美金一角四分），約佔印度茶業協會基金總額之百分之八十。

科學部之財政由在加爾各答之印度茶業協會總會掌管，賬目亦均存於該處，科學部主任預領若干現金以備支付下屬職員及工人之薪金及其他各種零碎費用，每月結算一次，分送協會各會員審核。

印度茶業協會之科學部分委員會每兩週在加爾各答開會一次，對於有關該部之各種提案皆取決於此團體，此分委員會亦有權批准提案。科學部主任每季出席此委員會議一次，報告過去之重要工作及現時各職員在進行中之工作。

植茶者協會

加爾各答之印度茶業協會除在迪勃魯加有亞薩姆分會及在卡察之平那康地 (Binnekandi) 有森馬谷分會外，在南印度有植茶者聯合協會，促進此區域內一般植茶者之公共利益 。 在印度各產茶國普設植茶者分會，在加爾各答設有一植茶者之慈善機關。

各區分會最重要之工作，為使植茶者共同努力以解決有關集體耕作利益之問題。

印人植茶者協會最近在爪盤谷成立，以促進本省印人植茶者之利益。杜爾斯有一相似之印人植茶者之協會，總會設在杰爾派古利，管轄在杜爾斯及丹雷所有之土人茶園。會方供給會員以討論及提出共同之意見於立法機關之機會，並常能得到其適當之考慮。

此協會研討關於地方之重要問題，如鐵路及公路交通以及印刷品之改良等事，但並不給與會員以聽取科學家、茶人、衛生家及其他專家之特別演講之機會。

南印度植茶者聯合協會之茶葉試驗場

在尼爾吉利之地凡索拉 (Devarshola) 之南印度植茶者聯合協會 (U. P. A. S. I.) 茶葉試驗場，有地二十七畝，係向 Woodbriar 茶園之園主 E. A. Fulcher 所租賃者。全場建築包括研究員室、試驗室、辦公室、助理研究室、農場經理室、書記室、三座工人宿舍、發電廠、及冷氣室。所有房舍均用磚築成，蓋以屋瓦。歐人之居室及辦公室，試驗室均有自來水及電燈之設備。

南印植茶者聯合協會科學部之最重要任務為推廣工作，其工作範圍包括肥料、病蟲害之處理、耕作法、剪枝、茶樹生長之適宜地土及其他與茶樹栽培有關之問題。小論文通常在 Planter's Chronicle 內發表，除編印年鑑外，茶葉科學研究員更有下列小冊子之出版：

1. 茶樹施肥之原則與方法研究。
2. 南印度植茶者對於茶蠅 (Helopeltis) 之觀察。
3. 根腐病之處理方法。
4. 茶葉中之單甯。

每一研究員規定每隔若干時至茶區實地觀察，每二年須交互巡視各茶區一次。試驗室之重要工作為鑑定茶葉之成分如單甯等，並及於茶單甯之分解生成物，茶單甯與植物鹼之生成物，以及泡茶時成乳狀之物質等。

南印度植茶者協會之科學部經費乃由其會員每畝捐納八安那而來，

再加以麻打拉斯省政府對三大農產——茶、咖啡、橡皮——二萬八千盧比之津貼，每種視其種植面積按比例分派之。

印度植茶者之生活

印度植茶業並非有名無實之事，除有栽培、剪枝、採摘及製茶之知識以外，尙須能栽竹、燒磚、建築房屋、造橋及修路，同時又須爲一工程師、測量師及會計師，更須有堅强之信心及不折不撓之精神。

植茶者對於工人間之糾紛須加以調解，並爲之醫病，熟悉其村落中所發生一切之事，視工人如子女。總而言之，植茶者首須善於管理工人，無論在田間及業務上如何精明幹練，如不能管理工人，則其成功亦極屬有限。

惟具有天才者方能對此問題處理適當。彼須明瞭工人心理及有自信心，管理工人更須出以忍耐。當入一茶園時，祇視工人是否快樂或不滿，即可知園主管理勞工之能力。

植茶者對於氣候及生活環境極感困苦，尤其在北印度有若干茶區地處偏僻或離加爾各答過遠，交通不便，火車設備簡陋，道路又極崎嶇，日常用品大部份必須經加爾各答輸入，若輩之唯一消遣爲組織俱樂部及拜訪鄰園。

歐人在印度之植茶者爲多來自英格蘭、蘇格蘭及愛爾蘭。在工場內極需要工程人材，普通之助手以曾受農業訓練者爲佳。職員之聘請，不論其爲公立學校之學生或曾受特別訓練者，皆以才能爲取去之標準，其中有少數爲大學畢業生。

每年有成千成百之青年，遠離英倫三島而到遙遠之亞薩姆、杜爾斯等處之茶園及其他著名茶園，因爲英國人富於忍受艱苦之精神，然亦爲植茶者之生活待遇所引誘之結果，故來此植茶者極少有在成功以前回國者。

受雇之青年普通訂約三年至四年，每園所付薪額多寡不等，平均約爲每月二百五十盧比，工程師則另有二十五至五十盧比之津貼。第一年每月致酬二百五十盧比，第二年二百七十五，第三年三百，第四年三百二十五，此種薪額頗爲普通。助理員亦有卅五至五十盧比之津貼，經理所得之津貼則由六十至一百，視各處之情形而定。此外尙有一所不供傢俱之住宅，二、三個僕人及其他津貼之優待。

新聘之職員，如爲工程師，或可完全在工廠內工作，但大多數則視情形之需要，派爲外勤或內勤。通常之辦法在使工程師對於田間及廠內工作均有熟練之機會，以養成其最後充任茶園經理之資格。

助理之職務則爲管理田間之工作，此需相當時間學習，並須學習茶園中俗語及一、二種土人方言。一切經驗非全由田間學得，有一部份係學自工廠，以期可訓練爲經理，自初級助理入手而可逐漸升爲高級助理。此時薪金亦增加至每月四百至五百盧比，並可分得茶園淨利之百分之〇・五至一之紅利，十年或十二年以後或可升至代理經理，薪金亦增加五十盧比，倘工作有成績則可實授爲正式經理。

經理之薪金在各茶區各茶園均不同，大概每月在六百至一千盧比，之間，另有百分之五至十之紅利。在營業發達之年，紅利竟有超過薪金者，其數目頗爲可觀，至於居室及費用，各園不同，但經理必有一所相當寬大之住宅，有僕役數人以供使用，助理則僅有寄宿舍。

植茶者無一定之辦公時間，無時不在工作中。黎明時督促工人開始工作，至晚則監視茶葉過秤。但除工作繁忙之季節以外，常有充分之時間以從事運動及娛樂。在北印度之冬季，自十一月至三月，工作較閒，可作各種消遣，網球及馬球最爲流行，其餘如高爾夫球，射擊及釣魚等，亦均爲若輩所好。

大多數茶園在園內適中之處設有俱樂部，在傍晚日落時，使職員有娛樂之機會，例如橋牌戲、台球戲、跳舞、網球等。其離園較遠而不能參加俱樂部之娛樂者，則以射擊或垂釣爲消遣。

青年植茶者在印度之生活不能常作嬉戲，自始即須担任嚴重之工作。雇主雖鼓勵其參加俱樂部娛樂，但必須按時工作。

工頭雖亦能說英語，但爲謀直接與工人接觸而使處理一切勞工問題

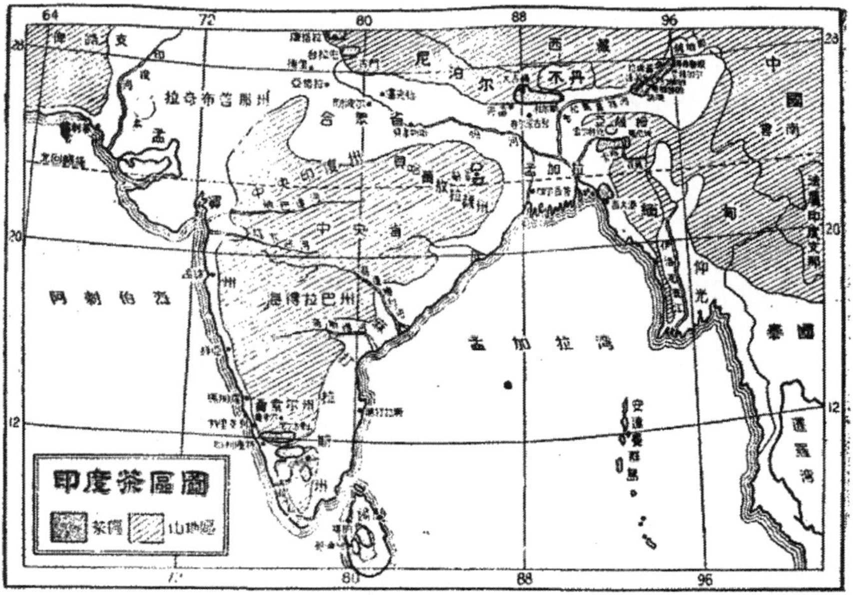

印度茶區圖

有較爲圓滿之結果也見，故青年植茶者亦非學習土語不可。

助理在鷄啼時即須起床，晨霧在太陽下消逝後進早膳；半小時後，日常工作乃開始。助理經過第一階段後，最後方可晉升爲經理。此時茶園供給寬暢華美而有爬蠍虎蔓生之住宅，另有花園及菜園，薪金豐厚，並有紅利，此後蓄積豐盈，不難營建別墅卜居其中，以樂其餘年，倘再有一精明之助理及能幹之工頭，則其生活之舒適當無以復加矣。

經理之工作在早餐後開始，首先整理文件、郵電，然後往園中巡視。倘在採摘期間，得決定次日應採之區域。

中午經理返辦公室，浴後乃進午膳，午睡後，進一杯清茶，下午即視察工廠製茶情形，黃昏時聽取工頭報告一日之工作，然後命令歐人助理發出次日關於工作程序之通告。

助理每隔四、五年，經理則每隔三、四年，有六個月之假期，准其離開印度。在假期內薪給仍照發，並津貼來回之旅費，即其家眷之旅費亦由公家撥給。

植茶者留在印度之時間約爲三十年，至其獲得足夠之資本以維持適度之收入後乃退休，有才幹者則留任爲若干茶園之督辦或加爾各答代理處之監察，但大部份退休於英格蘭之南方海岸，該處全爲退休之茶人所居；或退居於熱帶之屬地如澳洲新西蘭，此處氣候最適合曾長期居住熱帶之人。

已退休返英國之植茶者，多在以前曾任經理之公司內爲董事，以資借重，每月到公司視事一次，或只在倫敦出席會議。

茶業經營中包含甚多興趣，爲他業所不及，其最大之引誘力乃在於人類之創造性，倘一人在森林中從數袋茶樹種籽入手而漸次擴大至千餘畝之茶園時，此創造者將不願退休而離去矣。

第二十章　錫蘭茶之栽培與製造

地理概述——茶區——土壤、氣候、雨量與高度——整地——繁殖方法——築路及排水溝——遮蔭防風及護土——肥料——病蟲害——栽培方法——田間運輸——錫蘭茶之製造、裝箱及出運——建築及機器——資本及其他——勞工——種植者協會——茶葉研究所——錫蘭植茶者之生活

錫蘭為英國之直轄殖民地，位於印度東南，孤懸於印度洋中，其形狀宛如一珠耳環，為孟加拉灣與阿剌伯海之中途站，北緯六至十度，與非洲之西拉里昂（Sierra Leone）或南美洲之圭亞那（Guianas）之緯度幾相等。英國歷史家 Hakluyt 曾稱錫蘭為「卓越之島」，土地肥沃，物產豐富，島長二七二哩，闊一三七哩，總面積二五、四八一哩，約等於荷蘭與比利時面積之總和，或英格蘭面積之半。英人稱之為「東方之克拉巴姆運絡點」（C'apham Junction）。錫蘭確為至地球彼端孔道上最重要之一站。

錫蘭之建設甚佳，舉凡鐵道、大路、旅館、遊藝場及汽車運輸等均極發達。山上氣候終年涼爽，令人愉快無比。哥倫坡被列為世界最大商埠之一，各國船舶從定期郵船以至本地之帆船，每日來往此港口，擁擠異常。

錫蘭九省中有六省產茶，以其重要程度依次排列之，為中央省、烏發省（Uva）、薩巴拉加摩瓦省（Sabaragamuwa）、南部省、西部省及西北省，在六省中茶園分佈之地域共有五十一區，每區之茶園數及植茶畝數如第二三九頁表一所示。

主要產茶區位於多山之中央省，有高至海拔七、〇〇〇呎者，而大多數均在三、〇〇〇呎以上。但有若干大茶區在西南平原，其中尤以在基隆尼谷（Kelani）者為最著。凡在二、五〇〇呎以上之山地，茶為唯一之栽培作物。堪的（Kandy）與努華勒愛立耶（Nuwara Eliya）間之區域，祇種茶樹，即為顯例。錫蘭之茶園面積，自五畝至三、〇〇〇畝不等，分佈於五十一區中，約有五十方哩之面積，均在可倫坡騎程三至十二小時範圍以內。

錫蘭有鐵道七四〇哩，故可乘坐火車參觀大部份茶園。自哥倫坡至巴杜拉（Badulla）之火車路程最饒趣味，在首先五十哩，鐵路經過稻田地域，後即漸向上昇，椰子、可可樹、橡皮及豆蔻樹，盡入眼簾，離堪的不遠，約當海拔一、六〇〇呎之處，即可望見茶園。在堪的境內多數園地中，可可、橡皮、豆蔻與茶樹混植，自培拉登里雅（Peradeniya）有一支綫至堪的、馬達蘭(Matale)及四週均為種植茶樹、橡皮及可可樹之區域。堪的以上，鐵路幹綫向南經過無數植茶之山谷，至那伐拉比的耶(Nawalapitiya)已不見橡皮樹之栽植。過此則路之兩側每一石山頂上盡植茶樹。從那伐拉比的亞起，已入茶區中心，鐵路由南向東，至哈東(Hatton)、他華陪來，（Talawakele）及那奴沃耶（Nanuoya）等地。

巴杜拉（Badulla）在以堪的及哈東為中心之茶區之極東邊界，距哥倫坡一百八十哩，十四小時即可抵達；與此成對照者，為由加爾各答（Calcutta）至亞薩姆（Assam)重要產茶區之迪勃噶加(Dib ugarh)，需時四十八小時，此處離加爾各答七百哩；或離海岸一千哩，或由上海至中國產茶區祁門需十四天之旅程。

哈東之外，為笛可耶，此地前為繁盛之咖啡產區，若干咖啡工廠之遺址猶可於山谷中見之。在上笛可耶；及下笛可耶，有四萬畝以上土地

栽植茶樹，茶園在二、三〇〇呎至五、〇〇〇呎高度之間，製茶廠建於溫暖而潮溼之山谷中，所產茶葉並不甚佳；或建於空曠之山邊，全視有無水力可利用而定。

鄰近笛可耶之迪浦拉區(Dimbula)，爲錫蘭茶園中之最大而最完善者，植茶面積幾達五萬畝。參觀者可望見在五千呎高度之處，洞桐樹(Dadap)代替護謨樹(Acacia)作爲覆蔭樹及荚豆植物，而銀樺(Grevillea)則遍植於茶園中作爲覆蔭及燃料之用。由那奴沃耶(Nanuoya)有一狹軌鐵路經過魯華勒愛立耶及烏達布舍爾拉華(Ula Pussellawa)茶區而至蘭加拉(Ragala)，此處有數茶園爲錫蘭最佳最大者，其中有少數高達七千呎，政府之限制使在五千呎以上之叢林，不得再行開墾。

鐵路幹綫達六、二二五呎最高點之貝塔布里(Pattipola)，該處有一隧道可達島之東部烏發(Uva)省之草地，從經驗上得知，旅行此地以在六、七月爲最佳，此時西南季候風猛烈打擊橫亘該島之山嶽而使雲堆積成怪形，每將山景淹沒，一聲汽笛長鳴，火車衝入雨霧中而進入黑暗之隧道，片刻間乃如戲劇之變幻，忽入一陽光照耀之地，浮現壯麗之景色，變化之奇異，使人爲之瞠目不止。若干茶園如亞姆巴華拉(Ambawella)地方之華魏克(Warwick)茶園，位於雨界內，步行哩許，即可出入於季候風區域數次。

至哈蒲他爾(Haputale)，鐵路轉向北方，經彭達拉魯拉(Bandarawela)、台馬地拉(Demodera)而至烏發省省會巴杜拉。在烏發

表　一

各區茶園數及植茶畝數表（一九三四年）

區域		茶園數	植茶畝數	茶與橡皮共植畝數
亞拉加拉	Alagala	.0	4,150	175
亞巴加姆華	Ambagamuwa	37	6,050	850
巴杜拉	Badulla	83	33,300	——
巴蘭哥途	Balangoda	55	13,430	400
笛可耶	Dikoya	69	20,200	——
下笛可耶	Dikoya Lower	25	10,200	——
迪浦拉	Dimbula	111	47,900	——
多羅斯巴其	Dolosbage	42	12,100	400
達姆巴拉	Dumbara	28	800	100
加那革達拉	Galagedara	53	1,600	700
加爾	Galle	186	9,800	1,800
漢丹尼	Hantane	61	6,800	600
哈蒲他爾	Haputale	76	23,100	300
西哈蒲他爾	Haputale West	13	2,700	——
上希華希他	Hewaheta Upper	13	6,000	5
下希華希他	Hewaheta Lower	21	7,000	15
洪那斯幾利耶	Hunasgiriya	10	3,530	——
嘉都干那華	Kadugannawa	40	3,200	1,625
嘉呂他拉	Kalutara	238	8,500	2,300
革嘉拉	Kegalla	113	7,000	600
革蘭尼	Kelani Valley	274	11,200	1,700
革爾波加	Kelebokka	12	5,300	——
那克爾斯	Knuckles	19	7,400	——
可脫曼利	Kotmale	20	11,500	50
苦魯尼加拉	Kurunegala	95	1,000	50
馬都爾雪馬及海華愛立耶	Madulsima And Hewa Eliya	27	10,000	——
馬斯奇爾耶	Maskeliya	48	20,000	10
東馬達爾	Matale East	70	10,000	700
北馬達爾	Matale North	44	1,150	500
南馬達爾	Matale South	27	3,000	800
西馬他爾	Matale West	32	2,000	480
馬吐拉他	Maturata	15	7,000	——
米達馬哈華拉	Medamahanuwara	14	3,250	——
蒙那拉加拉	Monaragala	11	600	——
莫馬華可拉爾	Morawak Korale	62	9,800	125
新加爾威	New Galway	18	3,700	——
尼拉姆比	Nilambe	21	6,900	120
列特爾谷	Nitre Cave	10	310	——
魯華勒愛立耶	Nuwara Eliya	20	4,850	——
帕沙拉	Passara	17	9,850	——
潘達魯壘	Pundaluoya	16	5,700	——
普塞拉華	Pussellawa	68	17,100	1100
拉克華那	Rakwana	53	6,600	270
拉姆波達	Ramboda	15	6,300	——
蘭加拉	Rangala	14	5,900	——
勒那布拉	Ratnapura	164	24,300	550
烏達布舍爾拉華	Udapussellawa	37	14,700	——
下華拉潘尼	Walapane Lower	.4	1,000	——
華脫加馬	Watte-ama	32	2,300	190
耶克得薩	Yakdessa	7	1,050	——
低地區	L.M.Districts	124	2,600	700
總計五十一區		2,694	453,740	17,215

省有植茶地四萬畝，錫蘭之低地茶多產於島之西南邊之革蘭尼(Kelani)山谷中。

錫蘭茶樹栽培因爲受缺乏適於植茶土地之事實所限制，政府正計劃增多自耕農以替代多數無地之土著，故於最近之將來如有可耕作之地，將指定分派與各村民。

同一高度之茶園，其地價每年平均以西部較東部爲高。島之西南部與東北部則無大區別，但由股票價格觀察，則知投資者常估計迪蒲拉及魯華勒愛立耶區之每畝價格，較錫蘭他地爲高。

茶樹能生長於任何種排水良好之土壤，但欲成爲商品化，則土壤必須含有氮、磷酸及鉀，此等事實早經錫蘭 Bamber、印度 Mann 及爪哇 Nanninga 指出。錫蘭茶園土壤所含植物所需之三要素如下：氮素百分之〇·一至〇·一五；有效磷酸鹽百分之〇·〇〇五；有效鉀百分之〇·一至·〇一五。

茶園土壤

錫蘭中部所見之岩石，屬於太古時代(Archaen Period)，與南印度之片麻岩及花崗岩有關聯。沿海岸之椰子園土壤爲砂質土，入內地而漸粘，紅土之比例亦增，最粘重之土壤可於魯華勒愛立耶附近見之。

茶地可分爲三類：森林地、草原地及 Chena 地。稠密森林所遮蓋之土地最適於開墾茶地，惟錫蘭現已利用無遺。草原地在烏發省內甚多。Chena 地爲土人在耕種前加以焚燒者，有如亞薩姆之 Jhoomad 地只在無法覓得好地時方用以植茶。最近多闢草原地爲茶園，此種土壤雖缺乏腐植質，但物理性狀甚佳，可迅速變爲良好茶地。惟旱時因缺乏樹木栽植，易變爲硬盤(Hard-pan)。但可栽植荳科覆蔽作物及利用高頂遮蔭樹之殘葉以補救之。

茶園土壤大都由地下岩石形成。雖有輕薄片之石英覆蓋其上，仍以紅土爲主。在山邊斜坡之土壤，因雨水之沖刷，往往失其原型；原型之土壤，只能於叢林地見之。

由化學分析，知錫蘭土壤含有多量之鐵及鋁，可證明其年代悠久。錫蘭土壤所含不溶解之砂與矽，常不足百分之五十，而在印度除東北省之泥炭土外，頗少此種情形。亞薩姆之土壤甚至如重粘土，其含不溶解矽量，亦與錫蘭土壤不同。但除包伽華他拉華(Bogawantalawa)外，錫蘭無一處土壤能與印度卡察地方之泥炭土相匹敵。包伽華他拉華之土壤含氮百分之〇·七九九，每畝產茶二、二三五磅，可與卡察之二、四〇〇磅產量相比較(註一)。

氣候、雨量及高度

錫蘭之氣候爲潮溼之熱帶氣候，因地勢高峻而變化甚劇。沿海溫度不若印度之高，主要港口哥倫坡平均溫度爲華氏八十一度，且晝夜間與年中各期溫度之變化甚小。魯華勒愛立耶高約六千呎，平均溫度爲華氏五十九度，其晝夜溫度之變化則較沿海爲劇，且有時降霜。

每年有兩次不同之季候風時期：一爲西南風，一爲東北風。在兩季候風時期之間，風較少而雨多，季候風吹向山區時，迎風之處雨水最多，在山背則因遮蔽作用，而雨量較少。在兩季候風之間，錫蘭有普遍平均之降雨，並不如季候風時期因遮蔽作用而雨量不勻，此時各地之雨，常視爲季候風之結果，事實上許多人民即以季候風作爲「降雨」解釋。季候風與非季候風時期可粗分如下：西南季候風時期爲五月至九月，非季候風時期爲十月至十一月；東北季候風時期爲十一月至二月，非季候風時爲三月至四月。以全島言之，二月爲全年最旱之時，西南季候風較東北季候風更有規則。東北季候風時期以及其以前之非季候風期之降雨，一部份受低氣壓之影響甚大，每年因低氣壓所經途徑不同，故各處雨量波動甚大。

島中之氣候如此，故能生產特殊之植物如茶、橡皮、稻、椰子、可

註一：C. R. Harler 著：Tea in Ceylon 載印度茶葉協會一九二四年季刊第四部。

可、香料、煙草及咖啡，其中最大宗者爲茶。各產茶區之氣候高度及地理環境各有不同。錫蘭之山脈使其中數區不受西南或東北季候風之侵襲。平均雨量由七十二吋至二百五十一吋，平均溫度爲華氏六十五度至八十五度或以上。普通茶園之氣候與歐洲之氣候極相類似，而以在五千呎者之環境最佳。但長期連續不停之雨及霧，爲此理想氣候之唯一缺點。

氣候影響於茶葉之香氣甚爲顯著，較冷之氣候，有抑制茶樹生長，促進芳香成份充分發展之傾向。當生長最旺之三月至五月或較弱之十月至十一月，雖高處茶園之茶葉品質亦降低，至生育轉緩時而又復原。在烏發區，數日之乾燥風氣候，將使茶葉性質完全改變，產生一種芳香，茶價因而驟漲；在高山區，當一月及二月之晴日寒夜而有輕霜時，亦有相同結果。

在哥倫坡及勒那布拉(Ratnapura)，五月至九月之西南季候風及十一月至二月之東北季候風界限極爲明顯，但勒那布拉後邊有山，故較哥倫坡之雨量爲多。堪的地位適中，四週無高山遮蔽，故有平均分布之雨量。那伐拉比的耶所處之高度，有最大之雨量，每年平均有二百五十一吋。努華勒愛立耶不受季候風之影響，而有充分之雨量。烏發省之巴杜拉在雨界之東，因東北季候風而獲多量之雨。

勒那布拉之每年平均溫度爲華氏八十度。堪的(高一千六百呎)爲華氏七四．四度，努華勒愛立耶(高六千一百八十八呎)爲華氏五九．二度，巴杜拉(高二千二百二十五呎)則爲華氏七七．三度。實際上全年之平均溫度無甚變化，但最高及最低溫度則略有變更。

三月、四月及五月在東北及西南兩季候風區域，均爲最盛之萌芽期，若干茶園在上半年即獲得五分之三收量。六月、七月及八月季候風帶來強風暴雨，因而減少萌芽。八月以後至十一月時，收量又達第二次之最高點。在西南部者於十二月、一月及二月時，復遇歉收時節。

乾旱之風咸謂足使茶葉具有刺激性及香氣。就全島言之，四月至五月之萌芽盛期及六月、七月、八月之重季候風期，茶葉品質較劣。惟烏發地方在重季候風時期則爲例外，因該處西南季候風爲乾燥也。但烏發在十一月，十二月及一月吹東北季候風之潤溼季節，其茶葉之品質反形降低，然努華勒愛立耶區當正月吹乾旱之東北季候風時，能產香氣馥郁之茶葉。

錫蘭茶葉之香氣，受其栽培地高度之影響甚大。低地茶園之茶葉，性强烈而無顯著之香氣，優良香氣之茶葉乃產生於中等高度之茶園，而有最優等香氣之茶葉，則生產於海拔六、〇〇〇呎之某數區域。低區茶葉雖品質較次，但產量豐富；反之高地茶必具有良好之品質及香氣。現時錫蘭之山嶺區域，凡適合於植茶之優良土地，均已闢爲茶園，已無私人森林存留，祇有政府之森林地，專留作維持雨量及其分佈。倘有若干適當高度之草原可以開墾植茶，又在業經焚燒及生長雜林之中等地及低地，亦可向政府領購。

茶地之開墾

獲得土地之後，首須有一能幹之測量員加以測量，並予適當之佈置，再僱工將林叢木伐下，或將草原地及火燒地清理，爲免除以後之麻煩及耗費，則宜完全焚燒爲佳。焚燒作用不獨開墾工作減少，且能使表土完全乾燥，殺死遺落於森林中之潛伏種籽，因此種籽祇需有充分光綫及空氣即能萌芽。焚燒時如幹根巨大難以燒去者，則遺留而任其腐爛，因清除幹根之損耗，不足以償所得。焚燒後第二步即爲留下地位，以備建築廠房及苗圃等。

繁殖方法

錫蘭茶樹之繁殖方法均爲實生法，凡擴充老園時，須在一年半至二年前預備苗圃播種，以育苗木。開墾新茶園時，亦應及早於合宜地位作苗圃，苗圃之地位，以有遮蔽、土壤肥沃而灌溉方便之山凹爲宜。

種籽在播種前須經水選，經浮者完全撿去或另行播種。種籽之發芽係於椰子皮織成之蓆中或特備之發芽床中行之。發芽床之底鋪以一厚層完全腐熟牛糞，其上再覆二吋厚之細砂。種籽密播砂上，以不互相接觸為度，然後再蓋一薄層之砂及稻草，其上更搭一棚，以蔽陽光，上鋪以蔴草或其他不易萎凋之葉，每隔一日即充分灑水，約一月後，種籽即可發芽；以後，每日剔去其弱者。高品種之種殼薄，故萌芽較快。

錫蘭之茶樹品種以葉淡色或黑色之亞薩姆土種、中國種及中國雜交種為普遍，而以雜交種對氣候之抵抗較強。品種對於生產頗有影響，優良品種產量雖高，但易受惡劣氣候之影響，需長時間始能恢復。在錫蘭從價格及品質觀之，最佳而適宜之品種為黑葉之馬尼坡（Manipuri）雜交種，但在東北印度及荷屬東印度現僅栽培純種。

已萌芽之種籽，即可移植於木園或其他苗圃，若為後者，則植於深一吋相距三、四吋之穴，每穴植苗一株，支根向下，然後以泥土輕覆之，照發芽床一樣蔭蔽之。

茶苗約十八月即可移植，移植時或連土塊一併掘出，但普通多為一單獨樹幹。茶苗切成四至八吋之高度，先使土壤鬆散，然後將幼苗拔出。政府對於防止茶苗鑽蛀蟲甚為嚴密，故運輸茶苗，需得政府之核准。如受害嚴重時，則該處苗木不得出境。

從前在印度有大量茶籽輸入錫蘭，但為防止水泡病（Blister blight）之傳入，現已完全禁止。

有少許茶園尋以老茶樹剪枝刈下之枝幹，繁殖成茶樹，雖得生長良好，但此法仍未能普遍。（註二）

道路及排水溝之設計

錫蘭道路暢達而優美，為旅客所共讚。實際上不獨公路如是，即茶園內者亦極佳。在各廠房之位置決定後，即小心設計一道路系統，以聯絡辦公室、工人住宅及工廠之內部交通，若非已築有短路，則工人常取捷徑，致損害茶樹。幹路闊十二呎，小路四呎，路面斜向水溝，雨季時雨水可流入溝中，不致沿路而流。

排水溝之設置在道路設計之後，其目的為保護路面之受沖刷作用。水溝由山頂出發，將過剩之水引入主溝，並防水泛溢於路面。天然之山

谷有主溝之作用，但因相距太遠，尚須以人工掘溝補充之。流入主溝之支溝以短為宜，以避免主溝各處均有大量之水流入，普通以一百五十呎長為準。在乾旱之烏發區，排水溝中再造水閘，以保存雨水。

錫蘭亦有採用階段式栽種，且漸次普遍，因均已認識土壤沖蝕問題之嚴重故也。階段最好築於排水溝之中間，並使成水平。所有碎石均用以築外層，以避免沖洗作用。倘石塊不多，則在排水溝間植以厚密之Tephrosia Candida，以保持土壤，且可作為綠肥。

種植

錫蘭種植茶樹之時期，因地而殊，在西南季候風區域，於六、七月及八月種植，在烏發區域，東北季候風季為潤濕期，種植時期即在此季節——十月、十一月及十二月。

種植之距離普通為三呎與三呎半，較亞薩姆之平地者略密，而與雪爾赫脫之矮山上者相等。茶樹種植成平行之直行，跨過山坡均為水平，與在爪哇相同。

種植時將一掘土之鐵棒或木棒條（Alavangoe）插於穴之中心，繼續轉動，至成一適合之洞為止，然後放入苗木，再將土覆上，使土壤密接苗木之根。

當萌芽不久之種籽移植茶園時，先種於發芽床內，然後再移植於一吋深之穴中。普通此種幼苗只植於草原地上，倘植於叢林地或火燒地，則易受切根蟲（Cutworms）及其他蠐螬之侵害。

遮蔭防風及覆蓋植物

荳科樹木常被選作蔭蔽茶樹之用，且亦有防風之効，但他種植物亦佳。遮蔭樹之條件須有均勻而稀疏之蔭影，豐富之葉量，並可用作燃

註二：E. C. Elliott 及 E. J. Whitehead 合著：Tea Planting in Ceylon 一九二六年哥倫坡出版

料。非豆科之Grevillea Robusta具有以上之各種條件，且爲優美之防風林，但生長稍慢。如欲造成一防風線時，先應植樹木數行，與風之方向成直角。Grevilleas單獨種植，生長不甚良好，但在中等地及低地，植於茶樹間則甚繁茂。

Albizzia Moluccana、A. Stipulata、Acaciadecurrens、Erythrina lithosperma (The dadap)、Gliricidia Macul ta、Leucaena Glauca數種桉屬（Eucalyptus）植物及其他樹木，均可用作遮蔭及防風之用，此種樹木每隔七、八年即須移去，以免發生根病爲害茶樹；每種各有利益及生長界限，且依栽地高度而異，故在一已知之環境之下選擇種類，不能不加以考慮。

栽植豆科植物以覆土之目的，在於防止土壤沖刷，並使土壤肥沃；雖常須除草，但仍爲一般所通用。

最近處置覆土作物，常選定某一種草，除去其他雜草，結果茶樹間之土地不久即爲此種草所被覆，保護土壤，不受沖洗。主張完全除草者則反對之，謂當乾旱時期，此等草類，似有奪去茶樹所需水份之虞。當選擇草種時，酢漿草（Oxalis Corniculata）爲准許留存者。此草在錫蘭極普遍，生長蔓枝，其節間着地生根，其葉略似紫雲英，花及種莢爲狹長形，成熟時以手觸之即破裂（註三）。

Tephrosia Candida或Boga medeloa及Vogili常植於茶叢間作籬笆樹，以防止土壤沖刷及供給腐植質。

施　肥

施肥能增進茶葉之產量。在茶樹株間栽植綠肥作物，將其細枝定期剪下並壅入土中。Dadap即爲供此種目的所栽培之最普遍植物，但並非任何高度均能生長。相思樹屬在五千呎高度之處應用甚廣，在較旱之區域，則植 Grevilleas及 Tephrosia，或其他生長迅速之豆科植物。當其成熟時，即埋入土中，使增加腐植質之量。高幹及匍匐綠肥之輪栽已引起衆人之注意，最近數年對栽培方法大加改良，尤其注重有系統之耕耘及肥料之施用，茶葉研究所正努力於施用各種人造肥料之大規模試驗，以尋覓最適合之施用時期，並注意其與剪枝之關係及使用之經濟，但尚無確實記載，可供適用，僅一、二舊式混合肥料，仍於修剪後施用。

若干茶園以爲剪枝後之追肥宜含氮較磷酸及鉀爲多，但亦有主張寧在剪枝期施多量之鉀。普通之配合比例爲氮七分之三，磷酸七分之二，鉀七分之二。此比例並非一定不變，而依各茶園及管理方法之不同而異。亦有於剪枝前數月，即施用含氮百分之七十五、磷百分之二十五之速効性肥。依普通之施肥習慣而論，次數少而量多不如次數多而量少。

錫蘭並不如東北印度之廣用綠肥，豇豆、Vigna Catiang、Crotalaria Juncea及 Sesbania aculcata等生長六星期後，即可犂入土中。但在錫蘭大多茶園，因地勢陡急，故不使用，而代以其他之豆科遮蔭樹及防風樹，定期剪枝，而將剪出之枝葉壅入土中，有時則作爲覆地物。在培拉丹尼雅(Peradeniya)舉行之試驗，指出Dadap樹每畝能剪出一萬磅枝葉，而Gliricidia Maculata 則倍之。Albizzia Moluccana亦可剪枝，但普通不作此用。金合歡樹亦常剪枝，但銀橡因非屬豆科，不予剪枝。

深　耕

在年中任何時期，可用各種式樣之耙以行深耕，普通常與施肥同時施行。深度愈深愈佳，耕時將耙柄向外推，將土耙鬆，稱爲「封套式」（Envelope）耙法，能減少土壤流失至最低限度。

茶樹之病蟲害

凡在東北印度之普通茶樹病蟲害，雖亦有發現於錫蘭，但並不特別嚴重。前任茶葉研究所所長T. Petch曾謂有六十餘種病害，並指出：

註三：T. Petch著：Cover Plants，載The Tropical Agricultu ist十三卷六期，一九二四年出版

在普通茶樹生長之環境，亦適合於病之發生，惟定期施行剪枝，及現時所實行之有規則施肥，亦有助於抑止病害。多數窺見均覺茶叢漸老時，病害亦漸增多。（註四）

錫蘭茶園普通所發生之葉病爲灰色、棕色及銅色葉枯病，其名乃視茶葉上所變之色而定。天狗巢病（Witches Broom）使枝條成一叢狀；黃葉病（Chlorosis）使葉變黃色；另有一未定名之病，使分枝反常；又有 Cercosporella Theae Petch 病，但至最近爲止，其中無一發生嚴重之災惱者。防治方法如下：

（一）摘去病葉而焚燒之；

（二）施肥及中耕；

（三）噴射殺菌劑；

（四）移去易於感染 Cercosporella Theae 之相思樹屬樹木及其他遮蔭樹。

第一種方法摘去病葉，不能大規模施行；施肥及中耕則爲防止葉病之重要方法；噴射殺菌劑雖未必對飲茶者有害，但Cercosporella Theae 只侵入嫩芽，噴射亦難於見效。

錫蘭茶樹之葉病及枝幹病，最多者爲紅銹病及黑腐病，其他較不重要。Watt 博士稱水泡葉枯病爲「最惡劣之茶樹病害」，惟尚未發現於錫蘭，並希望政府禁止受害種籽之傳入，以免蔓延。

枝幹之病包括各種之枝癌腫病、幹腐病及幹枯病，但其他數種不流行之病害，其中有一種刺幹病，在錫蘭最近發現，其病徵爲受害植物上發生特有之黑色針刺。

根病之最流行者，爲：Ustu'ina Zonata、Fomes Lamenoensis、Poria Hypolateritia、Botryo Diplodia及Rosellinea Arcuata Petch，在錫蘭與他處相同，根病起因爲殘枝之腐壞。

昆蟲在錫蘭爲害茶樹，只限於低地及中等高度之區域，捲葉蛾（Homona coffearia）、鑽蛀虫(Xyleborus Fornicatus)及蕁蔴蛅蟖(Nettle Grub)爲害頗烈。

紅蜘蛛爲害於高山茶園，乾旱期間更爲劇烈。加魯他拉蝸牛（Kalutara Shail）則常發現於低處。白蟻在中央省甚爲猖獗，受害重之茶樹，乃將其掘去，輕者則以木油或 Solignum 處理之。白蟻只侵害已受枝癌腫病之死組織、Nettl；Grub 在烏發省每年增加，成爲一大害。紫壁蝨爲害不大，只令茶樹組織衰弱而已；赤壁蝨則能使茶樹致死；黃壁蝨則僅傷害其嫩葉。

茶蚊（Helopeltis Theivora）時發現於低區茶園，但範圍不廣。Harler 謂茶蚊常與 Cercosporella病不易區別，因該病之病徵，與茶蚊所留遺之痕跡相似，故非發現茶蚊，難以妄斷茶蚊之是否存在。惟錫蘭之茶園，尚未有如他處受茶蚊之大害。

剪枝

茶樹經一年以上之繼續採摘，元氣大損，故須行剪枝，以除去多餘之枝幹。剪枝在茶葉行事曆中，甚爲重要，在降雨連綿之數區域內，則剪枝可長年行之。總之，剪枝之施行時期視高度、土壤、品種、耕耘及採摘等而異，普通每隔一年至三年行之（註五）。剪枝之結果，使茶叢保持在三呎以下。剪枝時剪去初生之芽，茶叢之頂成爲水平。

在降雨不連續之區域，剪枝時期視氣候而異，蓋以避免乾旱也。在乾旱天氣以前，剪枝實屬錯誤。島之西南部剪枝時期在二月至三月及由六月中旬至九月中旬，在烏發省則多在六月至九月。

茶樹幼苗不能抵抗季候風之襲擊，故在苗圃時卽須於四吋處剪斷。此首次剪枝應用於移植後生長已十八月之茶苗，其時期則因高度而異。剪時於離地四吋之處切斷，此後茶樹長高十八至二十四吋之時，卽行第二次剪枝，卽於最初四吋以上新剪二、三吋處剪之，使在此高度上發生

註四：T. Petch 著：The D'seases of the Tea Bus'i 一九二三年倫敦出版。

註五：H. K. Rutherfor l 著：Ceyeon Planters 一九二五年哥倫坡出版。

新枝。

老樹枝之剪枝通常在上次剪過處之上約二吋半高處剪之，但當幹節衆多時，則在主幹較低之處剪斷，節則逐漸除去之。在若干地方，先在上部修剪三次，然後行低剪一次。概言之，錫蘭以輕剪成爲例規，但亦因氣候、土壤、品種及高度等而有變化。剪枝之後，任茶樹休息一時期，休息時間之長短，亦因高度而異，在低地區域，茶樹在剪枝後六至八星期即伸長，而頭芽則約於十一星期後發現；在中等地區域約在剪枝後三至五月伸長；高地區域則期間更長。

台刈甚少行於錫蘭，但在馬他祿區則試之常有成效。茶樹之所以宜定期低刈一次者，其目的在於除去樹液上下循環所受之阻礙，在年幼而强壯且滋長太高之茶樹，台刈最有良效。但現在均行漸進之剪枝。老茶園之茶樹，每次剪枝時均選擇除去小枝節、枯枝及腐幹，生長最劣者於開始時即除去之。每次剪枝之後，均須任其休息，直至茶叢枝架復原爲止；倘如此仍難挽回，則將茶樹掘去，另植一株以代替之。

所有之重剪枝均以鋸行之，較輕者則用銳利之剪枝刀，此種刀更用以平滑鋸口。用刀亂砍枝叢爲一般所禁止，因此將樹幹破裂，使菌類有侵入機會。未復原之傷口以焦油或其他適當之物質處理之，以保持水份而免枯萎。但此種處理，並不常發生效力。

採摘

採摘茶葉需熟練之技術與精密之管理，普通均由婦女或較大之童工以手採摘嫩芽及二三葉，男工做較重工作，如剪枝、耙地、施肥及掘溝等。全年均可採摘，其時間間隔依茶園高度而定，平常每隔七日至十四日採摘一次。首次及剪枝後數次之採摘謂之摘心，須由當地受過訓練之工頭指揮技術優良之工人行之，是爲平常之採摘法。否則，倘在重剪均以後而有時間俟其復原，則可摘至頂部之芽至預期之平面，約在上次之剪枝而上部六吋之處。待多汁液之嫩枝長大至底部現棕色之木質時，乃使工人摘去其頂芽，以抑止樹液，下部之幹遂得加粗及强健。中等及佳良品種之茶樹，在中央剪枝部位上約二葉長之處，常得大量之枝芽，以供第二次採摘；但在劣種茶樹，如得一適當長度之枝時，頭芽摘後，遺留老葉甚多。

二芽發生後，在葉與莖間生一魚葉，普通在魚葉之上留一、二個完全之葉，俾使發育一芽，以製造樹液供滋養之。

大茶園只摘最嫩之葉，一芽二葉爲標準採摘，中等之採摘乃一芽二葉及第三葉之柔軟部分以及一或二個 Banji 葉（註六）。粗摘則一芽三葉或三葉以上，連二個以上之 Banji 葉。工人採摘時用拇指及食指將葉摘下，無論技巧如何精明，總不免有梗及老葉混雜其中，但當其休息時可飭令工人將其揀出。摘得之葉放入深二十四吋直徑十三吋之竹籃內，此籃每一採摘工人分發一個，可裝十五至十八磅之青葉，倘將葉積壓，則易致破碎並開始發酵；故須嚴禁之。每一技術優良之摘工，每日可摘青葉七十至八十磅。每日上午九時及下午四時在田間秤葉一次，然後送至工場，由製茶師再秤一次。

錫蘭茶園每畝之平均生產量爲四〇〇至六〇〇磅，最高者能達七〇〇至九〇〇磅。產量最高之某茶園，其紀錄如下：

剪枝後第一年	五〇〇磅
剪枝後第二年	九〇〇磅
剪枝後第三年	九五〇磅
剪枝後第四年	八五〇磅

茶樹生長 Banji 葉時，須行剪枝。在剪枝以前可行輕摘，蓋此時較重摘易於復原也。

工廠與田間接近之茶園，青葉由採摘者以頭頂之送至工廠，倘有相當之距離或數園共有一工廠，則不能不採用別種運輸方法。青葉由摘工之籃傾入大籃、椰皮袋或麻袋，然後用牛車、汽車、纜車、電車等輸送，除纜車外，各種運輸器具均使青葉在途中受震動。若干茶園則試以

註六：Banji 葉爲一有發育受阻之芽之葉子。

Mana 草堆積於車上，以減少茶葉之撞擊。

萎凋

青葉到工廠過磅後，即攤佈於萎凋室內使之萎凋。在錫蘭並不行室外萎凋，萎凋室均築於工廠之上部，使能控制而不受天氣之影響。

工廠之上層為一充滿萎凋簾之房間，簾以麻布做成，繫於滾軸上或架上，茶葉即攤於其上，進行萎凋。此種萎凋室四週廣開窗門，且置有導管通至地面之乾燥室，俾可於必要時供給熱氣，在室之各端及中部均裝有風扇，由各風扇及門窗之開關，可調節空氣循環，以得均勻之萎凋。當天氣良好時，所有窗門均可開放，以行自然萎凋。兩者合併舉行，間亦用之。

低溫度之自然萎凋較用熱空氣調節之萎凋尤為可取。因空氣溫度愈高，茶之品質愈劣。因此，所有之萎凋室均有多量之窗門以便於優良天氣行自然萎凋，且可於潮溼天氣時密閉使不流通空氣。

若干早期之錫蘭茶廠為咖啡工廠所改成者，此等工廠多位於包圍之山谷中，以便獲得水力。現代化之工廠其地面層之牆壁為用磚或石塊建築者，上部則為波皺狀之鐵片，地點多在開曠之地，以便吹風，而利萎凋。由經驗上知茶廠在開曠之高地者，可接受任何方向之風而行自然萎凋，舊式之工廠建築難得佳良之自然萎凋，而在新式而地位優良者，則自然萎凋常得優越結果。在潮溼季節中，在十八至二十四小時內欲得優良之自然萎凋，甚為困難，超過此時間，如尚未達適於揉捻之程度，則茶葉即將變壞。且茶葉放置萎凋盤中超過二十四小時，此工廠之工作程序勢必混亂，每日之製造程序亦不能循序進行。

據以往之經驗，當天氣潮溼時，人工萎凋之唯一方法為吹入熱空氣，但溫度並非主要因子，而熱空氣之相對溼度最為重要，關於此點，可用溼度計測定之。

從前以為循環於萎凋架之空氣須有華氏九〇度至一〇〇度之溫度連續施用十二小時以後始得萎凋，後知此種設施，非但有損於茶葉，且浪

費電力及熱力。其後發現在下層之乾燥機當乾燥茶葉時，將廢餘之熱而溼之空氣送至樓上之萎凋室，此熱空氣有將茶葉煮熟之現象，如此更引起對萎凋室空氣溼度之注意，最後認為溫度較不重要，調節之要素乃為相對溼度或空氣之乾燥力（註七）。

在多數工廠中，茶葉萎凋後即行過磅，由其重量與生葉之重量，可算出萎凋之程度。如一百磅生葉萎凋後得九十五磅，則稱為百分之五十五萎凋，而葉則含約百分之五十四之水分。百分之六十萎凋，含水分約百分之五十八，即為輕萎凋；而百分之五十萎凋，含水分約百分之五十，遂為重萎凋。輕萎凋製成之茶葉，滋味溫和而水色濃，重萎凋則滋味辛濃而水色淡。

最近之意見似為將熱空氣通入密閉之萎凋室，不可繼續循環一小時以上。然後即開窗放出不良空氣，再引入熱空氣以循環之，視需要情形繼續循環施行。茶葉萎凋後約十八小時，酵素即行發生。

萎凋完全後，葉變柔軟，撚撓或揉捻時即不能復回原狀。萎凋之適當程度乃由手之感覺及氣味決定之，萎凋充分之茶葉有新鮮蘋菓氣味。萎凋之直接目的為求適當於揉捻之狀態，兼謀其後製造步驟之成功。萎凋亦不能過度或不足，萎凋尤須均勻，故攤佈生葉須求勻薄，因為多數之茶園，現今均有足夠之地位以行萎凋。萎凋完成後，茶葉乃送至工廠底層之揉捻機。

揉捻

茶葉須經過揉捻機三次至八次，其目的在使撚捲葉片及破壞細胞，使茶液有特有色香味。第一次揉捻普通不加壓力，第二次則加輕壓，以後則逐次增加。每次揉捻後，將茶葉取出，移入揉捻解塊及青葉篩分聯合機，篩分約十分鐘，嫩葉所需揉捻時間較硬老葉為少，故須篩出，需

註七：F. J. Whitehead 著：Notes on The Atrificial Withering of Tea Leaf 一九三三年倫敦出版。

要再揉之葉乃再放入揉捻機內。當應用壓力時，每五分鐘即去壓數分鐘，以免發熱，從前錫蘭一植茶者 H. J. Moppett 對揉捻有下列之建議：

適當萎凋之葉，揉捻標準時間表如下：

二十五分鐘，無壓力。
二十五分鐘，同前。
三十分鐘，十五分鐘輕壓力，十五分鐘半壓力。
四十四分鐘，全壓力，施壓十分鐘，去壓五分鐘。

海拔三、五〇〇呎以上之茶廠，製造碎茶揉捻之標準時間如下：

三十分鐘，無壓力，
三十分鐘，同前。
三十分鐘，半壓力。
二十分鐘，略加重壓力。
二十分鐘，壓力愈重愈佳，在中間解塊三分鐘，
二十分鐘，同前。

在高地茶廠，揉捻時間應延長，低地者則應減少。低地之標準時間如下：

四十分鐘，無壓力，
四十分鐘，中等壓力，施壓七分鐘，放鬆三分鐘。
四十分鐘，同前。

在可能範圍內，揉捻愈慢愈佳，錫蘭茶廠普通每分鐘四十五轉。過分萎凋之茶葉，應酌量情形於揉捻時潑入一勺之水。（註八）

在錫蘭所用之揉捻機，普通有數種型式，其設計與兩手相合、一手固定、一手迴轉相彷彿，最簡單之揉捻機即一無底之箱放在有稜齒之平台上，此箱由一曲柄迴環轉動，當其轉動時，置入其中之葉在稜齒之上擠擦而團轉，葉細胞破裂而汁液流出，易於醱酵。此種汁液粘着於葉之表面，乾燥後爲乾物質，當用沸水泡茶極易於溶解。

錫蘭茶廠所用之揉捻機多爲 Jackson 式。有三十二吋方形機，二十四及三十六吋圓形機，三十六吋雙動式金屬機，單動式金屬機，二十四吋、二十八吋及三十二吋經濟機，Brown三動式及最近哥倫坡商業公司設計爲重揉捻之揉捻機，均應用甚廣。

揉捻時將葉放入有螺旋調節壓力之筒中，所施之壓力全視該園所出之茶葉性質而異，重壓力可能使茶味濃烈，但易損壞茶芽，如茶葉已有香氣時，極少用壓力。最重之揉捻能不需用切茶機而得碎茶類。

錫蘭茶廠認爲揉捻碎茶機之數目與揉捻機相同爲一重要之事，小茶廠之標準爲一架揉捻解塊青葉篩分聯合機配二架揉捻機，但如揉捻較多者，其比例恆爲二架揉捻解塊機配五架揉捻機。揉捻解塊機爲一簡單之篩分機，有一大而搖動之篩，每吋四至五之網眼，爲由粗老葉中篩出細嫩葉而設計，裝有一漏斗形之盛葉箱，箱內有槌將揉捻時之團塊打散。

醱酵

對於揉捻室之溫度及溼度問題現已較過去爲注意。自發現揉捻時已開始醱酵以來，遂認爲揉捻時之潤溼及定溫與醱酵室同樣重要；故揉捻室與醱酵室實可合併爲一。

揉捻後之生葉即薄攤於具有充分冷空氣而無直接氣流之水泥台上，使之氧化醱酵、單寧之氧化及芳香油之發生，在揉捻時茶汁外溢後，即行開始。錫蘭與印度相同，爲防空氣乾燥妨害醱酵，故醱酵台上懸有溼布使空氣保持潤溼，若干茶廠則將布張於葉面，但不與之接觸。

溼布之作用，除保持空氣潤溼外，尚因水分之蒸發而可減低空氣之溫度，此點甚爲重要，因超過華氏八二度之溫度時，能發生黑棕色之氧化產物，降低成茶之品質。事實上錫蘭茶葉醱酵溫度較此低下甚多，有時低至華氏六一度或以下，而在亞薩姆常有在華氏八五度以上醱酵。醱酵最適宜之溫度爲華氏七〇度，且須固定。同時乾燥計之乾球與溼球相差不能超過二度以上，如無差別最佳，但除有調節乾溼設備之現代化工廠外，甚難得之。

醱酵室常在工廠之底層，有無數之窗孔，使隨時受風。Moppett 建

註八：H. J. Moppett 著：Tea Manufacture, It's Theory and Practice 一九三二年哥倫坡出版。

議倘室內各部難以完全供給空氣，則可裝置小型風扇。青葉攤放約一時厚，但在高地區及氣候寒冷者則較厚，藉以保存醱酵所生之熱。醱酵所需時間自揉捻開始時起，細葉為二小時半，粗老葉為四小時。

至香氣發出後，再經輕微醱酵，乃可移至乾燥機。倘欲得味濃者，則醱酵須繼續較長之時間，醱酵進行中葉色迅速變化，最後則成亮銅色，並發生成茶之香氣。

乾燥

當茶葉醱酵至適當之程度時，即移入一通熱空氣之乾燥機中，其目的為停止醱酵作用及使葉乾燥；最重要者為使用某程度之溫度以吸收茶葉所含之水分而不損及其品質。乾燥機之能力，視溫度及氣流而定，溫度高而氣流不足者，則有損茶葉之刺激性；若溫度低，則成蒸煮狀態。

各茶廠烘茶所用溫度各有不同，有在華氏二四〇度烘乾數分鐘，而以華氏一八〇度完成之，亦有始終用華氏一七〇度，薄攤之使其緩緩乾燥。當大量經營時，後者對機器之投資須大。

錫蘭烘茶一次完成，並不若亞薩姆之分為二次。揉捻及醱酵後之茶葉水分含量約為百分之四十六至六十二，烘乾至不超過百分之三至五。乾燥機通用者為模範式(Paragon)乾燥機，連環鏈壓力乾燥機（Endless Chain Presure），下抽式 Sirocco 乾燥機，雙舵式乾燥機（Double Tilter）等，而以哥倫坡乾燥機、Brown 式乾燥機尤受歡迎。哥倫坡乾燥機有六盆，為上抽式，每小時可烘一二〇至一五〇磅。Brown式乾燥機烘量較少，每小時烘八十至九十磅，但成績優美。有垂直管之還橋式乾燥機（Far bridge），亦漸普遍。

經萎凋及揉捻之茶葉烘焙約二十五分鐘後，乃成為乾燥而易碎之商品紅茶，但格式及形狀不同，故須再經篩分機分為各種等級。

如前所述，錫蘭茶葉乾燥在一次完成，但乾茶在潮溼空氣中容易吸收溼氣，故惡劣氣候須補火一次，成茶如含水分百分之五至六以上，則包裝後不能久藏，故雖認為不必要之加熱有損香味，但發現含水量過多時，必需補火一次。茶葉水分含量不能由手觸或嗅覺判別，若干茶廠應用化學方法以決定標準之水分含量。

揀選及篩分

茶葉烘焙後，篩分成各種等級。在篩分以前，必須揀去所有之紅片、梗子及其他雜物。錫蘭茶葉各花色之百分比平均如下：碎橙黃白毫百分之五十，碎白毫百分之二十，橙黃白毫及白毫百分之二十，白毫小種、茶末及茶片百分之十。普通所用之篩分機為一組網眼大小不同之篩，稍形傾斜，疊成一架，而以一曲柄聯絡之，以傳達搖動作用。最上之篩之網眼最大，漸低則漸小，當此篩架搖動時，茶葉在最上篩投入，細小之茶葉即穿過網眼至不能再穿過之網眼之篩為止，最後將每號篩上之茶葉各別收集於箱內。

粗老之茶葉經切茶機切小之，此切茶機為一捲筒，整個小圓孔遍佈筒之表面，切刀相反而轉動，但不相切。當茶葉投入時，小者即落入孔中，而大者突出於外，與切刀相遇時即切斷。圓筒上之孔之大小，視茶葉之粗細而定。

綠茶

錫蘭只製造少量之綠茶。青葉採摘後，立即以蒸汽蒸之，其與紅茶製造分歧之處，即在不經任何醱酵作用。故採摘及運送生葉至工廠時，均極小心，不使發生破碎，並立即以蒸汽消滅酵素。其法將葉放入六角形之木桶，桶內裝有多孔之蒸氣管，當桶轉動時，即通入蒸汽，在三十至四十磅壓力之下，蒸煮約二分鐘。

其後將葉取出攤放使冷，乃放入揉捻箱內，先壓去多餘之水，然後揉捻十分鐘，再加輕壓力揉捻十分鐘，無壓揉捻五分鐘，此時一部份之揉捻葉仍含有過多之水，乃使迅速通入華氏二〇〇度之乾燥機。當揉捻時，葉未柔軟而見有成捆者，即用手解散之。茶葉在乾燥機內烘乾至有微膠粘性及橄欖綠色為止，乃取出候冷，再揉捻二十至三十分鐘，使茶茶葉成緊密之條狀。揉捻後，茶葉經過揉捻解塊機，不能解開之團仍用手解散。最後，以華氏一八〇度至二〇〇度之溫度，補火一次，乃篩分成各種等級。綠茶之等級普通分爲雨茶（Young Hyson）、一號貢熙、二號貢熙、珠茶（Gunpower）及茶末。

包裝及運輸

茶葉篩分後，再經勻堆，即行裝箱，勻堆、裝箱須儘速辦理，以免由空氣中吸收水份。每花色有足夠分量後，乃裝箱而運出待售。裝箱普通用搖動之裝箱機，使茶葉迅速落下，不必加壓力。此機爲一小台，木箱夾住於其上，台後連一偏心軸，使台急速搖動。

每箱可裝八〇至一三〇磅茶葉，小箱（Half Chest）則裝五〇至九〇磅，視茶葉大小而定。鉛罐在裝茶前即置於箱內，茶葉裝箱後即銲密之，若用鉛罐則內部更須襯以紙張，最後乃釘蓋，外縛鐵箍。於是將茶葉運至哥倫坡或在本地拍賣，或再運至倫敦求售。

建築

茶園內之職員辦公室多爲平房，在低地區者則多建二層，藉得涼爽。經理辦公室之，設計適於家庭居住，其餘則只有未婚者之設備，但均有適宜之環境，令人安適而愉快。若干舊茶園之廠房用劣等材料建築者，極易毀壞，但新式者則建築有永久性。其工廠用鋼筋作架，而蓋以鐵皮屋頂，牆爲鐵皮，內襯木板，基部以石塊墊高約三呎半，在揉捻室周圍，則石塊高築至二樓，使其寒涼。錫蘭茶之普通排列，揉捻室、發酵室、烘乾室、包裝室及篩分室均在地面層，萎凋室則在工廠之頂層。較舊而規模小者，則只有二層，若每年產量三五〇、〇〇〇磅者，則有三、四個萎凋樓。

資本及其他

茶地開墾所需之資本相差甚大，普通爲七五〇至一、二〇〇盧比（一盧比等於英金一先令六辨士或美金三十六分）。此項費用可延長至四、五年支付，先期需用較多，以後漸次減少。此費用包括工廠建築、機器設備及其他茶園之經常費用，還本約須經四、五年。故經營一茶園使成爲永久事業，須經十年，方能獲得。一優良茶園之最高度生產費，每畝爲一、二〇〇至三、五〇〇盧比。

勞工

錫蘭之多數茶園及全部高地區者之勞工，均由南印度之坦密耳（Tamil）供給。茶園之生活及優越之工資，吸引南印度之農人脫離其本鄉——該處祇能獲得一季之收成。在錫蘭有五八九、〇〇〇坦密耳人受傭於茶園及其他種園地。

坦密耳工人包括工頭、副工頭及田間工人、工廠工人，後者各種年齡及性別均有。補充工人之舊式應募方法已不復使用，而改由鼓勵家長（常爲副工頭）招其親屬工作。在多里奇諾波利（Trichinopoly）之錫蘭勞工理事官並不眞正招募工人，僅爲茶園作宣傳而已。

現在之制度，一工人首先需受考試，以試驗其是否適於茶園工作，合格後則送至曼台邦（Mandapam）之檢疫所檢驗體格，在准許赴錫蘭以前，居留六日以候檢驗，一切所需費用均由坦密耳傭工按照一定比率認捐之普通基金內支付，凡茶園滿十畝或十畝以上者，則依照需要情形按畝捐款，所有技術之應募者及其隨行者囘籍時，其旅費、生活費及移民費等亦由此普通基金負担。

日間工作規定爲每日八小時，上午七時開始至下午四時止。最近採摘工人之工資乃以採葉量而定，但多數茶園另有額外津貼，以引誘其每月工作至二十一日以上或每日九小時以上。

最近數年錫蘭茶園對於勞工之普通狀況，大加注意，如設立學校，宿舍及醫院等。茶園對工人之子女必須加以注意，較大之茶園有設備完善之醫院，每一茶園均駐有服務員診治輕微之病症及執行各區醫官之命令。米由茶園供給，價値比普通市價爲低，宿舍醫藥均不收費用。

一九三四年坦密耳工人之工資如下：

	高地茶園	中等地茶園	低地茶園
成人	四九分	四三分	四一分
婦人	三九分	三五分	三三分
小童	二九分	二五分	二四分

註：單位爲錫蘭分，相當於英金五分之一辨士或美金五分之二分。

錫蘭茶園之工人宿舍，建築時因法律之限制而標準化，舊式者亦被迫改建，政府規定無論瓦或鐵板屋頂，必須有一定之傾斜度。宿舍必須經當地醫師之認可方得建造，每室平均不准居住三．二人以上。

工人宿舍最適當之位置乃在不甚傾斜之砂礫土上，水源在可能範圍內當建築成村，以悅工人。良好與否甚爲重要，爲免受天氣變化，故設有走廊。屋簷伸出走廊須有二呎之寬，地板高出地面十二吋，材料可用磚，並以水泥補之，或用搗碎之砂土，蓋以牛糞與泥之混合物。

工人宿舍之屋頂必須開天窗，以流通空氣，此天窗之型式爲規定者，每屋至少有一窗，三呎見方，門之大小亦有規定，不得小於六呎高，二呎六吋闊。環繞工人宿舍者爲不積水之道路。

工人宿舍之建築費，雙列者每室約爲三五〇盧比，單列者三七五盧比。木料缺乏之處須用鐵代替時，費用約增加百分之二十以上。

種植者協會

錫蘭種植者協會爲島上關心於茶業者之代表團體，所有茶園主、商店主及私人，凡對茶業有興趣者，均有選舉及被選舉之資格。總會設在堪的維多利亞紀念大廈內，全體大會及委員會均在此舉行。

島中各茶區約有十七個附屬協會，解決當地之耕作及行政問題，各協會之代表亦服務於錫蘭種植者協會之普通委員會。

錫蘭園主協會會員包括五五四個園主或公司，栽培面積六四一、九二五畝。各業之分配如下：茶三七五、五〇四畝，橡皮二四三、一〇〇畝，其他二三、三二一畝。其目的乃促進普通之興趣及個人對於茶、橡皮及其他農產品之關心。園主及代理者有五〇畝以上之園地即可被選爲

會員。

其他之茶葉組織爲低地區生產協會。此爲低地區產品如椰子、橡皮及樟樹等栽植面積在二十畝以上者及上述產品之製造工廠、磨坊之所有者所設立，有四一二個會員。

研究所

最近數年來之錫蘭茶業問題，尤其關於茶樹之生理與土壤肥料之關係，爲茶業研究所之科學研究題目。此研究所在於梯拉華吉利（Telawakelle）之聖康勃茶園（St. Coombs）內。最近之重要問題爲各種土壤之石灰噴射需要量，殺蟲殺菌劑對茶葉製造之影響，生葉之化學成分及最優良茶葉製造中之化學變化等。亦注意及 Tortrix、Trichogramma erosicornis 之寄生蜂之培養。自發現茶樹剪枝後，因缺乏澱粉而死後，對於 Diploda 病亦極明瞭。以前未有紀錄之 Dadaps 病，現已發現爲一小鰻虫 Heteroda radicicola 之寄生所致。

研究所之工作結果多編纂於茶葉季刊（The Tea Quarterlg）內。

錫蘭種植者之生活

最初來錫蘭植茶者，大多爲英國、蘇格蘭或愛爾蘭之公共學校之少年，偶或爲大學生及未經服務之人，錫蘭茶園徵求助理，訂以三年至五年之合約，或先行試用，供給膳宿及津貼費用，七、八月後視其工作能力而升爲正式助理。

對此試用制度有二大分歧之意見，聯合帝國新聞上之評論對此津貼試用制認爲不當，招選青年給與一百金磅之津貼實可維持數季之生活，多數之茶園代理者則認爲此種試用制將產生大量候職之青年，因而發生失業問題，而從歐洲來之助理則可按需要而招請，若干茶園甚至拒絕僱請曾受試用之人。彼等指出有合約赴蘇門答臘及爪哇者，開始時即可領薪，而主張在錫蘭亦應相同。

反對此種意見之其他代理人，寧用曾受試用而成績良好之青年，不

顧僱用由倫敦代理處送來者。二十年前反對試用制者甚少，但無論如何，一個青年在試用期後而有成績優良之證明書者，不難得一職位。

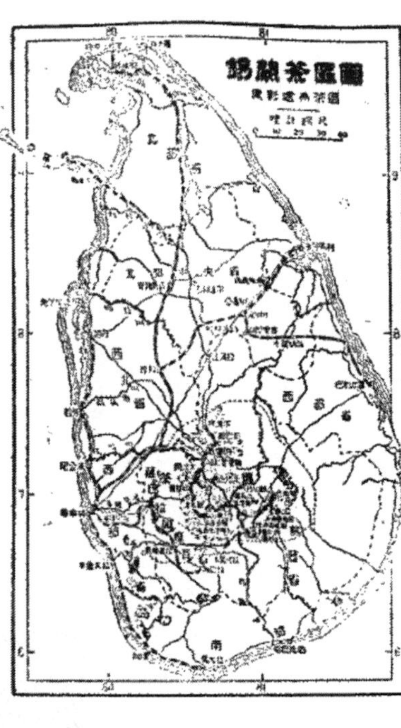

歐洲青年植茶者，開始由初級助理可升至二〇〇至三〇〇畝植茶地之管理者，其月薪在第一年爲二五〇盧比或年薪二四〇鎊（一、二〇〇美元），供給住宅、柴薪及二僕人、一園丁及一侍役，並給予茶葉，每年增加月薪五〇盧比以上，至達八〇〇至一、〇〇〇盧比或年薪七二〇鎊（三、五〇〇美元）至九九〇鎊（四、六〇〇美元）爲止。最先升級爲高級助理，協助管理者之工作，然後再升爲茶園之管理者，最後可升至經理或巡迴代理人。

除月薪外，管理者及經理尚可得七〇鎊至一、〇〇〇鎊之紅利，有傢具之住宅、四僕人及一馬車或汽車。經理可兼理二園，薪金可高至二、五〇〇鎊，但平均爲每年六〇〇至七〇〇鎊。倘常能巡視茶園，則薪給更有高至三、〇〇〇鎊者（一四、六〇〇美元）。茶園之巡迴代理人或指導者不兼其他事務，可得年薪三、〇〇〇鎊至五、〇〇〇鎊（一四、六〇〇至二四、〇〇〇美元）。依照慣例不訂合約，但亦有訂者，多爲三年至五年。助理先付薪給及來錫蘭之旅費，滿期時再續訂。

每年有三星期之假期，三年至五年後視服務時間之長短及成績，可有六個月之返國假期，假期間薪金照支，並可延長二至四月，但祇支給薪金半數。多數茶園對植茶者及其家屬返國時，供給頭等之來回旅費，但以返任爲條件。

錫蘭植茶者之每日作息時間如下：早晨五時半起床，六時集合，六時至六時半進早餐，七時至正午巡視茶園及工廠；下午二時再開始工作，乃爲辦公室內各事之處理，四時晚會，其後再進茶，四時半至六時繼續工作。普通星期六下午及星期日全日均休息，此時之遊戲爲網球、高爾夫球、射擊或訪友，在晚上則爲橋牌戲或參加私人集會。茶季時星期日早晨亦須至田間巡視。

植茶者在錫蘭服務之時間平均爲二十八年，如爲有野心者，則最終目的爲多數茶園之經理、巡迴代理人、茶園所有者或爲一茶園之大股東，做股東者可返倫敦退休，而由海外之有限公司與錫蘭保持聯絡，定期巡視錫蘭一次。

若干植茶者希望種植者協會之領導者，無論錫蘭之協會，倫敦或本地者無野心者。只視爲生活之所，甘願漂流，以尋覓命運輪之順利轉動。錫蘭植茶者對其工作留戀而不願離去，已爲定例。

第二十一章 其他各國茶葉之栽培與製造

茶樹混植於亞洲大陸及其他各地——暹羅野茶之製造法——緬甸人製造Letpet，一種作蔬菜用之茶葉——緬甸、法屬印度支那、馬來聯邦、依朗、納塔耳、尼亞薩蘭、葡屬東非、烏干達、坦喀尼加、亞速爾、外高加索及巴西商品茶之栽製

科學家認爲暹羅、緬甸之原始部落及中國邊境之雲南省之人民，爲最初採摘並使用其本地山間所產之「茗」（Miang）或野茶樹之葉者。彼等將野茶蒸煮及醱酵後捆成小束，供作咀嚼之用。最初時且煮野茶樹之生葉作爲藥劑。中國栽培此種茶樹，並爲便於保存終年供給藥用起見，乃將生葉製成乾葉。此後南方諸地始自中國人學知製茶，以茶葉作爲飲料，但其範圍尚不廣大。

暹羅——「茗」爲暹羅所產之唯一茶葉，但只供內銷，并無出口。暹羅爲茶葉進口國家，其輸入之茶葉，除小部份供染有歐風之暹羅人飲用外，大部份均爲暹羅境內之外人所消費。北暹山間之居民，常將醱酵野茶與鹽或他物如大蒜、猪油等嚼食。因茗有刺激性，嚼之可使人少食耐勞。

大茗園區域中之茶樹，有土人播種者，亦有自行繁植者。在野森林中如有野茶發現，則附近居民即將其四週整理，以便採摘。如係人工播種，係將種籽埋人深二、三吋之穴中，四周圍以硬棒三根，以資保護，然後任其生長，並不移植，如此種植之茶樹，常種於野生茗樹之間。

幼茶樹長至六、七呎高時，始行採摘，其平均高度爲十六呎至二十呎，最高可至二十五呎至三十呎。離地面三呎處之樹幹，直徑平均爲八吋至九吋，亦即在此處以上生長枝條。

茶樹除每年芟除野草二次外，並無其他培植，亦不剪枝或清除寄生植物，故樹上叢生苔蘚、羊齒、蘭科植物等。「茗」樹最大之蟲害爲一種毛蟲，損害幼葉及幼芽。

「茗」樹之葉較中國茶樹爲大，但較印度茶樹之葉爲小，此三種茶樹均同屬一屬——Theasinsis（L.）Sims。普通茗葉之採摘可分四季——六月、八月、十月及十二月。

十月與十二月所採之葉最佳，雖亦有在六月與八月採摘者，但品質甚劣。每次採摘期均視其採摘數量及採摘次數而定，大抵爲二至三星期。在某數區域如南（Nan）之東北部之明普（Muang Pua）區較大之「茗」產地內，採摘期並不一定，全年任意採摘，此等茶園多爲丁族人（Tins）所有，其採摘方法則與之以後所述各區域採摘法略異。

普通採茶時間均在早晨，但亦有整日採摘者。多數茶區之採茶工人，不論男女，每枝有四、五片葉之茶芽僅採其三分之二，其採法係用右手拇指與食指摘下，轉遞與左手，直至握滿爲止。然後用竹絲捆緊成束，名爲一干（Kam），每一干之茶葉雖經製造，仍甚完善，並爲一種發售單位。明普區之丁族人則將有三、四葉之嫩芽，連茶梗全部摘下製成「茗」茶。在此區內，每株茶樹平均產二、三十干者即爲上乘，善採者每日可採一百二十干。

製造茗茶時，先將每干生葉蒸二小時，冷後置於籃中或竹桶中緊壓之，使其醱酵。經一個月，即可食用。此類茶葉可保藏一年不壞。偶有將茗茶置於竹筒心中，埋入地下，以保藏之，但僅在供過於求時用之。

有時茗茶亦用鍋炒及手揉等方法，製成供作飲用之茶葉，此類方法係與梅（Chiengmai）西北之一小部份山地居民採用之。

茗茶之需要，僅有暹羅一國與緬甸之極小部份。但在茗茶區域內，

不能運用正確方法以生產商業化之茶葉，殊不可解。（註一）

緬甸——緬甸栽茶面積共約五五、〇〇〇畝，其中北撣部佔五〇、〇〇〇畝，南撣部佔二、〇〇〇畝，此項數字僅爲古時土人茶業之仍留存於現時者之估計，此外亞拉根州（Arahan）、坦納綏林州（Tenasserim）及西北邊區亦有四區生產茶葉。各區產茶面積如下：亞拉根之亞開勃（Akyab）六二畝，坦納綏林之東谷（Toungo）七〇〇畝，加綏（Katba）五〇三畝，上更的宛（Upper Chindwin）一、八四〇畝。每年茶葉總產量約在二百萬至二百五十萬磅之間，均爲緬甸人及撣族人所消費。

緬甸及撣部茶樹之品種與其近鄰之印度所產馬尼坡（Manipur）土種甚少嚴格之區別，僅葉片較厚而小，且鋸齒較尖銳，呈長橢圓形。其與馬尼坡種之所以不同，恐因緬甸茶樹數百年來皆用作菜蔬而不充飲料之故。野生之馬尼坡種在更的宛河流域及緬甸西北部支流一帶，生長面積甚廣，并公認爲最堅實之茶樹之一種。

近年亞薩姆之土種已輸入緬甸，因亞薩姆品種較馬尼坡種爲優美，故緬甸政府勸告人民種植於土壤肥沃及氣候適宜之地　。惟環境不佳之處，仍以種馬尼坡種爲佳，因柔弱之品種在此種地區易罹病蟲害，而馬尼坡種獨可生長繁茂。

緬甸茶樹百分之九十產於 Tawnpeng Loilong 之北撣部，該地叢山高出海面六、〇〇〇尺以上。土壤呈暗褐色，爲似黏土之沃土，土層頗深，上覆大量腐植質，茶樹單本種植，樹叢頗大。蔭處生長繁茂，充分發育之叢達九呎，惟剪枝立即使茶樹致死。

茶樹之栽培，多選擇稠密之森林地帶，以藍橡樹林或灌木林爲最佳，松林之地則頗少種植。茶園皆位於山之兩邊斜坡，直達山脚，山脊地則生長原生叢林，峻峭之山坡茶樹常較小。茶園無有系統之種植，均零亂無次。

茶籽在十一月收集，在次年二月或三月後播種於苗圃中，常至第二年高達二呎時，乃於八月或九月間移植於已清除之山坡上。茶樹除於旱季時灌水外，並不施用肥料。除草工作僅在雨前及十月後舉行，用鋤翻土。茶樹不施剪枝整形，任其自然生長；樹間空隙，則植以茶苗。

緬甸茶農皆自有茶園，其栽培方法仍爲數百年來之舊法，迄今全國仍無一科學化栽培之茶園。

茶樹首次採摘，在第四年時，以後繼續採摘十年至十二年。自三月至十月，可採摘三次，此與萌芽之次數相當。其中以第二次採摘——五月至七月——爲最佳，名爲 Swe'pe，採摘方法甚爲粗放，老幼攙雜。第一次所採者最粗，製成淹茶或醃漬茶，撣族人稱此種茶葉爲 Neng Yam，緬甸人稱爲 letpet。

Letpet之製造爲緬甸之撣部及亞薩姆與緬甸間之若干山地所特有。其法有二：一法將生葉投入沸水中，任其停留片刻，至葉片柔軟時即行取出，置於席上，用手揉捻，然後任其冷却。嗣用木杵將茶葉緊塞於竹筒中，加上一蕃柘榴葉所製之塞，將筒倒置陰處二日，使其水汁流盡。

當Letpet塞入竹筒時，竹筒上端每留有少量空隙，裝入以水泥和之灰，以防虫類侵入。此盛滿Letpet之竹筒，隨即埋入土中，經充分醱酵後即可出售。竹筒如不埋入土內，則將轉黑色變壞。優良者爲黃色，Leppet 待售時，由筒內取出，裝入鋪有樹葉之柳條籃中，此法在伊洛瓦底河（Irrawadd）以西甚爲流行。

第二法行於伊洛瓦底河以東之地，係將生葉蒸煮，用手揉捻，任其冷却後，放入裝鋪木板或竹席之地坑內，上加以蓋，并用重物緊壓。如是留藏其中，以至有人將其全部購去。茶葉取出時係裝於竹簍中。

此類 Letpet 茶或稱 Siloed 茶，係浸入油內與大蒜乾魚同食。此種調製認爲奢侈之享用。

第二次採摘之茶或稱Swe'pe，多製成乾茶，生葉先蒸煮一夜，次晨取出緊壓揉捻，然後置於竹席上在日光下曝晒。在四日內繼續揉捻三、

註一：Report on the Cultivation of Miang 見一九二三年曼谷商業部長發表之紀錄。

四次，待完全乾後，即成乾茶，名Letpet Chank，藏於籃中。

撣族人以 Letpet Chank 作爲普通飲品，有少量輸入中國雲南省，以前此爲一重要貿易，但此種茶葉並不適合於歐人之嗜好。撣族人將茶葉置於陶土壺中煮之，再加鹽飲用。

近年來有提倡用科學之栽培與製造方法以改進緬甸茶產之運動，惟因機械缺乏使製造上之改進尙未充分表現，但改良茶樣已極受國內市場之歡迎。

一九二九年緬甸農業部工作報告內云：

雖在緬甸與撣部之間有大量醃漬茶商業，但緬甸僅有一合理之茶園，即 Thandaung 茶園，該園有茶地三六〇畝，已能生產品質優良之茶葉，每磅售價逾三先令六辨士。

最近 Thandaung 茶園之茶葉經營管理已轉讓予仰光 Mac Gregor 公司，此茶園位於海拔四、五〇〇呎之山坡上，爲處女地所新闢者，全年雨量爲一八〇吋，其栽培方法與錫蘭相同。

全年四季均可採茶，在發芽旺盛時，每隔七、八日可採摘一次，普通則每隔一至三星期採摘一次，輸入之茶樹均爲錫蘭與亞薩姆之優異種類，其中以錫蘭之茶種爲佳，產量亦較豐。由撣部傳入之茶樹，爲數不多。

此種首倡建立緬甸之茶業努力所獲得之成就，給予緬茶在商業上可能成功之信念，故在不宜栽植其他作物之土地，可以引入一種新作物矣。

法屬印度支那——依照中國古代之舊法製茶之安南土人，久已放棄中國原始之栽製方法，而在東京浦東（Phu Tho）之國立實驗所（Governments Eperimental Station）之鼓勵下，其出品亦漸能符合實際之商業標準。

安南土人最喜飲用濃厚刺激之茶，而不喜優香之茶，製茶原料均爲老大粗葉，因此土人所用之茶，成爲歐人今日所發展之茶業之有價值之副產品。

法屬印度支那之主要產茶區域爲安南、東京及交趾支那諸省，此外有大量野茶生長於上老撾山間，但其原始栽植之茶樹，死亡已久。

安南植茶地約六〇、〇〇〇畝，東京約八、〇〇〇畝。一九三〇年法屬印度支那之茶葉出口量共五三三、〇〇〇公斤，價值二、五〇〇、〇〇〇法郎；一九二九年共一、〇一二，四〇〇公斤，價值一〇、〇〇〇、〇〇〇法郎。

法屬印度支那茶區圖

本地栽植方法極爲幼稚，在居屋之四週栽植之茶樹，鮮有至一百至三百株者，茶籽直接播於田園，不知苗圃育苗之法。將茶籽二、三粒播種於距離二十三吋至三十二吋之穴內，每穴之幼樹長出後，僅留其中最壯之一株，其餘均拔去。此後除芟草外，別無其他培護工作。茶樹經三年後，常可開始採摘，每年可採二、三次全部樹葉幾被採盡。採摘時不採嫩葉幼芽而採老葉，但茶樹因濫摘結果，常呈凋零狀態，易爲病虫所害。

土人製茶方法甚多，其中較爲普遍者，將茶葉緩緩乾燥後，放入米臼內杵之，再經完全乾燥後即成。此項手續頗相當於一般之萎凋、揉捻及乾燥方法，所製成之茶則爲未醱酵之粗茶。

交趾支那及東京一部地方製造綠茶，係將茶葉在鍋內蒸煮，再移置另一鍋內用手或足揉捻，然後攤置於日光下曝晒一小時，再揉捻一次，俟乾後卽成。

東京粗紅茶之製造法，爲將茶葉於採摘後卽在硬木塊上研壓，然後分成小堆，稍洒水，上蓋以布，使醱酵十二至二十四小時，其後再置於日光下曝晒數日，俟乾後卽成。用此方法製成之茶，味酸苦而缺乏香氣。

老檛省土人所飲之野茶，如 Meu-luang 及 Mieugnol，其製法較普通日光下乾燥製法爲繁雜。將山森林中採來之茶葉，首先傾入已燒至適當熱度之鐵鍋內，將茶葉不斷炒動，接近乾燥時，並用手揉捻，俟完全乾燥後卽成，此種茶葉有一部份行銷於中國雲南省，其茶味與歐人所嗜好者頗爲相近。

與七法製成茶葉處於相對地位者，爲歐人在安南經營之六所新式茶園所製成之優異出品。此新式茶園之組織設備皆仿傚英屬印度、錫蘭、荷屬東印度之茶園。其中四所已有設備齊全之新式製茶工廠，餘二所在最近亦可完成其新式裝置。茶園面積在五〇〇至一、二〇〇畝之間，但六所茶園尙未完全在生產中。

歐人在安南所經營之第一所茶園，係設於低地，該地土人原已蹦有茶園，但不久卽發現其錯誤，其他茶園遂均設於高山之上。

最初認爲本地氣候與爪哇相同，實爲一最重之錯誤，因本地並非赤道氣候，冬季寒冷枯燥，與高旱之錫蘭烏發區域相似，非僅溫度、雨量、濕度與爪哇不同，且整個氣候亦受東北部之山脈及來自北部亞洲及中部亞洲之乾寒風之影響。

一般言之，土壤並不十分肥沃，但其物理性質宜於植茶，茶園所植均爲亞薩姆種。茶苗先經苗圃培育後再行移植。最初所用茶籽係由爪哇及蘇門答臘輸入，亦有少量來自英屬印度。今所有茶園之茶樹均爲齊整之亞薩姆式之矮叢。低剪已證明有良好之結果。

安南工人因受中國人之影響，在茶園工作甚力，男女工人之技術均頗熟習。茶葉在雨季中常每隔七、八日採摘一次，採摘頗爲精細，僅摘一芽二葉，乾季內則每隔十天或二十天採摘一次。

英屬馬來聯邦——英屬馬來及海峽殖民地茶樹之種植，自經數年前在塔納拉泰（Tanah Rata）及開默隆（Cameron）高地舉行小規模試驗栽植後，卽證明爲一種成功事業。在雪蘭峨（Selangor）、彭亨（Pahang）及吉打（Kedah）等三處共有茶地二、〇〇〇畝，在塞唐（Serdang）設有實驗工場一所。馬來茶與印度卡察茶甚相似。

惟一有商業希望之茶區爲未加入聯邦之吉打州古蘭地(Gurun)地方之茶園，該處有茶地五〇〇畝。在松哲皮西（Sungei Besi）礦區內中國地主有茶地一四〇畝。茶葉全係手工製造，行銷於該錫礦區中之中國工人。

伊朗（波斯）——吉蘭省（Gilan）累什特（Resht）附近四區，有茶地五七〇畝，每年產額約值二〇〇、〇〇〇磅。此四產茶區卽：富曼（Fumen）、拉希哲(Lahijan)、拉甘(Lahan)及蘭格魯特(Langrud)，此外馬蔬得蘭（Maxeuderan）省亦有茶樹栽植。根據加爾各答印度茶業協會前任總技師G. P. Hope|調查伊朗北部茶業情形之報告，伊朗之氣候、地勢及土壤均甚適合於植茶。

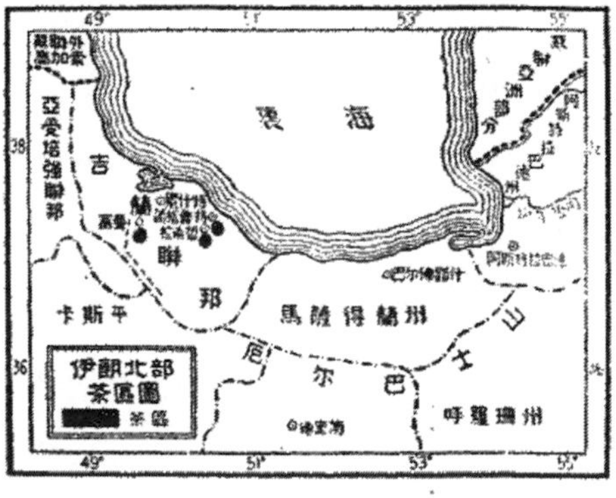

茶樹之播種常在十一月至次年四月間。幼苗在苗圃中經二年之培護，長至四分之一Zar（|Zar＝四〇・五吋）高時，於春季或秋季定植之。茶樹在四年以內不行採摘，但須除草；採摘多在夏季，每隔十天一次，春季採摘之茶，品質較他季採摘者爲佳。如遇夏季天旱，茶樹卽停止發生

伊朗北部茶區圖

徽芽。剪枝則在秋季行之，係以剪將茶叢切至適當高度。茶樹病害極爲罕見，但茶苗常易因過度潮溼所毀。採摘時每隔十日中耕一次，所用之鋤名「bil」，鏟名「Japper」，爲波斯式，鏟上配鐵棒，以便挖掘時可用足踏而施重力。

如茶樹生長強健，十天內可採摘二次。

伊朗茶樹常受長春藤之纏繞而至於枯萎。白色蜘蛛亦常織網於茶樹上而妨礙其生長。

每Jereeb（約二‧七畝）之地面，可植茶樹一〇、〇〇〇株，如株距在一Zar以上者，每洞中常植茶三株，以便採摘。

伊朗之茶區均係人煙稀少之地，故人工之缺乏成爲今日政府企圖擴充茶地面積之最大問題。採摘及栽培工人每日工資由一‧二五至二‧五Rial（一Rial約合〇‧〇三美元）。

每一Jereeb（卽一萬方zar）茶地須用工人二名。拉希晢地方無超過五Jereeb以上之茶園。

製茶方法頗爲古舊，茶葉於採摘後經萎凋約十五小時，卽用手揉捻，再置入類似一小Sirocco式乾燥器之小木箱內。該箱內有棉布底之木盤四只，箱下置炭火烘約一小時至一小時半（註二）。

勞工爲擴充茶園最大之問題，本地雖極窮之居民，寧願自耕其地而不願爲人傭僱，現政府正設法在裏海附近另行開闢茶地。

納塔爾（Natal）——納塔爾之茶葉生產已趨衰頹，其主要原因由於印度政府曾令禁止移民至納塔爾。所有茶樹均爲亞薩姆種，植於斯坦求（Stauger）附近海拔一、〇〇〇呎之高山地帶。適於茶樹生長之地，共約一五、〇〇〇畝，今已墾植者僅二、〇〇〇畝，

納塔爾氣候適合於茶樹之栽培，日光雨量充足，無嚴霜之害，病蟲害亦甚少。採摘自九月至次年六月止。

該地產製工人原均來自印度，其合約現已終止，但仍有以較合約爲高之工資繼續留用者。女工及女童工採茶技術極爲熟練。自印度政府禁止工人至納塔爾後，遂雇用若干本地土人（Zulus）以代之，但其工作能力遠不及印度工人。

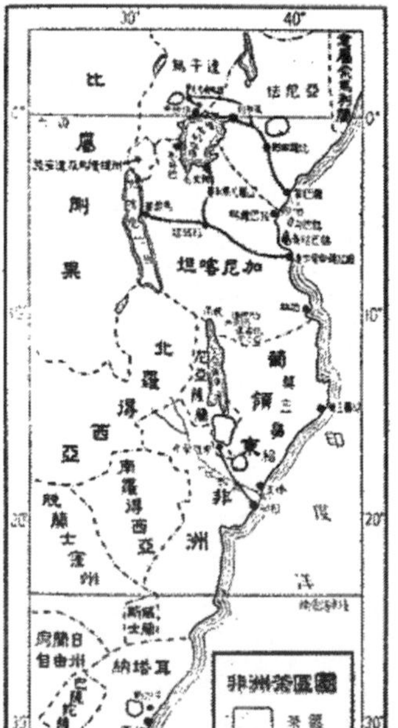

納塔爾有大規模茶園二所，爲J. L. Hulett父子公司及W. R. Hindson公司所有，均在費班（Durban），此外另有較小之茶園四所。其規模較大之二茶園，均具有設備完全之製造工廠可行萎凋、揉捻、醱酵、烘焙、分篩、裝箱及出運等工作。其中尤以J. L. Hulett父子公司經營之Kearsney茶園範圍最大，每年能製茶一五、〇〇〇、〇〇〇磅。

納塔爾茶可分金白毫、白毫、白毫小種及小種四種。如將境內可以植茶之地盡行開墾，則不但可供南非洲全部之消費，甚且尚可輸出國外。

根據南非政府年鑑，茶業之投資已達三、五〇〇、〇〇〇鎊。

尼亞薩蘭（Nyasaland）——茶樹栽植已超越試驗時期，且繼有發展，但因氣候及雨量之限制，使產量無法增加，終難成爲一大茶葉輸出國。茶樹大多栽植於二、〇〇〇呎高之姆蘭治（Mlanje）區，該區雨量充足，分佈平均，此外在一、〇〇〇呎高之科羅（Cholo）區亦有茶樹栽

註二：G. D. Hope 著：The Cultivation of Tea in the Caspia Province of Persia 一九一四年加爾各答出版。

植，但雨量則較娘蘭治為少。

布蘭推來（Blantyre）與松巴（Zomba）二區，雨量不足，不能獲得如娘蘭治及科羅同樣之成功。

尼亞薩蘭茶葉之最大產製者為擁有娘蘭治區 Lauderdale、Glenorehy 及 Limbali 三茶園及下科羅區之 Zoa 茶園之布蘭推來東非公司（Blantye and East Africa），一九二九年該公司除尚在計劃墾植者外，已有茶地二、一四九畝。

最老之 Landerdale 茶園有茶地九四〇畝，一九二八年之生產額為三二四、〇〇〇磅，一九二九年則為四一〇、〇〇〇磅。該處雨量在一九二八年為七二吋，而次年則增至一〇四吋，其他天然環境亦甚適於植茶。

Ruo 茶園公司為尼亞薩蘭之第二大茶葉生產者，該公司在娘蘭治區內有茶園三所。此外尚有 Africa Lakes 公司之茶園及其他數家茶園。

Lyons公司在娘蘭治之盧吉地（Lujiri）創設一大規模之茶園，已有茶地一、二〇〇畝，並建築最新式四層樓製茶工廠一所，該地土壤肥沃，雨量亦充足。

科羅區內近年來如 Conforzi、Scott、Harter、Wallace Rose等亦開墾茶園頗多，此外則有 Bandana 茶園、Zoa 茶園、Cholo Land and Rubber 公司之茶園及 Maxwell 之 Mandimwe茶園等。

印度種種籽常有輸入或自行繁殖，均經嚴格之種籽選擇，植茶面積已自一九〇四年之二六〇畝增至一九三三年之一二、五九五畝，現仍在繼續擴充中，最新式之製茶機械亦已輸入採用，工廠建築均仿自印度、錫蘭。一九〇四年之出口額為一、六一二磅，一九三三年則增至三、〇〇〇、〇〇〇磅。

茶樹栽植方法仿效印度與錫蘭，繁殖方法係於苗圃內用種籽播植，一年後再行移植，三年之內不行採摘，但常加修剪，促成矮叢，其高度在二呎至五呎之間，至第四年終，即開始由土人用手採摘，僅採一芽二葉或三葉，盛入籃中，帶回茶廠製造，每日二、三次。約一星期後再開始第二次採摘，在茶樹生長期內，均如此繼續進行。茶樹發芽期之間隔，常隨氣候而變更，五日或十日不等。每畝茶葉產量自二五〇磅至五〇〇磅。

茶樹生長期自十一月至次年五月，剪枝期由五月至八月，採摘期由十二月至次年四月，十二月採摘最盛，當接近寒冷而乾燥之季節時，採量即漸減少。

茶葉經採摘後，在工廠內過磅，再放置樓上，並薄攤於鐵絲網架或棉布所製成之架上萎凋，使茶葉水分減少約三分之一。萎凋平均之時間為十八小時，但全以空氣之狀況為轉移。

天然與人工之萎凋法均有採用，茶葉生長於溼度濃厚區域者，因其所在地之空氣接近於飽和點，可能時皆用自然萎凋，唯需要時亦用人工萎凋——此與錫蘭相同。

茶葉經萎凋後，即由斜溝輸至樓下之揉捻室，用英國之揉捻機揉捻之。此機可容萎凋葉三五〇磅，揉捻二次或三次以上，每次需時約四十分鐘。經過解塊機及青葉篩分機後，即移入醱酵室，攤置於水門汀、玻璃或銅皮板上醱酵一小時半或二小時，醱酵完畢，用烘焙機加以烘焙，再用分篩機分成普通各級之紅茶。

尼亞薩蘭僅製紅茶。茶葉裝於襯鉛之箱中，行銷於倫敦市場，其售價並不下於同等高度之錫蘭及印度紅茶。在娘蘭治設有茶葉協會一所。

將來尼亞薩蘭之茶區範圍，當以娘蘭治及科羅二區為栽培極限，因氣候尤其者雨量為之限制，主因則為尼亞薩蘭西岸之雨量較多，如能改進交通，便利運輸，則茶業前途頗有發展之望。該地平均地價為每畝五磅。

據 H. H. Mann 博士報告，謂茶業之發展足為該國富庶之重要基礎（註三）。

註三：Harold H. Mann著：Tea Cultivation and Its Development in Nyasaland 一九三三年倫敦出版。

葡屬東非（莫三鼻給 Mozambigne）——尼亞薩蘭之姆蘭治山與葡屬東非洲相接，尼亞薩蘭與莫三鼻給之界河兩岸，有數處小面積土地，其氣候適於茶樹生長，Empreze Agricola do Luglla Linitada 已開墾茶地五〇〇畝，小規模之茶廠亦已建立，每年產額約九〇、〇〇〇磅。該公司之總辦事處在里斯本（Lisbon）。

烏干達（Uganda）及怯尼亞（Kenya）——英國之殖民地烏干達及怯尼亞，經茶樹栽培試驗後，已證明可生產優良品質之茶葉。今商業性質之栽植業已開始，但尚幼稚，土壤肥沃，全係紅色黏質壤土。烏干達之土地每畝可售價四鎊，怯尼亞可售十鎊。烏干達茶地均在五、〇〇〇呎之高地，怯尼亞之里摩羅（Limurw）海拔七、三〇〇呎，隆勃華（Lumbwa）爲七、〇〇〇呎。

烏干達爲國家茶園所在地，僅該地土壤業加分析，但非洲任何耕種區土壤差異甚少。

烏干達及怯尼亞二處發展茶業之最大障礙爲人工問題。茶葉能否由實驗性質變爲商業性，端賴此問題之完滿解決。

怯尼亞茶產於基庫育省（Kikuyu）之江部區（Kiambu），桑亞省（Nzoia）之南地（Nandi）、烏新吉舒（Uasin Gishu）、遷朗西桑亞（Trans Nzoia）等區及尼亞薩省之北卡佛朗陀（Kavirondo North）、基蘇摩隆地尼區（Kisumu Lond'ani）與基立各等區，基立各與里摩羅二區茶業經營最佳。茶地總面積約爲一二、〇〇〇畝，每年產茶約三、〇〇〇、〇〇〇磅。

坦喀尼加屬地（Tanganyka Territory）——「坦喀尼亞西南高地植茶之展望」爲一九二九年之一種重要農業報告，該報告指陳中東非洲坦喀尼加屬地有建立茶業之希望，且使人深信雨量豐富地帶亦能產優良之茶葉（註四）。

最近 H. H. Mann 博士亦謂茶業發展政策可用於烏薩巴拉山（Usambara）南方高原之木芬的（Mufindi）及蘭崴(Rungwe)二區，該地可開闢茶地五〇、〇〇〇畝。渠又估計上述地區之茶葉產額除供本地飲用外，尚可大量輸出。同時可維持大量歐、印、非人之植茶者及勞工之生活。渠又謂如欲免去茶業在經營上之種種困難，惟有仿行近世各國在產茶地所用最新式之大規模組織或企業，至少亦須將人民團體集合，如每一殖民者攤出三千鎊卽可組織一中心工廠，運用合作力量及獨立資金或其他方法以推展之。但此種方法須由政府予以輔助，方有發展希望（註五）。

聖邁克爾（St. Miceael）及亞速爾羣島（Azores Islands）——聖邁克爾位於北緯三十七度三十分，西經二十五度三十分，屬葡屬亞速爾羣島，有茶園四、五處，產優良之紅綠茶，大部份綠茶行銷於有優先進口之葡萄牙。Gorreana 茶園創於一八四一年，由四、五中國植茶者指導，但其栽製方法與當地土壤、氣候環境及人工供給均不適合，故乃沿用本地土法。

俄領外高加索（Russian Tranocancasia）——茶葉生產在亞得薩里斯坦（Adzharistan）爲一重要富源，此區屬於喬治亞蘇維埃聯邦之外高加索，茶地多在黑海東海岸首都巴統（Batoum）附近之亞特查山（Adjar）南麓斜坡上。主要產茶地均由政府經營，栽植及製造之中心在查克伐（Chakva）。

亞得薩里斯坦變成蘇維埃

註四：M. F. Bell 著，見一九二九年農業部之報告，倫敦出版。

註五：Harold H. Mann 著：Report on tea Cultivation in Tanganyika Territory and its Development 一九三三年倫敦出版。

化以後，原屬皇室之在克伐茶地，今已隸於喬其亞農業人民委員會，一九一三年時喬治亞僅有茶地僅一、八二五畝，一九三四年則已增至八〇、〇〇〇畝。

所產之茶葉，直至目前，尚屬普通，此種茶葉即倫敦明星巷專家所謂「清爽鮮美而無特殊性質之茶」。但 H. H. Mann 博士則謂可與大吉嶺所產者相比擬。

茶區位於北緯四十一度三十分及四十二度三十分之間，東經四十二度，此爲栽茶最北之地。氣候屬亞洲帶，茶樹遍植於山坡，因高加索山之屏障，不受寒風之害，由黑海吹來之風，溫度頗大，使氣候與其他茶區相若。巴統冬季之平均溫度在華氏四十四度左右，巴統附近平均雨量約爲一〇〇吋。西喬治亞北部爲五〇吋，土壤爲紅色粘土。

二年之茶苗移植於茶園內，每畝常可植茶樹二、四三〇至三、二〇〇株，亦有採行直接播種者。中耕除草時掘地深約十五至二十吋，并行剪枝，四、五年後始行採摘，每年三次，每畝可採青葉七〇〇至一、四〇〇磅或乾葉三〇〇至三五〇磅，採工皆爲婦孺，每日可採生葉十八至二十二磅，綠茶、紅茶皆有製造，以前揉捻多用人工，但大規模製造則已採用機械，現已漸次普遍。

國內茶園均受喬治亞茶葉公司監督，該公司於一九二五年成立，資本爲五、〇〇〇、〇〇〇盧布。股東爲喬治亞之亞得薩里斯坦及亞勃克亞細亞（Abkhasia）之農業委員會及中央聯合消費合作社。

當一九三七年蘇俄第二次五年計劃結束時，希望於今後十年後能於二五〇、〇〇〇畝茶園內年產一〇〇、〇〇〇、〇〇〇磅之茶葉。在大革命前，俄國每年平均茶葉消耗量達一三〇、〇〇〇、〇〇〇磅，輸入者僅六〇〇、〇〇〇磅。

政府現對國內中農及貧農長期貸放現款、種籽以發展茶業，該地茶種最初係來自中國、日本、印度及錫蘭。其中以交配雜種及中國種爲最佳。在西喬治亞，因農民有集體農場之組織，茶業更有迅速之進步。

喬治亞茶葉公司設有試驗站三處，總站在奧薩其蒂（Ozurgeti），分站在査克伐及蘇格蒂蒂（Zugdidi），三站專從事研究工作，如決定優良種籽、改良栽培方法及選擇適合於擴展之區域。此外該公司之農學職員復從事調查黑海沿岸之天然環境。

田園與工廠多已機械化，如大牽曳機、深耕機及德國西門子廠所製之小型馬達心耕機，皆已應用。Sadorsky 設計之世界第一部採摘機，已經試用，成績甚佳。採摘機可代二十五個採摘工人。此外更設計二種採摘機，正在試驗中。其一能於十小時內採摘三又四三分之畝面積之茶，相當於手摘三十日。新式萎凋機現亦在採用中。據 H. H. Mann 博士最近報告，喬治亞之權威或可使機械製茶達完全自動化之程度，而世界上其他各國則尚未達到此種目標。渠以爲蘇俄雖欲使國內茶葉完全自給，但尚無可能（註六）。

巴西(Brazil)——巴西之茶葉栽植，近年來亦有顯著之進步，尤以密那斯日拉斯(Minas Geraes)、聖保羅(Sao Paulo)及巴拉那(Parana)諸地爲最。在聖保羅與巴拉那二地，有日本僑民經營之茶園十五所，茶種爲亞薩姆種，所製茶葉皆供本地消費。

註六：Harold H. Mann 著：The Recent Tea Development in Georgia 印度茶業協會一九三二年季刊第二部。

第二十二章 製茶機器之發展

如何由中國古代手工製造發展爲現代之茶廠——爪哇及印度最初之方法——第一件英國專利品——Kinmond、Nelson、Dickinson、McMeekin、Money、Gibbs及Barry之機器——印度製茶機器之研究——Holle及Kerkhoven在爪哇之工作——Jackson及Davidson之發明——過去七十五年間其他製茶機器之發展

吾人最初製造茶葉，完全以手工處理，然至今日，手工幾已全部蠲棄，茶業已趨向於機械化矣。

中國茶葉完全以手工製造，數百年後，茶葉栽製方法傳至爪哇、印度、錫蘭等地，中國之製造方法，即爲各該處最先採用者；但西方人與墨守舊法之中國人之素性不同，故最初由中國傳入之手揉、鍋炒等方法已改變爲今日用萎凋機、揉捻機、解塊機、水門汀醱酵地板、玻璃醱酵檯、烘茶機、切茶機、揀選機、篩分機及裝箱機之現代化茶廠矣。

中國古代製造方法

考中國古籍，飲茶者不獨自行煎茶，且自行製茶。關於中國古時商品茶之製造法有如下之記載：

將鮮葉攤於竹匾上，厚約五、六寸，置於空氣流通之處，雇人看守。自午至晚，經六小時，茶葉漸發出香氣，乃倒入大竹籃內，用手攪拌約三、四百次，稱爲「做青」。此項處理使葉緣變紅及葉生紅斑。

次入鍋內炒之，然後倒於在揉盤，用手迴轉搓揉，約三、四百次，再放入鍋內，炒後再揉，重覆三、四次。手術精良者，能使茶葉成捲曲狀，手術拙劣者，則葉必粗鬆平直。

次置於焙籠內，繼續攪拌，俟乾至八成而止。然後平攤於平盤上約五小時，乾後去其老黃葉及葉梗。再放於文火上焙之，至正午翻轉一次；如此直放至三小時後，始完全乾燥，乃裝入箱中。

此爲複雜而用人工之方法，直至十九世紀中葉，除一六七二年日本埼玉縣人高林謙三發明補火用之烘爐外，吾人未見其改用節省人工之機械。

爪哇及印度之最初方法

一八四三年，爪哇J. I. L. L. Jacobson著「茶葉栽培及製造法」一書，敘述當時茶葉製造情況。先將鮮葉用竹篩盛貯，放於樓上，在太陽中曝晒二十至二十五分鐘後，乃加翻動；再經二十分鐘後，又翻動一次。以後再經十五分鐘，翻動一次。日晒後即將竹篩擱至樹蔭下，擱在架上萎凋。更有一種可在一軸上迴轉之水平八角形筒，此筒用一手柄搖轉，在無日光時，可作萎凋之用。

茶葉經萎凋後，置入陶土鍋內，用木炭熱之，謂之烘焙。惟此鍋須謹慎使用，因祇有在廣東省方可購得。葉在鍋中，用手不斷攪拌，俟其將乾，移置於竹籃內揉捻之；如此在各種不同溫度下，繼續四次，乃攤於大籃，用蓆覆之，至翌日，即可完成。已製造之茶葉擱至另一地方分堆，然後將茶裝入大簍或箱中。簍中襯竹葉及薄紙。輸出之茶常用手揀選，裝於輕木箱，內襯鉛皮，外加裝飾。

由中國傳入亞薩姆之製茶方法可概述如下：

1. 乾燥——將採摘之茶葉盛於一大竹篩中，置於輕巧之竹架上，在烈日下晒之。
2. 萎凋——茶葉乾燥後，即置於樹蔭下之架上，使茶葉變成柔軟。
3. 炒焙——已萎凋之茶葉，置於燒紅之鐵鍋中，用手盡力攪拌。

4.揉捻——茶葉經炒焙後，傾出於檯面上，用手揉成圓形。

5.乾燥——最後一步工作，爲乾燥或焙烘茶葉，將已揉搓之茶葉，置於一形似沙漏計之焙籠中，茶葉置於中間較狹之上部，籠之下部置於炭火上。

亦有若干茶園，其製茶手續更爲複雜，Edward Money爲印度之最初種茶者，曾於一八七二年著文論述製茶方法，主張十二種製茶手續應減少至五種。（註一）

茶葉乾燥時間，約自二十小時減至四小時。有一無名製茶家於一八八〇年致書與加爾各答之 Lawrie 公司，內云：「不用鍋炒與文火乾燥二法，約在一八七一年始見諸實行；余以爲種植者認爲須暫緩裝箱時，仍須採用鍋炒；一般老種植者亦常用鍋炒堝自用之茶，因可使之耐久而味美」。

英國最初之專利品

印度、錫蘭、爪哇之植茶者均爲西方人，彼等極力尋求機械製茶以減少人工之方法。於是在一八五五年左右，一般機械家開始製茶機之設計。Charles Henry Olivier 於一八五四年十月廿六日第一次在英國得到「改良乾燥器」之專利權。翌年，在一八一二年創立 Savage 公司之倫敦人 Edward Savage之子 Alfred Savage，發明一種分離或混合不同種類之茶及咖啡、朱古力等等之器械。在一八六〇年，渠因改良茶篩及切茶機，又獲得一專利權。

一八五九年四月三十日，Edward Francis 發明茶篩，在英國獲得專利權。一八六〇年八月六日，Henry de Mornay 設計之揀茶器，在英國亦得專利權。首獲美國製茶機械專利權者爲茶葉揉捻機，其專利權係於一八六五年四月十一日爲費拉特爾費亞之 H. Goddard 所得。

Kidmond 及 Nelson 之機器

約在一八六七年，英國土木工程師 James C. Kinmond 發明一揉捻機，機由上下兩木盤所構成，下盤固定，上盤能在下盤面上作偏心旋轉。二盤之相接面，刻成凹凸溝，溝由中心而擴散至邊緣。在此粗糙面上，釘有帆布。機器之動力，可用動物、人工或蒸汽，盤面亦有用金屬製者，但此易使茶葉變色。採用此機製茶，一蒙特(Maund)僅費六安那或每磅不足一派。如一機器裝有二對之盤，則每日可製茶二十蒙特，四對者倍之。機長十六呎，闊五呎，高四呎半。一八七六年 Kinmond 對此項機器再加改良，並得英國政府頒給之專利權。一年後，渠又發明一篩茶機與一乾燥機。

另有一先驅者名 James Nelson，彼設計一揉茶機，將葉裝在袋內，夾於上下兩盤中揉捻之。

Dickinson 之專利品

Benjamin Dickinson 於一八六五年在英國獲得發明乾燥機之專利權，一八六八年又得到改良其機器之專利權。J. F. W. Watson 於一八七一年著一論文，對於此機有下列之記述：

Dickinson 所發明之機器，可萎凋並乾燥葉片，將茶葉放置於細層內之盤上，用人工或牛力或機器將風扇開動，發熱空氣通過葉面。此器能否使葉片乾燥完善，尚不可知，因在事實上應用此器者甚少，作者甚願此器能供萎凋之用，因其所用燃料少而省費，且又不佔地位。（註二）

Dickinson 更發明一揉捻器，但僅用以代替手工者。此器有一大箱，中放石塊，置於已盛入茶葉之粗布袋上揉捻。

Mc Meekin之最初發明

卡察地方之Doodputlee茶園經理 Thomas McMeekin，首先發覺用篩烘茶之火力消耗而思有所利用之。按照過去之習慣，將茶葉放於一

註一：Edward Money 著：The Cvltivatian and Munafacture of Tea 一八七八年倫敦出版。

註二：J. F. w. Waston 著： Prize Easy on the Culivation and Munafacture of Tea in India 一八七一年加爾各答出版。

印度製茶機器之研究

茲將印度製造紅茶機器之發展過程，作一比較研究，以供參考。

製造技術上之三基本步驟——揉捻、乾燥及分篩，其所用機器，各有特殊之需要。揉捻機僅爲揉捻茶葉而發明，其餘之製造過程均不需要此特殊之滾轉及捲捻作用。乾燥機在各種製造工業及商業上均常採用，雖茶葉之乾燥程序自有其特點，但其原理則與其他製造方面所應用之乾燥方法無異，因此將應用於其他方面之乾燥機加以若干修改以後，即可供茶葉、咖啡等乾燥之用。篩分機之機械需要性完全與揉捻及乾燥不同，但並非茶葉之特殊過程，凡用作篩分及揀選一切物質之機器，其原理完全相同，惟就詳細情形而論，則亦有專爲製造茶葉而設計之篩分機。

揉捻——在印度茶園尚未採用機器以前，茶葉向在一長木檯上用人工揉捻，法以兩手各取滿把之萎凋葉，向左右二方揉捻，例如先向左前方揉捻，再回向後方，又向右前方揉捻，亦再回向後方。揉捻時均以手掌及前腕捺葉於檯面，此種向兩方之運動，使茶葉得到必要之捲緊程度，其動作可用「8」字表示之。在此「8」字形運動中，置於其上之二手掌中之任何一點，均屬相同，且交互向左右轉移，其直線成一交叉狀，正與舊式直交揉捻機（Jackson式）相同。

最初採用機械揉捻者，爲前已述及之 James Nelson，渠乃卡察之茶園經理。據傳Nelson設計此器，全因觀察工人揉捻時所一時想及。渠以工人用手工揉捻，數量有限，遂思如何增加速度之法。工人用手揉捻既有長台，今如以檯面向下，置於另一台之上，然後將茶葉置於兩台面間前後同時運動，當可得與手工同樣之効果。惟茶葉在二檯面間易於散開，不得不置一盛貯之器；渠乃取一白袴，截去其二脚管，內盛葉片，縛其兩端，成袋狀，置於二檯面間，令工人數名，坐於上一檯上，以增壓力，而另用工人將上面之檯前後推拖，袋中之葉，即被揉捻。Nelson揉捻機，即因此發明。此器爲一長而重之木箱，二側有側框，能使其在一長木檯面上作前後交互之移動。移動係用手搖，是爲最初發明之袋形

細孔之竹篩上，篩放入籠中，置於地穴上，穴中生以炭火，熱氣通過篩上後便告散失。在 McMeekin之意見，欲以所餘之熱，使之通過其他葉框，故其在一八七六年所發明之器具，形如套架之箱，上下相疊，各框底面係細鐵絲所織成，置於灶上，熱氣由下上昇，經過一框，再通至上框。如此由下層上昇之熱氣，可以同時烘數框之茶，惟各框之位置，應依烘焙之進行狀況，隨時變更。另有一鐵門，用以遮斷外間空氣，此器應用頗廣。

McMeekin 更發明一揉捻台，台有小縫，在台上揉捻時，其較細之葉，可以通過此縫而落於台下，但須輕輕揉捻，是爲其缺點。

熱空氣代替炭火

其後植茶者對於烘焙茶葉究應用木炭抑另用其他相當之燃料，漸加注意。茶葉專家Money採用木材、煤及其他燃料，以試驗其是否適用，在一八七〇——七三年，由試驗中證明木炭所發之煙並非製茶所必要。Money 又發明一火爐，裝置於大吉嶺之栗姆（Soom），有若干植茶者前往參觀。應用此爐以後，可用熱氣烘茶，而室內溫度可以減低，且無臭惡之木炭煙味，人工及薪炭費亦可因之減少。

Gibbs及Barry之乾燥機

英國厄塞斯(Essex) William Alfred Gibbs於一八七〇年發明一乾燥器，用以乾燥農產品、礦產品、化學品及商品，茶葉在亦包括在內。一八八六年渠又得另一萎凋及乾燥機之專利權。其後又得到四種改良其機器之專利權。一八九六年渠與G. W. Sutton合作發明另一種乾燥機。

加爾各答茶商 John Boyle Barry博士之子James Hewett Barry，爲一機械工程師，曾與 Gibbs 合作設計一乾燥機，即稱Gibbs及 Barry乾燥機。

一八七一年，William Howorth發明一將茶葉裝入小袋中揉捻之機器，獲得英國之專利權。

揉捻器。後有Howorth及Lyle二氏繼之設計，但其運動則爲迴轉式。

Lyle袋形揉捻器乃一木製有蓋之圓筒或圓鼓，架於橫軸上，放於圓柱狀鼠籠式之箱中，箱底有木製揉捻棍多個，各於其鐵桿軸上自由迴轉，葉置於袋中成香腸形。推開箱之一部，將茶袋次第投入揉棍間，圓鼓抵壓揉棍，乃迴轉揉捻，如此葉在袋中隨之迴轉，即可達到揉捻之結果。當箱門開放時，拽出茶袋，機亦自動停止工作，此機頗盛行一時。後James C. Kinmond發明將茶葉閉置於箱或套中，夾在相疊之兩平面間揉捻，以代替許多茶袋，遂得解決機械揉捻之一問題。其後 Jackson 復加改良，於上面加一線簧聯動機，以調節由螺絲推下上面一板之壓力，此爲最初造成之直交揉捻機，後經次第改良，最後乃造成「速動」揉捻機。

從Kinmond式變至速動式之間，更有Barber及Thompson 式揉捻機之發明，此項機械之結構，其圓板能在圓筒之內依水平軸迴轉，上下二板向反對方面迴轉，又可用螺絲校正其中間距離，但葉在二板面間之分布，總覺不能滿意，不若Kinmond-Jackson 式之能得「8」字形之揉捻也。

茶葉揉捻機充滿一定量之茶葉，經一定之時間後取出，並非連續作用。近代自動乾燥機則爲連續式，揉捻葉繼續放入而又繼續取出。篩分機亦可連續運用，以是曾設計各種方法，以求揉捻之有連續性，但終歸無效。惟揉捻與乾燥之間，尚有醱酵之過程，醱酵一次既須三、四小時，則揉捻之連續性即或能發明，對於茶廠將增加一大紛擾。

乾燥機——乾燥機器爲由火爐、炭火等舊式乾燥方法進化而來，最初之改良爲改用熱空氣。Dividson 以其 Sirocco分格爐證實之。此爐之一格與煙囪相通，用以洩煙，另一格之一側與空氣相通，一側與乾燥室相通，同時更用一通氣管圍繞於煙突四周，下端與乾燥室之頂部相接，利用生火煙突之熱再通至乾燥室。Davidson 之Sirocco 上引式乾燥器即依此原理而製成，工作效能甚佳，惟因用手處理，較費人工。

Walliam Jackson 繼用管狀火爐，並裝一風扇，送熱氣至乾燥室。首先吾人必須研究 Venetian 式乾燥器，其葉盤不需用手更換，與 Sirocco 上引式乾燥機相同，可用柄將有孔之金屬板上之茶葉，傾於下面之一有孔金屬板上。Davidson 乃再設計一下引式熱氣乾燥機，中有風扇，熱氣由火爐通過而至乾燥室之頂，復由室頂下降，葉框用手放入底部，由槓桿逐步推上至頂點，乃用手取出。此器之原則，甚爲適當，因其葉向熱氣氣流之對面方向移動，乾燥程度漸高，所遇之空氣亦更熱，而更少溼氣。其後 Davidson又設計一斜框式乾燥機 (Tilting Tray Drier)，另有一種上引式風扇機，與 Venetian式相似。

在記述近代應用自動乾燥機以前，當先述別有特點之其他兩種乾燥器，一爲Kinmond乾燥機，爲用人工之框形機器，此機或即爲乾燥機中最初使用風扇者。乾燥室中有抽斗式葉框，用手按放，與 Sirocco 旁引式乾燥器相若。火爐上覆一特別形狀之熟鐵板，爲乾燥器之主要發熱面。風扇在室底之一側，將板面之熱送至機器上部之乾燥室。熱氣一部分發散於乾燥室中，一部分仍送回於火爐而再加熱。此器効力甚大，但當鐵板燒破時，不易更換，是爲其缺點。

Gibbs及 Barry 之乾燥機當視爲最初之茶葉自動乾燥機。其乾燥室爲一圓筒，軸稍傾斜，在滾筒上徐徐旋轉，與現在所用之三和土混合機相似，圓筒內面有稜線。當茶葉傾入於圓筒之上端，即爲許多稜線所阻，攜轉至上面，又因筒身傾斜而再落下，茶葉由是處排出。熱氣發自火爐之炭火，由風扇攝入筒內，因葉片繼續在圓筒中旋轉，故可能使葉片捲撚良好，但葉色灰暗。此種氣體並未經過濾淸，且爲工廠中一極繁而令人不快之機器。後從事一試驗，其主要之設計爲將此機與一密閉之筒及一軸相聯，將熱氣吹入筒內，但無卓絕之成功。

近代自動乾燥機當以 Jackson (Marshall) 之模範 (Paragon)乾燥機、帝國式(Empire)乾燥機及 Davidson 之循環鏈圈壓力乾燥器(Endless Chain Pressure drier)爲代表，二者均爲扁帶式或網帶式機器。乾燥器之表面爲有孔之篩或條板，置於鍊鏈上，鍊鏈在齒輪上迴轉，齒輪則在乾燥器之側邊。此種原理爲多數自動乾燥器所共用，所異者不過極少部份。此類乾燥機中，最初適於實用而有成効者為 Jackson之「勝利式」（Victoria），係在一八八五年左右設計，在容量及構造上，均超過以前各種乾燥機，其乾燥室、風扇、火爐等之設計，皆可與近代最新式者媲美，自一八八六年以來，至今仍多採用。此機中最重要之裝置為移動網或帶，與有機械動作之框或條片所合成。據傳大吉嶺之Ansell氏為此種網帶之發明人，但其名不見於專利品之目錄內，故即使為專利品，亦必為印度之專利品無疑。Ansell 網帶係由各框或條片連接而成帶狀，將網帶環繞於二齒輪而旋轉，攤於網面上之茶葉，移動至齒輪附近，因網帶迴轉至下面而落於下一層之網帶面上，向反對之方向移動。網上有小孔，易使微細茶葉落入網底，亦易使茶葉變色，惟Jackson 之勝利式網帶，則可設法避免此弊。

Thompson 曾將 Jackson式機器加以改良，使網帶在齒輪上方及下方均可應用，以增加乾燥面。當條板移動至齒輪附近而迴轉至左齒輪下側時，條板能自行轉動，將茶葉落於下側之上面，再向前移動至近右齒輪時，條板又迴轉而落於第二網之上面，因此各網均向同一方向而迴轉。

Thompson 之乾燥機稱為「權力式（Power）」乾燥機，為一上行熱氣之乾燥機，與勝利式相似，惟採用二風扇，以平衡器中之熱氣。以後 Jackson 又設計一「大不列顛式（Britannia）」乾燥機，較勝利式並無多大進步，不過採用 Thompson之方法，而使網帶之上下二方同時可作茶葉乾燥面之用。Thompson 之動框裝置為一彈簧之齒輪，能使每一框或條板均能急轉向下。Jackson 不用此法，而用重圜而滑之條板以解除此種困難。Jackson 模範式乾燥機，曾風行一時，至今Marshall茶葉機械公司仍在繼續製造。其後 Jackson 之帝國式（Emprie）乾燥機對於茶葉之放入與取出以及火爐之構造均加以改良，熱氣之分散係用壓力控制，空氣先吹入乾燥室，由頂端放出，但網帶等之構造，則並無改變。其後 Davidson 亦採用自動式網帶，與 Thompson 所設計者相似，但其機器——迴轉鎖鍊壓力乾燥機——為用壓力之機器（內部空氣壓力較大於外部），此機與帝國式二種機器至今仍為最新式之茶葉乾燥機。

尚有一八九三年出世之乾燥機為Sharpe所發明，由林肯（Lincoln）之Foster 公司製造。其乾燥器為一垂直圓筒，中間有一迴轉軸，乾燥面為若干行有孔之框，各框作扇形，擱置於外角上，依垂直之軸迴轉，各框又可於框鈕上轉動，而傾其茶葉於周圍各處，此為一種上引機器，可與網帶機器交互用之。惟關於空氣之分配及茶葉之攤佈等頗覺困難，雖曾製成數架應用，但現已不復採用。

篩分——從前印度分篩茶葉時，均由女工用竹篩為之，惟自動力應用以後，即採用篩之交互運動而以小輪推動之。又經 Ansell、Cooke及Jackson 等發明家之探究，改成每一茶篩上可裝幾個篩框，且可調節傾斜度。篩有各種大小之網眼，細茶葉通過篩眼而收集於下面之框，粗者在篩面移動至邊緣時即落至下側之第二篩；如此一再繼續，結果使最細者先行篩出，粗者亦順次篩出。Baillie及 Thompson式篩為一圓筒狀之篩，中間有一圓錐形篩，在一水平軸四周迴轉，葉由尖端放入，篩之網眼，大小不同，近尖端者最小，近底面部者最粗，以是細葉先篩出，因篩之傾斜而順次篩出粗葉。近年更有所謂奇異式(Magic)篩及 Moore式篩，其運動部份極為平衡，設計及構造亦甚佳。其力量頗大，且不致篩成碎片。

茶篩在水平面迴轉者，適於篩細葉及碎片，但欲分出緊結之白毫，則以採用一種前後推動運動者為佳。因前後搖動，可使茶葉叠起而易於篩落，且迴轉運動能使葉片經過較長之篩面，易損茶葉之品質。

篩分及分級需用切葉機或碎葉機，將大片之乾葉切成適當之大小。最初之機器為George Reid 式碎葉機（即現在以切茶機出名者），最近則又有 Jackson式勻茶機(Equalizer)及 Savage 式碎茶機與切茶機，此種機器在原理上無非為一迴轉性之有齒圓筒，並有固定之刀。目前對於調節、清潔及減少茶末方面，已加以相當改良。

簸茶機（Fanning Machine）根據簸揚原理，以作清潔及分篩茶葉之用。製茶之最後過程爲裝箱，此項工程最爲有用。以前裝茶於箱中，用脚踏實，茶葉與裸足之間，縟以布塊；但現已改用機器，Davidson式、Jackson 式及 Briton式裝箱機，均爲頗有工作效率極高之機器，可不用壓力而用搖蕩或振動方式使茶葉能自然集聚而裝滿於箱中。此種工作雖頗爲簡單，但使用之機器亦必須完善，其運動必須輕捷，機器之迴轉亦須有極快之速度。

除上述者外，尙有萎凋方面未曾述及。關於萎凋之機器亦有數種，但是否有機器可代替萎凋室之用途，則尙屬疑問。祇就鮮葉四倍於製成茶之量之一端而言，已知此機非極度膨大不可。萎凋機在氣候不良時，或可作萎凋室之一助，但關於萎凋上之困難，用調節室內溫度方法並用風扇吹過一定量之空氣，已可克服此種困難，故植茶者亦已認爲滿意。一九二七年 Mershall 父子公司經數年之試驗，製成一種茶葉萎凋機，堪供實用。

爪哇之第一具機器

七十年代之初，A. Holle 在爪哇巴拉甘薩拉克設計一揉捻機。機爲一圓木檯，其上另有一可以旋轉之木檯，且可自由上下，將茶葉夾於二檯之間，上檯用牛力旋轉，直至葉捻就後始止。但其困難在於如何放入葉片。其後經 R. E. Kerkhoven 之改良，可將此器倒轉，以克服此項困難。即使下台旋轉，而茶葉則由固定之上檯孔隙內投入，但用機器揉捻後，仍須再用人工揉捻。

Kerkhoven 亦設計一種乾燥方法，使蒸氣先在鐵板下通過，再通至煙突，此項熱氣，係由爐中而來。

Jackson 與 Davidson 之專利品

茶葉機器之有實際進步，以 William Jackson與 Samuel Cleland Davidson二氏之貢獻爲最多，其所得之專利權，有萎凋機、揉捻機、碎茶機、乾燥機及分篩機等。

Jackson 於一八七二年裝置最早之一架揉捻機於 Scottish Assam 茶葉公司之 Heeleakah 茶園中，翌年揉捻茶葉達六四、〇〇〇磅。

Davidson最初注意於茶葉之乾燥法，用作茶葉乾燥機之第一具Sirocco式熱氣機發明於一八七七年，此爲乾燥器之鼻祖。至一八七九年，始有第一號上引 Sirocco 式茶葉乾燥機發售。

七十年代之其他專利品

其他種植者及製茶者亦多注重於茶用機器之發明。一八七三年，英國伯明翰之 Josiah Pumphrey 獲得篩分機之專利權。翌年亞薩姆之 W. S. Lyle獲得揉捻機之專利權。一八七六年 F. W. Mackenzie 更發明蒸氣乾燥機，而用木材及雜草等爲燃料。

不久英國對於茶葉拚和機等在構造上繼續加以改良，一八七二年，英國布里司托爾（Bristol）之鐵工廠創辦人 John Bartlett發明拚和機，此爲 Bartlett 父子公司製造 Bartlett 式各種茶葉機器如磨茶機、篩分機、拚和機之起點。一九一一年與 Henry Pooley 公司合併，以後該公司即繼續製造Bartlett 之各種機器。

一八七七年，J. P. Brougham 發明一種簸茶及篩茶機，此機並非最初出現之篩分機，蓋 Jackson已早有此種機器問世矣。

一八七六年，爪哇吉薩拉克茶園（Tjisalak）管理人首先裝置Jackson式揉捻機。一八七九年，Jackson 發明迴轉筒揉捻機，以揉捻茶葉。一八八〇年，渠在英國獲得茶葉乾燥機之專利權。其後 Davidson 亦繼續研究乾燥機。

早期之包裝方法

一八七〇——七五年時，印度之茶葉係裝於在茶園製造或向外購買之木箱中，箱之內部襯以鉛皮。綠茶常乘熱裝箱，俟袖火着色後從鍋中取出時裝入。裝箱時例不壓緊，但每裝入少許即將箱搖動。紅茶有時亦乘熱裝箱，用足踏實。箱外標明廠號、商標、品類及箱額，若爲上等茶葉，則邊緣再油漆美觀之裝飾。

爪哇茶箱多用標籤，茶園之木匠均勾心鬭角，競作美觀之花樣。茶箱細以藤條，在裝載於貨船時頗覺不便，但當美觀之紙籤脫落時，藤條亦即除去。

八十年代之發明

一八八〇年，錫蘭哥倫坡之 Walker 父子公司製造第一具茶葉揉捻機。一八八二年，錫蘭達羅斯巴共（Dolosbage）之溫莎（Windsor）林園製造第一部烘茶機。

William Jackson 於一八八四年由 Marshall 父子公司以第一部熱空氣烘茶機運往印度，該機附有機械抽動之設備。

一八八五年，John Brown 發明一烘茶機，即今日著名之 Brown 乾燥機，係由哥倫坡商業公司所製造。此機每小時可烘茶六〇至九五磅。一八九二年，Brown取得其三動式（Triple Action）揉捻機之專利權，此機之揉捻台在一鑄鐵架上之平滑面上移動，台下可放入小車，以接受已揉捻之茶葉，下面之台爲圓形，蓋以木或金屬板，上下二台均輪迴轉動。當施壓力於上部之筒箱時，此種聯合動作，可使茶葉不致停滯。茶葉之容器，由黃銅製成。

一八八五年，H. Compton 在英國獲得烘茶機之專利權，同時A. Bryans 亦獲得萎凋機之專利權。日本之 Kenzo Takabayashi 亦獲得製造日本綠茶機器之專利權，所製者爲兩種揉捻機。

一八八六年，Jackson 轉其注意力於機器之簡單化，並改良其揉捻機，在垂直之地位上加一曲柄，而以傾斜之聯動器管理之。一八八七年，渠已能完全改變此型式，使曲柄作簡單之迴轉，揉捻台即架於三曲柄之上，此新設計之機器，稱爲「方形速動(Sguare Rapid)揉捻機」，應用甚廣。

Jackson 於一八八七年製造一揉捻解塊機，爲一迴轉傾斜之筒狀篩，篩有半吋寬之網眼，筒之中央有一耙狀之杵，轉動甚速。茶葉由開

口之一端放入，小葉通過網眼落下，其成團者則被杵搗散。

Davidson 於一八八七年發明應用熱空氣以烘焙蔬菜之器具而獲得專利權。次年，復加以改良而成爲烘茶機。

一八八七年英格蘭甘蘇毘洛浦(Gainsborough)之HenryThompson 獲得烘茶機之專利權。此項權利之享受，自一八八八年至一八九〇年。該機爲伊布斯威池（Ipswich）之Ransomes, Sims & Jefferies 公司製造，爲自動上引式。一八八八年Thompson 亦發明一揉捻機。

一八八八年，林肯（Lincoln）之 John Richardson 獲得揉捻機之專利權，其特點爲用玻璃作揉捻面。

William Jackson 亦在同年製成其第一部篩分機，此機有二台，上者在下者之上搖動，上者之篩眼爲半吋之方孔，下者爲鐵絲網。

同時，S. C. Davidson 致力於改良其各種製茶機器。一八八八年，其改良之烘茶機及萎凋機獲得專利，次年更得二種專利權。渠於一八九〇及一八九一年先後獲得揉捻解塊機及切茶機篩分機之專利權。

九十年代之早期專利品

一八九一年以前，英格蘭布里斯托爾（Bristol）之 Bartlett 父子公司繼續經營其已獲專利之茶葉拚和機，是年 Charles Bartlett 更從而改良之，使茶葉從中軸傾出，因如此工作，能使速度增加。以後更設法使茶葉於傾出時經過內面之溝槽，並設有刀口及篩，以防止茶葉傾出時有粗細之分，渠因此種改良而又獲得一專利權。

一八九三年，Charles Bartlett 改良其切茶機，有一種器具取出落入滾筒內之鐵釘及其他物質，以免損傷刀口及內部。此種器具名三刀過釘器（Triple Knife nail-passing gear）。

一八九二年，英格蘭薩利（Surrey）之 Edward Robinson 獲得烘茶機之專利。在一箱內裝有轉動之有孔圓筒，熱空氣從下向上通過此圓筒。一八九七年，Robinson 發明自動蒸汽烘茶機。渠亦設計用乾熱空氣調度之人工萎凋，據錫蘭茶園報告，證明此方法頗爲成功。

一八九二年，倫敦之 Waygood-Tupholme Grocer's 機器公司及 Beeston Tupholme 公司因製造碎切、勻茶、拚和聯合機而獲得專利。同時 Jackson及 Davidson二氏亦努力於改良其機器，一八九二年 Jackson 獲得二種改良揉捻機之專利。翌年，渠之烘茶機又獲專利。Davidson於一八九一年獲得碎切揀選機之專利。一八九二年及一八九三年又相繼獲得二種改良烘茶機之專利。

錫蘭有一栽植者William Cameron及 Brown 公司之James Brown於一八九三年發明一碎茶機，其特點為縱切而非橫切。一八九四年倫敦之 W. Gow 獲得解塊機之專利。

Marshall 父子公司製造模範式烘茶機，其形式與勝利式相似，但效力較大。W. Jackson於一八九四年獲得此二種機器之專利。此機對於茶葉入口裝置及空氣加熱器，亦曾加以改良。繼之而有「Venetian」式，較一八八四年所製者為大，且改良其框使成傾斜之排列。一八九五年 Jackson 獲得其兩種揉捻機及一種烘茶機之專利。翌年其改良烘茶機及烘茶機內熱空氣乾燥室之發送器亦均得專利權。

一八九四年，Davidson 與 F. G. Maguire獲得裝箱機之專利。最初之機械為一搖動之平台而用足踐踏者，其後加以改良，不用踐踏方法。Davidson－Maguire 式即為改良後之機器。同年 Davidson 之改良萎凋機及烘茶機亦獲得專利。翌年，彼更獲三種烘茶機、一種裝箱機及一種揉捻機之專利。一八九六年，彼又獲二裝箱機、二揉捻機、一乾燥機及一切茶機之專利。

一八九五年，加拿大之P. C. Larkin 發明茶葉包裝機，將紙包放入一箱內，密封其底，此箱及紙包夾入一模型內，置於一活塞之頂端；茶葉傾入於漏斗形之容器中，然後流入箱內，由活塞壓緊；將箱移去，摺疊其頂而封裹之。

九十年代後期之專利品

一八九五年，C. H. Bartlett 改良其茶葉拚和機，由中心經一斜溝排出，亦獲得專利。

一八九六年，哥倫坡之J. M. Bousteed 獲得電熱烘茶機之專利，此機有鐵線圈捲於瓷板上，其一種型式，係將茶葉置發熱板上面或下面之篩上；另一種為茶葉放於連環帶上，此帶經過發熱板之上下。同年錫蘭之 J. S. Stevenson 亦獲得另一電熱乾燥機之專利。

一八九八年，日本之原崎源作發明節省人力之機械補火鍋，以製造日本綠茶。次年，B. H. Watson 及H. C. Walker 合設之 Grocers 工程公司於倫敦獲得茶葉拚和機之專利。一九〇一年，B. H. Watson 獲得改良其「二十世紀」自動層茶機之專利。

在一八九七、一八九八、一八九九及一九〇〇年間，Davidson 獲得十種專利，其中七種為改良烘茶機。Sirocco 式自動循環烘茶機於一八九七年出現，其茶葉入口裝置之原理與在新式循環壓力烘茶機上所用者相同，所不同者為前者乃吸入空氣經過葉層，而新式之機器則將熱空氣吹入乾燥室。Sirocco 式循環鏈圈壓力烘茶機於一九〇七——〇八年製成，一年後又發明斜盤壓力烘茶機。一九一四年循環鏈圈壓力烘茶機應用茶葉自動入口及分攤器，但因受世界大戰影響，直至一九一九年始發展其重要性，現已成為標準烘茶機之一。

回溯至一八九八年，Jackson 發明其第一部茶葉裝箱機，此機之特點為平台裝於有角之括弧形鋼彈簧上，其間並無任何聯接物，一面使此平台迅速震動，其震動傳至在箱內之茶葉。此機祇需一人即可管理。一八九八年 Jackson復獲得其改良揉捻機之專利，其改良篩分機及茶葉分級機，亦於一八九九年及一九〇〇年先後享受專利。

綠茶機器

各產茶國均有若干時期製造綠茶，雖然印度、錫蘭及爪哇現已專注力於紅茶。

西方國家製造綠茶亦有如紅茶之應用機器之傾向，第一部機器為錫蘭一植茶者Horace Drummond Deane所發明。約於一八九〇年時，渠發明應用蒸氣之機器，使茶葉易於彎曲以便揉捻。此機爲六角形之木箱，長九呎，直徑三十三吋，邊緣包以鑄鐵，有承軸支於架上，由勤力轉動，小型者則用手搖；蒸汽從箱之兩端打入。約在一九〇〇年時，由於紅茶市場之不景氣，遂有一部份之植茶者試製綠茶，經過若干困難，方獲得專利權。Deane 乃與哥倫布之 Brown 公司合作製造機器。其後，Rae 氏與渠合作，而得綠茶專利機器。

一九〇二年，有一新聞記者兼發明家名 Charles G. L. Judge 者，轉其目光於綠茶，乃與 Denne 合作，攜帶最新機器赴印度，並與加爾各答 Heatly & Gresham 公司訂約仿製，後發覺由蒸汽凝結而成之水點，在葉上附着太多，爲改正此種缺點，Judge 應用如製糖用之離心機，在二、三分鐘內除去所有之水分，每小時可搖葉三、〇〇〇磅，如此茶葉送至揉捻機時，可無過多之水分。

Deane-Judge 式機器之步驟，除去水外，當生葉採下後，每半分鐘即從深鍋中汲沸水浸潤生葉，以保持其新鮮。錫蘭茶業協會之科學研究員 Kelway Bamber 爲一著名化學家，渠應用遊離炭酸，將茶葉消毒，可使茶葉色澤美觀，品質良好。但現在之綠茶雖有改良之湯水，尚無固有之色澤，且其色失之過綠，此雖可於熱鍋上炒焙以改良之，但此種手續既嫌過於耗費而又覺麻煩，乃有錫蘭 William Butler 爵士及印度之 Charles G. L. Judge 於一九〇二年同時發明車色磨光機器。

Butler 爵士之着色方法，需要二具機器，其一爲長狹形轉動之鼓形混合機，乾燥之綠茶在其中轉動二、三小時，使其平滑；然後送至着色機，此機爲一較小之旋轉筒，其邊爲細小之鐵網。此後即將茶葉補火——通常在 Sutton 式真空烘茶機內——裝箱。Judge 式則另用一機施行着色、磨光、補火等步驟，一九〇三年，Judge 製成一鍋炒機 Pan-firing Machine）

一九〇二年，哥倫坡 Whittall 公司製造 Mitrailleuse 式鍋炒機，同年 H. M. A. Alleyn 發明一相似之機器，因受 William Butler 爵士專利之限制，不能輸入錫蘭。Alleyn 式機器之內部裝有架子，以防茶葉墜落時破碎，因不加熱，故茶葉必須補火。Alleyn 及 J. Grieve 二氏於一九〇二年獲得另一綠茶及烏龍茶車色機之專利。

此外尚有其他發明家製造綠茶磨光機器。一九〇二年，印度之 D. Reid 及 Dale 製造一種機器，係一從外面加熱之大型金屬箱。一九〇四年 Davidson 公司亦製成綠茶磨光機。

一九〇四年，G. W. Sutton 製造一種磨光用之蒸氣雙層筒（Stean-Jacket Drum），渠又發明鍋炒揉捻機，有一蒸氣燒熱之平台在固定之平樞上旋轉。

若干年以前，日本茶葉精製公司計劃一用手搖動之磨光機，其構造係一明輪在一金屬溝上轉動，金屬溝或以木炭加熱或不加熱均可。茶葉放於溝內，用手轉動明輪。又哥倫坡 Whittall 公司之 A. H. Ayden 於一九〇三年發明一種機器以揉捻綠茶，嘗在倣製日本之針葉茶。

二十世紀早期，美國政府在南加維里那州試驗植茶，由 Charles U. Shepard 博士主持，發明一揉捻機，其製成之茶葉與日本之籠焙相似。

各種焙茶之方法，雖曾迭經試驗，以倣做中國綠茶，但無甚成功。一九〇三年，錫蘭 G. Streeting、H. Tarver 及 F. E. Mackwood 三人發明一種旋轉之加熱容器，有刮刀、活門及漏斗以蒸煮、乾燥、炒焙及着色等之用。Judge 於一九〇四年獲得與此大略相似而有中心蒸汽加熱箱之機器之專利權。

二十世紀時代

在二十世紀開始時，印度、錫蘭、爪哇及日本製造茶葉已不復應用手工方法。在若干發明中，最先被採用者，僅爲若干優良之機器，其餘皆被廢棄，一九〇〇年以後，新發明及專利品已較少。

一九〇〇年，亞薩姆之 J. N. F. Greig 獲得揉捻機之專利。一九〇七年與 A. F. Greig 合作，獲得乾燥機及萎凋機二種專利。一九〇〇年 G. W. Sutton 獲得乾燥機及萎凋機之專利，該機有數同軸心之旋轉圓筒，容氣供給器用蒸汽或電力加熱。一九〇四年渠又獲得茶樹耕作機、馬達茶樹耕作機及發酵器之專利。一九〇〇年，亞薩姆 W. F. Perman 獲得揉捻機之專利，至一九一二年渠又發明自動壓榨機，以除去茶葉取出時過多之水分。

一九〇〇年，美國 Robert Burns 獲得茶葉混合機之專利。此機為紐約 Jabez Burns公司所製造。同時 Charles Bartlett努力於改良其切茶機及拼和機，一九〇一年，渠因改良其切茶機而獲專利，二年後更獲得同樣之專利。

一九〇一年，印度之F. E. Winsland及G. E. Moore二人獲得茶葉裝箱機之專利。翌年，錫蘭之H. M. Alleyn發明若干製造綠茶之機器，其中篩分、切茶及分級用之機器獲得英國之專利。一九〇五年，此機更得美國之專利。

一九〇二年，前已述及之Charles U. Shepard 博士在美國獲得綠茶殺青機之專利， 此機有一可旋轉之圓筒，內有凸緣。一端有一用以吹入熱空氣之導管及漏斗，茶葉由漏斗放入，並在圓筒內旋轉，筒內熱空氣之溫度，逐漸降低，茶葉流入於彼端之一箱內。

William Jackson及Marshall公司常獲得改良品之專利權。一九〇二及一九〇四年，Jackson 獲得其改良揉捻機之專利；在一九〇四、一九〇六及一九〇七年，將其改良之乾燥機註冊。S. C. Davidson亦於一九〇六及一九〇七年獲得其改良乾燥機之專利。

一九〇五年，英格蘭利茲（Leeds）之 Job Day 公司開始製造茶葉包裝機。

倫敦 Bartlett 父子公司之 C. P. Bartlett 繼續改良其切茶、拼和及篩分機，遂於一九〇六年獲得專利。至一九一一年又獲得茶葉混合時吸塵機之專利；最近Bartlett 又發明一碎切篩分機，特設有雙切、單切、及直切等之裝置。

一九〇七年，卡察（Cachar）有一植茶者 Joon McDonald，發明一種機器，能防止茶葉在簸揚及篩分時變為灰色，此機稱為 Mc Donald 專利之「偏斜式」（Deflector）茶葉風扇。

一九〇八年，J. Begg獲得萎凋機內所用攤佈器之專利。同年W. G. Firman之篩茶機在入口處裝有適當之漏斗，亦得專利。爪哇之K. A. R. Bosscha 亦於是年發明一萎凋機及一電熱乾燥機。

一九〇九年，J. Howden獲得茶葉萎凋、醱酵及乾燥方法之專利，生葉首先萎凋於旋轉器內，可調節其溫度及壓力。醱酵則於一密閉之器內加壓力行之。乾燥亦在旋轉之真空器內行之。

Jackson及 Marshall 公司於一九〇七年製成單動式「金屬」揉捻機，其效力較方形「速動」揉捻機尤大，因用金屬代替木材，機器之壽命較長。Jackson 於一九〇八及一九一四年獲得揉捻機，一九〇八年獲得乾燥機，一九一四年獲得篩分機之專利 。一九一〇年，茶廠增加甚多，產量亦增，故需要較大之乾燥機，第一具上引式壓力乾燥機，即於同年問世。其原理為壓入熱空氣通過茶葉以代替抽出熱空氣，如此可得均勻之乾燥並遍及於乾燥器內各處，此式之最大型者為「帝國」牌。

Davidson亦努力於改進其機器，彼於一九〇九、一九一〇、一九一一、一九一二及一九一五年，獲得其揉捻機之專利。

一九一〇年，日本茶葉出口商富士公司之高級董事原崎源作，發明一茶葉覆火機。

一九一一年，George L. Mitchell 獲得茶樹剪枝機之專利，在森麥維爾（Summerville）之 Pinehurst 茶園試驗，結果每畝之剪枝費由二、三美元減至四十分。

Brooke Bond公司及Gerald T. Walker 於一九一五年獲得切茶機中茶葉入口裝置之專利。一九一九年Phillips工程公司及 Walker在英國獲得切茶機之專利。

一九二〇年，印度有一植茶者 C. S. Bateman 獲得碎切揀選機之專利，其後Marshall 公司製成 Bateman 自動揀茶揀梗聯合機。Myddelton之揀梗機在印度亦甚流行，為兩個疊置之淺框組成。

爪哇 Sperata茶園之監督 C. H. Tillmanns於一九二四年發明Sperata 式採摘刀。一九二七年， Marshall 公司製出 Marshall 萎凋機及

Briton 裝箱機，後者可同時裝一箱或二箱，亦可裝小箱或大箱。Marshall 機器之最近發展，更能增大機械之効率，絕對溫度之控制使管理極爲容易。一九三〇年，製成一種頂部開口之揉捻機以應最初不用壓力揉捻之需要。一九三四年，Marshall 公司改名爲 Marshall 製茶機公司。

約於一九二六年，亞薩姆之T. A. Chalmers獲得軋茶機之專利。後於一九三一年 Marshall 公司製成 William Mckercher 之 C. T. C 式（Crushing, Tearing, Curling）機器。此機之設計在於製造優等之茶葉。Mckercher 曾試驗軋茶機經數年之久，結果乃有此發明。此機爲兩個與軋布機相似之有稜骨之滾筒，其中一個滾筒每分鐘約能旋轉七百次，另一個約轉八十次，將略經揉捻之葉放入機內，經過滾筒時不僅軋過而且能使改變形狀。茶葉僅受短時間之壓力而不及加熱，通過滾筒時被壓出之液汁能立刻再被吸收。

一九二六年，加爾各答 Balmer Lawrie公司製成Moore之連續自動Chota式揉茶機，此機爲種植者G. E. Moore所發明，其動作爲水平循環之轉動，原理與在中國所用手揉之圓形篩相同。其工作連續不斷，每次加入茶葉時不須停止，每機每小時可揉十蒙特（Maund）之茶葉。

一九二七年，英格蘭布拉德福特（Bradford）之 Bever Dorling 公司製出改良之 Lanka 式揉捻機，採用 Sutton 所專利之不銹鋼皺面揉捻檯。

最適用之茶篩爲 Chalmers 牌，爲印度之不列顛工程公司所製造。

一九二八年，A. L. McWilliam 獲得一雙動式揉捻機之專利權。

一九三〇年，哥倫坡Hoare工程公司製成 Multiflu 牌乾燥機，其特點能節省燃料。

一九三一年，哥倫坡商業公司製出「C.C.C.」單動式揉捻機，翌年再製成「C.C.C.」揉捻解塊及青葉篩分機，此項機器乃根據錫蘭 Mahatenne 茶園之 Neville L. Anley 所定青葉等級而設計。

一九三一年，製茶機器上最顯著之發展爲 Marshall公司製出之Marshall-Boustead 揉捻機，應用循環之氯化鈣液，以調節茶葉之溫度。

哥倫坡 Walker 父子公司最新製出之「自動壓力」乾燥機及「最經濟」揉捻機，與八十年代間之「哥倫坡」乾燥機及「經濟」揉捻機同相。最近復製出一種「五角形」青葉篩，爲六角形及圓筒形之改良茶篩。

一九三二年，Sadovsky 將其茶葉採摘機傳至俄國，餘者亦隨之而入。

一九三三年，Marshall 公司製就 S. C. Gawthropp 所發明之聯動器裝於 Marshall 揉捻機上，能自動控制其壓力者，使壓力自動減輕或加重。

自 Samuel C. Davidson 爵士逝世後，其Sirocco牌製茶機之發明及改良中最應敍述者爲「Sirocco」密閉式裝箱機，此機大致與前述者相同，但所有之旋轉部份及承軸則均屬密閉。

一九二七年，有一改良揉捻機之發明，名Sirocco O. C. B 揉捻機，其特點爲曲柄在上，可使機器活動靈便而迅速，並可減少耗損及破裂。最近之機器爲Sirocco雙重斜框壓力乾燥機，有可用手工作及調節之利益，更有大型循環帶壓力乾燥機之効力，其設計之形式與密閉式者相似，但有兩倍闊度之乾燥室，分爲兩部而各單獨工作。

本世紀之初期，德國之發明家亦曾致力於製茶機器，最有成績者爲馬德堡（Magdeburg）之 Fried Krupp Grusonwerk 工廠之各項製品。

第三篇　科學方面

原书空白

亞薩姆上種茶樹

亞薩姆茶樹之葉、花及種子莢

印度茶與馬枿樹之比較

1.一印度茶樹之標本。2.一巴拉圭茶樹(PARAGUAY TEA)或馬枿樹(MATE)

中國茶種，武夷變種(VAR-BOHEA)

茶樹之葉

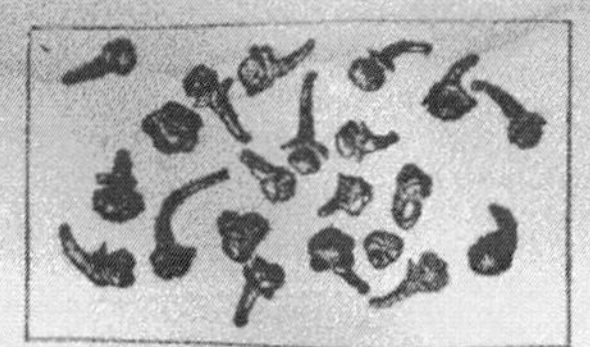

茶樹之果實
(WIN FON)

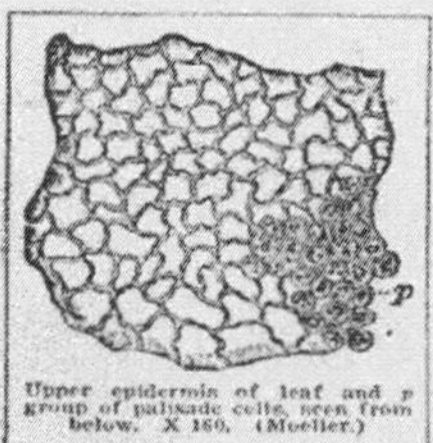

葉之上表皮及P柵
瀾狀細胞，在一六
○倍顯微鏡下觀察
(MOELLER)

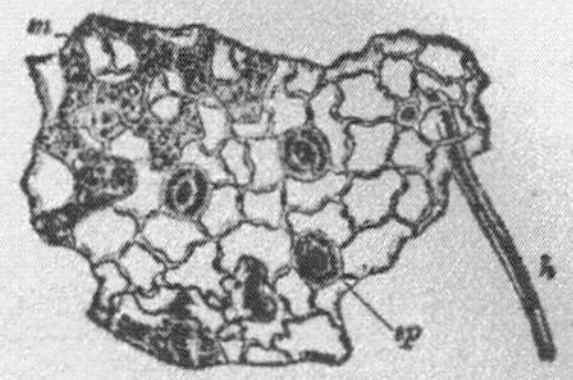

葉之下表皮：h茸毛；p氣
孔，m葉肉之海綿組織。在
一六○倍顯微鏡觀察
(MOELLER)

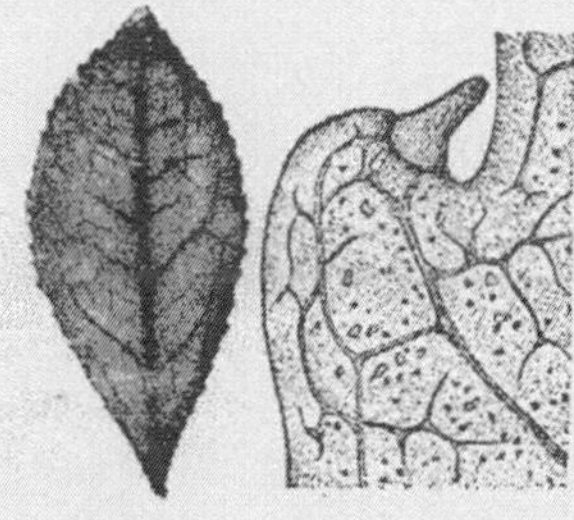

茶樹之葉，自
然狀態。
(MOELLER)

以笨醇水化物處理後
之葉片，圖示葉齒、
葉脈、結晶短莖及石
細胞，略放大
(SCHIMPER)

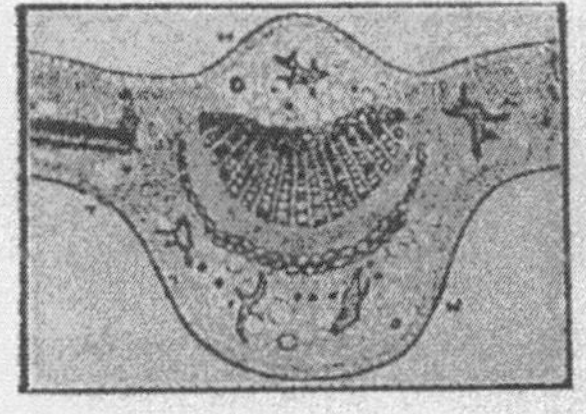

經葉之中肋之橫剖面——
h d下表皮，g木之導管，
p 柔軟細胞組織，s 篩狀
組織，sch 硬細胞組織之
纖維，sp氣孔，硬細胞組
織之細胞毛，一三○倍
(WARNECKE)

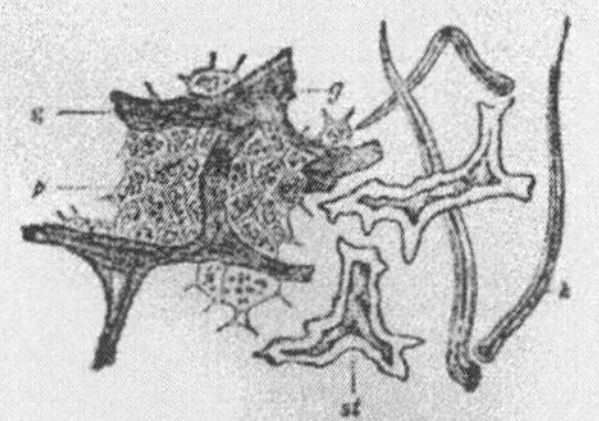

在鹼內加熱游離及以玻璃壓
榨後之葉之組織：g 葉脈之
螺旋形導管，p 葉綠質柔軟
細胞組織，st 石細胞，h 茸
毛，一六○倍(MOELLER)

葉之橫斷面：epa 上表皮，epi 下
表皮， st 裂口，p 柵欄狀細胞，
m有結晶體k之葉肉，id細胞毛，
※細胞毛之橫斷面

（以上第二十四章）

第二十三章　茶之字源學

文明世界中關於茶之葉、樹及飲料之字均直接採自最早栽製茶葉之中國——世界上兩種茶字形式之起源及其傳佈——中國語、日本語、波斯語、阿拉伯語、土耳其語、俄語、葡萄牙語、荷蘭語及英語中之茶字——其他語言中之茶字

文明各國與「茶」字相當之語言，均直接來自最早栽培及製造茶葉之中國，中國茶字之發音在廣東爲「Chah」，在廈門則轉變爲「Tay」，由此二音中之一，略加轉變，或無變化，即成爲現代各種語言中關於此字之來源。

中國在紀元七二五年以前，早期文獻上祇借用表示其他一種植物之字以名茶，故在此時以前，各文人所述是否指茶而言，尚屬疑問。

王褒約在紀元前五十年所作「僮約」一文，內有「武都買茶，楊氏擔荷」一句，武都爲四川著名產茶區之一山名，故在王褒著文之時，當已產茶葉，有若干東方學者認王褒之所謂荼，當指茶葉而言。

中國荼字爲古代茶字之借用字，有三種意義：(一)苦菜，(二)草，(三)茶。故必須依據當時情形而斷定其所指爲何物。

據德國著名植物學家 E. Bretschneidor（一八三三——一九〇一）服務於北京俄國公使館時所述，謂「世說」記載惠帝（即平帝，四世紀中葉）之岳父王濛頗好飲茶，顯係指茶而言（註一）。

晉朝（紀元後六世紀）詩人張孟揚賦詩贊美飲茶，在「登成都樓」詩中有云：「芳茶冠六情，溢味播九洲」。

在中國之教會醫生 John Dudgeon 由康熙字典中指出荼字之解釋：「人謂荼即古代之茶，但不知荼有幾種，惟檟、苦荼之荼即現今之茶。孫炎謂荼並非清淨植物，亦非苦菜」。（註二）

檟爲茶之另一借用字，曾爲中國早期之文人所採用，其應用之原因乃爲彼等對茶樹不能正確植物分類所致，故在由中國作家之作品選譯而成之「中國之蘊藏」（The Chinese Repository）中稱：在爾雅中稱茶爲檟，意爲苦茶。郭璞註云：樹小如梔子，葉冬生（即常綠）。

郭璞爲中國晉代（二六五——三一七）之作家，曾校訂爾雅，說明茶之意義如下：「檟，苦茶，常綠小樹，與梔相似，取其葉煎之，可作飲料。早採爲茶，晚採爲茗；又名荈，蜀民則稱苦茶」。

郭璞並指其他二種非 Thea siensis(L.)Sims 之植物爲檟。

茗爲古代茶之另一名稱，由暹羅語「Miang」轉爲雲南土音「茗」，此爲最早以茶作爲食物之一種。Bratschneider 博士謂紀元前數世紀所寫之晏子春秋中，載茗菜爲與孔子同時（紀元前五百年）晏嬰時代之食物。

食貨志中亦稱茶爲茗，該書雖指爲神農時代（約在紀元前二七三七年）之書籍，但實爲後漢時代（二五——二一九）所寫成。

至公元第五世紀，茶仍稱爲茗，當時有一中國女作家鮑令暉稱之爲「香茗」。

明代（一三六八——一六二八）顧元慶所編之茶譜內云：隋（五八〇——八〇〇）文帝病腦，僧人告以煮茗草作藥，服之果效。

當荼之飲用漸廣時，有數種意義之「荼」字減去一劃而成爲「茶」字。

註一：Emil Bretschneider博士著：Botanicon Sinicum，載Journal of the China Branch of the Royal Asiatic Society 卷十五，一八九三年上海出版。

註二：John Dudgeon 著：The Beverages of the Chinese 一八九五年天津出版。

字，此茶字只有一種意義。據公元第七世紀時評註家楊士奇之紀錄，「茶」字在此時期方轉爲「茶」字。

約公元七八〇年時，中國著名作家陸羽著作茶經。據 Bretschneider 博士云：在茶經出版以前，茶字之應用幷不普遍。

陸羽在茶經中述及當時代表茶者有五字：

茶——茶　檟——茶　蔎——茶　茗——春芽　荈——老葉

Dudgeon 博士謂古代書籍中幷無茶字，且謂茶字首載於蘇庚（Su Kung）之本草（Herbal）中，蘇庚爲唐代（紀元六二〇——九〇四）之官吏，彼訂正並完成唐代本草，著作本草綱要，此書被認爲雜入神農食貨志中之贋品，但實際上幷非贋造，而爲蘇庚增訂而已。何以見之，蓋在郭璞註爾雅以前，幷未發現茶字。

中國茶字之譯爲他國文字，乃在茶葉出售於外人之時。Brinkley謂第五世紀末葉（註三） 土耳其商隊出現於華北邊疆時，茶葉首先成爲輸出品。其後亞拉伯人從烏茲伯克（Usbeck）韃靼人處購買中國茶，最先之亞拉伯作者稱之爲「Chah」（註四）或「Sax」（註五）。現今亞拉伯及土耳其均有相似之字，亞拉伯稱之爲「Shai」，土耳其稱之爲「Chay」，均由廣東語「茶葉」直接演變而來。

第八世紀中國茶籽首次輸入日本，同時輸入茶字。

波斯文之茶字，亦由中國字演變而來，在一六三三年 Holstein公爵出使波斯時，在其報告中謂波斯人極嗜飲茶，茶葉乃向韃靼人購來。（註六）。「Cha」字在波斯（現稱依朗）語中至今仍無變化。

十七世紀中葉，茶在俄國甚爲普遍，同時傳入西歐，但俄國與西歐不同者，爲茶葉由陸路商隊運入，故俄文「Chai」字，亦如土耳其及亞拉伯之「Chay」及「Shai」字，由中國「茶葉」二字演變而來。

歐人採用廣東語「Cha」字者，僅有葡萄牙一國，因葡萄牙人爲歐洲人中最先與中國建立貿易關係者（一五一六），而與其交易者爲廣州之商人。荷蘭爲從事東方貿易之第二國家，並爲東方貿易最大之先驅者，最初由爪哇萬丹輸入茶葉，此種茶葉則向中國福建廈門商人購來，由遂廈門土語「Tay」用拉丁文譯成「Thee」音。其餘歐洲各國，除葡萄牙外，初時均賴荷蘭供給茶葉，故其茶字均由廈門土音演變而成。

英語之「Tea」字，原來發音爲「Tay」，後變「Tee」，均由荷文演變而成者。據英國東印度公司之紀錄，一六六四年茶字之拼音爲「Thea」，一六六八年變爲「Tey」，此字爲完全新創，並非由原有之英文或歐洲之古文改造，僅應用於Thea Sinensis(L.)Sims.之葉及飲料，但當應用於其他植物時，如巴拉圭茶（Ilex paraguayensis）、Jesuit 茶（Psoralea glandulosa）、新澤西茶(Ceanothus americanus)等，則僅爲借用字。

此字幷未見於聖經、沙士比亞之著作及十七世紀末葉以前之出版物中。在英國關於茶葉之記述中，當一六五〇年——五九年時，此字最初以「Tee」之形式出現，其發音爲「Tay」。

一六六〇年時，始拼成「Tea」字。但直至十八世紀中葉，其發音仍爲「Tay」。

按照Hobson-Jobson字典，發音之改變，必在一七二〇——五〇年間，因其後曾在 Thomas Moore 之詩中見之。

在一七四五年出版之字典中，英國人將此字寫作「Tee」或「Tea」，發音爲「Tiy」，與現時之發音相近似。

「Thea」字應用於茶樹，爲山茶科（Theaceae）中之一種植物學名，最先爲德國博物學家 Engelbert Kaempfer 博士（一六五一——一七一六）所應用，其著作Amoenitats Exoticarum 於一七一二年出版。

註三：Capt. F. Brinkley 著：China; Its History, Arts and Literature 一九〇二年波士頓及東京出版。

註四：Eusebe Renaudot 譯：Accient Account of Indian and China by two Arabian Travelers in the Ninth Centry （A.D. 580）with Notes and Illustrations 一七一三年巴黎出版，一七三三年倫敦出版。

註五：Bernard Laufer著：Irano-Sinica 一九一九年芝加哥出版。

註六：John Davis 譯：Travels of the Ambassandors 一六六二年倫敦出版。

「Thea」爲希臘文「Oea」之拉丁翻譯，希臘字之原來意義爲「女神」——或爲「藥草」，Kaempfer首創此字，是否曾注意及此，無從考稽，惟必係直接由廈門土語演變而來，似較可靠，法文之「Thé」，荷文及德文之「Thee」及英文之「Tea」亦同。

瑞典植物學家Linnaeus（一七〇七——一七七八）於一七三七年將茶名分爲兩大類：Camellia及Thea，Thea字係借用Kaempfer所創之字。

現在世界各國現代語中之茶字，均由中國之茶字之（1）廣東音「Ch'a」及（2）廈門音「t'e」轉變而來，即爲：

（1）日本語，茶：俄語，Chai：亞拉伯語，Shai（音Shi）：土耳其語，Chay，葡萄牙語，Cha：伊朗語，Cha：印度語，Cha：烏爾語（Urduar），Cha：意大利語，Cia(已廢)：西班牙語，Cha（已廢）：英國軍隊俚語，Chah：西藏語，Ja（dza）：安南語，Tsa：保加利亞語，Chi。

（2）英語，Tea：荷語及德語，Thee，丹麥語，Te：瑞典語，Te，法語，Thé：意大利語，Te，西班牙語，Te：馬來語，Te或Teh：福建土語，t'e或Teh：拉丁文(科學用)，Thea：新賀語（Sinhalese），Thay：塔木耳語（Tamilian），Tey：日耳曼土語，Thee：芬蘭語，Tee：挪威語，Te：世界語，Téo-a：拉脫維亞語，Teja：捷克斯拉伐克語，Te：匈牙利語，Te：高麗語，Ta。

第二十四章　茶之植物學與組織學

茶之分類——Linnaeus首將茶定為Thea Sinensis，後將茶定為Camellia——最初之分類為今日普通所採用——Thea Sinensis之普通性徵——茶之變種與品種——茶之代用品——用摻雜物增加茶葉之重量，擴大其體積，改進其外表——顯微鏡下組織

茶樹屬於種子植物門，顯花植物中種類最多且最重要之一綱——雙子葉植物綱。其所屬之目，為離瓣花目，科名雖曾稱為茶科，但今已多稱為山茶科。以上諸點，已為植物學家所公認而確定者。惟若論及其所屬之屬名及種名時，則常有若干不同之意見。

瑞典植物學家Carl von Linné（一七〇七——七八）以Linnaeus之名著稱於世，為最初採用植物之二名法者。其名著「植物種類」（Species Plantarum）一書，於一七五三年出版，首創此植物命名方法，故其著作實為近代植物分類學之基礎。

一九〇五年，世界各國植物學家會集於維也納，舉行國際會議，議定國際規則，其第十九條中說明：「全部脈管組織植物之植物命名，均以Linnaeus所著一七五三年初版之植物種類為根據」，其著作之重要，由此可見。

Linnaeus在其「植物種類」第一卷五一五頁上，稱茶為Thea sinensis，又在第二卷六九八頁則稱為Camellia。因此在植物學界對於茶之名稱問題即發生兩種不同之見解，（1）是否有兩種不同之屬，Camellia與Thea；（2）Camellia與Thea應否合併為Thea一屬。

Linnaeus決定茶樹之特徵，其根據之材料不甚充分，似無可疑。因後來植物學家得到若干親緣種類，故若干學者認為Thea與Camellia二屬不可分離，因此遂發生合併為一屬之後究應冠以何名之問題。

著名英國植物學家Robert Sweet（一七八三——一八三五）於一八一八年（註一）最初以二屬合併而冠以Camellia之名。德國博物學家兼物理學家Heinrich Frederick Link（一七六七——一八五一）亦於一八二二年採用同樣之分類法（註二）。惟據國際命名規則第四十六條，凡二種或二種以上相類似之種類合併時，應保留其最舊之一名。在Thea與Camellia二名而言，「植物種類」之第一卷出版於一七五三年五月，第二卷出版於是年八月。因此，Thea之名先於Camellia，二名合併時，此屬當稱為Thea，故依據國際命名規則，茶屬植物應毫無疑義稱為Thea，如視Camellia與Thea為分立之二屬，則茶仍為Thea屬。

亦有植物學家認Camellia與Thea不能作為分立之二屬，而將Thea作為種名。例如著名經濟植物學權威George Watt爵士（註三）以及S. E. Chandler博士（註四）均將茶之學名定為Camellia Thea Link。

但近年以來，多數植物學家已採用Linnaeus最初給予此植物之學名Thea sinensis Linn.，當然此名在地理上不甚正確，故Linnaeus本人在其「植物種類」之第二版（一七六二），即放棄T. sinensis之名，決定花

註一：Robert Sweet著：Hortus Suburbanus Londonensis 一八一八年倫敦出版。

註二：Heinrich Frederick Link著：Enumeratio Plantarum horti regii botanici Berolinensis 一八二二年柏林出版。

註三：George Watt著：Commercial Products of India 一九〇八年紐約出版。

註四：Bulletin of Imperial Institute 卷二，一九一三年倫敦出版。

瓣六片者爲T. bohea，花瓣九片者爲T. viridis：毕正與英國雜文著作者及植物學者 John Hill（一七一六——一七七五）之分紅茶及綠茶，同屬武斷（註五）。

近代植物學家對此問題之見解可資記述者爲 C. P. Cohen Stuart 博士，博士在任爪哇茂物茶葉試驗場植物學家時，曾著植物學書籍甚多，曾云：

> 最近所採用之茶之學名，適與一七五三年著名瑞典植物學家 Linnaeus 最初所用之名 Taea Sinensia Linn. 相一致，自此以後，Thea 屬已包括 Linnaeus 所謂 Camellia 之一屬，而Camellia 之代表即爲溫室中所常有之 Camellia，現在稱爲 Thea japonica，具有紅色或白色之花者。科學家發見二屬之代表種類漸多，更覺二屬之親緣愈近，而 Thea sinensi 一名沿用至今，遂不僅爲 Linnaeus 時代之中國所產之茶而已。一八二三年自勃拉馬普特拉谷之森林中發見亞薩姆茶種以後，科學界又遭遇一迷惑問題，即此茶總否與中國種同隸於一種，或作爲 T.sinensis之一變種，甚或另立一種。因二種之形態外表殊有差異，因此多數植物學家由於此種印象，或傾向於後者之意見，而稱亞薩姆茶爲 Thea assamica。惟此種變種，全屬茶味問題，且吾人已知亞薩姆茶與中國茶完全同爲製造茶葉之植物，似已不宜再持偏見以恢復 Linnaeus 之 Thea Sinensis 至原有地位，故無論中國、亞薩姆以及其他各種變種、各種品種或品系之茶，均當視爲一種（註六）。

Charles Sprague Sargent 博士爲倫敦Linnaeus學會之外國會員，美國哈佛大學植物園主任及植物學教授，亦主張採用 Thea sinensis 之名。

Alfred Barton Rendle 爲英國皇家學會會員及 Linnaeus 學會會員，又爲英國博物館植物部主任，亦贊成 Thea sinensis 名稱。

Gray 植物標本館之技師 Benjamin L. Robinson 及哈佛大學植物分類學教授 Asa Gray，亦與現今其他各權威之意見相同，主張以Thea sinensis 爲茶所屬植物之實際名稱。而Thea 一屬與 Camellia 一屬極爲相近，故對於屬之分類採取較廣之見解者，每將二者合併爲一屬，此全係依判斷之情形而定。而 Robinson 博士顯然認爲Thea 與 Camellia 爲不同之屬，惟如此見解，對於 Thea sinensis 名稱之正確，已無疑問。

紐約 Brooklyn 植物園之 Alfred Gunderson 博士謂：「茶樹之花與裝飾用之 Camellias 花，有若干不同之特徵，故現在所謂茶及其類似之種類，雖與 Camellia 相近，但非隸於同一之屬。故茶之學名仍以 Linnaeus 在植物種類一書中所採用之 Thea sinensis 爲妥」。

倫敦克猶（Kew）之皇家植物園，各學者認爲 Thea L. 之屬名，初見於 Linnaeus之「植物種類」第五一五頁（一七五三年五月），而 Camellia L. 則發表於該書之六九八頁（一七五三年八月），故茶樹應稱爲Thea sinensis，蓋此係首先給予該植物之名稱。

但 J. Sims 在其「Thea Chinensis var. B. Bohea tea-tree」（載於一八〇七年 Curtis's Botanical Magazine 卷廿五）一文中，首以 Bohea、Viridis、Cantoniensis 等併稱爲 Thea sinensis，其完全名稱爲 Thea sinensis(L.)Sims。

茶樹在植物分類學上之地位再重述如下：

門（Division）……………種子植物門（Angiospermae）
綱（Class）…………………雙子葉植物綱（Dicotyledones）
目（Order）…………………雜瓣花目（Parietales）
科（Family）………………山茶科（Theaceae）
屬（Genus）………………茶屬（Thea）
種（Species）………………茶（sinensis）

一般特徵

茶爲喬木本或灌木本，有時高達三十呎，葉互生，常綠，橢圓或狹圓形，葉尖銳，有鋸齒，葉面光滑，有時葉背有軟毛。成長之葉，暗綠色，平滑堅韌，長自一吋至十二吋，嫩枝多有軟毛，且有薄而尖之芽

註五：John Hill 著：Exotic Botany 一七五九年倫敦出版。
註六：一九二六年四月致作者函。

（白毫Pekoe）。

花芽單生或叢生，自葉掖之側芽發出，球形弛垂，與花相同。花色白，有芳香，直徑約一吋，萼五片至七片，爲革質宿存，花瓣五片至七片，排成一圈，雄蕊多數癒合爲一體下垂，花藥爲二室，子房有毛，三或四室，花柱平滑，有三、四個長形雌蕊，茶之子葉細胞，含有大量之油及其他物質，備作發芽胚體營養之用。

果實光滑，褐綠色，直徑約一吋。有一至四裂片，視其是否由一室或若干室發育結果而定。每室有一至三個種籽，外表光滑，但具有溝痕，表示其子房結合之點。種籽暗褐色，直徑約半吋，球狀或扁平、光滑。在種籽中有大油狀片，二片即其子葉。分離時，其幼葉與幼根可顯然分別，尤以在發芽時爲然。果實之果皮在種籽成熟前，組織堅硬，呈綠色，但成熟後則變爲暗褐色。

茶樹之變種與品種

如何正確分別茶樹（Thea sinensis）之變種，有種種不同之意見。變種本有易於變成中間形之傾向，僅憑其極微之差異以分別之，此種差異在植物學分類上，實無作爲特徵之價值。在一般普遍栽培之茶樹，栽培者往往以其品質與普通茶樹稍有不同，即認爲茶樹之另一品系。此種見解，在商業上或有存在之價値，但實不足爲植物上之定義，因此種品系每無充分固定之特徵，作爲科學上品種之根據。此種變種，每因栽培上之選種而發展，具有一定之名稱。

Watt舉出茶樹之四種主要變種，即：尖葉變種（var. viridis）、武夷變種(var. bohea)、直葉變種（var. stricta)以及尖萼變種（var. lasiocalyx)。尖葉變種中更分爲六種——（1）亞薩姆土種(Assam indigenous)，（2）老撾種（Lushai)，(3)那伽山種（Naga Hills），（4）馬尼坡種（Manipur），（5）緬甸及撣部種（Burma and Shan），（6）雲南及中國種。直葉變種爲一小叢之茶樹，據Watt所述，每見於印度之種籽園中，隨時開花結果，葉厚而堅韌，長一叉十六分之一吋至二吋半，闊十六分之一至四分之三吋，鮮有八條以上之清楚葉脈。Watt又謂尖萼變種恐爲供製茶用之茶樹中之最熱帶性者，此爲一種新加坡及伯南（Penang）茶樹（註七）。

Cohen Stuat 將四種變種或更多種類之分類系統，代替 Watt 之分類法，就其中最主要之亞薩姆標準型茶叢與中國種命名爲亞薩姆變種（var. assamica）及武夷變種(var. bohea），後者之名曾爲 Linnaeus 所用，由以產紅茶著名之中國東部武夷山名而來。彼更加一發現於中國南部及西部一帶之大葉變種（var. macrophylla）及暹羅、緬甸撣部型（Shan-type）之土種（註八）。

亞薩姆托格拉茶葉試驗場前任化學師 C. R. Harler 博士，研究 Cohen Stuart之最近著作以後，將茶之四種變種之名，定爲武夷變種、大葉變種、撣部形變種以及亞薩姆變種。武夷變種（中國茶）爲一小而粗之茶叢，枝條甚密，爲小硬葉（長在三吋以下），有不甚顯明之葉脈十至十四對，葉芽常爲紫色，樹叢開花繁茂。大葉變種形狀如中國種，但樹身較大（約高十五呎），葉亦長達六吋，葉面有八對至九對葉脈，亦不明顯。撣部型變種至今尙無拉丁文名，顯與亞薩姆變種相近，樹高十五呎至三十呎，葉具十對左右之葉脈，頂端銳尖，葉形較其他品種更呈橢圓，葉緣有小而密之尖銳鋸齒。亞薩姆變種（亞薩姆土種）在野生狀態高達三十呎，枝條較疎，有大而頂端銳尖之葉（六至十二吋），側脈爲十至十六對，頗顯明，故在葉背形成顯著之溝，花少而不叢集。

尙有若干植物學家認Joao de Loureiro（一七一五——一七九六）所定名之廣東變種（variety cantonensis Lour)亦頗重要，此變種高約四呎，枝條甚密，葉爲披針形，有銳齒，平滑而較厚，甚短，花單生，

註七：George Watt 爵士著：Commercial Products of Ind a！九〇八年紐約出版。

註八：一九二六年四月致著者函。

果實三房及三裂。（註九）

品　種

Watt 分尖葉變種（var. viridis）爲六品種，前已述及之。其中之第一品種——亞薩姆土種，已被認爲一變種，渠記述其他各品種如下：

品種第二號：「老撾種」（Lushai）——爲一種大衆歡迎之五十至六十呎高之小喬木，葉片充分成長後，平均長約八吋至十四吋，闊四吋至六吋，是爲現今所知之茶樹中葉片最大者，較中國茶樹之任何記錄爲大。葉面具二十二至二十四顯著之葉脈，惟組織與表面之特徵則與亞薩姆土種相同。此種僅產於雪爾赫脫及吉大港之一部份，完全爲地方性野生茶樹發展之結果。

品種第三號：「那伽山種」（Naga Hils）——爲小而繁茂之樹，向上發展之枝甚少，在近菲里麥（Pherima）一帶高逾二千呎之地方特多。葉狹長，長四吋至九吋，而最闊之處僅二吋至三吋。其組織與亞薩姆種相似，在安姆古里（Amguri）一帶亦有栽培，而常用以與亞薩姆土種交配。

品種第四號：「馬尼坡種」（Manipur）——馬尼坡之野生茶，在該處並未經人栽培，僅成爲森林中之野生植物。如播至卡徐、雪爾赫脫，甚至播至亞薩姆，生長均甚佳，並可與其他品種相交配。其特徵爲葉甚闊，幾呈長橢圓形。長六吋至八吋，闊二吋半至三吋半。在組織上，葉軟而堅韌，暗綠色，脈稀疏而開放，此種實爲亞薩姆土種中之有最闊之葉者。多數茶園中所見暗綠色茶樹，大部份即爲此種茶種，但亦有認此爲亞薩姆之土種者。

品種第五號：「緬甸及撣部種」——關於此品種能否與其他品種分別，尙少研究，故此品種之地位，當待以後愼重之研究，此種一方面與馬尼坡種相混，一方面又與雲南種相混。葉小而厚，質粗糙，鋸齒尖銳，其葉面不若馬尼坡種之平滑，但形狀完全爲橢圓形。最近因烏龍茶而受注意之台灣茶，其葉除較緬甸及撣部種更長外，其餘均極相似。余尙未見烏龍茶之多數葉片，故尙不能斷定其爲同一種，據余所斷，此種必有機會可以證明其爲一特別而又顯著之品種，値得使其分立。

品種第六號：「雲南與中國種」——關於中國所產茶樹品種，知之絕少，尙難如印度茶之可以分類……在多數植物標本室中，常見中國各地所產之茶樹標本，但尙不詳細，直至最近 Henry 博士方詳細採集之。Henry 研究雲南森林中之茶樹，其所採標本分贈與各植物標本室。彼告余謂此種係一種小而分枝疏稀之茶樹，生長於濃密森林之樹蔭下，其情形與印度之眞野生種之狀態相似。（註十）

其他植物學家有不依此種分類法而將上述各品種作爲不同變種者，更有發見無數其他變種品種以及亞品種（Subraces）者。

茶之代用品

茶樹除茶葉作飲料之外，茶花乾燥後，依泡葉之方法亦可供作飲料之用，故茶花可稱爲茶之代用品。

茶之最主要代用品，當爲馬替茶（Mate），又稱爲賢白馬替（Yeba Mate）、巴拉圭茶(Paraguay tea）或巴西茶，爲 Ilex Paraguayensis 之乾葉所製成，屬於冬靑科（Aquifobiaceae）植物之一種。葉長六吋至八吋，有短葉柄，並有尖銳之葉尖。葉緣有整齊鋸齒。花小而色白，形成開叉之簇突出於葉脈。花瓣、花萼及雄蕊均爲四至五個，果實有四個種籽。此植物在巴拉圭及巴西南部生長甚多。

採取馬替茶者大都爲印第安人，彼等攀登樹上，然後用剪切取其生葉之枝，各枝合爲一束，乃在火面爍之，使其萎凋而不焙焦。經此種處理後，乃送至工廠作最後乾燥，時間約needed十四小時至十六小時。其次將乾葉碎爲粗粉，裝袋出售。有時亦有用鐵鍋放於磚爐上，正如中國烘茶方法以乾燥者。

在巴拉圭及阿根廷，先將茶葉中肋剝下，然後焙烘，稱爲「加米里」（Caa-miri）或「加米林」（Caa-mirien）。馬替茶則爲較大之老葉製成，並帶有嫩枝新梢及小莖者，在巴西用之最多，而稱爲「加伽科」（Caa-guacu）或「加伽蘇」（Caa-gazu）或「賢拉陀布魯」（Yerra do polos）。最優良者係用未開展之幼葉製成，常帶紅色，稱爲「加科」（Caa-cuy）或「加科育」（Caa-cuyo）。

馬替茶雖爲耶穌教徒首先栽植，但在古代似早已爲印第安人飲用，馬替一語，係由印加斯人（Incas）之語言而來，原意爲胡蘆。「加」

註九：Flora Cochinchinensis 一七九〇年里斯本出版。

註十：George Watt 著：Tea and the Tea Plant 載一九〇七年皇家園藝學會雜誌第三十二卷。

（Caa）爲此植物之印第安土語，斯巴尼人（Spaniaards）則稱爲「瞖白」（Yerba）。

馬替茶用鑲銀之胡蘆爲泡茶器具，其大小約與大橙相等，頂部開口，先以糖及少許熱水盛入器中，次加「馬替」，最後以沸水或熱牛乳充滿之，有時則以少許燒焦之糖或檸檬汁加入器中，以代牛乳。

此種飲料用長約六、七吋之金屬或蘆草乾所製之小管吸啜，一端呈球狀，爲用蘆草精細編織，或用金屬所製成，球面有微細之小孔，馬替茶卽由管中吸入口中，稱此爲「Bombilla」，在家庭中常以此種葫蘆與吸茶管遂一傳飲。馬替茶亦可用普通茶用之杯飲用。

尙有一種飲料，稱爲「Cassina」，爲一種北美所特產之冬青（Ilex Cassine）曬乾製成，此葉中含有咖啡鹼。美國農部之化學局，曾擬出一種乾燥此葉之方法，製成「綠Cossina」、「紅Cossina」及「Cossina馬替」，最後一種與「油白馬替」極相似。

茶之代用品，不勝枚擧，多數國家均有其特種之「茶」，在歐戰時，因急切需要，均尋出許多古法，再加以若干新法以製茶之代用品。

最主要之一種代用品爲 Faham、Fa-am 或包旁茶（Bourbon-tea），爲一種稱爲 Angraecum fragrans 之果木之乾葉製成。此種植物原產於非洲，但以馬達加斯加、來龍（Reunion）、包旁（Bourbon）及毛里求斯爲最多。最初均信此種植物具有香蘭草（Vanillic）香，後經 Cabley 發見其香氣係因含 Cumarine 之故。葉少，形狹細，花白而香，所謂包旁茶卽爲其乾葉所製成。來龍人及馬達加斯加人自古以來卽飲此茶。（註十一）

加波立茶（Kaporic），又稱苦包卡茶（Koporka）或意溫茶（Iwan），爲三種草葉經染色製成，卽爲柳蘭（Epilobium angustifolium）、繡線菊（Filipendula ulmaria）及山利木（Sorbus aucuparia）之乾葉混合後，放入熱水中，再加磨擦，並搶入稀糖水，曬乾及加香料。

南海茶（South Sea tea）用冬青科之一種灌木或小喬木 Aquifoliaceae 之葉製成，產於美國南部。

新紐綏茶（New Jersey tea）爲鼠李科（Rhamnaceae）之一種灌木 Ceanothus americanus 之葉製成，亦爲產於北美之茶。

山茶（Mountain tea）又稱爲加拿大茶、紅茶或紐芬蘭茶，爲屬於石南科（Ericaceae）之矮小叢木 Gaultheria procunbens 所製成，原產於加拿大及北美，有時稱爲馬蹄草或茶莓。

包海米亞茶（Bohemian）或克洛丁茶（Croatian）由石蓉（Lithospermum officinale）製成，常稱爲「茶」（Thea sinensis）而栽植之，用此製成紅「茶」或綠「茶」。又常以此冒充茶葉。

拉勃拉特茶（Labrader）爲石南科直立小葉叢木磯躑躅（Ledum palustre）所製成，原產北美、加拿大及拉勃拉特。

俄斯威哥茶（Oswego）或賓夕爾瓦尼亞茶係唇形科（Labiatae）之一種多年生植物 Monarda dilyma 之葉所製成，原產加拿大及美國北部，可作滋補藥及胃病藥。

柏格齊（Bergthee）或稱山茶，產於德國哈爾志山（Harz），由香蓉花、烏荊子、歐薄荷、款冬、薄荷等合成，另加梓木根皮以及甘草根。

冬青茶（Winterberry tea）係由冬青科一種常綠平葉叢生之灌木 Ilex glabra 之葉所製成，原產美國北部及加拿大，此種植物普通稱爲 Inkberry。

笨高倫（Benkoelen）或馬來亞茶，在蘇門答臘用之，用桃金孃科（Myrtaceae）之灌木 Leptospermum（alaphyria）nitida 製成，產於馬來半島。尙有同科之其他種類之植物，如Leptospermun及 Melaleuca 二屬，在澳洲及新西蘭均稱爲「茶樹」。

墨西哥茶或 Jesuit 茶（Chenopodium ambrosioides）爲藜科（Chenopodiaceae）之多年生藜草，產於墨西哥，但已移植於南歐。此種植物通稱Goosefoot或Pigweed。

波丹尼灣茶（Botany Bay tea）或稱甜茶及澳洲茶，爲原產澳洲之

註十一：見 Journal de Pharmacie et de Chimie 卷十八。

牛尾菜科（Smilaceae）之一種蔓延性常綠灌木。

灌木茶（Bush）或岬茶（Cape）係由 Cyclopia genistoides 或其他近似種類之葉製成。

巴西茶（Brazilian tea）爲高大單莖之二年生植物，花藍色穗狀，屬於馬鞭草科（Verbenaceae），產於西印度及美洲之熱帶。

西印度茶由玄參科（Scrophularaceae）之 Capraria biflora 之葉所製成。據說原產北美，但已移植於西印度。通稱 Goatweed。

阿比西尼亞茶有時稱爲亞拉伯茶，由 Catha edulis 葉製成，亞拉伯人飲之。

阿根廷茶爲 Paronychia 之一種，其花可製成藥用茶。

伯爾伯里茶（Babary）爲黃楊刺（Boz-thorn）或 Argyll 公爵茶樹（Lycium barbarum）。

藍山茶（Blue mountain tea）爲北美產之Solidago odora之花及葉製成，又稱爲金棒茶。

丁姆斯忒茶（Teamster tea）爲北美產之麻黃類（Ephedra antisyphilitica）植物所製成，有治性病之效能。

推山茶（Theezan）產於中國南部，其葉貧人作茶用。

查馬米爾（Chamomile）或卡莫米爾茶（Camomile）爲英國及西歐所產之 Anthemis nobilis 所製成。用花製飲料，稍帶苦味，此種植物在英、法、比均有栽種。

歐洲茶由 Veronica officinalis 之頭狀花所製。香氣殊佳，但有苦味。

法國茶或希臘茶，常用法國南部生產之鼠尾草（Salvia officinalis）所製成，有强列之香氣與特味。

其他尙有無數茶之代用品，玆舉其主要者如下：

紫檸草爲印度土人所用；蘇門答臘人以咖啡葉烤之亦可代茶；好望角人用 Printyia aroma ica；中國人用薔薇科之一屬白花蛇莓屬(Fragaria)；新荷蘭採用 Acoena sanguisorba；日本採用一種八仙花屬(Hydrangea)；還羅人用Laoten；中非洲及錫蘭用澤草屬（Eupatarium）；阿拉伯及阿比西尼亞人用 Catba edulis；野櫻草（Cowslip）以前爲英人所採用；毛蕊花（Mullein）至今在德國及其他歐洲國家尙採用之；智利採用一種豆科植物；印度土人用Tulasi；有一種石南製成之沙爾伐獨茶（Salvador）及一種桃金孃科植物爲澳洲塔斯馬尼亞及法克倫特人所採用；馬來採用 Glaphyria nitida、喀那利茶(Canary tea)或Sida conariensis；阿帕拉幾茶(Apalachian）爲 V.burnum casinoides, Ilex vomitoria 或 I. Glabra之葉；加羅里那茶（Carolina tea）爲 Ilex Cossine 所製；霍屯督茶（Hottentot tea）爲 Helichrysum serpyllifolium；卡斐茶（Kaffir tea）爲Helichrysum nudifolium；馬歇茶（Marsh tea）爲礦路瑚(Ledum palustre)；聖希連拿茶（St. Helena tea）爲 Frankenia portulacifolia；薄荷；檸檬馬鞭草；香脂木；百里香；金雀花；車軸草；當春藤；芸香；鼠尾草；沙爾伐塌茶；錦金梅；青蒿；蓍草；失眠茶；櫻草；宜母樹；橙芽；菩提樹之花及乾葉；關根梓木屬樹；荊芥；自由茶(Liberty tea)；原始神茶（Hyperion）爲莓樹之葉；蘭草茶；黑葡萄葉，風琴茶（Orgau tea）即薄荷；歐薄荷；野蘇茶；烏荊子葉；野櫻草茶；塞那茶（Senna tea）及阿拉伯茶，或 Catha edulis。

攙雜物

最普通之攙雜爲摻入其他植物之葉，所用之葉，多有收斂性及邊緣有鋸齒者，其中如山毛櫸(Fagus sylvatica)，山楂（Crataegus oxyacantha）、茶梅(Camellia sassanqua）、烏荊子（Prunus spinosa）及金粟蘭(Chloranthus inconspicuus)之葉，但對於無關重要之顧客，雖與茶絕不相似之橡葉、白楊葉、楓葉及其他樹葉亦攙雜之。

從前應用甚廣之攙雜方法爲摻入用過之茶葉，由餐館、旅社收集用過之茶葉，再乾燥之，混入眞茶內。有時並無新鮮茶葉，僅將廢葉拌以兒茶、焦糖、藍靛、柏林青、靈腐植質、石墨等，所謂商隊茶、璽石茶及君王茶，據云乃用此方法製造，所謂高加索茶爲用過之茶葉與 Vaccinium arctostaphylos 之葉混合。此種攙雜不能藉顯微鏡檢別，但可用化學方法，尤以檢定其熱水浸出物、單寧總量及可溶灰分等以檢別之。

其他之攙雜乃欲增加其重量，所用物質為黏土、石膏、鐵屑、砂礫等，由化學方法極易檢出。

以往茶葉多着色，以使其外觀美麗，所用色料，綠茶為滑石、普魯士藍、翠青、藍靛、薑黃、肥皂石及石膏等；紅茶則為石墨。着色之顯微化學檢驗方法，Leach曾列舉如下：

着色之精細檢驗方法為用篩篩出茶葉之末，或用水與茶葉搖動後所得之沈澱，將粉末或沈澱物於顯微鏡下或放大鏡下觀察之。石墨現有光彩之黑色，肥皂石、灰色、石膏、白色、普魯士、藍青色、藍靛、藍色、薑黃、黃色、普魯士藍遇苛性鈉而褪色；翠青遇鹼液無作用，但遇鹽酸退色；藍靛遇上述兩種試藥均不退色。（註十二）

美國禁止着色茶入口，應用簡單之Read機械方法以檢驗着色茶。此方法為美國化學局已故之Alberta Read女士發明，將茶葉篩出之粉末放於白紙上用角匙膺擦，任何着色劑無論普魯士藍、藍靛或翠青，均在紙上留下有色條紋，其後再在黑紙上作同樣試驗，若有石膏或硫酸鋇，則黑紙上立現白色。此簡單之試驗，各進口商可在其辦公室內行之，故甚為方便。

爪哇茂物茶葉試驗場之J. J. B. Deuss博士列舉真茶分析須知如下：

一、當用顯微鏡觀察時，無異樣之葉。

二、茶葉之含水量應在百分之八至十二之間，此標準為歐洲純粹茶葉之水分含量限度。

三、茶葉含礦物質最多百分之八，而不少於百分之三，但食用鹽或灰塵及鉛均能影響之。

四、綠茶水浸出物之含量至少有百分之二十；紅茶至少有百分之二十四。優良茶葉含有水浸出物百分之三十至四十。在杯中則較少，蓋尚未完全浸出也。

五、咖啡鹼之含量至少為百分之一，綠茶之單甯至少有百分之十，紅茶則至少有百分之七．五。

六、不能含有奇異之色料。

七、茶如混有鉛，則絕不能作為飲料，僅作為提取茶素之用。（註十三）

顯微鏡下之組織

茶葉顯微鏡切片之製法有數種，依其葉之部位及檢驗之目的而異，最普通者為將茶葉浸於沸水中，然後再放入含氯醛水化物二份與水一份之混合液中。

觀察葉底之表皮，可見特殊之茸毛，此為茶葉之最大特徵，嫩葉較老葉特豐，常成濃密之毛茸，長五百至七百 Micron（一糎之千分之一），基部彎曲成直角，故舖於葉之表面，成平面狀，為一長形細胞所成，壁甚厚，有時在插入表皮之處，為放射狀之表皮細胞所包圍。

茶葉先以氯醛水化物浸之，再以甘油，最後以水浸過，乃可觀察其葉底之表皮細胞。細胞之外圍為水波狀，老葉尤為顯明。其中部有無數之氣孔，為廣闊之卵形，常為三、四個附着之細胞包圍，此等細胞較狹，循切線之方向密接。氣孔為狹小之細孔，此亦為茶葉之特徵。葉面之表皮有小而柔軟多角之細胞，但無氣孔。

葉之邊緣為鋸齒狀，每一鋸齒為一圓錐狀之柔軟細胞，為一層之膜細胞所覆。據 Cohen Stuast 謂：茶芽能產生一種膠質，倘一鋸齒脫落時，在葉上遺一棕色之疤痕，而有一小靜脈通至疤痕（註十四）。

在上表皮之下作一橫剖面，可見作為柵狀欄組織之柔軟細胞，時或有二層。柵欄細胞在表面視之為圓形。葉面表皮之下為海綿組織，空間甚多。葉之中部有無數含有結晶體（草酸鈣）之細胞。

茶葉最顯明之特徵為綠色組織，此種組織為大而無色，形狀特殊之厚膜細胞或石細胞組成，因葉之成熟而增加。其形狀時為星形，時為樹枝形，常有深摺痕之邊，支持上下之表皮。美國著名作家 Albert E. Leach 及 A. L. Winton 在其「食品分析」一文中云：「欲觀察此種組

註十二：Albert E. Leach著：Food Inspection and Analysis 一九一四年紐約出版。

註十三：J. J. B. Deuss 著：Overdruk uit het Ned r landsc 一九三三年出版。

註十四：C. P. Cohen Stuart 著：Handelingen van het Eerste Ned 一九一九年茂物出版。

纖，最好製一莖或中肋之斷面，而與葉面平行。欲作此切片，應將葉片先浸於水中，再浸於酒精中，然後切之」（註十五）。倫敦大學英國藥物學會製配藥物學教授Henry C. Greenish發明用藤黃酚（Phlorglucin）及鹽酸使其木質化之壁着色，俾易觀察。葉之內部，主要者爲基礎組織，有充滿葉綠粒之細胞及脈管組織之纖維束包圍。Greenish亦指出辨別茶葉之特徵如下：

（1）芽毛之形狀與大小與底部之細胞間成放射狀排列。

（2）草酸鈣之結晶爲簇形，常有結晶砂附着。

（3）厚膜細胞毛，以在葉柄及中肋者，決不致完全缺少。

（4）氣孔。

（5）葉邊之鋸齒，或其脫落後之疤痕。（註十六）

註十五：Albert E. Leach 及 Andrew L. Winton 合著：Food Inspection and analysis。

註十六：Henry C. Greenish 著：The Microscopical Examination of Foods and Drugs 一九二三年出版。

第二十五章　茶之化學

討論之本質——成茶之分析——茶葉之成分——茶單寧——單寧含量之變動——咖啡鹼——茶之芳香油——茶葉中之其他成分——茶籽油——製造中之「醱酵」——酵素、細菌及酵母——製造中葉之化學變化——紅茶之萎凋、揉捻、醱酵及烘焙——含水量及後醱酵——中國紅茶、烏龍茶及綠茶之製造——摘要

本章著者C. R. Harler，哲學博士，理學士，化學學會會員，英國皇家氣象學會會員，前印度茶業協會托格拉茶葉試驗場化學師。

在討論茶之化學以前，概述論題之性質並指示茶葉問題中科學研究之一般傾向，誠屬必要。

關於茶之化學，最初注重於商品成茶之簡單分析，嗣後在產茶國乃將分析方法行之於鮮葉。

研究茶葉在製造時所發生之變化，約始於一八九〇年，嗣後二十年間，研究方法始具基礎。自此資料漸豐，對於茶葉化學之見解亦日新月異。

與製造紅茶有關之酵素、細菌、酵母菌之科學研究，肇端本世紀之初葉。

由於茶葉化學問題性質之複雜及現代生物化學智識之不足，吾人對於茶葉化學之智識，仍極簡陋。且因在爪哇、印度及錫蘭研究茶葉之化學家，與西方科學中心遙隔，更感受困難。

是故研究之結果，從純粹科學之觀點而言，並未明確，且研究所根據之理論與實施之方法，僅能引用歐西對於相似問題所施行者，而研究結果又多以實用及商業價值為目的，因而影響工作之路徑，以致完全理論性質之研究，終屬不可多得。

以下先舉述近代茶葉化學觀念之發展，並將初期化學家之工作及其結論加以簡單之敍述，其次討論茶之主要成分及與茶葉有關之醱酵與微生物，最後敍述已知之茶葉製造時所發生之化學變化。

成茶之分析

本章力謀無專門化學智識之讀者易於瞭解，故提供若干定義與詳細之解釋，其中大半僅供說明某種論證或推理之用，非為專家所着想。如先敍述鮮葉之分析，次及成茶，似較以下無系統之敍述更合於邏輯；然為符合歷史之演進起見，首先論述商品成茶之分析，似屬必要。

初期之研究——Mulder（註一）、Peligot（註二）與Rochleder（註三）三人在一八四〇與一八五〇年間完成若干最早之茶之化學研究工作。前二人依照當時之標準方法分析商品成茶。Rochleder之研究，由茶葉中發現之單寧，並分離一物，名之為武彝酸(Boheic acid)，蓋依據當時供製中國紅茶之植物——武彝茶樹（Thea bohea)之名而來。Hlasiwetz與Malin（註四）於一八六一年在茶葉中檢獲沒食子酸，嗣後並聲稱已於中國茶中檢得一種黃色結晶物質（Quercetin）。Hasiweto

註一：P. Mulder，Annalen Physik Chemie一九三八年Leipzig出版。

註二：E. Peligot，L'Institut一八四三——四五年巴黎出版。

註三：Rochleder，Annalen Chem. Pharm. 一八四七年Leibigs及Heidelberg出版。

註四：Hlasiwetz及Malin，Johresberichte Fortschritte Chem. 一八六七年出版。

證實所謂武彝酸者乃沒食子酸、草酸、單寧與槲皮黃質（Quercitrin）之混合物。

在一八六〇年及其後數年，曾作多種茶葉分析，當化學智識擴展時，研究題目亦日益擴充，一八八〇年時，頗完全之分析方法已可應用。

一八七九年，Blyth所發表之一文中（註五），列舉茶之成分爲香精、茶素（現稱咖啡鹼）、武彝酸、槲皮黃質、單寧、槲皮黃酸（Quercitrinic acid）、沒食子酸、草酸、樹膠、葉綠素、樹脂、鹽、蛋白質物、木質、色素與灰分。文中引用Dragendorff關於俄國商品紅茶之分析，以表示水溶解物、咖啡鹼、氮、單寧、碳酸鉀與磷酸之百分數，此種數字顯示一廣大之變動，而與現代分析結果之標準相符。

如將一八七九年Blyth對於通行之茶葉分析及化學分析對於評定茶價之未來用途之觀察加以注意，頗饒興趣。渠云：「吾人無完全之茶葉分析，祇有無數部份之分析」。茶之全部成分今雖已可講述，但此言在今日仍屬正確，因普通之分析僅示個別之多種物質而已。

在同文中，Blyth繼云：「茶葉貿易完全賴於分析並輔以茶師報告之時期恐已不遠。訓練有素之味覺，能鑑定特別香味，而分析未必能之；然一極其完全之茶葉分析則具有極高之價值，或作爲買主之南針，或作爲茶中並未摻雜之明證」。此文雖寫於五十餘年之前，今日吾人於茶葉評價正仍唯茶師是賴，固無論化學之進步如何也。

Deuss（註六）於一九二四年發表一文，將茶師評茶所用之茶湯中之咖啡鹼、單寧及水溶解物行多次定量分析以後，結論云：「以余所見，欲在茶之成分及其品質之間確立關係，爲不可能之事」。文中所謂茶葉之成分，已知有刺激物存在，故無論如何，其一部份必與茶之刺激性及茶湯之品質相關。

一九一〇年，倫敦Lancet實驗所完成多種茶葉分析。其分析結果，咖啡鹼與單寧在上品茶中往往成爲一化合物，即單寧酸咖啡鹼，但在普通茶中，此二物大牢爲不結合狀態。並謂如咖啡鹼與單寧以結合狀態而存在，一切飲茶之害可以減至最低限度。大體而言，此種實驗皆未爲後人所信任。

近代之分析——在一九一四——一五年，Carpenter與Coope（註七）二人對於印度茶曾作極多次之分析，以定其咖啡鹼、單寧與水浸出物之含量，且曾研究單寧與咖啡鹼之化合物，但彼等不能使其定量分析與茶葉之市價或茶師之報告發生重大之連繫。

Deuss（註六）對於多種爪哇、日本、中國及台灣樣茶，曾測定五分鐘沖泡液中所抽出之咖啡鹼、單寧及固體物質之含量，彼將分析結果與茶葉品質比較後，乃得下述之結論。此種見解乃根據表一之數字而來。

表一　五分鐘沖泡液所抽出之咖啡鹼與單寧

	咖啡鹼	單寧	五分鐘之水抽出物
爪哇紅茶……	2.7——4.4%	6——20%	16——26%
日本綠茶……	2.0——3.3%	4——12%	16——26%
中國紅茶……	2.0——3.7%	5——10%	16——22%
台灣烏龍茶…	3.1——3.7%	12——23%	23——25%

咖啡鹼之定量方法將於敍述此物之一節中說明之。

單寧之定量方法如次：茶葉先用沸水抽提，其水抽出物用百分之四〇之蟻醛液處理之，加入濃鹽酸，並加熱十五分鐘，乃生成單寧狀物（Tannoform）之棕色沉澱，即爲單寧與蟻醛之化合物；一克單寧，生成一．二四克單寧狀物。此法並不完善，但Deuss堅稱應用此法可得準確之結果。

此處須注意，依照單寧之舊分類法，鹽酸與蟻醛能沉澱「兒茶酚」單寧類，

註五：A. W. Blyth著：Analysis and Chemical Description of Tea and its Adulterants 一八七九年倫敦出版。

註六：J. J. B. Deuss著：L'analyse Cnimique du thé en rapport avec sa Qualité 一九二四年巴黎出版。

註七：P. H. Carpenter 及 H. R. Cooper 合著，載印度茶業協會季刊一九二三年第三部。

（Catechol Tannins），但不能自「沒食子酚」單寧類（Pyrogallol Tannins）全部沉澱或竟毫無沉澱作用。Deuss 之方法乃假定茶單寧屬於前一類。

今日研究茶葉之化學家，一致以為成茶之市價並不能以現今化學分析表之數字估計之；雖然，近數年來日本綠茶品質之估計，視其沖泡液之花青素（Anthocyan）之含量而定（註八），已引起世人之注意。花青素為在強烈日光下生成於葉中之物質，味苦，並有損綠茶之品質，故最佳之綠茶乃從覆蔭之茶叢製造而成。

花青素試驗為日本金谷茶業試驗場所完成，現被認為用作測定日本綠茶品質之一種方法。此為一簡單之試驗，方法如次：在茶之沖泡液中——如茶師所泡製者，加入數滴稀鹽酸，如有花青素，此液即呈紅色，且紅色之深淺隨花青素之含量而增減。故用一組標準之顏色，即能將微量之花青素迅速檢定。茶液含萬分之一花青素即生苦味，顯然於茶之品質有損。玉露茶為日本之上品綠茶，不含花青素。

日本對於花青素之存在與變化，以及小量存在於茶葉中而與之有關之花黃素色質（Flavone Pigments），正在作進一步之研究。對於此類物質，將於後文中再述之。

花青素之檢定法，不能用於紅茶。（註九）

印度、錫蘭、爪哇紅茶之品質，與其沖泡液之單寧及單寧生成物必有密切之關係，雖然用普通方法所測定之單寧並不顯示此種關係。若將硫酸、食鹽或硫酸錳加入紅茶之沖泡液，則發生沉澱，而茶液之單寧減少。多數學者以為利用此種沉澱劑可將紅茶沖泡液中組成「單寧」之各種物質加以區別，對於此點之研究，Lancet 實驗所之一工作者在一九一一年已有論文發表（註十）。較新之研究並已在亞薩姆（註十一）及錫蘭（註十二）開始進行。

以前所得之種種結果，並不能據之以下斷語，單寧一物將於本章單寧一節中詳細討論；單寧酸、咖啡鹼之生成將於咖啡鹼一節中聯帶討論之。

化學分析雖可確定茶之若干品質，但化學家是否終將取茶師而代之，乃屬疑問。

表二表明紅茶之數種主要成分及其含量之合理範圍，但須補充一言，即茶葉成分之數值，往往超出此範圍，而與茶師之評價並無相對之關係。

綠茶具有與紅茶同一廣大之變動範圍，表三表示玉露茶與煎茶分析結果之普通界限。煎茶為日本之普通綠茶。（註十三）

表　二

紅茶之主要成分與含量之範圍

水分……	5——8 %
咖啡鹼……	2.5——5 %
氮……	4.75——5.50%
單寧……	7——14 %
水溶物……	38——45 %
灰分……	5——5.75%

表　三

日本玉露茶與煎茶之分析

化學成分	玉露茶	煎茶
水分……	3——7 %	4.5——5 %
咖啡鹼……	3——4 %	2.5——3.2%
氮……	6.2——6.8%	5.5——5.8%
單寧……	10——13 %	14.5——18 %
水溶物……	37——43 %	43——46 %
灰分……	6——6.5%	5.4——5.8%

註八：C. R. Harler著：Tea in Japan 印度茶業協會季刊一九二四年第一部。

註九：J. J. B. Deuss著：On the Presence of Quercitrin in the Leaf of Camellia theifrea and in Made Tea 一九二三年荷印化學協會出版。

註十：The Chemistry, Physiology Aesthetics of a Cup of Tea 一九一一年倫敦 Lancet 雜誌。

註十一：P. H. Carperter及C. J. Harrison合著：The Manufacture of Tea in North East India 一九二七年印度茶業協會出版。

註十二：錫蘭茶葉研究所一九二八年年報。

註十三：The Chemistry of Green Tea 一九二三年日本金谷茶業試驗場出版。

茶葉分析之結果顯示如此廣大之變動，故其平均值殊不重要，表二之平均值亦然。

茶葉之成分

初期之研究——鮮葉最早之化學分析，在一八八〇與一八九〇年間舉行。一八八六——八七年，Kellne（註十四）詳細分析鮮葉及每隔一定日期所採集之鮮葉之灰分。一八八七至一八九二年間，茶之分析結果及記錄，由Paul由Cownley二人（註十五）收集發表，當時甚為有用。一八九〇年，日本Kosai（註十六）研究茶葉，取一定量之葉，一部份在攝氏八〇度之溫度下迅速乾燥，一部份製成綠茶，一部份製成紅茶，三者之分析結果如表四所示。

表四　Kosai對乾葉、綠茶與紅茶之分析

化學成分	乾葉	綠茶	紅茶
粗蛋白質……	37.33%	37.43%	38.90%
粗纖維………	10.44%	10.06%	10.07%
灰分…………	4.97%	4.92%	4.93%
咖啡鹼………	3.30%	3.20%	3.30%
單寧…………	12.91%	10.64%	4.89%
熱水浸出物…	50.97%	53.74%	47.23%
醚浸出物……	6.49%	5.52%	5.72%
全氮量………	5.97%	5.99%	6.22%

可溶性單寧與熱水浸出物皆發生顯著之變化，在製造紅茶時，可溶性單寧約失去百分之八，約為總量之三分之二。

首先對於茶葉化學及製造時所起變化之有系統之研究工作，為Bamber在印度及錫蘭所完成，在爪哇則為Van Romburgh、Lohmann與Nanninga三人。

在一八九一——九二年，Bamber首先在印度東北部為印度茶業協會工作，彼之著作「茶之化學與農藝」（The Chemistry and Agriculture of Tea）（註十七），泰半採用彼在亞薩姆之實驗而加以詳論。一八九八年彼與錫蘭種植者協會簽訂合約，研究錫蘭之土壤及該地茶葉之製造。彼之報告，題目為「錫蘭之茶土」

（Ceylon Tea Soils），其中關於茶之化學之材料甚多（註十八）。Bamber嗣後之許多研究與試驗，乃發表於「印度之種植與園藝」（Inian Planting and Gardening）一書中。

一八九二年，Van Romburgh、Lohmann及Nanninga三人在爪哇出版之荷蘭雜誌中發表彼等之報告（註十九）。Deuss將彼等經十五年研究之結果作成摘要，公之於世（註二十）。

自一九〇〇至一九〇七年，Mann工作於印度東北部，於茶葉化學、生物學方面致力頗多，同時Bernard及Wolter在爪哇亦作類似之工作。

對於此數位初期化學家之工作，將於後文中時常提及之。

自一九一〇年以來，研究茶葉問通之化學家更多，研究之範圍不斷擴張，個人之研究工作泯沒無聞者亦甚多。

最近之工作者已完成茶葉製造中實驗方面之詳盡研究。

鮮葉——茶之嫩葉與大多數植物之葉不同，含多量之單寧，且富有咖啡鹼。茶梢嫩梢之水分，在百分之七五至八〇之間。組成灰分之物質，約佔葉中乾物質之百分之五．五。

茶葉之組成，十九為纖維素與粗纖維、蛋白質物、單寧、咖啡鹼、

註十四：Kellner，Journal Chemical Society 一八八七年倫敦出版。

註十五：B. H. Poul 及 Cownley，Pharmaceutical Journal Translations 一八八七年倫敦出版。

註十六：Y. Kosai著：Researches on the Manu facture of Various Kinds of Tea 一八九〇年東京帝國農學院叢刊第七號。

註十七：M. Kelway Bamber著：The Chemistry and Agriculture of Tea 一八九三年加爾各答出版。

註十八：M. Kelway Bamber 著：Ceylon Tea Soil and Their Effect on the Quality of Tea 一九〇〇年哥倫坡出版。

註十九：三氏之著作先後在一八九二、一八九三、一八九九、一九〇〇一九〇二各年發表。

註二十：J. J. B. Deuss，Mededeelingen Proefstation v. Thee 一九一四年茂物出版。

樹膠狀物、糊精、果膠素、脂肪、蠟及灰分。此種物質佔茶葉固體物質之百分之九五，有時或過之。其餘百分之五包含葉綠素及其聯合色質，並有少量之澱粉、醣類、沒食子酸、草酸、槲皮黃質與其他色質。

鮮葉且含有微量揮發成分，可用蒸汽蒸餾鮮葉而得之。此種揮發成分有顯著之芳香，爲一種酸，並含少量醛與一種還原劑。（註十二）

鮮葉之水浸出物，各樣品往往大不相同，表五表示從研細之乾葉，用沸水抽出之物質之性質（註十二）。百分數以葉之乾物質計算。

茶葉之水中溶解度及其於其他溶劑如三氯甲烷、乙醚、乙酸乙酯、乙醇中之溶解度，在以後關於紅茶醱酵一段中簡述之。

如其他條件相同，最佳之紅茶與綠茶乃由細小柔軟略呈黃色之一芽二葉之嫩梢所製成，此種嫩葉在分析時所檢得之單寧、咖啡鹼、水溶解物，大概較同一環境下所生長之劣葉爲高。表六爲自亞薩姆收集之佳葉與劣葉之代表分析。佳葉軟而多汁，劣葉則雖爲嫩茶，但較硬而乾。此分析所用者爲鮮葉之一小時沸水抽出物。

表　五

乾葉粉用沸水抽出物之性質

化　學　成　分	水浸出物之組成
單寧……	27.70%
全氮量……	2.50%
非蛋白質氮，咖啡鹼爲主……	1.56%
樹膠狀物、糊精、果膠質、其他…	6.00%
灰分……	5.03%

表　六

亞薩姆茶之佳葉與劣葉之代表分析

化學成分	乾物質之百分數	
	佳　葉	劣　葉
單寧……	25%	15%
咖啡鹼……	4%	2%
水溶物……	47%	35%

成茶——紅茶製造時發生重要之化學變化，主要者爲香味與芳香之發揮及某種單寧化合物之生成。若干單寧化合物溶解於茶之冲泡液中，而使之呈顯著之顏色，其他不溶者卽不入於茶之冲泡液中。芳香與香味常與茶葉之芳香油有聯帶之關係。

製造綠茶時，並無可溶性有色單寧體之生成，葉中單寧泰半仍爲可溶性。綠茶製造時並無芳香油之生成。

紅茶之冲泡液，大率包含單寧與單寧生成物、咖啡鹼、醣類及少量除咖啡鹼以外之含氮物，並有芳香油之形跡與小量之色質。綠茶之冲泡液大率包含單寧、咖啡鹼、樹膠狀物、醣類及除咖啡鹼以外之少量含氮物所衍生之少量物質及色質。

紅茶與綠茶中最重要之物質爲咖啡鹼，若無此種興奮劑，則作爲飲料之茶，是否能引起如此廣大之需求，乃屬疑問。

在多種印度、錫蘭與爪哇之紅茶中，茶單寧被認爲第二種極重要之成分，並非僅因茶單寧使茶湯帶有特殊之辛澀刺激與收斂性，且因茶單寧能產生冲泡液中之有色物體。自冷茶凝集之「乳皮狀物（Cream）」，包含一部分之單寧體。

若茶中含有足量之香味與芳香，則其他特性皆無足輕重，芳香之茶必得極高之價格。許多最佳之中國祁門紅茶與寧州紅茶，幾全視其香味而評定價格。多種大吉嶺茶與錫蘭茶亦復如此。此種茶之單寧含量常低，在此情形之下，單寧當然並非一重要之因子。

在品質檢驗時，茶湯之濃厚或冲泡液之「身骨（Body）」乃一重要因子，此種因子端賴熱水所抽出之固體物質。「水浸出物」卽水溶物之百分數之名稱，在紅茶與綠茶中皆屬重要。

如前所述，花靑素之含量足以影響綠茶之品質。綠茶之品質亦可直接視其葉之氮量而變更，而冲泡液之含氮物之百分數亦視此氮量而定。

然而關於上等或劣等紅茶與綠茶之主要成分之總量，並無嚴密之規律可以確定。紅茶中芳香油之重要及日本綠茶中花靑素之有害作用，皆已述及。芳香油與花靑素存在於茶中之量皆極微少。

在討論茶之水溶解成分及其對於沖泡液品質之影響時，應注意欲使葉中可抽出之物質全部抽出，約須經一小時之久。茶師將茶葉沖泡六分鐘，其所檢定之茶液，約含一半之單寧，四分之三之咖啡鹼及一半之水浸出物。抽提亞蘇姆茶所得之結果見表七。

表七 經一小時煮沸與五分鐘沖泡後可抽出之固體物質

化學成分	一小時煮沸	五分鐘沖泡
單寧	12.4%	7.3%
咖啡鹼	4.8%	3.6%
水抽出物	44.5%	23.2%

茶單寧

單寧類——單寧一名，爲各種作家所採用，其義不一，有時專指一種特別物質，即槲樹沒食子之單寧；有時則泛指具有某種共同特性之一類物質。此處單寧一名，乃取其普通之意義。（註二十一）

單寧類之主要性質可以總括如下：

一、大多不能結晶，爲有收斂性之膠體物質。

二、與高鐵鹽能生成藍黑色或暴綠色之化合物，此種化合物最初即用以製造墨水。

三、具有與眞皮及獸皮化合之性質，即發生鞣皮作用，可得商品皮革。

四、一切單寧皆能爲醋酸鉛所沉澱，兒茶酚單寧類則能爲過量之溴水所沉澱。

五、能沉澱生物鹼及鹼物質。

六、在鹼性溶液中，單寧及其許多衍生物吸氧極速，色且轉黯。

七、在酸性溶液中，兒茶酚單寧類生成不溶性之紅色物質，是爲紅色複單寧（Phlobaphenes）或單寧「紅質」（Tannin reds）。

八、略呈酸性。

單寧一物，以總稱論，廣佈於植物界中，在較高等之植物中，大概多少存於某一部組織中，如在樹皮內或限於可以分離之特種細胞之較成熟部份。單寧又發現於多數植物之特別構造中，至於病理組織，如沒食子含量特別豐富，可含有百分之二五至七五之單寧。

在植物細胞中，單寧存在於細胞液中，因單寧遇蛋白質物即生沉

澱，故在單寧粒周圍之原形質，變爲不能滲透，否則原質形將被生成之單寧所鞣。

茲略述天然單寧物質較重要之來源，以示單寧散佈之廣。在樹皮中，數種槲樹之皮爲用最廣。鐵杉(Hemlock)、落葉松（Larch）、雲杉(Spruce)、冷杉（Fir）、含羞草屬（Mimosa）、巴補樹(Babool)、楊柳（Willow）、樺木（Birch）等之樹皮亦爲各國所採用。各種木材中以生長於南美之破斧樹（Quebracho）最富於單寧。從栗木、槲樹及兒茶木所取得之單寧亦被利用——兒茶木係印度染革所用媒染劑之名。印度之檳榔膏（Gambier）及西西里之黃櫨（Sumach）之葉與細枝皆爲單寧而採集。

遍生於南美之雲植屬(Divi-divi)之莢及印度訶黎勒樹(Myrobolan tree)未熟之乾果，皆作爲單寧之給源。至於從根中抽提單寧之植物，則以美國之扇葉棕櫚（Palmetto)及墨西哥與澳洲之坎愛格里樹（Canaigre）最爲普通。

單寧之化學性質，視其來源而大異。根據許多不同種單寧化學反應之廣泛研究，構成數種分類方法之基礎。單寧可分爲二大類，稱爲沒食子酚單寧與兒茶酚單寧，蓄含單寧之材料乾餾時，常生成此二者之一。沒食子酚單寧類約含百分之五二之碳，而兒茶酚單寧類則約含百分之六〇之碳，數種分類法皆以此爲根據。

Procter（註二十二）將單寧分爲二類如下：

一、沒食子酚單寧類，包括雲植屬、沒食子、黃櫨、訶黎勒、槲樹沒食子、栗木及栗樹等之單甯，有下列特性：

（a）遇高鐵鹽呈深藍色。

（b）遇溴水不生沉澱。

（c）能於革上發生一種「花紋」（Bloom），內含雙沒食子酸（Ell-

註二十一：H. Neuville，Technologie du thé 一九二六年巴黎出版。

註二十二：H. R. Procter 著：The Principles of Leather Manufacture 一九〇三年倫敦出版。

agic acid）

二、兒茶酚單甯類，包括一切之松、金合歡屬、合蓬草屬、槲皮（但非槲木或槲樹沒食子）、破斧樹之木材、肉桂樹、坎愛格果樹、兒茶及檳榔脊，有下列特性：

（a）遇鐵鹽呈暗綠色。

（b）遇溴水生沉澱。

（c）於其溶液中加入一滴濃硫酸，則在濃酸與溶液接觸之處生成深紅色之環。

（d）加於革上並不生成「花紋」，但加酸煮沸之，即發生不溶性之紅色沉澱，即所謂紅色複單甯者是也。

此類中數種單寧，尤其如檳榔脊與兒茶之單寧，其分子中包含有籐黃酚基（Phloroglucinol radical）。

一種天然單寧之新分類法，較舊法沒食子酚——兒茶酚分類法區別更明，乃一九一八年Perkin及Everest所倡議者（註二十三）。彼等將單寧分為三類如下：

一、醇酸酯類（Depsid?，即舊法之沒食子單甯類）。

二、二苯基單甯類(Diphenyl Methoid，即舊法之雙沒食子單甯類)。

三、生色單甯類（Phlobatannins，即舊法之兒茶酚單甯類）。

此種分類法顯已進步，蓋對於單甯分子之構造已加以考慮。

一九二〇年，Freudenberg貢獻一種分類方法，較上述方法更為明確（註二十四），蓋得力於近年來單寧研究之大進步。在此領域中，最特色之化學研究為一九一八年Emil Fischer（註二十五）合成沒食子單寧酸，此事使單寧化學之舊觀念為之大變。Freudenbreg 和與Fischer合作進行是項偉大工作，且彼與Nierenstein對於兒茶質組成之測定已致力甚多。兒茶質之可以代表兒茶酚單寧類，猶沒食子單寧酸之可以代表沒食子酚單寧類。

Freudenberg分單寧為二大類：

一、水解性單甯類，其苯核由氧原子聯合成更複雜之物質。

二、縮合單甯類，其苯核由碳原子之連結而集合。

第一類包括（a）酚酸（Phenolcrboxylic acids）與酚酸，或酚酸與醇酸所成之酯（即醇酸酯類），（b）酚酸與多元醇及酚酸與糖類所成之酯（即單寧類）及（c）生糖質類。第一類單寧最重要之特性為能被酵素加水分解而成較簡單之成分，尤以單寧酵素（為黑麴菌 Aspergillus niger 所分泌）或脂肪分解酵素為甚。

第二類單寧不被酵素分解為簡單之組成，大概能為溴素所沉澱，且於用氧化劑或強酸處理時，結合為高分子量之單寧或「紅質」。此類單寧依據籐黃酚之存在與否，又分為二亞類，除少數例外，兒茶質類屬於籐黃酚亞類，如破斧樹即屬於此類，槲樹單寧大概亦屬於此。

關於單寧在植物內部之生理作用，在此可略述一、二，至植物何以生成單寧，現仍成為一爭論之問題。單寧大概非光合作用之直接生成物，然單寧產生於植物之綠葉中而運輸至莖根等部；單寧與光合作用所生成醣類之密切關係，曾引起許多學者探得單寧有作為食料之重要功能。

單寧發生於劇烈新陳代謝作用進行之處，有極大之證據。如單寧發現於生長季開始時之綠茶中，存在於被蟲螫刺後起迅速變形之蟲癭中。單寧大概為構成輭木組織之中間生成物，又與色質之生成有關。

茶單寧之抽出法——製備茶單寧時，防止其氧化甚為困難，且縱在稀酸之中，單寧紅生成物亦極易構成。故欲製取任何純單寧乃屬極端困難之事。

初期茶單寧之化學研究為Dekker所報告（註二十六）。Nanninga製備茶單寧，先用三氯甲烷抽提烘乾之鮮葉，以除去咖啡鹼與葉綠素，

註二十三：A.C. Perkin及A. E. Everest 合著：The Natural Organic Coloring Mattersr 一九一八年紐約出版。

註二十四：K. Freudenberg 著：The Chemistry of the Natural Tannins 一九二〇年柏林出版。

註二十五：E. Fischer，Berichte deut. Chem. Gesell. 一九一八年柏林出版。

註二十六：J. Dekke，Die Gerbstoffe 一九一三年柏林出版。

纖用不含醋酸之乙酸乙酯以抽提單寧，乃於抽出物中反復加入三氯甲烷，使單寧沉澱，然所得之單寧並不純粹。（註二十七）

Deuss（註二十八）略變Lowe（註二十九）之方法，以製取純粹茶單寧，其法如次：先將鮮葉於攝氏九〇至一〇〇度之熱空氣中乾燥之，然後研細，並加熱石油醚以抽出其葉綠素、樹脂等等。將過剩之石油醚驅盡以後，乃加熱酒精於所得之粉狀葉抽提之。將抽出液蒸發，以驅去酒精，至剩餘之物呈糖漿狀，乃加入蒸餾水，於是某種雜質沉澱而出，單寧則溶於水中。欲使雜質迅速沉澱，可加入食鹽少許，繼將溶液濾過。先加乙醚於濾液，加以振盪，以除去微量之沒食子酸，乃加乙酸乙酯，再振盪之，以溶解單寧。加入食鹽可使單寧易溶於乙酸乙酯中。將此單寧之溶液中用硫酸鈉除去其中之水，再於眞空中濃縮之。將此最後之溶液傾入無水之三氯甲烷中，以使單寧全部沉澱．乃儘速將沉澱濾過，並於眞空中乾燥之。

如此所得之產物，通常為黃色，然若由成茶製取者則呈棕色，且不易使之純粹。將此物更番用乙酸乙酯及三氯甲烷溶解沉澱數次，即得純粹之茶單寧。

茶單寧之性質——依據化學分析與分子量之測定，茶單寧之分子式當為$C_{20} H_{20} O_9$，其性質如次：遇三氯化鐵發生黑色沉澱，在極淡之溶液中則呈藍黑色；遇醋酸鉛生成灰黃色沉澱；遇溴水生黃色沉澱；遇錳酸鉀能使其完全氧化，而硝酸則僅能使其氧化為草酸；能還原斐林氏溶液（Fehling's Solution）；遇苯肼則生黃色沉澱，並能還原氧化銀之氨溶液。於此可知茶單寧含有酮基，加百分之五硫酸煮沸之，則得一紅色化合物之沉澱，與從槲樹單寧所得者相似。遇乙酐與無水醋酸鈉則生成單寧之乙醯化物（Acetylated tannin），其分子式為$C_{36} H_{36} O_{17}$，此中八羥基之八個氫原子乃全為乙醯基所取代。此數種反應表示茶單寧之分子，至少含一個羰基，八個羥基，但不含羧基（註三十）。

純粹之茶單寧為白色粉末，在空氣中極易氧化為棕色樹膠狀物，此種變化在溼空氣中進行極速。茶單寧易溶於水、酒精、甲醇、丙酮及乙酐，稍溶於乙酸乙酯、硫酸及醋酸，不溶於三氯甲烷、石油醚及乾燥之乙醚。

茲再述稀酸作用於茶單寧所生之紅色物，此物於空氣不存在時，亦能生成，Deuss 認為紅色物之生成乃由於單寧中水分分離而出之故。此種「紅質」不溶於茶單寧之水溶液。

若加少量氨水於茶單寧溶液，即得一棕色物，此物可被鋅粉與稀酸還原而成原來之單寧。Deuss 以為當製造紅茶之時，單寧經氧化酵素之作用乃生成此棕色物。此物能溶於茶單寧之水溶液。

茶單寧之分類法——準確之單寧分類法仍在研討中。最初，單寧一物乃認為植物性來源之物質，成水溶解物體而存在於許多植物中，具有一定之化學性質，有收斂性，並能使獸皮變為皮革。茶單寧雖具單寧之某種化學性質，能於溶液中使動物膠及獸皮粉沉澱，但並不能使獸皮變為皮革，故茶單寧稱為擬似單寧（Pseudo-tannin）。（註三十一）

關於單寧之分類，Dekker 將茶單寧與沒食子單寧同列於沒食子酸類（註二十六），此乃Dekker分類法之一種（註三十二）。包括Procter分類之沒食子酚類。Deuss 反對此種分類法（註二十八），根據茶單寧之分析及其於酸類存在時易成紅色化合物之事實，彼將茶單寧與槲樹單寧或兒茶酚單寧歸為一類。依照 Perkin 與 Everest 之分類法，茶單寧須

註二十七：A. W. Nanninga，Mededeelingen's Lands Plantentuin 茂物出版。

註二十八：J. J. B. Deuss，Mededeelingen Proefstation V. Thee 一九一三年茂物出版。

註二十九：Lowe，Zeit, Anal, Chem. Wiesbadon 出版。

註三十：J. J. B. Deuss，Recueil trav, Chim. 一九二三年 Leyden 出版。

註三十一：R. W. Thatcher著：The Chemistry of Plant Life 一九二一年紐約出版。

註二十六：見前。

註三十二：J. Dekker著：The Tannins 一九〇六年阿姆斯特丹出版。

註二十八：見前。

稱爲生色單寧（Phloba tannin）。

Freudenberg 之分類法，將茶單寧列於水解單寧類之第二亞類，即含有酚酸與多元醇及酚酸與糖類所成之酯之一亞類。然 Deuss 與之論辯，謂根據茶單寧遇溴水而生沉澱及茶單寧爲酸類作用或氧化而生成紅棕色物之事實，茶單寧應歸於縮合單寧類（註三十三）。Freudenberg已指明縮合單寧不能被酵素分解爲較簡單之成分。

在紅茶製造時，單寧氧化爲不溶於水而溶於茶單寧溶液之棕色物。Deuss 用其自己之方法所製取之茶單寧溶液，並不與用酒精自茶汁中沉澱內所得之酵素發生作用，此事使 Deuss 深信茶單寧爲一縮合單寧。

Deuss 尚未證明茶單寧是否含有藤黃酚基，此乃縮合單寧類中許多單寧之特性。

Deuss 將紅色複單寧與「紅質」別爲二物，此二者皆係從茶單寧所生成者。彼以爲前者乃單寧於酸類及鹽類不存在時氧化而生之棕色物，而「紅質」乃以稀酸處理茶單寧之產物。

沒食子酸、花黃素類（Flavones）及花青素，皆爲與單寧有關之物質，將於本章後節中敘述之。

單寧含量之變動

因茶葉單寧含量之重要，故一般研究工作者對茶葉生長時期與製造時各階段所施行之單寧定量分析，不可勝數。

本書內一切提及之單寧值，除加以特別說明外，乃略變 Lowenthal 之方法（註三十四），求得換算因數爲〇．〇四六，係用獸皮粉方法所測定者；如無特別說明，則單寧之數字，係指用水煮沸一小時所抽出單寧之總量，以乾葉爲基而計算者。

鮮葉中之單寧——茶單寧並不均勻分佈於茶樹各部，大多存在於葉中，木質與根約含百分之一，籽中則極微，茶花約含百分之一．五（註六）。表八爲亞薩姆茶之嫩梢中單寧之分佈。

印度、錫蘭或爪哇，當茶樹生長全盛時期，其有二葉一芽之嫩梢中，含有單寧百分之一九至二一，然亦有超過此範圍者，印度、錫蘭及爪哇之茶樹，因其種類不同，其單寧含量亦有差異，但相差甚微（註八）。日本茶樹葉中之單寧含量僅百分之一五，但在高加索，單寧含量略高於百分之一五者，亦已發見。（註三十五）

表八

亞薩姆茶之嫩枝中單寧之分佈

芽	27.8%單寧
第一葉	27.9%單寧
第二葉	21.3%單寧
第三葉	17.8%單寧
第四葉	14.5%單寧
上部茶梗	11.7%單寧
下部茶梗〔在第二葉與第四葉之間〕	6.4%單寧

精摘之嫩梢（包括二葉一芽）所含有之單寧量較粗摘（包括三葉或三葉以上）者爲豐，下表表示優良嫩梢平均重量之百分組成。

甚至在精摘之嫩梢中，其第二葉與茶梗之重量，亦超過嫩梢總重

優良嫩梢百分組成之平均數

部位		百分比
芽	佔嫩梢總重	14%
第一葉	佔嫩梢總重	21%
第二葉	佔嫩梢總重	38%
梗	佔嫩梢總重	27%

註三十三：J. J. B. Deuss，Recueil trav. Chim. 一九二三年 Leyden 出版。

註三十四：Procter's Modification of Lowenthyl's Method美國農部化學部公報第十三號。

註六：見前。

註八：見前。

註三十五：J. Galy-Carles，Review of Applied Botany、Agriculture College 叢刊第八六號，一九二八年巴黎出版。

量之百分之六十。當摘採三葉一芽時，則第三葉與茶梗之重量即佔嫩梢總重量之半，於是單寧成分大爲減少。

在亞薩姆曾觀察嫩梢中單寧含量因季候關係而起之變化，在茶季初（三月與四月），單寧含量不高；在八月與九月，單寧含量昇至最高限度；自此至茶季末，單寧之含量乃降落。表九說明亞薩姆之嫩梢中單寧含量之變動。（註三十六）

表九

亞薩姆茶之嫩梢中單寧含量之變動

五月	嫩枝包含單寧……	11.6%
六月	嫩枝包含單寧……	20.2%
八月	嫩枝包含單寧……	21.3%
九月	嫩枝包含單寧……	21.7%
十月	嫩枝包含單寧……	19.2%
十一月	嫩枝包含單寧……	18.2%

在日本（註十三）與高加索（註三十五），已注意及茶季中早採之葉所含單寧較後採者爲低。爪哇之氣候使茶樹終年均可發芽，經初步之觀察，發覺二年一度修剪後之茶芽，所含單寧較以後所生者爲少（註三十七）。在錫蘭亦有記錄，謂單寧依照剪枝後葉之年齡而變動，錫蘭內地茶園所產茶葉之分析結果，爲修剪後五月之嫩梢之單寧含量約爲百分之一四・四，修剪後十六月，單寧含量約爲百分之一八・七，修剪後三十四月單寧含量約爲百分之一七・三。（註十八）

葉之化學成分，自早至暮，變更不息，若干光合作用之產物，在葉中自早至暮顯有增加。當白日開始之時，葉中生成一種樹膠狀物，此物將使用蟻醛液法檢定單寧時發生障礙，且此物若不除去，單寧即不能完全沉澱。後知此樹膠狀物能被酒精沉澱，用此法除去此物以後，準確之單寧含量即可求得。（註三十八）

表十之數字，爲沉澱後葉中水抽出物之總量，用酒精沉澱而出之樹膠狀物及除去樹膠狀物以後之單寧量，茶葉爲一日中四次不同時間所採摘者。

此點頗堪注意，即水抽出物總量之增加，主要乃由於被酒精沉澱之樹膠狀物與單寧增加所致。

覆蔭對於綠茶與紅茶之品質皆有影響，覆蔭對於日本綠茶之影響已曾提及；在亞薩姆，以一般而論，覆蔭對於紅茶之品質不利（註三十九）。Bamber 謂茶叢外部之葉，直接受陽光之照射，所含單寧較內部之葉爲多，並謂僅鮮葉能產生單寧。其後 Hope（註四十）所得觀察結果，用草或樹蔭覆蔭茶叢，可以減少單寧之含量。

日本之宇治區，常於頭茶摘採以前之三星期，用竹架蓋草席覆蔭茶園。如前所述，此法最主要之效果爲減少葉中花青素之含量，研究覆蔭茶樹嫩梢中單寧含量之結果，知覆蔭期間內可以減少單寧含量至百分之三之多。

表十

一日中四次不同時間所採摘之茶葉中水抽出物總量等之分析

	第一次	第二次	第三次	第四次
水抽出物總量	36.4%	42.7%	46.1%	46.9%
加酒精所生之沉澱	極微	2.4%	4.0%	6.7%
單寧	17.7%	19.0%	20.4%	20.4%

在亞薩姆，各種施肥方法並不能顯出對於茶葉之單寧含量會發生不明確之影響。

嫩梢單寧之總量隨茶葉之摘採及修剪而變異，茶樹愈任其自然生長則嫩梢之單寧量愈少。故在亞薩姆，從茶籽長成之茶樹之嫩梢，其從未修剪或摘採者，

註三十六：P. H. Carpentsr及C. R. Harlen合著，載一九二三年印度茶業協會季刊第三部。

註十三：見前。

註三十五：見前。

註三十七：J. J. B. Deuss著：Archief Theecultuure一九二八年巴達維亞出版。

註十八：見前。

註三十八：T. Peteh，載The Tea Quarrerly 一九二八年哥倫坡出版

註三十九：H. R. Cooper 著，一九二六年印度茶業協會季刊第二部。

註四十：G. D. Hope 著：Experiment on the Quality of Tea 一九一〇年印度茶業協會出版。

所含單寧量小於百分之二〇，而時常修剪與按期摘採以致發生强迫與迅速之生長者，約含單寧百分之二五。

「駐梢」（Bhanji 印度文不毛之意）乃一種嫩梢，其芽雖暫不伸長，而已生之葉則仍繼續徐徐長大，此種茶葉之單寧含量頗小。「駐留」（Bhanji-ness）乃一自然現象，發生於枝條生長之時，若受某種菌病之襲擊，嫩梢生長之速度變慢，則單寧之含量減低。

採摘之長度與嫩梢之單寧含量有關，摘採愈長則單寧愈少。長梢採摘（Long Plucking）係指採摘生長甚長之新枝而背，短梢採摘（Close Plucking）乃指嫩梢尙未甚長時之採摘（註四十一）。在亞薩姆曾有一例，茶樹被修剪至九吋高，於長至三十六吋時所採摘之嫩梢，在全季中，單寧之平均含量爲百分之二二・七。同樣之茶叢，剪頂至三十吋高，於長至三十六吋時摘採，其嫩梢單寧之平均含量爲百分之二四・二。

茲略述茶樹種類對於其嫩梢單寧含量之關係。因欲將茶樹分類，植物學家曾研究茶葉之各種大小及葉尖之長度（註四十二）。Cohen Stuart 發見葉尖之長度與單寧含量稍有聯繫，其結論謂：僅一種葉尖之長度超過九耗之茶樹，其嫩梢之單寧量大於百分之一五。由此可知中國種茶樹之單寧量當較他種茶樹爲低。

表　十一

製造紅茶與綠茶時各種階段中之單寧含量

葉之種類	水溶解單寧 錫蘭茶（註十八）	印度茶（註四十三）	日本綠茶（註四十三）
鮮葉	22.3%	22.2%	15.2%
萎凋之茶	22.1%	22.2%	…………
揉捻之葉	20.8%	…………	…………
醱酵之葉	13.2%	12.9%	…………
成茶	12.9%	12.0%	12.2%

製造之時——茶葉製造時，其可溶性單寧含量之變化已成爲研究之鵠的。此處並不討論單寧減少化學變化，僅研究其趨向與程度。表十一指示製造紅茶與綠茶之各種階段中之單寧含量。

此處應注意紅茶製造時水溶解單寧之大量消失，乃發生於醱酵階段中，醱酵乃茶葉製造中氧化作用之名稱。供製綠茶之葉，在採摘以後立即加以烘炒，此種操作使醱酵變爲不可能。

表　十二

綠茶製造時水溶解單寧之減少

鮮葉……………………	15.2%單寧
第一次揉捻之後……	12.8%單寧
第二次揉捻之後……	12.3%單寧
末次揉捻之後………	12.2%單寧

綠茶製造時水溶解單寧之減少不大，其平均數見表十二。（註八）

對於印度、錫蘭中國紅茶之單寧含量，此處可加以注意。表十三所示之單寧值，乃以硫酸金雞納鹼沉澱單寧而得。（註四十四）

表　十三

用硫酸金雞納鹼沉澱單寧所得之單寧值

印度紅茶…	13.32——14.98單寧
錫蘭紅茶…	10.31——13.91單寧
中國紅茶…	7.27——10.90單寧

此種單寧值大可取爲說明之資料，中國紅茶之單寧值低，大半由於中國種茶樹原來之鮮葉所含單寧較印度與錫蘭所產之大葉種爲少。中國製造紅茶之方法，使醱酵極爲完全，亦爲使成茶之單寧含量減少之原因。尙有若干副因可以解釋錫蘭茶所含單寧通常較印度茶爲少，蓋甚多錫蘭茶爲混雜種，所含單寧往往較純粹之亞薩姆種爲少，大多數錫蘭茶園位於高度極大之高原之上，因此使茶樹之生長遲緩，且其摘採往往較印度爲長，此皆爲使嫩梢單寧含量降低之因子，故成茶單寧含量亦隨之

註四十一：採摘問題之討論，爲C. P. Cohen Stuart，E. Hamakers及E. J. Siaiaj 合著，載 Mededeelingen Praefstation V, Thee

註四十二：C. P. Cohen Stuart，Zeit Pflan Zenzucht 一九二〇年出版。

註十八：見前。

註四十三：C. R. Harler 著：Tea in Celyon 一九二四年印度茶葉協會季刊第一部。

註八：見前。

註四十四．A. C. Chapman，Analyst 一九〇八年倫敦出版。

而降低。

關於紅茶冲泡液之單寧含量不能與辛澀、刺激、清快、濃厚及水色發生連繫，前已述及此四者爲皆茶之品質，完全或多少受冲泡液中之單寧與水溶解單寧生成物之影響，此或由於平常單寧之測定，並未將各種單寧體區分之故；此種種單寧，雖有與動物膠結合之通性，然在組成茶之冲泡液中，可以有不同之作用。表十四爲區分製造時各種單寧體之嘗試。

表十四　製造進行時單寧值逐漸消失之狀況

葉之種類	水溶解單寧	
	總量	加鹼以後
萎凋葉……………………	23.6%	22.8%
萎凋葉，揉捻三十分鐘者…	23.3%	19.8%
萎凋葉，第二次揉捻之後…	19.8%	16.9%
萎凋葉，第三次揉捻之後…	17.5%	12.4%

當稀硫酸或稀鹽酸加入茶之冲泡液時，此液之單寧值減少；加入萎凋葉或醱酵葉之冲泡液中，亦能發生沈澱。此種種單寧值之消失，隨製造之進行俱增，在錫蘭已有此種變化之紀錄，見表十四。

加單甯於茶

加酸以後單寧之消失，被認爲表示可溶性單寧變爲不溶性單寧之某一階段。加酸時所得之沈澱與單寧之棕色氧化生成物有密切之關係，且成茶之性質或多少受此沈澱之決定。（註十二）

加酸於紅茶冲泡液後所生沈澱之進一步之研究，乃與單寧酸咖啡鹼有關，將於本章咖啡鹼一節中討論之。

試觀在許多茶中，單寧爲如此重要之因子，故設法加入單寧以改進茶葉品質之嘗試，爲意中之事，在爪哇已有人嘗試之（註四十五）。最初之報告，結果良好，然此結果並不能反復得之。此種失敗，恐由於加入之單寧屬於沒食子單寧類，而非槲樹單寧類之故，茶單寧係屬於後一類。（註二十一）

咖啡鹼

咖啡鹼最初於一八二〇年發見於咖啡中，一八二七年在茶中發見，定名茶素。其後得之於巴拉圭茶及其他各種植物中。最後，茶之茶素與咖啡之咖啡鹼被證明爲一物，茶素一名即被廢棄。

咖啡鹼乃强有力之生物鹼，爲人體全系之奮興劑，茶與咖啡之作爲小宗飲料，即因此二物含有咖啡鹼之故。咖啡鹼之大量需求爲供製造藥劑及製造某種不含酒精之飲料。商品咖啡鹼普通自變質之茶及茶渣中製取之。

純粹之咖啡鹼爲白色絲狀長針形晶體，但極易變爲髼鬆之羊毛狀物質。其針狀晶體屬於六方晶系，從水中結晶而出，含有一分子之水。加熱至攝氏一五〇度，晶體乃失去水分，熱至攝氏二三四度時，咖啡鹼即行熔融，咖啡鹼難溶於冷水，而易溶於酒精及乙醚，溶於酸中則生成不安定之鹽。

加熱時咖啡鹼形成蒸氣，此氣遇冷而即成固體而凝集於上。此即昇華作用，開始於攝氏一二〇度而完成於攝氏一七八度。

咖啡鹼之成分，已爲Emil Fischer（註四十六）所作嘌呤族純粹科學研究之合成試驗之過程中所確定。咖啡鹼、可可鹼（Theobromine可可之主要生物鹼）、黃花鹼（肉之水溶時成分之一）與酸間之相似點，以其構造式表示如下頁。

咖啡鹼爲三甲基黃花鹼（Tri-methyl-xonthine），下列構造式表示嘌呤族之此數物質間之化學關係，惟切勿以爲此種化合物之構造式相

註十二：見前。
註四十五：K. A. R. Bosscha及A. D. Maurenbrecher 合著，Mededeelingen Proefstation V. Thee 一九一三年茂物出版。
註二十一：見前。
註四十六：E. Fischer，Berichte deut. chem. Gesell 一八九二年柏林出版。

似，其生理上之作用亦能著。咖啡鹼分子中甲基（$-CH_3$）之存在及其位次，大概為咖啡鹼之作用與其同族者不同之主要因子。

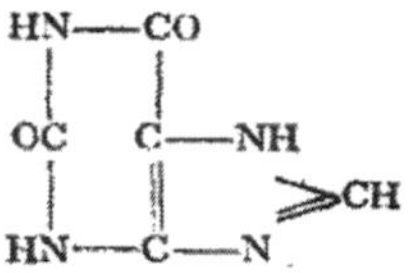

黃花鹼
（Xanthine）

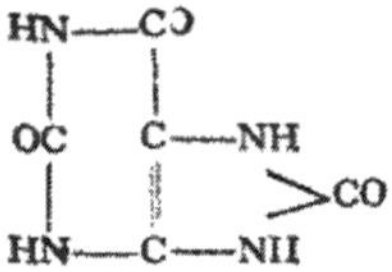

尿酸
（Uric Acid）

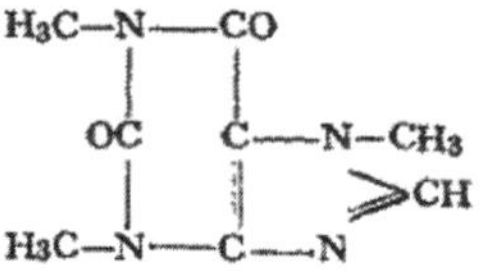

咖啡鹼
（Caffeine）

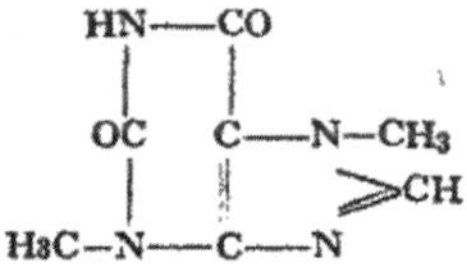

可可鹼
（Theobromine）

茶葉中咖啡鹼之抽出法——咖啡鹼可用多種方法自茶葉中大量抽出。若干方法係用咖啡鹼之溶劑如三氯甲烷、酒精或石油醚抽提之；有時則加入生石灰、氧化鎂或氨水，用上述之溶劑抽提。其他方法則先用生石灰、氧化鎂或氨之稀溶液抽提，繼將此溶液用三氯甲烷抽提之。

鹼之效用為使咖啡鹼從某種結合中分解而出，蓋在自然狀態之下，咖啡鹼或係成結合物而存在。在一切抽提法中，尚須運用第二步手續，以除去與咖啡鹼同溶之其他物質。

此處當詳述兩種方法：Power與Chesnut法（註四十七），乃常用方法之一。乾茶葉先用熱酒精抽提，其抽出物以百分之一〇氧化鎂溶液處理之，乃將溶液蒸發至乾；再將所得之固體物質溶於熱水，濾過後加入稀硫酸，並煮沸半小時；再將溶液濾過，加入三氯甲烷抽提之，並在三氯甲烷抽出物中加入少量氫氧化鉀，以破壞存於其中之任何色質，乃將此液蒸發至乾，殘渣則以三氯甲烷處理之，於是咖啡鹼被溶而剩下雜質；最後將三氯甲烷蒸發，即可得純粹之咖啡鹼。

Deuss則用下法（註六）：將含百分之二〇至二五水分之茶樣十克，置於脂肪抽出器中，以三氯甲烷處理二小時。抽提之後，蒸去三氯甲烷，再以已先加入數滴醋酸鉛溶液沸水處理殘渣。將此溶液稀釋至一二五cc過濾。然後將幾為無色之濾液取出一〇〇cc加入六〇至七〇cc之三氯甲烷處理三次，於是所有之咖啡鹼皆溶於三氯甲烷中，蒸溜去三氯甲烷，在攝氏一〇〇至一〇二度之溫度下將咖啡鹼烘乾，並稱其重量。

商業抽提法——商業上從茶葉中抽提咖啡鹼，需要一簡單而價廉之法，並須能將咖啡鹼幾乎全部抽出方可。Van Romburgh與Lohmann曾提就二法。（註四十八）

在第一法中，茶渣先用水抽提，此提出物陸續以稀硫酸、石灰乳、醋酸鉛處理之。將許多咖啡鹼以外之水溶解物沈澱而出，以後乃蒸發溶液而得不純之咖啡鹼。於是以三氯甲烷抽提此咖啡鹼，再以重覆結晶法精製之。

Van Romburgh與Lohmann均以為在工業上直接用三氯甲烷抽提咖啡鹼係屬可能之事。結論為此法可應用於含百分之二〇至二五水分之茶渣，用較乾之茶渣則抽提較不完全。直接抽出法三氯甲烷之消費雖較間接法為大，然其工廠設備較簡，故其成本與間接法可以不相上下。

現今抽提咖啡鹼之通用方法如次：將泡過之茶葉用水潤溼至約含百

註四十七：F. B. Power及V. K. Chesnut、Journal Americ n Chemical Society 一九一九年 Easton 出版。

註六：見前。

註四十八：P. van Romburgh及C. E. J. Lohmann、Verslag's Lands Plantentuin 一八九九年茂物出版。

分之二五水分為止，乃用苯或甲苯抽提之。於抽出物中加少量之水，而行蒸餾，炭氫化合物乃蒸餾而出，咖啡鹼則剩於溶液中，並能結晶而出。第一次之結晶含咖啡鹼百分之九五，如將結晶法重覆三次，而於末次結晶時用骨碳處理，即可得純粹之咖啡鹼。收量為茶渣之百分之二・五至三。此法乃與 Watson、Sheth 與 Sudborough 諸人（註四十九）之方法相同，彼等曾以苯或甲苯加石灰水在攝氏九〇至一〇〇度之溫度下將茶抽提，以測定茶中之咖啡鹼。

茶葉中之咖啡鹼——咖啡鹼究以何種狀態存在於茶葉中，現所知者極少，多年前 Van Romburgh 與 Lohmann（註五十）已研究此問題。彼等將鮮葉與成茶用酒精及乙酸乙酯抽提，直至抽出物無色而後已。已被抽提之葉，則用稀硫酸處理之，其目的為使茶葉中尚有存餘之咖啡鹼之化合物分解遊離而出，但如此處理以後，所得咖啡鹼並不多。渠二人發見鮮葉與成茶中咖啡鹼之含量相同。

此二學者不顯此種結果，堅信咖啡鹼以結合狀態存在於茶葉中，並謂此化合物在製造茶葉時發生分解。繼在研究抽提時所得之各種液體以後，彼等確覺得一似乎與咖啡鹼化合之物質，此物之性質及其構造迄今仍為未解決之問題。

咖啡鹼在葉中之天然任務，尚未確知。咖啡鹼之積聚於老葉內與其謂係由合成作用而來，毋寧謂係由於養份不足所致。或謂咖啡鹼乃供植物生長時構成蛋白質分子之用，但Hartwich與Du Pasquier（註五十一）二氏之結論，則謂咖啡鹼並不作如此之用，反而為蛋白質分解之產物。

咖啡鹼含量之變動——咖啡鹼在嫩梢中之分佈無一定之規則。Van Romburgh與Lohmann二人作成表十五，指出茶樹各部之咖啡鹼含量。

日本已證明嫩梢中之咖啡鹼含量，在春季第一次採摘之茶雖往往最大，但在全茶季中並無多大變動（註十三）。爪哇亦已證明咖啡鹼之含量幾乎不變，並知修剪後採摘之茶葉，其咖啡鹼含量最高。（註三十七）

亞薩姆亦已證明咖啡鹼之含量並不因施肥分量之輕重而有顯明之變動。

美國北加羅里那州派恩赫司脫（Pinehurst）國立茶葉試驗場，發見覆蔭茶樹可以增加咖啡鹼至百分之五〇之多（註五十二），日本亦已採得覆蔭可增進茶葉中之咖啡鹼。（註十三）

咖啡鹼之含量在茶葉製造時雖無顯著之變化，然已有多人認為茶葉製造時咖啡鹼複化物曾發生分解與化合作用。Hartwich 與 du Pasquier（註五十一）曾作成一表，表示在製造之各階級中「游離」咖啡鹼與「結合」咖啡鹼之總量。

表十五

茶樹各部之咖啡鹼含量

茶樹之部份	咖啡鹼含量
第一、二兩葉	3.4 %
第五、六兩葉	1.5 %
第五、六兩葉間之茶梗	0.5 %
茶花	0.6 %
綠色茶花之殼	0.6 %
茶籽	0.0 %
嫩葉之毛	2.25%

對於茶葉冲泡液中咖啡鹼與單寧之化合物之研究，已有許多工作完成。Lancet實驗所（註十）之學者發覺如將稀硫酸或硫酸銨加入於茶之冲泡液中，即得一沉澱，其中咖啡鹼與單寧之重量之比為一比三。乃以此種研究證明中國茶中之大部份單寧係以結合狀態存在，但錫蘭與印度紅茶之單寧則大多數以游離狀態存在。

然而，嗣後之研究證明所得之沉澱，其咖啡鹼與單寧之比並不如是一定不變，其比例可自一比三起至一比十二為止，按照所用茶液之濃厚及所用沉澱劑之濃度而定。

註四十九：H. E. Waston、K. M. Sheth 及 Sudborough 合著，載Journal India Institute of Science 一九二三年加爾各答出版。

註五十：同註四十八。

註五十一：C. Hartwich 及 P. A. du Pasquier，Apeth Zeit 一九〇九年柏林出版。

註十三：見前。

註三十七：見前。

註五十二：華盛頓茶葉檢驗員 Geo. F. Mitchell 處得來之私人消息。

註十：見前。

Deuss 於無水存在時製成茶單寧酸咖啡鹼，並察得此種化合物遇水而分解（註二十一）。茶單寧與咖啡鹼之化合物與其他單寧之化合物不同。

茶之芳香油

製取茶之芳香油，乃先將紅茶用蒸氣蒸溜，次於蒸溜液中將微量之芳香油抽出。此種芳香油有時稱爲「茶香精」（theol），Bamber（註十七）於每一〇、〇〇〇份茶中製得三份之芳香油，並謂此物爲無色具有高折光度之不規則之油滴。Van Romburgh（註五十三）僅以水蒸氣蒸溜之非水溶解物，於一〇〇、〇〇〇份茶中得六份之芳香油。

因芳香油之量甚微，故其性質之研究並不完全。Van Romburgh探得水蒸氣蒸溜液中之水溶解物，含有甲醇及一種極易揮發之產物具有醛之反應者。在此水溶解物部份中並含有丙酮，眞正之芳香油成滴狀而聚集於蒸溜液中，有強烈之茶香，在攝氏二六度時比重爲〇．八六六，並略具旋光性。Van Romburgh 用蒸溜法將此油分爲兩部，其一之沸點爲攝氏一七〇度，另一之沸點高於攝氏一七〇度，此低沸點之油爲一無色之液體，具有茶之氣味。依照分析之結果，此物之構造式當爲 $C_6H_{12}O$。沸點高於攝氏一七〇度之部份，則含有小量之水楊酸甲酯（冬青油）。

Gilmeister與 Hoffmann二人（註五十四）謂此芳香油之主要成分及分子式爲 $C_6H_{12}O$ 之醇。

此種芳香油露於空氣中因氧化作用而變爲樹脂狀。香精可得之於醱酵之茶，但是否存在於鮮葉中，則尙未證明。鮮葉一經揉捻而任其醱酵，此油立即生成。Bamber（註十七）察覺當初期烘焙過程中，芳香油繼續增加，嗣後乃減少。

此種油不能得之於綠茶，但 Mulder（註一）聲稱已於未醱酵之茶中將此物大量取得。

Hartwich與du Pa.quier 二人（註五十一）以爲芳香油之主要成份乃成生糖質而存於鮮葉中，當製茶之時，此物乃游離而出。Staub（註五十五）認爲此種之游離爲酵素作用之結果，並非由於酵母菌或細菌。Deuss（註五十六）之意見，爲製茶之時從若干比較複雜之物質生成一種糖，以供給芳香油中之醇。

一切紅茶除由於芳香油所生之正常香氣之外，尙有其他限於某種地域與季候之香氣。關於生成此種香氣之物質尙無肯定之化學報告。當某種茶稱爲「香」（Flavory）時，乃指茶之芳香油所生香氣以外之香氣。

茶葉之其他成分

茶之三大主要成分，業已討論，茲再簡述不甚顯著之其他數種成分，通常對於茶之品質並不重要。

色質——葉綠素即植物之綠色質及其聯合之色質，當然存在於茶葉中。葉綠素對於植物之光合作用極爲重要。葉綠素 d 與 β 及其聯合色質胡蘿蔔素（Carotin）與葉黃素(Xanthophyll)，有時可估植物乾物質之百分之一．六之多。關於茶葉中此種色質，並無可靠之數字可以應用。

葉綠素雖不溶於水，茶葉之綠色及綠色之茶冲泡液，啟示有某種型式之葉綠素之產物進入於茶液中，此部份之葉綠素通常認爲在紅茶醱酵時被破壞。

註二十一：見前。
註十七：見前。
註五十三：P. von Romburgh、Schimmel's Berichte 一八九七年Leipzig 出版。
註五十四：R. Gildomeister及F. Ho'fmann、Les huiles essentielles 一九〇〇年巴黎出版。
註十七：見前。
註一：見前。
註五十一：見前。
註五十五：W. Staub、Bull Jardin B.taniqe 一九一三年茂物出版
註五十六：J. J. B. Deuss、Mededeeling n Pr efstation V. Te-e 一九一二年茂物出版。

花黃素族與花青素族之物質亦存在於茶葉中。花黃素與花黃酚色質（Flavonol pigments）爲成分相似之黃色物體，並有相似之性質。此二物之存在於植物中者常成爲生糖質。槲皮黃質爲在茶中發見之花黃酚的一種衍生物，此乃一生糖質，於加水分解時生成槲皮眞黃質（四羥基花黃酚）及鼠李糖——一種糖。

Deuss（註五十七）證明槲皮黃質之存在如次：從鮮葉或成茶所得之水抽出物中，加入百分之〇・五鹽酸，上裝逆流冷凝器，乃於二氧化碳之蒸氣下煮沸之，即得一棕色之沈澱，大部份爲單寧「紅質」。將此物烘乾後用乙醚抽提，乃得槲皮眞黃質，無論鮮葉或成茶中皆無槲皮眞黃質發現，故Deuss以爲存在於茶中者爲生糖質態之槲皮黃質（Glucoside Quercitrin）。

鮮葉與成茶中，槲皮黃質之含量爲其乾物質之百分之〇・一。

Nanninga（註五十八）曾詳述一生糖質，爲彼從茶中分離而出者，此物頗有即爲槲皮黃質之可能。

Shibata（註五十九）曾證明在日光下生長之茶含有之花黃素類較生長於覆蔭者爲多。

花青素色質在綠茶中之重要，業已論述。花黃素類與花青素之間已知有密切之關係存在，且此二類物體皆與兒茶質有關。Freudenberg（註六十）用「兒茶質類」一名作爲從植物中所得之此類物質之總稱。

花青素在植物中所發見者往往爲生糖質及稱爲花青母素（Anthocyanidins）之物質。存在於茶葉中之花青素爲量極微，對於此類物質現尙無詳細之研究。

沒食子酸——少量沒食子酸可於茶中得之，此物亦存在於沒食子數種樹之樹皮及數種植物中。

沒食子酸之晶體爲絲狀針形，在鹼性溶液中生成棕色並能還原斐林氏溶液，但並不能沈澱動物膠。從沒食子酸可得雙沒食子酸，雙沒食子酸與沒食子單寧酸（即槲樹沒食子之單寧）之關係，爲Fischer於其合成五價雙沒食子酸葡萄糖酯（Pentadigalloyl-glucose）中所證明。Fischer合成之物，實際與沒食子單寧酸（即沒食子酚單寧類中最著名之一種）完全相同。

初期研究者將茶單寧歸入沒食子酚單寧類，或受沒食子酸存在於茶中之影響。

茶鹼（Theophyllin）及其他——在一八八八年，Kossel（註六十一）將茶鹼（$C_7H_8N_4O_2$）從茶葉中分離而出。此物在茶葉中之量極微。茶鹼爲存在於可可中之生物鹼，即可可鹼之同素異性體。

微量之黃花鹼（Xanthin）、亞黃花鹼（Hypoxanthin）、腺鹼（adenine）及可可鹼（Theobromine）之存在，亦已有報告，此類物質與茶之關係，尙未有確切之研究。

蛋白質體——茶或乾葉中氮之含量約爲百分之五・五，其中約五分之一可作爲咖啡鹼之氮量。葉中「粗蛋白質」之含量從實驗計算所得，約爲百分之二六。此値包括蛋白質、氨基化合物及其他含氮物體。「純蛋白質」之含量包括不能用酒精與百分之二醋酸之混合物所抽提之含氮物體，在鮮葉與成葉中約爲百分之一五。此値爲Peligot於一八四五年所發表（註二），後被證明無誤。

製造茶葉時，蛋白質之一部份爲單寧所沈澱，一部份在烘焙中受熱而膠凝，結果竟使葉中之水溶解蛋白質亦變成不溶性，即使結果並不如此，則泡茶所用之沸水亦將使其如此變化。茶之沖泡液包含少量咖啡

註五十七：J. J. B. Deuss，Recueil trav. Chim. 一九二三年Leyde出版。

註五十八：A. W. Nanninga，Verslag onderzoekingen Java gecult theeën 一九〇〇年茂物出版。

註五十九：K. Shibata，Botanical Magazine 一九一五年倫敦出版，卷二十九。

註六十：K. Freudenberg，Berichte deut. Chem. Gesel 一九二〇年柏林出版。

註六十一：A. Kossel，Berichte deut. Chem. Gesell. 一八八八年柏林出版。

註二：見前。

驗以外之含氮物體，亦可作蛋白質計算。（註十三）

在日本已察出氨基酸於綠茶之品質中佔一重要位置。日本綠茶之分析常列出粗蛋白質、純白質及氨基酸等項。

施用重量之氮質肥料，可以增加葉之氮量，以改進茶之品質，在日本業已採得（註八）。在亞薩姆施用重量之氮質肥料，雖亦能增進葉之氮量，但不能改進茶之品質。（註六十二）

碳水化合物及其他——纖維素大量存在於鮮葉及成茶中，因葉之構造大半為纖維素所組成。纖維素之含量約為百分之一二，但因不溶於水，故不進入於茶之沖泡液中，且在茶葉製造時亦不起顯著之變化。

糖類則少量存在於茶葉中。Maurenbrecher 與 Tollens（註六十三）於茶葉中發見分解乳糖與樹膠醛糖。日本之研究（註十三），發覺儲藏於茶葉中之糖類，多少依照生長之環境、覆蔭等而變動。用以製造玉露茶之茶樹，經覆蔭與不經覆蔭者，糖之總量作為已糖計算者，均約為百分之一．二。然經覆蔭之茶樹僅含微量之還原糖，而不經覆蔭之茶樹所含之量，則從微量起至百分之〇．四為止。蔗糖之量作為已糖計算者，在覆蔭之茶樹中約為百分之〇．九，在不覆蔭之茶樹中約為百分之〇．六。玉露茶中糖之總量之變動從百分之一．二至一．八。

樹膠狀物、糊精及果膠素存在於茶葉中之量頗為可觀，約可代表葉中乾物質百分之六或七。當茶葉烘焙時，其中若干或被烘焦，在離焙爐時紅茶所發之「焦大麥」氣味，一部份乃由於此種變化所致。此種物質溶於沸水之量甚大，並影響茶湯之厚度。

澱粉之量，在嫩葉中甚少，約為百分之〇．五，但在老葉中之量則較大。茶樹之木質部份，含有百分之一五或更多之澱粉，茶籽則含百分之三〇；自然生長之茶樹，即採籽用之茶樹之嫩梢，其澱粉之總量較按時修剪及採摘之茶樹之嫩梢所含者高出許多。駐梢（Bhanji）中澱粉之含量甚豐。一般而言，葉之澱粉含量大者，其單寧含量較澱粉含量小者為低。

茶葉之澱粉量在日間增加，當萎凋時澱粉實際業已消失。

茶葉含有各種無機鹽及有機鹽。膠酸、草酸與磷酸之鉀鹽存在於鮮葉與成茶中，已為 Namninga 所證實。磷酸之大部份成鉀鹽而存在。

灰分約佔乾葉重量之百分之五．五，包含百分之五〇之磷酸鉀及百分之一五之磷酸。其餘部份大多為生石灰與氧化鎂，尚有少量之鐵、錳、鈉、二氧化矽、硫及氯。若干日本茶之灰分含量竟達百分之九之高。

葉之其他物質，如脂肪、臘、粗纖維及草酸，此處不能討論。脂肪與臘約佔葉之百分之一．五，粗纖維約為百分之一〇。

茶籽油

此處大可將茶籽油一題加以討論。首先必須注意者，即此油與醱酵茶葉之芳香油大不相同。

歐洲人管理之茶地，除網種籽園外，多不利用茶籽。在種籽園中，茶籽並不採摘，任其生長而結籽。在摘葉之茶園，茶籽被認為對茶葉之產量有害，故茶籽或茶花於修剪時皆被剪除。

茶籽油產於中國、印度支那及日本，作為商品。中國產量之主要中心為贛東與湖南，主要出口地為漢江與武圳（Wuchow）——此油乃從各種茶樹之籽壓榨而得，但專為採葉而種之茶，其籽並不作榨油之用。油之含量，隨籽之種類及其生長之地域而異，約為百分之一五至四五。

Deuss（註六十四）於爪哇之茶籽中求得油之平均量為百分之四二。彼求得中國之茶籽含油百分之三〇至三五。亞薩姆之茶籽則含百分之四三

註十三：見前。

註八：見前。

註六十二：P. H. Carpenter 及 C. R. Harler著，一九二三年印度茶業協會季刊第四部。

註六十三：A. D. Maurenbrecher及B. Tollens，Zeit. Rübenzüchter Indus. 一九〇八年柏林出版。

註十三：見前。

註六十四：J. J. B. Deuss，L' Agronomie Coloniale 一九一三年六月巴黎出版。

至四五。

茶籽油爲一種不乾性油，其色從黃至橙，粗油有雜閙之氣味，且多少含有苦味，但用適當之精製法，皆能除去之。

上品之油作爲生髮油之用；普通茶籽油之較佳者，大部份供產茶國人民食用；品質較劣之茶籽油，則作爲製造肥皂及燈油之用。

茶葉製造中之醱酵

前已敍述茶葉之化學成分，現須詳述茶中之酵素及葉上之微生物，蓋無此方面之智識，則製造時各過程之要義將不能瞭解。

酵素與微生物被認爲在紅茶或醱酵茶及烏龍茶或半醱酵茶中最爲重要。製造此種茶之第一步過程爲萎凋，在此過程中茶葉實際已在正常之氣溫下發生部份之乾燥。此後將葉揉捻，葉之細胞因之破裂，茶汁乃曝露於空氣中。此種曝露，稱爲「醱酵」。醱酵之眞義係指糖類被酵母菌或酵素分解而生醇與氣體或酸與氣體。雖然各種研究者以爲茶葉製造時眞正之醱酵容或稍有進行，因酵母菌既存在於葉上而糖類亦存在於葉汁中，且在醱酵時所生之芳香油中發現一種醇，然而茶之「醱酵」之主要作用乃係茶單寧之氧化。

「醱酵」一名用於製茶時，僅爲種植者之術語。Bamber於其初期工作中用「氧化」一名以指此種過程，又Mitchell（註六十五）在其公報中，關於在美國之茶葉堅用此「氧化」之名。

在下列討論中，「醱酵」一名之採用，乃依照對於茶葉發生興趣之歐洲人之通常用法。

茶單寧之氧化，乃得酵素之助而進行，在綠茶製造時，揉捻之前，即將葉烘焙，因此酵素之活動力被阻遏，而氧化並不發生。綠茶沓指未醱酵之茶。

酵素、細菌及酵母菌——在敍述關於茶葉之酵素與微生物之研究工作之前，先須將此種物體予以簡單之界說。

在有機化合物中，有一大類稱爲酵素，其中許多存在於每種植物質中。此種物有某種共同特性，即於植物中促進化學反應而其本身並不發生任何永久之變化；易言之，此種物質爲有機觸媒。許多植物細胞中所發生之反應，因有酵素存在，在常溫亦有極大之速度，然用人工方面使其進行時，則需要不斷加熱之高溫度。

酵素普通可用水自其存在之植物中抽出之，惟須將植物之組織澈底分裂。酵素之化學組成現尙未知，此種物質常於攝氏六〇度以上之溫度破壞。

許多植物內部酵素所控制之作用，於適宜之情形下，在試管中亦能爲酵素所促進。大多數已知之植物酵素，能控制加水分解及其逆反應，即去水之縮合作用；然在人工處理時，以加水分解，最爲普遍。

水解與合成並非爲酵素觸媒僅有之作用，如氧化酵素於植物中可以促進物質之氧化，尤能促進芳香族化合物之氧化。此外尙有膠凝酵素、醱酵酵素及還原酵素等。

酵素助成葉中光合作用產物之生成，在呼吸作用過程中，此時複雜之物體被分解爲簡單之物質，酵素亦參與其間。此種酵素亦能使不溶之物變爲可溶，以便在植物內部運行。酵素觸媒在植物中反應之種類，現尙未能完全了解。

酵素各有其作用，普通亦按其作用而分類。普通之植物酵素，可用下法分類之：

（a）水解酵素　此種酵素能使物質加水或失水，依照其所作用之物質，更分爲脂肪水解酵素(fat-splitting hydrolytic enzymes)、醣類水解酵素（carbohydrate-splitting hydrolytic enzymes）、生糖質水解酵素（glucoside-splitting hydrolytic enzymes）及蛋白質水解酵素(pro.ein splitting hydrolytic enzymes)。

（b）氧化酵素　過氧化酵素水解過氧化合物而游離「活性」氧，可能爲原子遊氧。

催化酵素從過氧化氫游離「不活性」氧，催化酵素並不爲眞正之氧化酵素。

註六十五：G. F. Mitchell著，載美國農部一九一二年公報第二三四號

（c）酵素　即酵母菌之酵素，促進某種已醣之分解而生成酒精與二氧化碳。醋酸酵素存在於某種細菌中，能將某種酸分解而為醋酸。

茶葉醱酵之酵素既為氧化酵素，故此酵素將加以詳述。

植物中氧化酵素之存在，久已與下列現象相伴發生：將若干植物組織厭榨而得之汁或其水抽出物，於空氣存在時加入愈瘡木樹膠（guaiacum gum）中，少頃，即呈深藍色。反之，若干他種植物之汁或水抽出物並不生成如此之顏色；惟此時若再加入數滴過氧化氫溶液，則此色立即出現。植物之稱為含有一種「氧化酵素」者，則其抽出物僅遇愈瘡木樹膠即成藍色，其稱為含有一種「過氧化酵素」者，則除愈瘡木樹膠以外，尚須加入過氧化氫方呈藍色。

含有氧化酵素之植物尚有其他徵象，若將其組織之抽出物曝露於空氣中，則其色變暗——常為棕色或紅棕色；如曝露於三氯甲烷蒸氣中，即得同樣之效果。植物之僅有過氧化酵素作用者，並無此種現象。

各種假設曾被提出以解釋氧化酵素之作用。常被接受之假設為氧化酵素包含兩種成分——一種過氧化合物與一種過氧化酵素。此過氧化合物既可為過氧化氫又可為有機過氧化合物。過氧化酵素作用於過氧化合物，奪去其中一氧原子，此氧原子乃於「活動」狀態下被遷移於作用基體（Substrate）之上，後者乃被氧化。在上述試驗中，愈瘡木樹膠即為作用基體。

基於上述之假設，乃假定能發生氧化酵素反應之汁或抽出物中，必有一種有機化合物能有過氧化合物之作用者存在於其間，事實更證明植物之具有氧化酵素反應及損傷後變棕色者，含有一種具有兒茶酚基之芳香族化合物。當植物細胞損傷或因三氯甲烷蒸氣而死亡，此芳香族化合物為過氧化酵素所氧化，生成一種棕色及一種氧化生成物，此物在氧化酵素系中為一種有機過氧化合物。

上述之植物氧化酵素反應可為愈瘡木樹膠所檢出者，乃細胞死後變化之結果。在活樹生存之新陳代謝作用中，氧化酵素系之真正作用，迄今仍在討論中。

細菌與酵素不同，有繁殖力，細菌為極微小之植物性微生物，大多為單細胞，且無葉綠素，此種微生物行簡單之橫斷分裂繁殖。細菌乃植物生命之最下等型式，每種細菌在適宜於生長發育之環境下，即將迅速繁殖。

細菌幾乎隨地可於水、食物、土壤、胃及一切動物之腸中得之，但健康動物之血中或植物之組織中並無此物。

細菌大概在弱光下繁盛。一切微生物於攝氏一五〇度之溫度下保持半小時，皆不能生存。殺菌劑亦能破壞細菌。

酵母一名，係指一大部份之單細胞菌，其中多種生長於果汁、麥芽汁及其他含糖之溶液中時，有產生酒精之能力。

酵母菌與細菌相若，為微細之植物性微生物，但其較細菌更進化之生命型式，酵母菌有一定之適宜於生長活動之條件，於高溫度皆不能生存。酵母菌有分解某種糖為酒精與二氧化碳之能力，端賴於酵母菌細胞中所分泌出之酵素。此種酵素可將酵母菌與砂共同研磨，並加高壓而抽出之。如此抽出之酵素，有促進醱酵之能力，但不能生長或繁殖。

初期研究——茶葉醱酵之性質業已討論多年。在一八八一年出版之「茶葉百科全書」（Tea Cyclopaedia）（註六十六）內有許多信件，為種植者所寄，論揩茶葉醱酵之性質。有人以為此乃一種變化，可與大麥發芽作用時澱粉質之水解相比擬，同時有人以為茶葉醱酵乃腐敗開始時之一種作用。

此問題之科學研究，肇端本世紀之初。首被研究者為何物使萎凋之顏色在揉捻以後從綠而變為新鑄銅幣之赤褐色。Bamber（註十七）初研究此種變化時，以為乃一種純粹之化學變化，並無酵素或微生物參與其間。嗣後（註十八）彼設法從茶中分離一種酵素，與 Nanninga 在爪哇

註六十六：Tea Cycl paedia 一八八七年加爾各答出版。

註十七：見前。

註十八：見前。

之同樣發見幾為同時（註五十八）。在日本，麻生氏亦證明茶葉含有一種酵素（註六十七）。Newton 研究關於茶葉醱酵之酵素並予以茶酵素（Thease）一名（註六十八）。Mann 關於此問題曾供給許多資料（註六十九），嗣後 Bernard、Welter（註七十）與 Staub 三人（註七十一）更發表進一步之詳細研究。

Bamber 證明關於茶葉醱酵之酵素乃氧化酵素，此物在醱酵時氧化葉中之若干成分。麻生氏之結論謂茶之黑色乃由於氧化酵素對於單寧之作用，並謂從綠茶之顏色可知酵素於製造時之第一步過程中已被破壞。

細菌可自茶葉中分離之。多年前古在氏（註十六）倡議於先，Wahgel（註七十二）繼之於後，以為茶葉醱酵乃一細菌作用。對於此種見解，或即對於微生物有任何控制作用之理論，最早之反對論辯，為微生物當醱酵時期並無時間以充分發展。嗣後之研究，將茶葉先行殺菌，乃繼之以醱酵，證明此種見解，即主要之作用乃由於微生物以外之作用，為確鑿無誤。

Bernard（註七十三）於鮮葉中分離酵母菌並作純粹培養。在其關於酵母菌一文中，Bernard 根據當時已可應用之事實，討論茶葉醱酵之三種理論。此三種理論為：

（a）化學理論——簡單之氧化作用。

（b）酵素理論——由酵素之助而發生之氧化作用，酵素存在於茶葉中，稱為氧化酵素。

（c）微生物理論——氧化作用並非由於葉中之酵素，而由於生長於葉上之微生物細胞中之酵素。

第一種理論已被放棄，因所有事實與之不符。酵素論雖為當時大衆所接受，並為 Bamber、van Romburgh、Nanninga 及 Mann 諸人所信任，然某種試驗似乎啟示酵母菌對於醱酵有重要之影響。但 Bernard 認為細菌對於茶之醱酵並不重要，並謂細菌於醱酵時對於茶之品質，常有不良效果。

Bosscha 相信酵母細胞在茶葉醱酵中佔一極重要之位置，彼之此種意見，在彼與 Nanninga之間引起關於此問題之爭論。（註七十四）

以後之研究並未發生新事實足以證明微生物在茶葉醱酵中佔一重要位置。事實證明醱酵之主要作用乃被氧化酵素所左右，細菌通常有害，酵母菌或可佔一次要位置，酵母可能與茶之芳香有關，雖然芳香之發揮在醱酵之一般過程中為一次要反應，但從茶之價格言，芳香頗為重要。

後期工作——Bernard與 Welter 二人及其後 Welter（註七十五）對於酵素曾作詳細之研究，酵素則用 Mann 所用之方法於茶葉中分離而出（註七十六）。鮮葉加獸皮粉搗爛，獸皮粉為沈澱單寧之用。單寧之除去係為必要，蓋此物將於檢定酵素之癒瘡木樹膠反應中作祟。將漿狀之葉與獸皮粉之混合物置於布中絞之，如此所得之液體含有酵素，可用酒精沈澱而出，為一黏滑之物質，乾燥後為一種白色粉末。

Bernard與 Welter二人在茶樹各部份所檢得之氧化酵素與過氧化酵

註五十八：見前。

註六十七：麻生氏著，見一九〇一年東京農學院公報。

註六十八：C. R. Newton著：The Fermentation of the Tea Leaf 載一九〇一年印度植物及園藝雜誌。

註六十九：H. H. Mann著：The Ferment of The Tea Leaf 一九〇一年，一九〇三，一九〇四年印度茶業協會季刊第一、二、三部。

註七十：C. Bernard及H. L. Welter，Mededeelingen Proefstation V. Thee 一九一一年十二及十三期茂物出版。

註七十一：W. Staub，Mededeelingen Proefstation V. Thee 一九一二年十二期茂物出版。

註十六：見前。

註七十二：H. Wahgel著，Chem. Zeitung 一九〇三年二十七期。

註七十三：C. Bernard，Mededeelingen Proefstation V. Thee 一九〇七年五期，茂物出版。

註七十四：J. Bosscha著：The Ferment of Tea：A. W. Nanninga著：Discussion of Communication Concerning Yeasts

註七十五：H. L. Welter著，載 Mededeelingen Proefstation V. thee 一九一三年十五期。

註七十六：H. H. Mann 著：The Fermentation of Tea 一九〇六、一九〇八印度茶業協會季刊第一、二部。

素，其量幾相等，並注意製造時葉中酵素之總量，並無明顯之變化。用愈瘡木樹膠反應所測定之酵素之活動力，於攝氏二五度至七五度間亦大略相同。在攝氏七八度時，此反應變爲慢而弱，在此溫度之上，卽無反應。然而此種酵素可以抗熱，如在攝氏八〇度以上之溫度保持若干時間，此種酵素僅暫時消失其能力而已。

Welter 證明石炭酸或硫化氫與過量之氧化氫，亦能破壞酵素之能力。酸類能障礙酵素之作用，一千份重量之葉用一份硫酸，已足使醱酵完全停止。碳酸能使醱酵作用變慢。

Welter 證明醱酵時單寗之變色與酵素有關，頗爲圓滿。彼又證明酵母菌破壞以後，醱酵依然發生。蓋酵母既亦含有過氧化酵素，則此酵素於酵母破壞以後亦將參與醱酵，誠屬可能。欲明瞭此點，Welter 採取茶梢上未展開之芽，假定無酵母菌存在，並在用三氯甲烷處理之後，加以揉捻，醱酵之發生與平常茶葉在正常狀況下所發生者相若。

Welter 又發見成茶用冷水抽提以後，對於愈瘡木樹膠亦呈過氧化酵素之反應，從此事可得茶之醇熟（Mellowing）或後醱酵（Post-fermentation）之解釋，並可得到酵素對於熱及乾燥具有強大抵抗力之概念。

一九二三年，Deuss（註七十七）對Bernard與Welter二人未發表之論文予以評論，以茶葉醱酵（Tea fermentation）爲題。

Evans 在錫蘭新近曾研究茶葉醱酵中之酵素系（註十二），觀察碎葉吸收氧氣之速度，並察出在起初三或四小時，氧氣之吸收甚速，此後氧氣吸收漸緩。所吸氧氣之量與所需時間之關係，能爲一由高而低之整齊曲線所代表，此種曲線可表示酵素反應之特性。氧氣之吸收爲正在醱酵之茶葉之特性，若於高溫度將茶葉烘乾，或於其破碎以前用蒸氣加熱約數分鐘，此種能力卽消失。此外，鮮葉能被浸於百分之一二之氯化汞溶液中，對於其吸氧之能力並無損害。由此觀之，此種特性並非由於微生物之存在。

Evans 並已研究茶葉中催化酵素之作用，並於測定其從過氧化氫放氧之速度時，發覺催化酵素之活動力在萎凋時略增而在醱酵時降落。於葉細胞破壞後之四小時，催化酵素之作用，變成極微小。

玆再述茶葉之微生物。鮮葉中有許多細菌類（bacterial flora），業被證明，但關於此問題極少專門之研究工作。在正在醱酵之葉中，更有多種之細菌發見，Bamber（註十八）並發見醋酸菌大量存在於醱酵已四或五小時以上之茶葉中。醱酵過度之茶之酸味，彼歸諸醋酸菌之作用。茶葉之其他「變質」亦可認爲由於細菌之作用。（註七十八）

Bosscha與 Brzesowsky二人（註七十九）測定正在醱酵之茶葉之微生物，發見許多種細菌，其中大多數對於茶之品質並無損害。於茶有害之細菌，似係從外面侵入。

酵母菌參與茶葉醱酵之可能性前已敍及，若干研究者亦支持此種意見，卽某種茶之限於地域與季候之香味，亦可爲酵母菌之作用。關於此事，已有紀載，謂亞薩姆茶葉在春季與秋季，酵母菌豐富，此時亞薩姆之茶有香味；及至季候風季節，葉中之酵母菌不多，此時之茶除由芳香油所生之正常香氣外，鮮有其他香味。

茶葉之酵母菌與細菌相若，在紅茶製造時，其數加增。

正在醱酵之葉，除含有細菌與酵母菌型式之微生物外，並已證明可以含有某種較高等黴菌型式之微生物（註七十九），如青黴菌屬（penicillium）、麴菌屬（aspergillus）、毛黴屬（mucor）與白粉菌（dematium）。

註七十七：J. J. B. Deuss、Chem. Weekblod 一九二三年阿姆斯特丹出版。

註十二：見前。

註十八：見前。

註七十八：A. C. Tunstall 著，發表於一九二三年印度茶業協會季刊第四部。

註七十九：K. A. R. Bosscha 及A. Brzesowsky 著，載 Mededeelingen Proefstation V. Thee 一九一六年四七期，茂物出版。

製化中之化學變造

印度、錫蘭與荷印製造紅茶幾採同樣方式，此種製造方法已爲若干工業受歐洲人所控制之其他國家所採用，是法包括五種過程，即萎凋、揉捻、醱酵、烘焙與篩分。中國所用方法則不相同，須另行敘述之。

最後一種操作全係機械工作，此處僅須討論箱茶之水分在篩分時將茶葉曝露所受之影響。簡言之，各種過程所起之變化如下：

萎凋時茶葉失去水分而變爲柔軟，能作適當揉捻。茶葉一經揉破，醱酵立即發生，又當茶葉在醱酵室曝露於空氣中時，醱酵進行更速。烘焙之時，葉幾完全烘乾，醱酵作用實際因此停止。

紅茶製造中之萎凋

依照現有智識，鮮葉萎凋時最重要之變化爲失水。失水大多發生於葉之背面。

萎凋時細胞壁之滲透性加大，此事可證明如次：將鮮葉及萎凋葉浸於水中，注意前者遇三氯化鐵不呈顏色，而後者經數分鐘即呈顏色，表示其單寧之迅速擴散。單寧與其他物質被沸水抽出之容易，亦隨萎凋而俱增。

茶葉採下以後，其呼吸作用仍繼續進行，但其速度較小。茶葉萎凋至含有百分之五五水分時，仍不斷呼吸，但較鮮葉之速度略低。萎凋葉之呼吸速度，在揉破以後即受阻礙，但如鮮葉經此處理，則並無明顯之變動。

萎凋時不僅葉之失水，且有一部份固體物質亦因呼吸作用發生變化而消失。如此消失之固體物質之總量，頗爲可觀。葉之水溶解物於萎凋時期顯有增加，但若將因呼吸作用而消失之物質加以核算，即可知水溶解物之百分數，並無眞正明顯加增。（註八十）

爪哇之初期茶葉工作者說明水抽出物在萎凋時有百分之一至二之減少。此事或由於萎凋之過度，或由於萎凋時高溫度之影響。高溫度影響之極端情形，實際上時常在將茶葉置於茶篋任其發熱時發生。在某種情形之下，一篋茶葉中之中心曾有溫度達到華氏一四〇度之紀錄。在此種情形之下，水溶解單寧減少其原有之半。

細胞液之酸度在萎凋時並不變更，在萎凋之各階段中，其 pH 値皆爲四・三——四・五。葉中少量之澱粉，在萎凋時實際似已消失。萎凋之葉具有一種水果之氣味。

如將鮮葉或萎凋葉泡以沸水，則得一黃綠色之溶液。據茶師言，此種冲泡液謂之「生」（raw）或「粗」（harsh）。若將鮮葉或萎凋葉加以損傷並保存數分鐘，此葉即生紅色之冲泡液。此種冲泡液，茶師仍稱之爲「生」，並已察覺含有辛澀刺激之特性。茶葉一經揉捻，即生辛澀刺激之特性，此種特性大概爲醱酵之結果，並與單寧之氧化生成物有關。此事頗饒興趣，Peacock（註八十一）以爲巴拉圭茶之收斂性，乃由於紅色複單寧存在之故。

總括關於萎凋時葉中所起變化之事實，可知萎凋之主要原因爲使之柔軟而適宜於揉捻。在實用上，萎凋之程度乃用各種極普通之方法所判別，其中大多包括試探葉與梗之彫大。現在除此物理方法以外，並無試驗萎凋狀況之其他方法。

雖然，事實證明時間亦爲萎凋之因子，由實驗所得之結果，認爲最佳之萎凋乃水分之必要消失約完成於十八小時中者。因時間既被認爲一種因子，故使人相信萎凋時，曾發生若干主要化學變化，但在爪哇與印度之多數研究，皆不能指出任何明顯之變化，事實說明非謹愼施行萎凋，則損害成茶之化學變化可能發生。

時間對於萎凋之效果曾用下列假設說明，其根本之假設即葉之乾燥使細胞液濃縮，因此改變細胞成分之擴散程度。因濃度之增加而影響葉

註八十：錫蘭茶葉研究所報告，載於一九一八年七一卷三期熱帶農業雜誌及一九二九年茶葉季刊二卷第二部。

註八十一：J. C.及B. L. Peacock著，Jour. Am. Pharm. Assn. 一九二二年卷九，Easton 出版。

中膠體物質之物理狀態，因此滲透度與表面面積皆生變化，表面面積對於細胞之氧化作用，極爲重要。膠凝既受時間與溫度之影響，亦受濕度之影響，達到水分之必要消失所需之時間與所用之溫度，可能影響細胞成分之擴散程度，是以氧化之有效表面面積之總和，即將依照茶葉之萎凋狀況而變更。（註八十二）

紅茶製造中之揉捻

將葉揉捻之目的，爲使葉細胞破碎，並因此混和細胞中之成分。從附屬於此操作之化學變化之觀點而言，揉捻與醱酵有密切之連繫，此種變化將於此後關於醱酵一節中討論之。

醱酵時所起變化之大小，大部份爲揉捻之程度所左右，易言之，即爲葉細胞破壞之個數所控制。

揉捻時，揉捻器中多少將發熱，葉之溫度通常昇高華氏三度至一五度，此種熱大多由於醱酵而生。

茶葉萎凋不足或揉捻過劇，則茶汁從揉捻器中壓榨而出。此汁於氣候較熱之茶區迅速變紅，因此常被捨棄。在亞薩姆已察得若將此汁揉入葉中，則所製成之茶爲平淡（flat——醱酵過度）（註八十三）。一部份爲由於汁之醱酵較葉更迅之故。據分析結果，知榨出之汁含有百分之一至一·五之固體物質及百分之〇·二五至〇·三五之單寧，萎凋愈充份，則此成分愈豐富。如萎凋適度之葉，則榨出之汁極少。（註八十四）

紅茶製造中之醱酵

紅茶製造中之多數化學變化，皆發生於醱酵之時，水色、濃厚、辛濇、刺激與芳香發揮均於此時發生。在限度以內，揉捻愈劇烈愈長久，則茶之濃厚愈甚，水色愈深，然劇烈揉捻，將使茶梗參入於成茶中。

老硬之茶葉，醱酵不能圓滿，一半由於其缺乏單寧，一半則由於其細胞在揉捻時不易破碎，可以斷言。

茶之醱酵至圓滿之階段時，則發生一定之顏色與芳香，實用上，通常依據茶師之報告停止醱酵，更憑茶師之經驗，探求醱酵之通常條件，以之製造適合於其種市場之茶。

茶葉在真空中並不醱酵，在二氧化碳中亦然。氧氣對於醱酵極屬重要，正在醱酵之葉，所吸收之氧氣量隨揉捻之程度而增加。萎凋葉在揉捻時吸收之氧氣，較鮮葉爲多。

氧氣對於醱酵既屬必要，即可以瞭解醱酵葉攤鋪之厚度，不可忽視，蓋此厚度可以調節空氣之供給量。一般而言，葉攤放愈薄，則醱酵愈速。

大氣中之濕度於醱酵有助，如空氣乾燥，則葉之表面乾燥，葉之氧化不能順利進行。由於表面作用，茶葉醱酵大概需要一種液體媒介存在於葉上，以便圓滿發展。

茶葉醱酵中微生物究佔若何位置之問題，迄今尚未完全解決，但茶廠之一般習慣，乃使醱酵室清潔而毫無微生物。當然此法並不袪除茶葉本身所引入之微生物，僅避免其積聚而已。

光能阻礙酵素之作用已被證明，雖然光對於醱酵有害，尚未證實，惟實用上強光已被摒諸醱酵室之外。

Nanninga 曾研究茶葉成分之溶解度於醱酵時所起之變化。彼用三氯烷乙醚、乙酸乙酯、酒精與水抽提乾葉及製成之紅茶以後，乃得注意下列變化：

一部份之葉綠素斷然於醱酵時被破壞，然而此事尚未被肯定證明。水溶解單寧大部消失，水溶解物則從百分之六二減少至五〇。各種抽提以後所剩餘之物質，大部份包含蛋白質體、纖維素及纖維物質。

關於時間對於醱酵化學變化之影響，Nanninga 證明水溶解單寧因醱酵時間之增加而減少，茶之收斂性因此變弱。當醱酵時水溶解單寧往

註八十二：D. I. E ans著，載一九二八年茶葉季刊一卷第四部。

註八十三：P. H. Carpenter及H. R. Cooper著，載一九二三年印度茶業協會季刊第三部。

註八十四：C. R. Harler 著，載一九二三年印度茶業協會季刊第四部

往減低至原量之半。葉之水抽出物，初於醱酵進展時增加，繼乃減少。

Nanninga 研究溫度對於醱酵之影響，並發現溫度愈低則醱酵愈慢。在攝氏一五度(華氏五九度)以下，醱酵之進行幾不可見，攝氏三〇度(華氏八六度)以上之溫度亦不適宜，因使芳香消失，且葉中水溶解物在此種高溫下亦將減少。彼發見最佳之結果為約於攝氏二七度(華氏八〇度)施行醱酵，此時醱酵之複雜反應，顯然以最佳之秩序進行。彼並未發見醱酵適宜於低溫，蓋此長時間之操作，勢將使芳香消失。惟關於此點，Nanninga 曾強調控制醱酵時間與溫度確切之規律尚無定論。

現代之經驗，證明醱酵室中須以約攝氏二五度(華氏七七度)之氣溫作為標準。茶葉之溫度於醱酵時容或從攝氏二五度昇至約三〇度(華氏八六度)，此乃依照其攤放之厚度而定，此種溫度之昇高顯然並無妨害。已知三至四小時之總醱酵時間(包括揉捻在內)，能得到最佳之結果。

製造時茶單寧所進行之變化之真實性質，現今所知尚不完全。一種單寧之氧化生成物，溶於茶之沖泡液者於以生成。若干單寧被葉中之蛋白質使之變為不溶於水。對於醱酵過程中香精之構成，實際尚無所知。

紅茶製造中之烘焙

從化學效用而言，烘焙茶葉之目的，不外使可以參與茶葉醱酵之酵素與微生物變為不活動。加熱與去水實際上使醱酵停止。

烘焙時葉之若干成分發生變化。未經烘焙之茶葉沖泡以後之「青臭」，於烘焙時一變而為「麥芽」香氣。若干葉之成分之部份焦化，容或發生。

數種葉中寶貴之成分，即生成芳香與香味者，容或於烘焙時消失一部份。構成芳香油之物質，能於水蒸氣中揮發，高溫度且加重其消失。烘焙機納葉過多之時，水蒸氣聚集而葉被「燜熟」(Stewed)，香味有顯著之消失。欲保存芳香油之最高量，茶葉應用低溫度烘焙，且攤放須薄。

在某一時期，高溫度之烘焙曾被認為能將茶之咖啡鹼含量減少，於烘焙機中常見之灰色粉末，又被假定大半係咖啡鹼。然據 Keiller 之報告(註八十五)，謂此物僅含百分之三咖啡鹼與平常茶之纖毛相同。

Nanninga 研究烘焙溫度對於茶葉化學成分之影響，彼連續用溼醚、乙酸乙酯與酒精抽提成茶以後，其結論謂攝氏一一〇度(華氏二三〇度)之高溫度烘焙所製成之茶，所含之游離單寧(溶於溼醚)較攝氏八五度(華氏一八五度)低溫度烘焙者為少。彼發覺高溫烘焙於茶之品質有損。

經驗證實於華氏一七〇度以下烘焙之茶，不耐久藏(註八十六)。用人造乾燥空氣冷卻烘乾之茶之嘗試，已可製成富有香味之茶，但亦不能耐藏。欲使醱酵充分停止，高於華氏一七〇度之溫度，殊屬必要。(註四十三)

醱酵之葉於烘焙時變成黑色，但於沖泡時溼葉仍現紅色。連續之沖泡能將其紅色色質大量除去，剩下之葉則為帶棕綠色。

烘焙時葉中之蛋白質悉被膠凝，變成不溶於水。咖啡鹼以外之含氮化合物進入茶之沖泡液中，然此種物質大概屬於蛋白質之分解形式(degraded forms of proteins)。

含水量與後醱酵

在萎凋與烘焙過程中，茶葉失去水分。下表可作為在印度東北部茶葉水分消失之過程之代表。(註八十七)

在錫蘭將茶葉萎凋至約含百分之五五或六〇之水分為止，在爪哇約含百分之六〇為止。在此二國中茶葉之烘焙通常為一次完成。

印度與爪哇之試驗皆證明茶葉於含百分之六至七水分時，包裝最

註八十五：P. A. Keiller著，載一九二三年哥倫坡熱帶農業雜誌。

註八十六：E. C. Elliot 及 F. J. Whitehead 著：Tea Planting in Ceylon 一九二六年哥倫坡出版。

註四十三：見前。

註八十七：C. R. Harler，一九二八年印度茶業協會季刊第二部。

宜，因在此條件下不可能發生後醱酵或「醇熟」作用。成茶包裝時含水分過少，則於包裝後不能醇熟；然含水分過多，則貯藏時容易「變質」。

印度東北部茶葉水分消失之過程

鮮葉……………	約含77%水分
萎凋之葉………	約含66%水分
醱酵之葉………	約含66%水分
首次烘焙之葉…	約含26%水分
末次烘焙之葉…	約含 3%水分
包裝之茶………	約含 6%水分

成茶從乾燥器中排出時雖約含水分百分之三，然在篩分室中，當篩分之時，必依照此室空氣之溼度而吸收外界之水分。Deuss（註八十八）之許多實驗，證明成茶放置於相對溼度爲百分之六五之空氣中，則依照其原有之含量，吸收或消失水分至約爲百分之六而止。

中國紅茶之製造

在中國，茶葉在採摘之日即行製造，習以爲常。將葉置於日光下迅速萎凋以後，於蔭涼處所繼之以更番之揉捻與攤放。烘焙分爲數次施行，其間雜以揉捻。葉經極其透澈之手揉以後，葉細胞之破裂較用機械揉捻者更爲完全。在中國，對於茶葉之謹慎操作之目的，爲儘量使茶汁含蓄於葉中，因此單寧所起之變化與在印度、錫蘭及爪哇所發生者有不同之可能，蓋在此三地，茶汁任其曝露於空氣中。

中國方法中細胞汁之混合極其均勻，加以葉之不時加熱，而其溫度並不足以使醱酵停止，可以確保醱酵之極其完全。此外，中國之鮮葉所含單寧較印度、錫蘭或爪哇爲少，故中國所製之茶包含單寧不多。中國製法中，爲蛋白質沈澱之單寧可能較西方之方法爲多。因此中國茶必將缺少單寧「紅質」，事實上中國茶之水色不深，指示單寧「紅質」確屬缺少。

烏龍茶之製造

烏龍茶之製造，除醱酵停止較早之外，與中國之紅茶之製造極相似。對於烏龍茶，一如優良中國紅茶，芳香之發揮爲主要目的。從製造之型式可以推測烏龍茶因醱酵程度較淡，故其所含水溶解單寧大概較其相當之紅茶爲多。

綠茶之製造

中國製造綠茶時，略去開端之萎凋過程——此乃對於紅茶製造所必要者——將茶葉立即用足以使酵素與微生物不活動之高溫度下加以鍋炒，如此使醱酵變爲不可能，並使葉變爲柔韌，繼之以更番之揉捻與炒焙，至茶葉過脆不適於再行操作爲止。最後將茶葉置於焙籠中或鐵鍋中烘炒之。

日本之殺青常以蒸汽爲之，然在印度製綠茶之少數地點，則蒸氣與鍋炒皆被採用。在日本，茶葉或如中國之揉捻於熱板之上，或於特別構造之機器中行機械揉捻。此機之加熱可使揉捻與烘焙同時進行，而烘焙之速度一定。下表指示爲日本所分析水分消失之過程。（註八）

日本茶葉之水分消失

	機揉	手揉
鮮葉……………	76%水分	76%水分
第一次揉捻之後…	59%水分	69%水分
第二次揉捻之後…	59%水分	51%水分
第三次揉捻之後…	28%水分	32%水分
末次揉捻之後……	11%水分	17%水分

外銷茶在包裝之前，先經集中場所加以烘焙，並將水分減少至百分之三。

綠茶與紅茶之主要不同，乃由於醱酵。在綠茶中單寧之大部份皆爲水溶解狀態，即在鮮葉中之單寧之狀態。製造時單寧之少量消失，大概由於葉中蛋白質使其沈澱之故。在殺青之前，如已受損傷之葉，則醱酵或將發生，但由此醱酵所生之損失可以不計，蓋從綠茶之沖泡液之無紅色可以判明。

在日本，單寧之含量於製造時約從百分之一五降落至百分之一二（註八），而在印度之東北部用單寧，含量約爲百分之二〇之鮮葉所製成之綠茶，其

註八十八：J. J. B. Deuss, De Thee 一九二六年九日茂物出版。

註八：見前。

單寧量降落至百分之一四。（註八十九）

數種分析指示綠茶之咖啡鹼較用同樣鮮葉製成之紅茶所含者易於抽出。（註八十九）

綠茶沖泡以後，葉底須保持其天然之綠色，並無棕色或新鑄銅幣之赤褐色之混雜物，此物乃醱酵之標幟。綠茶製造時假定葉綠素並不進行任何劇烈之變化。

綠茶製造時並不生成芳香油。

摘要

作總括鮮葉製成紅茶或綠茶時所起變化之嘗試，為一困難之工作，因關於此問題缺少確切之智識。

製造時茶葉消失水分。中國、日本及台灣之製茶，在製造之全部過程中水分不斷消失；但在印度、錫蘭與爪哇，則水分之消失僅發生於萎凋及烘焙之時，鮮葉約含百分之七七，但成茶則為百分之三至八。

茶葉之單寧在紅茶製造時進行重大之變化，水溶解單寧減少至原值之半。此種消失，一部份由於構成單寧氧化物，一部份由於與蛋白質結合而成不溶於水之化合物。綠茶製造時單寧之消失不大，且其消失大概由於與蛋白質結合之故。綠茶製造時，並無水溶性有色單寧生成物之生成。

製造時咖啡鹼之變化情形，現尚未知，但事實顯示咖啡鹼之變化甚小。咖啡鹼之含量於製造時並不變更。

紅茶之香味與芳香，為與芳香油有關之品質，芳香油則發生於茶葉製造時之醱酵過程中。綠茶既不醱酵，故綠茶不含芳香油。

鮮葉中之蛋白質類在製造時膠凝，故不進入茶之沖泡液中。除咖啡鹼以外之含氮物體，於綠茶之沖泡液中認為重要。此種含氮物體常作為蛋白質，但此種物質大概為蛋白質之分解物。

樹膠、糊精與果膠質並不發生多大變化，雖然在印度、錫蘭與爪哇之烘焙過程中，糊精溶或發生某種焦化。

纖維素與粗纖維並不進入茶之沖泡液中，此二物於製造時大概不起變化。對於小量存在於葉中之脂肪與臘，所知無幾，且從製茶之一點而言，並不重要。

葉綠素不溶於水，故可不進入茶之沖泡液中。然葉綠素使泡過之綠茶葉仍呈綠色，殊屬重要。通常認為葉綠素之一部份於紅茶製造時分解，但在綠茶製造之時則否。其他色質、花黃素類與花青素進入於沖泡液，對於綠茶頗為重要，於紅茶則否。

茶葉之氧化酵素與紅茶製造中所起之大部份變化有關。細菌對於茶葉之醱酵並非必要，且於數種情形之下，已證明有害。若酵母菌於紅茶之製造有作用，則其作用現在尚未明瞭。烘焙後微弱之後醱酵，雖仍明顯發生，惟實際上已使酵母菌與微生物變為不活動。

在綠茶之製造中，殺青使酵素與微生物變為不活動而不發生醱酵，紅茶製造時，酵素並不增加，但微生物則增加。

在紅茶製造時，葉中之水溶解物質約減少百分之一〇，泰半由於單寧所引起之變化。在綠茶製造時水溶解物質之減少率較小。

根據有限之可以應用之資料，製成一總表（見二九八頁），表示紅茶製造中所發生之數種變化。表中數字皆為約略之數，並以印度、錫蘭、爪哇與蘇門答臘所製之紅茶為據，而非指中國茶而言。

紫外線對於茶葉之效用

一九三四年在倫敦舉行之試驗，以探求紫外線對於乾茶之效用，其結果乃單寧百分數之明顯減少及品質之改進。或謂在完全電氣化之工廠出現以後，在製造過程中，對於鮮葉利用紫外線之研究，將有顯著之發展。（註九十）

註八：見前。
註八十九：C. J. Harrison著，載一九二七年印度茶業協會季刊第二部
註九十："Home and Colonial Mail 一九三四年四月二十七日倫敦出版，見第十一頁。

化學總表

印度、錫蘭、爪哇與蘇門答臘紅茶製造時所起之數種變化

（百分數乃約略之數，計算時以乾物質爲基）

鮮葉	萎凋葉	醱酵葉	烘焙茶	給予成茶之特性
單甯……………………22%	22%	13%	12%	辛澀刺激，濃厚與水色
		生成單甯氧化生成物	?	
咖啡鹼……………………4%	並無變化可以檢知		4%	刺激性
?	芳香發揮於醱酵之時		微量之芳香油	芳香與香味
粗蛋白質……………………27%	使若干單甯變成不溶於水		膠凝	茶湯之厚度
樹膠，糊精，果膠質…70%	或部份焦化		3%	
醣類……………………5.5%			5.5%	
纖維素，纖維，粗脂肪與鹽………25%	或無變化			
葉綠素與色質………………	一部份葉綠素於醱酵時破壞			
氧化酵素………………	量不變	單甯氧化	破壞	
酵母菌與細菌………………	數目增加		破壞	
水溶解物總量…48——55%			38——45%	

在萎凋時鮮葉之水分約從百分之七七減低至六〇，在醱酵時之水分不再有顯著之變化。烘焙約將水分減低至百分之三，但此數於篩分時約增高至百分之六，乃行包裝。本表所示之百分數代表以沸水抽提一小時所得之各種成分。茶師之冲泡液之製備乃將一二五CC沸水加於三克之茶，並放置六分鐘。在此時間中約抽出水溶解物總量之半，即百分之一九至二三之乾葉重量。此抽出物之組成約爲百分之七單寧物體，百分之三咖啡鹼，百分之三無機鹽類，若干樹膠、糊精、果膠質等等，除咖啡鹼以外之少量含氮物質，微量之茶葉色質及極微量之芳香油。本表所示之數字，係指乾茶之百分數。

第二十六章　茶之藥物學

茶之普遍飲用及其普遍化之理由——咖啡鹼之效力——茶葉中之咖啡鹼——茶葉對於心臟作用、肌肉活動、精神狀況及人體全部系統之影響——茶素由體內之排出——無咖啡鹼之茶——單寧之功效——茶葉中之單寧——無單寧之茶——茶葉中之蛋白質、色素及維他命——日本及美國維他命含量試驗之結果——茶之不同泡製法與其成分之關係——結論

茶、咖啡及其他飲料對於人體之消化及健康之功效，爲經長久之爭論而無結果之問題，蓋對於此等性質之試驗因受縝密管理之限制而極難施行也。此問題因有商業上之宣傳作用而更形複雜。本章僅論及純粹科學之試驗而詳其結論。

堅持茶樹對健康有害者之理論，常基於個人之經驗及茶之用量過度時之假說。茶爲地球上居住於各種氣候下之人民之飲料，雖然茶之普遍應用不能成爲適於健康之理由，但茶既有一種普遍之需要，而探求此需要之本質實屬必要。

究竟關於茶之普遍應用之事實何在？中國四萬萬餘人口每年消費茶葉約八萬萬磅，此雖與習俗不無關係；但如中國之國家，食水中常含有有害之細菌，茶實爲安全之飲料，此當爲飲茶普遍一大原因。惟在聯合王國（英國）每人每年消費茶葉九磅以上，則無如此理由可作解釋，此大概可想像爲英國之氣候需要如茶之飲料；但英國之氣候並非重要之理由，因在天氣炎熱而乾燥之澳大利亞，每人每年之消費量與聯合王國相近似；在印度之英人，仍愛以熱茶爲飲料。印度人現在亦傾向飲茶，雖然每人之消費量甚少，全印度每年共約消費五千萬磅。

茶葉普遍化之原由

其次，吾人必須詢問茶葉何以能流行如是之廣？茶曾一度爲東印度公司之專賣品，其後印度、錫蘭漸從事於種茶，茶葉乃成爲英帝國之產品，此等事實並不減低茶作爲飲料之價值，而其影響所及，且使茶成爲英人之飲料。同樣，荷人亦因受荷屬東印度生產茶葉之影響，而使現時每人消費約三．六四磅，英國之屬地一部份或許仍保存飲茶之風，以維持母國之連繫，而日本、中國、印度及其他亞洲國家之飲茶，一部份或因出產茶葉之故，而其最大理由，則因茶葉爲國民財富之主要源泉。

上述使飲茶成爲習慣之理由只爲部份的，並不能以此解釋茶在德國、法國、俄國及南美之應用，更不能說明在美國飲用至若何程度，在美國傳統之愛國主義對於茶尤欲完全拒絕之而後快。吾人應從茶葉本身探究其最重要之原因，使其所以能勝過一切之競爭者而受全世界人之歡迎，其故亦在於此。

茶之被人類所飲用，因其有輕鬆之感覺，在正常狀態下容易消化；茶雖爲熱飲品，但在高溫度下有發汗作用而使人涼快；有辛澀之美味及香氣；最重要者爲其對於神經及肌肉系統之興奮作用，此作用在溫和之刺激與安適之休息中間誘引起一種意識狀態。飲茶並不因其有食物之價值，祇不過當作一種輔助食品而已。據云一杯熱茶能從皮膚上蒸發五十倍茶所加於吾人之熱度。

綠茶與紅茶約含有等量之單寧、茶素（咖啡鹼）及浸出物，倘爲濃而熱者，則給與內部之安適及刺激不減於紅茶。至於茶湯淸淡如在遠東所飲者，則其價值僅較止渴稍佳耳。

茶之各種成分對於人體之作用有加以硏討之必要。

茶素(咖啡鹼)之功效

當討論飲茶之害處時，必提及其二大成分，即茶素及單寧。單寧常被認爲對消化有不良影響，而茶素則其爲一興奮劑，亦不免同遭反對。

「英國藥物法典」(British Pharmaceutical Codex)內述及茶素作爲藥用時對於人體各系統之作用如下：

茶素有三大作用：(a)對於中央神經系統；(b)對於肌肉，包括心臟在內；(c)對於腎臟。

對於中央神經系統之作用，最主要者在於腦與身體之因素發生關聯，其功效爲保持淸醒之狀態及增加精神之活動能力，感覺印象之判斷，更完全而正確，思想亦較爲淸楚而敏捷。

茶素用量過多時，其作用由肉體擴展至腦力部份而至神經，病者最初變成不安常而煩擾，其後或表現痙攣之動作。茶素能使各種體力工作省力，且能實際增加一切賴於肌肉之工作。以常人而論，甚難指出此對於肌肉之作用，若干爲中央，若干爲外圍者。但因疲勞首先表現在中央之作用，故茶素減少疲勞之作用主要當在中央。茶素使脈搏加速，且略微提高血壓，但並無如毛地黃(Digitalis)之作用；由於增加心臟肌肉之刺激，多用茶素易使心臟疲勞。

茶素及其化合物爲一種重要之利尿劑，尿內之比重當較常還爲低，因其所含之鹽及尿素較少；但因體之總排泄量如尿素、尿酸及鹽無不增加。茶素刺激骨髓，使腎臟發生收縮，最初頗礙尿之流動。茶素之藥用量爲六至三十釐(一至五釐)。(註一)

上述之報告可代表英國醫界之意見，而此中所包含之事實均爲彼輩認爲可編入於一般之刊物上者。

「美國藥劑大全」(Pharmacopoeia of the United States)內載，茶素之平均藥用量爲十五釐(二釐半)。(註二)

茶葉中之茶素量

在敘述若干關於茶素對於人體功效之試驗以前，先應論及普通飲茶者所吸取此成分之份量。

以歐人經營之茶葉觀點而言，英國當認爲最主要之茶葉消費國，每人每年消費茶葉約十磅，按照茶葉中茶素含量爲百分之三計算，則平均每人每年所飲之茶內含有此成分共四．八兩或每日五又四分之三釐。此乃假設茶素完全被提出而飲入體內，但實際上並不可信，因在五分鐘之浸液中，茶素僅有四分之三浸出，浸泡較久或再度沖泡，可將剩餘之茶素全部或一部份提出。是則英國人每日飲用之茶素在四釐以下，似爲可能。

如以一磅茶葉沖成二百杯，則一杯茶內所含之茶素平均少於一釐。倫敦、加爾各答或哥倫坡之茶師以四十三金衡釐(稱金銀寶石之權衡，等於六辨士英幣之重量)之茶葉，浸泡六分鐘。以如此泡成之茶，每磅可泡一百六十杯，每杯平均含茶素約一釐。

在論及一杯茶對於人體之影響時，必須明瞭茶中之茶素並非以純粹之狀態服之者，更非立刻可發生同化作用，一杯茶飲盡後對於身體所起之作用僅爲漸進者，且在若干時以後始生効力，故所餘茶中所含一定份量之茶素，其功効並不如英國藥物法典所載者之大，該書可供直接攝取純粹茶素之參考。

一杯茶所給與吾人之刺激力之大小甚難確定，此端視個人之神經系統情形、烹煮濃度、茶葉之性質及新鮮與否而定。如飲淸淡少量之茶，其功効僅稍優於止渴劑，並促進發汗而已；但若全日飲服濃茶，則其累積之結果，將對人體發生强烈之刺激。

當有人以爲咖啡中之茶素，其形態較在茶中者對人體更有効用，蓋以爲茶中之茶素因與茶單寧結合而一部份不起作用，但此種假說並不爲科學觀點所支持。一杯咖啡之刺激性普通較一杯茶所以更大者，因其含茶素較多故也。一磅茶中含有茶素約二一〇釐，在首次沖泡時約有一七〇釐被提出，一磅茶可沖泡一百六十杯至二百杯，故頭泡茶每杯平均含

註一：英國藥物法典，一九二三年版，第二二八頁。

註二：美國藥劑大全，一九二六年版，第八四頁。

茶素少於一釐。一磅咖啡含茶素約一百四十釐，但平均祇能沖泡四十杯以下，而且咖啡中之茶素幾可完全提出，故一杯中約含有茶素三釐半，此是爲解釋咖啡之刺激性較大之理由。

茶素（咖啡鹼）與心臟作用

在書報上所載關於茶素作用之意見，普通頗多歧異，曾以犬、貓、豚鼠、鳥等爲試驗，用大量或小量之藥劑注射之，而得不同之結果（註三）。此種工作之困難由於尙有甚多未可利用之材料必須加以研究，則其平均所得結果，方不致受例外之影響。

試驗茶素對於下等動物之作用時，發現植物鹼能增加脈搏次數、加強心臟之收縮力及刺激血管運動中樞。但以人類爲試驗時，結果並不如上述之詳盡，其一部份原因，無疑因施於畜類之藥量比較甚大，如Wood研究少量藥劑對於人體之影響，彼用六釐藥量不能察覺對於血壓有若何顯著之升高（註四）。若干研究者試驗血液循環與人相似之犬，其血壓受茶素之影響而增高甚劇，Wood以下列之事實說明其差異之處：以犬作試驗時，爲體重一公斤施藥量十釐，即相當於一〇〇釐藥量施於普通體重之人，倘以少量之藥劑施於犬身（每公斤一釐）時，其脈搏次數並不增加（註五）。

Wood以治療用之藥量（約三至六釐）施於人類，發現只少微增加心臟之收縮力，而使動脈之血壓略高。

茶素（咖啡鹼）與肌肉活動

茶素對於肌肉收縮力之影響，曾有人加以研究，一八九二年De Sarlo及Bernardini用驗力器表明茶素能增加此種力量（註六）。其他若干研究者多數應用肌力計方法，亦表明茶素之刺激效力，其結論大半爲Rivers及Webber所證實，彼等亦斷定肌肉工作之增加並不由於任何興趣及提示之心理的因子（註七）。Wood祇以治療藥量研究茶素對於自動肌肉之運動之影響，彼謂茶素對於脊髓之反射中樞有興奮作用，使肌肉之收縮更有力而不發生間接之衰頹。所有研究之結論，可知服食茶素者之工作能力較不服食者爲大。

大量服用茶素所引起肌肉之特別情形，類似死後硬直之狀，在普通人類所吸入之份量，並不致發生此種現象。

茶素（咖啡鹼）與精神

茶素對於精神之影響，亦爲歷來研究之題材。Kraeplin云：「吾人已知茶與咖啡能增加吾人之精神效能至一定之限度，故可利用此等飲料作爲克服精神疲勞之方法。在早晨，此種飲料能除去精神上疲勞之最後之痕跡，至黄昏當吾人處理心智上之工作時，又能使吾人保持淸醒狀態」（註八）。Wedemeyer認爲經常服用茶素，則心理上之影響在四、五星期以後即見減低。（註九）

茶素（咖啡鹼）與人體全部系統

除上述之特別研究外，H. L. Hollingworth在紐約哥倫比亞大學曾舉行茶素對於人體各系統之普通試驗，彼於工作時，竭力除去此項試驗所常有之錯誤，其結論（參閱第三〇一頁附表）乃根據於無數次之測量而得，所試驗者主要爲穩定（Steadiness）、輕叩（Tapping）、同等（Coördination）打字、辨色、計算、反面（Opposites）、取消（Canellation）

註三：Salant及Rieger合著：The Toxicity of Caffeine 美國農業部出版之化學局公報第一四八號。

註四：Wood著：The Effect of Caffeine on The Circulatory and Muscular Systems 一九一二年診療公報二十八卷一期。

註五：Rtichert著，載一八九〇年診療公報，卷六。

註六：Revista sper di Freniatria 卷一八。

註七：見The Influenc: of Alcohol and other Drugs on Fatigue

註八：Kraepelin，Ueber die Beeinflussung einfacher Psychischer Vorgânge durch einige Arzeneimittel

註九：Wedemeyer，Aroh. Exp. Path. Pharm. 一九二〇年，卷八五。

及辨別等試驗，再加以近似形量之幻覺。

上述試驗係於一特別設備之實驗室中舉行，欲知試驗技術之詳細情形，可參考心理學叢書（Archives of psychology）中一篇專門論文，題爲「哥倫比亞對於哲學及心理學之貢獻」。

茶素對於心智及運動過程之影響

過程	試驗項目	少量	中量	大量	作用時間（小時）	持續時間（小時）
運動速率	1. 輕叩	刺激	刺激	刺激	¾—1½	2—4
同等 Coordination	2. 三洞 Three Hole	刺激	無影響	遲緩	1—1½	3—4
	3. 打字 a. 速率	刺激	無影響	遲緩	結果僅以全日之工作表示	
	b. 錯誤	一切藥量均較少				
聯想	4. 辨色	刺激	刺激	刺激	2—2½	3—4
	5. 反面	刺激	刺激	刺激	2½—3	次日
	6. 計算	刺激	刺激	刺激	2½	次日
選擇	7. 區別及反應時間	遲緩	無影響	刺激	2—4	次日
	8. 取銷	遲緩	?	刺激	3—5	無資料
	9. 形量之幻覺	無影響	無影響	無影響	…………	…………
一般狀況	10. 穩定	?	不穩定		1—3	3—4
	11. 睡眠之質	個別之差異				
	12. 睡眠之量	…………	…………	…………	2 ?	…………
	13. 一般之健康	視體重及用藥情形而定				

茶素置於膠囊及糖漿內，給與被試驗者以膠囊及糖漿，使被試者不知已服有茶素與否。

簡言之，此項試驗之目的如下：

（一）在控制之情形下，研究若干個人在長時間——四十日——內之動作，以決定茶素無論在定性及定量方面對於心智及運動過程（Mental and motor processes）之影響。

（二）研究因被試者之性別、體重、年齡及特癖而改變此影響之方法，因藥量之多寡變用藥之時間與情形不同而所受影響之程度。

（三）研究茶素對於受試者一般之健康、睡眠之量及其食物習慣之影響。研究之結果載於本頁附表內。

應用之藥量由一至六喱，四喱以上即認爲大量。在各種試驗中均無副反應。一般之結論爲茶素對於運動過程之影響迅速而顯著，惟爲時甚暫；對於心智過程則遲緩而較爲耐久。

有二重要之因子能改變茶素之影響過程者，爲體重及服入茶素時留在胃中之食物。在各種試驗中改變茶素之影響程度恰與體重成反比例，尤以空腹攝取時更爲顯著，此種作用之變化對於睡眠之質及量亦然，若連續數日攝取之則更甚。茶素之効力似不受年齡、性別或固有之茶素癖之影響。當試驗時不用含有茶素之飲料，被試驗者亦無需求此飲料之表示。

無間接的萎頓痕跡之存在，甚爲重要，增進工作能力之眞實理由雖無明證，但事實上個人之工作標準却因茶素而增加。由此試驗所得之結論，即取飲含茶素之飲料，應認爲正當。（註十）

茶素（咖啡鹼）由體內之排出

關於茶素由體內之排出之問題，Salant及Rieger從兎、豚鼠、貓及犬身上研究之結果，發覺一部份由於服食之情形，一部份無變化由尿中排出，一部份則入於胃腸管及膵汁。其結論爲茶素之重甲基置換，在肉食動物中較在食草動物中者爲多，故肉食動物利用此作用以防禦此藥之

註十：H. L. Hollingworth著：The Influence of Caffeine on Mental and Motor Efficiency 載診療公報卷二八，一九一二年第一期。

毒性，蓋茶素對於肉食動物之毒害較甚於草食動物也。（註十一）

茶素、尿酸及嘌呤屬（Purine）之其他各部在構造上之關係，已在茶之化學章中述及，可知茶素受重甲基置換（移去CH_3根）及氧化作用（以氧代替氫）後可變成尿酸。

動物服食茶素後，從尿中排出少量（少於服食量十分之一），Rost謂人類在尿中排出之茶素，僅約百分之二。（註十二）

Mendel 及 Wardel 報告，謂無嘌呤之食物中添加茶、咖啡或茶素後，茶素排泄量之增加似與服食之茶素量成比例（註十三）。但 Clark 及 Lorrimer 在最近之報告中反對此說，其試驗乃施行於加里福尼亞聖昆丁懺過所（San Quentin Penitentiary）中之拘留者，服食茶素雖能增加此物在尿中之排出量，但Mendel與Wardel並不能在得此二量間之一定關係。服食茶素後尿中排出之尿酸增加，但彼等不以為此額外之尿酸乃由於茶素之受重甲基置換及氧化作用所致，彼等亦發現服食茶素能增加血液中之尿酸濃度。

上述各作者亦謂因服食藥物係由口腔輸入，故極難說明有若干被人體組織所吸收，此乃視各種情形而定，如剩餘食物之份量、細菌活動情形、蠕動率等。（註十四）

K. Okushima謂飲茶或咖啡後一小時，尿中排泄之茶素即行增加，在三至四小時以後排泄量乃達最高點，此後其量漸減，但可持續至四或五小時之久。（註十五）

此等對於茶素排泄之研究，并不包括從汗及腸道之排出，此整個問題，在下任何重要結論之前，需要更進一步之研究。

無茶素之茶

在結束茶素問題以前，須略述無茶素之茶葉之製造。此問題並不如已在發展中相似之咖啡製品之注意（此類工作大部份已在此二國中完成），此大概因為茶在德國及美國消費較少之故。咖啡倘在焙焙以前之青綠狀態時處理，或許更為有效，而茶葉在製造完成前唯一可處理之時間為在茶園內，此亦為無茶素之茶葉不能發達之一原因。

Meyer 及 Wimmer 曾試製無茶素之茶，將茶葉以揮發性溶劑如醚、石油精、烚或哥羅仿等處理之，以除去其芳香物質，將此溶液移去後，茶葉用蒸氣及鹽氣，硫黃二氧化硫或鹽酸處理之，以游離在結合狀態中之茶素，於是將茶葉浸入有芳香成份之揮發性溶劑中，以提去茶素，此後將溶劑蒸發，使葉乾燥，乃得一種無茶素而微有香氣之茶葉（註十六）。Seisser 繼之而作大體相同之試驗（註十七）。

但為何必欲製造此種無茶素之茶葉？茶之生理作用實際上由於茶素，且在一杯中所攝取之量殊不足為害，茶中之茶素的作用又為延續性者。純粹之茶素能於短期間內產生最大之刺激作用，而在茶中之茶素的刺激作用不甚劇烈，惟較為持久。

在某種情形之下，有充分之理由可以說明何以茶素非除去不可，例如患風痛病者，須竭力減少服食嘌呤，以減輕腎臟過重之負担，遇有此種情形時，則無茶素之飲料極為適宜。

單甯之功效

在生理學之觀點上，單寧為一種藥，在藥物學上極為著名。就茶而論，單寧通常被視為飲茶過量時之一大禍源，一般人之意見以為因茶含

註十一：Salant 及 Rieger合著：The Elimination of Caffeine An Experimental Study on Herbivora and Carnivora載美國農部化學局公報第一五七號。

註十二：Rost，Arch. Expt. Path. Pharm 一八九五年，三六卷。

註十三：Mendel 及 Wardel 著，美國醫學會雜誌，一九一七年，六八卷。

註十四：Mendel 及 Wardel 著，美國生理學雜誌，一九二六年，七七卷二期。

註十五：K. Okushima 著，Chem. Zeit 一二九卷。

註十六：英國專利一八，六一二，一九〇六年八月二十日，美國專利八九七，七六四，一九〇八年九月十六日。

註十七：德國專利二二三，七八三，一九〇八年七月十六日。

有單寧，而易使胃難化。

下列對於單寧之說明乃錄自英國藥物法典，其標題爲「單寧酸或單寧」。

> 單寧之性質因與蛋白質或明膠之化學的相互作用而異……其游離之酸僅有收斂性，當被蛋白素或鹼中和時，其收斂性乃消失。入口時有收斂之特性，將表皮周圍之蛋白質物質凝結，甚至浸入若干表面之細胞內。
>
> 在胃中與鹼及蛋白素結合而成單寧酸鹽，當蛋白素如其他之凝結蛋白質被消化時，單寧即被游離而再與其他物質結合。當在小腸時，單寧將蛋白質凝結而減少分泌，致釀成便祕，故偶或用於治療痢疾。（註十八）

單寧對於消化管之任何部份，如口、食道、胃或腸等或許有害——乃視其份量與其他物質及其構造而定。當加牛乳於茶時，乾酪素（Casein）即與茶單寧結合，阻止其對口腔內之黏液膜及食道之一部份起作用，倘飲茶不加牛乳，則單寧與胃中未消化之食物之蛋白質結合。

無論茶單寧被牛乳中之乾酪素或胃中之蛋白質所凝固，其造成之單寧酸鹽與任何凝結蛋白質受同樣消化作用，當部份消化之食物移入小腸時，單寧再被游離。小腸內爲鹼性，游離之單寧於是成爲鹼質之單寧酸鹽。在此區域內乃顯示單寧之可能損害作用，在不慣飲茶者往往因輕微之收斂性而略便祕，但常飲茶者則逐漸養成對於茶單寧之抵抗力。

通常認爲食肉後飲茶爲有害，因肉中有蛋白質被茶單寧所沈澱而致不消化，此問題實有詳加試驗之必要。

首須明瞭者，爲大部份之茶單寧加於茶中之牛乳乾酪素結合，其次須說明者爲四嘔生肉含有約三五〇嘔之蛋白質，即等於生肉重量五分之一。一杯尋常之茶，在未加牛乳以前，含有十嘔以下有收斂性之單寧，即使假定一份單寧能完全沈澱六份蛋白質，而肉類蛋白質受一杯茶所沈澱者，爲量仍屬甚微，此比例係在極安全之限度內所假定者，而其實遠過於單寧所能沈澱蛋白質之限量。

如上所述，蛋白質在腸中受同化作用，而所有之單寧蛋白質結合體則被分解，而將單寧游離，根據此種論斷，故可認爲肉與茶同食亦無若何害處，澳大利亞洲之飲濃茶習慣誠可爲此說之明證。惟有許多人不欲在進餐時同時食肉與飲茶，即作者亦有此習慣。

醫藥界一致之意見亦反對過量飲茶，其最大之原因爲單寧對於消化道之影響，單寧之收斂性可使腸閉塞而發生便祕及減少腸之分祕而使消化不良。

欲泡製最佳之茶，浸泡時間應以五分鐘爲限，在此時間內，四分之三之茶素及三分之一之單寧被浸出；第二次浸泡時浸出大部份剩餘之茶素（約爲原有總量之四分之一）及較第一次爲少之單寧。第二泡較頭泡刺激性略少，且不生同樣欣快舒適之感覺。

在療病上，紅茶與綠茶並無大區別，兩者均含茶素及單寧之要素，而綠茶之單寧含量常較紅茶爲多，但此種差別無關重要，就茶素之浸出而論，綠茶較紅茶爲速，以是有若干權威家甚至目爲春藥之一種。

普通之單寧藥劑，據英國藥物法典所載，爲三至六公釐（五至十嘔），在美國藥劑大全中所載者則爲五公釐（八嘔）。

藥學上之單寧酸爲五價沒食子醯備萄糖（Pentadigalloyl glucose $C_{14}H_{10}O_9$）。

茶單寧之構造式爲 $C_{20}H_{20}O_9$，詳分之，則與上述之單寧有異，但有一般單寧之性質（註十九），其與蛋白素或動物膠結合成爲不溶解之單寧酸鹽，故亦爲收斂劑。

茶葉中單寧含量

計算每一飲茶者消耗若干單寧，爲頗饒趣味之一問題。紅茶之單寧含量平均約爲百分之十，雖然尋常一次沖泡之茶所浸出之單寧不過一半或略多，在安全方面，假定單寧之四分之三被浸出，當一磅茶葉沖成二百杯時，則每杯茶中約有單寧二嘔，對於此問題，目下尚少研究，但據

註十八：英國藥物法典，一九二三年版，第五一頁。

註十九：J. J. B. Deuss，Me 'edeelingen Proefstation Voor Thee 二七期，爪哇茂物出版。

在五分鐘之浸泡中能浸出百分之六十之單寧，此茶湯卽覺有刺激性，其餘則變成單寧酸鹽而無刺激性。此有刺激性之單寧被認爲增進水色者。以此數字爲根據，通常一杯茶中含有一釐半以下之刺激性單寧。

無單寧之茶

爲除去或減少茶中之單寧，曾經若干努力，通常所用之原理卽利用單寧與蛋白素結合之性質。Christopher Leftwich 將茶湯在眞空罐內蒸發至乾，然後磨成粉碎，與明膠粉混和，再溶解之，濾去單寧之結合物，濾出之液汁中卽不含單寧，故認爲無傷於消化器官（註二十）。Grimshaw 用相同之方法使單寧沉澱，其不同之處乃將明膠在茶葉泡浸前加入（註二十一）。Sonstadt 使單寧沉澱於牛乳或脫脂乳中，約用八嘝牛乳以提取一磅之茶，牛乳中之乾酪素成爲不溶解之單寧酸乾酪素，作緊密之塊狀，然後使之分離。（註二十二）

其他有若干與上述性質相似之專利手續皆已註冊（註二十三）。Bell雖不擬除去茶單寧，但欲設法使單寧與茶素間成立平衡狀態，如此在茶中之最後比例應爲一份茶素對三份單寧。含單寧過多之茶可噴射茶素或鹽類之溶液於用以乾燥茶葉之氣流中，而使之平均，或當茶葉醱酵時使與茶素溶液密切接觸，亦可使趨於平衡。（註二十四）

飲茶雖或在生理上有不良影響，但此飲料之消費日趨普遍，且製造無單寧茶之方法亦無進展。其原因爲除去單寧不獨減去刺激性，且減低茶湯之濃度，在飲茶者之心目中，茶之生理影響固不如滋味之重要也。

一九一一年Lancet實驗所發表一篇論文，謂優良茶中單寧與茶素結合而不生鞣化作用（註二十五）。後來之化學研究工作證明此說不可靠，不論從佳茶或劣茶泡出之茶湯，均含有若干之刺激性。

實際上印度、錫蘭及爪哇茶之單寧含量，平均較中國紅茶所含者爲多，故中國茶不如前者之易惹起消化不良。英國、澳洲及其他國家之人民，嗜茶成癖，大半因茶含有單寧之故，味淡之中國紅茶則非若輩所喜歡。

茶之蛋白質

在藥物學之觀點上，茶素及單寧爲茶中最重要之化合物，但從食物價值上之立場研究此飲料，亦屬應當。

茶之營養物乃得自加入茶湯中之牛乳及糖，而非出於茶之本身，一杯加牛乳及糖之茶，其實際之成份因其種類及泡製方法而異，普通英國人家庭所泡之一杯中，含茶素四分之三釐至一釐，單寧及單寧化合物五至十釐，尚有少量除茶素以外之含氮物質、膠質物、炭水化合物及極少量之芳香油。

茶葉含粗蛋白質約百分之三十，關於茶蛋白質之研究工作，向極缺少，但早於一八四三年時，Peligot 估計生葉含有百分之十五純蛋白質（註二十六）。茶製造時蛋白質受熱凝固而變成不溶性，故成茶之泡液中幾無蛋白質之存在，但其中總有若干含氮物質，此項物質在日本茶中尤爲重要。

由試驗綠茶所得之結果，僅有五分之一粗蛋白質被浸出於茶液內，其中祇有少數爲純蛋白質。（註二十七）

由此觀之，茶不能認爲有任何蛋白質食物之價值，雖飲茶時加入牛乳（約一湯匙），每杯茶中約增加十釐蛋白質，而普通人每日須從食物

註二十：英國專利一四，八七七，一八八八年十月十六日。

註二十一：英國專利九八二，一八九〇年一月二十日。

註二十二：英國專利六，五九六，一八九三年三月二十九日。

註二十三：Alexander-Katy 德國專利九一，八二六，一八九七年八月九日；Martin英國專利二七，四六〇，一八九七年十一月二十三日；Davidson 英國專利四，二九九，一八九九年二月二十七日；Bergheim 英國專利一一，九四八，一九〇〇年七月二日及英國專利二六，二五四，一九〇二年十一月二十八日。

註二十四：英國專利一〇，四七一，一九一二年五月二日。

註二十五：倫敦Lancet雜誌，一九一一年一月七日。

註二十六：巴黎 L' Institut 雜誌，一八四三——四五年。

註二十七：日本金谷茶葉試驗場編輯之「綠茶之化學」。

中擷取三啢（一千三百十二喱）之蛋白質，此份量之意義如何，可以想見。有少數人僅需少量之蛋白質，但茶中所含者實亦不足。

一部份亞洲人以各種方式吃茶之生葉，此舉極爲合理，蓋如此可得生葉中之營養利益，在若干地方將茶葉與油脂及調味料製成一種湯而飲之。

茶之熱量

食物之能量及身體所需之能量均以熱量（卡路里）計算之，富於脂肪之食品有高熱量，而富於蛋白質、糖及澱粉者，其熱量亦較含水分多者爲高。

在美國若干餐室流行之法定衛生食品表中，指出一杯八啢茶（熱或冰涼者）之熱量爲十卡路里——一卡路里爲蛋白質，一卡路里爲脂肪，八卡路里爲炭水化物。茶中有如此之熱量，是否正確，甚難斷言。因在著名之食物價值表內，茶與咖啡均未列入。

對於熱量價值之認識，由於每一普通人每日需要能供給二、五〇〇至三、〇〇〇卡路里之食品之一種學說而來。如在半品脫（Pint）之茶內加入一湯匙牛乳（十卡）及一塊蔗糖（二十五卡），如此則一杯茶中共可產生四十五卡路里，就此價值而論，即可認此種食料爲適當，但若與一小捲麵包或一小薄片罐頭波蘿即能產生一百卡路里者相比較，則此價值並不甚大。

同一衛生食品表中亦指出一杯咖啡之熱量爲十二卡路里，一杯穀類咖啡代用品爲十卡。

茶之維他命

近數年來對於維他命之問題較前更多研究，最近且論及於茶葉中之維他命含量。在茶葉製造之乾燥過程中，由乾燥機吹入之熱空氣能將維他命之大部份破壞，此在維他命之科學未若現今之發達以前，實際上已常常談及，但並非所有之維他命全被破壞，蓋若干研究者在成茶中仍發見有維他命存在。綠茶，尤其爲手製者，並不受甚高之溫度及如機製紅茶之熱空氣者，故綠茶之維他命含量可能較紅茶爲大。

數年前，Vivi B. Appleton 曾引起世人對於茶葉中維他命B之注意，雖其言論無試驗資料之支持。彼在沿貝爾島（Belle Isle）海峽之拉布拉多（Labrador）地方，紀錄其觀察如下：

> 每一家庭每年需茶二十至四十磅，此爲寰球盛行之飲料；無論老幼，於每次進膳時，均飲二、三杯……在二月間糧食缺乏之人民，僅餘少量之麥粉及茶……秋收之新農產，須至六月杪方能到手……其間主要之食品爲穀類，此類食物之炭水化合物過多，而缺乏某種維他命及適當之蛋白質……維他命之可能供給，一部份由於野莓及少量之煉乳、蔬菜與糖蜜，在如此粗劣食品之中，營養不足之疾病甚少發生，無疑茶中之維他命有極大之價值。（註二十八）

一九二三年，Shepard 發現茶葉含有維他命B，茶葉及浸液均被試驗作爲取給維他命之原料，但此項工作並無確切之證據（維他命B或水溶性B爲防治脚氣病之維他命）。

日本化學家三浦政太郎及辻村於一九二四年發現茶葉含有維他命C（或水溶性C爲抵抗壞血病之維他命），據彼等觀察，綠茶有相當大之抵抗壞血病效能，而紅茶則無此功效。彼等並以爲紅茶之喪失維他命C乃因其製造過程中之氧化作用（醱酵）所致。

豚鼠常利用爲試驗品，以表明茶葉中含有維他命。通常之試驗程序如下：被試動物先以缺乏維他命C之混合飼料飼之，然後加新鮮製好之茶湯於飼料中，則該動物可避免壞血病。據此可知茶湯中含有必需之維他命C，而使之成爲完全飼料。

新茶及陳茶之效能均經試驗，其結果如下，其中數字乃表示治療或預防豚鼠之壞血病所需之量。

新茶	每日〇・四至〇・六克
一年陳茶	每日〇・七五克

註二十八：Journal Home Economics 一九二一年五月十三卷。

二年陳茶　每日一克
三年陳茶　無顯著效力

從普通商店購得之一年陳茶四分之三克所泡成之茶湯，可防治一隻體重二七〇克至三三〇克之豚鼠，使不致染壞血病，其有效期間在六十日以上。有時竟達一〇八日，在此期間毫無壞血病象徵之表現。但茶葉貯藏時間愈長則抗壞血病之効能漸減，三年以後則完全消失。

三浦與岡部二氏亦證明以半公分日本綠茶加於猴子之每日飼料中可使其壞血病迅速而完全痊好。（註二十九）

一九二五年，美國克利夫蘭（Cleveland）之美國解剖學者協會宣讀一論文，題爲「抗不孕性維他命，脂肪溶性E」。在此文中指出動物組織有豐富貯藏，但缺乏維他命E。維他命E集中在某數種植物，特別於種籽及青葉中成對照。並謂如萵苣、紫苜蓿、豆及茶等植物之葉，經小心之乾燥後，對於維他命仍無損害，該文亦述及此種維他命大量存在於優等茶葉中。（註三十）

最近紐約羅徹斯特（Rochester）之J. R. Murlin，試驗茶中之維他命C，因缺乏完備之化學試驗，用生物學之方法僅能決定其比較含量。被試動物爲豚鼠，用作試驗之茶葉爲釜炒及籠焙之綠茶、烏龍茶及紅茶之浸液。除於飼料中加釜炒綠茶之豚鼠外，其他均死於壞血病，由此證明釜炒茶有維他命C之存在。（註三十一）

Mattill 及 Pratt 在羅徹斯特大學之人生經濟系中更將 Murlin 之工作擴大而補充之，亦得相似之結論。不過彼等之結果有顯著之限制，彼等並不知茶葉貯藏若干時以後尚能保存維他命C，且只就一批茶而加以試驗，且除食物來源不在此問題以內之外，並未主張以茶作爲維他命C之可能來源。（註三十二）

一九二八年，密芝安（Michigan）戰河療養院（Battle Creek Sanitarium）營養試驗室指導 Helen S. Mitchell 博士經試驗後決定日本綠茶浸液並不含有維他命C（註三十三），其結論發表後，受若干人之反對，於是重加試驗，翌年其所得結論謂綠茶中即使有維他命C，含量亦微稀至不足注意。（註三十四）

一九二九年六月，三浦政太郎發表一關於泡製日本綠茶用水溫度之紀錄，觀此紀錄中知在日本試驗時，試驗液製成後強使豚鼠立刻服食，而非在二十四小時內任豚鼠隨意服食，如此將有不能完全攝取之危險，同時亦將逐漸失去維他命之活力。

三浦發現綠茶在攝氏六五度左右之水中浸漬五分鐘，則有維他命C總量三分之二被浸出，餘者可以第二次用同樣方法浸出之。每次約一克茶葉用水一〇CC，共計二〇CC，如此製成之茶湯有强烈之抗壞血病効能。再若將茶葉於攝氏七〇至七五度蒸煮若干時候，其浸液之抗壞血病價值損失百分之七十四。倘綠茶以沸水泡浸之，則損失大部份之抗壞血病効能，其損失乃視水溫降冷之速率及高溫之持續時間而定，倘溫度急速降低，約可保存原來活力百分之三十三，如上述茶葉以攝氏六五度之水浸出之茶液，在二十四小時以後方失去活力。

上述之試驗結果，據三浦之意，以爲即可解釋歷來試驗不能發現在綠茶浸液中有相當之維他命C含量之理由。（註三十五）

但有人以爲日本之內銷茶只經過輕微之炒焙，故有相當之維他命C含量，但其外銷茶則經過華氏二一〇至二六〇度之補火，故此種成份已

註二十九：三浦及岡部著，一九二六年二月茶商協會出版。

註三十：在克利夫蘭美國解剖學者協會中所宣讀之論文「抗不孕性維他命，脂肪溶性E」。

註三十一：J. R. Murlin著：Tea as an Anti-scorbutic載一九二七年「茶與咖啡貿易雜誌」十一月五三卷五期。

註三十二：H. A. Mattill 及 A. D. Pratt 合著：N te on Tea as a Source of Vitamin C。一九二八年Pro. Soc. for Experimental Bioilogy and Medicine二六卷。

註三十三：Helen S. Mitchell，Good Health 一九二八年九月。

註三十四：Helen S. Mitchell，Vitamin-C in Green Tea 載於一九二九年五月「茶與咖啡貿易雜誌」五六卷五期。

註三十五：三浦著：「泡製日本綠茶之水溫對於抗壞血病效能之影響」，節錄自東京物理化學研究院公報，一九二九年六月，八卷六期。

損失殆盡。S. Josephine Baker 支持此說，其言曰：「因受熱而破壞之唯一維他命爲維他命C」，彼又謂因此維他命存在於檸檬、橘子及葡萄汁內，故極易輸入於食品中。（註三十六）

最近之研究工作表明維他命C之毀滅，由於氧化作用者多，而由於高溫度者少（註三十七）。倘使茶葉乾燥所用之溫度高達攝氏二一〇度，則維他命C即全被毀滅。

美國農業部家庭經濟局應食物藥品及殺菌藥管理處及聯合貿易委員會之請，於一九二九年初期研究茶葉中維他命C之含量，根據美國農業部於同年七月廿八日所發表之報告，綠茶並無滿意的可作爲維他命C之來源。其報告內容如下：

大衆對於良好食品之興趣，尤以最近對於吾人食物中維他命之重視，致著干商人所誇稱者不能常以實驗室中之研究證實之。分配商曾宣傳綠茶富有維他命之價值，此種宣傳在著干人認爲有理由，因彼等知在市場上出售者爲嫩葉。

家庭經濟局曾接獲甚多信件，詢問此項宣傳是否可靠。於是用豚鼠飼育三個月爲試驗品，因其他試驗室之研究，件件有矛盾之結果。茶祗能飲其浸液，而不食其乾葉，飼豚鼠之茶液乃依照美國茶葉檢驗員所規定之標準方法泡製，所用茶葉爲一包日本綠茶，包上有一纖條寫明富於維他命C字樣，被試驗之豚鼠共十四隻，十隻飼以不含維他命C之基本飼料，外加茶汁，二隻爲負對照試驗品，僅給以基本飼料，二隻爲正對照試驗品，飼以基本飼料及認爲維他命C含量豐富之橘子汁。

飼茶之豚鼠，其壽命較僅飼基本食料之負對照試驗品平均多三至六日，可見茶中維他命C之含量綦微。此種豚鼠之壞血病象徵，其嚴重一如受作爲對照之豚鼠。每日飼以二CC橘子汁之豚鼠，其壽命可延長至余試驗期之九十日，而體重亦有顯著之增加，且毫無壞血病徵候。換言之，二CC橘子汁能供給足量之維他命C，以應豚鼠正常生長之需要，而十五CC茶浸液所含之維他命C，不足以減少在此九十日試驗期中之死亡，此可證明日本茶「富於維他命C」之說不可靠。（註三十八）

該局在一九二九年第一次舉行試驗後，又加以複試，以證明茶之單寧不致影響於維他命之結果　。最近之試驗不僅除去關於單寧影響之疑問，且證明三種被試驗之綠茶樣品中，無一有可注意之維他命C含量。此類試驗在 Hazel E. Munsell 博士指導之下迭經舉行，其最後結果，證明雖使豚鼠儘量飲茶，然茶中之維他命C決不足以維持其生命（註三十九）。

關於茶之含有維他命問題，至今未得明確之證據，雖有人力言茶中確有維他命存在，但就吾人對於維他命之現有知識而論，亦未見其有若何重要性，倘在一種指定之食品內缺乏少量之某種維他命，飲茶或可防止營養不足病之發生。

茶之不同泡製法與其成分之關係

現在可得一結論，即飲茶並非因其有食物之價值，而原在於其有興奮作用，次則因其有特殊之滋味。基於此，即須决定如何泡製，方可得最佳之茶。爲求解決此問題，亞姆斯特丹之荷印茶葉生產者協會提出下列問題，請亞姆斯特丹之貿易陳列所研究，即是否可用分析方法以決定各種泡茶方法之影響及茶之之滋味是否可用數字表示之。後者在吾人現時之知識視之，實爲不可能之事，但各種泡製方法之効果，可用普通分析方法以決定之，如此所得之價值亦頗有用。

泡茶在五分鐘內約可浸出茶素總量之百分之七十五，單寧則約爲百分之四十，若冲泡時間較長，則可浸出較多之單寧及色素。

對於茶液之平均估計，並不注意於比較在日常生活普通泡茶方法之効果，貿易陳列所之化學家即在此點加以研究，以爪哇茶之三種樣品爲材料，其成份如下表所示：

	茶素	單寧	可溶物
第一號茶	3.21%	21.0[illegible]%	44.3%
第二號茶	3.10%	18.60%	42.6%
第三號茶	[illegible].53%	16.40%	38.1%

註三十六：S. Josephine Baker, Ladies' Home Journal 一九二八年四月

註三十七：與作者私人通訊。

註三十八：美國農業部之散頁公報（Clip Sheet Cullecin）五七八期一九二九年七月二十八日。

註三十九：Hazel E. Munsell 著：Vitanin Content of Green Tea Negligible 載於一九三〇年三月八日華盛頓之「聯邦日報」。

在三種樣品中，單寧之含量均甚高。

當乾茶以沸水泡浸，則被浸出物質之量視水之溫度及泡浸之時間而異。在低溫下所浸出之量自較在高溫下為少。為使浸出進行加速起見，必需防止熱之散失，因此茶壺應放在保溫之物體內（如茶壺套之類），或放於燭火及酒精燈上，或用俄國式之銅壺。前者可防止熱之散失，後者則由燈火補充新熱。無論用何方法，如浸液之溫度相同，則浸出之可溶物量亦相等。

有若干人反對將茶壺置於燈上，以為如此茶壺部份受熱，在壺底之茶葉將因熱而分解，實際上除非應用大量之茶葉，此種意外之事並不致發生，且試驗之結果，證明茶壺在燈上加熱，溫度仍極均勻。惟用燈火將使芳香油隨水蒸氣蒸發而損失，則確為事實。

若干國家之習慣，往往從茶壺外部加熱以保持茶之溫度。對於此種方法之結果曾加以研究。試驗時將風乾茶葉十八克（約三分之二唡），用九〇〇CC（〇・九五夸特 Imp. quart）沸水浸五分鐘後，乃傾出其浸液，再加九〇〇CC沸水浸二十分鐘，復將浸液傾出。有時首次之浸泡時間或為三十三分鐘。

上述三種茶之不均浸出物及成分如下表所示：

泡浸方法	茶素	單寧	可溶物
1. 在保溫器下泡浸五分鐘……	82%	38%	61%
第二次用沸水在保溫器下泡浸二十分鐘…	21%	21%	24%
2. 在保溫器下泡浸三十三分鐘……	96%	64%	81%

上表明顯表明迅速泡浸之利益，可避免過多之單寧而得興奮之飲料。

在托格拉以亞薩姆茶作為試驗之結果，表明茶素與可溶物之價值與上表相似，雖然單寧被浸出之比例約為百分之六十。大多數亞薩姆茶約含單寧百分之十，故亞薩姆茶浸出液之百分之六十與爪哇茶之浸出液，其單寧量相等。

下表表示茶壺在酒精燈上保溫所浸出之茶素、單寧及可溶物之百分數。

泡浸方法	茶素	單寧	可溶物
1. 在酒精燈上五分鐘……	86%	37%	63%
第二次用沸水在酒精燈上二十分鐘…	17%	23%	24%
2. 在酒精燈上三十三分鐘……	98%	65%	84%

上表中之數字與茶壺於保溫器內者相似。

前茂物茶葉試驗場之 Bernard 博士評論上述試驗之結果，謂可證實從前由經驗所得之知識，由此項事實可得一結論：如欲泡製一杯好茶，茶葉不必太多並限定在一短時間內泡浸，如此可得富有香氣之茶，因芳香油極易溶解於熱水中，但茶之滋味將嫌太苦，並有一部份需要之特質亦將損失。同時亦必有充份之單寧存在。此使水色佳而帶少許酸澀味，如此即可稱為泡製良好之茶。在此方面，茶可與酒比較，波根地酒因不含單寧，被嗜酒者認為無價值之酒，品茗家對於茶亦希望有單寧之滋味。甚於此，嗜茶者從經驗上決定用三克茶葉於一〇〇至一五〇CC公之水中泡浸五分鐘，如此所得之浸液，水色甚美，而其帶苦味之香氣與酸澀性，均恰到好處。

科學之結論

從上述泡茶之科學分析所得之結論如下：

一杯茶平均含有一釐以下之茶素及二釐之單寧，茶液為極微弱之酸性，pH值在五至六之間，幾成為中和性；胃液之pH值為一・〇至二・〇，其酸性至少較茶大一千倍。

茶中加入牛乳後，單寧被乳中之乾酪素所凝固，茶中加糖僅使其味甜，並增加此飲料之食品價值而已。

茶中加牛乳使茶失卻刺激性，當飲此浸液時，首先進入胃中，糖如其他普通食物然，即被吸收，而茶素亦被攝取，此飲料之溫暖所得之慰藉效果，在飲後立刻感覺，但茶之刺激性須於一刻鐘以後始發生。

單寧，與乾酪素之化合物之被消化與其他任何凝結蛋白質相同，其被游離之單寧入於小腸中，發生輕微之刺激作用。

雖然若干人因有單寧成份而反對飲茶，但此成分及其醱酵產品對於此飲料極爲重要，故無單寧之茶甚難發展。同時茶素之刺激性亦甚重要，故無茶素之茶亦不爲飲茶者所取。

第二十七章　茶與衛生

歡蔡反對飲茶言論之眞假——若干問題之最佳答案——從報章雜誌中搜集得來之權威者科學的、醫藥的、通俗的言論提要——茶葉審評家、商人、廣告家及茶界領袖之論據

關於茶及咖啡之文獻，未經發表者尚多，故將此飲料傳佈以來之各種言論蒐集成帙，再加入若干權威方面之觀察，亦爲一彌補之策。首步之工作，即爲將報紙與定期刊物上之記載以及名家所發表之科學、醫學及通俗的意見加以編輯。其間意見頗有不同，此殆由於缺乏適宜之合理觀察。本章所引各節，須與純粹科學性之藥物學章分別觀察。

補身之飲料

巴黎醫士兼生理醫生 Louis Lemery 博士云：

茶爲補身之飲料，因其產生佳良之效果多而不良之影響少，每人日飲十至十二杯，亦不致有任何傷害。於神經紛擾時飲茶一杯，可恢復元氣，無論何時，任何年齡及環境無不適合。——一九〇二年巴黎出版之食品論（A. Treatise on Foods）

茶有補於肝臟

德國著名化學家 Baron Justus Von Liebig 云：

吾人可謂此含氮化合物之茶葉爲有補於肝臟之食物，因其所含之成分，使該器官完成其功能。——一九四二年出版之動物化學。

茶在心理學上之價值

倫敦蘭霧脫雜誌（Lancet）上云：

茶對性情有不可思議之影響，使對事物之觀感發生奇異之改變，此改變常爲良好方面者，故吾人在沮喪失望中受此影響而獲得信心、希望及鼓勵；細胞組織受若干感情之影響而迅速損耗時，茶亦有奇效。——一八六三年倫敦 Lancet 雜誌。

代替酒之飲料

馬利蘭州（Maryland）衛生局祕書 C. W. Chancellor 云：

茶不僅使一民族節酒，且增加甚多社交之樂趣，而無猛烈飲料所引起之刺激。——一八七八年一月馬利蘭州衛生局報告。

康樂之飲料

W. Gordon Stables 云：

在午前或炎熱之日，一杯濃茶較酒更使人涼快安靜及增加活力，其作用且頗持久，雖再過相當時間，亦不致因反作用而冀求多飲，以損害健康。——「茶，康樂之飲料」，一八八三年倫敦出版。

茶可減少疲勞

倫敦 Thomas Inman 云：

余曾小心閱讀所有此等耐勞力之紀述，極贊同素食及以茶作飲料，斷定長時間看護病人之看護，實極需要以此種飲料提作其精神。—— Arthur Reade 著：「茶與飲茶」，一八八四年倫敦出版。

茶可抗寒及熱

倫敦 Edward A. Parkes 教授云：

作爲士兵之糧食，茶最爲重要，一杯熱茶有抗寒及抗熱之效，於炎熱天

氣中，對恢復疲勞尤爲有用，且有使水清潔之效果。茶如此之淡薄，且易於泡製攜帶，故應作爲士兵在勤務中之飲料。茶可減少病疾之傳染。——同上書。

茶可減少細胞組織之損耗

美國博物館 Wm. B. Marshall 云：

吾人常有此經驗，即一日之緊張工作虛耗身體及精神上之能力迨盡時，茶有恢復元氣之效果，但此等效果爲時甚暫。當時支起委靡之精神，俾身體得有時間以排除從暴躁心情所生之影響。當身體各部分之報告均佳良時，精神上乃不發出內外之痛苦命令。茶並無不良之後果，在此等情形之下，茶之作用猶如整理一紊亂之房屋使有秩序。茶素有減少細胞組織損耗之性質。——「茶」，載於一九〇三年二月菲列得爾菲亞美國藥學雜誌。

茶爲神經營養劑

倫敦 Jonathan Hutchinson 爵士云：

余提議令小孩飲茶及咖啡，余可說明此爲熟思後而後行之者。除去若干例外，大體上幼年飲茶亦無若何影響。其功用可振發頹喪之精神，使憤怒平靜，防止頭痛，使頭腦適於工作，加「神經刺激藥」之污名於此寶貴食物，在余實爲一不良之印象，蓋茶實可躋於神經營養劑之列也。——一九〇四年十月一日倫敦泰晤士報。

機械時代之慰撫物

紐約 George F. Shrady 云：

茶之要素——芳香油對於神經起溫和之刺激，對於神精系統及消化系統有平靜及鎮定之效果，此等影響既非永久性亦非累積者。重要之要素「茶素」，有功於鎮靜神經及減少細胞組織之耗費，實無疑義。在今日之疑遽及不停之高度奮鬥生活中，茶殆爲最佳之興奮劑。——一九〇五年十一月廿八日紐約先驅報。

茶能治療神經衰弱

華盛頓佐治城大學（Georgetown Uni.）治療學講師 George Lloyd Magruder云：

余不知如何能對飲茶之效果及茶對於神經系統之影響加以任何討論。溫和之茶對於普通人類均有益處，婦女整日於討價還價，夜間返家時疲憊非常，此時即在於神經衰弱之狀態，而藉助於一杯茶，在數分鐘內乃覺精神復元，而入於安甯之境；此乃由於茶素之作用。——一九〇五年十二月一日紐約先驅報。

從容應付各事物

紐約 Edward Anthony Spitzka 云：

茶之飲用如此之廣，且有如許之優點無人能否認之。實際上，在討論茶及過於耽溺於茶所生之可能影響時，須知暴飲之害不限於此飲料。過度之吸烟、飲威士忌酒或其他之物，對於神經系統亦皆發生不良之影響。——一九〇五年十二月二日紐約先驅報。

溫和及無害之興奮劑

倫敦皇家醫學院 Yorke Davies 云：

茶之飲用若有節制，則爲一溫和而無害之興奮劑……茶素有滿足食慾之能力。茶除爲興奮劑外，尚能緩和及消解酒精飲料所引起之刺激。——一九〇五年十二月一日紐約先驅報。

茶之評論

芝加哥 G. F. Lydston 云：

茶使人有良好之健康而不影響神經……飲茶、咖啡及可可能有節制，則完全無害。——一九〇五年十二月二日紐約先驅報。

茶之節飲

前紐約衛生局局長 Thomas Darlington 云：

盛行於我國之飲茶並無害處，僅當過量飲用或泡製不適宜時有害而已。飲茶亦如其他食物，均須節用。——一九〇五年十二月十一日紐約先驅報。

單寧無惡影響

紐約 Isaac Oppenheimer 云：

若僅就單甯而言，余可謂之無若何之影響。——一九〇五年十二月七日紐約先驅報。

促進腦力

倫敦皇家研究院講師 William Stirling 云：

茶、咖啡及可可確可促進腦力，但酒精無論爲何形態，如清香引人之香檳，或下等之家用啤酒，則較前者之麻醉作用爲多。茶能促進精神之活動能力，酒精則反是，爲一種鎮靜劑。——「食品與營養」，載一九〇七年七月紐約茶與咖啡貿易雜誌。

茶爲輔助食物

Woods Hutchinson 云：

茶與咖啡增加生命之慰藉及快樂而減少煩悶…………此二物本身雖少食料，但能使大多人尤其是婦女飽食麵包、牛油、脆餅干、肉餅後振進食慾。換言之，茶與咖啡不啻爲絕佳之「轉送委員會」。茶與咖啡不但不減少食物之消費，反而增加之。且飲用時常加糖、乳酪或牛乳，如此則一杯茶或咖啡中有豐富之附加物，其營養價值即相當於一小碟之早餐食物。——一九〇七年紐約 McClures 雜誌。

每日五、六杯無害

美國陸軍少校 Roswell D. Trimble 云：

茶爲良好之興奮劑，故如非應用不當，不致有如何影響。倘吾人不用任何之興奮劑，則其餘之養生品當甚少，因任何食物能阻止消耗或賦與新生者，即爲興奮劑也。甚至水在某種情形之下亦可作爲興奮劑。所有興奮劑均無毒，茶亦然……茶是否有害之問題，可同時回答是或否。倘飲用劣茶，冲泡六分鐘後必須將葉棄去；若將茶煮沸或長久浸漬之，則變爲有害。吾人應否因噎廢食？用佳茶照常法冲泡，則普通人每日飲五、六杯亦無害。——「茶之有益效果」，載一九〇七年九月茶與咖啡貿易雜誌。

軍隊之食料

美國陸軍第七步兵聯隊長 Carl Reihmann 云：

余在滿洲目擊之戰爭中，兩民族均爲著名之飲茶者，彼等之奮勇非目覩者不能置信。夏日之氣候潮溼而窒悶，常有驟雨，故路上甚爲泥濘，行軍成爲苦事。在大戰中，兩軍日夜前進，戰鬥不止，僅有少時之睡眠及少許糧食，彼等雖苦，但不氣餒，彼等飲茶一杯，復又前進……在炎熱中能解渴者莫如一杯茶。抑止雷鳴之空腹，溫暖冷僵之身體，亦莫如一杯茶。在馬上三十六小時無食物進口，恢復身體之平衡，亦莫如一杯茶。余入營時，首先注意余之食具箱，使充滿茶葉。——一九〇八年四月倫敦 Lancet 雜誌。

增強及持續體力之飲料

英國陸軍軍醫總監 de Renzy 云：

余所能言者，即當軍隊在長期行軍而極度之勞苦時，一杯紅茶能使兵士體力增加及持久。——一九〇八年四月倫敦 Lancet 雜誌。

茶爲純粹之興奮劑

C. W. Saleeby 云：

吾人冒昧定下法則，以非毀某種迷信——茶能使其清醒而咖啡則否之人，即在自然之一部分中，信仰決定事實，但僅此一部份而已……若僅酒精及其他藥品被稱爲興奮劑，則吾人對於使用酒精及其他麻醉劑與使用茶及咖啡所得之根本差異，將無法了解。醫生亦如其他人等，爲言辭所惑。當吾人發現茶素爲一純粹之興奮劑而無副作用時，吾人之觀點始能正確。少數爲飲酒辯護者常極力非難茶與咖啡，然則吾人可令此等辯護者解釋茶素如何致人於死，或令彼等在顯微鏡下以任何茶素持久活動之結果指示吾人，令彼等指出任何一肌肉變化，任何一值得提及之症狀，任何一罪惡或死徵，彼等不能，且自知其不能。——「健康，體力及快樂」，一九〇八年紐約出版。

牛乳使單寧無害

A. E. Duchesne 在印度茶業協會演講云：

單甯大約不致影響於活動之細胞組織，其作用僅及於胃之表皮，無足輕重。牛乳與單甯結合成單甯酸乳酪素，沈澱成不溶解狀，乃變爲無害。單甯在茶液中之浸出遠較茶素爲慢，故在普通冲泡之茶湯中僅含少許之單甯及足量之茶素。——一九一〇年在倫敦印度業茶協會演講。

茶能增加快樂

捷克卡爾斯巴得（Carlsbad）之日光浴醫生 Arnold Lorand 云：

飲茶一杯後感覺無限之快樂，疲勞漸減，此爲 Koch 及 Kraepelin 所發現之芳香油及茶素之聯合力量。——Old Age Defferred 一九一一年出版。

茶素爲博愛者

C. W. Saleeby 云：

茶素純爲興奮劑而無其他作用，無論其成何種形式，被吸收後即增加身體內之燃燒，增加體溫。倘吾人考究心臟時，則其眞實之興奮作用更顯著。酒及鴉片吸收愈多時，則人愈迅速入睡，若此物吸收愈多，則人保持醒覺愈久。十五釐之茶素即使人在一夜或更久之時間內不眠，並能竭力工作，心智上之工作可高速度進行，使腦有優越之能力，若無茶素，則此正爲需要睡眠之時間也。

茶素興奮劑，有益於身體之生活，促進生活所需之燃燒進行，增加生活力。無論何處，一杯茶或咖啡可增元氣不少，產生更新之精力，提高器官安甯之感覺能力及適合之意識，此與酒精及鴉片之妨害意識而不安甯，完全不同。茶之消滅不安甯意識，並非由於使人不發生此種感覺，而由於鼓動起精力之泉源，並代以安甯之意識，而此意識乃爲精力之表示。茶素爲眞正之興奮劑，有益於生命……。

茶素爲佳品，因其爲一眞正之興奮劑，有裨於生活中重要過程。茶素若合理取用，則與其他之鎭靜藥完全不同，因其不致成癖而漸增其量也。其可免除煩悶，並非由於一種暫時之實際麻醉作用，而由於直攻其原因之所在。「煩惱——時代病」，一九一一年出版。

茶對於年老者之功用

南方藥物學院生理學教授 George M. Niles 云：

茶對神經系統爲溫和之興奮劑，振作精神機構，免除身體疲勞。頭痛由於神經之衰弱，茶常能迅速治愈之。若干年老者胃之機能活動變弱時，常覺茶特殊滿意及慰藉。在此桑榆暮景之時，消化器官更難供給足量之熱量及能力，茶則能滿足衰垂之腸胃，以增強其所負之任務。——一九一二年七月紐約茶與咖啡貿易雜誌。

茶使反射中樞興奮

菲列得爾菲亞Medico-Chirurgical學院藥物學教授H. C Wood云：

茶素在脊髓內對反射中樞作爲興奮劑，使肌肉收縮成更有力而不起副作用，故肌肉活動之穩和較無茶素影響者爲大。余不能反對此寰球人類以茶素飲料爲試驗之結論，並爲堅確，余不得不指出之。——一九一二年十月紐約茶與咖啡貿易雜誌。

杞憂家太多

斯丹福特大學之 F. H. Barnes 云：

余不相信茶與咖啡有害，如非用量不適當……余之意見，乃爲在醫生及門外漢之中，極端論者與杞憂者太多。——一九一二年十月茶與咖啡貿易雜誌。

增加心智及體力之工作

堪藤斯城醫學院神經學教授 G. Wilse Robinson 云：

每日一杯茶或咖啡，其量雖少，亦爲神經及肌肉組織之興奮劑。茶素作用於神經系之通常結果爲增加大腦外皮對反射更易受刺激，改良心之機能，思潮迅速，所有各意識之起始刺激減低，疲勞之感覺消失，醒覺繼續，心智及體力之惰性消失。——一九一二年十月紐約茶與咖啡貿易雜誌。

安評茶葉爲不誠實

Charles D. Lockwood 云：

在大多數健康人，茶與咖啡之適度飲用並無損害，但甚多人受捏造之宣傳而生曲解及恐懼心。——一九一二年十月紐約茶與咖啡貿易雜誌。

茶爲文化之救主

前倫敦醫藥會主席 James Crichton Browne 爵士云：

余確信茶爲人類救主之一，歐洲若無茶與咖啡之傳入，必飲酒至死。——一九一五年四月紐約茶與咖啡貿易雜誌。

茶素爲適當之興奮劑

密芝安大學醫學院長 V. C. Vaughn 云：

余相信以茶素爲飲料而適度用之，對於大多數成人不但無害而且有益。當然若干人有嗜好茶素之特癖，亦與嗜好楊莓及蕎麥等物相同。茶素之對人體有害無益，實無法證明。余之飲咖啡全因其含有咖啡鹼（即茶素）。余曾試驗除去咖啡鹼之飲料，但非余所需，以其並不供給身體以適當之興奮。余相信茶素爲生理之興奮劑，使吾人常在醒覺及良好狀態之中。——「咖啡鹼飲料之利益」，載一九一三年五月紐約茶與咖啡貿易雜誌。

茶素之影響不致累積

若干德國科學家云：

P. Pletzer 於一八八七年之試驗：茶素之效果迅速而無累積作用。Liebreich之試驗結果，亦知茶素不若毛地黃素之有累積作用。Bela Szekacs 謂：「茶素之最大益處在其無累積作用」。J. Pawinski 發現茶素無累積作用，而排泄迅速，故無中毒之危險。O. Seifert 發覺茶素之作用爲時甚暫，由於其排泄迅速。——HaroldHirsch著：「茶素爲標準之興奮劑」，載於一九一四年六月紐約茶與咖啡貿易雜誌。

茶素能克服寒冷

羅馬大學之 A. Montuori 及 R. Pollitzer 云：

茶素爲理想之興奮劑，以維持體溫於極端寒冷之中。茶素直接作用於神經，使之興奮，而克服在極端寒冷中所引起之衰弱。——F. H. Frankel著：「茶素爲身體之暖器」，載一九一六年十月紐約茶與咖啡貿易雜誌。

茶素有益於肌力

紐約哥倫比亞大學已退職之神經學教授 M. A. Starr 云：

各大學之運動家在各項運動之前飲用濃茶，已成爲習慣。瑞士之阿爾卑斯山嚮導亦攜帶茶葉，力陳其對於爬山之功用。在俄國，飲茶較歐洲其他國家爲普遍，大量飲茶以輔助肌肉運動。當在戰爭時，英國軍隊免費供給茶葉，在營中代替白開水。……一般之經驗，無論其由臨床及實驗室內研究各

纏病入而得者，或由社會上茶之應用而得者，其結論同爲一由一杯歡愉而不醉之茶獲得無限安慰及愉快」。——一九二一年紐約醫學紀載。

無害之興奮劑

William Brady 云：

每晨早餐飲一、二杯咖啡，加或不加乳酪及糖，對於多數成人爲無害。據余之意見，且認爲保健而有益。每日之膳食加以一、二杯茶，亦有同樣效果。——載一九二二年 Brooklyn Eagle。

茶能破壞傷寒病菌胞子

美國陸軍軍醫總監 J. G. McNaught 少校云：

傷寒病菌胞子在純粹培養中放於茶液內經四小時，能減少其數目，二十小時後，在冷茶中再無發現。在營中士兵勞作時，以冷茶代替開水最佳。——一九二三年七月紐約茶與咖啡貿易雜誌。

茶不引起神經過敏

波士頓健康飲食專家 Martin Edwards 云：

余承認大多數美國人比前更神經過敏及暴躁，但不同意此情形起因於茶與咖啡飲用之增加……中國人飲茶已有數世紀之久，亦不能謂其爲一神經過敏或暴躁之民族……就緬甸及波里維亞之山民而言，彼等咀嚼一種含有多量茶素之植物之葉，仍能比白人在波里維亞氣候中完成較多之艱苦工作，且持續性亦長久，彼等爲康健而長壽之民族。英國人之午茶爲日常習慣，此種習慣又有一適當之理由，人體中之神經浪潮一日內有二次低落，一在早晨，一在黃昏，此等時期進茶及咖啡甚爲適當……在美國之五時茶亦無害。——一九二四年四月波士頓郵報。

茶增加工作能力

慕尼黑大學心理學教授 R. Pauli 云：

茶對心理作用爲加速對於現象之意識，如增加回憶、選擇、作詩、計時間關係之會悟、注意力之活動、區別差異等。此等影響約在四十分鐘後達最高點，再過三十分鐘乃消滅……最近在慕尼黑大學心理研究與德國食品化

學研究所共同研究，發現更多之證據，說明茶可促進心智之工作……牛娴蕊尼黑酒內含十五克酒精，可加速心神之活動二十分鐘，隨後即繼以顯著之衰敗，其時間長至一倍。另一方面，一杯茶可使心神能力增加百分之十，歷四十五分鐘之久，此後乃回復常態，而無如酒精所引起之不良影響。——一九二四年七月紐約茶與咖啡貿易雜誌。

特異之因子

馬薩諸塞州工藝研究院 S. C. Prescott 云：

倘對於茶或咖啡特別敏感者，則其飲用只能限於極小之量。此與其他多種食品——肉、介貝類、蛋、牛乳或生菜等相同，對於每人各適應不同。——一九二四年一月紐約茶與咖啡貿易雜誌。

茶清滌人體

前芝加哥 Hahnemann 醫學院院長及醫院院長、Newark 工藝學院院長 Daniel R. Hodgon 云：

佳茶照通常方法冲泡，爲最美味而經濟之飲料。適度飲之，對各系統有保健之效果，與奮身體之器官，並解除疲勞……年老之人多好飲茶以助消化……茶爲最便宜之飲料。——一九二四年紐約茶與咖啡貿易雜誌。

合理之飲茶無害

前紐約市健康委員會委員及紐約州參議員 Royal S. Bopeland 云：

合理之飲茶對於成人無害。泡茶不宜濃至如單甯之結合物狀，但新鮮冲泡之茶則可每日飲二次而無損健康。一日最疲倦之時間爲午後四時至晚餐之間，在此時通茶一杯，可增無限舒適及愉快。餐時飲茶最爲合理，因其幫助消化及增加食桌上之歡樂也。——一九二五年十二月紐約茶與咖啡貿易雜誌

茶保持精神之平衡

紐約哥倫比亞大學藥物學院院長 H. H. Busby 云：

茶與咖啡直接刺激腦之活動，且刺激其故有之機能，故精神之平衡得以保持，心智活動之量增加，而不影響其質。——一九二五年八月茶與咖啡貿易雜誌。

茶能產生安寧

據多倫多(Toronto) Insulin 之發現者 F. G. Banting 談稱：

加拿大著名之醫生均稱論午茶爲一安甯劑，爲深思、智巧、創造之誘導者。杯茶閒談之中，饒有生氣。午茶對於實際而有健全判斷能力之效率爲一最有價值之促進者。曾於工廠、大辦公處、百貨商店及銀行中舉行試驗，二十分鐘休息中之飲食，可獲得增加工作效能之結果……茶爲促進友誼與諒解最佳最善之物。在吾人結束每日工作之前，短時間之思考爲一種無價值之習慣，此不僅爲一種歡樂，且爲一最有生活力之心理的平衡者。美國人所需要者爲每日有數分鐘之空閑可以思考，以自問吾人何故如此躁急，如何方能振作。余贊成午後四時休息之意見。——一九〇五年一月紐約茶與咖啡貿易雜誌。

適度飲茶無害

美國醫藥協會雜誌編輯 Morris Fishbein 云：

最好之科學證明指出適度飲用時，茶與咖啡均無害。若干人每日飲茶或咖啡，經五十至六十年而無顯著之不良結果。——一九二七年十月紐約茶與咖啡貿易雜誌。

綠茶與紅茶之作用

Hygeia 編者答覆讀者之問題如下：

紅茶與綠茶在治療作用方面無大區別，其重要之作用爲茶素。兩種茶均含有少量單甯，惟普通一杯中單甯含量大小微有不同，恐無何等實際關係。——一九二七年二月芝加哥 Hygeia 雜誌。

茶爲偉大之慰藉物

James Crichton-Browne 爵士云：

茶無疑爲東方贈與西方最有利之禮物。其給與人類之利益無法估計，曾經疾病及憂愁者乃知其價值。茶爲偉大之慰藉者，不少失意之婦人因得一杯合時之茶而免於自殺。——一九二七年十月紐約茶與咖啡貿易雜誌。

現代生活之必須品

倫敦新健康會會員、世界大戰時食品部之科學顧問J. Campbell云：

茶可稱爲現代生活之必需品，因其爲興奮而無害之飲料，在日間最需要之時，給與疲倦之腦及心以一刺激。茶有一種異於咖啡而最受歡迎之香氣，如以優良茶葉適當製成而適度飲用之，絕不致產生神經衰弱、心臟病或消化不良之惡影響。——一九二八年三月紐約茶與咖啡貿易雜誌。

最佳之雞尾酒

James Crichton-Browne 爵士云：

吾人在報上常見對於過量飲茶之有害之結果發出警告，此實爲偏見者及悲觀者之論調。倘以眾情代替茶，當然有害。任何事物如冷水或薑啤酒，飲至過量亦有害，更無論有興奮作用之飲料矣。飲食衛生之僞君子所謂過量飲茶之害，余實信其在一萬次中能有一次有些微之發現也。吾人應感謝其普通之益處，使人滿意，思想清楚，茶爲最佳之雞尾酒。——一九二八年十月在倫敦 Bovril 公司常年飯餐會上對保證責任雜貨商店經理、董事及職員之演講。

興奮而衛生之飲料

W. Arbuthnot Lane 爵士云：

適度飲用佳茶，爲最有益及興奮衛生之飲料……佳茶終爲最便宜最經濟之物。——一九二八年十月倫敦每日郵報。

最有效之興奮劑

倫敦大學生理學教授 J. S. McDowall 云：

吾人可得一結論，即就吾人所知，適度飲用正常製造之茶，並無嚴重之害處，而與膳食共進之，則可抵抗膳後之睡意。——「茶之生理作用」，載一九二八年倫敦醫士雜誌。

茶不產生酸性

紐約康乃爾大學醫學院臨床醫學副教授 A. L. Holland 云：

茶葉中之茶素，並無重要之害處，除非過量飲之。理論上，常食單甯太多，可使腸胃之各種腺之活動受害，但在普通泡製之茶中含量不多，故不致對此等組織發生顯著之作用，尤以與牛乳及其他食品共進時爲然。數年前，作者在紐約康乃爾大學醫學院臨床學上努力考究茶在胃中產生酸性之影響，爲此目的給與作胃病試驗之病人以麵包及開水之試驗，膳食一小時後，抽出胃中之食物而分析其酸性，由此求得各病人之平均酸度，此後乃以淡茶代替開水，同樣試驗之。如此經長久之重覆試驗，結論則爲在此等條件之下，茶之適度飲用並不使胃腺產生之酸性有顯著增加……消化及其他器官之反常活動被誤認爲茶之所致，實則其原因乃在先天之不足或組織之不健全。——一九二八年五月紐約茶與咖啡貿易雜誌。

無害而頤神之快事

Ronald Ross 爵士云：

余亦如英國之大多數人民，在一生中每日飲茶二、三次，認爲如此並無害處，且爲文明生活之快事——因其無害而頤神。英人每年每人消費茶葉約十磅，因前世紀茶葉消費之增加而酒精之消費相對的減少，根據一九二三年倫敦郡健康醫官一九二三年度報告，在最近八年中，國民之壽命增加二十年以上。——一九二九年十月廿五日致倫敦鋁罐協會主席W. Shakespeare函。

對國民健康有利

Malcolm Watson 云：

任何物品過量用之，均致身體及精神蟲病，茶與咖啡之過量飲用亦可妨害安眠、引起頭痛及其他之神經紛擾。但據吾人之經驗，三十餘年來，在溫帶及熱帶飲茶及咖啡之民族中，能飲至此限度之人從未發現。吾人相信，茶對國民健康發生有害影響之事實毫無證據，而此頤神飲料消費之增加及其在英國各大城市中供應之便利最爲有益，則反而確有證據。——一九二九年十月卅一日致倫敦鋁罐協會主席 W. Shakespeare 函。

飲茶使身體纖細

芝加哥藥物學家Hugh A. McGuigan 云：

飲茶及咖啡遠較飽食之害爲少 —— 在今日無論老少均渴望有苗條之體態，而飽食又爲最普遍之過失。此飲料實能減少饑餓之意識，故在若干範圍內可防止飽食。——一九三〇年四月紐約茶與咖啡貿易雜誌。

書名：茶葉全書（權威中譯足本）（上）
系列：心一堂 • 飲食文化經典文庫
原著/譯著：美國威廉 • 烏克斯
翻譯：中國茶葉研究社
主編 • 責任編輯：陳劍聰

出版：心一堂有限公司
通訊地址：香港九龍旺角彌敦道六一〇號荷李活商業中心十八樓〇五一〇六室
深港讀者服務中心：中國深圳市羅湖區立新路六號羅湖商業大厦負一層〇〇八室
電話號碼：(852) 67150840
網址：publish.sunyata.cc
淘宝店地址：https://shop210782774.taobao.com
微店地址： https://weidian.com/s/1212826297
臉書： https://www.facebook.com/sunyatabook
讀者論壇： http://bbs.sunyata.cc

香港發行：香港聯合書刊物流有限公司
地址：香港新界大埔汀麗路36號中華商務印刷大廈3樓
電話號碼：(852) 2150-2100
傳真號碼：(852) 2407-3062
電郵：info@suplogistics.com.hk

台灣發行：秀威資訊科技股份有限公司
地址：台灣台北市內湖區瑞光路七十六巷六十五號一樓
電話號碼：+886-2-2796-3638
傳真號碼：+886-2-2796-1377
網絡書店：www.bodbooks.com.tw
心一堂台灣國家書店讀者服務中心：
地址：台灣台北市中山區松江路二〇九號1樓
電話號碼：+886-2-2518-0207
傳真號碼：+886-2-2518-0778
網址：http://www.govbooks.com.tw

中國大陸發行 零售：深圳心一堂文化傳播有限公司
深圳地址：深圳市羅湖區立新路六號羅湖商業大厦負一層008室
電話號碼：(86)0755-82224934

版次：二零一七年十月初版，平裝
裝訂：上下兩冊不分售

心一堂微店二維碼 心一堂淘寶店二維碼

定價： 港幣 三百八十八元正
新台幣 一千四百九十八元正

國際書號 ISBN 978-988-8317-85-1